薛春华 徐森林 编

数学分析
精选习题全解

（下册）

MATHEMATICAL
ANALYSIS

清华大学出版社
北京

内容简介

作为《数学分析》[1]的配套书《数学分析精选习题全解(上、下)》,给出了该书全部思考题与复习题的详细解答.它的主要特点有:(1)重点突出、解题精炼,并灵活运用了微积分的经典方法和技巧.(2)注重一题多解.许多难题往往有多种证法或解法.既增强了读者的能力,又开阔了读者的视野.(3)系统论述$\mathbb{R}^n$ 的拓扑、n 元函数的微分、n 重积分、k 维曲面积分以及有关难题.(4)应用外微分形式在定向曲面上的积分和 Stokes 定理 $\int_{\partial \vec{M}} \omega = \int_{\vec{M}} d\omega$ 描述了相关思考题和复习题的计算.反映出内容的近代气息.

本书可作为理工科大学或师范大学数学系教师和大学生,特别是报考数学专业研究生的大学生有益的参考书.

图书在版编目(CIP)数据

数学分析精选习题全解.下册/薛春华,徐森林编.—北京:清华大学出版社,2010.4(2021.2重印)

ISBN 978-7-302-21496-0

Ⅰ.①数… Ⅱ.①薛… ②徐… Ⅲ.①数学分析—高等学校—习题 Ⅳ.①O17-44

中国版本图书馆 CIP 数据核字(2010)第 214338 号

责任编辑: 刘 颖
责任校对: 刘玉霞
责任印制: 沈 露

出版发行: 清华大学出版社
网 址: http://www.tup.com.cn, http://www.wqbook.com
地 址: 北京清华大学学研大厦 A 座 **邮 编:** 100084
社 总 机: 010-62770175 **邮 购:** 010-62786544
投稿与读者服务: 010-62776969, c-service@tup.tsinghua.edu.cn
质 量 反 馈: 010-62772015, zhiliang@tup.tsinghua.edu.cn
印 装 者: 三河市龙大印装有限公司
经 销: 全国新华书店
开 本: 185mm×230mm **印 张:** 27.75 **字 数:** 600 千字
版 次: 2010 年 4 月第 1 版 **印 次:** 2021 年 2 月第 8 次印刷
定 价: 84.00 元

产品编号:027323-03

FOREWORD 前言

由我们编著的《数学分析》(共三册,由清华大学出版社出版)中的思考题与复习题有相当的难度,困惑了一部分大学生和读者,为使他们的阅读更有成效,应许多读者的要求,我们编写了这本习题解答,对课本中的思考题和复习题逐个解答,有的题还用了多种解法,这样既可增强读者的解题能力又开阔了视野.

本书分上、下两册出版,其中上册包括:数列极限(55 题),函数极限与连续(52 题),一元函数的导数、微分中值定理(73 题),Taylor 公式(21 题),不定积分(4 题),Riemann 积分(78 题),($\mathbb{R}^n, \rho_0^n$)的拓扑、n 元函数的连续与极限(61 题),n 元函数微分学(56 题),n 元函数微分学的应用(9 题)共 9 章 409 道题目;下册包括:n 元函数的 Riemann 积分(63 题),曲线积分、曲面积分、外微分形式积分与场论(41 题),无穷级数(74 题),函数项级数(50 题),幂级数、用多项式一致逼近连续函数(37 题),含参变量积分(46 题),Fourier 分析(37 题)共 7 章 348 道题目.

我们希望大学生最好先不看题解,先独立思考,之后再对照答案.特别是那些有很强能力并将来有志于数学研究的学生必须先做题再对照检查以检测自己的实力.因为将来搞研究的创造能力主要来源于平时的独立思考、独立解决问题的习惯.而依赖于看答案的做法实在是一种懒惰的思想.对于那些确实做题有困难而又想考研究生的大学生.建议你们一边做题,一边看答案,这总比为没有答案做不出题而苦恼,甚至放弃学习要好.

另一方面,撰写本书,也可给大学数学系的教师提供一些开阔解题思路的借鉴.同时也期望能引出他们更好、更多的解题方法,起到抛砖引玉的作用.

选用我们编的《数学分析》这套教材,学习可分两个层次.第一层次是学好全书的主要内容,包括微积分的经典内容和方法;定理和例题的多种证法和解法;以及用近代观点论述$\mathbb{R}^n$ 中的拓扑、映射的微分、外微分和 Stokes 定理.再做书中相应的练习题.达到这样,学生已具有较高的分析数学的水平了.第二层次是全面做思考题、复习题.遇到困难,本书能为你向数学高峰攀登助一臂之力.

对于拟参加中国大学生数学竞赛的同学来说，演练书中的题目也是非常有帮助的.

最后，作者要感谢为本书难题解答提供过精妙证法的大学生、研究生. 特别还要感谢清华大学出版社的编审刘颖同志. 他给了我们热情的支持和有效的帮助.

薛春华　徐森林

2008 年 12 月于北京

CONTENTS 目录

第10章

n元函数的Riemann积分

Ⅰ. 闭区间(闭长方形)上的二重积分

类似一元函数在区间上 Riemann 积分的定义 6.1.1,有下面定义.

定义 10.1.1 设 $I=[a,b]\times[c,d]$ 为 $\mathbb{R}^2$ 中闭区间(闭长方形,即每边平行于坐标轴的闭矩形),作 $[a,b]$ 的分割

$$T_x: a = x_0 < x_1 < \cdots < x_n = b;$$

又作 $[c,d]$ 的分割

$$T_y: c = y_0 < y_1 < \cdots < y_m = b.$$

两族平行直线 $x=x_i(i=0,1,\cdots,n)$ 与 $y=y_j(j=0,1,\cdots,m)$ 将 I 分割成 $k=n\times m$ 个子区间

$$[x_{i-1},x_i]\times[y_{j-1},y_j],\quad i=1,2,\cdots,n;\ j=1,2,\cdots,m.$$

这 k 个子区间的全体组成 I 的一个分割 $T=T_x\times T_y=\{I_1,I_2,\cdots,I_k\}$. 任取 $\boldsymbol{\xi}^i\in I_i(i=1,2,\cdots,k)$. 对二元函数 $f:I\to\mathbb{R}$ 作 **Riemann 和**(也称为**积分和**)

$$\sum_{i=1}^{n} f(\boldsymbol{\xi}^i)v(I_i),$$

其中 $v(I_i)$ 为二维闭区间(闭长方形或闭矩形)I_i 的面积,即 I_i 的长与宽之积. 记

$$\|T\| = \max\{\mathrm{diam}I_1,\mathrm{diam}I_2,\cdots,\mathrm{diam}I_k\},$$

这里 I_i 的直径 $\mathrm{diam}I_i$ 为区间 I_i 的对角线的长度,称 $\|T\|$ 为分割 T 的**模**. 而 $\boldsymbol{\xi}=(\boldsymbol{\xi}^1,\boldsymbol{\xi}^2,\cdots,\boldsymbol{\xi}^k)\in I_1\times I_2\times\cdots\times I_k$.

如果 $\exists J\in\mathbb{R}$, s. t. $\forall\varepsilon>0$, $\exists\delta>0$, 当 $\|T\|<\delta$ 时, $\forall\boldsymbol{\xi}\in I_1\times I_2\times\cdots\times I_k$, 都有

$$\left|\sum_{i=1}^{k} f(\boldsymbol{\xi}^i)v(I_i)-J\right|<\varepsilon,$$

则称二元函数 f 在闭区间 I 上(**Riemann**)**可积**,而

$$J=\lim_{\|T\|\to0}\sum_{i=1}^{k} f(\boldsymbol{\xi}^i)v(I_i)\overset{\mathrm{def}}{=\!=}\iint_I f(x,y)\mathrm{d}x\mathrm{d}y\quad 或\quad \iint_I f\mathrm{d}v 或\int_I f$$

称为 f 在 I 上的**二重积分**,$\mathrm{d}v=\mathrm{d}x\mathrm{d}y$ 称为**面积元**.

如此定义的积分具有与一元函数积分类似的简单性质(定理 10.1.1).

定理 10.1.3(可积的必要条件) 设 f 在闭区间 $I=[a,b]\times[c,d]$ 上 Riemann 可积,则 f 在 $I=[a,b]\times[c,d]$ 上有界(因而无界函数不是 Riemann 可积的). 但反之不真$\left(\text{反例:}D(x,y)=\begin{cases}1, & x\in\mathbb{Q}^2\cap[0,1]^2\\ 0, & x\in[0,1]^2\setminus\mathbb{Q}^2\end{cases}\right)$.

定义 10.1.2 设 $A\subset\mathbb{R}^2$. 如果对任何 $\varepsilon>0$,存在有限个二维闭区间 $I_1,I_2,\cdots,I_k$ 使得

$$\bigcup_{i=1}^{k} I_i\supset A,\quad \text{且}\quad \sum_{i=1}^{k} v(I_i)<\varepsilon,$$

则称 A 为**零面积集**.

设 $A\subset\mathbb{R}^2$,如果对任何 $\varepsilon>0$,存在至多可数个二维闭区间 $I_1,I_2,\cdots,I_k,\cdots$,使得

$$\bigcup_{i=1}^{\infty} I_i\supset A,\quad \text{且}\quad \sum_{i=1}^{\infty} v(I_i)<\varepsilon,$$

则称 A 为**零测集**.

定理 10.1.4 零面积集必为零测集. 但反之不真(如:$A=\mathbb{Q}^2\cap[0,1]^2$).

例 10.1.1 设 $f:[a,b]\to\mathbb{R}$ 为连续函数,则 f 的图像

$$\operatorname{graph}f=\{(x,f(x))\mid x\in[a,b]\}\subset\mathbb{R}^2$$

为零面积集.

例 10.1.2 设 $l\subset\mathbb{R}^2$ 为 C^0 参数曲线,并且其中至少有一个分量有连续的导数,则 l 为零面积集.

定理 10.1.7(Riemann 可积的充要条件) 设 $I\subset\mathbb{R}^2$ 为二维闭区间,$f:I\to\mathbb{R}$ 为有界函数,即 $|f(x)|\leqslant M,\forall x\in I$. 则下面结论等价:

(1) f 在 I 上 Riemann 可积.

(2) f 在 I 上的上积分与下积分相等,即 $S=s$.

(3) 对任何 $\varepsilon>0$,存在 I 的某个分割 T,使得

$$S(T)-s(T)=\sum_{i=1}^{k}\omega_i v(I_i)<\varepsilon.$$

(4) 存在 I 的分割串 $T_m(m=1,2,\cdots)$,使得

$$\lim_{m\to+\infty}[S(T_m)-s(T_m)]=0.$$

(5) $\lim\limits_{\|T\|\to 0}[S(T)-s(T)]=0$.

(6) 对任何 $\varepsilon>0$,存在 I 的某个分割 $T=\{I_1,I_2,\cdots,I_k\}$,使对任何 $\boldsymbol{\xi}=(\boldsymbol{\xi}^1,\boldsymbol{\xi}^2,\cdots,\boldsymbol{\xi}^k)\in I_1\times I_2\times\cdots\times I_k$,有

$$|S(T,f,\boldsymbol{\xi})-J|<\varepsilon.$$

(7) 对任何 $\varepsilon>0,\eta>0$,存在 I 的某个分割 $T=\{I_1,I_2,\cdots,I_k\}$,使得

$$\sum_{\omega_i \geqslant \varepsilon} v(I_i) < \eta.$$

(8)（Lebesgue 定理）f 在 I 上几乎处处连续，即 f 的不连续点集 $D_{\text{不}}^f$（简记为 $D_{\text{不}}$）为零测集，记作

$$\text{meas}D_{\text{不}}^f = 0.$$

例 10.1.3 Dirichlet 函数

$$D(x,y) = \begin{cases} 1, & (x,y) \in \mathbb{Q}^2 \cap [0,1]^2, \\ 0, & (x,y) \in [0,1]^2 \setminus \mathbb{Q}^2 \end{cases}$$

在$[0,1]^2$上不可积.

例 10.1.4 设 $I \subset \mathbb{R}^2$ 为二维闭区间，$f: I \to \mathbb{R}$ 有界. 若 $l = \{\boldsymbol{x} \in I \mid f(\boldsymbol{x}) \neq 0\}$ 为零面积集，则 f 在 I 上可积，且$\int_I f = 0$.

例 10.1.5 设 $I \subset \mathbb{R}^2$ 为二维闭区间，$f, g: I \to \mathbb{R}$ 都为有界函数，集合 $l = \{\boldsymbol{x} \in I \mid f(\boldsymbol{x}) \neq g(\boldsymbol{x})\}$ 为一零面积集. 如果 f 与 g 中有一个在 I 上可积，则另一个也在 I 上可积，并用

$$\int_I f = \int_I g.$$

例 10.1.6 设 $I \subset \mathbb{R}^2$ 为二维闭区间，$A \subset I$，A 的特征函数

$$\chi_A(\boldsymbol{x}) = \begin{cases} 1, & x \in A, \\ 0, & x \in I \setminus A, \end{cases}$$

则

$$A = \{\boldsymbol{x} \in I \mid \chi_A(\boldsymbol{x}) \neq 0\} \text{ 为零面积集} \Leftrightarrow \int_I \chi_A = 0.$$

Ⅱ. $\mathbb{R}^2$ 中有界集合上的二重积分

定义 10.2.1 设 $\Omega \subset \mathbb{R}^2$ 为有界集，$f: \Omega \to \mathbb{R}$ 为二元函数. 记

$$f_\Omega(\boldsymbol{x}) = f_\Omega(x,y) = \begin{cases} f(x,y), & \boldsymbol{x} = (x,y) \in \Omega, \\ 0, & \boldsymbol{x} = (x,y) \notin \Omega, \end{cases}$$

并称为 f 的**零延拓**. 任取闭区间 $I \supset \Omega$. 如果 f_Ω 在 I 上 Riemann 可积，则称 **f 在 Ω 上 Riemann 可积**（简称**可积**），记为

$$\iint_\Omega f(x,y)\mathrm{d}x\mathrm{d}y = \int_\Omega f\mathrm{d}v = \int_\Omega f = \int_\Omega f_\Omega = \iint_I f_\Omega(x,y)\mathrm{d}x\mathrm{d}y.$$

（引理 10.2.1 指出，上面的值与含 Ω 的闭区间 I 的选取无关.）

定理 10.2.1（可积的充分条件） 设 $\Omega \subset \mathbb{R}^2$ 为有界集，函数 $f: \Omega \to \mathbb{R}$ 有界. 如果$\partial\Omega$ 与 f 在 Ω 上的不连续点集 $D_{\text{不}}^f$ 都为零测集，则 f 在 Ω 上可积.

定理 10.2.2(可积的必要条件) 设 $\Omega\subset\mathbb{R}^2$ 为有界集.如果 f 在 Ω 上可积,则 f 在 Ω 上必有界(因而无界函数不可积).但反之不真.

定理 10.2.3(零面积集的积分特征) 设 $\Omega\subset\mathbb{R}^2$ 为有界集,则

$$\Omega \text{ 为零面积集} \Leftrightarrow \int_\Omega 1 = 0.$$

定义 10.2.2 设 $\Omega\subset\mathbb{R}^2$ 为有界集.如果函数 1 在 Ω 上可积,则称 Ω 为**有面积集**,且 Ω 的面积为

$$v(\Omega) = \int_\Omega 1 = \iint_\Omega \mathrm{d}x\mathrm{d}y = \int_I 1_\Omega,$$

其中 I 包含 Ω 的闭区间.

定理 10.2.4(有面积集的几何特征一) 设 $\Omega\subset\mathbb{R}^2$ 为有界集,闭区间 $I\supset\Omega$,则 Ω 为有面积集$\Leftrightarrow$对 I 的分割 $T=\{I_1,I_2,\cdots,I_k\}$,有

$$\lim_{\|T\|\to 0} S(T,1_\Omega) = \lim_{\|T\|\to 0}\sum_{\Omega\cap I_i\neq\varnothing} v(I_i) = \lim_{\|T\|\to 0}\sum_{I_i\subset\Omega} v(I_i) = \lim_{\|T\|\to 0} s(T,1_\Omega).$$

此时

$$v(\Omega) = \int_\Omega 1 = \int_I 1_\Omega.$$

定理 10.2.5(有面积集的几何特征二) 设 $\Omega\subset\mathbb{R}^2$ 为有界集,则

$$\Omega \text{ 为有面积集} \Leftrightarrow \partial\Omega \text{ 为零面积集}, \quad \text{即} \quad v(\partial\Omega) = 0.$$

定理 10.2.6(有面积集上函数可积的充要条件) 设 $\Omega\subset\mathbb{R}^2$ 为有面积集,$f:\Omega\to\mathbb{R}$ 为有界二元函数.则

f 在 Ω 上可积$\Leftrightarrow D_{不}^f=\{(x,y)\in\Omega \mid f$ 在(x,y)处不连续$\}$为零测集,即 f 在 Ω 上几乎处处连续.

例 10.2.3 设 Ω 为有限段显式表示的连续曲线围成的区域,则 Ω 为有面积集.

有界集 $\Omega\subset\mathbb{R}^2$ 上可积函数积分的简单性质可参阅定理 10.2.7、定理 10.2.8.

定理 10.2.9(积分中值定理) 设 $\Omega\subset\mathbb{R}^2$ 为有面积的连通紧致集,$f,g:\Omega\to\mathbb{R}$ 连续,且 g 在 Ω 上不变号,则 $\exists\boldsymbol{\xi}\in\Omega$,s.t.

$$\int_\Omega fg = f(\boldsymbol{\xi})\int_\Omega g.$$

特别地,取 $g=1$,则 $\exists\boldsymbol{\xi}\in\Omega$,s.t.

$$\int_\Omega f = f(\boldsymbol{\xi})v(\Omega).$$

Ⅲ. 化二重积分为累次积分

定理 10.3.3(闭区间上化二重积分为累次积分) 设 f 在 $I=[a,b]\times[c,d]$上可积,且 $\forall x\in[a,b]$,$f(x,\cdot)$在$[c,d]$上可积(又 $\forall y\in[c,d]$,$f(\cdot,y)$在$[a,b]$上可积),则

$$\int_I f = \int_a^b \mathrm{d}x \int_c^d f(x,y)\mathrm{d}y \quad \left(= \int_c^d \mathrm{d}y \int_a^b f(x,y)\mathrm{d}x\right).$$

特别地，当 f 在 I 上连续时，上式成立.

定理 10.3.4(有界集上化二重积分为累次积分) 设 $\Omega \subset \mathbb{R}^2$ 为有面积集，$f: \Omega \to \mathbb{R}$ 有界且连续. 记 Ω 在 x 轴上的垂直投影为

$$I = \{x \in \mathbb{R} \mid \exists\, y, \text{s.t.}\ (x,y) \in \Omega\}.$$

如果 $\forall\, x \in I$，截 $\Omega_x = \{y \in \mathbb{R} \mid (x,y) \in \Omega\}$ 为一区间(可退缩为一点)，则

$$\int_\Omega f = \int_I \mathrm{d}x \int_{\Omega_x} f(x,y)\mathrm{d}y.$$

同样，记 Ω 在 y 轴上的垂直投影为

$$J = \{y \in \mathbb{R} \mid \exists\, x, \text{s.t.}\ (x,y) \in \Omega\}.$$

如果 $\forall\, y \in J$，截 $\Omega^y = \{x \in \mathbb{R} \mid (x,y) \in \Omega\}$ 为一区间(可以退缩为一点)，则

$$\int_\Omega f = \int_J \mathrm{d}y \int_{\Omega^y} f(x,y)\mathrm{d}x.$$

定理 10.3.5(有界集上化二重积分为累次积分) 设

$$\Omega = \{(x,y) \in \mathbb{R}^2 \mid y_1(x) \leqslant y \leqslant y_2(x), a \leqslant x \leqslant b\},$$

其中函数 y_1 与 y_2 在$[a,b]$上连续，函数 f 在 Ω 上可积. 如果 $\forall\, x \in [a,b]$，单变量积分

$$\int_{y_1(x)}^{y_2(x)} f(x,y)\mathrm{d}y$$

存在，则

$$\int_\Omega f = \int_a^b \mathrm{d}x \int_{y_1(x)}^{y_2(x)} f(x,y)\mathrm{d}y.$$

定理 10.3.6(有界集上化二重积分为累次积分) 设

$$\Omega = \{(x,y) \in \mathbb{R}^2 \mid x_1(y) \leqslant x \leqslant x_2(y), c \leqslant y \leqslant d\},$$

其中函数 x_1 与 x_2 在$[c,d]$上连续，函数 f 在 Ω 上可积. 如果 $\forall\, y \in [c,d]$，单变量积分

$$\int_{x_1(y)}^{x_2(y)} f(x,y)\mathrm{d}x$$

存在，则

$$\int_\Omega f = \int_c^d \mathrm{d}y \int_{x_1(y)}^{x_2(y)} f(x,y)\mathrm{d}x.$$

注 结合定理 10.3.5 与定理 10.3.6，可以将一个二重积分化为累次积分计算；也可以将一个难算或不能算的累次积分通过交换积分化为一个易算或能算的累次积分.

Ⅳ. 二重积分的换元(变量代换)

定理 10.4.1(二重积分的换元(变量代换)) 设 $\Omega \subset \mathbb{R}^2$ 为开集，映射

$$\boldsymbol{F}: \Omega \to \mathbb{R}^2, \quad (u,v) \mapsto \boldsymbol{F}(u,v) = (x(u,v), y(u,v))$$

满足：(1°) $\boldsymbol{F}\in C^1(\Omega,\mathbb{R}^2)$；

(2°) $\dfrac{\partial(x,y)}{\partial(u,v)}=\det \boldsymbol{JF}(u,v)=\det \boldsymbol{JF}(\boldsymbol{p})\neq 0,\boldsymbol{p}=(u,v)\in\Omega$；

(3°) $\boldsymbol{F}$ 为单射.

如果集合 Δ 为有面积集，且 $\overline{\Delta}\subset\Omega$，$f$ 为 $\boldsymbol{F}(\Omega)$ 上的连续函数，则 $\boldsymbol{F}(\Delta)$ 也为有面积集，且

$$\int_{\boldsymbol{F}(\Delta)} f=\int_{\Delta} f\circ \boldsymbol{F}\mid \det \boldsymbol{JF}\mid,$$

即

$$\iint\limits_{\boldsymbol{F}(\Delta)} f(x,y)\mathrm{d}x\mathrm{d}y=\iint\limits_{\Delta} f(x(u,v),y(u,v))\left|\frac{\partial(x,y)}{\partial(u,v)}\right|\mathrm{d}u\mathrm{d}v.$$

定理 10.4.2(二维极坐标换元公式) 设 $\Omega=(0,+\infty)\times(0,2\pi)$，$\Delta\subset\overline{\Omega}$ 为有面积集，$F:\mathbb{R}^2\to\mathbb{R}^2,(r,\varphi)\mapsto(x,y)=\boldsymbol{F}(r,\varphi)=(r\cos\varphi,r\sin\varphi)$，

$$\det \boldsymbol{JF}(r,\varphi)=\begin{vmatrix}\cos\varphi & -r\sin\varphi\\ \sin\varphi & r\cos\varphi\end{vmatrix}=r.$$

如果 f 在 $\mathbb{R}^2$ 上连续，则

$$\iint\limits_{\boldsymbol{F}(\Delta)} f(x,y)\mathrm{d}x\mathrm{d}y=\iint\limits_{\Delta} f(r\cos\varphi,r\sin\varphi)r\mathrm{d}r\mathrm{d}\varphi.$$

注 通过二重积分的换元(变量代换)将一个难算或不能算的二重积分化为易算或能算的二重积分.

Ⅴ. 三重积分、n 重积分

n 元函数的 n 重积分在概念和理论上都与二重积分的概念和理论是一样的(参阅[1]第二册 251～253 页).

定理 10.5.1(三重积分化为累次积分) 有界集 $\Omega\subset\mathbb{R}^3$ 为有体积集，$f:\Omega\to\mathbb{R}$ 有界且连续.

(1) 设 Ω 在 xOy 平面上的垂直投影为 $D=\{(x,y)\mid\exists z\in\mathbb{R},\text{s.t.}(x,y,z)\in\Omega\}$，它为有面积集，且当 $(x,y)\in D$ 时，过点 $(x,y,0)$ 并垂直于 xOy 平面的直线与 Ω 交成一个区间 $\Omega_{xy}=\{z\mid(x,y,z)\in\Omega\}=[\varphi_1(x,y),\varphi_2(x,y)]$(可退化为一点)，则

$$\int_{\Omega} f=\iint\limits_{\Omega}\mathrm{d}x\mathrm{d}y\int_{\Omega_{xy}} f(x,y,z)\mathrm{d}z=\iint\limits_{\Omega}\mathrm{d}x\mathrm{d}y\int_{\varphi_1(x,y)}^{\varphi_2(x,y)} f(x,y,z)\mathrm{d}z.$$

(2) 设 Ω 在 z 轴上的垂直投影 $J=\{z\mid\exists(x,y)\in\mathbb{R}^2,\text{s.t.}(x,y,z)\in\Omega\}$ 为一个区间，且当 $z\in J$ 时，通过点 $(0,0,z)$ 并垂直于 z 轴的平面与 Ω 交成的图形在 xOy 平面上的垂直投影 $\Omega_z=\{(x,y)\mid(x,y,z)\in\Omega\}$ 为一有面积集，则

$$\int_{\Omega} f=\int_{J}\mathrm{d}z\iint\limits_{\Omega_z} f(x,y,z)\mathrm{d}x\mathrm{d}y.$$

定理 10.5.2　在定理 10.5.1 中：

(1) 如果 $D=\{(x,y)\mid\psi_1(x)\leqslant y\leqslant\psi_2(x),a\leqslant x\leqslant b\}$，$\psi_1(x)$ 与 $\psi_2(x)$ 都为连续函数，则

$$\int_\Omega f=\int_a^b \mathrm{d}x\int_{\psi_1(x)}^{\psi_2(x)}\mathrm{d}y\int_{\psi_1(x,y)}^{\psi_2(x,y)}f(x,y,z)\mathrm{d}z.$$

(2) 如果 $J=[c,d]$，$\Omega_z=\{(x,y)\mid\varphi_1(y,z)\leqslant x\leqslant\varphi_2(y,z),\psi_1(z)\leqslant y\leqslant\psi_2(z)\}$，其中 $\varphi_1(y,z)$，$\varphi_2(y,z)$，$\psi_1(z)$，$\psi_2(z)$ 都为连续函数，则

$$\int_\Omega f=\int_c^d \mathrm{d}z\int_{\psi_1(z)}^{\psi_2(z)}\mathrm{d}y\int_{\varphi_1(y,z)}^{\varphi_2(y,z)}f(x,y,z)\mathrm{d}x.$$

更一般地，有

定理 10.5.3（n 重积分化为累次积分）　设有界集 $\Omega\subset\mathbb{R}^n$ 为有体积集，$f:\Omega\to\mathbb{R}$ 为有界连续函数.

(1) 如果 $\Omega=\{\boldsymbol{x}=(x_1,x_2,\cdots,x_n)\in\mathbb{R}^n\mid$ 当 $(x_1,x_2,\cdots,x_{n-1})\in D\subset\mathbb{R}^{n-1}$ 时，$\varphi_1(x_1,x_2,\cdots,x_{n-1})\leqslant x_n\leqslant\varphi_2(x_1,x_2,\cdots,x_{n-1})\}$，其中 D 为 $n-1$ 维有体积集，φ_1 与 φ_2 都连续，则

$$\int_\Omega f=\int\cdots\int_D \mathrm{d}x_1\cdots\mathrm{d}x_{n-1}\int_{\varphi_1(x_1,\cdots,x_{n-1})}^{\varphi_2(x_1,\cdots,x_{n-1})}f(x_1,\cdots,x_{n-1},x_n)\mathrm{d}x_n.$$

(2) 如果 $\Omega=\{\boldsymbol{x}=(x_1,x_2,\cdots,x_n)\in\mathbb{R}^n\mid$ 当 $x_n\in[a,b]$ 时，$(x_1,x_2,\cdots,x_{n-1})\in\Omega_{x_n}\subset\mathbb{R}^{n-1}\}$，其中 Ω_{x_n} 为 $n-1$ 维有体积集，则

$$\int_\Omega f=\int_a^b \mathrm{d}x_n\int\cdots\int_{\Omega_{x_n}}f(x_1,x_2,\cdots,x_{n-1},x_n)\mathrm{d}x_1\cdots\mathrm{d}x_{n-1}.$$

(3) 如果 $\Omega=\{\boldsymbol{x}=(x_1,x_2,\cdots,x_n)\in\mathbb{R}^n\mid$ 当 $(x_{k+1},\cdots,x_n)\in D\subset\mathbb{R}^{n-k}$ 时，$(x_1,x_2,\cdots,x_k)\in\Omega_{x_{k+1}\cdots x_n}\subset\mathbb{R}^k\}$，其中 D 与 $\Omega_{x_{k+1}\cdots x_n}$ 分别为 $n-k$ 维与 k 维有体积集，则

$$\int_\Omega f=\overbrace{\int\cdots\int_D}^{n-k}\mathrm{d}x_{k+1}\cdots\mathrm{d}x_n\overbrace{\int\cdots\int_{\Omega_{x_{k+1}\cdots x_n}}}^{k}f(x_1,x_2,\cdots,x_n)\mathrm{d}x_1\cdots\mathrm{d}x_n.$$

定理 10.5.4（n 重积分的换元（变量代换））　设 $\Omega\subset\mathbb{R}^n$ 为开集，映射 $\boldsymbol{F}=(F_1,F_2,\cdots,F_n):\Omega\to\mathbb{R}^n$，$\boldsymbol{u}=(u_1,u_2,\cdots,u_n)\mapsto\boldsymbol{x}=(x_1,x_2,\cdots,x_n)=\boldsymbol{F}(\boldsymbol{u})=(F_1(u_1,u_2,\cdots,u_n),F_2(u_1,u_2,\cdots,u_n),\cdots,F_n(u_1,u_2,\cdots,u_n))$，且满足：

(1°) $\boldsymbol{F}\in C^1(\Omega,\mathbb{R}^n)$；

(2°) $\dfrac{\partial(x_1,x_2,\cdots,x_n)}{\partial(u_1,u_2,\cdots,u_n)}=\det\boldsymbol{JF}(u_1,u_2,\cdots,u_n)\overset{\text{def}}{=}\det\boldsymbol{JF}(\boldsymbol{p})\neq0$，$\boldsymbol{p}=(u_1,u_2,\cdots,u_n)\in\Omega$；

(3°) $\boldsymbol{F}$ 为单射.

如果集合 Δ 为有体积集，$\overline{\Delta}\subset\Omega$，$f$ 为 $\boldsymbol{F}(\Omega)$ 上的连续函数，$\boldsymbol{F}(\Delta)$ 也为有体积集，且

$$\int_{\boldsymbol{F}(\Delta)}f=\int_\Delta f\circ\boldsymbol{F}\mid\det\boldsymbol{JF}\mid,$$

即

$$\int\cdots\int_{\boldsymbol{F}(\Delta)}f(x_1,x_2,\cdots,x_n)\mathrm{d}x_1\mathrm{d}x_2\cdots\mathrm{d}x_n$$

$$=\int\cdots\int_{\Delta} f(x_1(u_1,u_2,\cdots,u_n),\cdots,x_n(u_1,u_2,\cdots,u_n))\left|\frac{\partial(x_1,x_2,\cdots,x_n)}{\partial(u_1,u_2,\cdots,u_n)}\right|\mathrm{d}u_1\mathrm{d}u_2\cdots\mathrm{d}u_n.$$

当 $n=3$ 时,为

$$\iiint_{F(\Delta)} f(x,y,z)\mathrm{d}x\mathrm{d}y\mathrm{d}z=\iiint_{\Delta} f(x(u,v,w),y(u,v,w),z(u,v,w))\left|\frac{\partial(x,y,z)}{\partial(u,v,w)}\right|\mathrm{d}u\mathrm{d}v\mathrm{d}w.$$

定理 10.5.5(三重积分球坐标换元公式) 设 $\Omega=(0,+\infty)\times(0,\pi)\times(0,2\pi)$,$\Delta\subset\bar{\Omega}$ 为有体积集,则 $\boldsymbol{F}(\Delta)$ 也为有体积集,其中 $(x,y,z)=\boldsymbol{F}(r,\theta,\varphi)=(r\sin\theta\cos\varphi,r\sin\theta\sin\varphi,r\cos\theta)$.如果 f 在 $\mathbb{R}^3$ 上连续,则

$$\iiint_{F(\Delta)} f(x,y,z)\mathrm{d}x\mathrm{d}y\mathrm{d}z=\iiint_{\Delta} f(r\sin\theta\cos\varphi,r\sin\theta\sin\varphi,r\cos\theta)r^2\sin\theta\mathrm{d}r\mathrm{d}\theta\mathrm{d}\varphi.$$

定理 10.5.6(n 重积分球坐标换元公式) 设 $\Omega=(0,+\infty)\times(0,\pi)\times\cdots\times(0,\pi)\times(0,2\pi)\subset\mathbb{R}^n$,$\Delta\subset\bar{\Omega}$ 为有体积集,则 $\boldsymbol{F}(\Delta)$ 也为有体积集,其中 $(x_1,x_2,\cdots,x_n)=\boldsymbol{F}(r,\theta_1,\theta_2,\cdots,\theta_{n-1})=(r\cos\theta_1,r\sin\theta_1\cos\theta_2,r\sin\theta_1\sin\theta_2\cos\theta_3,\cdots,r\sin\theta_1\sin\theta_2\sin\theta_3\cdots\sin\theta_{n-2}\cos\theta_{n-1},r\sin\theta_1\sin\theta_2\sin\theta_3\cdots\sin\theta_{n-2}\sin\theta_{n-1})$,如果 f 在 $\mathbb{R}^n$ 上连续,则

$$\int\cdots\int_{F(\Delta)} f(x_1,x_2,\cdots,x_n)\mathrm{d}x_1\mathrm{d}x_2\cdots\mathrm{d}x_n$$

$$=\int\cdots\int_{\Delta} f(r\cos\theta_1,r\sin\theta_1\cos\theta_2,r\sin\theta_1\sin\theta_2\cos\theta_3,\cdots,r\sin\theta_1\sin\theta_2\sin\theta_3\cdots\sin\theta_{n-2}\cos\theta_{n-1},$$

$$r\sin\theta_1\sin\theta_2\sin\theta_3\cdots\sin\theta_{n-2}\sin\theta_{n-1})r^{n-1}\sin^{n-2}\theta_1\sin^{n-3}\theta_2\cdots\sin\theta_{n-2}\mathrm{d}r\mathrm{d}\theta_1\cdots\mathrm{d}\theta_{n-1}.$$

定理 10.5.7(三重积分柱坐标换元公式) 设 $\Omega=(0,+\infty)\times(0,2\pi)\times\mathbb{R}$,$\Delta\subset\bar{\Omega}$ 为有体积集,则 $\boldsymbol{F}(\Delta)$ 也为有体积集,其中 $\boldsymbol{F}(r,\varphi,z)=(r\cos\varphi,r\sin\varphi,z)$.如果 f 在 $\mathbb{R}^3$ 中连续,则

$$\iiint_{F(\Delta)} f(x,y,z)\mathrm{d}x\mathrm{d}y\mathrm{d}z=\iiint_{\Delta} f(r\cos\varphi,r\sin\varphi,z)r\mathrm{d}r\mathrm{d}\varphi\mathrm{d}z.$$

例 10.5.11 n 维 Euclid 空间 $\mathbb{R}^n$ 中,点集

$$S_n(a)=\{(x_1,x_2,\cdots,x_n)\mid x_1,x_2,\cdots,x_n\geqslant 0 \text{ 且 } x_1+x_2+\cdots+x_n\leqslant a\},\quad a>0$$

称为一个 **n 维单形**.它的体积为

$$v(S_n(a))=\frac{a^n}{n!},\quad n\in\mathbb{N}.$$

例 10.5.12 n 维 Euclid 空间 $\mathbb{R}^n$ 中,以原点为中心,$a>0$ 为半径的 **n 维闭球体**

$$\overline{B_n(\mathbf{0};a)}=\{(x_1,x_2,\cdots,x_n)\mid x_1^2+x_2^2+\cdots+x_n^2\leqslant a^2\}$$

的体积为

$$v(\overline{B_n(\mathbf{0};a)})=\frac{(\sqrt{\pi}a)^n}{\Gamma\left(\frac{n+2}{2}\right)}=\begin{cases}\dfrac{\pi^k}{k!}a^{2k}, & n=2k,\\[2mm] \dfrac{2^k\pi^{k-1}}{(2k-1)!!}a^{2k-1}, & n=2k-1.\end{cases}$$

例 10.5.14 $n-1$ 维单位球面 $S^{n-1}(1)=\{(x_1,x_2,\cdots,x_n)\in\mathbb{R}^n \mid x_1^2+x_2^2+\cdots+x_n^2=1\}$，则它的面积为

$$\sigma(S^{n-1}(1))=\begin{cases}\dfrac{2\pi^k}{(k-1)!}, & n=2k,\\ \dfrac{2(2\pi)^{k-1}}{(2k-3)!!}, & n=2k-1.\end{cases}$$

Ⅵ. 广义重积分

参阅[1]第二册 281～292 页.

410. 设 $f>0$ 在闭区间 $I\subset\mathbb{R}^2$ 上成立，且 f 在 I 上 Riemann 可积. 证明：$\int_I f>0$.

证法 1 因为 f 在 I 上 Riemann 可积，所以 f 在 I 上几乎处处连续，即不连续点集 $D_{不}^f$ 为零测集. 记为 $\mathrm{meas}D_{不}^f=0$. 于是，必有 $\boldsymbol{x}^0\in\mathring{I}$，$f$ 在 $\boldsymbol{x}^0$ 连续. 又因 $f(\boldsymbol{x}^0)>0$. 故对 $\varepsilon=\dfrac{f(\boldsymbol{x}^0)}{2}>0$，$\exists\delta>0$，s. t. 当 $B(\boldsymbol{x}^0;\delta)\subset\mathring{I}$. $\forall\boldsymbol{x}\in B(\boldsymbol{x}^0;\delta)$时，有

$$f(\boldsymbol{x})>f(\boldsymbol{x}_0)-\varepsilon=f(\boldsymbol{x}^0)-\frac{f(\boldsymbol{x}^0)}{2}=\frac{f(\boldsymbol{x}^0)}{2}>0,$$

于是

$$\int_I f\geqslant\int_{B(\boldsymbol{x}^0;\delta)}f\geqslant\int_{B(\boldsymbol{x}^0;\delta)}\frac{f(\boldsymbol{x}^0)}{2}=\frac{f(\boldsymbol{x}^0)}{2}v(B(\boldsymbol{x}^0;\delta))>0.$$

证法 2 由 $f>0$ 立得 $\int_I f\geqslant 0$.（反证）假设 $\int_I f=0$，将 I 2^n 等分，记为 $\{I_1^1,\cdots,I_{2^n}^1\}$，当 n 充分大时有

$$\sum_{i=1}^{2^n}\sup_{I_i^1}f\cdot\mathrm{vol}I_i^1<1\cdot\mathrm{vol}I.$$

因此，必存在某一 I_{i_0}，记为 J_1，使得 $\sup\limits_{J_1}f<1$. 再将 J_1 2^m 等分，使得 $\sum\limits_{i=1}^{m}\sup\limits_{I_i^2}f\cdot\mathrm{vol}I_i^2<\dfrac{1}{2}\mathrm{vol}J_1$，其中必有一等分 J_2，使得 $\sup\limits_{J_2}f<\dfrac{1}{2}$，如此继续等分下去，得一序列 $\{J_k\}$，使得 $J_1\supset J_2\supset\cdots\supset J_n\supset\cdots$ 且

$$\sup_{J_k}f<\frac{1}{k},\quad \mathrm{diam}J_k\to 0\quad (k\to+\infty).$$

由闭区间套原理，$\exists\boldsymbol{x}^0\in\bigcap\limits_{k=1}^{\infty}J_k\subset I$，s. t.

$$0<f(\boldsymbol{x}^0)\leqslant\sup_{J_k}f<\frac{1}{k}\to 0\quad (k\to+\infty).$$

由此得 $f(\boldsymbol{x}^0)=0$. 与题设 $f(\boldsymbol{x}^0)>0$ 矛盾,故 $\int_I f>0$. □

411. 设闭区间 $I\subset\mathbb{R}^2$ 上的连续函数列 $\{f_n\}$ 满足 $f_1\geqslant f_2\geqslant\cdots\geqslant f_n\geqslant\cdots$ 且 $\lim\limits_{n\to+\infty}f_n=0$. 证明:

(1) $\{f_n\}$ 在 I 上一致收敛于 0;

(2) $\lim\limits_{n\to+\infty}\int_I f_n=0$.

证明 (1) 参阅 103 题(复习题 2 中 19 题)的证明.

(2) $\forall\varepsilon>0$,因为 $\{f_n\}$ 在 I 上一致收敛于 0. 故 $\exists N\in\mathbb{N}$,当 $n>N$ 时有 $0\leqslant f_n<\frac{\varepsilon}{\mathrm{vol}I}$. 于是

$$\left|\int_I f_n-0\right|=\int_I f_n<\int_I\frac{\varepsilon}{\mathrm{vol}I}=\frac{\varepsilon}{\mathrm{vol}I}\cdot\mathrm{vol}I=\varepsilon.$$

这就证明了 $\lim\limits_{n\to+\infty}\int_I f_n=0$. □

412. 设 $I\subset\mathbb{R}^2$ 为闭区间,且 $\int_I f>0$. 证明:存在闭区间 $J\subset I$,使得 $f>0$ 在 J 上成立.

证法 1 因 f 在 I 上 Riemann 可积,故 f 在 I 上几乎处处连续. 由 $\int_I f>0$,必有连续点 $\boldsymbol{x}^0\in\mathring{I}$, s. t. $f(\boldsymbol{x}^0)>0$(否则,若所有 f 的连续点 x,都有 $f(x)\leqslant 0$. 对 I 的任一分割 $T=\{I_1,I_2,\cdots,I_k\}$,取 $\boldsymbol{\xi}_i\in I_i$, $\boldsymbol{\xi}_i$ 为 f 的连续点,就有 $f(\boldsymbol{\xi}_i)\leqslant 0$,故 $\sum\limits_{i=1}^{k}f(\boldsymbol{\xi}_i)\mathrm{vol}I_i\leqslant 0$,因而

$$0<\int_I f=\lim_{\|T\|\to 0}\sum_{i=1}^{k}f(\boldsymbol{\xi}_i)\mathrm{vol}I_i\leqslant 0.$$

矛盾). 对 $\varepsilon=\frac{f(\boldsymbol{x}^0)}{2}>0$. $\exists\delta>0$, s. t. $B(\boldsymbol{x}^0;\delta)\subset I$,且 $\forall\boldsymbol{x}\in B(\boldsymbol{x}^0;\delta)$,有

$$f(\boldsymbol{x})>f(\boldsymbol{x}^0)-\varepsilon=f(\boldsymbol{x}^0)-\frac{f(\boldsymbol{x}^0)}{2}=\frac{f(\boldsymbol{x}^0)}{2}>0.$$

对 $B(\boldsymbol{x}^0;\delta)$ 的内接区间 $J\subset B(\boldsymbol{x}^0;\delta)\subset I$. 在 J 上,有 $f>0$.

证法 2 由 f 在 I 上 Riemann 可积知 f 在 I 上几乎处处连续,故必 $\exists\boldsymbol{x}^0\in\mathring{I}$, s. t. $f(\boldsymbol{x}^0)>0$((反证). 若所有连续点 $\boldsymbol{x}^0$,都有 $f(\boldsymbol{x}^0)\leqslant 0$,则

$$0<\int_I f=(L)\int_{I-D_{\text{不}}^f}f+(L)\int_{D_{\text{不}}^f}f\leqslant 0+0=0,$$

矛盾. (L)表示 Lebesgue 积分). 同证 1,存在闭区间 $J\subset I$, s. t. $f|_J>0$. □

413. (1) 设 $f(x)$ 在 $[a,b]$ 上连续. 应用二重积分与 $f(x)f(y)\leqslant\frac{f^2(x)+f^2(y)}{2}$,证明:

$$\left[\int_a^b f(x)\mathrm{d}x\right]^2\leqslant(b-a)\int_a^b f^2(x)\mathrm{d}x,$$

其中等号仅在 $f(x)$ 为常值函数时成立；

(2) 设 $f(x)$ 与 $g(x)$ 在 $[a,b]$ 上 Riemann 可积，应用二重积分证明：

$$\left[\int_a^b f(x)g(x)\mathrm{d}x\right]^2 \leqslant \int_a^b f^2(x)\mathrm{d}x\int_a^b g^2(x)\mathrm{d}x.$$

证法 1　(1) 令 $I=[a,b]\times[a,b]$，则

$$\begin{aligned}\left(\int_a^b f(x)\mathrm{d}x\right)^2 &= \int_a^b f(x)\mathrm{d}x\int_a^b f(y)\mathrm{d}y = \iint_I f(x)f(y)\mathrm{d}x\mathrm{d}y\\ &\leqslant \iint_I \frac{f^2(x)+f^2(y)}{2}\mathrm{d}x\mathrm{d}y = \frac{1}{2}\left[\int_a^b \mathrm{d}y\int_a^b f^2(x)\mathrm{d}x + \int_a^b \mathrm{d}x\int_a^b f^2(y)\mathrm{d}y\right]\\ &= \frac{1}{2}\left[(b-a)\int_a^b f^2(x)\mathrm{d}x + (b-a)\int_a^b f^2(y)\mathrm{d}y\right]\\ &= \frac{b-a}{2}\left[\int_a^b f^2(x)\mathrm{d}x + \int_a^b f^2(x)\mathrm{d}x\right] = (b-a)\int_a^b f^2(x)\mathrm{d}x.\end{aligned}$$

式中等号成立 $\Leftrightarrow f(x)=f(y),\ \forall\,(x,y)\in I \Leftrightarrow f(x)\equiv$ 常数.

(2) 由 $[f(x)g(y)-f(y)g(x)]^2\geqslant 0,(x,y)\in[a,b]\times[a,b]=I$，得

$$\begin{aligned}0&\leqslant \iint_I [f(x)g(y)-g(x)f(y)]^2\mathrm{d}x\mathrm{d}y\\ &= \iint_I f^2(x)g^2(y)\mathrm{d}x\mathrm{d}y + \iint_I f^2(y)g^2(x)\mathrm{d}x\mathrm{d}y - 2\iint_I f(x)g(x)f(y)g(y)\mathrm{d}x\mathrm{d}y\\ &= 2\int_a^b f^2(x)\mathrm{d}x\int_a^b g^2(x)\mathrm{d}x - 2\int_a^b f(x)g(x)\mathrm{d}x\int_a^b f(y)g(y)\mathrm{d}y\\ &= 2\left[\int_a^b f^2(x)\mathrm{d}x\int_a^b g^2(x)\mathrm{d}x - \left(\int_a^b f(x)g(x)\mathrm{d}x\right)^2\right].\end{aligned}$$

所以

$$\left(\int_a^b f(x)g(x)\mathrm{d}x\right)^2 \leqslant \int_a^b f^2(x)\mathrm{d}x\int_a^b g^2(x)\mathrm{d}x.$$

证法 2　(1) 同(2)的证法 1. 因为 $(f(x)-f(y))^2\geqslant 0,\ \forall\, x,y\in[a,b]\times[a,b]$（等号仅当 $f(x)=f(y),\ \forall\, x\in[a,b],\ \forall\, y\in[a,b]$，即 $f(x)=$ 常数时成立），故

$$\begin{aligned}0&\leqslant \iint_I [f(x)-f(y)]^2\mathrm{d}x\mathrm{d}y\\ &= \iint_I f^2(x)\mathrm{d}x\mathrm{d}y + \iint_I f^2(y)\mathrm{d}x\mathrm{d}y - 2\iint_I f(x)f(y)\mathrm{d}x\mathrm{d}y\\ &= 2\int_a^b \mathrm{d}y\int_a^b f^2(x)\mathrm{d}x - 2\int_a^b f(x)\mathrm{d}x\int_a^b f(y)\mathrm{d}y\\ &= 2(b-a)\int_a^b f^2(x)\mathrm{d}x - 2\left[\int_a^b f(x)\mathrm{d}x\right]^2.\end{aligned}$$

故

$$\left[\int_a^b f(x)\mathrm{d}x\right]^2 \leqslant (b-a)\int_a^b f^2(x)\mathrm{d}x.$$

等号仅当 $f(x)=$常数($x\in[a,b]$)时成立.

(2)(应用 Cauchy-Schwarz 不等式) 任取$[a,b]$的分割 T. 因为

$$\left(\sum_{i=1}^n f(\xi_i)g(\xi_i)\Delta x_i\right)^2 \leqslant \sum_{i=1}^n (f(\xi_i)\sqrt{\Delta x_i})^2 \sum_{i=1}^n (g(\xi_i)\sqrt{\Delta x_i})^2$$

$$= \sum_{i=1}^n f^2(\xi_i)\Delta x_i \sum_{i=1}^n g^2(\xi_i)\Delta x_i,$$

故令 $\|T\|\to 0$,由积分定义即得

$$\left(\int_a^b f(x)g(x)\mathrm{d}x\right)^2 = \lim_{\|T\|\to 0}\left(\sum_{i=1}^n f(\xi_i)g(\xi_i)\Delta x_i\right)^2$$

$$\leqslant \lim_{\|T\|\to 0}\left(\sum_{i=1}^n f^2(\xi_i)\Delta x_i \sum_{i=1}^n g^2(\xi_i)\Delta x_i\right) = \int_a^b f^2(x)\mathrm{d}x\int_a^b g^2(x)\mathrm{d}x.$$

证法 3 (1) 根据(2)的结论,令 $g(x)=1, x\in[a,b]$,就有

$$\left(\int_a^b f(x)\mathrm{d}x\right)^2 = \int_a^b f(x)\cdot 1\mathrm{d}x \leqslant \int_a^b f^2(x)\mathrm{d}x\int_a^b 1^2\mathrm{d}x = (b-a)\int_a^b f^2(x)\mathrm{d}x.$$ □

414. 设 $f(x,y)$在$[0,\pi]^2$ 上连续,且恒取正值. 求

$$\lim_{n\to+\infty}\iint_{[0,\pi]^2}\sin x\sqrt[n]{f(x,y)}\,\mathrm{d}x\mathrm{d}y.$$

解 由 f 在$[0,\pi]^2$ 上连续,且恒取正值知 f 在$[0,\pi]^2$ 上达到最大值 M 及最小值 m,且 $m>0$. 即

$$0<m\leqslant f(x,y)\leqslant M,$$

$$\sqrt[n]{m}\leqslant\sqrt[n]{f(x,y)}\leqslant\sqrt[n]{M}.$$

由于 $\lim\limits_{n\to+\infty}\sqrt[n]{m}=1=\lim\limits_{n\to+\infty}\sqrt[n]{M}$,根据夹逼定理得

$$\lim_{n\to+\infty}\sqrt[n]{f(x,y)}=1.$$

对 $\forall\varepsilon>0$, $\exists N\in\mathbb{N}$,当 $n>N$ 时,有 $\left|\sqrt[n]{f(x,y)}-1\right|<\frac{\varepsilon}{2\pi}$,于是

$$\left|\iint_{[0,\pi]^2}\sin x\sqrt[n]{f(x,y)}\,\mathrm{d}x\mathrm{d}y-\iint_{[0,\pi]^2}\sin x\,\mathrm{d}x\mathrm{d}y\right| = \left|\iint_{[0,\pi]^2}\sin x\left[\sqrt[n]{f(x,y)}-1\right]\mathrm{d}x\mathrm{d}y\right|$$

$$\leqslant \iint_{[0,\pi]^2}\sin x\left|\sqrt[n]{f(x,y)}-1\right|\mathrm{d}x\mathrm{d}y$$

$$<\frac{\varepsilon}{2\pi}\int_0^\pi\mathrm{d}y\int_0^\pi\sin x\,\mathrm{d}x = \frac{\varepsilon}{2\pi}\pi\cdot 2=\varepsilon.$$

由此得

$$\lim_{n\to+\infty}\iint\limits_{[0,\pi]^2}\sin x\sqrt[n]{f(x,y)}\,\mathrm{d}x\mathrm{d}y=\iint\limits_{[0,\pi]^2}\sin x\,\mathrm{d}x\mathrm{d}y=2\pi.$$ □

415. 设 f 为区间 $[a,b]$ 上的连续函数，应用不等式 $\mathrm{e}^u\geqslant 1+u$，证明：

$$\iint\limits_{\substack{a\leqslant x\leqslant b\\ a\leqslant y\leqslant b}}\mathrm{e}^{f(x)-f(y)}\,\mathrm{d}x\mathrm{d}y\geqslant(b-a)^2.$$

证法 1　对 $\forall u\in\mathbb{R}$，$\mathrm{e}^u\geqslant 1+u$，等号仅当 $u=0$ 时成立，由此得

$$\mathrm{e}^{f(x)-f(y)}\geqslant 1+f(x)-f(y).$$

于是

$$\iint\limits_{\substack{a\leqslant x\leqslant b\\ a\leqslant y\leqslant b}}\mathrm{e}^{f(x)-f(y)}\,\mathrm{d}x\mathrm{d}y\geqslant\iint\limits_{\substack{a\leqslant x\leqslant b\\ a\leqslant y\leqslant b}}[1+f(x)-f(y)]\,\mathrm{d}x\mathrm{d}y$$

$$=(b-a)^2+\int_a^b\left[\int_a^b f(x)\,\mathrm{d}x\right]\mathrm{d}y-\int_a^b\left[\int_a^b f(y)\,\mathrm{d}y\right]\mathrm{d}x=(b-a)^2.$$

证法 2　对 $\forall u\in\mathbb{R}$，$\mathrm{e}^u>0$，故

$$\iint\limits_{\substack{a\leqslant x\leqslant b\\ a\leqslant y\leqslant b}}\mathrm{e}^{f(x)-f(y)}\,\mathrm{d}x\mathrm{d}y=\iint\limits_{\substack{a\leqslant x\leqslant b\\ a\leqslant y\leqslant b}}\mathrm{e}^{f(x)}\cdot\mathrm{e}^{-f(y)}\,\mathrm{d}x\mathrm{d}y$$

$$=\int_a^b\left(\int_a^b\mathrm{e}^{f(x)}\,\mathrm{d}x\right)\cdot\mathrm{e}^{-f(y)}\,\mathrm{d}y=\int_a^b\mathrm{e}^{f(x)}\,\mathrm{d}x\int_a^b\frac{1}{\mathrm{e}^{f(x)}}\,\mathrm{d}x$$

$$\overset{413题}{\geqslant}\left[\int_a^b\sqrt{\mathrm{e}^{f(x)}}\cdot\frac{1}{\sqrt{\mathrm{e}^{f(x)}}}\,\mathrm{d}x\right]^2=\left(\int_a^b\mathrm{d}x\right)^2=(b-a)^2.$$

证法 3　注意到

$$\iint\limits_{\substack{a\leqslant x\leqslant b\\ a\leqslant y\leqslant b}}\mathrm{e}^{f(x)-f(y)}\,\mathrm{d}x\mathrm{d}y=\iint\limits_{\substack{a\leqslant x\leqslant b\\ a\leqslant y\leqslant b}}\mathrm{e}^{f(y)-f(x)}\,\mathrm{d}x\mathrm{d}y,$$

故

$$\iint\limits_{\substack{a\leqslant x\leqslant b\\ a\leqslant y\leqslant b}}\mathrm{e}^{f(x)-f(y)}\,\mathrm{d}x\mathrm{d}y=\frac{1}{2}\iint\limits_{\substack{a\leqslant x\leqslant b\\ a\leqslant y\leqslant b}}[\mathrm{e}^{f(x)-f(y)}+\mathrm{e}^{f(y)-f(x)}]\,\mathrm{d}x$$

$$\geqslant\iint\limits_{\substack{a\leqslant x\leqslant b\\ a\leqslant y\leqslant b}}[\mathrm{e}^{f(x)-f(y)}\cdot\mathrm{e}^{f(y)-f(x)}]^{\frac{1}{2}}\,\mathrm{d}x\mathrm{d}y$$

$$=\iint\limits_{\substack{a\leqslant x\leqslant b\\ a\leqslant y\leqslant b}}\mathrm{d}x\mathrm{d}y=(b-a)^2.$$ □

416. 证明下列积分不等式：

(1) $\int_0^a\mathrm{e}^{-\frac{x^2}{2}}\,\mathrm{d}x<\left[\frac{\pi}{2}\left(1-\mathrm{e}^{-\frac{2a^2}{\pi}}\right)\right]^{\frac{1}{2}}$；

(2) $\frac{\sqrt{\pi}}{2}\sqrt{1-\mathrm{e}^{-a^2}}<\int_0^a \mathrm{e}^{-x^2}\mathrm{d}x<\frac{\sqrt{\pi}}{2}\sqrt{1-\mathrm{e}^{-\frac{4}{\pi}a^2}}$；

(3) $\left(\iint\limits_{x^2+y^2\leqslant 1}\mathrm{e}^{x^2+y^2}\mathrm{d}x\mathrm{d}y\right)^{\frac{1}{2}}\leqslant\sqrt{\pi}\int_0^1\mathrm{e}^{\frac{\pi t^2}{4}}\mathrm{d}t$.

证明 (1) 如416(1)题图所示，以原点为中心，作面积都为 $4a^2$ 的正方形和圆，D 为它们的交，则

$$\left(\int_0^a \mathrm{e}^{-\frac{x^2}{2}}\mathrm{d}x\right)^2=\frac{1}{4}\left(\int_{-a}^a \mathrm{e}^{-\frac{x^2}{2}}\mathrm{d}x\right)^2=\frac{1}{4}\iint\limits_{\substack{-a\leqslant x\leqslant a\\ -a\leqslant y\leqslant a}}\mathrm{e}^{-\frac{x^2+y^2}{2}}\mathrm{d}x\mathrm{d}y$$

$$=\frac{1}{4}\left[\iint\limits_{D}+\iint\limits_{[-a,a]^2\setminus D}\right]\mathrm{e}^{-\frac{x^2+y^2}{2}}\mathrm{d}x\mathrm{d}y<\frac{1}{4}\left[\iint\limits_{D}+\iint\limits_{B\left(0;\frac{2a}{\sqrt{\pi}}\right)\setminus D}\right]\mathrm{e}^{-\frac{x^2+y^2}{2}}\mathrm{d}x\mathrm{d}y$$

$$=\frac{1}{4}\iint\limits_{B\left(0;\frac{2a}{\sqrt{\pi}}\right)}\mathrm{e}^{-\frac{x^2+y^2}{2}}\mathrm{d}x\mathrm{d}y\xlongequal[y=r\sin\theta]{x=r\cos\theta}\frac{1}{4}\int_0^{2\pi}\mathrm{d}\theta\int_0^{\frac{2a}{\sqrt{\pi}}}\mathrm{e}^{-\frac{r^2}{2}}r\mathrm{d}r$$

$$=\frac{1}{4}\cdot 2\pi\left(-\mathrm{e}^{-\frac{r^2}{2}}\right)\Big|_0^{\frac{2a}{\sqrt{\pi}}}=\frac{\pi}{2}\left(1-\mathrm{e}^{\frac{2a^2}{\pi}}\right).$$

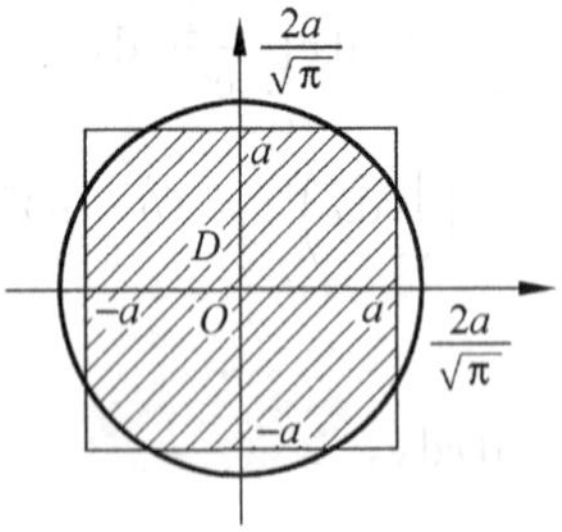

416(1)题图

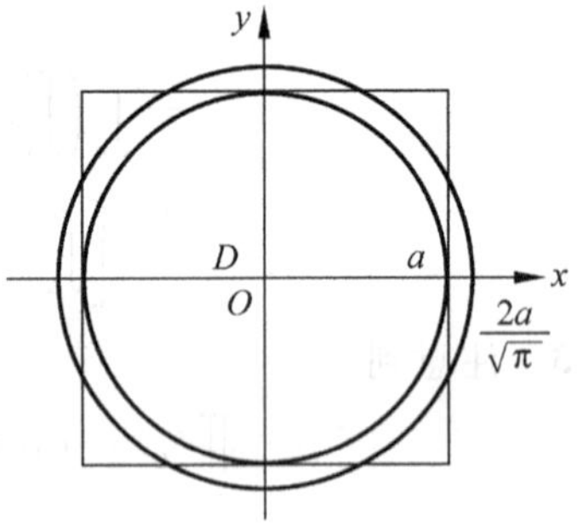

416(2)题图

(2) 类似(1)，以原点为中心，作半径为 a 的圆 D_1. 边长为 $2a$ 的正方形 D_2，和半径为 $\frac{2}{\sqrt{\pi}}a$ 的圆 D_3. 显然，$D_1\subset D_2$，$D_1\subset D_3$. 而 D_2，D_3 的面积 $v(D_2)=v(D_3)=4a^2$. $D_2\cap D_3=D$. 于是，由 $\mathrm{e}^{-(x^2+y^2)}>0$ 得

$$\left(\int_0^a \mathrm{e}^{-x^2}\mathrm{d}x\right)^2=\frac{1}{4}\left(\int_{-a}^a \mathrm{e}^{-x^2}\mathrm{d}x\right)^2=\frac{1}{4}\iint\limits_{D_2}\mathrm{e}^{-(x^2+y^2)}\mathrm{d}x\mathrm{d}y.$$

$$>\frac{1}{4}\iint\limits_{D_1}\mathrm{e}^{-(x^2+y^2)}\mathrm{d}x\mathrm{d}y\xlongequal[y=r\sin\theta]{x=r\cos\theta}\frac{1}{4}\int_0^{2\pi}\mathrm{d}\theta\int_0^a \mathrm{e}^{-r^2}r\mathrm{d}r$$

$$=\frac{\pi}{2}\left(-\frac{1}{2}e^{-r^2}\right)\Big|_0^a=\frac{\pi}{4}(1-e^{-a^2}).$$

另一方面,与(1)的证明一样得

$$\frac{1}{4}\iint_{D_2}e^{-(x^2+y^2)}dxdy=\frac{1}{4}\left[\iint_{D}e^{-(x^2+y^2)}dxdy+\iint_{D_2\setminus D}e^{-(x^2+y^2)}dxdy\right]$$

$$<\frac{1}{4}\left[\iint_{D}e^{-(x^2+y^2)}dxdy+\iint_{D_3\setminus D}e^{-(x^2+y^2)}dxdy\right]$$

$$=\frac{1}{4}\iint_{D_3}e^{-(x^2+y^2)}dxdy=\frac{1}{4}\int_0^{2\pi}d\theta\int_0^{\frac{2}{\sqrt{\pi}}a}e^{-r^2}rdr$$

$$=\frac{\pi}{4}(-e^{-r^2})\Big|_0^{\frac{2}{\sqrt{\pi}}a}=\frac{\pi}{4}(1-e^{-\frac{4}{\pi}a^2}).$$

综合起来,有

$$\frac{\pi}{4}(1-e^{-a^2})<\left(\int_0^a e^{-x^2}dx\right)^2<\frac{\pi}{4}(1-e^{-\frac{4}{\pi}a^2}).$$

开方即得所需不等式

$$\frac{\sqrt{\pi}}{2}\sqrt{1-e^{-a^2}}<\int_0^a e^{-x^2}dx<\frac{\sqrt{\pi}}{2}\sqrt{1-e^{-\frac{4}{\pi}a^2}}.$$

(3) 设 $D_1=\{(x,y)\in\mathbb{R}^2\mid x^2+y^2\leqslant 1\}$,$D_2=\left\{(x,y)\in\mathbb{R}^2\,\middle|\,|x|\leqslant\frac{\sqrt{\pi}}{2},|y|\leqslant\frac{\sqrt{\pi}}{2}\right\}$. 则 $v(D_1)=v(D_2)$. 在 $D_2\setminus D_1$ 中,$x^2+y^2>1$,于是有

$$\iint_{x^2+y^2\leqslant 1}e^{x^2+y^2}dxdy=\iint_{D_1}e^{x^2+y^2}dxdy=\iint_{D_1\cap D_2}e^{x^2+y^2}dxdy+\iint_{D_1\setminus D_2}e^{x^2+y^2}dxdy$$

$$<\iint_{D_1\cap D_2}e^{x^2+y^2}dxdy+\iint_{D_2\setminus D_1}e^{x^2+y^2}dxdy$$

$$=\iint_{D_2}e^{x^2+y^2}dxdy=\int_{-\frac{\sqrt{\pi}}{2}}^{\frac{\sqrt{\pi}}{2}}e^{x^2}dx\int_{-\frac{\sqrt{\pi}}{2}}^{\frac{\sqrt{\pi}}{2}}e^{y^2}dy=\left(\int_{-\frac{\sqrt{\pi}}{2}}^{\frac{\sqrt{\pi}}{2}}e^{x^2}dx\right)^2$$

$$\xlongequal{x=\frac{\sqrt{\pi}}{2}t}\left(\int_{-1}^1 e^{\frac{\pi t^2}{4}}\cdot\frac{\sqrt{\pi}}{2}dt\right)^2=\pi\left(\int_0^1 e^{\frac{\pi t^2}{4}}dt\right)^2,$$

故得

$$\left(\iint_{x^2+y^2\leqslant 1}e^{x^2+y^2}dxdy\right)^{\frac{1}{2}}<\sqrt{\pi}\int_0^1 e^{\frac{\pi t^2}{4}}dt.$$ □

417. 设 $F(t)=\iint\limits_{(x-t)^2+(y-t)^2\leqslant 1}\sqrt{x^2+y^2}\,dxdy$,求 $F'(t)$.

解 设 $x=t+r\cos\theta, y=t+r\sin\theta$,则

$$F(t)=\int_0^{2\pi}\mathrm{d}\theta\int_0^1\sqrt{(t+r\cos\theta)^2+(t+r\sin\theta)^2}\,r\mathrm{d}r.$$

所以

$$\begin{aligned}F'(t)&=\int_0^{2\pi}\mathrm{d}\theta\int_0^1\frac{\partial}{\partial t}\sqrt{(t+r\cos\theta)^2+(t+r\sin\theta)^2}\,r\mathrm{d}r\\&=\int_0^{2\pi}\mathrm{d}\theta\int_0^1\frac{t+r\cos\theta+t+r\sin\theta}{\sqrt{(t+r\cos\theta)^2+(t+r\sin\theta)^2}}r\mathrm{d}r\\&=\iint\limits_{(x-t)^2+(y-t)^2\leqslant1}\frac{x+y}{\sqrt{x^2+y^2}}\mathrm{d}x\mathrm{d}y.\end{aligned}$$

□

418. 设

$$F(t)=\iint\limits_{x^2+y^2\leqslant t^2}f(x,y)\mathrm{d}x\mathrm{d}y\quad(t>0).$$

(1) 当 $f(x,y)$ 为连续函数时,应用极坐标变换求 $F'(t)$;

(2) 当 $f(x,y)$ 具有连续偏导数时,应用变换 $(x,y)=(tu,tv)$ 求 $F'(t)$.

解 (1) 应用极坐标变换 $x=r\cos\theta, y=r\sin\theta$. 得

$$F(t)=\int_0^{2\pi}\mathrm{d}\theta\int_0^t f(r\cos\theta,r\sin\theta)r\mathrm{d}r,$$

所以

$$\begin{aligned}F'(t)&=\int_0^{2\pi}\left[\int_0^t f(r\cos\theta,r\sin\theta)r\mathrm{d}r\right]'_t\mathrm{d}\theta=\int_0^{2\pi}[f(t\cos\theta,t\sin\theta)t]\mathrm{d}\theta\\&=\int_0^{2\pi}tf(t\cos\theta,t\sin\theta)\mathrm{d}\theta.\end{aligned}$$

(2) 变换 $\begin{cases}x=tu,\\y=tv\end{cases}$ 的 Jacobi 行列式 $\dfrac{\partial(x,y)}{\partial(u,v)}=t^2$,由此得

$$F(t)=\iint\limits_{u^2+v^2\leqslant1}f(tu,tv)t^2\mathrm{d}u\mathrm{d}v,$$

所以

$$\begin{aligned}F'(t)&=\iint\limits_{u^2+v^2\leqslant1}[f(tu,tv)t^2]'\mathrm{d}u\mathrm{d}v\\&=\iint\limits_{u^2+v^2\leqslant1}[2tf(tu,tv)+t^2(uf'_1(tu,tv)+vf'_2(tu,tv))]\mathrm{d}u\mathrm{d}v\\&=\iint\limits_{x^2+y^2\leqslant t^2}\frac{1}{t}[2f(x,y)+xf'_x(x,y)+yf'_y(x,y)]\mathrm{d}x\mathrm{d}y.\end{aligned}$$

□

419. 设 $f(x,y)$ 为连续函数. 证明：

$$u(x,y)=\frac{1}{2}\int_0^x \mathrm{d}\xi\int_{\xi-x+y}^{x+y-\xi}f(\xi,\eta)\mathrm{d}\eta$$

满足二阶偏微分方程

$$\frac{\partial^2 u}{\partial x^2}-\frac{\partial^2 u}{\partial y^2}=f(x,y).$$

证明 应用变限积分求导法则和积分号下求导公式有

$$\frac{\partial u}{\partial x}=\frac{1}{2}\int_{x-x+y}^{x+y-x}f(\xi,\eta)\mathrm{d}\eta+\frac{1}{2}\int_0^x[f(\xi,x+y-\xi)\cdot 1-f(\xi,\xi-x+y)(-1)]\mathrm{d}\xi$$

$$=\frac{1}{2}\cdot 0+\frac{1}{2}\int_0^x[f(\xi,x+y-\xi)+f(\xi,\xi-x+y)]\mathrm{d}\xi,$$

$$\frac{\partial^2 u}{\partial x^2}=\frac{1}{2}[f(x,x+y-x)+f(x,x-x+y)]$$

$$+\frac{1}{2}\int_0^x[f'_2(\xi,x+y-\xi)+f'_2(\xi,\xi-x+y)(-1)]\mathrm{d}\xi$$

$$=f(x,y)+\frac{1}{2}\int_0^x[f'_2(\xi,x+y-\xi)-f'_2(\xi,\xi-x+y)]\mathrm{d}\xi.$$

$$\frac{\partial u}{\partial y}=\frac{1}{2}\int_0^x\left(\int_{\xi-x+y}^{x+y-\xi}f(\xi,\eta)\mathrm{d}\eta\right)'_y\mathrm{d}\xi$$

$$=\frac{1}{2}\int_0^x[f(\xi,x+y-\xi)-f(\xi,\xi-x+y)]\mathrm{d}\xi,$$

$$\frac{\partial^2 u}{\partial y^2}=\frac{1}{2}\int_0^x[f'_2(\xi,x+y-\xi)-f'_2(\xi,\xi-x+y)]\mathrm{d}\xi=\frac{\partial^2 u}{\partial x^2}-f(x,y).$$

因此有

$$\frac{\partial^2 u}{\partial x^2}-\frac{\partial^2 u}{\partial y^2}=f(x,y).$$ □

420. 应用极坐标变换计算下列曲线所界平面图形的面积：

(1) $(x^3+y^3)^2=x^2+y^2\ (x\geqslant 0,y\geqslant 0)$(420(1)题图)；

(2) $(x^2+y^2)^2=a(x^3-3xy^2)\ (a>0)$(420(2)题图).

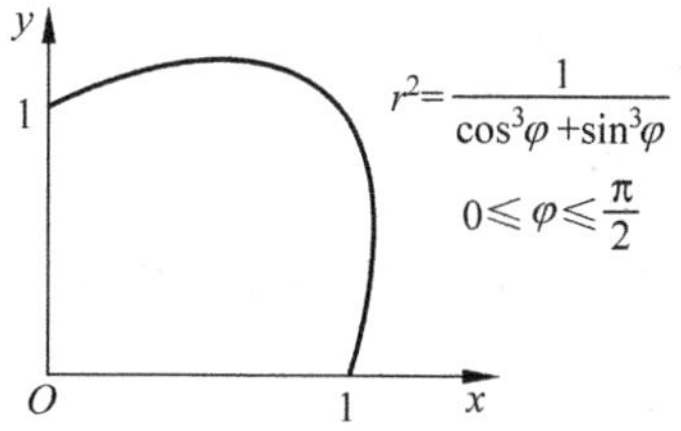

420(1)题图

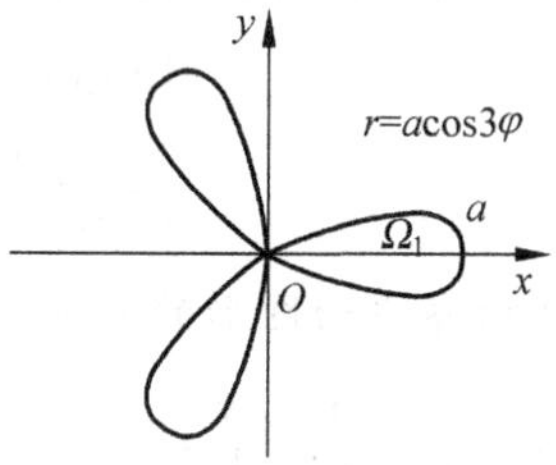

420(2)题图

解 (1) 曲线的极坐标方程为

$$r^2=\frac{1}{\cos^3\varphi+\sin^3\varphi},\quad 0\leqslant\varphi\leqslant\frac{\pi}{2}.$$

所以,面积

$$v(\Omega)=\iint_{\Omega}\mathrm{d}x\mathrm{d}y=\int_0^{\frac{\pi}{2}}\mathrm{d}\varphi\int_0^{\frac{1}{(\cos^3\varphi+\sin^3\varphi)^{\frac{1}{2}}}}r\mathrm{d}r$$

$$=\frac{1}{2}\int_0^{\frac{\pi}{2}}r^2\Big|_0^{\frac{1}{(\cos^3\varphi+\sin^3\varphi)^{\frac{1}{2}}}}\mathrm{d}\varphi$$

$$=\frac{1}{2}\int_0^{\frac{\pi}{2}}\frac{\mathrm{d}\varphi}{\cos^3\varphi+\sin^3\varphi}=\frac{1}{2}\int_0^{\frac{\pi}{2}}\frac{\mathrm{d}\varphi}{(\cos\varphi+\sin\varphi)(1-\cos\varphi\sin\varphi)}$$

$$=\frac{1}{2}\int_0^{\frac{\pi}{2}}\frac{1}{3}\left(\frac{2}{\cos\varphi+\sin\varphi}+\frac{\cos\varphi+\sin\varphi}{1-\cos\varphi\sin\varphi}\right)\mathrm{d}\varphi$$

$$=\frac{1}{6}\int_0^{\frac{\pi}{2}}\frac{\sqrt{2}\,\mathrm{d}\left(\varphi+\frac{\pi}{4}\right)}{\sin\left(\varphi+\frac{\pi}{4}\right)}+\frac{1}{3}\int_0^{\frac{\pi}{2}}\frac{\mathrm{d}(\sin\varphi-\cos\varphi)}{1+(\sin\varphi-\cos\varphi)^2}$$

$$=\frac{1}{6\sqrt{2}}\ln\frac{1-\cos\left(\varphi+\frac{\pi}{4}\right)}{1+\cos\left(\varphi+\frac{\pi}{4}\right)}\Bigg|_0^{\frac{\pi}{2}}+\frac{1}{3}\arctan(\sin\varphi-\cos\varphi)\Big|_0^{\frac{\pi}{2}}$$

$$=\frac{\sqrt{2}}{3}\ln(\sqrt{2}+1)+\frac{\pi}{6}.$$

(2) 三叶玫瑰线的极坐标方程为 $r=a\cos3\varphi$. 由曲线的对称性知

$$v(\Omega)=\iint_{\Omega}\mathrm{d}x\mathrm{d}y=6\iint_{\Omega_1}\mathrm{d}x\mathrm{d}y=6\int_0^{\frac{\pi}{6}}\mathrm{d}\varphi\int_0^{a\cos3\varphi}r\mathrm{d}r=3\int_0^{\frac{\pi}{6}}a^2\cos^2 3\varphi\mathrm{d}\varphi$$

$$=\frac{3a^2}{2}\int_0^{\frac{\pi}{6}}(1+\cos6\varphi)\mathrm{d}\varphi=\frac{\pi}{4}a^2.$$

□

421. 应用广义的极坐标变换

$$(x,y)=(ar\cos^{\alpha}\varphi,br\sin^{\alpha}\varphi),\quad r\geqslant0,$$

$$\frac{\partial(x,y)}{\partial(r,\varphi)}=abr\alpha\cos^{\alpha-1}\varphi\sin^{\alpha-1}\varphi.$$

求下列曲线所界平面图形的面积(假定曲线方程中的参数 a,b,h,k 都为正数):

(1) $\frac{x^2}{a^2}+\frac{y^2}{b^2}=\frac{x}{h}+\frac{y}{k}$;

(2) $\left(\frac{x}{a}+\frac{y}{b}\right)^4=\frac{x^2}{h^2}+\frac{y^2}{k^2}(x>0,y>0)$;

(3) $\left(\frac{x}{a}+\frac{y}{b}\right)^4=\frac{x^2}{h^2}-\frac{y^2}{k^2}(x>0,y>0)$；

(4) $\frac{x^3}{a^3}+\frac{y^3}{b^3}=\frac{x^2}{h^2}+\frac{y^2}{k^2}$，$x=0$，$y=0$(第一象限部分)；

(5) $\sqrt[4]{\frac{x}{a}}+\sqrt[4]{\frac{y}{b}}=1$，$x=0$，$y=0$；

(6) $\sqrt{\frac{x}{a}}+\sqrt{\frac{y}{b}}=1$，$\sqrt{\frac{x}{a}}+\sqrt{\frac{y}{b}}=2$，$\frac{x}{a}=\frac{y}{b}$，$4\frac{x}{a}=\frac{y}{b}$.

解　(1) 作变换$(x,y)=(ar\cos\varphi,br\sin\varphi)$，则$\frac{\partial(x,y)}{\partial(r,\varphi)}=abr$，曲线方程变为$r=\frac{a}{h}\cos\varphi+\frac{b}{k}\sin\varphi$. 由于$\frac{x}{h}+\frac{y}{k}\geqslant 0$，故曲线在直线$\frac{x}{h}+\frac{y}{k}=0$的上方. 设直线$\frac{x}{h}+\frac{y}{k}=0$与$x$轴夹角为$\varphi_0=\arctan\left(-\frac{k}{h}\right)$. 因此

$$\begin{aligned}v(\Omega)&=\int_{\varphi_0}^{\varphi_0+\pi}\mathrm{d}\varphi\int_0^{\frac{a}{h}\cos\varphi+\frac{b}{k}\sin\varphi}abr\,\mathrm{d}r\\&=\frac{1}{2}ab\int_{\varphi_0}^{\varphi_0+\pi}\left(\frac{a}{h}\cos\varphi+\frac{b}{k}\sin\varphi\right)^2\mathrm{d}\varphi(\text{被积函数以}\ \pi\ \text{为周期})\\&=\frac{1}{2}ab\int_0^{\pi}\left(\frac{a^2}{h^2}\cdot\frac{1+\cos2\varphi}{2}+\frac{2ab}{hk}\sin\varphi\cos\varphi+\frac{b^2}{k^2}\cdot\frac{1-\cos2\varphi}{2}\right)\mathrm{d}\varphi\\&=\frac{1}{2}ab\left[\frac{a^2}{h^2}\cdot\frac{\pi}{2}+0+\frac{b^2}{k^2}\cdot\frac{\pi}{2}\right]=\frac{\pi ab}{4}\left(\frac{a^2}{h^2}+\frac{b^2}{k^2}\right).\end{aligned}$$

(2) 作变换$(x,y)=(ar\cos^2\varphi,br\sin^2\varphi)$，则

$$\frac{\partial(x,y)}{\partial(r,\varphi)}=2abr\sin\varphi\cos\varphi,$$

曲线方程为$r^2=\frac{a^2}{h^2}\cos^4\varphi+\frac{b^2}{k^2}\sin^4\varphi$. 因为$x>0,y>0$，故$0<\varphi<\frac{\pi}{2}$，于是

$$\begin{aligned}v(\Omega)&=\iint_{\Omega}\mathrm{d}x\mathrm{d}y=\int_0^{\frac{\pi}{2}}\mathrm{d}\varphi\int_0^{r(\varphi)}2abr\sin\varphi\cos\varphi\mathrm{d}r\\&=2ab\int_0^{\frac{\pi}{2}}\sin\varphi\cos\varphi\cdot\frac{1}{2}\left(\frac{a^2}{h^2}\cos^4\varphi+\frac{b^2}{k^2}\sin^4\varphi\right)\mathrm{d}\varphi\\&=\frac{1}{6}ab\left[\frac{a^2}{h^2}(-\cos^6\varphi)+\frac{b^2}{k^2}\sin^6\varphi\right]\Bigg|_0^{\frac{\pi}{2}}=\frac{ab}{6}\left(\frac{a^2}{h^2}+\frac{b^2}{k^2}\right).\end{aligned}$$

(3) 作变换$(x,y)=(ar\cos^2\varphi,br\sin^2\varphi)$，则$\frac{\partial(x,y)}{\partial(r,\varphi)}=2abr\sin\varphi\cos\varphi$，曲线方程为

$$r^2=\frac{a^2}{h^2}\cos^4\varphi-\frac{b^2}{k^2}\sin^4\varphi.$$

因为 $x>0,y>0$,故 $0\leqslant\varphi\leqslant\varphi_0<\frac{\pi}{2}$,而 φ_0 满足 $\tan\varphi_0=\sqrt{\frac{ak}{bh}}$. 由此

$$v(\Omega)=\iint\limits_{\Omega}\mathrm{d}x\mathrm{d}y=2ab\int_0^{\varphi_0}\sin\varphi\cos\varphi\mathrm{d}\varphi\int_0^{\sqrt{\frac{a^2}{h^2}\cos^4\varphi-\frac{b^2}{k^2}\sin^4\varphi}}r\mathrm{d}r$$

$$=ab\int_0^{\varphi_0}\left(\frac{a^2}{h^2}\cos^4\varphi-\frac{b^2}{k^2}\sin^4\varphi\right)\sin\varphi\cos\varphi\mathrm{d}\varphi=\frac{ab}{6}\left(-\frac{a^2}{h^2}\cos^6\varphi-\frac{b^2}{k^2}\sin^6\varphi\right)\Bigg|_0^{\varphi_0}$$

$$=\frac{ab}{6}\left[\frac{a^2}{h^2}(1-\cos^6\varphi_0)-\frac{b^2}{k^2}\sin^6\varphi_0\right].$$

由 $\tan\varphi_0=\sqrt{\frac{ak}{bh}}$ 知,$\cos\varphi_0=\frac{1}{\sqrt{1+\tan^2\varphi_0}}=\sqrt{\frac{1}{1+\frac{ak}{bh}}}=\sqrt{\frac{bh}{bh+ak}}$,$\sin\varphi_0=\sqrt{\frac{ak}{bh+ak}}$,代入上式得

$$v(\Omega)=\frac{ab}{6}\left[\frac{a^2}{h^2}\left(1-\left(\frac{bh}{bh+ak}\right)^3\right)-\frac{b^2}{k^2}\left(\frac{ak}{bh+ak}\right)^3\right]$$

$$=\frac{ab}{6}\left[\frac{a^2}{h^2}-\frac{a^2b^3h^3}{h^2(bh+ak)^3}-\frac{a^3b^2k}{(bh+ak)^3}\right]$$

$$=\frac{a^3b[b^3h^3+3ab^2h^2k+3a^2bhk^2+a^3k^3-b^3h^3-ab^2h^2k]}{6h^2(ak+bh)^3}$$

$$=\frac{a^4bk(ak+2bh)}{6h^2(ak+bh)^2}.$$

(4) 作变换$(x,y)=(ar\cos^{\frac{2}{3}}\varphi,br\sin^{\frac{2}{3}}\varphi)$,则$\frac{\partial(x,y)}{\partial(r,\varphi)}=\frac{2}{3}abr\cos^{-\frac{1}{3}}\varphi\sin^{-\frac{1}{3}}\varphi$,曲线方程为

$$r=\frac{a^2}{h^2}\cos^{\frac{4}{3}}\varphi+\frac{b^2}{k^2}\sin^{\frac{4}{3}}\varphi,\quad 0\leqslant\varphi\leqslant\frac{\pi}{2}.$$

于是

$$v(\Omega)=\iint\limits_{\Omega}\mathrm{d}x\mathrm{d}y=\int_0^{\frac{\pi}{2}}ab\cos^{-\frac{1}{3}}\varphi\sin^{-\frac{1}{3}}\varphi\mathrm{d}\varphi\int_0^{\frac{a^2}{h^2}\cos^{\frac{4}{3}}\varphi+\frac{b^2}{k^2}\sin^{\frac{4}{3}}\varphi}\frac{2}{3}r\mathrm{d}r$$

$$=\frac{ab}{3}\int_0^{\frac{\pi}{2}}\left(\frac{a^2}{h^2}\cos^{\frac{4}{3}}\varphi+\frac{b^2}{k^2}\sin^{\frac{4}{3}}\varphi\right)^2\cos^{-\frac{1}{3}}\varphi\sin^{-\frac{1}{3}}\varphi\mathrm{d}\varphi$$

$$=\frac{ab}{3}\int_0^{\frac{\pi}{2}}\left(\frac{a^4}{h^4}\cos^{\frac{7}{3}}\varphi\sin^{-\frac{1}{3}}\varphi+\frac{2a^2b^2}{h^2k^2}\cos\varphi\sin\varphi+\frac{b^4}{k^4}\sin^{\frac{7}{3}}\varphi\cos^{-\frac{1}{3}}\varphi\right)\mathrm{d}\varphi.$$

根据第三册,例 15.4.3,有

$$\int_0^{\frac{\pi}{2}}\cos^{\frac{7}{3}}\varphi\sin^{-\frac{1}{3}}\varphi\mathrm{d}\varphi=\int_0^{\frac{\pi}{2}}\sin^{\frac{7}{3}}\varphi\cos^{-\frac{1}{3}}\varphi\mathrm{d}\varphi$$

$$=\frac{1}{2}\frac{\Gamma\left(\dfrac{\frac{7}{3}+1}{2}\right)\Gamma\left(\dfrac{-\frac{1}{3}+1}{2}\right)}{\Gamma\left(\dfrac{\frac{7}{3}-\frac{1}{3}}{2}+1\right)}=\frac{1}{2}\frac{\Gamma\left(\frac{5}{3}\right)\Gamma\left(\frac{1}{3}\right)}{\Gamma(2)}$$

$$=\frac{1}{2}\Gamma\left(\frac{2}{3}+1\right)\Gamma\left(\frac{1}{3}\right)=\frac{1}{3}\Gamma\left(\frac{2}{3}\right)\Gamma\left(\frac{1}{3}\right)$$

$$\xlongequal{\text{定理 15.4.8}}\frac{1}{3}\frac{\pi}{\sin\frac{\pi}{3}}=\frac{2\pi}{3\sqrt{3}}.$$

所以

$$v(\Omega)=\frac{ab}{3}\left(\frac{a^4}{h^4}\cdot\frac{2\pi}{3\sqrt{3}}+\frac{a^2b^2}{h^2k^2}+\frac{b^4}{k^4}\frac{2\pi}{3\sqrt{3}}\right).$$

(5) 作变换 $(x,y)=(ar\cos^4\varphi;\ br\sin^4\varphi)$，则 $\frac{\partial(x,y)}{\partial(r,\varphi)}=4abr\cos^3\varphi\sin^3\varphi$，曲线方程变为 $r=r(\varphi)=\frac{1}{(\sin\varphi+\cos\varphi)^4}$，$0\leqslant\varphi\leqslant\frac{\pi}{2}$. 于是

$$\begin{aligned}v(\Omega)&=\int_0^{\frac{\pi}{2}}4ab\cos^3\varphi\sin^3\varphi\mathrm{d}\varphi\int_0^{r(\varphi)}r\mathrm{d}r\\&=2ab\int_0^{\frac{\pi}{2}}\frac{\cos^3\varphi\sin^3\varphi}{(\cos\varphi+\sin\varphi)^8}\mathrm{d}\varphi\\&=2ab\int_0^{\frac{\pi}{2}}\frac{\tan^3\varphi}{(1+\tan\varphi)^8}\sec^2\varphi\mathrm{d}\varphi\\&=2ab\int_0^{\frac{\pi}{2}}\left[\frac{1}{(1+\tan\varphi)^5}-\frac{3}{(1+\tan\varphi)^6}+\frac{3}{(1+\tan\varphi)^7}-\frac{1}{(1+\tan\varphi)^8}\right]\mathrm{d}(1+\tan\varphi)\\&=2ab\left[-\frac{1}{4(1+\tan\varphi)^4}+\frac{3}{5(1+\tan\varphi)^5}-\frac{1}{2(1+\tan\varphi)^6}+\frac{1}{7(1+\tan\varphi)^7}\right]\Bigg|_0^{\frac{\pi}{2}}\\&=2ab\left(\frac{1}{4}-\frac{3}{5}+\frac{1}{2}-\frac{1}{7}\right)\\&=\frac{ab}{70}.\end{aligned}$$

(6) 作变换 $(x,y)=(ar\cos^4\varphi,br\sin^4\varphi)$，则 $\frac{\partial(x,y)}{\partial(r,\varphi)}=4abr\cos^3\varphi\sin^3\varphi$，曲线 $\sqrt{\frac{x}{a}}+\sqrt{\frac{y}{b}}=1$，$\sqrt{\frac{x}{a}}+\sqrt{\frac{y}{b}}=2$，$\frac{x}{a}=\frac{y}{b}$，$4\frac{x}{a}=\frac{y}{b}$ 分别变为

$$r=1,\quad r=2,\quad \tan^4\varphi=1,\quad \tan^4\varphi=4.$$

见 421(6)题图，要求阴影部分面积 $v(\Omega)$.

$$v(\Omega)=\iint_{\Omega}\mathrm{d}x\mathrm{d}y$$

$$=4ab\int_{\arctan 1}^{\arctan\sqrt{2}}\cos^3\varphi\sin^3\varphi\mathrm{d}\varphi\int_1^4 r\mathrm{d}r$$

$$=4ab\cdot\frac{r^2}{2}\bigg|_1^4\cdot\int_{\frac{\pi}{4}}^{\arctan\sqrt{2}}(\cos^3\varphi-\cos^5\varphi)\sin\varphi\mathrm{d}\varphi$$

$$=30ab\left(\frac{1}{6}\cos^6\varphi-\frac{1}{4}\cos^4\varphi\right)\bigg|_{\frac{\pi}{4}}^{\arctan\sqrt{2}}$$

$$=30ab\left(\frac{1}{6}\frac{1}{(1+\tan^2\varphi)^3}-\frac{1}{4}\frac{1}{(1+\tan^2\varphi)^2}\right)\bigg|_{\frac{\pi}{4}}^{\arctan\sqrt{2}}$$

$$=30ab\left[\frac{1}{6}\left(\frac{1}{27}-\frac{1}{8}\right)-\frac{1}{4}\left(\frac{1}{9}-\frac{1}{4}\right)\right]$$

$$=\frac{65}{108}ab.$$

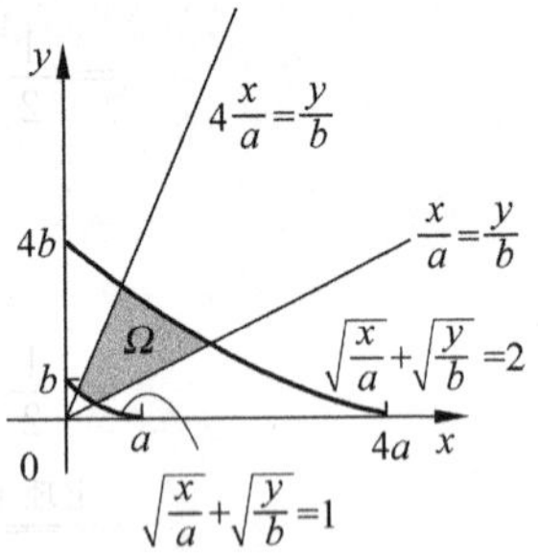

421(6)题图

□

422. 应用极坐标变换，求下列曲面所界立体的体积：

(1) $z^2=xy, x^2+y^2=a^2$；

(2) $z=x+y, (x^2+y^2)^2=2xy, z=0(x>0, y>0)$；

(3) $z=x^2+y^2, x^2+y^2=x, x^2+y^2=2x, z=0$；

(4) $x^2+y^2-az=0, (x^2+y^2)^2=a^2(x^2-y^2), z=0(a>0)$；

(5) $z=\mathrm{e}^{-(x^2+y^2)}, z=0, x^2+y^2=R^2$；

(6) $z=x^2+y^2, z=x+y$.

解 极坐标变换 $(x,y)=(r\cos\varphi, r\sin\varphi)$，$\frac{\partial(x,y)}{\partial(r,\varphi)}=r$.

(1) 由对称性得

$$V=4\iint_{\substack{x^2+y^2\leqslant a^2\\ x\geqslant 0, y\geqslant 0}}z\mathrm{d}x\mathrm{d}y=4\iint_{\substack{x^2+y^2\leqslant a^2\\ x\geqslant 0, y\geqslant 0}}\sqrt{xy}\,\mathrm{d}x\mathrm{d}y$$

$$=4\int_0^{\frac{\pi}{2}}\mathrm{d}\varphi\int_0^a r\sqrt{\sin\varphi\cos\varphi}\cdot r\mathrm{d}r=4\cdot\frac{a^3}{3}\int_0^{\frac{\pi}{2}}\sin^{\frac{1}{2}}\varphi\cos^{\frac{1}{2}}\varphi\mathrm{d}\varphi$$

$$\xlongequal{\text{例 15.4.3}}\frac{2a^3}{3}\cdot\frac{\Gamma\left(\frac{3}{4}\right)\Gamma\left(\frac{3}{4}\right)}{\Gamma\left(\frac{3}{2}\right)}=\frac{2a}{3}\frac{\Gamma^2\left(\frac{3}{4}\right)}{\frac{1}{2}\Gamma\left(\frac{1}{2}\right)}=\frac{4a}{3\sqrt{\pi}}\Gamma^2\left(\frac{3}{4}\right).$$

其中利用到 $\Gamma\left(\frac{1}{2}\right)=\sqrt{\pi}$.

(2) 曲线 $(x^2+y^2)^2=2xy$ 的极坐标方程为 $r^2=2\sin\varphi\cos\varphi=\sin 2\varphi$.

$$V=\iint\limits_{\substack{(x^2+y^2)^2\leqslant 2xy\\ x\geqslant 0,y\geqslant 0}}(x+y)\mathrm{d}x\mathrm{d}y=\int_0^{\frac{\pi}{2}}\mathrm{d}\varphi\int_0^{\sqrt{\sin 2\varphi}}r(\cos\varphi+\sin\varphi)r\mathrm{d}r$$

$$=\frac{1}{3}\int_0^{\frac{\pi}{2}}(\cos\varphi+\sin\varphi)(\sin 2\varphi)^{\frac{3}{2}}\mathrm{d}\varphi=\frac{2\sqrt{2}}{3}\int_0^{\frac{\pi}{2}}(\cos^{\frac{5}{2}}\varphi\sin^{\frac{3}{2}}\varphi+\cos^{\frac{3}{2}}\varphi\sin^{\frac{5}{2}}\varphi)\mathrm{d}\varphi$$

$$=\frac{4\sqrt{2}}{3}\int_0^{\frac{\pi}{2}}\cos^{\frac{5}{2}}\varphi\sin^{\frac{3}{2}}\varphi\mathrm{d}\varphi=\frac{2\sqrt{2}}{3}\cdot\frac{\Gamma\left(\frac{5}{4}\right)\Gamma\left(\frac{7}{4}\right)}{\Gamma(3)}$$

$$=\frac{2\sqrt{2}}{3}\times\frac{\frac{1}{4}\Gamma\left(\frac{1}{4}\right)\frac{3}{4}\Gamma\left(\frac{3}{4}\right)}{2!}=\frac{\sqrt{2}}{16}\cdot\frac{\pi}{\sin\frac{\pi}{4}}=\frac{\pi}{8}.$$

（3）在极坐标下，曲线 $x^2+y^2=x$，$x^2+y^2=2x$ 的方程分别为

$$r=\cos\varphi,\quad r=2\cos\varphi,\quad -\frac{\pi}{2}\leqslant\varphi\leqslant\frac{\pi}{2}.$$

所以

$$V=\iint\limits_{x\leqslant x^2+y^2\leqslant 2x}(x^2+y^2)\mathrm{d}x\mathrm{d}y=\int_{-\frac{\pi}{2}}^{\frac{\pi}{2}}\mathrm{d}\varphi\int_{\cos\varphi}^{2\cos\varphi}r^3\mathrm{d}r=\frac{1}{4}\int_{-\frac{\pi}{2}}^{\frac{\pi}{2}}15\cos^4\varphi\mathrm{d}\varphi$$

$$=\frac{15}{2}\int_0^{\frac{\pi}{2}}\cos^4\varphi\mathrm{d}\varphi=\frac{15}{2}\times\frac{3\times 1}{4\times 2}\times\frac{\pi}{2}=\frac{45}{32}\pi.$$

（4）$z=\frac{1}{a}(x^2+y^2)$，曲线 $(x^2+y^2)^2=a^2(x^2-y^2)$ 在极坐标下的方程为

$$r^2=a^2\cos 2\varphi.$$

由曲线关于原点的对称性知

$$V=4\iint\limits_{\substack{(x^2+y^2)^2\leqslant a^2(x^2-y^2)\\ x\geqslant 0,y\geqslant 0}}\frac{1}{a}(x^2+y^2)\mathrm{d}x\mathrm{d}y=\frac{4}{a}\int_0^{\frac{\pi}{4}}\mathrm{d}\varphi\int_0^{a\sqrt{\cos 2\varphi}}r^3\mathrm{d}r$$

$$=\frac{1}{a}\int_0^{\frac{\pi}{4}}a^4\cos^2 2\varphi\mathrm{d}\varphi=\frac{a^3}{2}\int_0^{\frac{\pi}{4}}(1+\cos 4\varphi)\mathrm{d}\varphi=\frac{a^3}{2}\cdot\frac{\pi}{4}=\frac{\pi}{8}a^3.$$

（5）圆 $x^2+y^2=R^2$ 的极坐标方程为 $r=R$，故

$$V=\iint\limits_{x^2+y^2\leqslant R^2}\mathrm{e}^{-(x^2+y^2)}\mathrm{d}x\mathrm{d}y=\int_0^{2\pi}\mathrm{d}\varphi\int_0^R\mathrm{e}^{-r^2}r\mathrm{d}r$$

$$=-\frac{\mathrm{e}^{-r^2}}{2}\Bigg|_0^R\cdot 2\pi=\pi(1-\mathrm{e}^{-R^2}).$$

（6）曲面 $z=x^2+y^2$ 与平面 $z=x+y$ 的交线在 Oxy 平面上的投影为

$$x^2+y^2=x+y.$$

其极坐标方程为 $r=\cos\varphi+\sin\varphi$. 所以

$$V=\iint\limits_{x^2+y^2\leqslant x+y}[x+y-(x^2+y^2)]\mathrm{d}x\mathrm{d}y=\int_{-\frac{\pi}{4}}^{\frac{3\pi}{4}}\mathrm{d}\varphi\int_0^{\cos\varphi+\sin\varphi}(r\cos\varphi+r\sin\varphi-r^2)r\mathrm{d}r$$

$$=\int_{-\frac{\pi}{4}}^{\frac{3\pi}{4}}\left(\frac{r^3}{3}(\cos\varphi+\sin\varphi)-\frac{r^4}{4}\right)\Bigg|_0^{\cos\varphi+\sin\varphi}\mathrm{d}\varphi=\int_{-\frac{\pi}{4}}^{\frac{3\pi}{4}}\frac{1}{12}(\cos\varphi+\sin\varphi)^4\mathrm{d}\varphi$$

$$=\frac{1}{12}\int_{-\frac{\pi}{4}}^{\frac{3\pi}{4}}4\sin^4\left(\varphi+\frac{\pi}{4}\right)\mathrm{d}\varphi=\frac{1}{3}\int_0^{\pi}\sin^4 t\mathrm{d}t=\frac{2}{3}\times\frac{3}{4\times 2}\times\frac{\pi}{2}=\frac{\pi}{8}.$$ □

423. 证明：

$$\lim_{R\to+\infty}\iint\limits_{\substack{|x|\leqslant R\\|y|\leqslant R}}(x^2+y^2)\mathrm{e}^{-(x^2+y^2)}\mathrm{d}x\mathrm{d}y=\pi.$$

证明 作正方形$[-R,R]^2$的内切圆$B(\mathbf{0};R)$和外接圆$B(\mathbf{0};\sqrt{2}R)$(423题图)，则

$$\iint\limits_{B(\mathbf{0};R)}(x^2+y^2)\mathrm{e}^{-(x^2+y^2)}\mathrm{d}x\mathrm{d}y$$

$$\leqslant\iint\limits_{[-R,R]^2}(x^2+y^2)\mathrm{e}^{-(x^2+y^2)}\mathrm{d}x\mathrm{d}y$$

$$\leqslant\iint\limits_{B(\mathbf{0};\sqrt{2}R)}(x^2+y^2)\mathrm{e}^{-(x^2+y^2)}\mathrm{d}x\mathrm{d}y.$$

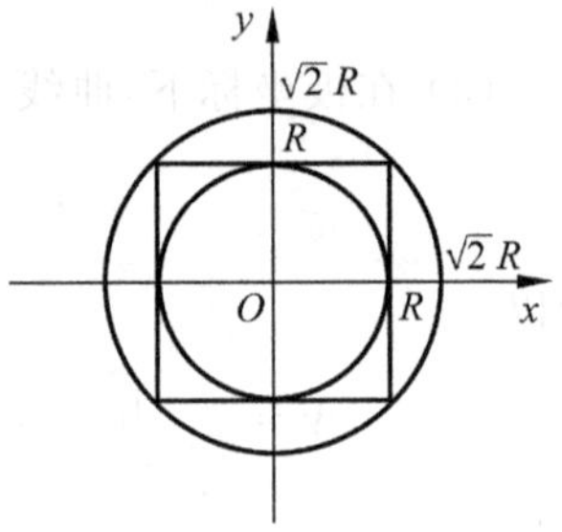

423 题图

而

$$\iint\limits_{B(\mathbf{0};R)}(x^2+y^2)\mathrm{e}^{-(x^2+y^2)}\mathrm{d}x\mathrm{d}y=\int_0^{2\pi}\mathrm{d}\varphi\int_0^R r^3\mathrm{e}^{-r^2}\mathrm{d}r=2\pi\left[-\frac{r^2}{2}\mathrm{e}^{-r^2}\Bigg|_0^R+\int_0^R r\mathrm{e}^{-r^2}\mathrm{d}r\right]$$

$$=2\pi\left[-\frac{R^2}{2}\mathrm{e}^{-R^2}-\frac{\mathrm{e}^{-r^2}}{2}\Bigg|_0^R\right]$$

$$=\pi\left[-\frac{R^2}{\mathrm{e}^{R^2}}+(1-\mathrm{e}^{-R^2})\right]\to\pi\quad(R\to+\infty).$$

同理

$$\iint\limits_{B(\mathbf{0};\sqrt{2}R)}(x^2+y^2)\mathrm{e}^{-(x^2+y^2)}\mathrm{d}x\mathrm{d}y=\pi\left[-\frac{2R^2}{\mathrm{e}^{2R^2}}+(1-\mathrm{e}^{-2R^2})\right]\to\pi\quad(R\to+\infty).$$

根据夹逼定理，得

$$\lim_{R\to+\infty}\iint\limits_{\substack{|x|\leqslant R\\|y|\leqslant R}}(x^2+y^2)\mathrm{e}^{-(x^2+y^2)}\mathrm{d}x\mathrm{d}y=\pi.$$ □

424. 平面上由$2\leqslant\dfrac{x}{x^2+y^2}\leqslant 4$与$2\leqslant\dfrac{y}{x^2+y^2}\leqslant 4$所确定的区域记为$\Omega$(424题图)．证明：

$$\iint\limits_{\Omega}\frac{1}{xy}\mathrm{d}x\mathrm{d}y=\ln^2 2.$$

证明 如 424 题图所示，积分区域关于 $y=x$ 对称，被积函数也关于 $y=x$ 对称. 只须考虑从 x 轴到 $y=x$ 所夹的一部分.

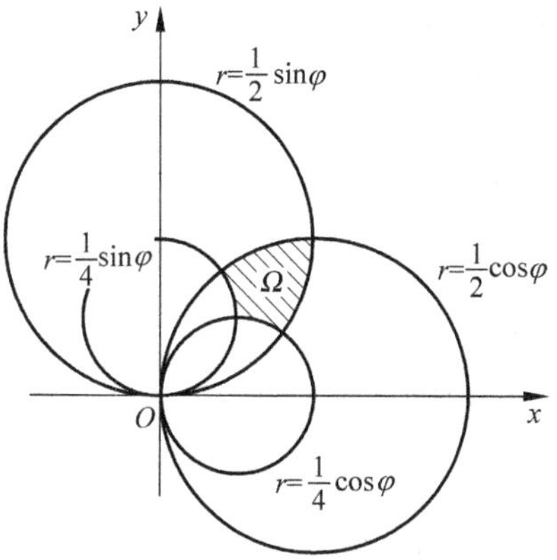

424 题图

曲线 $x^2+y^2=\frac{x}{2}, x^2+y^2=\frac{x}{4}, x^2+y^2=\frac{y}{2}, x^2+y^2=\frac{y}{4}$ 的极坐标方程分别是

$$r=\frac{1}{2}\cos\varphi,\quad r=\frac{1}{4}\cos\varphi,\quad r=\frac{1}{2}\sin\varphi,\quad r=\frac{1}{4}\sin\varphi.$$

而 $r=\frac{1}{4}\cos\varphi$ 与 $r=\frac{1}{2}\sin\varphi$ 的交点为 $\left(\frac{1}{2\sqrt{5}},\arctan\frac{1}{2}\right)$，所以

$$\iint_\Omega \frac{1}{xy}\mathrm{d}x\mathrm{d}y=2\int_{\arctan\frac{1}{2}}^{\frac{\pi}{4}}\mathrm{d}\varphi\int_{\frac{1}{4}\cos\varphi}^{\frac{1}{2}\sin\varphi}\frac{\mathrm{d}r}{r\cos\varphi\sin\varphi}=2\int_{\arctan\frac{1}{2}}^{\frac{\pi}{4}}\frac{1}{\cos\varphi\sin\varphi}\ln\frac{\frac{1}{2}\sin\varphi}{\frac{1}{4}\cos\varphi}\mathrm{d}\varphi$$

$$=2\int_{\arctan\frac{1}{2}}^{\frac{\pi}{4}}\frac{\ln(2\tan\varphi)}{\tan\varphi}\sec^2\varphi\mathrm{d}\varphi=2\cdot\frac{1}{2}\ln^2(2\tan\varphi)\Big|_{\arctan\frac{1}{2}}^{\frac{\pi}{4}}=\ln^2 2.\qquad\square$$

425. 设 Ω 为平面曲线 $xy=1, xy=3, y^2=x, y^2=3x$ 所围成的有界闭区域，作变换 $(u,v)=\left(xy,\frac{y^2}{x}\right)$. 证明：

$$\iint_\Omega \frac{3x}{y^2+xy^3}\mathrm{d}x\mathrm{d}y=\frac{2}{3}\ln 2.$$

证明 由变换 $(u,v)=\left(xy,\frac{y^2}{x}\right)$ 知

$$\frac{\partial(u,v)}{\partial(x,y)}=\begin{vmatrix} y & x \\ -\frac{y^2}{x^2} & \frac{2y}{x}\end{vmatrix}=\frac{3y^2}{x}=3v,$$

所以，$\frac{\partial(x,y)}{\partial(u,v)}=\frac{1}{3v}$. 根据 425 题图，有

$$\iint\limits_{\Omega}\frac{3x}{y^2+xy^3}\mathrm{d}x\mathrm{d}y=\iint\limits_{\Omega}\frac{3}{\frac{y^2}{x}(1+xy)}\mathrm{d}x\mathrm{d}y$$

$$=\iint\limits_{\substack{1\leqslant u\leqslant 3\\1\leqslant v\leqslant 3}}\frac{3}{v(1+u)}\cdot\frac{1}{3v}\mathrm{d}u\mathrm{d}v$$

$$=\int_1^3\frac{\mathrm{d}v}{v^2}\int_1^3\frac{\mathrm{d}u}{1+u}$$

$$=-\frac{1}{v}\Big|_1^3\ln(1+u)\Big|_1^3$$

$$=\left(1-\frac{1}{3}\right)\ln\frac{4}{2}=\frac{2}{3}\ln 2.\qquad\square$$

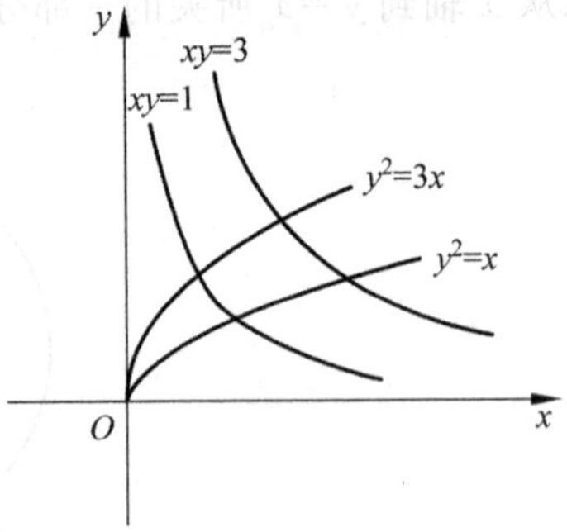

425 题图

426. 用两种方法证明:

$$\iint\limits_{|x|+|y|\leqslant 1}\frac{x^2-y^2}{\sqrt{x+y+3}}\mathrm{d}x\mathrm{d}y=0.$$

证法 1 由积分区域关于直线 $y=x$ 的对称性(见 426 题图),有

$$\iint\limits_{|x|+|y|\leqslant 1}\frac{x^2}{\sqrt{x+y+3}}\mathrm{d}x\mathrm{d}y=\iint\limits_{|x|+|y|\leqslant 1}\frac{y^2}{\sqrt{x+y+3}}\mathrm{d}x\mathrm{d}y,$$

所以

$$\iint\limits_{|x|+|y|\leqslant 1}\frac{x^2-y^2}{\sqrt{x+y+3}}\mathrm{d}x\mathrm{d}y=0.$$

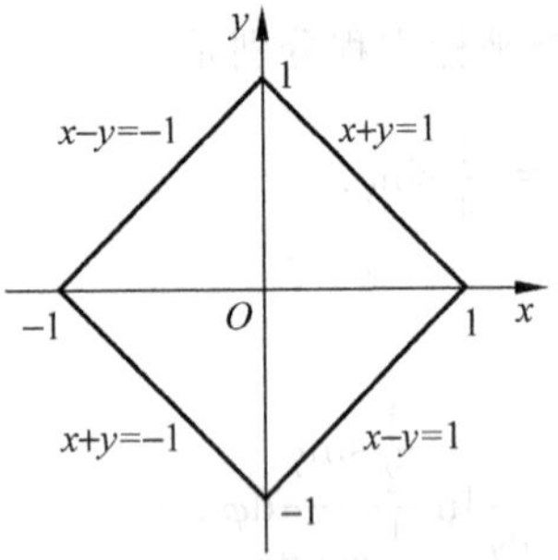

426 题图

证法 2 作变换 $x+y=u,x-y=v$,则 $|u|\leqslant 1,|v|\leqslant 1$.

$$\frac{\partial(u,v)}{\partial(x,y)}=\begin{vmatrix}1&1\\1&-1\end{vmatrix}=-2.$$

于是 $\dfrac{\partial(x,y)}{\partial(u,v)}=-\dfrac{1}{2}$,且

$$\iint\limits_{|x|+|y|\leqslant 1}\frac{x^2-y^2}{\sqrt{x+y+3}}\mathrm{d}x\mathrm{d}y=\iint\limits_{[-1,1]^2}\frac{uv}{\sqrt{u+3}}\left|-\frac{1}{2}\right|\mathrm{d}u\mathrm{d}v=\frac{1}{2}\int_{-1}^1 v\mathrm{d}v\int_{-1}^1\frac{u}{\sqrt{u+3}}\mathrm{d}u$$

$$=\frac{1}{2}\cdot 0\cdot\int_{-1}^1\frac{u}{\sqrt{u+3}}\mathrm{d}u=0.\qquad\square$$

427. 设 α,β,γ 是不全为 0 的实数,f 为一元连续函数. 证明:

$$\iiint\limits_{x^2+y^2+z^2\leqslant 1}f(\alpha x+\beta y+\gamma z)\mathrm{d}x\mathrm{d}y\mathrm{d}z=\pi\int_{-1}^1(1-w^2)f(w\sqrt{\alpha^2+\beta^2+\gamma^2})\mathrm{d}w.$$

证明 作变换:将 Oxy 平面旋转到平面 $\alpha x+\beta y+\gamma z=0$ 的位置上,再令

$$w=\frac{\alpha x+\beta y+\gamma z}{\sqrt{\alpha^2+\beta^2+\gamma^2}},$$

然后在 $w=0$ 的平面内，记 x 轴为 u 轴，y 轴为 v 轴. 由解析几何知识，$\dfrac{\partial(x,y,z)}{\partial(u,v,w)}=1$，且 $x^2+y^2+z^2\leqslant 1$ 变为 $u^2+v^2+w^2\leqslant 1$. 于是

$$\begin{aligned}\iiint\limits_{x^2+y^2+z^2\leqslant 1} f(\alpha x+\beta y+\gamma z)\mathrm{d}x\mathrm{d}y\mathrm{d}z &= \iiint\limits_{u^2+v^2+w^2\leqslant 1} f(w\sqrt{\alpha^2+\beta^2+\gamma^2})\mathrm{d}u\mathrm{d}v\mathrm{d}w \\ &= \int_{-1}^{1} f(w\sqrt{\alpha^2+\beta^2+\gamma^2})\mathrm{d}w \iint\limits_{u^2+v^2\leqslant 1-w^2}\mathrm{d}u\mathrm{d}v \\ &= \pi\int_{-1}^{1} f(w\sqrt{\alpha^2+\beta^2+\gamma^2})(1-w^2)\mathrm{d}w.\end{aligned}$$ □

428. 设 f 为一元连续可导的函数. 证明：

$$\lim_{t\to 0^+}\frac{1}{\pi t^4}\iiint\limits_{x^2+y^2+z^2\leqslant t^2} f(\sqrt{x^2+y^2+z^2})\mathrm{d}x\mathrm{d}y\mathrm{d}z=\begin{cases} f'(0), & f(0)=0, \\ \infty, & f(0)\neq 0.\end{cases}$$

证明　作球坐标变换

$$(x,y,z)=(r\sin\theta\cos\varphi, r\sin\theta\sin\varphi, r\cos\theta),$$
$$\frac{\partial(x,y,z)}{\partial(r,\theta,\varphi)}=r^2\sin\theta,$$

故

$$\begin{aligned}\lim_{t\to 0^+}\frac{1}{\pi t^4}\iiint\limits_{x^2+y^2+z^2\leqslant t^2} f(\sqrt{x^2+y^2+z^2})\mathrm{d}x\mathrm{d}y\mathrm{d}z &= \lim_{t\to 0^+}\frac{1}{\pi t^4}\int_0^{2\pi}\mathrm{d}\varphi\int_0^{\pi}\sin\theta\mathrm{d}\theta\int_0^t f(r)r^2\mathrm{d}r \\ &= \lim_{t\to 0^+}\frac{1}{\pi t^4}\cdot 2\pi\cdot 2\int_0^t f(r)r^2\mathrm{d}r \\ &= 4\lim_{t\to 0^+}\frac{f(t)t^2}{4t^3} \\ &= \lim_{t\to 0^+}\frac{f(t)}{t}.\end{aligned}$$

若 $f(0)=0$，则 $\lim\limits_{t\to 0^+}\dfrac{f(t)}{t}=\lim\limits_{t\to 0^+}\dfrac{f(t)-f(0)}{t}=f'(0)$.

若 $f(0)\neq 0$. 则 $\lim\limits_{t\to 0^+}\dfrac{f(t)}{t}=\lim\limits_{t\to 0^+}\left[\dfrac{f(t)-f(0)}{t}+\dfrac{f(0)}{t}\right]$，由于右边第一项极限存在有限为 $f'(0)$，而 $\lim\limits_{t\to 0^+}\dfrac{f(0)}{t}=\infty$. 故 $\lim\limits_{t\to 0^+}\dfrac{f(t)}{t}=\infty$. 从而，有

$$\lim_{t\to 0^+}\frac{1}{\pi t^4}\iiint\limits_{x^2+y^2+z^2\leqslant t^2} f(\sqrt{x^2+y^2+z^2})\mathrm{d}x\mathrm{d}y\mathrm{d}z=\begin{cases} f'(0), & f(0)=0, \\ \infty, & f(0)\neq 0.\end{cases}$$ □

429. 设 $F(x,y,z)$ 三阶连续可导，求三重积分

$$\iiint\limits_{[a,A]\times[b,B]\times[c,C]} F'''_{xyz}(x,y,z)\mathrm{d}x\mathrm{d}y\mathrm{d}z.$$

解

$$\begin{aligned}
&\iiint\limits_{[a,A]\times[b,B]\times[c,C]} F'''_{xyz}(x,y,z)\mathrm{d}x\mathrm{d}y\mathrm{d}z\\
&=\int_a^A\mathrm{d}x\int_b^B\mathrm{d}y\int_c^C F'''_{xyz}(x,y,z)\mathrm{d}z\\
&=\int_a^A\mathrm{d}x\int_b^B F''_{xy}(x,y,z)\,\big|_c^C\mathrm{d}y\\
&=\int_a^A\mathrm{d}x\int_b^B[F''_{xy}(x,y,C)-F''_{xy}(x,y,c)]\mathrm{d}y\\
&=\int_a^A[F'_x(x,y,C)-F'_x(x,y,c)]\,\big|_b^B\mathrm{d}x\\
&=\int_a^A[F'_x(x,B,C)-F'_x(x,b,C)-F'_x(x,B,c)+F'_x(x,b,c)]\mathrm{d}x\\
&=F(A,B,C)-F(a,B,C)-[F(A,b,C)-F(a,b,C)]\\
&\quad-[F(A,B,c)-F(a,B,c)]+F(A,b,c)-F(a,b,c)\\
&=F(A,B,C)+F(a,b,C)+F(a,B,c)+F(A,b,c)-F(a,B,C)\\
&\quad-F(A,b,C)-F(A,B,c)-F(a,b,c).
\end{aligned}$$

□

430. 作变换 $(x,y,z)=(ar\sin^2\theta\cos^2\varphi,br\sin^2\theta\sin^2\varphi,cr\cos^2\theta)$，证明：

(1) 由曲面

$$\left(\frac{x}{a}+\frac{y}{b}+\frac{z}{c}\right)^2=\frac{x}{h}+\frac{y}{k}\quad(x>0,y>0,z>0)$$

所围立体 Ω 的体积

$$v(\Omega)=\frac{abc}{60}\left(\frac{a}{h}+\frac{b}{k}\right)\left(\frac{a}{h^2}+\frac{b}{k^2}\right),\quad 其中\ a,b,c,h,k>0;$$

(2) 由曲面

$$\left(\frac{x}{a}+\frac{y}{b}+\frac{z}{c}\right)^4=\frac{xyz}{abc}\quad(x>0,y>0,z>0)$$

所围立体 Ω 的体积

$$v(\Omega)=\frac{abc}{554400},\quad 其中\ a,b,c>0.$$

证明 (1) 变换的 Jacobi 行列式

$$\frac{\partial(x,y,z)}{\partial(r,\theta,\varphi)}=\begin{vmatrix} a\sin^2\theta\cos^2\varphi & b\sin^2\theta\sin^2\varphi & c\cos^2\theta\\ 2ar\sin\theta\cos\theta\cos^2\varphi & 2br\sin\theta\cos\theta\sin^2\varphi & -2cr\cos\theta\sin\theta\\ -2ar\sin^2\theta\sin\varphi\cos\varphi & 2br\sin^2\theta\sin\varphi\cos\varphi & 0\end{vmatrix}$$

$$= 4abcr^2\sin^3\theta\cos\theta\sin\varphi\cos\varphi\begin{vmatrix} \sin^2\theta\cos^2\varphi & \sin^2\theta\sin^2\varphi & \cos^2\theta \\ \cos^2\varphi & \sin^2\varphi & -1 \\ -1 & 1 & 0 \end{vmatrix}$$

$$= 4abcr^2\sin^3\theta\cos\theta\sin\varphi\cos\varphi.$$

变换后的曲面方程为

$$r = r(\theta,\varphi) = \left(\frac{a}{h}\cos^2\varphi + \frac{b}{k}\sin^2\varphi\right)\sin^2\theta, \quad 0 \leqslant \theta, \quad \varphi \leqslant \frac{\pi}{2}.$$

所以

$$v(\Omega) = 4abc\int_0^{\frac{\pi}{2}}\mathrm{d}\varphi\int_0^{\frac{\pi}{2}}\mathrm{d}\theta\int_0^{r(\theta,\varphi)} r^2\sin^3\theta\cos\theta\sin\varphi\cos\varphi\mathrm{d}r$$

$$= \frac{4}{3}abc\int_0^{\frac{\pi}{2}}\left(\frac{a}{h}\cos^2\varphi + \frac{b}{k}\sin^2\varphi\right)^3\sin\varphi\cos\varphi\mathrm{d}\varphi\int_0^{\frac{\pi}{2}}\sin^9\theta\cos\theta\mathrm{d}\theta$$

$$= \frac{2}{15}abc\int_0^{\frac{\pi}{2}}\left[\frac{a^3}{h^3}\cos^7\varphi\sin\varphi + \frac{3a^2b}{h^2k}\cos^5\varphi\sin^3\varphi + \frac{3ab^2}{hk^2}\sin^5\varphi\cos^3\varphi + \frac{b^3}{k^3}\sin^7\varphi\cos\varphi\right]\mathrm{d}\varphi$$

$$= \frac{abc}{60}\left(\frac{a^3}{h^3} + \frac{a^2b}{h^2k} + \frac{ab^2}{hk^2} + \frac{b^3}{k^3}\right)$$

$$= \frac{abc}{60}\left(\frac{a}{h} + \frac{b}{k}\right)\left(\frac{a^2}{h^2} + \frac{b^2}{k^2}\right).$$

(2) 变换后的曲面方程为

$$r = r(\theta,\varphi) = \sin^4\theta\cos^2\theta\sin^2\varphi\cos^2\varphi, \quad 0 \leqslant \theta,\varphi \leqslant \frac{\pi}{2}.$$

于是

$$v(\Omega) = 4abc\int_0^{\frac{\pi}{2}}\sin\varphi\cos\varphi\mathrm{d}\varphi\int_0^{\frac{\pi}{2}}\sin^3\theta\cos\theta\mathrm{d}\theta\int_0^{r(\theta,\varphi)} r^2\mathrm{d}r$$

$$= \frac{4}{3}abc\int_0^{\frac{\pi}{2}}\sin^7\varphi\cos^7\varphi\mathrm{d}\varphi\int_0^{\frac{\pi}{2}}\sin^{15}\theta\cos^7\theta\mathrm{d}\theta$$

$$\xlongequal{\text{例 15.4.3}} \frac{4}{3}abc \cdot \frac{1}{2}\frac{\Gamma(4)\Gamma(4)}{\Gamma(8)} \cdot \frac{1}{2}\frac{\Gamma(8)\Gamma(4)}{\Gamma(12)}$$

$$= \frac{1}{3}abc\frac{(3!)^3}{11!} = \frac{abc}{554400}.$$

□

431. 设 Ω 为由曲面

$$\left(\frac{x}{a} + \frac{y}{b}\right)^2 + \left(\frac{z}{c}\right)^2 = 1 \quad (x > 0, y > 0, z > 0)$$

所围立体.

(1) 作变换

$$(x,y,z) = (ar\sin\theta\cos^2\varphi, br\sin\theta\sin^2\varphi, cr\cos\theta);$$

(2) 作变换

$$\begin{cases} u=\dfrac{x}{a}+\dfrac{y}{b}, \\ uv=\dfrac{y}{b}, \end{cases} \quad 即 \quad \begin{cases} x=au(1-v), \\ y=buv. \end{cases}$$

证明：Ω 的体积 $v(\Omega)=\dfrac{abc}{3}$，其中 $a,b,c>0$.

证明 (1) 变换的 Jacobi 行列式

$$\frac{\partial(x,y,z)}{\partial(r,\theta,\varphi)}=\begin{vmatrix} a\sin\theta\cos^2\varphi & b\sin\theta\sin^2\varphi & c\cos\theta \\ ar\cos\theta\cos^2\varphi & br\cos\theta\sin^2\varphi & -cr\sin\theta \\ -2ar\sin\theta\cos\varphi\sin\varphi & 2br\sin\theta\sin\varphi\cos\varphi & 0 \end{vmatrix}$$

$$=2abcr^2\sin\theta\sin\varphi\cos\varphi.$$

曲面在该变换下变成 $r=1$，所以

$$\begin{aligned} v(\Omega)&=2abc\int_0^{\frac{\pi}{2}}\sin\varphi\cos\varphi\mathrm{d}\varphi\int_0^{\frac{\pi}{2}}\sin\theta\mathrm{d}\theta\int_0^1 r^2\mathrm{d}r \\ &=2abc\cdot\frac{\sin^2\varphi}{2}\Bigg|_0^{\frac{\pi}{2}}\cdot(-\cos\theta)\Big|_0^{\frac{\pi}{2}}\cdot\frac{r^3}{3}\Bigg|_0^1 \\ &=\frac{abc}{3}. \end{aligned}$$

(2) 变换的 Jacobi 行列式

$$\frac{\partial(x,y)}{\partial(u,v)}=\begin{vmatrix} a(1-v) & bv \\ -au & bu \end{vmatrix}=abu,\quad 0\leqslant u\leqslant 1,\quad 0\leqslant v\leqslant 1.$$

因此

$$\begin{aligned} v(\Omega)&=\iiint\limits_{\Omega}\mathrm{d}x\mathrm{d}y\mathrm{d}z=\int_0^1\mathrm{d}u\int_0^1\mathrm{d}v\int_0^{c\sqrt{1-u^2}}abu\,\mathrm{d}z \\ &=abc\int_0^1 u\sqrt{1-u^2}\,\mathrm{d}u=-\frac{abc}{3}(1-u^2)^{\frac{3}{2}}\Big|_0^1=\frac{abc}{3}. \end{aligned}$$ □

432. 作变换

$$\begin{cases} u=\dfrac{z}{x^2+y^2}, \\ v=xy, \\ w=\dfrac{y}{x}. \end{cases}$$

证明：由曲面 $z=x^2+y^2$，$z=2(x^2+y^2)$，$xy=a^2$，$xy=2a^2$，$x=2y$，$2x=y(x>0,y>0)$ 所围立体 Ω 的体积 $v(\Omega)=\dfrac{9a^4}{4}$，其中 $a>0$.

证明 变换的 Jacobi 行列式为

$$\frac{\partial(u,v,w)}{\partial(x,y,z)}=\begin{vmatrix}-\dfrac{2xz}{(x^2+y^2)^2} & y & -\dfrac{y}{x^2}\\ -\dfrac{2yz}{(x^2+y^2)^2} & x & \dfrac{1}{x}\\ \dfrac{1}{x^2+y^2} & 0 & 0\end{vmatrix}=\frac{2y}{x(x^2+y^2)}.$$

于是

$$\frac{\partial(x,y,z)}{\partial(u,v,w)}=\frac{x(x^2+y^2)}{2y}=\frac{v}{2}\left(1+\frac{1}{w^2}\right).$$

立体 Ω 变成由曲面 $v=a^2,v=2a^2,w=\frac{1}{2},w=2,u=1,u=2$ 所围的立体 Ω'，由此

$$v(\Omega)=\iiint\limits_{\Omega}\mathrm{d}x\mathrm{d}y\mathrm{d}z=\iiint\limits_{\Omega'}\frac{v}{2}\left(1+\frac{1}{w^2}\right)\mathrm{d}u\mathrm{d}v\mathrm{d}w$$

$$=\frac{1}{2}\int_1^2\mathrm{d}u\int_{a^2}^{2a^2}v\mathrm{d}v\int_{\frac{1}{2}}^2\left(1+\frac{1}{w^2}\right)\mathrm{d}w=\frac{3a^4}{2}\cdot\left(\frac{3}{2}-\frac{1}{w}\Big|_{\frac{1}{2}}^{2}\right)=\frac{9a^4}{4}.\qquad\square$$

433. 应用球坐标变换，证明：由曲面

$$(x^2+y^2+z^2)^3=\frac{a^6z^2}{x^2+y^2},\quad a>0$$

所围立体 Ω 的体积 $v(\Omega)=\frac{4}{3}\pi a^3$.

证明　曲面在球坐标变换下方程为 $r^6=a^6\cot^2\theta$. 由对称性得

$$v(\Omega)=8\int_0^{\frac{\pi}{2}}\mathrm{d}\varphi\int_0^{\frac{\pi}{2}}\sin\theta\mathrm{d}\theta\int_0^{a\sqrt[3]{\cot\theta}}r^2\mathrm{d}r=\frac{8}{3}\cdot\frac{\pi}{2}\int_0^{\frac{\pi}{2}}\sin\theta a^3\frac{\cos\theta}{\sin\theta}\mathrm{d}\theta=\frac{4}{3}\pi a^3.\qquad\square$$

434. 应用广义球坐标变换，证明：由曲面

$$\left(\frac{x^2}{a^2}+\frac{y^2}{b^2}+\frac{z^2}{c^2}\right)^2=\frac{z}{h}\exp\left(-\frac{\dfrac{z^2}{c^2}}{\dfrac{x^2}{a^2}+\dfrac{y^2}{b^2}+\dfrac{z^2}{c^2}}\right)$$

所围立体 Ω 的体积

$$v(\Omega)=\frac{\pi abc^2}{3h}(1-\mathrm{e}^{-1}),$$

其中 $a,b,c,h>0$.

证明　作广义球坐标变换

$$(x,y,z)=(ar\sin\theta\cos\varphi,br\sin\theta\sin\varphi,cr\cos\theta),$$

其 Jacobi 行列式

$$\frac{\partial(x,y,z)}{\partial(r,\theta,\varphi)}=abcr^2\sin\theta,\quad 0\leqslant\theta\leqslant\frac{\pi}{2},\quad 0\leqslant\varphi\leqslant 2\pi.$$

曲面方程变为 $r^3=\frac{c}{h}\cos\theta e^{-\cos^2\theta}$，再由曲面关于 z 轴的对称性得

$$v(\Omega)=4\int_0^{\frac{\pi}{2}}d\varphi\int_0^{\frac{\pi}{2}}\sin\theta d\theta\int_0^{\sqrt[3]{\frac{c}{h}\cos\theta e^{-\cos^2\theta}}}abcr^2dr=\frac{4}{3}abc\ \frac{\pi}{2}\int_0^{\frac{\pi}{2}}\frac{c}{h}e^{-\cos^2\theta}\sin\theta\cos\theta d\theta$$

$$=\frac{2\pi}{3}abc\cdot\frac{c}{h}\ \frac{1}{2}e^{-\cos^2\theta}\Big|_0^{\frac{\pi}{2}}=\frac{\pi abc^2}{3h}\left(1-\frac{1}{e}\right).$$ □

435. 作变换

$$(x,y,z)=(ar\sin^{\frac{1}{n}}\theta\cos\varphi,br\sin^{\frac{1}{n}}\theta\sin\varphi,cr\cos^{\frac{1}{n}}\theta),$$

证明：由曲面

$$\left(\frac{x^2}{a^2}+\frac{y^2}{b^2}\right)^n+\frac{z^{2n}}{c^{2n}}=\frac{z}{h}\left(\frac{x^2}{a^2}+\frac{y^2}{b^2}\right)^{n-2}\quad(n>1,a,b,c>0)$$

所围立体 Ω 的体积

$$v(\Omega)=\frac{\pi^2abc^2}{3hn\sin\frac{\pi}{n}}.$$

证明 变换的 Jacobi 行列式

$$\frac{\partial(x,y,z)}{\partial(r,\theta,\varphi)}=\begin{vmatrix}a\sin^{\frac{1}{n}}\theta\cos\varphi & b\sin^{\frac{1}{n}}\theta\sin\varphi & c\cos^{\frac{1}{n}}\theta\\ \frac{1}{n}ar\sin^{\frac{1}{n}-1}\theta\cos\theta\cos\varphi & \frac{1}{n}br\sin^{\frac{1}{n}-1}\theta\cos\theta\sin\varphi & -\frac{1}{n}cr\cos^{\frac{1}{n}-1}\theta\sin\theta\\ -ar\sin^{\frac{1}{n}}\theta\sin\varphi & br\sin^{\frac{1}{n}}\theta\cos\varphi & 0\end{vmatrix}$$

$$=\frac{1}{n}abcr^2\sin^{\frac{1}{n}}\theta\cos^{\frac{1}{n}-1}\theta\begin{vmatrix}\sin^{\frac{1}{n}}\theta\cos\varphi & \sin^{\frac{1}{n}}\theta\sin\varphi & \cos\theta\\ \sin^{\frac{1}{n}-1}\theta\cos\theta\cos\varphi & \sin^{\frac{1}{n}-1}\theta\cos\theta\sin\varphi & -\sin\theta\\ -\sin\varphi & \cos\varphi & 0\end{vmatrix}$$

$$=\frac{1}{n}abcr^2\sin^{\frac{2}{n}-1}\theta\cos^{\frac{1}{n}-1}\theta.$$

曲面方程变为 $r^3=\frac{c}{h}\cos^{\frac{1}{n}}\theta\sin^{2\left(1-\frac{2}{n}\right)}\theta$，根据对称性得

$$v(\Omega)=4\frac{abc}{n}\int_0^{\frac{\pi}{2}}d\varphi\int_0^{\frac{\pi}{2}}\sin^{\frac{2}{n}-1}\theta\cos^{\frac{1}{n}-1}\theta d\theta\int_0^{\sqrt[3]{\frac{c}{h}\cos^{\frac{1}{n}}\theta\sin^{2\left(1-\frac{2}{n}\right)}\theta}}r^2dr$$

$$=\frac{4abc}{3n}\ \frac{\pi}{2}\int_0^{\frac{\pi}{2}}\frac{c}{h}\cos^{\frac{1}{n}}\theta\sin^{2\left(1-\frac{2}{n}\right)}\theta\sin^{\frac{2}{n}-1}\theta\cos^{\frac{1}{n}-1}\theta d\theta$$

$$=\frac{2\pi abc^2}{3nh}\int_0^{\frac{\pi}{2}}\cos^{\frac{2}{n}-1}\theta\sin^{1-\frac{2}{n}}\theta d\theta=\frac{\pi abc^2}{3nh}\ \frac{\Gamma\left(\frac{1}{n}\right)\Gamma\left(1-\frac{1}{n}\right)}{\Gamma(1)}$$

$$=\frac{\pi abc^2}{3nh}\cdot\frac{\pi}{\sin\frac{\pi}{n}}=\frac{\pi^2abc^2}{3hn\sin\frac{\pi}{n}}.$$ □

436. 用球坐标变换证明：

$$\iint\limits_{x_1^2+x_2^2+\cdots+x_n^2\leqslant R^2} f(\sqrt{x_1^2+x_2^2+\cdots+x_n^2})\,\mathrm{d}x_1\mathrm{d}x_2\cdots\mathrm{d}x_n = \frac{2\pi^{\frac{n}{2}}}{\Gamma\left(\frac{n}{2}\right)}\int_0^R r^{n-1}f(r)\,\mathrm{d}r.$$

证明 对积分 $\int_0^{\frac{\pi}{2}}\sin^m x\,\mathrm{d}x$ 作变换 $t=\sin^2 x$，即 $x=\arcsin\sqrt{t}$，得

$$\int_0^{\frac{\pi}{2}}\sin^m x\,\mathrm{d}x=\int_0^1 t^{\frac{m}{2}}\frac{1}{\sqrt{1-t}}\frac{\mathrm{d}t}{2\sqrt{t}}=\frac{1}{2}\int_0^1 t^{\frac{m-1}{2}}(1-t)^{-\frac{1}{2}}\mathrm{d}t$$

$$=\frac{1}{2}B\left(\frac{m+1}{2},\frac{1}{2}\right)=\frac{1}{2}\frac{\Gamma\left(\frac{m+1}{2}\right)\Gamma\left(\frac{1}{2}\right)}{\Gamma\left(\frac{m}{2}+1\right)}.$$

n 维球坐标变换的 Jacobi 行列式

$$\frac{\partial(x_1,x_2,\cdots,x_n)}{\partial(r,\theta_1,\cdots,\theta_{n-1})}=r^{n-1}\sin^{n-2}\theta_1\sin^{n-3}\theta_2\cdots\sin\theta_{n-2}.$$

故

$$\iint\limits_{\sum_{i=1}^n x_i^2\leqslant R^2} f(\sqrt{x_1^2+x_2^2+\cdots+x_n^2})\,\mathrm{d}x_1\mathrm{d}x_2\cdots\mathrm{d}x_n$$

$$=\int_0^R r^{n-1}f(r)\,\mathrm{d}r\int_0^{\pi}\sin^{n-2}\theta_1\,\mathrm{d}\theta_1\int_0^{\pi}\sin^{n-3}\theta_2\,\mathrm{d}\theta_2\cdots\int_0^{\pi}\sin\theta_{n-2}\,\mathrm{d}\theta_{n-2}\int_0^{2\pi}\mathrm{d}\theta_{n-1}$$

$$=2\pi\int_0^R r^{n-1}f(r)\,\mathrm{d}r\,2\int_0^{\frac{\pi}{2}}\sin^{n-2}\theta_1\,\mathrm{d}\theta 2\int_0^{\frac{\pi}{2}}\sin^{n-3}\theta_2\,\mathrm{d}\theta_2\cdots 2\int_0^{\pi}\sin\theta_{n-2}\,\mathrm{d}\theta_{n-2}$$

$$=2\pi\int_0^R r^{n-1}f(r)\,\mathrm{d}r\cdot\frac{\Gamma\left(\frac{n-1}{2}\right)\Gamma\left(\frac{1}{2}\right)}{\Gamma\left(\frac{n}{2}\right)}\cdot\frac{\Gamma\left(\frac{n-2}{2}\right)\Gamma\left(\frac{1}{2}\right)}{\Gamma\left(\frac{n-1}{2}\right)}\cdots\frac{\Gamma(1)\Gamma\left(\frac{1}{2}\right)}{\Gamma\left(\frac{3}{2}\right)}$$

$$=2\pi\int_0^R r^{n-1}f(r)\,\mathrm{d}r\cdot\frac{\left(\Gamma\left(\frac{1}{2}\right)\right)^{n-2}}{\Gamma\left(\frac{n}{2}\right)}=\frac{2\pi\pi^{\frac{n-2}{2}}}{\Gamma\left(\frac{n}{2}\right)}\int_0^R r^{n-1}f(r)\,\mathrm{d}r$$

$$=\frac{2\pi^{\frac{n}{2}}}{\Gamma\left(\frac{n}{2}\right)}\int_0^R r^{n-1}f(r)\,\mathrm{d}r.$$ □

437. 计算下列 n 重积分：

(1) $\int\limits_{[0,1]^n}\cdots\int(x_1^2+x_2^2+\cdots+x_n^2)\,\mathrm{d}x_1\mathrm{d}x_2\cdots\mathrm{d}x_n$；

(2) $\int\limits_{[0,1]^n}\cdots\int(x_1+x_2+\cdots+x_n)^2\,\mathrm{d}x_1\mathrm{d}x_2\cdots\mathrm{d}x_n$.

解 (1) 因为

$$\int\cdots\int_{[0,1]^n} x_1^2\mathrm{d}x_1\mathrm{d}x_2\cdots\mathrm{d}x_n = \int_0^1 x_1^2\mathrm{d}x_1\int_0^1\mathrm{d}x_2\cdots\int_0^1\mathrm{d}x_n = \frac{1}{3}.$$

由对称性得

$$\int\cdots\int_{[0,1]^n}(x_1^2+x_2^2+\cdots+x_n^2)\mathrm{d}x_1\mathrm{d}x_2\cdots\mathrm{d}x_n = n\int\cdots\int_{[0,1]^n} x_1^2\mathrm{d}x_1\mathrm{d}x_2\cdots\mathrm{d}x_n = \frac{n}{3}.$$

(2) $(x_1+x_2+\cdots+x_n)^2=\sum\limits_{i=1}^n x_i^2+2\sum\limits_{i<j=1}^n x_ix_j$，而

$$\int\cdots\int_{[0,1]^n} x_1x_2\mathrm{d}x_1\mathrm{d}x_2\cdots\mathrm{d}x_n = \int_0^1 x_1\mathrm{d}x_1\int_0^1 x_2\mathrm{d}x_2\int_0^1\mathrm{d}x_3\cdots\int_0^1\mathrm{d}x_n = \frac{1}{2}\cdot\frac{1}{2}=\frac{1}{4}.$$

$\sum\limits_{i<j=1}^n x_ix_j$ 共有$(n-1)+(n-2)+\cdots+1=\dfrac{n(n-1)}{2}$项，再由对称性，有

$$\begin{aligned}\int\cdots\int_{[0,1]^n}(x_1+x_2+\cdots+x_n)^2\mathrm{d}x_1\mathrm{d}x_2\cdots\mathrm{d}x_n &= \int\cdots\int_{[0,1]^n}\left[\sum_{i=1}^n x_i^2+2\sum_{i<j=1}^n x_ix_j\right]\mathrm{d}x_1\mathrm{d}x_2\cdots\mathrm{d}x_n\\ &= \frac{n}{3}+2\cdot\frac{n(n-1)}{2}\cdot\frac{1}{4}=\frac{n(3n+1)}{12}.\end{aligned}$$ □

438. 计算累次积分

$$\int_0^1\mathrm{d}x_1\int_0^{x_1}\mathrm{d}x_2\cdots\int_0^{x_{n-1}} x_1x_2\cdots x_n\mathrm{d}x_n.$$

解法1 当$n=2$时，有

$$\int_0^x\mathrm{d}x_1\int_0^{x_1} x_1x_2\mathrm{d}x_2 = \int_0^x x_1\cdot\frac{x_1^2}{2}\mathrm{d}x_1 = \frac{1}{2\times 4}x_1^4\Big|_0^x = \frac{x^4}{4!!}.$$

运用归纳法可证

$$\int_0^x\mathrm{d}x_1\int_0^{x_1}\mathrm{d}x_2\cdots\int_0^{x_{n-1}} x_1\cdots x_n\mathrm{d}x_n = \frac{x^{2n}}{(2n)!!}.$$

事实上，如果上式在$n-1$时成立，即

$$\int_0^x\mathrm{d}x_1\int_0^{x_1}\mathrm{d}x_2\cdots\int_0^{x_{n-2}} x_1x_2\cdots x_{n-1}\mathrm{d}x_{n-1} = \frac{x^{2(n-1)}}{2(n-1)!!},$$

则

$$\begin{aligned}\int_0^x\mathrm{d}x_1\int_0^{x_1}\mathrm{d}x_2\cdots\int_0^{x_{n-2}}\mathrm{d}x_{n-1}\int_0^{x_{n-1}} x_1\cdots x_n\mathrm{d}x_n &= \int_0^x x_1\mathrm{d}x_1\int_0^{x_1}\mathrm{d}x_2\cdots\int_0^{x_{n-1}} x_2\cdots x_n\mathrm{d}x_n\\ &= \int_0^x x_1\left[\int_0^{x_1}\mathrm{d}x_2\cdots\int_0^{x_{n-1}} x_2\cdots x_n\mathrm{d}x_n\right]\mathrm{d}x_1\\ &= \int_0^x x_1\cdot\frac{x_1^{2(n-1)}}{2(n-1)!!}\mathrm{d}x_1\\ &= \frac{1}{2(n-1)!!}\int_0^x x_1^{2n-1}\mathrm{d}x_1 = \frac{x^{2n}}{2n!!}.\end{aligned}$$

将 $x=1$ 代入上式，即有

$$\int_0^1 \mathrm{d}x_1\int_0^{x_1}\mathrm{d}x_2\cdots\int_0^{x_{n-1}}x_1x_2\cdots x_n\mathrm{d}x_n=\frac{1}{(2n)!!}.$$

解法 2　应用下题(439 题)结论，令 $f(x)=x$，则有

$$\int_0^1 \mathrm{d}x_1\int_0^{x_1}\mathrm{d}x_2\cdots\int_0^{x_{n-1}}x_1x_2\cdots x_n\mathrm{d}x_n=\frac{1}{n!}\left(\int_0^1 t\mathrm{d}t\right)^n=\frac{1}{n!}\left(\frac{1}{2}\right)^n=\frac{1}{(2n)!!}.$$ □

439. 设 f 为单变量连续函数. 证明：

$$\int_0^a \mathrm{d}x_1\int_0^{x_1}\mathrm{d}x_2\cdots\int_0^{x_{n-1}}f(x_1)f(x_2)\cdots f(x_n)\mathrm{d}x_n=\frac{1}{n!}\left(\int_0^a f(t)\mathrm{d}t\right)^n.$$

当 $f(x)=x,a=1$ 时，就是 438 题.

证法 1　因为 f 连续，故有原函数. 设 $F(x)$ 为 $f(x)$ 的一个原函数，则 $F'(x)=f(x)$. $\int_0^x f(t)\,\mathrm{d}t=F(x)-F(0)$.

(归纳法)当 $n=2$ 时，有

$$\begin{aligned}\int_0^a \mathrm{d}x_1\int_0^{x_1}f(x_1)f(x_2)\mathrm{d}x_2&=\int_0^a f(x_1)(F(x_1)-F(0))\mathrm{d}x_1\\&=\int_0^a[F(x_1)F'(x_1)-F(0)f(x_1)]\mathrm{d}x_1\\&=\frac{1}{2}F^2(x_1)\Big|_0^a-F(0)(F(a)-F(0))\\&=\frac{1}{2}F^2(a)-\frac{1}{2}F^2(0)-F(0)F(a)+F^2(0)\\&=\frac{1}{2}(F(a)-F(0))^2=\frac{1}{2!}\left(\int_0^a f(t)\mathrm{d}t\right)^2.\end{aligned}$$

假设 $n-1$ 时，等式成立，则当 n 时有

$$\begin{aligned}&\int_0^a \mathrm{d}x_1\int_0^{x_1}\mathrm{d}x_2\cdots\int_0^{x_{n-1}}f(x_1)f(x_2)\cdots f(x_n)\mathrm{d}x_n\\&=\int_0^a f(x_1)\left[\int_0^{x_1}\mathrm{d}x_2\cdots\int_0^{x_{n-1}}f(x_2)\cdots f(x_n)\mathrm{d}x_n\right]\mathrm{d}x_1\\&=\int_0^a f(x_1)\left[\frac{1}{(n-1)!}\left(\int_0^{x_1}f(t)\mathrm{d}t\right)^{n-1}\right]\mathrm{d}x_1\\&=\frac{1}{(n-1)!}\int_0^a\left(\int_0^{x_1}f(t)\mathrm{d}t\right)^{n-1}\cdot\left(\int_0^{x_1}f(t)\mathrm{d}t\right)'\mathrm{d}x_1\xlongequal{u=\int_0^{x_1}f(t)\mathrm{d}t}\frac{1}{(n-1)!}\int_0^a u^{n-1}\mathrm{d}u\\&=\frac{u^n}{n!}\Big|_0^a=\frac{u^n(a)-u^n(0)}{n!}=\frac{1}{n!}\left(\int_0^a f(t)\mathrm{d}t\right)^n.\end{aligned}$$

证法 2 先证明一个引理,然后将此题看作它的一个特例.

引理 $f(u)$是一个连续函数,$\varphi(u)$为连续可导函数,则有等式

$$I_n=\int_0^x\varphi'(x_1)\mathrm{d}x_1\int_0^{x_1}\varphi'(x_2)\mathrm{d}x_2\cdots\int_0^{x_{n-2}}\varphi'(x_{n-1})\mathrm{d}x_{n-1}\int_0^{x_{n-1}}f(x_n)\mathrm{d}x_n$$

$$=\frac{1}{(n-1)!}\int_0^x(\varphi(x)-\varphi(t))^{n-1}f(t)\mathrm{d}t.$$

用归纳法证明. 当 $n=2$ 时,有

$$I_2=\int_0^x\varphi'(x_1)\mathrm{d}x_1\int_0^{x_1}f(x_2)\mathrm{d}x\xlongequal{\text{交换积分次序}}\int_0^x f(x_2)\mathrm{d}x_2\int_{x_2}^x\varphi'(x_1)\mathrm{d}x_1$$

$$=\int_0^x f(x_2)[\varphi(x)-\varphi(x_2)]\mathrm{d}x_2=\int_0^x(\varphi(x)-\varphi(t))f(t)\mathrm{d}t.$$

假设 $n-1$ 时等式成立,即

$$I_{n-1}=\int_0^x\varphi'(x_1)\mathrm{d}x_1\int_0^{x_1}\varphi'(x_2)\mathrm{d}x_2\cdots\int_0^{x_{n-3}}\varphi'(x_{n-2})\mathrm{d}x_{n-2}\int_0^{x_{n-2}}f(x_{n-1})\mathrm{d}x_{n-1}$$

$$=\frac{1}{(n-2)!}\int_0^x(\varphi(x)-\varphi(t))^{n-2}f(t)\mathrm{d}t,$$

则当 n 时有

$$I_n=\int_0^x\varphi'(x_1)\mathrm{d}x_1\int_0^{x_1}\varphi'(x_2)\mathrm{d}x_2\cdots\int_0^{x_{n-2}}\varphi'(x_{n-1})\mathrm{d}x_{n-1}\int_0^{x_{n-1}}f(x_n)\mathrm{d}x_n$$

$$=\int_0^x\left[\int_0^{x_1}\varphi'(x_2)\mathrm{d}x_2\cdots\int_0^{x_{n-2}}\varphi'(x_{n-1})\mathrm{d}x_{n-1}\int_0^{x_{n-1}}f(x_n)\mathrm{d}x_n\right]\varphi'(x_1)\mathrm{d}x_1$$

$$=\int_0^x\left[\frac{1}{(n-2)!}\int_0^{x_1}(\varphi(x_1)-\varphi(t))^{n-2}f(t)\mathrm{d}t\right]\varphi'(x_1)\mathrm{d}x_1$$

$$=\frac{1}{(n-2)!}\int_0^x f(t)\mathrm{d}t\int_t^x(\varphi(x_1)-\varphi(t))^{n-2}\varphi'(x_1)\mathrm{d}x_1$$

$$=\frac{1}{(n-2)!}\int_0^x f(t)\ \frac{1}{n-1}[\varphi(x_1)-\varphi(t)]^{n-1}\ \Big|_{x_1=t}^{x}\mathrm{d}t$$

$$=\frac{1}{(n-1)!}\int_0^x f(t)\{[\varphi(x)-\varphi(t)]^{n-1}-[\varphi(t)-\varphi(t)]^{n-1}\}\mathrm{d}t$$

$$=\frac{1}{(n-1)!}\int_0^x(\varphi(x)-\varphi(t))^{n-1}f(t)\mathrm{d}t.$$

引理证毕.

在引理的等式中. 令 $\varphi'(x)=f(x)$就得

$$\int_0^a f(x_1)\mathrm{d}x_1\int_0^{x_1}f(x_2)\mathrm{d}x_2\cdots\int_0^{x_{n-1}}f(x_n)\mathrm{d}x_n=\frac{1}{(n-1)!}\int_0^a(\varphi(a)-\varphi(t))^{n-1}\varphi'(t)\mathrm{d}t$$

$$=\frac{1}{n!}\left[-(\varphi(a)-\varphi(t))^n\ \Big|_{t=0}^{a}\right]$$

$$=\frac{1}{n!}(\varphi(a)-\varphi(0))^n=\frac{1}{n!}\left[\int_0^a f(t)\mathrm{d}t\right]^n.\quad\square$$

440. 计算$\mathbb{R}^n$中下列集合的n维体积(其中$a_1,a_2,\cdots,a_n>0$):

(1) n维角锥$\Omega_n=\left\{(x_1,x_2,\cdots,x_n)\,\middle|\,\dfrac{x_1}{a_1}+\cdots+\dfrac{x_n}{a_n}\leqslant 1,x_1,x_2,\cdots,x_n\geqslant 0\right\}$;

(2) $\Omega_n(a)=\{(x_1,x_2,\cdots,x_n)\mid |x_1|+|x_2|+\cdots+|x_n|\leqslant a\},a>0$;

(3) $\Omega_n=\left\{(x_1,x_2,\cdots,x_n)\,\middle|\,\dfrac{|x_i|}{a_i}+\dfrac{|x_n|}{a_n}\leqslant 1,i=1,2,\cdots,n-1\right\}$.

解 (1) 考虑

$$I_n=\underset{\substack{x_1\geqslant 0,x_2\geqslant 0,\cdots,x_n\geqslant 0\\ x_1+x_2+\cdots+x_n\leqslant a}}{\int\cdots\int}\mathrm{d}x_1\mathrm{d}x_2\cdots\mathrm{d}x_n.$$

显然,$I_1=a,I_2=\int_0^a\mathrm{d}x_1\int_0^{a-x_1}\mathrm{d}x_2=\dfrac{a^2}{2},I_3=\int_0^a\mathrm{d}x_1\int_0^{a-x_1}\mathrm{d}x_2\int_0^{a-x_1-x_2}\mathrm{d}x_3=\dfrac{a^3}{3!}$.

假设

$$I_{n-1}=\underset{\substack{x_i\geqslant 0,i=1,\cdots,n-1\\ \sum_{i=1}^{n-1}x_i\leqslant x}}{\int\cdots\int}\mathrm{d}x_1\mathrm{d}x_2\cdots\mathrm{d}x_n=\frac{x^{n-1}}{(n-1)!},$$

则

$$I_n=\underset{\substack{x_i\geqslant 0,i=1,\cdots,n\\ x_1+x_2+\cdots+x_n\leqslant a}}{\int\cdots\iint}\mathrm{d}x_1\mathrm{d}x_2\cdots\mathrm{d}x_n=\int_0^a\mathrm{d}x_1\underset{\substack{x_2\geqslant 0,\cdots,x_n\geqslant 0\\ x_2+x_3+\cdots+x_n\leqslant a-x_1}}{\int\cdots\int}\mathrm{d}x_2\cdots\mathrm{d}x_n$$

$$=\int_0^a\frac{(a-x_1)^{n-1}}{(n-1)!}\mathrm{d}x_1=-\frac{(a-x_1)^n}{n!}\bigg|_0^a=\frac{a^n}{n!}.$$

作变换$x_i=a_it_i$,Ω_n变成$\Omega_n'=\left\{(t_1,t_2,\cdots,t_n)\,\middle|\,\sum_{i=1}^n t_i\leqslant 1,t_i\geqslant 0\right\}$,

$$\frac{\partial(x_1,x_2,\cdots,x_n)}{\partial(t_1,t_2,\cdots,t_n)}=a_1a_2\cdots a_n.$$

于是

$$v(\Omega_n)=\underset{\substack{x_1\geqslant 0,\cdots,x_n\geqslant 0\\ \frac{x_1}{a_1}+\cdots+\frac{x_n}{a_n}\leqslant 1}}{\int\cdots\int}\mathrm{d}x_1\mathrm{d}x_2\cdots\mathrm{d}x_n=\underset{\Omega_n'}{\int\cdots\int}a_1a_2\cdots a_n\mathrm{d}t_1\mathrm{d}t_2\cdots\mathrm{d}t_n$$

$$=a_1a_2\cdots a_n\underset{\substack{t_1\geqslant 0,\cdots,t_n\geqslant 0\\ t_1+\cdots+t_n\leqslant 1}}{\int\cdots\int}\mathrm{d}t_1\mathrm{d}t_2\cdots\mathrm{d}t_n=\frac{a_1a_2\cdots a_n}{n!}.$$

(2) 由对称性

$$v(\Omega_n(a))=2^nv(\Omega_n^1(a)).$$

这里，$\Omega_n^1(a)=\{(x_1,x_2,\cdots,x_n)\mid x_1+x_2+\cdots+x_n\leqslant a,x_1,x_2,\cdots,x_n\geqslant 0\}$. 再应用(1)中的结果，得

$$v(\Omega_n(a))=2^n\underset{\substack{x_1\geqslant 0,\cdots,x_n\geqslant 0\\x_1+x_2+\cdots+x_n\leqslant a}}{\int\cdots\int}\mathrm{d}x_1\mathrm{d}x_2\cdots\mathrm{d}x_n=\frac{2^na^n}{n!}.$$

(3) 从$\dfrac{|x_i|}{a_i}+\dfrac{|x_n|}{a_n}\leqslant 1$知$\Omega_n$具有对称性. 又当$x_n>0$固定时，$0\leqslant x_i\leqslant a_i\left(1-\dfrac{x_n}{a_n}\right)$，考虑$x_i\geqslant 0$的情况$(i=1,2,\cdots,n)$，有

$$v(\Omega_n)=2^n\underset{\substack{x_1\geqslant 0,\cdots,x_n\geqslant 0\\\frac{x_i}{a_i}+\frac{x_n}{a_n}\leqslant 1}}{\int\cdots\int}\mathrm{d}x_1\mathrm{d}x_2\cdots\mathrm{d}x_n\xlongequal[x_i\geqslant 0]{x_i=a_it_i\quad(i=1,2,\cdots,n)}2^na_1a_2\cdots a_n\underset{\substack{t_1\geqslant 0,\cdots,t_n\geqslant 0\\t_i+t_n\leqslant 1}}{\int\cdots\int}\mathrm{d}t_1\mathrm{d}t_2\cdots\mathrm{d}t_n$$

$$=2^na_1a_2\cdots a_n\int_0^1\mathrm{d}t_n\int_0^{1-t_n}\mathrm{d}t_1\cdots\int_0^{1-t_n}\mathrm{d}t_{n-1}=2^na_1a_2\cdots a_n\int_0^1(1-t_n)^{n-1}\mathrm{d}t_n$$

$$=\frac{2^na_1a_2\cdots a_n}{n}[-(1-t_n)^n]\Big|_0^1=\frac{2^n}{n}a_1a_2\cdots a_n.$$ □

441. 设 f 为 n 元连续函数. 证明：

$$\int_a^b\mathrm{d}x_1\int_a^{x_1}\mathrm{d}x_2\cdots\int_a^{x_{n-1}}f(x_1,x_2,\cdots,x_n)\mathrm{d}x_n=\int_a^b\mathrm{d}x_n\int_{x_n}^b\mathrm{d}x_{n-1}\cdots\int_{x_2}^bf(x_1,x_2,\cdots,x_n)\mathrm{d}x_1.$$

证明 (归纳法)当$n=2$时，利用二重积分的累次积分交换次序即得

$$\int_a^b\mathrm{d}x_1\int_a^{x_1}f(x_1,x_2)\mathrm{d}x_2=\iint_D f(x_1,x_2)\mathrm{d}x_1\mathrm{d}x_2=\int_a^b\mathrm{d}x_2\int_{x_2}^bf(x_1,x_2)\mathrm{d}x_1,$$

其中D是由直线$x_2=x_1,x_1=b,x_2=a$所围成.

当$n=3$时，应用$n=2$时的次序交换公式，有

$$\int_a^b\mathrm{d}x_1\int_a^{x_1}\mathrm{d}x_2\int_a^{x_2}f(x_1,x_2,x_3)\mathrm{d}x_3=\int_a^b\left[\int_a^{x_1}\mathrm{d}x_2\int_a^{x_2}f(x_1,x_2,x_3)\mathrm{d}x_3\right]\mathrm{d}x_1$$

$$=\int_a^b\left[\int_a^{x_1}\mathrm{d}x_3\int_{x_3}^{x_1}f(x_1,x_2,x_3)\mathrm{d}x_2\right]\mathrm{d}x_1.$$

令$F(x_1,x_3)=\displaystyle\int_{x_3}^{x_1}f(x_1,x_2,x_3)\mathrm{d}x_2$，代入上式，再应用$n=2$式的交换公式就得

$$\int_a^b\mathrm{d}x_1\int_a^{x_1}\mathrm{d}x_2\int_a^{x_2}f(x_1,x_2,x_3)\mathrm{d}x_3$$

$$=\int_a^b\left[\int_a^{x_1}F(x_1,x_3)\mathrm{d}x_3\right]\mathrm{d}x_1=\int_a^b\mathrm{d}x_1\int_a^{x_1}F(x_1,x_3)\mathrm{d}x_3$$

$$=\int_a^b\mathrm{d}x_3\int_{x_3}^bF(x_1,x_3)\mathrm{d}x_1=\int_a^b\left[\int_{x_3}^b\mathrm{d}x_1\int_{x_3}^{x_1}f(x_1,x_2,x_3)\mathrm{d}x_2\right]\mathrm{d}x_3$$

$$=\int_a^b\left[\int_{x_3}^b\mathrm{d}x_2\int_{x_2}^bf(x_1,x_2,x_3)\mathrm{d}x_1\right]\mathrm{d}x_3=\int_a^b\mathrm{d}x_3\int_{x_3}^b\mathrm{d}x_2\int_{x_2}^bf(x_1,x_2,x_3)\mathrm{d}x_1.$$

现设 $n-1$ 时公式成立，则当 n 时，应用归纳假设，有

$$\begin{aligned}
I_n &= \int_a^b dx_1 \int_a^{x_1} dx_2 \cdots \int_a^{x_{n-1}} f(x_1,x_2,\cdots,x_n)dx_n \\
&= \int_a^b dx_1 \int_a^{x_1}\left[\int_a^{x_2} dx_3 \cdots \int_a^{x_{n-1}} f(x_1,x_2,\cdots,x_n)dx_n\right]dx_2 \\
&= \int_a^b dx_2 \int_{x_2}^{b}\left[\int_a^{x_2} dx_3 \cdots \int_a^{x_{n-1}} f(x_1,x_2,\cdots,x_n)dx_n\right]dx_1 \\
&= \int_a^b dx_2 \int_{x_2}^{b} dx_1 \int_a^{x_2} dx_3 \cdots \int_a^{x_{n-1}} f(x_1,x_2,\cdots,x_n)dx_n \\
&= \int_a^b \left[\int_{x_2}^{b} dx_1 \int_a^{x_2} dx_3 \cdots \int_a^{x_{n-1}} f(x_1,x_2,\cdots,x_n)dx_n\right]dx_2.
\end{aligned}$$

由于对固定的 x_2 来讲

$$\int_{x_2}^b dx_1 \int_a^{x_2} dx_3 \cdots \int_a^{x_{n-1}} f(x_1,\cdots,x_n)dx_n = \int_a^{x_2} dx_3 \cdots \int_a^{x_{n-1}} dx_n \int_{x_2}^b f(x_1,x_2,\cdots,x_n)dx_1$$

令 $G(x_2,x_3,\cdots,x_n)=\int_{x_2}^b f(x_1,x_2,\cdots,x_n)dx_1$，于是

$$\begin{aligned}
I_n &= \int_a^b dx_2 \int_a^{x_2} dx_3 \cdots \int_a^{x_{n-1}} G(x_2,x_3,\cdots,x_n)dx_n \\
&\xlongequal{\text{归纳假设}} \int_a^b dx_n \int_{x_n}^b dx_{n-1} \cdots \int_{x_3}^b G(x_2,x_3,\cdots,x_n)dx_2 \\
&= \int_a^b dx_n \int_{x_n}^b dx_{n-1} \cdots \int_{x_3}^b dx_2 \int_{x_2}^b f(x_1,x_2,\cdots,x_n)dx_1.
\end{aligned}$$

等式对 n 也成立. □

442. 设 f 为单变量连续函数. 证明：

$$\int_a^b dx_1 \int_a^{x_1} dx_2 \cdots \int_a^{x_{n-1}} f(x_n)dx_n = \frac{1}{(n-1)!}\int_a^b f(t)(b-t)^{n-1}dt.$$

证法 1 应用 441 题得

$$\int_a^b dx_1 \int_a^{x_1} dx_2 \cdots \int_a^{x_{n-1}} f(x_n)dx_n = \int_a^b f(x_n)dx_n \int_{x_n}^b dx_{n-1} \cdots \int_{x_3}^b dx_2 \int_{x_2}^b dx_1.$$

而

$$\begin{aligned}
\int_{x_n}^b dx_{n-1} \cdots \int_{x_3}^b dx_2 \int_{x_2}^b dx_1 &= \int_{x_n}^b dx_{n-1} \cdots \int_{x_3}^b (b-x_2)dx_2 = \int_{x_n}^b dx_{n-1} \cdots \int_{x_4}^b -\frac{(b-x_2)^2}{2}\Bigg|_{x_2=x_3}^b dx_3 \\
&= \frac{1}{2}\int_{x_n}^b dx_{n-1} \cdots \int_{x_4}^b (b-x_3)^2 dx_3 = \frac{1}{3!}\int_{x_n}^b dx_{n-1} \cdots \int_{x_4}^b (b-x_3)^3 dx_4 \\
&\ \ \vdots \\
&= \frac{1}{(n-2)!}\int_{x_n}^b (b-x_{n-1})^{n-2}dx_{n-1} = -\frac{1}{(n-1)!}(b-x_{n-1})^{n-1}\Bigg|_{x_n}^b
\end{aligned}$$

$$=\frac{1}{(n-1)!}(b-x_n)^{n-1}.$$

因此

$$\int_a^b dx_1\int_a^{x_1}dx_2\cdots\int_a^{x_{n-1}}f(x_n)dx_n=\int_a^b f(x_n)\cdot\frac{1}{(n-1)!}(b-x_n)^{n-1}dx_n$$
$$=\frac{1}{(n-1)!}\int_a^b f(t)(b-t)^{n-1}dt.$$

证法 2 化二重积分 $\iint_D (x-t)^n f(t)dtdx$ 为累次积分得

$$\iint_D (x-t)^{n-1}f(t)dt=\int_a^b f(t)dt\int_t^b (x-t)^{n-1}dx$$
$$=\frac{1}{n}\int_a^b f(t)\cdot(x-t)^n\Big|_{x=t}^{b}dt$$
$$=\frac{1}{n}\int_a^b f(t)(b-t)^n dt.$$

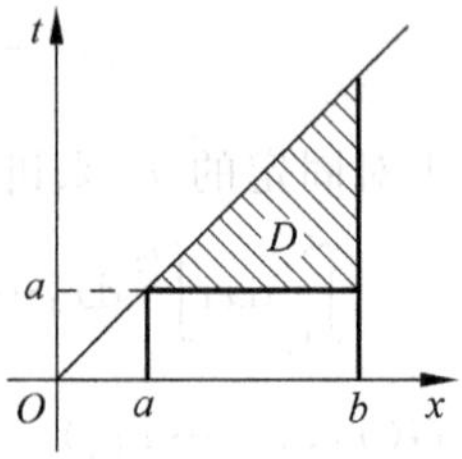

442 题图

另一方面,有

$$\iint_D (x-t)^n f(t)dt=\int_a^b dx\int_a^x (x-t)^{n-1}f(t)dt.$$

所以

$$\int_a^b dx\int_a^x (x-t)^{n-1}f(t)dt=\frac{1}{n}\int_a^b f(t)(b-t)^n dt.$$

设 $I_n(x)=\int_a^x (x-t)^n f(t)dt$,上式就变成

$$I_n(b)=n\int_a^b I_{n-1}(x)dx.$$

于是有递推式

$$I_n(x)=n\int_a^x I_{n-1}(x)dx=n(n-1)\int_a^x dx\int_a^x I_{n-2}(x)dx$$
$$=\cdots=n(n-1)\cdots 1\int_a^x dx\int_a^x dx\cdots\int_a^x I_0(x)f(t)dt$$
$$=n!\int_a^x dx\cdots\int_a^x f(t)dt.$$

因此

$$\int_a^b (b-t)^{n-1}f(t)dt=I_{n-1}(b)=(n-1)\int_a^b I_{n-2}(x_1)dx_1$$
$$=(n-1)!\int_a^b dx_1\int_a^{x_1}dx_2\cdots\int_a^{x_{n-1}}f(x_n)dx_n.$$

证法 3　(归纳法)令

$$J_n = \int_a^b dx_1 \int_a^{x_1} dx_2 \cdots \int_a^{x_{n-1}} f(x_n) dx_n.$$

当 $n=2$ 时,有

$$\begin{aligned} J_2 &= \int_a^b dx_1 \int_a^{x_1} f(x_2) dx_2 = \int_a^b f(x_2) dx_2 \int_{x_2}^b dx_1 \\ &= \int_a^b f(x_2)(b-x_2) dx_2 = \int_a^b f(t)(b-t) dt, \end{aligned}$$

等式成立.

假设 $n=k$ 时,结论正确,即有

$$J_k = \int_a^b dx_1 \int_a^{x_1} dx_2 \cdots \int_a^{x_{k-1}} f(x_k) dx_k = \frac{1}{(k-1)!}\int_a^b f(t)(b-t)^{n-1} dt.$$

则当 $n=k+1$ 时,根据归纳假设得

$$\begin{aligned} J_{k+1} &= \int_a^b dx_1 \int_a^{x_1} dx_2 \cdots \int_a^{x_{k-1}} dx_k \int_a^{x_k} f(x_{k+1}) dx_{k+1} \\ &= \int_a^b \left[\frac{1}{(k-1)!}\int_a^{x_1} f(t)(x_1-t)^{k-1} dt\right] dx_1 \\ &= \frac{1}{(k-1)!}\int_a^b dx_1 \int_a^{x_1} f(t)(x_1-t)^{k-1} dt \\ &= \frac{1}{(k-1)!}\int_a^b f(t) dt \int_t^b (x_1-t)^{k-1} dx_1 \\ &= \frac{1}{k!}\int_a^b f(t) \cdot (x_1-t)^k \Big|_{x_1=t}^b dt \\ &= \frac{1}{k!}\int_a^b f(t)(b-t)^k dt. \end{aligned}$$

结论仍成立.

证法 4　(微分法)设

$$I_n(x) = \frac{1}{(n-1)!}\int_a^x f(t)(x-t)^{n-1} dt,$$

则

$$\begin{aligned} I_n'(x) &= \frac{1}{(n-1)!}\left[f(x)(x-x)^{n-1} + \int_a^x f(t)(n-1)(x-t)^{n-2} dt\right] \\ &= \frac{1}{(n-2)!}\int_a^x f(t)(x-t)^{n-2} dt = I_{n-1}(x). \end{aligned}$$

又 $I_n(a)=0$,故

$$I_n(x) = \int_a^x I_{n-1}(x) dx.$$

反复运用此递推公式,有

$$\begin{aligned}I_n(x)&=\int_a^x I_{n-1}(x_1)\mathrm{d}x_1=\int_a^x\mathrm{d}x_1\int_a^{x_1}I_{n-2}(x_2)\mathrm{d}x_2=\cdots\\&=\int_a^x\mathrm{d}x_1\int_a^{x_1}\mathrm{d}x_2\cdots\int_a^{x_{n-2}}I_1(x_{n-1})\mathrm{d}x_{n-1}\\&=\int_a^x\mathrm{d}x_1\int_a^{x_1}\mathrm{d}x_2\cdots\int_a^{x_{n-2}}\mathrm{d}x_{n-1}\int_a^{x_{n-1}}f(x_n)\mathrm{d}x_n.\end{aligned}$$

令 $x=b$ 即得证.

证法 5 (应用 Taylor 公式)令

$$\varphi(x)=\int_a^x\mathrm{d}x_1\int_a^{x_1}\mathrm{d}x_2\cdots\int_a^{x_{n-1}}f(x_n)\mathrm{d}x_n-\frac{1}{(n-1)!}\int_a^x f(t)(x-t)^{n-1}\mathrm{d}t,$$

则有

$\varphi(a)=0$,

$$\begin{aligned}\varphi'(x)&=\int_a^x\mathrm{d}x_2\int_a^{x_2}\mathrm{d}x_3\cdots\int_a^{x_{n-1}}f(x_n)\mathrm{d}x_n-\frac{1}{(n-1)!}\left[f(x)(x-x)^{n-1}+(n-1)\int_a^x f(t)(x-t)^{n-2}\mathrm{d}t\right]\\&=\int_a^x\mathrm{d}x_2\int_a^{x_2}\mathrm{d}x_3\cdots\int_a^{x_{n-1}}f(x_n)\mathrm{d}x_n-\frac{1}{(n-2)!}\int_a^x f(t)(x-t)^{n-2}\mathrm{d}t,\end{aligned}$$

$\varphi'(a)=0$.

类推得

$$0=\varphi''(a)=\varphi'''(a)=\cdots=\varphi^{(n-1)}(a),\quad \varphi^{(n)}(x)=f(x)-f(x)\equiv 0.$$

由 Taylor 公式知

$$\varphi(x)=\sum_{k=0}^{\infty}\frac{\varphi^{(k)}_{(a)}}{k!}(x-a)^k\equiv 0,$$

即

$$\int_a^x\mathrm{d}x_1\int_a^{x_1}\mathrm{d}x_2\cdots\int_a^{x_{n-1}}f(x_n)\mathrm{d}x_n=\frac{1}{(n-1)!}\int_a^x f(t)(x-t)^{n-1}\mathrm{d}t.$$

令 $x=b$ 即得所需. □

443. 设 K 为二元连续函数,对 $n\in\mathbb{Z}_+$,令

$$K_n(x,y)=\int_{[a,b]^n}\cdots\int K(x,t_1)K(t_1,t_2)\cdots K(t_n,y)\mathrm{d}t_1\mathrm{d}t_2\cdots\mathrm{d}t_n.$$

证明:$\forall m,n\in\mathbb{Z}_+$,有

$$K_{m+n+1}(x,y)=\int_a^b K_m(x,t)K_n(t,y)\mathrm{d}t.$$

证明 由题设知

$$K_m(x,t)=\int_{[a,b]^m}\cdots\int K(x,t_1)K(t_1,t_2)\cdots K(t_m,t)\mathrm{d}t_1\mathrm{d}t_2\cdots\mathrm{d}t_m,$$

$$K_n(t,y)=\underset{[a,b]^n}{\int\cdots\int}K(t,t_{m+2})K(t_{m+2},t_{m+3})\cdots K(t_{m+n+1},y)\mathrm{d}t_{m+2}\cdots\mathrm{d}t_{m+n+1},$$

两式相乘得

$$\begin{aligned}&K_m(x,t)K_n(t,y)\\&=\underset{[a,b]^m}{\int\cdots\int}K(x,t_1)K(t_1,t_2)\cdots K(t_m,t)\mathrm{d}t_1\cdots\mathrm{d}t_m\underset{[a,b]^n}{\int\cdots\int}K(t,t_{m+2})\cdots K(t_{m+n+1},y)\mathrm{d}t_{m+2}\cdots\mathrm{d}t_{m+n+1}\\&=\underset{[a,b]^{m+n}}{\int\cdots\int}K(x,t_1)\cdots K(t_m,t)K(t,t_{m+2})\cdots K(t_{m+n+1},y)\mathrm{d}t_1\cdots\mathrm{d}t_m\mathrm{d}t_{m+2}\cdots\mathrm{d}t_{m+n+1}.\end{aligned}$$

由于定积分与积分变量的表示无关,故将式中 t 写作 t_{m+1},就有

$$\begin{aligned}\int_a^b K_m(x,t)K_n(t,y)\mathrm{d}t&=\int_a^b K_m(x,t_{m+1})K_n(t_{m+1},y)\mathrm{d}t_{m+1}\\&=\underset{[a,b]^{m+n+1}}{\int\cdots\int}K(x,t_1)K(t_1,t_2)\cdots K(t_m,t_{m+1})\cdots\\&\quad K(t_{m+n+1},y)\mathrm{d}t_1\cdots\mathrm{d}t_{m+n+1}\\&=K_{m+n+1}(x,y).\end{aligned}$$

□

444. 设 $f(x_1,x_2,\cdots,x_n)$ 为区域 V 内的连续函数,且对于任何子区域 $\Omega\subset V$,恒有

$$\underset{\Omega}{\int\cdots\int}f(x_1,x_2,\cdots,x_n)\mathrm{d}x_1\mathrm{d}x_2\cdots\mathrm{d}x_n=0,$$

证明:$f(x_1,x_2,\cdots,x_n)\equiv 0$, $\forall(x_1,x_2,\cdots,x_n)\in V$.

证明 (反证)假设 $f\not\equiv 0$,必∃点 $\boldsymbol{x}^0=(x_1^0,x_2^0,\cdots,x_n^0)\in V$, s. t. $f(\boldsymbol{x}^0)=f(x_1^0,x_2^0,\cdots,x_n^0)\neq 0$,不妨设 $f(\boldsymbol{x}^0)>0$. 由 f 在 $\boldsymbol{x}^0\in V$ 连续,∃$\boldsymbol{x}^0$ 的开邻域 W^0, s. t. $\overline{W}^0\subset V$, $\forall\boldsymbol{x}=(x_1,x_2,\cdots,x_n)\in\overline{W}^0$,有

$$f(x_1,x_2,\cdots,x_n)>\frac{f(\boldsymbol{x}^0)}{2}>0.$$

于是,根据积分中值定理,$\exists(\xi_1,\xi_2,\cdots,\xi_n)\in\overline{W}^0$, s. t.

$$\begin{aligned}\int_{\overline{W}^0}f(x_1,x_2,\cdots,x_n)\mathrm{d}x_1\mathrm{d}x_2\cdots\mathrm{d}x_n&=f(\xi_1,\xi_2,\cdots,\xi_n)v(\overline{W}^0)\\&>\frac{1}{2}f(x_1^0,x_2^0,\cdots,x_n^0)v(\overline{W}^0)>0.\end{aligned}$$

与题设 $\int_{\overline{W}^0}f(x_1,x_2,\cdots,x_n)\mathrm{d}x_1\mathrm{d}x_2\cdots\mathrm{d}x_n=0$ 矛盾. □

445. 证明:由 $n-1$ 维超平面

$$a_{i1}x_1+a_{i2}x_2+\cdots+a_{in}x_n=\pm h_i,\quad i=1,2,\cdots,n$$

所围的 n 维平行 $2n$ 面体 Ω 的体积

$$v(\Omega)=\frac{2^n h_1h_2\cdots h_n}{|\det(a_{ij})|}.$$

证明 作变换

$$u_i = a_{i1}x_1 + a_{i2}x_2 + \cdots + a_{in}x_n, \quad i = 1,2,\cdots,n.$$

则$\frac{\partial u_i}{\partial x_j}=a_{ij}, i,j=1,2,\cdots,n$，$\Omega$ 变成 $\Omega'=\{(u_1,u_2,\cdots,u_n)\in\mathbb{R}^n \mid |u_i|\leqslant h_i, i=1,2,\cdots,n\}$ 且变换的 Jacobi 行列式

$$\frac{\partial(u_1,u_2,\cdots,u_n)}{\partial(x_1,x_2,\cdots,x_n)} = \det(a_{ij}).$$

由此得

$$\begin{aligned}
v(\Omega) &= \int\cdots\int_{\Omega} \mathrm{d}x_1\,\mathrm{d}x_2\cdots\mathrm{d}x_n \\
&= \int\cdots\int_{\Omega'} \left|\frac{\partial(x_1,x_2,\cdots,x_n)}{\partial(u_1,u_2,\cdots,u_n)}\right| \mathrm{d}u_1\,\mathrm{d}u_2\cdots\mathrm{d}u_n \\
&= \int\cdots\int_{\Omega'} \frac{1}{\left|\frac{\partial(u_1,u_2,\cdots,u_n)}{\partial(x_1,x_2,\cdots,x_n)}\right|}\mathrm{d}u_1\,\mathrm{d}u_2\cdots\mathrm{d}u_n \\
&= \frac{1}{|\det(a_{ij})|}\int_{-h_1}^{h_1}\mathrm{d}u_1\int_{-h_2}^{h_2}\mathrm{d}u_2\cdots\int_{-h_n}^{h_n}\mathrm{d}u_n \\
&= \frac{1}{|\det(a_{ij})|}2h_1 2h_2\cdots 2h_n = \frac{2^n h_1 h_2\cdots h_n}{|\det(a_{ij})|}.
\end{aligned}$$

□

446. 证明：

$$\int\cdots\int_{\substack{x_1^2+x_2^2+\cdots+x_{n-1}^2\leqslant a^2 \\ -\frac{h}{2}\leqslant x_n\leqslant\frac{h}{2}}} x_n^2\,\mathrm{d}x_1\,\mathrm{d}x_2\cdots\mathrm{d}x_n = \frac{h^3(\sqrt{\pi}a)^{n-1}}{12\Gamma\left(\frac{n+1}{2}\right)}.$$

证明 根据例 10.5.12，$n-1$ 维闭球体的体积

$$v(\overline{B_n(\mathbf{0};\ a)}) = \frac{(\sqrt{\pi}a)^{n-1}}{\Gamma\left(\frac{n+1}{2}\right)}.$$

故

$$\begin{aligned}
\int\cdots\int_{\substack{x_1^2+x_2^2+\cdots+x_{n-1}^2\leqslant a^2 \\ -\frac{h}{2}\leqslant x_n\leqslant\frac{h}{2}}} x_n^2\,\mathrm{d}x_1\,\mathrm{d}x_2\cdots\mathrm{d}x_n &= \int\cdots\int_{x_1^2+x_2^2+\cdots+x_{n-1}^2\leqslant a^2}\mathrm{d}x_1\,\mathrm{d}x_2\cdots\mathrm{d}x_{n-1}\int_{-\frac{h}{2}}^{\frac{h}{2}} x_n^2\,\mathrm{d}x_n \\
&= \frac{x_n^3}{3}\bigg|_{-\frac{h}{2}}^{\frac{h}{2}} \int\cdots\int_{x_1^2+\cdots+x_n^2\leqslant a^2}\mathrm{d}x_1\,\mathrm{d}x_2\cdots\mathrm{d}x_{n-1} \\
&= \frac{h^3}{12}v(\overline{B(\mathbf{0};\ a)}) = \frac{h^3(\sqrt{\pi}a)^{n-1}}{12\Gamma\left(\frac{n+1}{2}\right)}.
\end{aligned}$$

□

447. 考察三重积分

$$I=\iiint\limits_{x^2+y^2+z^2\leqslant 1} x^m y^n z^p \mathrm{d}x\mathrm{d}y\mathrm{d}z,$$

其中，m,n,p 为非负整数.

(1) 当 m,n,p 中至少有一个为奇数时，证明：$I=0$；

(2) 当 m,n,p 都为偶数时，应用极坐标变换证明：

$$I=\frac{4\pi(m-1)!!(n-1)!!(p-1)!!}{(m+n+p+3)!!}.$$

证明 (1) 不妨设 p 为奇数. 于是

$$I=\iiint\limits_{x^2+y^2+z^2\leqslant 1} x^m y^n z^p \mathrm{d}x\mathrm{d}y\mathrm{d}z=\iint\limits_{x^2+y^2\leqslant 1} x^m y^n \mathrm{d}x\mathrm{d}y\int_{-\sqrt{1-x^2-y^2}}^{\sqrt{1-x^2-y^2}} z^p\mathrm{d}z.$$

由于 p 为奇数，故 z^p 为奇函数，它在关于原点对称的区间上积分为 0，故

$$\int_{-\sqrt{1-x^2-y^2}}^{\sqrt{1-x^2-y^2}} z^p\mathrm{d}z=0.$$

因此，$I=0$.

(2) 因为 m,n,p 都为偶数，故 x^m,y^n,z^n 都关于坐标平面对称，故积分只须考虑 $x\geqslant 0$，$y\geqslant 0$，$z\geqslant 0$ 的情形，即

$$\begin{aligned}
I&=8\iiint\limits_{\substack{x^2+y^2+z^2\leqslant 1\\ x\geqslant 0,y\geqslant 0,z\geqslant 0}} x^m y^n z^p \mathrm{d}x\mathrm{d}y\mathrm{d}z\\
&\xlongequal{\text{极坐标变换}} 8\int_0^{\frac{\pi}{2}}\mathrm{d}\varphi\int_0^{\frac{\pi}{2}}\mathrm{d}\theta\int_0^1 r^{m+n+p}\sin^m\theta\cos^m\varphi\sin^n\theta\sin^n\varphi\cos^p\theta r^2\sin\theta\mathrm{d}r\\
&=8\int_0^{\frac{\pi}{2}}\cos^m\varphi\sin^n\varphi\mathrm{d}\varphi\int_0^{\frac{\pi}{2}}\sin^{m+n+1}\theta\cos^p\theta\mathrm{d}\theta\int_0^1 r^{m+n+p+2}\mathrm{d}r\\
&=8\,\frac{1}{m+n+p+3}\cdot\frac{1}{2}\,\frac{\Gamma\left(\frac{m+1}{2}\right)\Gamma\left(\frac{n+1}{2}\right)}{\Gamma\left(\frac{m+n}{2}+1\right)}\cdot\frac{1}{2}\,\frac{\Gamma\left(\frac{m+n+2}{2}\right)\Gamma\left(\frac{p+1}{2}\right)}{\Gamma\left(\frac{m+n+p+1}{2}+1\right)}\\
&=\frac{2}{m+n+p+3}\cdot\frac{\frac{m-1}{2}\,\frac{m-3}{2}\cdots\frac{1}{2}\Gamma\left(\frac{1}{2}\right)\cdot\frac{n-1}{2}\,\frac{n-3}{2}\cdot\frac{1}{2}\Gamma\left(\frac{1}{2}\right)\frac{p-1}{2}\cdot\frac{p-3}{2}\cdots\frac{1}{2}\Gamma\left(\frac{1}{2}\right)}{\frac{m+n+p+1}{2}\cdot\frac{m+n+p-1}{2}\cdots\frac{1}{2}\Gamma\left(\frac{1}{2}\right)}\\
&=\frac{2^{1+\frac{m+n+p+2}{2}-\frac{m+n+p}{2}}\cdot(m-1)!!(n-1)!!(p-1)!!\pi}{(m+n+p+3)!!}\\
&=\frac{4\pi(m-1)!!(n-1)!!(p-1)!!}{(m+n+p+3)!!}.
\end{aligned}$$

□

448. 设 Ω 是由 $x+y+z=1, x=0, y=0, z=0$ 所围的区域,作变换

$$x+y+z=\xi,\quad y+z=\xi\eta,\quad z=\xi\eta\zeta.$$

证明:Dirichlet 积分

$$\iiint_{\Omega} x^p y^q z^r (1-x-y-z)^s \mathrm{d}x\mathrm{d}y\mathrm{d}z = \frac{\Gamma(p+1)\Gamma(q+1)\Gamma(r+1)\Gamma(s+1)}{\Gamma(p+q+r+s+4)},$$

其中,$p,q,r,s>0$.

证明 设经变换后 Ω 区域变成区域 Ω',则

$$\Omega' = \{(\xi,\eta,\zeta) \mid 0\leqslant\xi\leqslant 1, 0\leqslant\eta\leqslant 1, 0\leqslant\zeta\leqslant 1\}.$$

事实上,对 Ω 中的任一点 (x_0,y_0,z_0),则 $0\leqslant x_0+y_0+z_0=\xi_0\leqslant 1$,而

$$0\leqslant\eta_0=\frac{y_0+z_0}{x_0+y_0+z_0}=1-\frac{x_0}{x_0+y_0+z_0}\leqslant 1,$$

$$0\leqslant\zeta_0=\frac{z_0}{y_0+z_0}\leqslant 1,$$

$$\frac{\partial(x,y,z)}{\partial(\xi,\eta,\zeta)}=\begin{vmatrix} 1-\eta & \eta(1-\zeta) & \eta\zeta \\ -\xi & \xi(1-\zeta) & \xi\zeta \\ 0 & -\xi\eta & \xi\eta \end{vmatrix}=\xi^2\eta.$$

所以

$$\begin{aligned}
&\iiint_{\Omega} x^p y^q z^r (1-x-y-z)^s \mathrm{d}x\mathrm{d}y\mathrm{d}z \\
&= \iiint_{\Omega'} (\xi-\xi\eta)^p(\xi\eta-\xi\eta\zeta)^q(\xi\eta\zeta)^r(1-\xi)^s\xi^2\eta\mathrm{d}\xi\mathrm{d}\eta\mathrm{d}\zeta \\
&= \iiint_{\Omega'} \xi^{p+q+r+2}(1-\xi)^s\eta^{q+r+1}(1-\eta)^p\zeta^r(1-\zeta)^q\mathrm{d}\xi\mathrm{d}\eta\mathrm{d}\zeta \\
&= \int_0^1 \xi^{p+q+r+2}(1-\xi)^s\mathrm{d}\xi\int_0^1\eta^{q+r+1}(1-\eta)^p\mathrm{d}\eta\int_0^1\zeta^r(1-\zeta)^q\mathrm{d}\zeta \\
&= \mathrm{B}(p+q+r+3,s+1)\mathrm{B}(q+r+2,p+1)\mathrm{B}(r+1,q+1) \\
&\xlongequal{\text{例 10.6.3}} \frac{\Gamma(p+q+r+3)\Gamma(s+1)\Gamma(q+r+2)\Gamma(p+1)\Gamma(r+1)\Gamma(q+1)}{\Gamma(p+q+r+s+4)\Gamma(p+q+r+3)\Gamma(q+r+2)} \\
&= \frac{\Gamma(p+1)\Gamma(q+1)\Gamma(r+1)\Gamma(s+1)}{\Gamma(p+q+r+s+4)}.
\end{aligned}$$

□

449. 设 f 为单变量连续函数,证明:

$$\int_0^x x_1\mathrm{d}x_1\int_0^{x_1}x_2\mathrm{d}x_2\cdots\int_0^{x_n}f(x_{n+1})\mathrm{d}x_{n+1}=\frac{1}{2^n n!}\int_0^x(x^2-u^2)^n f(u)\mathrm{d}u.$$

证法 1 根据 441 题(书中思考题 10.5 中 15 题),有

$$\int_0^x x_1\mathrm{d}x_1\int_0^{x_1}x_2\mathrm{d}x_2\cdots\int_0^{x_n}f(x_{n+1})\mathrm{d}x_{n+1}$$

$$= \int_0^x \mathrm{d}x_{n+1} \int_{x_{n+1}}^x \mathrm{d}x_n \cdots \int_{x_2}^x x_1 x_2 \cdots x_n f(x_{n+1}) \mathrm{d}x_1$$

$$= \int_0^x f(x_{n+1}) \mathrm{d}x_{n+1} \int_{x_{n+1}}^x x_n \mathrm{d}x_n \cdots \int_{x_3}^x x_2 \mathrm{d}x_2 \int_{x_2}^x x_1 \mathrm{d}x_1$$

$$= \frac{1}{2} \int_0^x f(x_{n+1}) \mathrm{d}x_{n+1} \int_{x_{n+1}}^x x_n \mathrm{d}x_n \cdots \int_{x_3}^x x_2 (x^2 - x_2^2) \mathrm{d}x_2$$

$$= \frac{1}{2^2} \int_0^x f(x_{n+1}) \mathrm{d}x_{n+1} \int_{x_{n+1}}^x x_n \mathrm{d}x_n \cdots \int_{x_3}^x (x^2 - x_2^2)(-\mathrm{d}(x^2 - x_2^2))$$

$$= \frac{1}{2^2 \times 2!} \int_0^x f(x_{n+1}) \mathrm{d}x_{n+1} \int_{x_{n+1}}^x x_n \mathrm{d}x_n \cdots \int_{x_4}^x x_3 [-(x^2 - x_2^2)^2 \big|_{x_2 = x_3}^x] \mathrm{d}x_3$$

$$= \frac{1}{2^2 \times 2!} \int_0^x f(x_{n+1}) \mathrm{d}x_{n+1} \int_{x_{n+1}}^x x_n \mathrm{d}x_n \cdots \int_{x_4}^x x_3 (x^2 - x_3^2)^2 \mathrm{d}x_3$$

$$= \frac{1}{2^3 \times 2!} \int_0^x f(x_{n+1}) \mathrm{d}x_{n+1} \int_{x_{n+1}}^x x_n \mathrm{d}x_n \cdots \int_{x_4}^x (x^2 - x_3^2)^2 (-\mathrm{d}(x^2 - x_3^2))$$

$$= \frac{1}{2^3 \times 3!} \int_0^x f(x_{n+1}) \mathrm{d}x_{n+1} \int_{x_{n+1}}^x x_n \mathrm{d}x_n \cdots \int_{x_5}^x x_4 (x^2 - x_4^2)^3 \mathrm{d}x_4$$

$$= \cdots = \frac{1}{2^{n-1}(n-1)!} \int_0^x f(x_{n+1}) \mathrm{d}x_{n+1} \int_{x_{n+1}}^x x_n (x^2 - x_n^2)^{n-1} \mathrm{d}x_n$$

$$= \frac{1}{2^n (n-1)!} \int_0^x f(x_{n+1}) \mathrm{d}x_{n+1} \int_{x_{n+1}}^x (x^2 - x_n^2)^{n-1} (-\mathrm{d}(x^2 - x_n^2))$$

$$= \frac{1}{2^n n!} \int_0^x f(x_{n+1}) (x^2 - x_{n+1}^2)^n \mathrm{d}x_{n+1}$$

$$\xlongequal{x_{n+1} = u} \frac{1}{2^n n!} \int_0^x (x^2 - u^2)^n f(u) \mathrm{d}u.$$

证法 2　参看 439 题(书中思考题 10.5 的 13 题)的证法 2 中的引理. 令 $\varphi(u) = \frac{u^2}{2}$,则有

$$\int_0^x x_1 \mathrm{d}x_1 \int_0^{x_1} x_2 \mathrm{d}x_2 \cdots \int_0^{x_{n-1}} x_n \mathrm{d}x_n \int_0^{x_n} f(x_{n+1}) \mathrm{d}x_{n+1}$$

$$= \int_0^x \varphi'(x_1) \mathrm{d}x_1 \int_0^{x_1} \varphi'(x_2) \mathrm{d}x_2 \cdots \int_0^{x_{n-1}} \varphi'(x_n) \mathrm{d}x_n \int_0^{x_n} f(x_{n+1}) \mathrm{d}x_{n+1}$$

$$= \frac{1}{n!} \int_0^x (\varphi(x) - \varphi(u))^n f(u) \mathrm{d}u$$

$$= \frac{1}{n!} \int_0^x \frac{1}{2^n} (x^2 - u^2)^n f(u) \mathrm{d}u$$

$$= \frac{1}{2^n n!} \int_0^x (x^2 - u^2)^n f(u) \mathrm{d}u.$$

□

450. 证明定理 10.6.3 的必要性.

证明 定理 10.6.3 的必要性即要证：$f(x,y)$在无界区域 Ω 的任何有界子区域上可积，f 在 Ω 上的反常二重积分收敛，则$|f(x,y)|$在 Ω 上的反常二重积分也收敛.

(反证)假设 $\iint\limits_{\Omega}|f(x,y)|\mathrm{d}x\mathrm{d}y$ 发散.

作一系列包围原点的 C^1 光滑封闭曲线序列 $\gamma_1,\gamma_2,\cdots,\gamma_n,\cdots$, s. t.

(1) $d_n=\inf\{\sqrt{x^2+y^2}\,|\,(x,y)\in\gamma_n\}\to+\infty(n\to+\infty)$；

(2) 当 $n\to+\infty$时，γ_n 所围区域 E_n 覆盖 Ω.

令 $\Omega_n=E_n\cap\Omega$，则当 $n\to+\infty$时，Ω_n 也覆盖 Ω. 于是

$$\lim_{n\to+\infty}\iint\limits_{\Omega_n}|f(x,y)|\mathrm{d}x\mathrm{d}y=+\infty.$$

不失一般性，可以设对 $\forall\, n\in\mathbb{N}$，有不等式

$$\iint\limits_{\Omega_{n+1}}|f(x,y)|\mathrm{d}x\mathrm{d}y>3\iint\limits_{\Omega_n}|f(x,y)|\mathrm{d}x\mathrm{d}y+2n,$$

(否则可从序列 Ω_n 中删去一部分，再重新计数即可)记 $\omega_n=\Omega_{n+1}\backslash\Omega_n$(见 450 题图中斜线部分)，则

$$\iint\limits_{\omega_n}|f(x,y)|\mathrm{d}x\mathrm{d}y\geqslant\iint\limits_{\Omega_{n+1}}|f(x,y)|\mathrm{d}x\mathrm{d}y-\iint\limits_{\Omega_n}|f(x,y)|\mathrm{d}x\mathrm{d}y$$
$$>2\iint\limits_{\Omega_n}|f(x,y)|\mathrm{d}x\mathrm{d}y+2n.$$

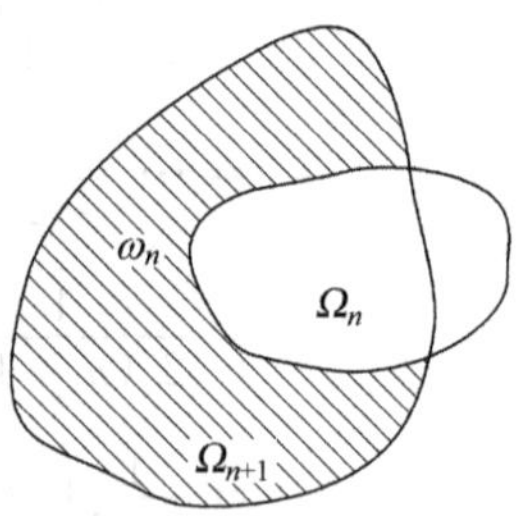

450 题图

又

$$\iint\limits_{\omega_n}|f(x,y)|\mathrm{d}x\mathrm{d}y=\iint\limits_{\omega_n}f^+(x,y)\mathrm{d}x\mathrm{d}y+\iint\limits_{\omega_n}f^-(x,y)\mathrm{d}x\mathrm{d}y,$$

则右边两个积分中，至少有一个要大于$\iint\limits_{\Omega_n}|f(x,y)|\mathrm{d}x\mathrm{d}y+n$，不妨设为

$$\iint\limits_{\omega_n}f^+(x,y)\mathrm{d}x\mathrm{d}y>\iint\limits_{\Omega_n}|f(x,y)|\mathrm{d}x\mathrm{d}y.$$

于是，存在 ω_n 的分割 $\pi=\{\omega_n^1,\omega_n^2,\cdots,\omega_n^s\}$使得

$$\sum_i m_n^i v(\omega_n^i)>\iint\limits_{\Omega_n}|f(x,y)|\mathrm{d}x\mathrm{d}y+n$$

这里 $m_n^i=\inf\limits_{(x,y)\in\omega_n^i}f^+(x,y)$. 令 $\tilde{\omega}_n=\bigcup\limits_{\substack{m_n^i>0\\ i=1}}^{s}\omega_n^i\subset\omega_n$，则有

$$\iint\limits_{\tilde{\omega}_n}f(x,y)\mathrm{d}x\mathrm{d}y=\iint\limits_{\tilde{\omega}_n}f^+(x,y)\mathrm{d}x\mathrm{d}y>\iiint\limits_{\Omega_n}|f(x,y)|\mathrm{d}x\mathrm{d}y+n.$$

又因为

$$\iint_{\Omega_n} f(x,y)\mathrm{d}x\mathrm{d}y \geqslant -\iint_{\Omega_n} |f(x,y)|\mathrm{d}x\mathrm{d}y.$$

两式相加得

$$\left(\iint_{\tilde{\omega}_n} + \iint_{\Omega_n}\right) f(x,y)\mathrm{d}x\mathrm{d}y > n.$$

但 $\tilde{\omega}_n \cup \Omega_n$ 未必连通，为此，在孤立的 ω_n 的部分用狭长的走廊，且面积足够的小使其连接起来，记此连通域为 Ω_n'，且使

$$\iint_{\Omega_n'} f(x,y)\mathrm{d}x\mathrm{d}y > n.$$

由此，得出 $\iint\limits_{\Omega} f(x,y)\mathrm{d}x\mathrm{d}y$ 发散. 矛盾. 所以 $\iint\limits_{\Omega} |f(x,y)|\mathrm{d}x\mathrm{d}y$ 收敛. □

注　此结论对单变量的广义积分不成立. 例如 $\int_0^{+\infty} \frac{\sin x}{x}\mathrm{d}x$ 收敛，但 $\int_0^{+\infty} \frac{|\sin x|}{x}\mathrm{d}x$ 发散. 是因为在直线上的两段不连接的线段上，不可能有 0 长度的线段将它们连接起来. 而对 $n\geqslant 2$ 的广义 n 重积分，结论是可以成立的.

451. 定理 10.6.4 中，如果删去"$f(x,y)\geqslant 0$"结论如何？

设 $\Omega_r = B(\mathbf{0}; r)\cap\Omega$，则

无穷区域 Ω 上广义积分 $\iint\limits_{\Omega} f(x,y)\mathrm{d}x\mathrm{d}y$ 收敛 $\Rightarrow \forall\varepsilon>0, \exists\bar{r}>0$，对任何 $r_2>r_1>\bar{r}$，有

$$\left|\iint_{\Omega_{r_1r_2}} f(x,y)\mathrm{d}x\mathrm{d}y\right| < \varepsilon,$$

其中 $\Omega_{r_1r_2} = \Omega_{r_2} - \Omega_{r_1}$. 但反之未必成立.

证明　($\Rightarrow$)因为无穷区域 Ω 上广义积分 $\iint\limits_{\Omega} f(x,y)\mathrm{d}x\mathrm{d}y$ 收敛，即

$$-\infty < J = \iint_{\Omega} f(x,y)\mathrm{d}x\mathrm{d}y < +\infty,$$

所以，$\exists\bar{r}>0$，当 $r>\bar{r}$ 时，有

$$\left|\iint_{\Omega_r} f(x,y)\mathrm{d}x\mathrm{d}y - J\right| < \frac{\varepsilon}{2}.$$

于是，当 $r_2>r_1>\bar{r}$ 时，有

$$\begin{aligned}\left|\iint_{\Omega_{r_1r_2}} f(x,y)\mathrm{d}x\mathrm{d}y\right| &= \left|\iint_{\Omega_2} f(x,y)\mathrm{d}x\mathrm{d}y - \iint_{\Omega_1} f(x,y)\mathrm{d}x\mathrm{d}y\right| \\ &\leqslant \left|\iint_{\Omega_2} f(x,y)\mathrm{d}x\mathrm{d}y - J\right| + \left|J - \iint_{\Omega_1} f(x,y)\mathrm{d}x\mathrm{d}y\right|\end{aligned}$$

$$<\frac{\varepsilon}{2}+\frac{\varepsilon}{2}=\varepsilon.$$

($\not\Leftarrow$)反之未必成立.举反例如下:

设 $f(x,y)$满足:

$$f(x,y)=\begin{cases}a, & (x,y)\in B(\mathbf{0};1),\\ -b_n, & (x,y)\in B(\mathbf{0};2n)\setminus B(\mathbf{0};2n-1),\\ c_n, & (x,y)\in B(\mathbf{0};2n+1)\setminus B(\mathbf{0};2n),\end{cases}$$

这里 a,b_n,c_n 都是正的常数,$n=1,2,\cdots$;并且

$$\iint_{B(\mathbf{0};1)} a\mathrm{d}x\mathrm{d}y=1,\quad \text{即}\quad a=\frac{1}{\pi};$$

$$\iint_{B(\mathbf{0};2n)\setminus B(\mathbf{0};2n-1)} b_n\mathrm{d}x\mathrm{d}y=\frac{1}{2n},\quad \text{即}\quad b_n=\frac{1}{2n(4n-1)\pi};$$

$$\iint_{B(\mathbf{0};2n+1)\setminus B(\mathbf{0};2n)} c_n\mathrm{d}x\mathrm{d}y=\frac{1}{2n+1},\quad \text{即}\quad c_n=\frac{1}{(2n+1)(4n+1)\pi}.$$

于是

$$\iint_{\mathbb{R}^2}|f(x,y)|\mathrm{d}x\mathrm{d}y=1+\frac{1}{2}+\frac{1}{3}+\cdots=+\infty.$$

即$|f(x,y)|$在无穷区域 $\Omega=\mathbb{R}^2$ 上的广义积分$\iint\limits_{\Omega}|f(x,y)|\mathrm{d}x\mathrm{d}y$ 发散.根据定理 10.6.3,$f(x,y)$在无穷区域 Ω 上的广义积分$\iint\limits_{\Omega}f(x,y)\mathrm{d}x\mathrm{d}y$ 也发散.但是,由于

$$1-\frac{1}{2}+\frac{1}{3}-\cdots+(-1)^{n-1}\frac{1}{n}+\cdots=\ln 2,$$

因此,对 $\forall\,\varepsilon>0$,$\exists\,\bar{r}>0$,对任何 $r_2>r_1>\bar{r}$,有

$$\left|\iint_{\Omega_{r_1r_2}}f(x,y)\mathrm{d}x\mathrm{d}y\right|=\left|\iint_{\Omega_{r_2}}f(x,y)\mathrm{d}x\mathrm{d}y-\iint_{\Omega_{r_1}}f(x,y)\mathrm{d}x\mathrm{d}y\right|<\varepsilon.\qquad\square$$

452. 作变换$(x,y,z)=((\rho\sin\theta\cos\varphi)^{\frac{2}{p}},(\rho\sin\theta\sin\varphi)^{\frac{2}{q}},(\rho\cos\theta)^{\frac{2}{r}})$,证明:

$$\iiint_{|x|+|y|+|z|>1}\frac{\mathrm{d}x\mathrm{d}y\mathrm{d}z}{|x|^p+|y|^q+|z|^r},\quad p,q,r>0$$

仅当$\frac{1}{p}+\frac{1}{q}+\frac{1}{r}<1$ 时收敛,且

$$\iiint_{|x|+|y|+|z|>1}\frac{\mathrm{d}x\mathrm{d}y\mathrm{d}z}{|x|^p+|y|^q+|z|^r}=\frac{2}{pqr}\frac{\Gamma\left(\frac{1}{p}\right)\Gamma\left(\frac{1}{q}\right)\Gamma\left(\frac{1}{r}\right)}{\Gamma\left(\frac{1}{p}+\frac{1}{q}+\frac{1}{r}\right)}\int_1^{+\infty}\frac{\mathrm{d}\rho}{\rho^{3-\left(\frac{2}{p}+\frac{2}{q}+\frac{2}{r}\right)}}.$$

证明　变换的 Jacobi 行列式

$$\frac{\partial(x,y,z)}{\partial(\rho,\theta,\varphi)}=\begin{vmatrix} \frac{2}{p}\rho^{\frac{2}{p}-1}(\sin\theta\cos\varphi)^{\frac{2}{p}} & \frac{2}{q}\rho^{\frac{2}{q}-1}(\sin\theta\sin\varphi)^{\frac{2}{q}} & \frac{2}{r}\rho^{\frac{2}{r}-1}\cos^{\frac{2}{r}}\theta \\ \frac{2}{p}\rho^{\frac{2}{p}}\sin^{\frac{2}{p}-1}\theta\cos\theta\cos^{\frac{2}{p}}\varphi & \frac{2}{q}\rho^{\frac{2}{q}}\sin^{\frac{2}{q}-1}\theta\cos\theta\sin^{\frac{2}{q}}\varphi & -\frac{2}{r}\rho^{\frac{2}{r}}\cos^{\frac{2}{r}-1}\theta\sin\theta \\ -\frac{2}{p}\rho^{\frac{2}{p}}\sin^{\frac{2}{p}}\theta\cos^{\frac{2}{p}-1}\varphi\sin\varphi & \frac{2}{q}\rho^{\frac{2}{q}}\sin^{\frac{2}{q}}\theta\sin^{\frac{2}{q}-1}\varphi\cos\varphi & 0 \end{vmatrix}$$

$$=\frac{8}{pqr}\rho^{\frac{2}{p}+\frac{2}{q}+\frac{2}{r}-1}\sin^{\frac{2}{p}+\frac{2}{q}-1}\theta\cos^{\frac{2}{r}-1}\theta\sin^{\frac{2}{q}-1}\varphi\cos^{\frac{2}{p}-1}\varphi.$$

再由对称性可知

$$\iiint\limits_{|x|+|y|+|z|>1}\frac{\mathrm{d}x\mathrm{d}y\mathrm{d}z}{|x|^p+|y|^q+|z|^r}=8\iiint\limits_{\substack{x+y+z>1\\ x,y,z>0}}\frac{\mathrm{d}x\mathrm{d}y\mathrm{d}z}{x^p+y^q+z^r}$$

$$=\frac{64}{pqr}\int_0^{\frac{\pi}{2}}\sin^{\frac{2}{q}-1}\varphi\cos^{\frac{2}{p}-1}\varphi\mathrm{d}\varphi\int_0^{\frac{\pi}{2}}\sin^{\frac{2}{p}+\frac{2}{q}-1}\theta\cos^{\frac{2}{r}-1}\theta\mathrm{d}\theta\int_1^{+\infty}\frac{\rho^{\frac{2}{p}+\frac{2}{q}+\frac{2}{r}-1}}{\rho^2}\mathrm{d}\rho$$

$$=\frac{16}{pqr}\frac{\Gamma\left(\frac{1}{p}\right)\Gamma\left(\frac{1}{q}\right)}{\Gamma\left(\frac{1}{p}+\frac{1}{q}\right)}\cdot\frac{\Gamma\left(\frac{1}{p}+\frac{1}{q}\right)\Gamma\left(\frac{1}{r}\right)}{\Gamma\left(\frac{1}{p}+\frac{1}{q}+\frac{1}{r}\right)}\int_1^{+\infty}\frac{\mathrm{d}\rho}{\rho^{3-\left(\frac{2}{p}+\frac{2}{q}+\frac{2}{r}\right)}}$$

$$=\frac{16}{pqr}\frac{\Gamma\left(\frac{1}{p}\right)\Gamma\left(\frac{1}{q}\right)\Gamma\left(\frac{1}{r}\right)}{\Gamma\left(\frac{1}{p}+\frac{1}{q}+\frac{1}{r}\right)}\int_1^{+\infty}\frac{\mathrm{d}\rho}{\rho^{3-\left(\frac{2}{p}+\frac{2}{q}+\frac{2}{r}\right)}}.$$

因为 $\int_1^{+\infty}\frac{\mathrm{d}\rho}{\rho^{3-\left(\frac{2}{p}+\frac{2}{q}+\frac{2}{r}\right)}}$ 当且仅当 $3-\left(\frac{2}{p}+\frac{2}{q}+\frac{2}{r}\right)>1$ 时收敛，即 $\frac{1}{p}+\frac{1}{q}+\frac{1}{r}<1$ 时，积分收敛，当 $\frac{1}{p}+\frac{1}{q}+\frac{1}{r}\geqslant 1$ 时发散. □

453. 设 f 为单变量函数，连续可导. 令

$$F(t)=\iint\limits_{[0,t]^2}f(xy)\mathrm{d}x\mathrm{d}y.$$

证明：$F'(t)=\frac{2}{t}\left(F(t)+\iint\limits_{[0,t]^2}xyf'(xy)\mathrm{d}x\mathrm{d}y\right)$.

证明　作变换 $(x,y)=(tu,tv)$，则

$$\frac{\partial(x,y)}{\partial(u,v)}=t^2.$$

因此

$$F(t)=\iint\limits_{[0,t]^2}f(xy)\mathrm{d}x\mathrm{d}y=\iint\limits_{[0,1]^2}f(t^2uv)t^2\mathrm{d}u\mathrm{d}v.$$

于是

$$F'(t)=\iint\limits_{[0,1]^2}\frac{\mathrm{d}}{\mathrm{d}t}(f(t^2uv)t^2)\mathrm{d}u\mathrm{d}v$$

$$=\iint\limits_{[0,1]^2}[2tf(t^2uv)+f'(t^2uv)\cdot 2t^3uv]\mathrm{d}u\mathrm{d}v$$

$$=\frac{2}{t}\left[\iint\limits_{[0,1]^2}f(t^2uv)t^2\mathrm{d}u\mathrm{d}v+\iint\limits_{[0,1]^2}f'(t^2uv)t^2uv\cdot t^2\mathrm{d}u\mathrm{d}v\right]$$

$$=\frac{2}{t}\left[F(t)+\iint\limits_{[0,t]^2}xyf'(xy)\mathrm{d}x\mathrm{d}y\right].$$

□

454. 设 f 为单变量的连续函数,令

$$F(t)=\iint\limits_{[0,t]^2}f(xy)\mathrm{d}x\mathrm{d}y,$$

证明:$F'(t)=\dfrac{2}{t}\displaystyle\int_0^{t^2}f(u)\mathrm{d}u$.

证法 1 作变换 $(u,v)=(xy,y)$,则

$$\frac{\partial(u,v)}{\partial(x,y)}=\begin{vmatrix}y & 0\\ x & 1\end{vmatrix}=y=v.$$

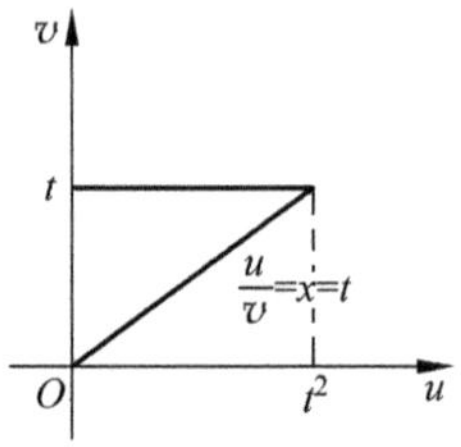

454 题图

记 $x=t$,则由 $\dfrac{u}{v}=x$,得 $v=\dfrac{u}{t}$,积分区域如 454 题图所示. 于是

$$F(t)=\iint\limits_{[0,t]^2}f(xy)\mathrm{d}x\mathrm{d}y=\int_0^{t^2}f(u)\mathrm{d}u\int_{\frac{u}{t}}^{t}\frac{1}{v}\mathrm{d}v$$

$$=\int_0^{t^2}f(u)\ln\frac{t^2}{u}\mathrm{d}u.$$

所以

$$F'(t)=2tf(t^2)\ln\frac{t^2}{t^2}+\int_0^{t^2}f(u)\frac{u}{t^2}\cdot 2\frac{t}{u}\mathrm{d}u=\frac{2}{t}\int_0^{t^2}f(u)\mathrm{d}u.$$

或用 $\left(\ln\dfrac{t^2}{u}\right)'_t=(2\ln t-\ln u)'_t=\dfrac{2}{t}$ 推得.

证法 2 易见

$$F(t)=\iint\limits_{[0,t]^2}f(xy)\mathrm{d}x\mathrm{d}y=\int_0^t\mathrm{d}x\int_0^t f(xy)\mathrm{d}y$$

$$=\int_0^t\frac{1}{x}\mathrm{d}x\int_0^{tx}f(u)\mathrm{d}u=\int_0^t\frac{1}{x}g(tx)\mathrm{d}x,$$

其中 $g(s)=\displaystyle\int_0^s f(u)\mathrm{d}u$. 于是

$$F'(t)=\frac{1}{t}g(t^2)+\int_0^t g'(tx)\mathrm{d}x$$

$$= \frac{1}{t}\int_0^{t^2} f(u)\,\mathrm{d}u + \int_0^t f(tx)\,\mathrm{d}x = \frac{2}{t}\int_0^{t^2} f(u)\,\mathrm{d}u.$$ □

455. 设 f 为单变量函数，连续可导，令

$$F(t) = \iiint\limits_{[0,t]^3} f(xyz)\,\mathrm{d}x\mathrm{d}y\mathrm{d}z,$$

证明：$F'(t) = \dfrac{3}{t}\left[F(t) + \displaystyle\iiint\limits_{[0,t]^3} xyzf'(xyz)\,\mathrm{d}x\mathrm{d}y\mathrm{d}z\right]$.

证明 作变换 $(x,y,z)=(tu,tv,tw)$，则

$$\frac{\partial(x,y,z)}{\partial(u,v,w)} = t^3$$

于是，$F(t) = \displaystyle\iiint\limits_{[0,t]^3} f(xyz)\,\mathrm{d}x\mathrm{d}y\mathrm{d}z = \iiint\limits_{[0,1]^3} f(t^3uvw)t^3\,\mathrm{d}u\mathrm{d}v\mathrm{d}w$，故

$$\begin{aligned}F'(t) &= \iiint\limits_{[0,1]^3} [3t^2 f(t^3uvw) + 3t^2uvwf'(t^3uvw)t^3]\,\mathrm{d}u\mathrm{d}v\mathrm{d}w \\ &= \frac{3}{t}\left[\iiint\limits_{[0,1]^3} f(t^3uvw)t^3\,\mathrm{d}u\mathrm{d}v\mathrm{d}w + \iiint\limits_{[0,1]^3} t^3uvwf'(t^3uvw)t^3\,\mathrm{d}u\mathrm{d}v\mathrm{d}w\right] \\ &= \frac{3}{t}\left[F(t) + \iiint\limits_{[0,t]^3} xyzf'(xyz)\,\mathrm{d}x\mathrm{d}y\mathrm{d}z\right].\end{aligned}$$ □

注 可推广到 n 维的情形.

设 f 为连续可导的单变量函数，令

$$F(t) = \int\cdots\int\limits_{[0,t]^n} f(x_1x_2\cdots x_n)\,\mathrm{d}x_1\mathrm{d}x_2\cdots\mathrm{d}x_n,$$

则

$$F'(t) = \frac{n}{t}\left[F(t) + \int\cdots\int\limits_{[0,t]^n} x_1x_2\cdots x_nf(x_1x_2\cdots x_n)\,\mathrm{d}x_1\mathrm{d}x_2\cdots\mathrm{d}x_n\right].$$

证明类似于 453 题和 455 题.

456. 设 f 为单变量的连续函数. 令

$$F(t) = \iiint\limits_{[0,t]^3} f(xyz)\,\mathrm{d}x\mathrm{d}y\mathrm{d}z,$$

证明：

$$F'(t) = \frac{3}{t}\int_0^{t^3} \frac{\int_0^s f(u)\,\mathrm{d}u}{s}\,\mathrm{d}s.$$

证明 易见

$$F(t) = \iiint\limits_{[0,t]^3} f(xyz)\,\mathrm{d}x\mathrm{d}y\mathrm{d}z = \int_0^t \mathrm{d}x\int_0^t \mathrm{d}y\int_0^t f(xyz)\,\mathrm{d}z$$

$$= \int_0^t \mathrm{d}x \int_0^t \mathrm{d}y \int_0^{txy} \frac{f(u)}{xy} \mathrm{d}u = \int_0^t \frac{1}{x} \mathrm{d}x \int_0^t \frac{1}{y} g(txy) \mathrm{d}y,$$

其中 $g(s) = \int_0^s f(u)\mathrm{d}u$. 于是

$$F'(t) = \int_0^t \frac{g(t^2 y)}{ty} \mathrm{d}y + \int_0^t \frac{g(t^2 x)}{tx} \mathrm{d}x + \int_0^t \mathrm{d}x \int_0^t \frac{f(txy)}{xy} xy \mathrm{d}y$$

$$= \frac{1}{t}\int_0^{t^3} \frac{g(s)}{s} \mathrm{d}s + \frac{1}{t}\int_0^{t^3} \frac{g(s)}{s} \mathrm{d}s + \int_0^t \left[\int_0^{t^2 x} \frac{f(u)}{tx} \mathrm{d}u\right] \mathrm{d}x$$

$$= \frac{2}{t}\int_0^{t^3} \frac{g(s)}{s} \mathrm{d}s + \int_0^t \frac{g(t^2 x)}{tx} \mathrm{d}x = \frac{3}{t}\int_0^{t^3} \frac{g(s)}{s} \mathrm{d}s.$$

$$= \frac{3}{t}\int_0^{t^3} \frac{\int_0^s f(u)\mathrm{d}u}{s} \mathrm{d}s.$$ □

457. 设 Ω 是由在第一象限里的圆周 $x^2+y^2=1$ 与直线 $x+y=1$ 所围成的图形(见 457 题图(1)). 证明:

$$I = \iint_\Omega \frac{\mathrm{d}x\mathrm{d}y}{xy(\ln^2 x + \ln^2 y)} = \frac{\pi}{2}\ln 2.$$

证明 作变换

$$\begin{cases} x = \mathrm{e}^{r\cos\theta}, \\ y = \mathrm{e}^{r\sin\theta}, \end{cases}$$

则

$$\frac{\partial(x,y)}{\partial(r,\theta)} = \begin{vmatrix} \cos\theta \mathrm{e}^{r\cos\theta} & -r\sin\theta \mathrm{e}^{r\cos\theta} \\ \sin\theta \mathrm{e}^{r\sin\theta} & r\cos\theta \mathrm{e}^{r\sin\theta} \end{vmatrix} = r\mathrm{e}^{r\cos\theta}\mathrm{e}^{r\sin\theta}.$$

于是,原积分为

$$I = \iint_\Delta \frac{\mathrm{d}r\mathrm{d}\theta}{r},$$

其中 Δ 是变换后的区域. 注意,

$x+y=1$ 和 $x^2+y^2=1$ 分别变为

$$\mathrm{e}^{r\cos\theta} + \mathrm{e}^{r\sin\theta} = 1 \tag{1}$$

和

$$\mathrm{e}^{2r\cos\theta} + \mathrm{e}^{2r\sin\theta} = 1. \tag{2}$$

现在来分析由上述两条曲线所围成的(r,θ)平面上的区域 Δ 是什么形状. 从(1)式看出,θ 的变化范围必须使 $\cos\theta$ 和 $\sin\theta$ 都取负值(因为只要有一个取正值,(1)式左端必大于 1,故(1)式不能成立),故 θ 只能在 $\left(\pi, \frac{3}{2}\pi\right)$ 中取值. 今设(1)式确定的函数为 $r_1 = r_1(\theta)$; 则(2)式确定的函数便为 $r_2 = \frac{1}{2}r_1(\theta)$. 经过仔细分析,$\Delta$ 就是夹在 $r_1 = r_1(\theta)$ 和 $r_2 = \frac{1}{2}r_1(\theta)$ 两条曲线之

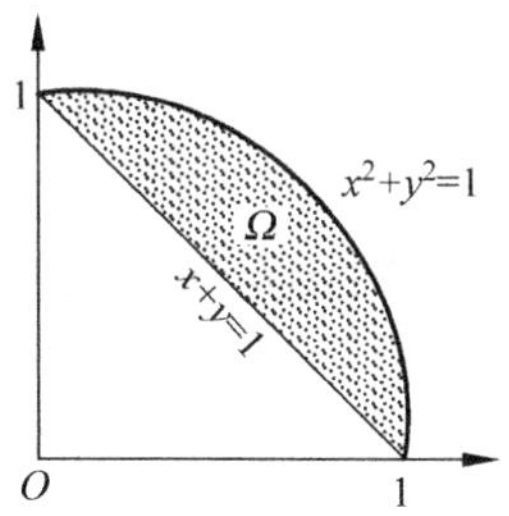

457 题图(1)

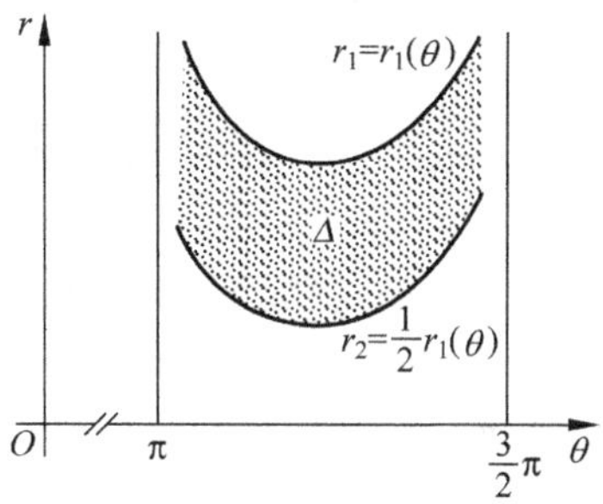

457 题图(2)

间的区域(见 457 题图(2)). 因此

$$I=\iint\limits_{\Delta}\frac{\mathrm{d}r\mathrm{d}\theta}{r}=\int_{\pi}^{\frac{3}{2}\pi}\mathrm{d}\theta\int_{\frac{1}{2}r_1(\theta)}^{r_1(\theta)}\frac{\mathrm{d}r}{r}=\int_{\pi}^{\frac{3}{2}\pi}\ln r\Big|_{\frac{1}{2}r_1(\theta)}^{r_1(\theta)}\mathrm{d}\theta$$

$$=\int_{\pi}^{\frac{3}{2}\pi}\ln\frac{r_1(\theta)}{\frac{1}{2}r_1(\theta)}\mathrm{d}\theta=\int_{\pi}^{\frac{3}{2}\pi}\ln 2\mathrm{d}\theta=\frac{\pi}{2}\ln 2.$$ □

458. 设平面区域 Ω 在 x 轴与 y 轴上的投影长度分别为 l_x 与 l_y,Ω 的面积为 $v(\Omega)$,(α,β) 为 Ω 内任一点. 证明:

(1) $\left|\iint\limits_{\Omega}(x-\alpha)(y-\beta)\mathrm{d}x\mathrm{d}y\right|\leqslant l_x l_y v(\Omega)$;

(2) $\left|\iint\limits_{\Omega}(x-\alpha)(y-\beta)\mathrm{d}x\mathrm{d}y\right|\leqslant\frac{1}{4}l_x^2 l_y^2$.

证明 (1) 因$(\alpha,\beta)\in\Omega^\circ$,故$|x-\alpha|\leqslant l_x$,$|y-\beta|\leqslant l_y$,$\forall(x,y)\in\Omega$. 因而

$$\left|\iint\limits_{\Omega}(x-\alpha)(y-\beta)\mathrm{d}x\mathrm{d}y\right|\leqslant\iint\limits_{\Omega}|x-\alpha||y-\beta|\mathrm{d}x\mathrm{d}y$$

$$\leqslant\iint\limits_{\Omega}l_x l_y\mathrm{d}x\mathrm{d}y=l_x l_y v(\Omega).$$

(2) 设 Ω 在 x 轴上的投影为区间$[a,b]$. 则 $l_x=b-a$;设 Ω 在 y 轴上的投影为$[c,d]$. 则 $l_y=d-c$,显然 $\Omega\subset[a,b]\times[c,d]$,因此

$$\left|\iint\limits_{\Omega}(x-\alpha)(y-\beta)\mathrm{d}x\mathrm{d}y\right|\leqslant\iint\limits_{\Omega}|x-\alpha||y-\beta|\mathrm{d}x\mathrm{d}y$$

$$\leqslant\int_a^b|x-\alpha|\mathrm{d}x\int_c^d|y-\beta|\mathrm{d}y.$$

易见

$$\int_a^b|x-\alpha|\mathrm{d}x=\int_a^\alpha(\alpha-x)\mathrm{d}x+\int_\alpha^b(x-\alpha)\mathrm{d}x$$

$$=\frac{(\alpha-a)^2}{2}+\frac{(b-\alpha)^2}{2}\leqslant\frac{(b-\alpha+\alpha-a)^2}{2}=\frac{1}{2}(b-a)^2=\frac{l_x^2}{2}.$$

$\Bigg($考虑函数 $\varphi(\alpha)=(\alpha-a)^2+(b-\alpha)^2,\alpha\in[a,b]$,则 $\varphi'(\alpha)=2(\alpha-a-b+\alpha)=4\left(\alpha-\frac{a+b}{2}\right)$. 当 $\alpha_0=\frac{a+b}{2}$时,$\varphi'(\alpha_0)=0$. $\varphi''(\alpha_0)=4>0$,$\varphi\left(\frac{a+b}{2}\right)$为最小值. $\varphi(\alpha)$在$[a,b]$上的最大值在 $\alpha=a$ 或 $\alpha=b$ 时取到,而 $\varphi(a)=\varphi(b)=(b-a)^2$. $\Bigg)$

同理 $\int_c^d|y-\beta|\mathrm{d}y\leqslant\frac{1}{2}(d-c)^2=\frac{l_y^2}{2}$. 归结起来有

$$\left|\iint_{\Omega}(x-\alpha)(y-\beta)\mathrm{d}x\mathrm{d}y\right|\leqslant\frac{l_x^2}{2}\cdot\frac{l_y^2}{2}=\frac{1}{4}l_x^2l_y^2.$$ □

459. 设

$$f(x,y)=\begin{cases}\dfrac{1}{q_x}+\dfrac{1}{q_y}, & (x,y)\text{ 为}[0,1]^2\text{ 中有理点},\\ 0, & (x,y)\text{ 为}[0,1]^2\text{ 中非有理点},\end{cases}$$

其中 q_x 表示有理数 x 化成既约分数后的分母. 证明: $f(x,y)$在$[0,1]^2$ 上的二重积分存在而两个累次积分不存在.

证明 设(x_0,y_0)为$[0,1]^2$ 中的非有理点. 不妨设 x_0 为无理数. 首先证明 $f(x,y)$在(x_0,y_0)处连续.

对$\forall\varepsilon>0$,不大于$\frac{2}{\varepsilon}$的正整数只有有限个,因此,使得$\frac{1}{q_x}\geqslant\frac{\varepsilon}{2}$,$\frac{1}{q_y}\geqslant\frac{\varepsilon}{2}$的有理数 $x=\frac{p_x}{q_x}$,$y=\frac{p_y}{q_y}$也只有有限多个. 于是存在(x_0,y_0)的邻域 U,使得满足$\frac{1}{q_x}\geqslant\frac{\varepsilon}{2}$,$\frac{1}{q_y}\geqslant\frac{\varepsilon}{2}$的点都在该邻域外,即对 U 中的有理点(x,y)均满足$\frac{1}{q_x}<\frac{\varepsilon}{2}$,$\frac{1}{q_y}<\frac{\varepsilon}{2}$,于是对$\forall(x,y)\in U$,有

$$|f(x,y)-f(x_0,y_0)|=f(x,y)\leqslant\frac{1}{q_x}+\frac{1}{q_y}<\frac{\varepsilon}{2}+\frac{\varepsilon}{2}=\varepsilon.$$

即 $f(x,y)$在(x_0,y_0)连续. 从而 f 在$[0,1]^2$ 上几乎处处连续,从而 $f(x,y)$在$[0,1]^2$ 上 Riemann 可积.

接下来证明 f 在$[0,1]^2$ 上两个累次积分不存在.

事实上,对任意固定的有理数 $y_0\in[0,1]$,q_{y_0} 为一定值.

$$\varphi(x)=f(x,y_0)=\begin{cases}\dfrac{1}{q_x}+\dfrac{1}{q_{y_0}}, & x\text{ 为有理数},\\ 0, & x\text{ 为无理数}\end{cases}$$

处处间断,因而 $\varphi(x)$在$[0,1]$上不 Riemann 可积. 故不存在累次积分

$$\int_0^1 dy\int_0^1 f(x,y)dx.$$

同理 $\int_0^1 dx\int_0^1 f(x,y)dy$ 也不存在. □

460. (Pringsneim 定理)设

$$f(x,y)=\begin{cases}1, & (x,y) \text{ 为}[0,1]^2 \text{ 中有理点,且 } q_x=q_y \text{ 时},\\ 0, & (x,y) \text{ 为}[0,1]^2 \text{ 中其他点时},\end{cases}$$

其中 q_x 表示有理数 x 化为既约分数后的分母. 证明: $f(x,y)$ 在 $[0,1]^2$ 上的二重积分不存在,而两个累次积分都存在且为 0.

证明 如果 y 为无理数,则 $f(x,y)\equiv 0$; 如果 $y=\frac{p_y}{q_y}$ 为有理数,且为既约分数,则 $q_x=q_y$ 的既约分数至多有 q_y+1 个. 因此,至多除 q_y+1 个点 x 外, $f(x,y)=f\left(x,\frac{p_y}{q_y}\right)=0$. 由此知,无论 y 为无理数还是有理数,总有

$$\int_0^1 f(x,y)dx=0.$$

从而

$$\int_0^1 dy\int_0^1 f(x,y)dx=\int_0^1 0dy=0.$$

同理

$$\int_0^1 dx\int_0^1 f(x,y)dy=0.$$

这表明两个累次积分都存在且为 0.

显然, $(a,b)\in[0,1]^2$ 中的任何开邻域 U 中,必有无理点 (c,d),使 $f(c,d)=0$; 此外,必有充分大的质数 q,使

$$\left|\frac{j}{q}-b\right|<\frac{1}{q}<\frac{\delta}{2},\quad j\in\{0,1,\cdots,q-1\}$$

$\left(\text{此时},\frac{j}{q}\text{为既约分数}\right)$,也必有 $i\in\{0,1,\cdots,q-1\}$,使

$$\left|\frac{i}{q}-a\right|<\frac{1}{q}<\frac{\delta}{2}.$$

于是,对 $(x,y)=\left(\frac{i}{q},\frac{j}{q}\right)$,有

$$\begin{aligned}|(x,y)-(a,b)|&\leqslant|(x,y)-(a,y)|+|(a,y)-(a,b)|\\&\leqslant|x-a|+|y-b|=\left|\frac{i}{q}-a\right|+\left|\frac{j}{q}-b\right|<\frac{\delta}{2}+\frac{\delta}{2}=\delta.\end{aligned}$$

只要 δ 取得充分小,必有 $(x,y)\in U$. 此时, $f(x,y)=f\left(\frac{i}{q},\frac{j}{q}\right)=1$. 由此推得对 $[0,1]^2$ 的任

何分割，其振幅和

$$\sum_{i=1}^{n}\sum_{j=1}^{m}[\sup f([x_{i-1},x_i]\times[y_{j-1},y_j])-\inf f([x_{i-1},x_i]\times[y_{j-1},y_j])]\Delta x_i\Delta y_j$$

$$\geqslant \sum_{i=1}^{n}\sum_{j=1}^{m}1\cdot\Delta x_i\Delta x_j=1.$$

因此，$f(x,y)$在$[0,1]^2$上的二重积分不存在.

或者由 Darboux 上和

$$S(T,f)=\sum_{i=1}^{k}M_i v(I_i)=\sum_{i=1}^{k}1\cdot v(I_i)=1$$

及 Darboux 下和

$$s(T,f)=\sum_{i=1}^{k}m_i v(I_i)=\sum_{i=1}^{k}0\cdot v(I_i)=0$$

推得上积分

$$S=\inf_T S(T,f)=1,$$

下积分

$$s=\sup_T s(T,f)=0,$$

$$S\neq s,$$

故 $f(x,y)$在$[0,1]^2$上的二重积分不存在.

或者 $f(x,y)$处处不连续，故 $f(x,y)$在$[0,1]^2$上的二重积分不存在. □

460′ 设

$$f(x,y)=\begin{cases}1, & (x,y)\text{ 为}[0,1]^2\text{ 中有理点，且 }q_x\neq q_y\text{ 时},\\ 0, & (x,y)\text{ 为}[0,1]^2\text{ 中其他点时},\end{cases}$$

其中 q_x 表示有理数 x 化为既约分数后的分母. 证明：$f(x,y)$在$[0,1]^2$上的二重积分不存在，而两个累次积分也都不存在.

证明 当 $y=\dfrac{p_y}{q_y}$为有理数，且为既约分数，则

$$f(x,y)=f\left(x,\frac{p_y}{q_y}\right)=\begin{cases}1, & x=\dfrac{p_x}{q_x},q_x\neq q_y,\\ 0, & x\text{ 为无理数或 }x=\dfrac{p_x}{q_x},q_x=q_y.\end{cases}$$

易见

$$\int_0^1 f\left(x,\frac{p_y}{q_y}\right)\mathrm{d}x$$

不存在$\left(这是因为\left\{x\,\middle|\,x=\dfrac{p_x}{q_x}为既约分数,q_x\neq q_y\right\}和\left\{x\,\middle|\,x 为无理数或 x=\dfrac{p_x}{q_x},q_x=q_y\right\}都在\right.$

[0,1]中稠密$\Big\}$. 从而

$$\int_0^1 dy\int_0^1 f(x,y)\,dx$$

不存在. 同理

$$\int_0^1 dx\int_0^1 f(x,y)\,dy$$

也不存在.

类似460题的证明，$f(x,y)$在$[0,1]^2$上的二重积分不存在. □

461. 证明：由曲面$\frac{x^n}{a^n}+\frac{y^n}{b^n}+\frac{z^n}{c^n}=1$，$x=0$，$y=0$，$z=0$（$a>0$，$b>0$，$c>0$，$n>0$）所界立体$\Omega$的体积

$$v(\Omega)=\frac{abc}{3n^2}\cdot\frac{\Gamma^3\left(\frac{1}{n}\right)}{\Gamma\left(\frac{3}{n}\right)}.$$

证法1　作变换$(x,y,z)=(ar\sin^{\frac{2}{n}}\theta\cos^{\frac{2}{n}}\varphi, br\sin^{\frac{2}{n}}\theta\sin^{\frac{2}{n}}\varphi, cr\cos^{\frac{2}{n}}\theta)$，则曲面方程变为$r^n=1$，其Jacobi行列式

$$\frac{\partial(x,y,z)}{\partial(r,\theta,\varphi)}=\begin{vmatrix} a\sin^{\frac{2}{n}}\theta\cos^{\frac{2}{n}}\varphi & b\sin^{\frac{2}{n}}\theta\sin^{\frac{2}{n}}\varphi & c\cos^{\frac{2}{n}}\theta \\ \frac{2a}{n}r\sin^{\frac{2}{n}-1}\theta\cos\theta\cos^{\frac{2}{n}}\varphi & \frac{2b}{n}r\sin^{\frac{2}{n}-1}\theta\cos\theta\sin^{\frac{2}{n}}\varphi & -\frac{2c}{n}r\cos^{\frac{2}{n}-1}\theta\sin\theta \\ -\frac{2a}{n}r\sin^{\frac{2}{n}}\theta\cos^{\frac{2}{n}-1}\varphi\sin\varphi & \frac{2b}{n}r\sin^{\frac{2}{n}}\theta\sin^{\frac{2}{n}-1}\varphi\cos\varphi & 0 \end{vmatrix}$$

$$=\frac{4abc}{n^2}r^2\sin^{\frac{4}{n}-1}\theta\cos^{\frac{2}{n}-1}\theta\sin^{\frac{2}{n}-1}\varphi\cos^{\frac{2}{n}-1}\varphi.$$

于是Ω的体积为

$$v(\Omega)=\iiint\limits_{\Omega}dxdydz=\frac{4abc}{n^2}\int_0^1 r^2\,dr\int_0^{\frac{\pi}{2}}\sin^{\frac{4}{n}-1}\theta\cos^{\frac{2}{n}-1}\theta\,d\theta\int_0^{\frac{\pi}{2}}\sin^{\frac{2}{n}-1}\varphi\cos^{\frac{2}{n}-1}\varphi\,d\varphi$$

$$=\frac{abc}{3n^2}\cdot\frac{\Gamma\left(\frac{2}{n}\right)\Gamma\left(\frac{1}{n}\right)}{\Gamma\left(\frac{3}{n}\right)}\cdot\frac{\Gamma\left(\frac{1}{n}\right)\Gamma\left(\frac{1}{n}\right)}{\Gamma\left(\frac{2}{n}\right)}=\frac{abc}{3n^2}\cdot\frac{\Gamma^3\left(\frac{1}{n}\right)}{\Gamma\left(\frac{3}{n}\right)}.$$

证法2　$v(\Omega)=\iint\limits_{\frac{x^n}{a^n}+\frac{y^n}{b^n}\leqslant 1}c\left(1-\frac{x^n}{a^n}-\frac{y^n}{b^n}\right)^{\frac{1}{n}}dxdy.$

作变换$x=ar\cos^{\frac{2}{n}}\varphi$，$y=br\sin^{\frac{2}{n}}\varphi$，曲线$\frac{x^n}{a^n}+\frac{y^n}{b^n}=1$变成$r^n=1$，$0\leqslant\varphi\leqslant\frac{\pi}{2}$，变换的Jacobi行列式

$$\frac{\partial(x,y)}{\partial(r,\varphi)}=\begin{vmatrix} a\cos^{\frac{2}{n}}\varphi & b\sin^{\frac{2}{n}}\varphi \\ -ar\,\frac{2}{n}\cos^{\frac{2}{n}-1}\varphi\sin\varphi & br\,\frac{2}{n}\sin^{\frac{2}{n}-1}\varphi\cos\varphi \end{vmatrix}=\frac{2ab}{n}r\cos^{\frac{2}{n}-1}\varphi\sin^{\frac{2}{n}-1}\varphi,$$

于是

$$\begin{aligned} v(\Omega)&=\frac{2abc}{n}\int_0^{\frac{\pi}{2}}\mathrm{d}\varphi\int_0^1(1-r^n)^{\frac{1}{n}}\cos^{\frac{2}{n}-1}\varphi\sin^{\frac{2}{n}-1}\varphi r\,\mathrm{d}r \\ &=\frac{abc}{n}\cdot 2\int_0^{\frac{\pi}{2}}\cos^{\frac{2}{n}-1}\varphi\sin^{\frac{2}{n}-1}\varphi\mathrm{d}\varphi\cdot\int_0^1(1-r^n)^{\frac{1}{n}}r\,\mathrm{d}r \\ &\xlongequal{r=s^{\frac{1}{n}}}\frac{abc}{n}\cdot\frac{\Gamma^2\left(\frac{1}{n}\right)}{\Gamma\left(\frac{2}{n}\right)}\int_0^1(1-s)^{\frac{1}{n}}s^{\frac{1}{n}}\cdot\frac{1}{n}s^{\frac{1}{n}-1}\mathrm{d}s \\ &=\frac{abc}{n^2}\cdot\frac{\Gamma^2\left(\frac{1}{n}\right)}{\Gamma\left(\frac{2}{n}\right)}\mathrm{B}\left(\frac{2}{n},\frac{1}{n}+1\right) \\ &=\frac{abc}{n^2}\cdot\frac{\Gamma^2\left(\frac{1}{n}\right)}{\Gamma\left(\frac{2}{n}\right)}\cdot\frac{\Gamma\left(\frac{2}{n}\right)\cdot\frac{1}{n}\Gamma\left(\frac{1}{n}\right)}{\Gamma\left(\frac{3}{n}\right)\cdot\frac{3}{n}} \\ &=\frac{abc}{3n^2}\cdot\frac{\Gamma^3\left(\frac{1}{n}\right)}{\Gamma\left(\frac{3}{n}\right)}. \end{aligned}$$

□

462. 证明：由曲面 $\left(\frac{x}{a}+\frac{y}{b}\right)^n+\left(\frac{z}{c}\right)^m=1$，$x=0$，$y=0$，$z=0$（$n>0$，$m>0$，$a>0$，$b>0$，$c>0$）所界立体 Ω 的体积 $v(\Omega)=\frac{abc}{2m+n}\cdot\frac{\Gamma\left(\frac{1}{m}\right)\Gamma\left(\frac{2}{n}\right)}{\Gamma\left(\frac{1}{m}+\frac{2}{n}\right)}$.

证法 1 由曲面方程解得

$$z=c\left[1-\left(\frac{x}{a}+\frac{y}{b}\right)^n\right]^{\frac{1}{m}}.$$

积分区域为 $D=\left\{(x,y)\,\middle|\,\left(\frac{x}{a}+\frac{y}{b}\right)^n\leqslant 1,x\geqslant 0,y\geqslant 0\right\}$，作变换

$$\frac{x}{a}+\frac{y}{b}=u,\quad \frac{y}{b}=uv,\quad 即\quad x=au(1-v),\quad y=buv.$$

则积分区域变为 $0\leqslant u\leqslant 1$，$0\leqslant v\leqslant 1$. 又

$$\frac{\partial(x,y)}{\partial(u,v)}=\begin{vmatrix} a(1-v) & bv \\ -au & bu \end{vmatrix}=abu.$$

所以

$$v(\Omega)=\iint_D c\left[1-\left(\frac{x}{a}+\frac{y}{a}\right)^n\right]^{\frac{1}{m}}\mathrm{d}x\mathrm{d}y$$

$$=c\int_0^1\mathrm{d}v\int_0^1 abu(1-u^n)^{\frac{1}{m}}\mathrm{d}u=abc\int_0^1 u(1-u^n)^{\frac{1}{m}}\mathrm{d}u$$

$$\xlongequal{u=t^{\frac{1}{n}}}abc\int_0^1 t^{\frac{1}{n}}(1-t)^{\frac{1}{m}}\cdot\frac{1}{n}t^{\frac{1}{n}-1}\mathrm{d}t$$

$$=\frac{abc}{n}\mathrm{B}\left(\frac{2}{n},\frac{1}{m}+1\right)=\frac{abc}{n}\cdot\frac{\Gamma\left(\frac{2}{n}\right)\Gamma\left(\frac{1}{m}+1\right)}{\Gamma\left(\frac{2}{n}+\frac{1}{m}+1\right)}$$

$$=\frac{abc}{n}\cdot\frac{\Gamma\left(\frac{2}{n}\right)\frac{1}{m}\Gamma\left(\frac{1}{m}\right)}{\left(\frac{2}{n}+\frac{1}{m}\right)\Gamma\left(\frac{1}{m}+\frac{2}{n}\right)}=\frac{abc}{2m+n}\cdot\frac{\Gamma\left(\frac{1}{m}\right)\Gamma\left(\frac{2}{n}\right)}{\Gamma\left(\frac{1}{m}+\frac{2}{n}\right)}.$$

证法 2 作变换

$$(x,y,z)=(ar^{\frac{1}{n}}\sin^{\frac{2}{n}}\theta\cos^2\varphi,br^{\frac{1}{n}}\sin^{\frac{2}{n}}\theta\sin^2\varphi,cr^{\frac{1}{m}}\cos^{\frac{2}{m}}\theta).$$

将曲面变为 $r=1$. 变换的 Jacobi 行列式为

$$\frac{\partial(x,y,z)}{\partial(r,\theta,\varphi)}=\begin{vmatrix}\frac{a}{n}r^{\frac{1}{n}-1}\sin^{\frac{2}{n}}\theta\cos^2\varphi & \frac{b}{n}r^{\frac{1}{n}-1}\sin^{\frac{2}{n}}\theta\sin^2\varphi & \frac{c}{m}r^{\frac{1}{m}-1}\cos^{\frac{2}{m}}\theta\\ \frac{2a}{n}r^{\frac{1}{n}}\sin^{\frac{2}{n}-1}\theta\cos\theta\cos^2\varphi & \frac{2b}{n}r^{\frac{1}{n}}\sin^{\frac{2}{n}-1}\theta\cos\theta\sin^2\varphi & -\frac{2c}{m}r^{\frac{1}{m}}\cos^{\frac{2}{m}-1}\theta\sin\theta\\ -2ar^{\frac{1}{n}}\sin^{\frac{2}{n}}\theta\cos\varphi\sin\varphi & 2br^{\frac{1}{n}}\sin^{\frac{2}{n}}\theta\sin\varphi\cos\varphi & 0\end{vmatrix}$$

$$=4abcr^{\frac{2}{n}+\frac{1}{m}-1}\sin^{\frac{4}{n}-1}\theta\cos^{\frac{2}{m}-1}\theta\cos\varphi\sin\varphi\begin{vmatrix}\frac{1}{n}\sin\theta\cos\varphi & \frac{1}{n}\sin\theta\sin\varphi & \frac{1}{m}\cos\theta\\ \frac{1}{n}\cos\theta\cos\varphi & \frac{1}{n}\cos\theta\sin\varphi & -\frac{1}{m}\sin\theta\\ -\sin\varphi & \cos\varphi & 0\end{vmatrix}$$

$$=\frac{4abc}{mn}r^{\frac{2}{n}+\frac{1}{m}-1}\sin^{\frac{4}{n}-1}\theta\cos^{\frac{2}{m}-1}\theta\cos\varphi\sin\varphi.$$

于是

$$v(\Omega)=\iiint_\Omega\mathrm{d}x\mathrm{d}y\mathrm{d}z=\frac{4abc}{mn}\int_0^{\frac{\pi}{2}}\sin\varphi\cos\varphi\mathrm{d}\varphi\int_0^{\frac{\pi}{2}}\sin^{\frac{4}{n}-1}\theta\cos^{\frac{2}{m}-1}\theta\mathrm{d}\theta\int_0^1 r^{\frac{1}{m}+\frac{2}{n}-1}\mathrm{d}r$$

$$=\frac{4abc}{mn}\cdot\frac{1}{2}\cdot\frac{1}{2}\frac{\Gamma\left(\frac{2}{n}\right)\Gamma\left(\frac{1}{m}\right)}{\Gamma\left(\frac{2}{n}+\frac{1}{m}\right)}\cdot\frac{1}{\frac{1}{m}+\frac{2}{n}}=\frac{abc}{2m+n}\cdot\frac{\Gamma\left(\frac{1}{m}\right)\Gamma\left(\frac{2}{n}\right)}{\Gamma\left(\frac{1}{m}+\frac{1}{n}\right)}.$$ □

463. 设 Ω 为第一卦限内由曲面 $z=\dfrac{x^2+y^2}{m}$, $z=\dfrac{x^2+y^2}{n}$, $xy=a^2$, $xy=b^2$, $y=\alpha x$, $y=\beta x(0<a<b, 0<\alpha<\beta, 0<m<n)$ 所围成的立体. 证明:

$$\iiint_\Omega xyz\,\mathrm{d}x\mathrm{d}y\mathrm{d}z=\frac{1}{32}(b^8-a^8)\left(\frac{1}{m^2}-\frac{1}{n^2}\right)\left[(\beta^2-\alpha^2)\left(1+\frac{1}{\alpha^2\beta^2}\right)+4\ln\frac{\beta}{\alpha}\right].$$

证明 作变换

$$u=\frac{x^2+y^2}{z},\quad v=xy,\quad w=\frac{y}{x}.$$

于是积分区域变为 $\Omega'=\{(u,v,w)\mid m\leqslant u\leqslant n, a^2\leqslant v\leqslant b^2, \alpha\leqslant w\leqslant\beta\}$, 且

$$\frac{\partial(u,v,w)}{\partial(x,y,z)}=\begin{vmatrix}\dfrac{2x}{z} & \dfrac{2y}{z} & -\dfrac{x^2+y^2}{z^2}\\ y & x & 0\\ -\dfrac{y}{x^2} & \dfrac{1}{x} & 0\end{vmatrix}=-\frac{2y}{x}\cdot\frac{x^2+y^2}{z^2}$$

$$=-2u^2\frac{y^2}{x^2+y^2}\cdot\frac{1}{xy}=-\frac{2u^2w^2}{v(1+w^2)}.$$

由此得

$$\iiint_\Omega xyz\,\mathrm{d}x\mathrm{d}y\mathrm{d}z=\iiint_{[m,n]\times[a^2,b^2]\times[\alpha,\beta]}\sqrt{\frac{v}{w}}\sqrt{vw}\cdot\frac{v(1+w^2)}{uw}\cdot\frac{v(1+w^2)}{2u^2w^2}\mathrm{d}u\mathrm{d}v\mathrm{d}w$$

$$=\frac{1}{2}\int_m^n\frac{\mathrm{d}u}{u^3}\int_{a^2}^{b^2}v^3\mathrm{d}v\int_\alpha^\beta\frac{(1+w^2)^2}{w^3}\mathrm{d}w$$

$$=\frac{1}{2}\left(-\frac{1}{2u^2}\right)\Big|_m^n\cdot\frac{1}{4}v^4\Big|_{a^2}^{b^2}\cdot\left(-\frac{1}{2w^2}+2\ln w+\frac{1}{2}w^2\right)\Big|_\alpha^\beta$$

$$=\frac{1}{32}\left(\frac{1}{m^2}-\frac{1}{n^2}\right)(b^8-a^8)\left[\beta^2-\alpha^2+\frac{1}{\alpha^2}-\frac{1}{\beta^2}+4\ln\frac{\beta}{\alpha}\right]$$

$$=\frac{1}{32}(b^8-a^8)\left(\frac{1}{m^2}-\frac{1}{n^2}\right)\left[(\beta^2-\alpha^2)\left(1+\frac{1}{\alpha^2\beta^2}\right)+4\ln\frac{\beta}{\alpha}\right].$$ □

464. 应用数学归纳法证明 Dirichlet 公式

$$\int_{\substack{x_1,x_2,\cdots,x_n\geqslant 0\\ x_1+x_2+\cdots+x_n\leqslant 1}}\cdots\int x_1^{p_1-1}x_2^{p_2-1}\cdots x_n^{p_n-1}\mathrm{d}x_1\mathrm{d}x_2\cdots\mathrm{d}x_n=\frac{\Gamma(p_1)\Gamma(p_2)\cdots\Gamma(p_n)}{\Gamma(p_1+p_2+\cdots+p_n+1)}(p_1,p_2,\cdots,p_n>0).$$

证明 当 $n=1$ 时, 显然. 当 $n=2$ 时, 有

$$\iint_{\substack{x_1+x_2\leqslant 1\\ x_1\geqslant 0, x_2\geqslant 0}}x_1^{p_1-1}x_2^{p_2-1}\mathrm{d}x_1\mathrm{d}x_2=\int_0^1 x_1^{p_1-1}\mathrm{d}x_1\int_0^{1-x_1}x_2^{p_2-1}\mathrm{d}x_2$$

$$=\frac{1}{p_2}\int_0^1 x_1^{p_1-1}(1-x_1)^{p_2}\mathrm{d}x_1=\frac{1}{p_2}\mathrm{B}(p_1,p_2+1)$$

$$=\frac{1}{p_2}\cdot\frac{\Gamma(p_1)\Gamma(p_2+1)}{\Gamma(p_1+p_2+1)}=\frac{\Gamma(p_1)\Gamma(p_2)}{\Gamma(p_1+p_2+1)}.$$

假设公式对 $n-1$ 成立.则当 n 时,有

$$I_n=\underset{\substack{x_1,\cdots,x_n\geqslant 0\\ x_1+\cdots+x_n\leqslant 1}}{\int\cdots\int} x_1^{p_1-1}x_2^{p_2-1}\cdots x_n^{p_n-1}\mathrm{d}x_1\mathrm{d}x_2\cdots\mathrm{d}x_n$$

$$=\int_0^1 x_1^{p_1-1}\mathrm{d}x_1\underset{\substack{x_2,\cdots,x_n\geqslant 0\\ x_2+\cdots+x_n\leqslant 1-x_1}}{\int\cdots\int} x_2^{p_2-1}\cdots x_n^{p_n-1}\mathrm{d}x_2\cdots\mathrm{d}x_n.$$

作变换令 $t_i=\dfrac{x_i}{1-x_1}$, $i=2,\cdots,n$. 于是有 $t_i\geqslant 0$, $i=2,\cdots,n$, $t_2+t_3+\cdots+t_n\leqslant 1$,且

$$\frac{\partial(x_2,\cdots x_n)}{\partial(t_2,\cdots,t_n)}=(1-x_1)^{n-1}.$$

代入上面式子,得

$$I_n=\int_0^1 x_1^{p_1-1}\mathrm{d}x_1\underset{\substack{t_2,\cdots,t_n\geqslant 0\\ t_2+\cdots+t_n\leqslant 1}}{\int\cdots\int}(1-x_1)^{n-1}t_2^{p_2-1}(1-x_1)^{p_2-1}\cdots(1-x_1)^{p_n-1}t_n^{p_n-1}\mathrm{d}t_2\cdots\mathrm{d}t_n$$

$$=\int_0^1 x_1^{p_1-1}(1-x_1)^{p_2+\cdots+p_n}\mathrm{d}x_1\underset{\substack{t_2,\cdots,t_n\geqslant 0\\ t_2+\cdots+t_n\leqslant 1}}{\int\cdots\int} t_2^{p_2-1}\cdots t_n^{p_n-1}\mathrm{d}t_2\cdots\mathrm{d}t_n$$

$$\xlongequal{\text{归纳假设}}\mathrm{B}(p_1,p_2+\cdots+p_n+1)\cdot\frac{\Gamma(p_2)\cdots\Gamma(p_n)}{\Gamma(p_2+\cdots+p_n+1)}$$

$$=\frac{\Gamma(p_1)\Gamma(p_2+\cdots+p_n+1)}{\Gamma(p_1+p_2+\cdots+p_n+1)}\cdot\frac{\Gamma(p_2)\cdots\Gamma(p_n)}{\Gamma(p_2+\cdots+p_n+1)}$$

$$=\frac{\Gamma(p_1)\Gamma(p_2)\cdots\Gamma(p_n)}{\Gamma(p_1+p_2+\cdots+p_n+1)}.$$ □

465. 设 f 为连续函数,应用数学归纳法证明 Liouville 公式

$$\underset{\substack{x_1,x_2,\cdots,x_n\geqslant 0\\ x_1+x_2+\cdots+x_n\leqslant 1}}{\int\cdots\int} f(x_1+x_2+\cdots+x_n)x_1^{p_1-1}x_2^{p_2-1}\cdots x_n^{p_n-1}\mathrm{d}x_1\mathrm{d}x_2\cdots\mathrm{d}x_n$$

$$=\frac{\Gamma(p_1)\Gamma(p_2)\cdots\Gamma(p_n)}{\Gamma(p_1+p_2+\cdots+p_n)}\int_0^1 f(u)u^{p_1+p_2+\cdots+p_n-1}\mathrm{d}u.$$

当 $f\equiv 1$ 时,它为特例,即 464 题.

证法 1 当 $n=1$ 时,显然.当 $n=2$ 时,作变换 $x_1+x_2=u_1$, $x_2=u_1u_2$,即 $x_1=u_1(1-u_2)$, $x_2=u_1u_2$,则有

$$\frac{\partial(x_1,x_2)}{\partial(u_1,u_2)}=\begin{vmatrix}1-u_2 & u_2\\ -u_1 & u_1\end{vmatrix}=u_1,$$

区域 $\Omega_2=\{(x_1,x_2)\mid x_1\geqslant 0,x_2\geqslant 0,x_1+x_2\leqslant 1\}$ 变成 $\Omega_2'=\{(u_1,u_2)\mid 0\leqslant u_1\leqslant 1,0\leqslant u_2\leqslant 1\}$. 故

$$\iint\limits_{\substack{x_1\geqslant 0,x_2\geqslant 0\\ x_1+x_2\leqslant 1}} f(x_1+x_2)x_1^{p_1-1}x_2^{p_2-1}\mathrm{d}x\mathrm{d}y$$

$$=\iint\limits_{[0,1]^2} f(u_1)u_1^{p_1-1}(1-u_2)^{p_1-1}u_1^{p_2-1}u_2^{p_2-1}u_1\mathrm{d}u_1\mathrm{d}u_2$$

$$=\int_0^1 u_2^{p_2-1}(1-u_2)^{p_1-1}\mathrm{d}u_2\int_0^1 f(u_1)u_1^{p_1+p_2-1}\mathrm{d}u_1$$

$$=\mathrm{B}(p_1,p_2)\int_0^1 f(u)u^{p_1+p_2-1}\mathrm{d}u=\frac{\Gamma(p_1)\Gamma(p_2)}{\Gamma(p_1+p_2)}\int_0^1 f(u)u^{p_1+p_2-1}\mathrm{d}u.$$

等式成立.

假设 Liouville 等式在 $n-1$ 时成立,即

$$\int\limits_{\substack{x_1\geqslant 0,x_2\geqslant 0,\cdots,x_{n-1}\geqslant 0\\ x_1+x_2+\cdots+x_{n-1}\leqslant 1}}\cdots\int x_1^{p_1-1}x_2^{p_2-1}\cdots x_{n-1}^{p_{n-1}-1}f(x_1+x_2+\cdots+x_{n-1})\mathrm{d}x_1\mathrm{d}x_2\cdots\mathrm{d}x_{n-1}$$

$$=\frac{\Gamma(p_1)\Gamma(p_2)\cdots\Gamma(p_{n-1})}{\Gamma(p_1+p_2+\cdots+p_{n-1})}\int_0^1 f(u)u^{p_1+p_2+\cdots+p_{n-1}-1}\mathrm{d}u.$$

如果设 $\varphi(x_1+\cdots+x_{n-1})=\int_0^{1-x_1-\cdots-x_{n-1}} f(x_1+\cdots+x_n)x_1^{p_1-1}\cdots x_{n-1}^{p_{n-1}-1}\mathrm{d}x_1\cdots\mathrm{d}x_{n-1}$,则

$$I=\int\limits_{\substack{x_1\geqslant 0,x_2\geqslant 0,\cdots,x_{n-1}\geqslant 0\\ x_1+x_2+\cdots+x_{n-1}\leqslant 1}}\cdots\int \varphi(x_1+x_2+\cdots+x_{n-1})x_1^{p_1-1}x_2^{p_2-1}\cdots x_{n-1}^{p_{n-1}-1}\mathrm{d}x_1\mathrm{d}x_2\cdots\mathrm{d}x_{n-1}$$

$$=\frac{\Gamma(p_1)\Gamma(p_2)\cdots\Gamma(p_{n-1})}{\Gamma(p_1+p_2+\cdots+p_{n-1})}\int_0^1\varphi(u)u^{p_1+\cdots+p_{n-1}-1}\mathrm{d}u$$

$$=\frac{\Gamma(p_1)\Gamma(p_2)\cdots\Gamma(p_{n-1})}{\Gamma(p_1+p_2+\cdots+p_{n-1})}\int_0^1\left(\int_0^{1-u}f(u+x_n)u^{p_1+\cdots+p_{n-1}-1}x_n^{p_n-1}\mathrm{d}x_n\right)\mathrm{d}u.$$

$$=\frac{\Gamma(p_1)\Gamma(p_2)\cdots\Gamma(p_{n-1})}{\Gamma(p_1+p_2+\cdots+p_{n-1})}\iint\limits_{\substack{u\geqslant 0,x_n\geqslant 0\\ u+x_n\leqslant 1}} f(u+x_n)u^{(p_1+\cdots+p_{n-1})-1}x_n^{p_n-1}\mathrm{d}x_n\mathrm{d}u$$

$$=\frac{\Gamma(p_1)\Gamma(p_2)\cdots\Gamma(p_{n-1})}{\Gamma(p_1+p_2+\cdots+p_{n-1})}\cdot\frac{\Gamma(p_1+p_2+\cdots+p_{n-1})\Gamma(p_n)}{\Gamma(p_1+p_2+\cdots+p_n)}\int_0^1 f(t)t^{p_1+\cdots+p_{n-1}+p_n-1}\mathrm{d}t$$

$$=\frac{\Gamma(p_1)\Gamma(p_2)\cdots\Gamma(p_n)}{\Gamma(p_1+p_2+\cdots+p_n)}\int_0^1 f(u)u^{p_1+p_2+\cdots+p_n-1}\mathrm{d}u.$$

证法 2 作变换 $(x_1,x_2,\cdots,x_n)=(t_1,t_2,\cdots,t_{n-1},t_n-t_1-\cdots-t_{n-1})$,则 $\frac{\partial(x_1,x_2,\cdots,x_n)}{\partial(t_1,t_2,\cdots,t_n)}=1$, $x_1+x_2+\cdots+x_n=t_n$,于是

$$I=\int\limits_{\substack{x_1,x_2,\cdots,x_n\geqslant 0\\ x_1+x_2+\cdots+x_n\leqslant 1}}\cdots\int f(x_1+\cdots+x_n)x_1^{p_1-1}x_2^{p_2-1}\cdots x_n^{p_n-1}\mathrm{d}x_1\mathrm{d}x_2\cdots\mathrm{d}x_n$$

$$= \underset{\substack{t_1,\cdots,t_{n-1}\geqslant 0\\ t_1+\cdots+t_{n-1}\leqslant t_n\leqslant 1}}{\iint\cdots\int} f(t_n)t_1^{p_1-1}\cdots t_{n-1}^{p_{n-1}-1}(t_n-t_1-\cdots-t_{n-1})^{p_n-1}\mathrm{d}t_1\mathrm{d}t_2\cdots\mathrm{d}t_n$$

$$= \int_0^1 f(t_n)\mathrm{d}t_n \underset{\substack{t_1,\cdots,t_{n-1}\geqslant 0\\ t_1+\cdots+t_{n-1}\leqslant t_n}}{\int\cdots\int} t_1^{p_1-1}\cdots t_{n-1}^{p_{n-1}-1}(t_n-t_1-\cdots-t_{n-1})^{p_n-1}\mathrm{d}t_1\mathrm{d}t_2\cdots\mathrm{d}t_{n-1}.$$

$$\xlongequal[i=1,2,\cdots,n-1]{t_i=t_nw_i} \int_0^1 f(t_n)\mathrm{d}t_n \underset{\substack{w_1,\cdots,w_{n-1}\geqslant 0\\ w_1+\cdots+w_{n-1}\leqslant 1}}{\int\cdots\int} t_n^{p_1+\cdots+p_n-1}w_1^{p_1-1}\cdots w_{n-1}^{p_{n-1}-1}(1-w_1-\cdots-w_{n-1})^{p_n-1}$$

$$\mathrm{d}w_1\cdots\mathrm{d}w_{n-1}$$

$$= \int_0^1 t_n^{p_1+p_2+\cdots+p_n-1}f(t_n)\mathrm{d}t_n \underset{\substack{w_1,\cdots,w_{n-1}\geqslant 0\\ w_1+\cdots+w_{n-1}\leqslant 1}}{\int\cdots\int} w_1^{p_1-1}\cdots w_{n-1}^{p_{n-1}-1}(1-w_1-\cdots-w_{n-1})^{p_n-1}\mathrm{d}w_1\cdots\mathrm{d}w_{n-1}$$

于是，只须证

$$\underset{\substack{w_1,\cdots,w_{n-1}\geqslant 0\\ w_1+\cdots+w_{n-1}\leqslant 1}}{\int\cdots\int} w_1^{p_1-1}\cdots w_{n-1}^{p_{n-1}-1}(1-w_1-\cdots-w_{n-1})^{p_n-1}\mathrm{d}w_1\cdots\mathrm{d}w_{n-1} = \frac{\Gamma(p_1)\Gamma(p_2)\cdots\Gamma(p_n)}{\Gamma(p_1+p_2+\cdots+p_n)}.$$

（归纳法）当 $n=2$ 时，有

$$\int_0^1 w_1^{p_1-1}(1-w_1)^{p_2-1}\mathrm{d}w_1 = \mathrm{B}(p_1,p_2) = \frac{\Gamma(p_1)\Gamma(p_2)}{\Gamma(p_1+p_2)}.$$

等式是成立的. 现设当 n 时成立，即

$$\underset{\substack{w_1,\cdots,w_{n-1}\geqslant 0\\ w_1+w_2+\cdots+w_{n-1}\leqslant 1}}{\int\cdots\int} w_1^{p_1-1}w_2^{p_2-1}\cdots w_{n-1}^{p_{n-1}-1}(1-w_1-\cdots-w_{n-1})^{p_n-1}\mathrm{d}w_1\mathrm{d}w_2\cdots\mathrm{d}w_{n-1}$$

$$= \frac{\Gamma(p_1)\Gamma(p_2)\cdots\Gamma(p_n)}{\Gamma(p_1+p_2+\cdots+p_n)},$$

则当 $n+1$ 时，根据归纳假设有

$$\underset{\substack{w_1,w_2,\cdots,w_n\geqslant 0\\ w_1+w_2+\cdots+w_n\leqslant 1}}{\int\cdots\int} w_1^{p_1-1}w_2^{p_2-1}\cdots w_n^{p_n-1}(1-w_1-\cdots-w_n)^{p_{n+1}-1}\mathrm{d}w_1\mathrm{d}w_2\cdots\mathrm{d}w_n$$

$$= \int_0^1 w_1^{p_1-1}\mathrm{d}w_1 \underset{\substack{w_2,\cdots,w_n\geqslant 0\\ w_2+\cdots+w_n\leqslant 1-w_1}}{\int\cdots\int} w_2^{p_2-1}\cdots w_n^{p_n-1}(1-w_1-\cdots-w_n)^{p_{n+1}-1}\mathrm{d}w_2\cdots\mathrm{d}w_n$$

$$\xlongequal[i=2,\cdots,n]{w_i=(1-w_1)u_i} \int_0^1 w_1^{p_1-1}\mathrm{d}w_1 \underset{\substack{u_2,\cdots,u_n\geqslant 0\\ u_2+\cdots+u_n\leqslant 1}}{\int\cdots\int} (1-w_1)^{p_2+\cdots+p_n+p_{n+1}-1}u_2^{p_2-1}\cdots u_n^{p_n-1}$$

$$\cdot(1-u_2-\cdots-u_n)^{p_{n+1}-1}\mathrm{d}u_2\cdots\mathrm{d}u_n$$

$$=\int_0^1 w_1^{p_1-1}(1-w_1)^{p_2+\cdots+p_{n+1}-1}\mathrm{d}w_1 \underset{\substack{u_2,\cdots,u_n\geqslant 0\\ u_2+\cdots+u_n\leqslant 1}}{\int\cdots\int} u_2^{p_2-1}\cdots u_n^{p_n-1}(1-u_2-\cdots-u_n)^{p_{n+1}-1}\mathrm{d}u_2\cdots\mathrm{d}u_n$$

$$=\mathrm{B}(p_1,p_2+\cdots+p_{n+1})\cdot\frac{\Gamma(p_2)\cdots\Gamma(p_{n+1})}{\Gamma(p_2+\cdots+p_n+p_{n+1})}$$

$$=\frac{\Gamma(p_1)\Gamma(p_2+\cdots+p_{n+1})}{\Gamma(p_1+p_2+\cdots+p_{n+1})}\cdot\frac{\Gamma(p_2)\cdots\Gamma(p_{n+1})}{\Gamma(p_2+\cdots+p_{n+1})}$$

$$=\frac{\Gamma(p_1)\Gamma(p_2)\cdots\Gamma(p_{n+1})}{\Gamma(p_1+p_2+\cdots+p_{n+1})}.$$

等式也成立.于是

$$I=\frac{\Gamma(p_1)\Gamma(p_2)\cdots\Gamma(p_n)}{\Gamma(p_1+p_2+\cdots+p_n)}\int_0^1 t_n^{p_1+\cdots+p_n-1}f(t_n)\mathrm{d}t_n=\frac{\Gamma(p_1)\Gamma(p_2)\cdots\Gamma(p_n)}{\Gamma(p_1+p_2+\cdots+p_n)}\int_0^1 f(u)u^{p_1+\cdots+p_n-1}\mathrm{d}u.$$

□

466. 设 $\sum\limits_{i,j=1}^{n}a_{ij}x_ix_j\,(a_{ij}=a_{ji})$ 为正定二次型.证明:

$$\underset{\mathbb{R}^n}{\int\cdots\int}\mathrm{e}^{-\left(\sum\limits_{i,j=1}^{n}a_{ij}x_ix_j+2\sum\limits_{i=1}^{n}b_ix_i+c\right)}\mathrm{d}x_1\mathrm{d}x_2\cdots\mathrm{d}x_n=\frac{\pi^{\frac{n}{2}}}{\sqrt{\delta_n}}\mathrm{e}^{-\frac{\Delta_n}{\delta_n}},$$

其中 $\delta_n=\begin{vmatrix}a_{11}&\cdots&a_{1n}\\ \vdots&&\vdots\\ a_{n1}&\cdots&a_{nn}\end{vmatrix}$, $\Delta_n=\begin{vmatrix}a_{11}&\cdots&a_{1n}&b_1\\ \vdots&&\vdots&\vdots\\ a_{n1}&\cdots&a_{nn}&b_n\\ b_1&\cdots&b_n&c\end{vmatrix}$.

证法 1 作变换

$$x_i=y_i+a_i,\quad i=1,2,\cdots,n,\tag{1}$$

其中 $a_i(i=1,2,\cdots,n)$ 为待定常数.于是有

$$\begin{aligned}&\sum_{i,j=1}^{n}a_{ij}x_ix_j+2\sum_{i=1}^{n}b_ix_i+c\\ &=\sum_{i,j=1}^{n}a_{ij}y_iy_j+2\sum_{i=1}^{n}\left[\left(\sum_{j=1}^{n}a_{ij}a_j\right)+b_i\right]y_i+\sum_{i,j=1}^{n}a_{ij}a_ia_j+2\sum_{i=1}^{n}b_ia_i+c.\end{aligned}$$

由于 $\sum\limits_{i,j=1}^{n}a_{ij}x_ix_j$ 是正定型的,故必有 $\delta_n=|a_{ij}|>0$,从而线性方程组

$$\sum_{j=1}^{n}a_{ij}a_j+b_i=0,\quad i=1,2,\cdots,n\tag{2}$$

有唯一的一组解 $a_1,a_2,\cdots,a_n$.取变换(1)中的 $a_1,a_2,\cdots,a_n$ 为线性方程组(2)的解.于是得

$$\sum_{i,j=1}^{n}a_{ij}x_ix_j+2\sum_{i=1}^{n}b_ix_i+c=\sum_{i,j=1}^{n}a_{ij}y_iy_j+d,$$

其中　$d=\sum_{i=1}^{n}\left(\sum_{j=1}^{n}a_{ij}a_j\right)a_i+2\sum_{i=1}^{n}b_ia_i+c=-\sum_{i=1}^{n}b_ia_i+2\sum_{i=1}^{n}b_ia_i+c=\sum_{i=1}^{n}b_ia_i+c.$

将 $n+1$ 阶行列式

$$\Delta_n=\begin{vmatrix} a_{11} & \cdots & a_{1n} & b_1 \\ \vdots & & \vdots & \vdots \\ a_{n1} & \cdots & a_{nn} & b_n \\ b_1 & \cdots & b_n & c \end{vmatrix}$$

的第 1 列乘以 a_1，第 2 列乘以 a_2，……，第 n 列乘以 a_n 后都加到第 $n+1$ 列，则得

$$\Delta_n=\begin{vmatrix} a_{11} & \cdots & a_{1n} & \sum\limits_{j=1}^{n}a_{1j}a_j+b_1 \\ \vdots & & \vdots & \vdots \\ a_{n1} & \cdots & a_{nn} & \sum\limits_{j=1}^{n}a_{nj}a_j+b_n \\ b_1 & \cdots & b_n & \sum\limits_{j=1}^{n}b_ja_j+c \end{vmatrix}=\begin{vmatrix} a_{11} & \cdots & a_{1n} & 0 \\ \vdots & & \vdots & \vdots \\ a_{n1} & \cdots & a_{nn} & 0 \\ b_1 & \cdots & b_n & d \end{vmatrix}=d\delta_n,$$

所以

$$d=\frac{\Delta_n}{\delta_n}.$$

由于 $\sum\limits_{i,j=1}^{n}a_{ij}y_iy_j$ 为正定二次型，故存在正交矩阵

$$\boldsymbol{T}=\begin{pmatrix} t_{11} & \cdots & t_{1n} \\ \vdots & & \vdots \\ t_{n1} & \cdots & t_{nn} \end{pmatrix}$$

使得

$$\boldsymbol{T}^{-1}\boldsymbol{A}\boldsymbol{T}=\begin{pmatrix} \lambda_1 & & & \\ & \lambda_2 & & \\ & & \ddots & \\ & & & \lambda_n \end{pmatrix},\quad 故\quad \boldsymbol{A}=\boldsymbol{T}\begin{pmatrix} \lambda_1 & & & \\ & \lambda_2 & & \\ & & \ddots & \\ & & & \lambda_n \end{pmatrix}\boldsymbol{T}^{-1}=\boldsymbol{T}\begin{pmatrix} \lambda_1 & & & \\ & \lambda_2 & & \\ & & \ddots & \\ & & & \lambda_n \end{pmatrix}\boldsymbol{T}^{\mathrm{T}},$$

其中 $\lambda_i>0(i=1,2,\cdots,n)$. 令线性变换

$$y_i=\sum_{j=1}^{n}t_{ij}z_j,\quad i=1,2,\cdots,n,$$

则有

$$\sum_{i,j=1}^{n}a_{ij}y_iy_j=\sum_{i=1}^{n}\lambda_iz_i^2,$$

$$\delta_n = |\boldsymbol{A}| = |\boldsymbol{T}|\,|\boldsymbol{T}^{-1}|\left|\begin{pmatrix}\lambda_1 & & & \\ & \lambda_2 & & \\ & & \ddots & \\ & & & \lambda_n\end{pmatrix}\right| = \lambda_1\lambda_2\cdots\lambda_n.$$

显然

$$\frac{D(x_1,x_2,\cdots,x_n)}{D(y_1,y_2,\cdots,y_n)} = 1,\quad \frac{\partial(y_1,y_2,\cdots,y_n)}{\partial(z_1,z_2,\cdots,z_n)} = |\boldsymbol{T}| = \pm 1,$$

故

$$\begin{aligned}
&\int_{-\infty}^{+\infty}\cdots\int_{-\infty}^{+\infty} e^{-\left(\sum\limits_{i,j=1}^{n} a_{ij}x_ix_j + 2\sum\limits_{i=1}^{n} b_ix_i + c\right)}\,dx_1 dx_2\cdots dx_n \\
&= \int_{-\infty}^{+\infty}\cdots\int_{-\infty}^{+\infty} e^{-\left(\sum\limits_{i,j=1}^{n} a_{ij}y_iy_j + d\right)}\,dy_1 dy_2\cdots dy_n \\
&= e^{-d}\int_{-\infty}^{+\infty}\cdots\int_{-\infty}^{+\infty} e^{-\sum\limits_{i=1}^{n}\lambda_i z_i^2}\,dz_1 dz_2\cdots dz_n \\
&= e^{-\frac{\Delta_n}{\delta_n}}\left(\int_{-\infty}^{+\infty} e^{-\lambda_1 z_1^2}\,dz_1\right)\cdots\left(\int_{-\infty}^{+\infty} e^{-\lambda_n z_n^2}\,dz_n\right) \\
&= e^{-\frac{\Delta_n}{\delta_n}}\left(\int_{-\infty}^{+\infty} \frac{1}{\sqrt{\lambda_1}}e^{-u^2}\,du\right)\cdots\left(\int_{-\infty}^{+\infty} \frac{1}{\sqrt{\lambda_n}}e^{-u^2}\,du\right) \\
&= e^{-\frac{\Delta_n}{\delta_n}}\frac{1}{\sqrt{\lambda_1\lambda_2\cdots\lambda_n}}(\sqrt{\pi})^n \\
&= \frac{\pi^{\frac{n}{2}}}{\sqrt{\delta_n}}e^{-\frac{\Delta_n}{\delta_n}}.
\end{aligned}$$

证法 2 在证法 1 中,由于 $\sum\limits_{i,j=1}^{n} a_{ij}y_iy_j$ 为正定二次型,根据线性代数知,存在 n 阶可逆矩阵 $\boldsymbol{P}$,使 $\boldsymbol{A}=\boldsymbol{P}\boldsymbol{P}^{\mathrm{T}}$. 则

$$\det\boldsymbol{A} = \det\boldsymbol{P}\cdot\det\boldsymbol{P}^{\mathrm{T}} = (\det P)^2.$$

因而

$$|\det\boldsymbol{P}| = \sqrt{\det\boldsymbol{A}} = \sqrt{\det(a_{ij})}.$$

令

$$(z_1,z_2,\cdots,z_n) = (y_1,y_2,\cdots,y_n)\boldsymbol{P},$$

则

$$\sum_{i,j=1}^{n} a_{ij}y_iy_j = (y_1,y_2,\cdots,y_n)\boldsymbol{A}\begin{pmatrix}y_1\\y_2\\\vdots\\y_n\end{pmatrix} = (y_1,y_2,\cdots,y_n)\boldsymbol{P}\boldsymbol{P}^{\mathrm{T}}\begin{pmatrix}y_1\\y_2\\\vdots\\y_n\end{pmatrix} = \boldsymbol{z}\boldsymbol{z}^{\mathrm{T}} = \sum_{i=1}^{n} z_i^2,$$

$$\left|\frac{\partial(y_1,y_2,\cdots,y_n)}{\partial(z_1,z_2,\cdots,z_n)}\right| = |\det\boldsymbol{P}^{-1}| = \frac{1}{|\det\boldsymbol{P}|} = \frac{1}{\sqrt{\det\boldsymbol{A}}}.$$

从而

$$\begin{aligned}&\int_{-\infty}^{+\infty}\cdots\int_{-\infty}^{+\infty}\mathrm{e}^{-\left(\sum\limits_{i,j=1}^{n}a_{ij}x_ix_j+2\sum\limits_{i=1}^{n}b_ix_i+c\right)}\mathrm{d}x_1\mathrm{d}x_2\cdots\mathrm{d}x_n\\&=\int_{-\infty}^{+\infty}\cdots\int_{-\infty}^{+\infty}\mathrm{e}^{-\left(\sum\limits_{i,j=1}^{n}a_{ij}y_iy_j+d\right)}\mathrm{d}y_1\mathrm{d}y_2\cdots\mathrm{d}y_n\\&=\mathrm{e}^{-d}\int_{-\infty}^{+\infty}\cdots\int_{-\infty}^{+\infty}\frac{1}{\sqrt{\det\boldsymbol{A}}}\mathrm{e}^{-\sum\limits_{i=1}^{n}z_i^2}\mathrm{d}z_1\mathrm{d}z_2\cdots\mathrm{d}z_n\\&=\mathrm{e}^{-\frac{\Delta_n}{\delta_n}}\frac{1}{\sqrt{\det\boldsymbol{A}}}\left(2\int_0^{+\infty}\mathrm{e}^{-y^2}\mathrm{d}y\right)^n=\frac{\pi^{\frac{n}{2}}}{\sqrt{\delta_n}}\mathrm{e}^{-\frac{\Delta_n}{\delta_n}}.\end{aligned}$$

证法 3 根据[11]469 页，习题 11.2 题 5 知，正定二次型 $\sum\limits_{i,j=1}^{n}a_{ij}y_iy_j$ 可应用数学归纳法和配方法，通过行列式为 1 的上三角阵的线性变换化为

$$\sum_{i,j=1}^{n}a_{ij}y_iy_j=A\begin{pmatrix}1\\1\end{pmatrix}z_1^2+\frac{A\begin{pmatrix}1&2\\1&2\end{pmatrix}}{A\begin{pmatrix}1\\1\end{pmatrix}}z_2^2+\cdots+\frac{A\begin{pmatrix}1&2&\cdots&n\\1&2&\cdots&n\end{pmatrix}}{A\begin{pmatrix}1&2&\cdots&n-1\\1&2&\cdots&n-1\end{pmatrix}}z_n^2,$$

其中 $A\begin{pmatrix}1&2&\cdots&i\\1&2&\cdots&i\end{pmatrix}$ 为矩阵 $\boldsymbol{A}=(a_{ij})$ 的第 i 个主子式. 于是

$$\begin{aligned}&\int_{-\infty}^{+\infty}\cdots\int_{-\infty}^{+\infty}\mathrm{e}^{-\left(\sum\limits_{i,j=1}^{n}a_{ij}x_ix_j+2\sum\limits_{i=1}^{n}b_ix+c\right)}\mathrm{d}x_1\mathrm{d}x_2\cdots\mathrm{d}x_n\\&=\int_{-\infty}^{+\infty}\cdots\int_{-\infty}^{+\infty}\mathrm{e}^{-\left(\sum\limits_{i,j=1}^{n}a_{ij}y_iy_j+d\right)}\mathrm{d}y_1\mathrm{d}y_2\cdots\mathrm{d}y_n\\&=\mathrm{e}^{-d}\int_{-\infty}^{+\infty}\cdots\int_{-\infty}^{+\infty}\mathrm{e}^{-\left[A\begin{pmatrix}1\\1\end{pmatrix}z_1^2+\frac{A\begin{pmatrix}1&2\\1&2\end{pmatrix}}{A\begin{pmatrix}1\\1\end{pmatrix}}z_2^2+\cdots+\frac{A\begin{pmatrix}1&2&\cdots&n\\1&2&\cdots&n\end{pmatrix}}{A\begin{pmatrix}1&2&\cdots&n-1\\1&2&\cdots&n-1\end{pmatrix}}z_n^2\right]}\mathrm{d}z_1\mathrm{d}z_2\cdots\mathrm{d}z_n\\&=\mathrm{e}^{-\frac{\Delta_n}{\delta_n}}\int_{-\infty}^{+\infty}\mathrm{e}^{-A\begin{pmatrix}1\\1\end{pmatrix}z_1^2}\mathrm{d}z_1\cdot\int_{-\infty}^{+\infty}\mathrm{e}^{-\frac{A\begin{pmatrix}1&2\\1&2\end{pmatrix}}{A\begin{pmatrix}1\\1\end{pmatrix}}z_2^2}\mathrm{d}z_2\cdots\int_{-\infty}^{+\infty}\mathrm{e}^{-\frac{A\begin{pmatrix}1&2&\cdots&n\\1&2&\cdots&n\end{pmatrix}}{A\begin{pmatrix}1&2&\cdots&n-1\\1&2&\cdots&n-1\end{pmatrix}}z_n^2}\mathrm{d}z_n\\&=\mathrm{e}^{-\frac{\Delta_n}{\delta_n}}\int_{-\infty}^{+\infty}\frac{1}{\sqrt{A\begin{pmatrix}1\\1\end{pmatrix}}}\mathrm{e}^{-u^2}\mathrm{d}u\cdots\int_{-\infty}^{+\infty}\frac{1}{\sqrt{\frac{A\begin{pmatrix}1&2\\1&2\end{pmatrix}}{A\begin{pmatrix}1\\1\end{pmatrix}}}}\mathrm{e}^{-u^2}\mathrm{d}u\cdots\int_{-\infty}^{+\infty}\frac{1}{\sqrt{\frac{A\begin{pmatrix}1&2&\cdots&n\\1&2&\cdots&n\end{pmatrix}}{A\begin{pmatrix}1&2&\cdots&n-1\\1&2&\cdots&n-1\end{pmatrix}}}}\mathrm{e}^{-u^2}\mathrm{d}u\\&=\frac{\pi^{\frac{n}{2}}}{\sqrt{\delta_n}}\mathrm{e}^{-\frac{\Delta_n}{\delta_n}}.\end{aligned}$$

□

467. 设 $f(x,y)$是在 $I=[0,1]^2$ 上有定义的实值函数. 对任意的$(a,b)\in I$,设 $I(a,b)$是以(a,b)为中心且各边与 I 的边平行的完全含在 I 内正方形中的最大的一个. 如果对 $\forall(a,b)\in I$,有

$$\iint\limits_{I(a,b)} f(x,y)\mathrm{d}x\mathrm{d}y=0.$$

(1) 问: $f(x,y)$在 I 上恒等于零吗?

(2) 如果 $f(x,y)$在 I 上连续,证明: $f(x,y)$在 I 上恒等于零(1977,第 38 届美国 Patnam 数学竞赛题).

解 (1) 设$\{P_i\}$为 $I=[0,1]^2$ 中所有的有理点,令

$$f(x,y)=\begin{cases}\dfrac{1}{i}, & (x,y)=P_i,\quad i=1,2,\cdots,\\ 0, & (x,y)\text{ 为 } I \text{ 中的无理点}.\end{cases}$$

显然,$f(x,y)$在 $I=[0,1]^2$ 中不恒为零,且在所有的无理点处连续,而在所有的有理点处不连续. 根据定理 10.1.7(8)知,$f(x,y)$在 $I=[0,1]^2$ 上 Riemann 可积,且

$$\iint\limits_{I(a,b)} f(x,y)\mathrm{d}x\mathrm{d}y=s(\text{下积分})=\sup_T s(T)=\sup_T\sum_i 0v(I_i)=0.$$

或者直接从二重积分的定义,对 $\forall\varepsilon>0$,取 $0<\delta<\dfrac{\varepsilon}{8\left(\left[\dfrac{2}{\varepsilon}\right]+1\right)}$,对 $I(a,b)$的任何分割 $T=\{I_1,I_2,\cdots,I_s\}$,当 $\|T\|<\delta$ 时,有

$$\begin{aligned}\left|\sum_j f(\xi_j,\eta_j)v(I_j)-0\right| &\leqslant \sum_{|f|<\frac{1}{i}<\frac{\varepsilon}{2}}^{\mathrm{I}}\frac{\varepsilon}{2}v(I_j)+\sum_{|f|\geqslant\frac{1}{i}\geqslant\frac{\varepsilon}{2}}^{\mathrm{II}}1\cdot v(I_j)\\ &<\frac{\varepsilon}{2}\sum_j v(I_j)+4\cdot\left(\left[\frac{2}{\varepsilon}\right]+1\right)\|T\|\\ &\leqslant\frac{\varepsilon}{2}+4\left(\left[\frac{2}{\varepsilon}\right]+1\right)\frac{\varepsilon}{8\left(\left[\dfrac{2}{\varepsilon}\right]+1\right)}=\varepsilon.\end{aligned}$$

这就表明

$$\iint\limits_{I(a,b)} f(x,y)\mathrm{d}x\mathrm{d}y=0.$$

(2) 首先任取一点$(a,b)\in I=[0,1]^2$,记

$$V(a,b)=\iint\limits_{[0,a]\times[0,b]} f(x,y)\mathrm{d}x\mathrm{d}y.$$

递推地定义序列(a_n,b_n)如下:

$$\begin{cases}a_1=a,\\ b_1=b,\end{cases}$$

$$\begin{cases} a_{n+1} = \begin{cases} a_n - b_n, & a_n \geqslant b_n, \\ a_n, & a_n < b_n, \end{cases} \\ b_{n+1} = \begin{cases} b_n, & a_n \geqslant b_n, \\ b_n - a_n, & a_n < b_n. \end{cases} \end{cases}$$

上面这样定义的序列有明显的几何意义(见 467 题图(1)).设

$$T_n = [0,a_n]\times[0,b_n],$$

则

$$T_2 = T_1 - K_1,$$
$$T_{n+1} = T_n - K_n,$$

其中 K_1 是以 $\min\{a,b\}$ 为边长的正方形；K_n 是以 $\min\{a_n,b_n\}$ 为边长的正方形,其位置如 467 题图(1)所示.

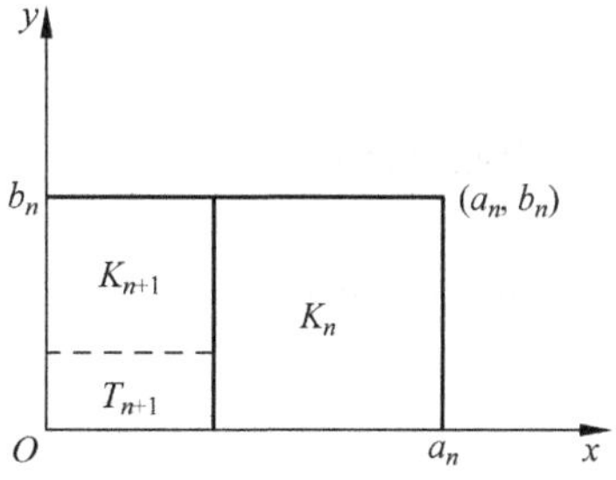

467 题图(1)

由题设条件知

$$\iint\limits_{K_n} f(x,y)\mathrm{d}x\mathrm{d}y = 0,\quad n = 1,2,\cdots.$$

所以

$$V(a_1,b_1) = V(a_2,b_2) + \iint\limits_{K_1} f(x,y)\mathrm{d}x\mathrm{d}y = V(a_2,b_2),$$

$$V(a_n,b_n) = V(a_{n+1},b_{n+1}) + \iint\limits_{K_n} f(x,y)\mathrm{d}x\mathrm{d}y = V(a_{n+1},b_{n+1}).$$

因而,我们有

$$V(a,b) = V(a_n,b_n),\quad n = 1,2,\cdots.$$

又不难验证

$$\lim_{n\to+\infty} a_n = \lim_{n\to+\infty} b_n = 0,$$

因为 f 在 $I=[0,1]^2$ 上连续,故有界.从而就有

$$V(a,b) = \lim_{n\to+\infty} V(a,b) = \lim_{n\to+\infty} V(a_n,b_n) = 0.$$

(反证)假设有一点 $(x_0,y_0)\in I=[0,1]^2$,使得

$$f(x_0,y_0)\neq 0,$$

不妨设

$$f(x_0,y_0) > 0,$$

则由 f 的连续性知,存在矩形 $R=[c,d]\times[h,k]$使得

$$f(x,y) > \frac{f(x_0,y_0)}{2},\quad \forall\,(x,y)\in R.$$

于是

$$\iint_R f(x,y)\mathrm{d}x\mathrm{d}y \geqslant \iint_R \frac{f(x_0,y_0)}{2}\mathrm{d}x\mathrm{d}y = \frac{f(x_0,y_0)}{2}(d-c)(k-h) > 0.$$

但另一方面又有(见 467 题图(2))

$$\iint_R f(x,y)\mathrm{d}x\mathrm{d}y = V(d,k)-V(c,k)-V(d,h)+V(c,h)$$

$$= 0-0-0+0=0,$$

矛盾.因此,得到

$$f(x,y)\equiv 0,\quad (x,y)\in I=[0,1]^2.$$ □

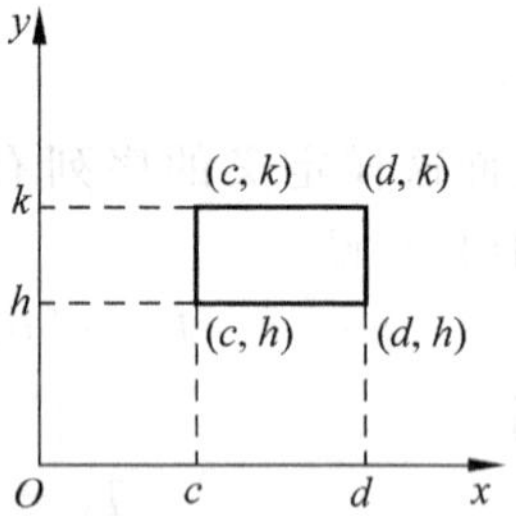

467 题图(2)

468. 设四次连续可导函数 $f(x,y)$ 在 $[0,1]^2$ 的边界上为零,并且

$$\left|\frac{\partial^4 f}{\partial x^2\partial y^2}\right| \leqslant M.$$

证明:$\left|\iint_{[0,1]^2} f(x,y)\mathrm{d}x\mathrm{d}y\right| \leqslant \dfrac{M}{144}.$

证明 构造函数

$$g(x,y)=x(1-x)y(1-y).$$

则 g 在 $[0,1]^2$ 的边界上也为零,且

$$\frac{\partial^4 g}{\partial x^2\partial y^2}=4,$$

$$\iint_{[0,1]^2} g(x,y)\mathrm{d}x\mathrm{d}y = \int_0^1 x(1-x)\mathrm{d}x\int_0^1 y(1-y)\mathrm{d}y = \left(\frac{1}{2}-\frac{1}{3}\right)^2 = \frac{1}{36}.$$

由 f 在 $[0,1]^2$ 的边界上为零知 $\dfrac{\partial^2 f}{\partial y^2}$ 在线段 $\{(x,y)\mid x=0,0\leqslant y\leqslant 1\}$ 及 $\{(x,y)\mid x=1,0\leqslant y\leqslant 1\}$ 上值为零,$\dfrac{\partial^2 g}{\partial x^2}$ 在线段 $\{(x,y)\mid 0\leqslant x\leqslant 1,y=0\}$ 及 $\{(x,y)\mid 0\leqslant x\leqslant 1,y=1\}$ 上值为零.

于是

$$\iint_{[0,1]^2}\frac{\partial^4 f}{\partial x^2\partial y^2}g(x,y)\mathrm{d}x\mathrm{d}y = \int_0^1\mathrm{d}y\int_0^1\frac{\partial}{\partial x}\left(\frac{\partial^3 f}{\partial x\partial y^2}\right)g(x,y)\mathrm{d}x$$

$$=\int_0^1\left[\frac{\partial^3 f}{\partial x\partial y^2}g(x,y)\Big|_0^1-\int_0^1\frac{\partial^3 f}{\partial x\partial y^2}\frac{\partial g}{\partial x}\mathrm{d}x\right]\mathrm{d}y$$

$$=-\int_0^1\left[\frac{\partial}{\partial x}\left(\frac{\partial^2 f}{\partial y^2}\right)\frac{\partial g}{\partial x}\mathrm{d}x\right]\mathrm{d}y$$

$$=-\int_0^1\left[\frac{\partial^2 f}{\partial y^2}\frac{\partial g}{\partial x}\Big|_0^1-\int_0^1\frac{\partial^2 f}{\partial y^2}\frac{\partial^2 g}{\partial x^2}\mathrm{d}x\right]\mathrm{d}y$$

$$=\int_0^1\mathrm{d}y\int_0^1\frac{\partial^2 f}{\partial y^2}\frac{\partial^2 g}{\partial x^2}\mathrm{d}x = \iint_{[0,1]^2}\frac{\partial^2 f}{\partial y^2}\frac{\partial^2 g}{\partial x^2}\mathrm{d}x\mathrm{d}y.$$

同理可得

$$\iint\limits_{[0,1]^2} \frac{\partial^4 g}{\partial x^2 \partial y^2} f(x,y)\mathrm{d}x\mathrm{d}y = \iint\limits_{[0,1]^2} \frac{\partial^2 f}{\partial y^2}\frac{\partial^2 g}{\partial x^2}\mathrm{d}x\mathrm{d}y = \iint\limits_{[0,1]^2} \frac{\partial^4 f}{\partial x^2 \partial y^2} g(x,y)\mathrm{d}x\mathrm{d}y,$$

即有

$$\iint\limits_{[0,1]^2} \frac{\partial^4 f}{\partial x^2 \partial y^2} g(x,y)\mathrm{d}x\mathrm{d}y = 4\iint\limits_{[0,1]^2} f(x,y)\mathrm{d}x\mathrm{d}y.$$

因此

$$\begin{aligned}\left|\iint\limits_{[0,1]^2} f(x,y)\mathrm{d}x\mathrm{d}y\right| &= \frac{1}{4}\left|\iint\limits_{[0,1]^2} \frac{\partial^4 f}{\partial x^2 \partial y^2} g(x,y)\mathrm{d}x\mathrm{d}y\right| \\ &\leqslant \frac{1}{4}\iint\limits_{[0,1]^2} \left|\frac{\partial^4 f}{\partial x^2 \partial y^2} g(x,y)\right|\mathrm{d}x\mathrm{d}y \\ &\leqslant \frac{M}{4}\iint\limits_{[0,1]^2} g(x,y)\mathrm{d}x\mathrm{d}y = \frac{M}{4}\cdot\frac{1}{36} = \frac{M}{144}.\end{aligned}$$

□

469. 设二元函数 $f(x,y)$ 在 $[a,b]\times[c,d]$ 上有定义，并且 $f(x,y)$ 对于确定的 $x\in[a,b]$ 是 y 在 $[c,d]$ 上的增函数，对于确定的 $y\in[c,d]$ 是 x 在 $[a,b]$ 上的增函数. 证明：$f(x,y)$ 在 $[a,b]\times[c,d]$ 上 Riemann 可积.

证明 将区间 $[a,b]$ 和 $[c,d]$ 都 n 等分：

$$a = x_0 < x_1 < \cdots < x_n = b,\quad \Delta x_i = \frac{b-a}{n},\quad i = 1,2,\cdots,n,$$

$$c = y_0 < y_1 < \cdots < y_n = d,\quad \Delta y_j = \frac{d-c}{n},\quad j = 1,2,\cdots,n.$$

直线 $x=x_i, y=y_j(i,j=1,2,\cdots,n-1)$ 将矩形 $[a,b]\times[c,d]$ 等分为 n^2 个小矩形. 每个小矩形的面积 $\Delta x_i\Delta y_j=\dfrac{(b-a)(d-c)}{n^2}$，小矩形的直径 $\lambda=\dfrac{\sqrt{(b-a)^2+(d-c)^2}}{n}\to 0(n\to+\infty)$. 考虑

$$\sum_{i,j=1}^{n}\omega_{ij}\Delta x_i\Delta y_j = \frac{(b-a)(d-c)}{n^2}\sum_{i,j=1}^{n}\omega_{ij}.$$

根据题设，f 分别关于 x,y 为增函数. 故

$$\omega_{ij} = f(x_i,y_j) - f(x_{i-1},y_{j-1}).$$

在相加时，中间每个小顶点都各取两次，且一正一负，因此，只剩下边界上的分点上的值了，即

$$\sum_{i,j=1}^{n}\omega_{ij} = \sum_{i=1}^{n}(f(x_i,y_n) - f(x_0,y_{i-1})) + \sum_{j=1}^{n}(f(x_n,y_j) - f(x_{j-1},y_0)).$$

又因为

$$f(x_i,y_n) - f(x_0,y_{i-1}) \leqslant f(x_n,y_n) - f(x_0,y_0) = f(b,d) - f(a,c),$$

$$f(x_n,y_j) - f(x_{j-1},y_0) \leqslant f(x_n,y_n) - f(x_0,y_0) = f(b,d) - f(a,c),$$

所以

$$\sum_{i,j=1}^{n}\omega_{ij}\leqslant 2n[f(b,d)-f(a,c)].$$

于是 $\sum\limits_{i,j=1}^{n}\omega_{ij}\Delta x_i\Delta y_j\leqslant\frac{(b-a)(d-c)}{n^2}\cdot 2n[f(b,d)-f(a,c)]=\frac{2(b-a)(d-c)}{n}(f(b,d)-f(a,c))\to 0(n\to+\infty)$. 从而根据定理 10.1.7(4)知，$f$ 在$[a,b]\times[c,d]$上 Riemann 可积. □

470. 设 $f(x,y)\geqslant 0$ 且在$\{(x,y)\mid x^2+y^2\leqslant a^2\}$上有连续的一阶偏导数，边界上取值为零. 证明：

$$\left|\iint\limits_{x^2+y^2\leqslant a^2}f(x,y)\mathrm{d}x\mathrm{d}y\right|\leqslant\frac{1}{3}\pi a^3\max_{x^2+y^2\leqslant a^2}\sqrt{\left(\frac{\partial f}{\partial x}\right)^2+\left(\frac{\partial f}{\partial y}\right)^2}.$$

证明 因为 f 有连续的一阶偏导数. $\Omega=\{(x,y)\mid x^2+y^2\leqslant a^2\}$为有界闭集，所以 $\sqrt{\left(\frac{\partial f}{\partial x}\right)^2+\left(\frac{\partial f}{\partial y}\right)^2}$. 在 Ω 上达到最大值. 记

$$M=\max_{x^2+y^2\leqslant a^2}\sqrt{\left(\frac{\partial f}{\partial x}\right)^2+\left(\frac{\partial f}{\partial y}\right)^2}.$$

作极坐标变换$(x,y)=(r\cos\varphi,r\sin\varphi)$，由条件 $f(a\cos\varphi,a\sin\varphi)=0$ 知

$$f(x,y)=f(r\cos\varphi,r\sin\varphi)=[f'_x(r^*\cos\varphi,r^*\sin\varphi)\cos\varphi+f'_y(r^*\cos\varphi,r^*\sin\varphi)\sin\varphi](r-a).$$

其中 $r^*\in(r,a)$，于是

$$\begin{aligned}
&\left|\iint\limits_{x^2+y^2\leqslant a^2}f(x,y)\mathrm{d}x\mathrm{d}y\right|\\
=&\left|\iint\limits_{\substack{0\leqslant r\leqslant a\\0\leqslant\varphi\leqslant 2\pi}}f(r\cos\varphi,r\sin\varphi)r\mathrm{d}r\mathrm{d}\varphi\right|\\
=&\left|\iint\limits_{\substack{0\leqslant r\leqslant a\\0\leqslant\varphi\leqslant 2\pi}}[f'_x(r^*\cos\varphi,r^*\sin\varphi)\cos\varphi+f'_y(r^*\cos\varphi,r^*\sin\varphi)\sin\varphi](r-a)r\mathrm{d}r\mathrm{d}\varphi\right|\\
\leqslant&\max_{x^2+y^2\leqslant a^2}\sqrt{[f'_x(x,y)]^2+[f'_y(x,y)]^2}\int_0^{2\pi}\mathrm{d}\varphi\int_0^a r(a-r)\mathrm{d}r\\
=&2\pi M\cdot\frac{a^3}{6}=\frac{1}{3}\pi a^3M.
\end{aligned}$$

□

471. 设 $\Omega=\{(x,y,z,u)\mid x,y,z,u\geqslant 0,x^2+y^2+z^2+u^2\leqslant 1\}$. 应用

(1) 球坐标变换

$$\begin{cases}x=r\cos\theta_1,\\y=r\sin\theta_1\cos\theta_2,\\z=r\sin\theta_1\sin\theta_2\cos\theta_3,\\u=r\sin\theta_1\sin\theta_2\sin\theta_3;\end{cases}$$

(2) 双极坐标变换

$$\begin{cases}x=r\cos\theta,\\y=r\sin\theta,\\z=\zeta\cos\varphi,\\u=\zeta\sin\varphi.\end{cases}$$

证明：$\iiiint\limits_{\Omega}\sqrt{\frac{1-x^2-y^2-z^2-u^2}{1+x^2+y^2+z^2+u^2}}\,dxdydzdu=\frac{\pi^2}{16}\left(1-\frac{\pi}{4}\right)$.

证明　(1) $x^2+y^2+z^2+u^2=r^2\leqslant 1$.

$$\frac{\partial(x,y,z,u)}{\partial(r,\theta_1,\theta_2,\theta_3)}=r^3\sin^2\theta_1\sin\theta_2,$$

于是

$$\begin{aligned}&\iiiint\limits_{\Omega}\sqrt{\frac{1-x^2-y^2-z^2-u^2}{1+x^2+y^2+z^2+u^2}}\,dxdydzdu\\ &=\int_0^{\frac{\pi}{2}}d\theta_1\int_0^{\frac{\pi}{2}}d\theta_2\int_0^{\frac{\pi}{2}}d\theta_3\int_0^1\sqrt{\frac{1-r^2}{1+r^2}}r^3\sin^2\theta_1\sin\theta_2\,dr\\ &=\int_0^{\frac{\pi}{2}}\sin^2\theta_1\,d\theta_1\int_0^{\frac{\pi}{2}}\sin\theta_2\,d\theta_2\int_0^{\frac{\pi}{2}}d\theta_3\int_0^1\sqrt{\frac{1-r^2}{1+r^2}}r^3\,dr\\ &\xlongequal{r^2=\sin t}\frac{1}{2}\cdot\frac{\pi}{2}\cdot 1\cdot\frac{\pi}{2}\int_0^{\frac{\pi}{2}}\sqrt{\frac{1-\sin t}{1+\sin t}}\sin t\cos t\cdot\frac{1}{2}dt\\ &=\frac{\pi^2}{16}\int_0^{\frac{\pi}{2}}(1-\sin t)\sin t\,dt=\frac{\pi^2}{16}\left(1-\frac{\pi}{4}\right).\end{aligned}$$

(2) $1=x^2+y^2+z^2+u^2=r^2+\zeta^2$.

$$\frac{\partial(x,y,z,u)}{\partial(r,\theta,\zeta,\varphi)}=r\zeta,$$

因此

$$\begin{aligned}&\iiiint\limits_{\Omega}\sqrt{\frac{1-x^2-y^2-z^2-u^2}{1+x^2+y^2+z^2-u^2}}\,dxdydzdu\\ &=\int_0^{\frac{\pi}{2}}d\theta\int_0^{\frac{\pi}{2}}d\varphi\iint\limits_{\substack{r^2+\zeta^2\leqslant 1\\ r\geqslant 0,\zeta\geqslant 0}}\sqrt{\frac{1-r^2-\zeta^2}{1+r^2+\zeta^2}}r\zeta\,drd\zeta\xlongequal[\zeta=\xi\sin t]{r=\xi\cos t}\frac{\pi^2}{4}\int_0^{\frac{\pi}{2}}dt\int_0^1\sqrt{\frac{1-\xi^2}{1+\xi^2}}\xi^3\cos t\sin t\,d\xi\\ &=\frac{\pi^2}{8}\int_0^1\sqrt{\frac{1-\xi^2}{1+\xi^2}}\xi^3\,d\xi\overset{(1)}{=}\frac{\pi^2}{16}\left(1-\frac{\pi}{4}\right).\end{aligned}$$

□

472. 设 $f_1(x),f_2(x),\cdots,f_m(x)$；$g_1(x),g_2(x),\cdots,g_m(x)$ 在 $[a,b]$ 上 Riemann 可积.

证明：

$$\frac{1}{m!}\int_a^b\cdots\int_a^b\begin{vmatrix}f_1(x_1)&\cdots&f_1(x_m)\\ \vdots&&\vdots\\ f_m(x_1)&\cdots&f_m(x_m)\end{vmatrix}\begin{vmatrix}g_1(x_1)&\cdots&g_1(x_m)\\ \vdots&&\vdots\\ g_m(x_1)&\cdots&g_m(x_m)\end{vmatrix}dx_1dx_2\cdots dx_m$$

$$=\begin{vmatrix}\int_a^b f_1(x)g_1(x)\mathrm{d}x & \cdots & \int_a^b f_1(x)g_m(x)\mathrm{d}x\\ \vdots & & \vdots\\ \int_a^b f_m(x)g_1(x)\mathrm{d}x & \cdots & \int_a^b f_m(x)g_m(x)\mathrm{d}x\end{vmatrix}.$$

证明 将$[a,b]$作 n 等分,T: $a<a+\frac{b-a}{n}<a+\frac{2}{n}(b-a)<\cdots<a+\frac{n}{n}(b-a)=b$,记 $\Delta x=\frac{b-a}{n}$,由 $f_i,g_i(i=1,2,\cdots,n)$的可积性知

$$\int_a^b\cdots\int_a^b\begin{vmatrix}f_1(x_1) & \cdots & f_1(x_m)\\ \vdots & & \vdots\\ f_m(x_1) & \cdots & f_m(x_m)\end{vmatrix}\begin{vmatrix}g_1(x_1) & \cdots & g_1(x_m)\\ \vdots & & \vdots\\ g_m(x_1) & \cdots & g_m(x_m)\end{vmatrix}\mathrm{d}x_1\mathrm{d}x_2\cdots\mathrm{d}x_m$$

$$=\lim_{n\to+\infty}\sum_{k_1=1}^{n}\cdots\sum_{k_m=1}^{n}(\Delta x)^m\begin{vmatrix}f_1(a+k_1\Delta x) & \cdots & f_1(a+k_m\Delta x)\\ \vdots & & \vdots\\ f_m(a+k_1\Delta x) & \cdots & f_m(a+k_m\Delta x)\end{vmatrix}\begin{vmatrix}g_1(a+k_1\Delta x) & \cdots & g_1(a+k_m\Delta x)\\ \vdots & & \vdots\\ g_m(a+k_1\Delta x) & \cdots & g_m(a+k_m\Delta x)\end{vmatrix},$$

$$\int_a^b f_i(x)g_j(x)\mathrm{d}x=\lim_{n\to+\infty}\sum_{k=1}^{n}f_i(a+k\Delta x)g_j(a+k\Delta x)\Delta x,$$

故

$$\begin{vmatrix}\int_b^a f_1(x)g_1(x)\mathrm{d}x & \cdots & \int_a^b f_1(x)g_m(x)\mathrm{d}x\\ \vdots & & \vdots\\ \int_b^a f_m(x)g_1(x)\mathrm{d}x & \cdots & \int_a^b f_m(x)g_m(x)\mathrm{d}x\end{vmatrix}$$

$$=\lim_{n\to+\infty}\begin{vmatrix}\sum_{k_1=1}^{n}f_1(a+k_1\Delta x)g_1(a+k_1\Delta x)\Delta x & \cdots & \sum_{k_m=1}^{n}f_1(a+k_m\Delta x)g_m(a+k_m\Delta x)\Delta x\\ \vdots & & \vdots\\ \sum_{k_1=1}^{n}f_m(a+k_1\Delta x)g_1(a+k_1\Delta x)\Delta x & \cdots & \sum_{k_m=1}^{n}f_m(a+k_m\Delta x)g_m(a+k_m\Delta x)\Delta x\end{vmatrix}$$

$$=\lim_{n\to+\infty}(\Delta x)^m\begin{vmatrix}\sum_{k_1=1}^{n}f_1(a+k_1\Delta x)g_1(a+k_1\Delta x) & \cdots & \sum_{k_m=1}^{n}f_1(a+k_m\Delta x)g_m(a+k_m\Delta x)\\ \vdots & & \vdots\\ \sum_{k_1=1}^{n}f_m(a+k_1\Delta x)g_1(a+k_1\Delta x) & \cdots & \sum_{k_m=1}^{n}f_m(a+k_m\Delta x)g_m(a+k_m\Delta x)\end{vmatrix}.$$

对比这两式与要证明的结果就知,只须证明

$$\frac{1}{m!}\sum_{k_1=1}^{n}\cdots\sum_{k_m=1}^{n}\begin{vmatrix} f_1(a+k_1\Delta x) & \cdots & f_1(a+k_m\Delta x) \\ \vdots & & \vdots \\ f_m(a+k_1\Delta x) & \cdots & f_m(a+k_m\Delta x)\end{vmatrix}\begin{vmatrix} g_1(a+k_1\Delta x) & \cdots & g_1(a+k_m\Delta x) \\ \vdots & & \vdots \\ g_m(a+k_1\Delta x) & \cdots & g_m(a+k_m\Delta x)\end{vmatrix}$$

$$=\begin{vmatrix} \sum\limits_{k_1=1}^{n} f_1(a+k_1\Delta x)g_1(a+k_1\Delta x) & \cdots & \sum\limits_{k_m=1}^{n} f_1(a+k_m\Delta x)g_m(a+k_m\Delta x) \\ \vdots & & \vdots \\ \sum\limits_{k_1=1}^{n} f_m(a+k_1\Delta x)g_1(a+k_1\Delta x) & \cdots & \sum\limits_{k_m=1}^{n} f_m(a+k_m\Delta x)g_m(a+k_m\Delta x)\end{vmatrix}$$

$$=\det\left(\sum_{k_l=1}^{n} f_i(a+k_l\Delta x)g_j(a+k_l\Delta x)\right).$$

事实上，根据矩阵及行列式知识(参阅[11]178 页定理 1，Binet-Cauchy 公式)有

$$\det\left(\sum_{k_l=1}^{n} f_i(a+k_l\Delta x)g_j(a+k_l\Delta x)\right)_{m\times m}=\det\left((f_i(a+k_l\Delta x))_{m\times n}(g_j(a+k_l\Delta x))_{m\times n}^{\mathrm{T}}\right)$$

$$=\sum_{1\leqslant k_1\leqslant k_2\leqslant\cdots\leqslant k_m\leqslant n}\begin{vmatrix} f_1(a+k_1\Delta x) & \cdots & f_1(a+k_m\Delta x) \\ \vdots & & \vdots \\ f_m(a+k_1\Delta x) & \cdots & f_m(a+k_m\Delta x)\end{vmatrix}\begin{vmatrix} g_1(a+k_1\Delta x) & \cdots & g_1(a+k_m\Delta x) \\ \vdots & & \vdots \\ g_m(a+k_1\Delta x) & \cdots & g_m(a+k_m\Delta x)\end{vmatrix}$$

$$=\frac{1}{m!}\sum_{k_1=1}^{n}\cdots\sum_{k_m=1}^{n}\begin{vmatrix} f_1(a+k_1\Delta x) & \cdots & f_1(a+k_m\Delta x) \\ \vdots & & \vdots \\ f_m(a+k_1\Delta x) & \cdots & f_m(a+k_m\Delta x)\end{vmatrix}\begin{vmatrix} g_1(a+k_1\Delta x) & \cdots & g_1(a+k_m\Delta x) \\ \vdots & & \vdots \\ g_m(a+k_1\Delta x) & \cdots & g_m(a+k_m\Delta x)\end{vmatrix}.$$

□

第11章

曲线积分、曲面积分、外微分形式积分与场论

Ⅰ. 第一型曲线、曲面积分

定义 6.6.1 设$C=\overset{\frown}{AB}$为$\mathbb{R}^n$中的空间曲线，在C上依次从A到B取分点

$$A=P^0,\quad P^1,\cdots,P^{m-1},\quad P^m=B,$$

它们成为对曲线的一个分割，记为T. 然后，用线段连接T中每相邻两点得到C的m条弦$\overline{P^{i-1}P^i}(i=1,2,\cdots,m)$，这$m$条弦又组成$C$的一条内接折线. 记

$$\|T\|=\max_{1\leqslant i\leqslant m}|P^{i-1}P^i|,\quad s_T=\sum_{i=1}^{m}|P^{i-1}P^i|.$$

如果

$$\lim_{\|T\|\to 0}s_T=s,$$

即$\forall\,\varepsilon>0,\exists\,\delta>0$，当$\|T\|<\delta$时，有

$$|s_T-s|<\varepsilon,$$

则称C是**可求长的**，并称s为曲线C的**弧长**.

定理 6.6.1(可求长的充分条件) 设$\mathbb{R}^n$中的曲线C由参数方程

$$(x_1,x_2,\cdots,x_n)=(x_1(t),x_2(t),\cdots,x_n(t)),\quad t\in[\alpha,\beta]$$

给出，并且它为一条C^1**光滑的正则曲线**(即$x_1(t),x_2(t),\cdots,x_n(t)$均连续可导；且$x_1'^2(t)+x_2'^2(t)+\cdots+x_n'^2(t)\neq 0$，满足此条件的曲线$C$的点称为**正则点**)，则$C$是可求长的，且弧长为

$$s=\int_\alpha^\beta\sqrt{x_1'^2(t)+x_2'^2(t)+\cdots+x_n'^2(t)}\,\mathrm{d}t.$$

定义 11.1.1′ 设$U\subset\mathbb{R}^n$为一区域，函数$f:U\to\mathbb{R}$. 可求长曲线$C\subset U$，其两个端点分别记为A与B. 在C上依次取一列点$\{P^i\,|\,i=0,1,\cdots,m\}$，使得$P^0=A,P^m=B$. 称$\overset{\frown}{P^{i-1}P^i}$为

C 的第 i 段曲线，令 $\Delta s_i = s\,\widehat{P^{i-1}P^i}$ 为 C 的第 i 段曲线的弧长. 在$\widehat{P^{i-1}P^i}$上任取一点 $\xi^i(i=1,2,\cdots,m)$，如果极限

$$\lim_{\max\Delta s_i\to 0}\sum_{i=1}^{m} f(\xi^i)\Delta s_i$$

是一个有限数，并且其值不依赖于点列$\{P^i \mid i=1,2,\cdots,m\}$与 ξ^i 在$\widehat{P^{i-1}P^i}$上的选择，那就将这个极限值记为

$$\int_C f\,\mathrm{d}s, \quad \text{或} \quad \int_C f(\boldsymbol{x})\,\mathrm{d}s, \quad \text{或} \quad \int_C f(x_1,x_2,\cdots,x_n)\,\mathrm{d}s,$$

称为函数 f 在 C 上的**第一型曲线积分**.

定理 11.1.1′（$\mathbb{R}^n$ 中第一型曲线积分的计算公式） 设 $U\subset\mathbb{R}^n$ 为区域，C^1 光滑曲线 $C\subset U$ 有参数表示 $\boldsymbol{x}=\boldsymbol{x}(t)=(x_1(t),x_2(t),\cdots,x_n(t))$，$t\in[\alpha,\beta]$，$f$ 为曲线 C 上的连续函数，则

$$\begin{aligned}\int_C f\,\mathrm{d}s &= \int_\alpha^\beta f\circ\boldsymbol{x}(t)\,\|\boldsymbol{x}'(t)\|\,\mathrm{d}t \\ &= \int_\alpha^\beta f(x_1(t),x_2(t),\cdots,x_n(t))\sqrt{x_1'^2(t)+x_2'^2(t)+\cdots+x_n'^2(t)}\,\mathrm{d}t.\end{aligned}$$

也就是说，第一型曲线积分可以化成定积分来计算.

注 往往可用某个直角坐标 x_i 为参数 t.

如$\mathbb{R}^3$ 中，有

$$\int_C f\,\mathrm{d}s = \int_a^b f(x,y(x),z(x))\sqrt{1+y'^2(x)+z'^2(x)}\,\mathrm{d}x.$$

如$\mathbb{R}^2$ 中，有

$$\int_C f\,\mathrm{d}s = \int_a^b f(x,y(x))\sqrt{1+y'^2(x)}\,\mathrm{d}x,$$

$$\int_C f\,\mathrm{d}s \xlongequal[\begin{cases}x=r(\theta)\cos\theta\\ y=r(\theta)\sin\theta\end{cases}]{\text{极坐标}} \int_\alpha^\beta f(r\cos\theta,r\sin\theta)\sqrt{r^2(\theta)+r'^2(\theta)}\,\mathrm{d}\theta.$$

注 在定理 11.1.1′中，如果 $f\equiv 1$，则

$$s = \int_\alpha^t \|\boldsymbol{x}'(u)\|\,\mathrm{d}u,$$

$$\frac{\mathrm{d}s}{\mathrm{d}t} = \|\boldsymbol{x}'(t)\|, \quad \mathrm{d}s = \frac{\mathrm{d}s}{\mathrm{d}t}\mathrm{d}t = \|\boldsymbol{x}'(t)\|\,\mathrm{d}t(\textbf{弧长元}).$$

特别当 t 为弧长时，$1=\dfrac{\mathrm{d}s}{\mathrm{d}s}=\|\boldsymbol{x}'(s)\|$.

定义 11.1.2 设 $\Delta\subset\mathbb{R}^2$ 为区域，曲面 $\Sigma\subset\mathbb{R}^3$ 有参数表示 $\boldsymbol{x}=\boldsymbol{x}(u,v)=(x(u,v),y(u,v),z(u,v))$，$(u,v)\in\Delta$，并且设 Δ 与曲面 Σ 上的点有一一对应关系，$\boldsymbol{x}(u,v)$是 C^1 类的，在 Δ 上 $\boldsymbol{x}_u'\times\boldsymbol{x}_v'\neq\boldsymbol{0}$，即 Σ 为正则曲面.

我们称

$$\sigma(\Sigma)=\iint\limits_{\Delta}\|\boldsymbol{x}'_u\times\boldsymbol{x}'_v\|\,\mathrm{d}u\mathrm{d}v$$

为曲面 Σ 的**面积**；而称

$$\mathrm{d}\sigma=\|\boldsymbol{x}'_u\times\boldsymbol{x}'_v\|\,\mathrm{d}u\mathrm{d}v$$

为曲面 Σ 的**面积元素**,简称**面元**.

因为

$$\boldsymbol{x}'_u\times\boldsymbol{x}'_v=\begin{vmatrix}\boldsymbol{e}_1&\boldsymbol{e}_2&\boldsymbol{e}_3\\ \frac{\partial x}{\partial u}&\frac{\partial y}{\partial u}&\frac{\partial z}{\partial u}\\ \frac{\partial x}{\partial v}&\frac{\partial y}{\partial v}&\frac{\partial z}{\partial v}\end{vmatrix}=\frac{\partial(y,z)}{\partial(u,v)}\boldsymbol{e}_1+\frac{\partial(z,x)}{\partial(u,v)}\boldsymbol{e}_2+\frac{\partial(x,y)}{\partial(u,v)}\boldsymbol{e}_3,$$

$$\begin{aligned}\|\boldsymbol{x}'_u\times\boldsymbol{x}'_v\|^2&=\|\boldsymbol{x}'_u\|^2\|\boldsymbol{x}'_v\|^2\sin^2\theta=\|\boldsymbol{x}'_u\|^2\|\boldsymbol{x}'_v\|^2(1-\cos^2\theta)\\&=\|\boldsymbol{x}'_u\|^2\|\boldsymbol{x}'_v\|^2-\boldsymbol{x}'_u\cdot\boldsymbol{x}'_v\|^2=EG-F^2=g_{11}g_{22}-g_{12}^2,\end{aligned}$$

其中

$$g_{11}=E=\boldsymbol{x}'_u\cdot\boldsymbol{x}'_u=\|\boldsymbol{x}'_u\|^2=\left(\frac{\partial x}{\partial u}\right)^2+\left(\frac{\partial y}{\partial u}\right)^2+\left(\frac{\partial z}{\partial u}\right)^2,$$

$$g_{12}=g_{21}=F=\boldsymbol{x}'_u\cdot\boldsymbol{x}'_v=\frac{\partial x}{\partial u}\frac{\partial x}{\partial v}+\frac{\partial y}{\partial u}\frac{\partial y}{\partial v}+\frac{\partial z}{\partial u}\frac{\partial z}{\partial v},$$

$$g_{22}=G=\boldsymbol{x}'_v\cdot\boldsymbol{x}'_v=\|\boldsymbol{x}'_v\|^2=\left(\frac{\partial x}{\partial v}\right)^2+\left(\frac{\partial y}{\partial v}\right)^2+\left(\frac{\partial z}{\partial v}\right)^2.$$

于是

$$\begin{aligned}\sigma(\Sigma)&=\iint\limits_{\Delta}\|\boldsymbol{x}'_u\times\boldsymbol{x}'_v\|\,\mathrm{d}u\mathrm{d}v=\iint\limits_{\Delta}\sqrt{EG-F^2}\,\mathrm{d}u\mathrm{d}v=\iint\limits_{\Delta}\sqrt{g_{11}g_{22}-g_{12}^2}\,\mathrm{d}u\mathrm{d}v\\&=\iint\limits_{\Delta}\sqrt{\begin{vmatrix}g_{11}&g_{12}\\g_{21}&g_{22}\end{vmatrix}}\,\mathrm{d}u\mathrm{d}v=\iint\limits_{\Delta}\sqrt{\left|\begin{pmatrix}\frac{\partial x}{\partial u}&\frac{\partial y}{\partial u}&\frac{\partial z}{\partial u}\\ \frac{\partial x}{\partial v}&\frac{\partial y}{\partial v}&\frac{\partial z}{\partial v}\end{pmatrix}\begin{pmatrix}\frac{\partial x}{\partial u}&\frac{\partial x}{\partial v}\\ \frac{\partial y}{\partial u}&\frac{\partial y}{\partial v}\\ \frac{\partial z}{\partial u}&\frac{\partial z}{\partial v}\end{pmatrix}\right|}\,\mathrm{d}u\mathrm{d}v\\&=\iint\limits_{\Delta}\sqrt{\left(\frac{\partial(y,z)}{\partial(u,v)}\right)^2+\left(\frac{\partial(z,x)}{\partial(u,v)}\right)^2+\left(\frac{\partial(x,y)}{\partial(u,v)}\right)^2}\,\mathrm{d}u\mathrm{d}v.\end{aligned}$$

特别地,当曲面由

$$\boldsymbol{x}(x,y)=(x,y,z(x,y)),\quad(x,y)\in\Delta$$

表达时,如果 $z(x,y)$ 关于 x,y 有连续偏导数,则

$$\sigma(\Sigma)=\iint_{\Delta}\sqrt{1+\left(\frac{\partial z}{\partial x}\right)^2+\left(\frac{\partial z}{\partial y}\right)^2}\,\mathrm{d}x\mathrm{d}y.$$

更特别，当曲面为平面片

$$\boldsymbol{x}(x,y)=(x,y,0),\quad (x,y)\in\Delta$$

时，有

$$\sigma(\Sigma)=\sigma(\Delta)=\iint_{\Delta}\mathrm{d}x\mathrm{d}y.$$

考虑半径为 a 的球面坐标 (θ,φ)：

$$\begin{aligned}&\boldsymbol{x}(\theta,\varphi)=(a\sin\theta\cos\varphi,a\sin\theta\sin\varphi,a\cos\theta),\\&E=a^2,\quad F=0,\quad G=a^2\sin^2\theta,\\&\mathrm{d}\sigma=a^2\sin\theta\mathrm{d}\theta\mathrm{d}\varphi\quad(\theta,\varphi)\in[0,\pi]\times[0,2\pi].\end{aligned}$$

二维球面 $S^2(a)$ 的面积为

$$\sigma(S^2(a))=4\pi a^2.$$

考虑半径为 a 的柱面坐标 (φ,z)：

$$\begin{aligned}&\boldsymbol{x}(\varphi,z)=(a\cos\varphi,a\sin\varphi,z),\\&E=a^2,\quad F=0,\quad G=1,\\&\mathrm{d}\sigma=a\mathrm{d}\varphi\mathrm{d}z,\quad(\varphi,z)\in[0,2\pi]\times(-\infty,+\infty).\end{aligned}$$

定义 11.1.3　设 Δ 为 $\mathbb{R}^{n-1}$ 中的区域，$\mathbb{R}^n$ 中 $n-1$ 维超曲面（余维数为 $n-(n-1)=1$）Σ 有参数表示

$$\begin{aligned}\boldsymbol{x}&=\boldsymbol{x}(\boldsymbol{u})=\boldsymbol{x}(u_1,u_2,\cdots,u_{n-1})\\&=(x_1(u_1,u_2,\cdots,u_{n-1}),x_2(u_1,u_2,\cdots,u_{n-1}),\cdots,x_n(u_1,u_2,\cdots,u_{n-1})),\\\boldsymbol{u}&=(u_1,u_2,\cdots,u_{n-1})\in\Delta,\end{aligned}$$

并且设 Δ 与曲面 Σ 上的点有一一对应关系，$\boldsymbol{x}(u_1,u_2,\cdots,u_{n-1})$ 是 C^1 类的，在 Δ 上 $\mathrm{rank}\{\boldsymbol{x}'_{u_1},\boldsymbol{x}'_{u_2},\cdots,\boldsymbol{x}'_{u_{n-1}}\}=n-1$，即 Σ 为正则曲面.

设 $\{\boldsymbol{e}_1,\boldsymbol{e}_2,\cdots,\boldsymbol{e}_n\}$ 为 $\mathbb{R}^n$ 中通常直角坐标系下的规范正交基，则

$$\begin{vmatrix}\boldsymbol{e}_1 & \cdots & \boldsymbol{e}_n\\ & \boldsymbol{x}'_{u_1} & \\ & \vdots & \\ & \boldsymbol{x}'_{u_{n-1}} & \end{vmatrix}=\begin{vmatrix}\boldsymbol{e}_1 & \cdots & \boldsymbol{e}_n\\ x'_{1u_1} & \cdots & x'_{nu_1}\\ \vdots & & \vdots\\ x'_{1u_{n-1}} & \cdots & x'_{nu_{n-1}}\end{vmatrix}\overset{\mathrm{def}}{=\!=}\boldsymbol{x}'_{u_1}\times\cdots\times\boldsymbol{x}'_{u_{n-1}}$$

都与 $\boldsymbol{x}'_{u_1},\boldsymbol{x}'_{u_2},\cdots,\boldsymbol{x}'_{u_{n-1}}$ 正交，并且从 $\mathrm{rank}\{\boldsymbol{x}'_{u_1},\boldsymbol{x}'_{u_2},\cdots,\boldsymbol{x}'_{u_{n-1}}\}=n-1$ 立即推得它是 Σ 在点 $\boldsymbol{x}(u_1,u_2,\cdots,u_{n-1})$ 处的一个非零法向量. 设 $\boldsymbol{n}_0$ 为 Σ 的单位法向量，它与 $\boldsymbol{x}'_{u_1}\times\cdots\times\boldsymbol{x}'_{u_{n-1}}$ 方向一致. 易见

$$\sum_{i=1}^{n}\left[(-1)^{1+i}\frac{\partial(x_1,\cdots,x_{i-1},x_{i+1},\cdots,x_n)}{\partial(u_1,u_2,\cdots,u_{n-1})}\right]^2$$

$$=\|\boldsymbol{x}'_{u_1}\times\cdots\times\boldsymbol{x}'_{u_{n-1}}\|^2=[(\boldsymbol{x}'_{u_1}\times\cdots\times\boldsymbol{x}'_{u_{n-1}})\cdot\boldsymbol{n}_0]^2$$

$$=\begin{vmatrix}\boldsymbol{n}_0\\\boldsymbol{x}'_{u_1}\\\vdots\\\boldsymbol{x}'_{u_{n-1}}\end{vmatrix}^2=\left|\begin{pmatrix}\boldsymbol{n}_0\\\boldsymbol{x}'_{u_1}\\\vdots\\\boldsymbol{x}'_{u_{n-1}}\end{pmatrix}\begin{pmatrix}\boldsymbol{n}_0\\\boldsymbol{x}'_{u_1}\\\vdots\\\boldsymbol{x}'_{u_{n-1}}\end{pmatrix}^{\mathrm{T}}\right|=\begin{vmatrix}1&0&\cdots&0\\0&\boldsymbol{x}'_{u_1}\cdot\boldsymbol{x}'_{u_1}&\cdots&\boldsymbol{x}'_{u_1}\cdot\boldsymbol{x}'_{u_{n-1}}\\\vdots&\vdots&&\vdots\\0&\boldsymbol{x}'_{u_{n-1}}\cdot\boldsymbol{x}'_{u_1}&\cdots&\boldsymbol{x}'_{u_{n-1}}\cdot\boldsymbol{x}'_{u_{n-1}}\end{vmatrix}$$

$$=\det\begin{pmatrix}g_{11}&\cdots&g_{1,n-1}\\\vdots&&\vdots\\g_{n-1,1}&\cdots&g_{n-1,n-1}\end{pmatrix}.$$

于是,曲面 Σ 的**面积**(或**体积**,也可记为 $v(\Sigma)$)为

$$\sigma(\Sigma)=\int_{\Delta}\cdots\int\|\boldsymbol{x}'_{u_1}\times\cdots\times\boldsymbol{x}'_{u_{n-1}}\|\mathrm{d}u_1\mathrm{d}u_2\cdots\mathrm{d}u_{n-1}$$

$$=\int_{\Delta}\cdots\int\sqrt{\det\begin{pmatrix}g_{11}&\cdots&g_{1,n-1}\\\vdots&&\vdots\\g_{n-1,1}&\cdots&g_{n-1,n-1}\end{pmatrix}}\mathrm{d}u_1\mathrm{d}u_2\cdots\mathrm{d}u_{n-1},$$

而

$$\mathrm{d}\sigma=\|\boldsymbol{x}'_{u_1}\times\cdots\times\boldsymbol{x}'_{u_{n-1}}\|\mathrm{d}u_1\mathrm{d}u_2\cdots\mathrm{d}u_{n-1}$$

$$=\sqrt{\det\begin{pmatrix}g_{11}&\cdots&g_{1,n-1}\\\vdots&&\vdots\\g_{n-1,1}&\cdots&g_{n-1,n-1}\end{pmatrix}}\mathrm{d}u_1\mathrm{d}u_2\cdots\mathrm{d}u_{n-1}$$

为曲面 Σ 的**面积元素**(或**体积元素**),简称**面元**(或**体积元**).

当曲面是由

$$\boldsymbol{x}(x_1,x_2,\cdots,x_{n-1})=(x_1,x_2,\cdots,x_{n-1},x_n(x_1,x_2,\cdots,x_{n-1})),\quad(x_1,x_2,\cdots,x_{n-1})\in\Delta$$

表示时($x_n(x_1,x_2,\cdots,x_{n-1})$有连续偏导数),$\Sigma$ 的面积元素为

$$\mathrm{d}\sigma=\sqrt{1+\left(\frac{\partial x_n}{\partial x_1}\right)^2+\cdots+\left(\frac{\partial x_n}{\partial x_{n-1}}\right)^2}\mathrm{d}x_1\mathrm{d}x_2\cdots\mathrm{d}x_{n-1}.$$

而 Σ 的面积为

$$\sigma(\Sigma)=\int_{\Delta}\cdots\int\sqrt{1+\left(\frac{\partial x_n}{\partial x_1}\right)^2+\cdots+\left(\frac{\partial x_n}{\partial x_{n-1}}\right)^2}\mathrm{d}x_1\mathrm{d}x_2\cdots\mathrm{d}x_{n-1}.$$

再考虑 $n-1$ 维球面坐标$(\theta_1,\theta_2,\cdots,\theta_{n-1})$:

$$\begin{cases} x_1 = a\cos\theta_1, \\ x_2 = a\sin\theta_1\cos\theta_2, \\ x_3 = a\sin\theta_1\sin\theta_2\cos\theta_3, \\ \vdots \\ x_{n-1} = a\sin\theta_1\sin\theta_2\sin\theta_3\cdots\sin\theta_{n-2}\cos\theta_{n-1}, \\ x_n = a\sin\theta_1\sin\theta_2\sin\theta_3\cdots\sin\theta_{n-2}\sin\theta_{n-1}, \end{cases}$$

可以证明 $n-1$ 维球面 $S^{n-1}(a)$ 的面积元为

$$\mathrm{d}\sigma = a^{n-1}\sin^{n-2}\theta_1\sin^{n-3}\theta_2\cdots\sin\theta_{n-2}\,\mathrm{d}\theta_1\mathrm{d}\theta_2\cdots\mathrm{d}\theta_{n-1},$$

$S^{n-1}(a)$ 的面积为

$$\sigma(S^{n-1}(a)) = \frac{2\pi^{\frac{n}{2}}}{\Gamma\left(\frac{n}{2}\right)}a^{n-1}.$$

而

$$\mathrm{d}\sigma = \sqrt{\det\begin{pmatrix} g_{11} & \cdots & g_{1k} \\ \vdots & & \vdots \\ g_{k1} & \cdots & g_{kk} \end{pmatrix}}\,\mathrm{d}u_1\mathrm{d}u_2\cdots\mathrm{d}u_k$$

为曲面 Σ 的**面积元素**(或**体积元素**),简称**面元**(或**体元**).

定义 11.1.5 设 Σ 为 $\mathbb{R}^n$ 中的一张 k 维有面积的曲面片,$f: \Sigma \to \mathbb{R}$ 为函数.分割 T 将 Σ 分成若干更小的曲面片 $\Sigma_1, \Sigma_2, \cdots, \Sigma_m$.定义分割 T 的**模** $\|T\| = \max\{\operatorname{diam}\Sigma_i \mid i=1,2,\cdots,m\}$.在每小块上取一点 $\boldsymbol{\xi}^i \in \Sigma_i$,如果

$$\sum_{i=1}^{m} f(\boldsymbol{\xi}_i)\sigma(\Sigma_i)$$

当 $\|T\| \to 0$ 时有有限的极限,并且其极限值不依赖于点 $\boldsymbol{\xi}^i$ 在 Σ_i 上的选择,就称此极限值为函数 f 沿曲面 Σ 的**第一型曲面积分**,记作

$$\int_{\Sigma} f\,\mathrm{d}\sigma = \lim_{\|T\| \to 0}\sum_{i=1}^{m} f(\boldsymbol{\xi}^i)\sigma(\Sigma_i).$$

当 f 连续,Σ 在 Δ 上有 C^1 参数表示时,有

$$\int_{\Sigma} f\,\mathrm{d}\sigma = \int\cdots\int_{\Delta} f\circ \boldsymbol{x}(u_1,u_2,\cdots,u_k)\sqrt{\det(g_{ij})}\,\mathrm{d}u_1\mathrm{d}u_2\cdots\mathrm{d}u_k.$$

该公式表示可以将第一型曲面积分化为 k 重积分.

Ⅱ. 曲线、曲面及流形的定向

定向概念是由 Poincarè 首先提出来的.

定义 11.2.1 设 C 为 $\mathbb{R}^n$ 中的 C^1 曲线,如果沿 C 有处处非零的连续变动的切向量场,

则称 C 是**可定向**的.

如果 C 有 C^1 参数表示 $\boldsymbol{x}:[\alpha,\beta]\to\mathbb{R}^n$,沿参数增加的方向或切向量场 $\boldsymbol{x}'(t)$的指向确定了 C 的一个**定向**,记此定向曲线为$\vec{C}$. 而参数减少的方向或 $-\boldsymbol{x}'(t)$的指向确定了 C 的另一个相反的定向,记为$\vec{C}^-$,或称为$\vec{C}$的**负向**. 如果参数定义域为$[\alpha,\beta]$,则 $\boldsymbol{x}([\alpha,\beta])$为道路连通集,所以 C 恰有两个上述相反的定向.

定义 11.2.2 设 Σ 为$\mathbb{R}^n$ 中的 $n-1$ 维 C^1 超曲面(即 $n-1$ 维 C^1 流形). 如果 Σ 有连续变动的处处非零的法向量场,则称曲面 Σ 是**可定向**的;否则 Σ 称为不可定向的.

显然,如果 Σ 上的一个处处非零的连续法向量场 $\boldsymbol{n}$ 确定了 Σ 的一个定向,记此定向曲面为 $\vec{\Sigma}$,则 $-\boldsymbol{n}$ 确定了 Σ 的另一个相反的定向,记此定向曲面为 $\vec{\Sigma}^-$. 而道路连通(这里等价于连通)的超曲面 Σ 恰有两个定向.

连通的可定向曲面也称为**双侧曲面**(如球面、椭球面、柱面、旋转曲面、环面、螺旋面等);连通的不可定向曲面也称为**单侧曲面**(如 Möbius 带).

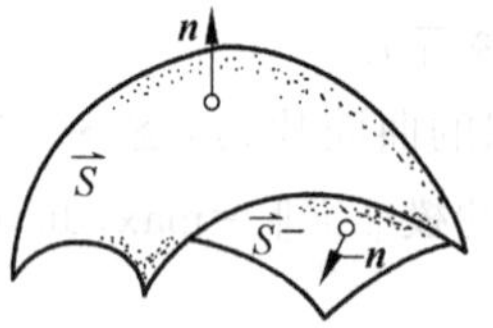

可定向曲面
(双侧曲面)

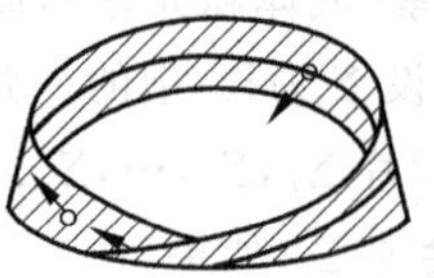

不可定向曲面
(单侧曲面)

定理 11.2.1 设 Σ 为$\mathbb{R}^n$ 中的 $n-1$ 维超曲面(即 $n-1$ 维流形),则 Σ 可定向,即 Σ 上存在处处非零的连续法向量场$\Leftrightarrow\Sigma$ 上存在局部坐标系族

$$\mathscr{D}_1=\{(U_\alpha,\boldsymbol{\varphi}_\alpha),\{u_i^\alpha\mid i=1,2,\cdots,n-1\}\mid\alpha\in\mu\},$$

使得

(1) $\bigcup\limits_{\alpha\in\mu}U_\alpha=\Sigma$;

(2) U_α 为 Σ 中的开集,$\boldsymbol{\varphi}:U_\alpha\to\boldsymbol{\varphi}_\alpha(U_\alpha)$,$\boldsymbol{x}\mapsto\boldsymbol{\varphi}_\alpha(\boldsymbol{x})=(u_1^\alpha,u_2^\alpha,\cdots,u_{n-1}^\alpha)$为同胚,其中 $\boldsymbol{\varphi}_\alpha(U_\alpha)$为$\mathbb{R}^{n-1}$中的开集,$\boldsymbol{x}=\boldsymbol{\varphi}_\alpha^{-1}(u_1^\alpha,u_2^\alpha,\cdots,u_{n-1}^\alpha)=(x_1(u_1^\alpha,u_2^\alpha,\cdots,u_{n-1}^\alpha),x_2(u_1^\alpha,u_2^\alpha,\cdots,u_{n-1}^\alpha),\cdots,x_n(u_1^\alpha,u_2^\alpha,\cdots,u_{n-1}^\alpha))$是 C^1 的;

(3) $\forall(U_\alpha,\boldsymbol{\varphi}_\alpha),\{u_i^\alpha\}\in\mathscr{D}_1$,$\forall(U_\beta,\boldsymbol{\varphi}_\beta),\{u_i^\beta\}\in\mathscr{D}_1$,如果 $U_\alpha\cap U_\beta\neq\varnothing$,则坐标变换$\boldsymbol{\varphi}_\beta\circ\boldsymbol{\varphi}_\alpha^{-1}$:$\boldsymbol{\varphi}_\alpha(U_\alpha\cap U_\beta)\to\boldsymbol{\varphi}_\beta(U_\alpha\cap U_\beta)$,$(u_1^\alpha,u_2^\alpha,\cdots,u_{n-1}^\alpha)\mapsto(u_1^\beta,u_2^\beta,\cdots,u_{n-1}^\beta)$的 Jacobi 行列式

$$\frac{\partial(u_1^\beta,u_2^\beta,\cdots,u_{n-1}^\beta)}{\partial(u_1^\alpha,u_2^\alpha,\cdots,u_{n-1}^\alpha)}>0.$$

即

$$\frac{\boldsymbol{x}'_{u_1^\alpha}\times\cdots\times\boldsymbol{x}'_{u_{n-1}^\alpha}}{\|\boldsymbol{x}'_{u_1^\alpha}\times\cdots\times\boldsymbol{x}'_{u_{n-1}^\alpha}\|}=\frac{\boldsymbol{x}'_{u_1^\beta}\times\cdots\times\boldsymbol{x}'_{u_{n-1}^\beta}}{\|\boldsymbol{x}'_{u_1^\beta}\times\cdots\times\boldsymbol{x}'_{u_{n-1}^\beta}\|}.$$

我们摆脱外围空间(即无外围空间,也无连续变动的处处非零法向量场)来定义 n 维可定向流形.

定义 11.2.4　设$(M,\mathscr{T})$为 T_2(Hausdorff)空间,如果存在局部坐标系族

$$\mathscr{D}=\{(U_\alpha,\boldsymbol{\varphi}_\alpha),\{u_i^\alpha\mid i=1,2,\cdots,n\}\mid\alpha\in\Gamma\},$$

使得

(1) $\bigcup\limits_{\alpha\in\Gamma}U_\alpha=M$;

(2) U_α 为 M 中的开集,$\boldsymbol{\varphi}_\alpha$: $U_\alpha\to\boldsymbol{\varphi}_\alpha(U_\alpha)$为同胚,$\boldsymbol{\varphi}_\alpha(U_\alpha)$为$\mathbb{R}^n$ 中的开集(**局部欧**);

(3) (C^r **相容**) $\forall(U_\alpha,\boldsymbol{\varphi}_\alpha),\{u_i^\alpha\}\in\mathscr{D}$, $\forall(U_\beta,\boldsymbol{\varphi}_\beta),\{u_i^\beta\}\in\mathscr{D}$,如果 $U_\alpha\cap U_\beta\neq\varnothing$,则坐标变换 $\boldsymbol{\varphi}_\beta\circ\boldsymbol{\varphi}_\alpha^{-1}$: $\boldsymbol{\varphi}_\alpha(U_\alpha\cup U_\beta)\to\boldsymbol{\varphi}_\beta(U_\alpha\cap U_\beta)$, $(u_1^\alpha,\cdots,u_n^\alpha)\mapsto(u_1^\beta,\cdots,u_n^\beta)=\boldsymbol{\varphi}_\beta\circ\boldsymbol{\varphi}_\alpha^{-1}(u_1^\alpha,\cdots,u_n^\alpha)$是 C^r 的($r=1,2,\cdots,\infty,\omega$). 则称 $\mathscr{D}$ 为$(M,\mathscr{T})$的 C^r **微分构造**,而$(M,\mathscr{D})$称为 ***n* 维 *C^r* 微分流形.**

进而,如果 $\exists\mathscr{D}_1=\{(U_\alpha,\varphi_\alpha),\{u_i^\alpha\}\mid\alpha\in\mu\}\subset\mathscr{D}$ 满足:

① $\bigcup\limits_{\alpha\in\mu}U_\alpha=M$;

② $\forall(U_\alpha,\boldsymbol{\varphi}_\alpha),\{u_i^\alpha\}\in\mathscr{D}_1$, $\forall(U_\beta,\boldsymbol{\varphi}_\beta),\{u_i^\beta\}\in\mathscr{D}_1$,若 $U_\alpha\cap U_\beta\neq\varnothing$,则在 $U_\alpha\cap U_\beta$ 中,有

$$\frac{\partial(u_1^\beta,u_2^\beta,\cdots,u_n^\beta)}{\alpha(u_1^\alpha,u_2^\alpha,\cdots,u_n^\alpha)}>0.$$

则称$(M,\mathscr{D})$是**可定向**的. $\mathscr{D}_1$ 就为$(M,\mathscr{D})$的一个**定向**.

Ⅲ. 第二型曲线、曲面积分、定向流形上的外微分形式的积分

定义 11.3.1　外微分形式$\boldsymbol{\omega}$.

设 $\mathrm{d}x_i,\mathrm{d}x_j$ 为微分,定义它们的外积$\wedge$,满足:

(1) $\mathrm{d}x_i\wedge\mathrm{d}x_j=-\mathrm{d}x_j\wedge\mathrm{d}x_i$,蕴涵着 $\mathrm{d}x_i\wedge\mathrm{d}x_i=0$;

(2) 对运算$+$,$\wedge$具有分配律、结合律.

在$\mathbb{R}^3$ 中:

0 次微分形式 $\omega=f(x,y,z)$;

1 次微分形式 $\omega=P(x,y,z)\mathrm{d}x+Q(x,y,z)\mathrm{d}y+R(x,y,z)\mathrm{d}z$;

2 次微分形式 $\omega=P(x,y,z)\mathrm{d}y\wedge\mathrm{d}z+Q(x,y,z)\mathrm{d}z\wedge\mathrm{d}x+R(x,y,z)\mathrm{d}x\wedge\mathrm{d}y$;

3 次微分形式 $\omega=f(x,y,z)\mathrm{d}x\wedge\mathrm{d}y\wedge\mathrm{d}z$,

$k(\geqslant4)$次微分形式 $\omega=\sum\limits_{i_1<\cdots<i_k}P_{i_1\cdots i_k}\mathrm{d}x_{i_1}\wedge\mathrm{d}x_{i_2}\cdots\wedge\mathrm{d}x_{i_k}=0$(因 $k\geqslant4$, $\mathrm{d}x_{i_1}\wedge\mathrm{d}x_{i_2}\wedge\cdots\wedge\mathrm{d}x_{i_k}$ 中必有两个相同,再由性质(1)、(2)知,它为 0).

更一般地,在$\mathbb{R}^n$中:

0 次微分形式 $\omega=f(x_1,x_2,\cdots,x_n)$;

1 次微分形式 $\omega=\sum\limits_{i=1}^{n}P_i(x_1,x_2,\cdots,x_n)\mathrm{d}x_i$;

$\vdots$

$k(1\leqslant k\leqslant n)$次微分形式 $\omega=\sum\limits_{i_1<\cdots<i_k}P_{i_1\cdots i_k}(x_1,x_2,\cdots,x_n)\mathrm{d}x_{i_1}\wedge\cdots\wedge\mathrm{d}x_{i_k}$;

$\vdots$

n 次微分形式 $\omega=P_{1,2,\cdots,n}(x_1,x_2,\cdots,x_n)\mathrm{d}x_1\wedge\mathrm{d}x_2\wedge\cdots\wedge\mathrm{d}x_n$.

$k(\geqslant n+1)$次微分形式 $\omega=0$(因 $k\geqslant n+1$,$\mathrm{d}x_{i_1}\wedge\cdots\wedge\mathrm{d}x_{i_k}$ 中必有两个相同,再由性质(1)、(2)知,它为 0).

定义 11.3.2 外微分(算子) d: $\omega(k\text{ 次})\mapsto\mathrm{d}\omega(k+1\text{ 次})$.

在$\mathbb{R}^3$中,

0 次微分形式 $\omega=f$,$\mathrm{d}\omega=\frac{\partial f}{\partial x}\mathrm{d}x+\frac{\partial f}{\partial y}\mathrm{d}y+\frac{\partial f}{\partial z}\mathrm{d}z$(1 次微分形式);

1 次微分形式 $\omega=P\mathrm{d}x+Q\mathrm{d}y+R\mathrm{d}z$,

$$\begin{aligned}\mathrm{d}\omega&=\mathrm{d}P\wedge\mathrm{d}x+\mathrm{d}Q\wedge\mathrm{d}y+\mathrm{d}R\wedge\mathrm{d}z\\&=\left(\frac{\partial P}{\partial x}\mathrm{d}x+\frac{\partial P}{\partial y}\mathrm{d}y+\frac{\partial P}{\partial z}\mathrm{d}z\right)\wedge\mathrm{d}x+\left(\frac{\partial Q}{\partial x}\mathrm{d}x+\frac{\partial Q}{\partial y}\mathrm{d}y+\frac{\partial Q}{\partial z}\mathrm{d}z\right)\wedge\mathrm{d}y\\&\quad+\left(\frac{\partial R}{\partial x}\mathrm{d}x+\frac{\partial R}{\partial y}\mathrm{d}y+\frac{\partial R}{\partial z}\mathrm{d}z\right)\wedge\mathrm{d}z\\&=\left(\frac{\partial R}{\partial y}-\frac{\partial Q}{\partial z}\right)\mathrm{d}y\wedge\mathrm{d}z+\left(\frac{\partial P}{\partial z}-\frac{\partial R}{\partial x}\right)\mathrm{d}z\wedge\mathrm{d}x+\left(\frac{\partial Q}{\partial x}-\frac{\partial P}{\partial y}\right)\mathrm{d}x\wedge\mathrm{d}y\\&\xlongequal{\text{def}}\begin{vmatrix}\mathrm{d}y\wedge\mathrm{d}z&\mathrm{d}z\wedge\mathrm{d}x&\mathrm{d}x\wedge\mathrm{d}y\\\frac{\partial}{\partial x}&\frac{\partial}{\partial y}&\frac{\partial}{\partial z}\\P&Q&R\end{vmatrix}\quad(2\text{ 次微分形式});\end{aligned}$$

2 次微分形式 $\omega=P\mathrm{d}y\wedge\mathrm{d}z+Q\mathrm{d}z\wedge\mathrm{d}x+R\mathrm{d}x\wedge\mathrm{d}y$,

$$\mathrm{d}\omega=\left(\frac{\partial P}{\partial x}+\frac{\partial Q}{\partial y}+\frac{\partial R}{\partial z}\right)\mathrm{d}x\wedge\mathrm{d}y\wedge\mathrm{d}z\quad(3\text{ 次微分形式})$$

$k(k\geqslant 3)$次微分形式 ω,$\mathrm{d}\omega=0$($k+1(\geqslant 4)$次微分形式).

更一般地,在$\mathbb{R}^n$中:

0 次微分形式 $\omega=f$,$\mathrm{d}\omega=\sum\limits_{i=1}^{n}\frac{\partial f}{\partial x_i}\mathrm{d}x_i$(1 次微分形式);

1 次微分形式 $\omega=\sum\limits_{i=1}^{n}P_i\mathrm{d}x_i$,

$$\begin{aligned}d\omega &= \sum_{i=1}^{n} dP_i \wedge dx_i = \sum_{i=1}^{n}\left(\sum_{j=1}^{n}\frac{\partial P_i}{\partial x_j}dx_j\right)\wedge dx_i\\&= \sum_{i<j}\left(\frac{\partial P_j}{\partial x_i}-\frac{\partial P_i}{\partial x_j}\right)dx_i\wedge dx_j\quad(2\text{ 次微分形式});\\&\ \ \vdots\end{aligned}$$

$k(1\leqslant k\leqslant n)$次微分形式 $\omega=\sum\limits_{i_1<\cdots<i_k} P_{i_1\cdots i_k}dx_{i_1}\wedge\cdots\wedge dx_{i_k}$，

$$\begin{aligned}d\omega &= \sum_{i_1<\cdots<i_k} dP_{i_1\cdots i_k}\wedge dx_{i_1}\wedge\cdots\wedge dx_{i_k}\\&= \sum_{i_1<\cdots<i_k}\left(\sum_{i=1}^{n}\frac{\partial P_{i_1\cdots i_k}}{\partial x_i}dx_i\right)\wedge dx_{i_1}\wedge\cdots\wedge dx_{i_k}\\&= \sum_{i_1<\cdots<i_k}\sum_{i=1}^{n}\frac{\partial P_{i_1\cdots i_k}}{\partial x_i}dx_i\wedge dx_{i_1}\wedge\cdots\wedge dx_{i_k}\quad(k+1\text{ 次微分形式});\\&\ \ \vdots\end{aligned}$$

$n-1$ 次微分形式 $\omega=\sum\limits_{i=1}^{n}(-1)^{i-1}P_i dx_1\wedge\cdots\wedge \widehat{dx_i}\wedge\cdots\wedge dx_n$，

$$\begin{aligned}d\omega &= \sum_{i=1}^{n}(-1)^{i-1}dP_i\wedge dx_1\wedge\cdots\wedge\widehat{dx_i}\wedge\cdots\wedge dx_n\\&= \sum_{i=1}^{n}(-1)^{i-1}\left(\sum_{j=1}^{n}\frac{\partial P_i}{\partial x_j}dx_j\right)\wedge dx_1\wedge\cdots\wedge\widehat{dx_i}\wedge\cdots\wedge dx_n\\&= \sum_{i=1}^{n}\frac{\partial P_i}{\partial x_i}dx_1\wedge dx_2\wedge\cdots\wedge dx_n\\&= \left(\sum_{i=1}^{n}\frac{\partial P_i}{\partial x_i}\right)dx_1\wedge dx_2\wedge\cdots\wedge dx_n(n\text{ 次微分形式});\end{aligned}$$

$k(\geqslant n)$，$d\omega=0(k+1(\geqslant n+1)$次微分形式).

定理 11.3.1 在$\mathbb{R}^n$ 中，d 具有以下性质：

(1) $d(\omega+\eta)=d\omega+d\eta$,

$d(c\omega)=c d\omega$，其中 $c\in\mathbb{R}$ 为常数，ω 与 η 都为 k 次微分形式；

(2) $d(\omega\wedge\eta)=d\omega\wedge\eta+(-1)^k\omega\wedge d\eta$，其中 ω 为 k 次微分形式，η 为 l 次微分形式；

(3) $d^2\omega=d(d\omega)=0$，其中 ω 为 C^2(ω 的系数 $P_{i_1\cdots i_k}$ 为 C^2 函数)的 k 次微分形式.

定义 11.3.3(1 次微分形式的积分—第二型曲线积分) 设 $U\subset\mathbb{R}^n$ 为开集，$\vec{C}\subset U$ 为定向曲线，其定向参数表示

$$\boldsymbol{x}=\boldsymbol{x}(t)=(x_1(t),x_2(t),\cdots,x_n(t)),\quad a\leqslant t\leqslant b$$

与曲线定向一致(即 $\boldsymbol{x}'(t)$与曲线定向一致)，$\omega=\sum\limits_{i=1}^{n}P_i dx_i$ 为连续(即 P_i 连续，$i=1,2,\cdots,n$)的 1 次微分形式，称

$$\int_{\vec{C}}\omega=\int_{\vec{C}}\sum_{i=1}^{n}P_i\mathrm{d}x_i\overset{\text{def}}{=\!=}\int_a^b\sum_{i=1}^{n}P_i(\boldsymbol{x}(t))\frac{\mathrm{d}x_i}{\mathrm{d}t}\mathrm{d}t\quad(\text{定积分})$$

(若积分值存在)为 ω 沿定向曲线$\vec{C}$的**第二型曲线积分**.

设 $\boldsymbol{F}=(P_1,P_2,\cdots,P_n)$,$\boldsymbol{x}=(x_1(t),x_2(t),\cdots,x_n(t))$,$\mathrm{d}\boldsymbol{x}=(\mathrm{d}x_1,\mathrm{d}x_2,\cdots,\mathrm{d}x_n)$,$\boldsymbol{\tau}=(\cos\alpha_1,\cos\alpha_2,\cdots,\cos\alpha_n)$为定向曲线$\vec{C}$的单位切向量场,$\mathrm{d}s$ 为弧长元. 则

第二型曲线积分 $\int_{\vec{C}}\omega=\int_{\vec{C}}\boldsymbol{F}\cdot\mathrm{d}\boldsymbol{x}=\int_{\vec{C}}\boldsymbol{F}\cdot\boldsymbol{\tau}\mathrm{d}s$(第一型曲线积分).

当 $n=3$ 时,$\omega=P\mathrm{d}x+Q\mathrm{d}y+R\mathrm{d}z$,$\boldsymbol{x}=(x,y,z)$,$\mathrm{d}\boldsymbol{x}=(\mathrm{d}x,\mathrm{d}y,\mathrm{d}z)$,则

$$\int_{\vec{C}}\omega=\int_{\vec{C}}P\mathrm{d}x+Q\mathrm{d}y+R\mathrm{d}z=\int_{\vec{C}}\boldsymbol{F}\cdot\mathrm{d}\boldsymbol{x}=\int_a^b\left(P\frac{\mathrm{d}x}{\mathrm{d}t}+Q\frac{\mathrm{d}y}{\mathrm{d}t}+R\frac{\mathrm{d}z}{\mathrm{d}t}\right)\mathrm{d}t$$

$$=\int_C\boldsymbol{F}\cdot\frac{\frac{\mathrm{d}\boldsymbol{x}}{\mathrm{d}t}}{\left\|\frac{\mathrm{d}\boldsymbol{x}}{\mathrm{d}t}\right\|}\mathrm{d}s=\int_C\boldsymbol{F}\cdot\boldsymbol{\tau}\mathrm{d}s=\int_C(P\cos\alpha+Q\cos\beta+R\cos\gamma)\mathrm{d}s.$$

定义 11.3.4($\mathbb{R}^3$ 中 2 次微分形式的积分—第二型曲面积分) 设 $U\subset\mathbb{R}^3$ 为开集,$\vec{\Sigma}\subset U$ 为定向有界曲面,其定向参数表示为

$$\boldsymbol{x}=\boldsymbol{x}(u,v)=(x(u,v),y(u,v),z(u,v)),\quad(u,v)\in\Delta.$$

定向曲面 $\vec{\Sigma}$ 的定向由 $\boldsymbol{x}'_u\times\boldsymbol{x}'_v$所确定

$$\omega=P\mathrm{d}y\wedge\mathrm{d}z+Q\mathrm{d}z\wedge\mathrm{d}x+R\mathrm{d}x\wedge\mathrm{d}y$$

为连续(即 P,Q,R 连续)的 2 次微分形式. 称

$$\int_{\vec{\Sigma}}\omega=\int_{\vec{\Sigma}}P\mathrm{d}y\wedge\mathrm{d}z+Q\mathrm{d}z\wedge\mathrm{d}x+R\mathrm{d}x\wedge\mathrm{d}y$$

$$\overset{\text{def}}{=\!=}\iint_{\Delta}\left[P(\boldsymbol{x}(u,v))\frac{\partial(y,z)}{\partial(u,v)}+Q(\boldsymbol{x}(u,v))\frac{\partial(z,x)}{\partial(u,v)}+R(\boldsymbol{x}(u,v))\frac{\partial(x,y)}{\partial(u,v)}\right]\mathrm{d}u\mathrm{d}v$$

$$=\iint_{\Delta}\begin{vmatrix}P(\boldsymbol{x}(u,v)) & Q(\boldsymbol{x}(u,v)) & R(\boldsymbol{x}(u,v))\\ \frac{\partial x}{\partial u} & \frac{\partial y}{\partial u} & \frac{\partial z}{\partial u}\\ \frac{\partial x}{\partial v} & \frac{\partial y}{\partial v} & \frac{\partial z}{\partial v}\end{vmatrix}\mathrm{d}u\mathrm{d}v$$

$$=\iint_{\Delta}\boldsymbol{F}\cdot\boldsymbol{x}'_u\times\boldsymbol{x}'_v\mathrm{d}u\mathrm{d}v=\iint_{\Delta}\boldsymbol{F}\cdot\frac{\boldsymbol{x}'_u\times\boldsymbol{x}'_v}{\|\boldsymbol{x}'_u\times\boldsymbol{x}'_v\|}\|\boldsymbol{x}'_u\times\boldsymbol{x}'_v\|\mathrm{d}u\mathrm{d}v$$

$$=\iint_{\Sigma}\boldsymbol{F}\cdot\frac{\boldsymbol{x}'_u\times\boldsymbol{x}'_v}{\|\boldsymbol{x}'_u\times\boldsymbol{x}'_v\|}\mathrm{d}\sigma=\iint_{\Sigma}(P\cos\alpha+Q\cos\beta+R\cos\gamma)\mathrm{d}\sigma(\text{第一型曲面积分})$$

(若积分值存在)为 ω 沿定向曲面 $\vec{\Sigma}$ 的**第二型曲面积分**. 其中

$$\boldsymbol{F}=(P,Q,R),\quad\text{定向单位法向量}\frac{\boldsymbol{x}'_u\times\boldsymbol{x}'_v}{\|\boldsymbol{x}'_u\times\boldsymbol{x}'_v\|}=(\cos\alpha,\cos\beta,\cos\gamma),$$

$$\mathrm{d}y \wedge dz = \left(\frac{\partial y}{\partial u}\mathrm{d}u + \frac{\partial y}{\partial v}\mathrm{d}v\right) \wedge \left(\frac{\partial z}{\partial u}\mathrm{d}u + \frac{\partial z}{\partial v}\mathrm{d}v\right)$$

$$= \left(\frac{\partial y}{\partial u}\frac{\partial z}{\partial v} - \frac{\partial y}{\partial v}\frac{\partial z}{\partial u}\right)\mathrm{d}u \wedge \mathrm{d}v = \frac{\partial(y,z)}{\partial(u,v)}\mathrm{d}u \wedge \mathrm{d}v.$$

定义 11.3.5($\mathbb{R}^3$ 中 3 次微分形式在定向区域上的第二型积分) 设 $\vec{\Sigma}\subset\mathbb{R}^3$ 为定向有界区域,$\Delta\subset\mathbb{R}^3$ 有体积,参数表示为

$$\boldsymbol{x} = \boldsymbol{x}(u,v,w) = (x(u,v,w),y(u,v,w),z(u,v,w)),\quad (u,v,w)\in\Delta,$$

它与 $\vec{\Sigma}$ 的定向一致,即$\{\boldsymbol{x}'_u,\boldsymbol{x}'_v,\boldsymbol{x}'_w\}$与 $\vec{\Sigma}$ 同为右手系或同为左手系. 我们定义连续的 3 次微分形式 $\omega=f\mathrm{d}x\wedge\mathrm{d}y\wedge\mathrm{d}z$(即 f 连续)沿 $\vec{\Sigma}$ 的第二型积分为

$$\iiint_{\vec{\Sigma}}\omega = \iiint_{\vec{\Sigma}} f(x,y,z)\mathrm{d}x \wedge \mathrm{d}y \wedge \mathrm{d}z$$

$$\stackrel{\text{def}}{=\!=}\iiint_{\Delta} f(\boldsymbol{x}(u,v,w))\frac{\partial(x,y,z)}{\partial(u,v,w)}\mathrm{d}u\mathrm{d}v\mathrm{d}w,$$

其中

$$f\mathrm{d}x\wedge \mathrm{d}y \wedge \mathrm{d}z = f\left(\frac{\partial x}{\partial u}\mathrm{d}u + \frac{\partial x}{\partial v}\mathrm{d}v + \frac{\partial x}{\partial w}\mathrm{d}w\right) \wedge \left(\frac{\partial y}{\partial u}\mathrm{d}u + \frac{\partial y}{\partial v}\mathrm{d}v + \frac{\partial y}{\partial w}\mathrm{d}w\right)$$

$$\wedge \left(\frac{\partial z}{\partial u}\mathrm{d}u + \frac{\partial z}{\partial v}\mathrm{d}v + \frac{\partial z}{\partial w}\mathrm{d}w\right)$$

$$= f\frac{\partial(x,y,z)}{\partial(u,v,w)}\mathrm{d}u \wedge \mathrm{d}v \wedge \mathrm{d}w.$$

更一般地,有下面的定义.

定义 11.3.6($\mathbb{R}^n$ 中 k 次微分形式在 k 维定向曲面上的第二型积分) 设 $U\subset\mathbb{R}^n$ 为开集,$\vec{\Sigma}\subset U$ 为 k 维定向有界曲面,其参数表示为

$$\boldsymbol{x} = \boldsymbol{x}(u_1,u_2,\cdots,u_k) = (x_1(u_1,u_2,\cdots,u_k),x_2(u_1,u_2,\cdots,u_k),\cdots,x_n(u_1,u_2,\cdots,u_k)),$$
$$(u_1,u_2,\cdots,u_k)\in\Delta.$$

定向曲面 $\vec{\Sigma}$ 的定向由$\{\boldsymbol{x}'_{u_1},\boldsymbol{x}'_{u_2},\cdots,\boldsymbol{x}'_{u_k}\}$所确定. k 次微分形式

$$\omega = \sum_{i_1<\cdots<i_k} P_{i_1\cdots i_k}\mathrm{d}x_{i_1} \wedge \cdots \wedge \mathrm{d}x_{i_k}$$

是连续的(即 $P_{i_1\cdots i_k}$ 是连续的). 定义 ω 在$\vec{\Sigma}$上的第二型曲面积分为

$$\int\cdots\int_{\vec{\Sigma}}\omega = \int\cdots\int_{\vec{\Sigma}}\sum_{i_1<\cdots<i_k} P_{i_1\cdots i_k}\mathrm{d}x_{i_1} \wedge \cdots \wedge \mathrm{d}x_{i_k}$$

$$\stackrel{\text{def}}{=\!=}\int\cdots\int_{\Delta}\sum_{i_1<\cdots<i_k} P_{i_1\cdots i_k}(\boldsymbol{x}(u_1,u_2,\cdots,u_k))\frac{\partial(x_{i_1},x_{i_2},\cdots,x_{i_k})}{\partial(u_1,u_2,\cdots,u_k)}\mathrm{d}u_1\cdots\mathrm{d}u_k,$$

其中

$$dx_{i_1} \wedge \cdots \wedge dx_{i_k} = \left(\sum_{j_1=1}^{k} \frac{\partial x_{i_1}}{\partial u_{j_1}} du_{j_1}\right) \wedge \cdots \wedge \left(\sum_{j_k=1}^{k} \frac{\partial x_{i_k}}{\partial u_{j_k}} du_{j_k}\right)$$

$$= \frac{\partial(x_{i_1}, x_{i_2}, \cdots, x_{i_k})}{\partial(u_1, u_2, \cdots, u_k)} du_1 \wedge \cdots \wedge du_k.$$

注 引理 11.3.1 表明定义 11.3.3 与定向参数的选取无关.

引理 11.3.2 表明定义 11.3.4 与定向参数的选取无关.

引理 11.3.3 表明定义 11.3.5 与定向参数的选取无关.

引理 11.3.4 表明定义 11.3.6 与定向参数的选取无关.

注 定理 11.3.2,定理 11.3.3,定理 11.3.4,定理 11.3.5 指出

$$\int \cdots \int_{\vec{\Sigma}} \omega = -\int \cdots \int_{\vec{\Sigma}^-} \omega.$$

Ⅳ. Stokes 公式 $\int_{\overrightarrow{\partial M}} \omega = \int_{\vec{M}} d\omega$

定理 11.4.1(Newton-Leibniz) 设$\vec{C}$为$\mathbb{R}^n$ 中定向曲线,起点为 A,终点为 B,ω 为 0 次(函数)C^1 微分形式(见图),则

$$\int_{\vec{C}} d\omega = \int_{\overrightarrow{\partial C}} \omega = \int_{\{\vec{B}^+, \vec{A}^-\}} \omega = \int_{\vec{B}^+} \omega + \int_{\vec{A}^-} \omega = \omega(B) - \omega(A).$$

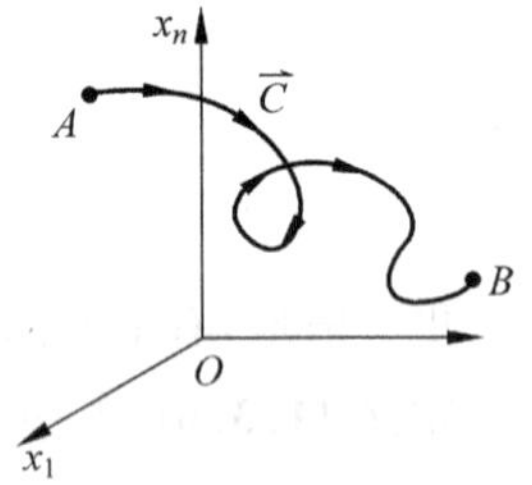

特别地,当$\vec{C}=\overrightarrow{[a,b]}$,$\overrightarrow{\partial C}=\{\vec{b}^+, \vec{a}^-\}$,$\omega=f$,上式为

$$\int_a^b df = \int_{\overrightarrow{[a,b]}} df = \int_{\overrightarrow{\partial[a,b]}} f = f(b) - f(a),$$

即它是通常的 Newton-Leibniz 公式.

定理 11.4.2(Green 定理) 设$\vec{M}$为$\mathbb{R}^2$ 中的定向有界闭域,$\omega = P dx + Q dy$ 为一次 C^1 微分形式. 如果 M 既能分成有限个不相重叠(无公共内点)的第一种定向闭域,又能分成有限个不相重叠(无公共内点)的第二种定各闭域(见[1]第二册 355~356 页),则

$$\oint_{\overrightarrow{\partial M}} P dx + Q dy = \iint_{\vec{M}} \left(\frac{\partial Q}{\partial x} - \frac{\partial P}{\partial y}\right) dx \wedge dy,$$

即

$$\int_{\overrightarrow{\partial M}} \omega = \iint_{\vec{M}} d\omega,$$

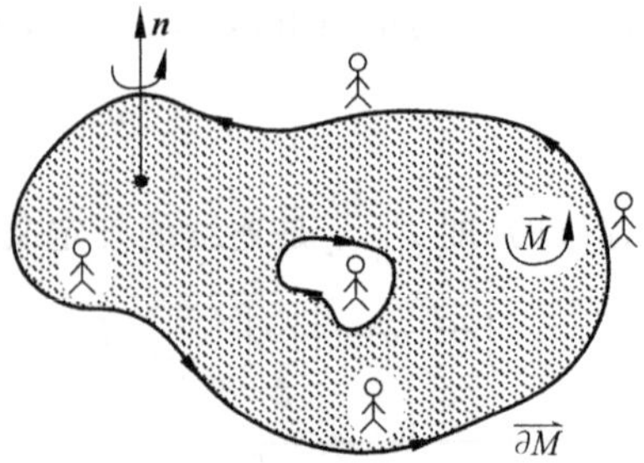

其中$\overrightarrow{\partial M}$为$\vec{M}$的诱导定向(见图).

推论 11.4.1 设$\vec{M}$为定理 11.4.2 中的平面正向有界区域,则 M 的面积为

$$\sigma(M)=\oint_{\overrightarrow{\partial M}}x\mathrm{d}y=-\oint_{\overrightarrow{\partial M}}y\mathrm{d}x=\frac{1}{2}\oint_{\overrightarrow{\partial M}}(x\mathrm{d}y-y\mathrm{d}x),$$

其中$\overrightarrow{\partial M}$为$\vec{M}$的诱导定向，即逆时针方向.

定理 11.4.3(Gauss 定理)　设$\vec{M}$为$\mathbb{R}^3$中的定向有界闭域，$\omega=P\mathrm{d}y\wedge\mathrm{d}z+Q\mathrm{d}z\wedge\mathrm{d}x+R\mathrm{d}x\wedge\mathrm{d}y$为二次$C^1$微分形式. 如果$\vec{M}$既能分成有限个不相重叠(无公共内点)的第一种定向闭域，又能分成有限个不相重叠(无公共内点)的第二种定向闭域，还能分成有限个不相重叠(无公共内点)的第三种定向闭域(见[1]第二册 358～359 页)，则

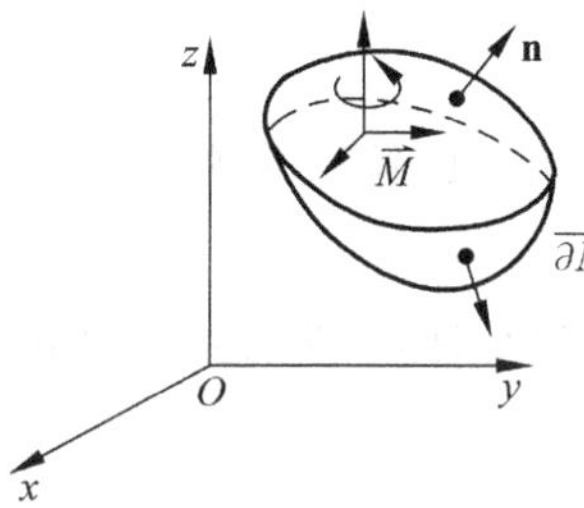

$$\oiint_{\overrightarrow{\partial M}}P\mathrm{d}y\wedge\mathrm{d}z+Q\mathrm{d}z\wedge\mathrm{d}x+R\mathrm{d}x\wedge\mathrm{d}y=\iiint_{\vec{M}}\left(\frac{\partial P}{\partial x}+\frac{\partial Q}{\partial y}+\frac{\partial R}{\partial z}\right)\mathrm{d}x\wedge\mathrm{d}y\wedge\mathrm{d}z,$$

即

$$\int_{\overrightarrow{\partial M}}\omega=\int_{\vec{M}}\mathrm{d}\omega.$$

其中$\overrightarrow{\partial M}$为$\vec{M}$的诱导定向(见图).

推论 11.4.2　设$\vec{M}$为定理 11.4.3 中的正向有界闭域，则M的体积为

$$v(M)=\frac{1}{3}\oiint_{\overrightarrow{\partial M}}(x\mathrm{d}y\wedge\mathrm{d}z+y\mathrm{d}z\wedge\mathrm{d}x+z\mathrm{d}x\wedge\mathrm{d}y),$$

$\overrightarrow{\partial M}$取由$\vec{M}$决定的$\partial M$的诱导定向，它是二维定向(外法向)闭曲面.

定理 11.4.4(Stokes 定理)　设$\vec{M}$为$\mathbb{R}^3$中二维C^2定向曲面，$\boldsymbol{x}$: $\vec{\Delta}\to\vec{M}\subset\mathbb{R}^3$，$(u,v)\mapsto\boldsymbol{x}(u,v)=(x(u,v),y(u,v),z(u,v))$为$M$的定向参数表示，它是$C^2$类的，即有二阶连续偏导数. 如果$\vec{\Delta}$为$uOv$平面中的正向闭域，$\overrightarrow{\partial\Delta}$由有限条定向$C^1$曲线组成，它的定向为$\vec{\Delta}$的诱导定向，$\overrightarrow{\partial M}=\boldsymbol{x}(\overrightarrow{\partial\Delta})$(见右图). $\vec{\Delta}$满足 Green 公式的条件. 当$\omega=P\mathrm{d}x+Q\mathrm{d}y+R\mathrm{d}z$为$M$上的一次$C^1$微分形式，则

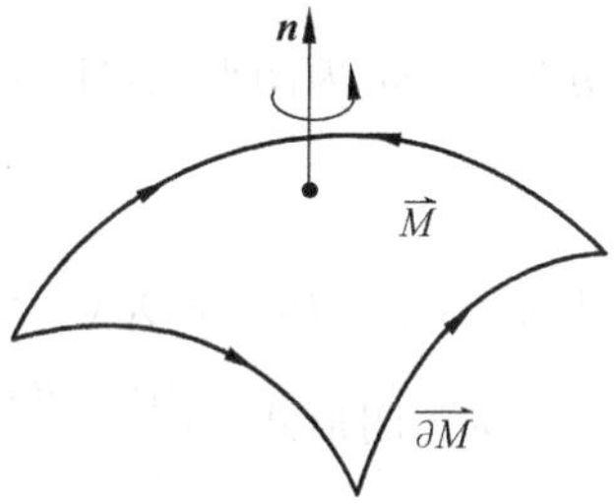

$$\oint_{\overrightarrow{\partial M}}P\mathrm{d}x+Q\mathrm{d}y+R\mathrm{d}z=\iint_{\vec{M}}\begin{vmatrix}\mathrm{d}y\wedge\mathrm{d}z & \mathrm{d}z\wedge\mathrm{d}x & \mathrm{d}x\wedge\mathrm{d}y\\ \dfrac{\partial}{\partial x} & \dfrac{\partial}{\partial y} & \dfrac{\partial}{\partial z}\\ P & Q & R\end{vmatrix}$$

$$=\iint_{\vec{M}}\left(\frac{\partial R}{\partial y}-\frac{\partial Q}{\partial z}\right)\mathrm{d}y\wedge\mathrm{d}z+\left(\frac{\partial P}{\partial z}-\frac{\partial R}{\partial x}\right)\mathrm{d}z\wedge\mathrm{d}x$$

$$+\left(\frac{\partial Q}{\partial x}-\frac{\partial P}{\partial y}\right)\mathrm{d}x \wedge \mathrm{d}y$$

$$=\iint\limits_{\vec{M}}\begin{vmatrix}\cos\alpha & \cos\beta & \cos\gamma\\ \dfrac{\partial}{\partial x} & \dfrac{\partial}{\partial y} & \dfrac{\partial}{\partial z}\\ P & Q & R\end{vmatrix}\mathrm{d}\sigma \quad (\text{第一型曲面积分}),$$

即

$$\int_{\overrightarrow{\partial M}}\omega=\int_{\vec{M}}\mathrm{d}\omega.$$

注 如果曲线不封闭,可加线封闭,再应用 Green 公式.

如果曲面不封闭,可加底或加盖封闭,再应用 Gauss 公式(见[1]第三册例 11.4.11 解法 1).

注 如果 ω 有奇点,可挖去含奇点小圆(或小球),且让小圆(或小球)的半径趋于 0 再应用 Green(或 Gauss)公式. 参阅例 11.4.4(2).

Ⅴ. 闭形式与恰当微分形式(全微分)

定义 11.5.1 设 $U\subset\mathbb{R}^n$ 为开集,ω 为 U 上的 k 次 $C^r(r\geqslant1)$ 微分形式,如果 $\mathrm{d}\omega=0$,则称 ω 为**闭形式**,如果在 U 上存在 $k-1$ 次 C^{r+1} 微分形式 θ,使得 $\omega=\mathrm{d}\theta$,则称 ω 为**恰当微分形式**(或**全微分**).

注 设 $U\subset\mathbb{R}^n$ 为开集,$\omega=\sum\limits_{i=1}^{n}P_i\mathrm{d}x_i$ 为 U 上的 1 次 $C^r(r\geqslant1)$ 微分形式,则 ω 为恰当微分形式$\Rightarrow\omega$ 为闭形式,即 $\mathrm{d}\omega=0$

$$\Leftrightarrow\frac{\partial P_i}{\partial x_j}=\frac{\partial P_j}{\partial x_i},\quad i,j=1,2,\cdots,n.$$

当 $n=3$,$\omega=P\mathrm{d}x+Q\mathrm{d}y+R\mathrm{d}z$,

ω 为闭形式$\Leftrightarrow\dfrac{\partial P}{\partial y}=\dfrac{\partial Q}{\partial x},\dfrac{\partial P}{\partial z}=\dfrac{\partial R}{\partial x},\dfrac{\partial Q}{\partial z}=\dfrac{\partial R}{\partial y}$.

当 $n=2$ 时,$\omega=P\mathrm{d}x+Q\mathrm{d}y$,

ω 为闭形式$\Leftrightarrow\dfrac{\partial P}{\partial y}=\dfrac{\partial Q}{\partial x}$.

定理 11.5.1(恰当微分形式的必要条件) ω 为开集 $U\subset\mathbb{R}^n$ 上的 k 次 $C^r(r\geqslant1)$ 恰当微分形式,则 ω 为闭形式. 但反之不真$\left(\text{如}: U=\mathbb{R}^2\setminus\{(0,0)\},\omega=\dfrac{-y\mathrm{d}x+x\mathrm{d}y}{x^2+y^2},(x,y)\in U\right)$.

定理 11.5.2 设 $U\subset\mathbb{R}^n$ 为开区域,则:

(1) ω 为 U 上的 1 次 $C^r(r\geqslant1)$ 恰当微分形式

$\Leftrightarrow$(2) $\int_{\vec{C}}\omega=0$,其中$\vec{C}$为 U 中任何分段 C^1 定向简单闭曲线

$\Leftrightarrow$(3) $\int_{\vec{C}}\omega$ 在 U 上与道路$\vec{C}$选取无关,而只与$\vec{C}$的起点 $\boldsymbol{p}$ 和终点 $\boldsymbol{q}$ 有关.

推论 11.5.1 设 $U\subset\mathbb{R}^n$ 为开区域,ω 为 U 上的 1 次 C^0 恰当微分形式. 如果存在 0 次 C^1 微分形式 θ,使得 $\mathrm{d}\theta=\omega$,则

$$\theta(\boldsymbol{q})=\int_{\boldsymbol{p}}^{\boldsymbol{q}}\omega+c,\quad \forall\,\boldsymbol{q}=U,$$

其中 $\boldsymbol{p}\in U$ 为固定点,c 为实常数.

定理 11.5.3(平面一次闭形式为恰当微分形式的充分条件) 设 $U\subset\mathbb{R}^2$ 为单连通(即 U 中任一条封闭 C^1 的 Jordan 曲线可在 U 中缩成一点)开区域,ω 在 U 上的 1 次 $C^r(r\geqslant 1)$ 微分形式. 如果 ω 为闭形式,即 $\mathrm{d}w=0$,则 ω 为 1 次恰当微分形式.

定理 11.5.5($\mathbb{R}^n$ 中 1 次闭形式为恰当微分形式的充分条件) 设 $U\subset\mathbb{R}^n$ 为开区域,且 $\forall\,\boldsymbol{p},\boldsymbol{q}\in U$,任何连接 $\boldsymbol{p}$ 与 $\boldsymbol{q}$ 的平行于坐标轴的一固定顺序的折线(例如:先平行于 x_1 轴,再平行于 x_2 轴,等等)全在 U 中,ω 为 U 上的 1 次 C^1 闭形式,即 $\mathrm{d}\omega=0$. 则 ω 为恰当微分形式,即 $\omega=\mathrm{d}\theta$.

定理 11.5.6 设 $U\subset\mathbb{R}^3$ 为开区域,$(x_0,y_0,z_0)\in U$ 为一固定点,$\forall\,(x,y,z)\in U$,连 (x_0,y_0,z_0)与(x_0,y,z_0),连(x_0,y,z_0)与(x,y,z_0),连(x,y,z_0)与(x,y,z)得到的折线全在 U 中(如 U 为开长方体、第一卦限、半空间). 如果

$$\omega=P\mathrm{d}y\wedge\mathrm{d}z+Q\mathrm{d}z\wedge\mathrm{d}x+R\mathrm{d}x\wedge\mathrm{d}y$$

为 U 上的 2 次 C^r 闭微分形式$(r\geqslant 1)$,即 $\mathrm{d}\omega=0$,则 ω 为恰当微分形式,即 $\omega=\mathrm{d}\theta$,其中

$$\theta=u\mathrm{d}x+v\mathrm{d}y,$$

$$v=-\int_{z_0}^{z}P(x,y,z)\mathrm{d}z,\quad u=\int_{z_0}^{z}Q(x,y,z)\mathrm{d}z-\int_{y_0}^{y}R(x,y,z_0)\mathrm{d}y.$$

Ⅵ. 场论

参阅[1]第二册 387～401 页.

473. 设 Σ 为单位球面 $x^2+y^2+z^2=1$,$f(t)$在$|t|\leqslant\sqrt{a^2+b^2+c^2}$ 内连续. 证明:Poisson 公式

$$\int_0^{2\pi}\mathrm{d}\varphi\int_0^{\pi}f(a\sin\theta\cos\varphi+b\sin\theta\sin\varphi+c\cos\theta)\sin\theta\mathrm{d}\theta$$
$$=\iint_{\Sigma}f(ax+by+cz)\mathrm{d}\sigma=2\pi\int_{-1}^{1}f\left(\sqrt{a^2+b^2+c^2}\,t\right)\mathrm{d}t.$$

证明 左边的积分,即为单位球面 Σ: $x^2+y^2+z^2=1$ 上的曲面积分

$$\iint_{\Sigma} f(ax+by+cz)\mathrm{d}\sigma.$$

令

$$\zeta=\frac{ax+by+cz}{\sqrt{a^2+b^2+c^2}},$$

作坐标旋转. 在 $ax+by+cz=0$ 的平面上取正交轴 $O\xi,O\eta$,使 $O\xi\eta\zeta$ 成右手系. 这时 $x^2+y^2+z^2=1$ 变成 $\xi^2+\eta^2+\zeta^2=1$. 或将

$$\Sigma:\ \xi^2+\eta^2=1-\zeta^2$$

写成"柱面"坐标:

$$\begin{cases}\xi=\sqrt{1-\zeta^2}\cos\varphi,\\ \eta=\sqrt{1-\zeta^2}\sin\varphi,\\ \zeta=\zeta,\quad 0\leqslant\varphi\leqslant 2\pi,\quad -1\leqslant z\leqslant 1.\end{cases}$$

此时

$$E=\xi_{\varphi}'^2+\eta_{\varphi}'^2+\zeta_{\varphi}'^2=(-\sqrt{1-\zeta^2}\sin\varphi)^2+(\sqrt{1-\zeta^2}\cos\varphi)^2+0^2=1-\zeta^2,$$

$$G=\xi_{\zeta}'^2+\eta_{\zeta}'^2+\zeta_{\zeta}'^2=\left(\frac{-\zeta}{\sqrt{1-\zeta^2}}\cos\varphi\right)^2+\left(\frac{-\zeta}{\sqrt{1-\zeta^2}}\sin\varphi\right)^2+1=\frac{1}{1-\zeta^2},$$

$$\begin{aligned}F&=\xi'_{\varphi}\xi'_{\zeta}+\eta'_{\varphi}\eta'_{\zeta}+\zeta'_{\varphi}\zeta'_{\zeta}\\&=(-\sqrt{1-\zeta^2}\sin\varphi)\cdot\frac{-1}{\sqrt{1-\zeta^2}}\cos\varphi+(\sqrt{1-\zeta^2}\cos\varphi)\cdot\frac{-1}{\sqrt{1-\zeta^2}}\sin\varphi+0\cdot 1\\&=0,\end{aligned}$$

$$\mathrm{d}\sigma=\sqrt{EG-F^2}\,\mathrm{d}\varphi\mathrm{d}\zeta=\sqrt{(1-\zeta^2)\frac{1}{1-\zeta^2}-0}\,\mathrm{d}\varphi\mathrm{d}\zeta=\mathrm{d}\varphi\mathrm{d}\zeta.$$

于是

$$\begin{aligned}&\int_0^{2\pi}\mathrm{d}\varphi\int_0^{\pi}f(a\sin\theta\cos\varphi+b\sin\theta\sin\varphi+c\cos\theta)\sin\theta\mathrm{d}\theta\\&=\iint_{\Sigma}f(ax+by+cz)\mathrm{d}\sigma=\iint_{\Sigma}f(\sqrt{a^2+b^2+c^2}\,\zeta)\mathrm{d}\sigma\\&=\iint_{[0,2\pi]\times[-1,1]}f(\sqrt{a^2+b^2+c^2}\,\zeta)\sqrt{EG-F^2}\,\mathrm{d}\varphi\mathrm{d}\zeta\\&=\int_0^{2\pi}\mathrm{d}\varphi\int_{-1}^{1}f(\sqrt{a^2+b^2+c^2}\,\zeta)\mathrm{d}\zeta\\&=2\pi\int_{-1}^{1}f(\sqrt{a^2+b^2+c^2}\,t)\mathrm{d}t.\end{aligned}$$

□

474. 设 $\Sigma(t)$ 是平面 $x+y+z=t$ 被球面 $x^2+y^2+z^2=1$ 截下的部分(474 题图). 令

$$f(x,y,z)=1-(x^2+y^2+z^2).$$

求证：对于 $|t|\leqslant\sqrt{3}$ 时，有

$$F(t)=\iint_{\Sigma(t)}f(x,y,z)\,\mathrm{d}\sigma=\frac{\pi}{18}(3-t^2)^2.$$

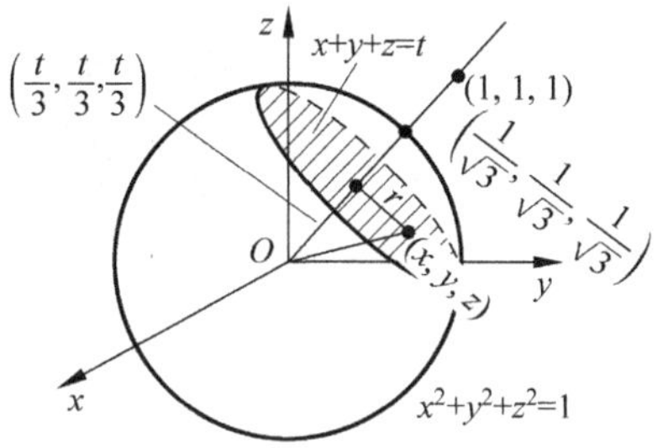

474 题图

证法 1

$$\begin{aligned}F(t)&=\iint_{\Sigma(t)}f(x,y,z)\,\mathrm{d}\sigma\\&=\iint_{\Sigma(t)}[1-(x^2+y^2+z^2)]\,\mathrm{d}\sigma\\&=\iint_{\Delta(t)}\left[1-\left(\frac{t^2}{3}+r^2\right)\right]r\,\mathrm{d}r\,\mathrm{d}\varphi\\&=\left(1-\frac{t^2}{3}\right)\iint_{\Sigma(t)}\mathrm{d}\sigma-\int_0^{2\pi}\mathrm{d}\varphi\int_0^{\sqrt{1-\frac{t^2}{3}}}r^3\,\mathrm{d}r\\&=\left(1-\frac{t^2}{3}\right)\pi\left(1-\frac{t^2}{3}\right)-2\pi\left.\frac{r^4}{4}\right|_0^{\sqrt{1-\frac{t^2}{3}}}\\&=\pi\left(1-\frac{t^2}{3}\right)^2-\frac{\pi}{2}\left(1-\frac{t^2}{3}\right)^2=\frac{\pi}{18}(3-t^2)^2.\end{aligned}$$

证法 2　以 $z=t-x-y$ 代入 $x^2+y^2+z^2\leqslant1$ 得

$$x^2+y^2+(t-x-y)^2\leqslant1,$$

$$x^2+y^2+xy-tx-ty\leqslant\frac{1}{2}(1-t^2),$$

$$x^2+x(y-t)+\frac{1}{4}(y-t)^2+y^2-ty-\frac{1}{4}(y-t)^2\leqslant\frac{1}{2}(1-t^2),$$

$$\left(x+\frac{y-t}{2}\right)^2+\frac{3}{4}\left(y-\frac{t}{3}\right)^2\leqslant\frac{1}{2}\left(1-\frac{t^2}{3}\right).\tag{1}$$

在平面 $x+y+z=t$ 上，用 $\{x,y\}$ 作坐标(参数)，则 $z=t-(x+y)$. 于是

$$\mathrm{d}\sigma=\sqrt{1+z_x'^2+z_y'^2}\,\mathrm{d}x\mathrm{d}y=\sqrt{1+(-1)^2+(-1)^2}\,\mathrm{d}x\mathrm{d}y=\sqrt{3}\,\mathrm{d}x\mathrm{d}y.$$

设 D 为 xOy 平面上由(1)式所围的区域. 作变换

$$\begin{cases}\xi=x+\dfrac{y-t}{2},\\[2ex]\eta=\dfrac{\sqrt{3}}{2}\left(y-\dfrac{t}{3}\right),\end{cases}$$

则区域 D 化为 $\xi^2+\eta^2\leqslant a^2$，其中 $a=\frac{1}{\sqrt{2}}\left(1-\frac{t^2}{3}\right)^{\frac{1}{2}}$.

又因

$$\begin{vmatrix} \frac{\partial x}{\partial \xi} & \frac{\partial x}{\partial \eta} \\ \frac{\partial y}{\partial \xi} & \frac{\partial y}{\partial \eta} \end{vmatrix} = \begin{vmatrix} \frac{\partial \xi}{\partial x} & \frac{\partial \xi}{\partial y} \\ \frac{\partial \eta}{\partial x} & \frac{\partial \eta}{\partial y} \end{vmatrix}^{-1} = \begin{vmatrix} 1 & \frac{1}{2} \\ 0 & \frac{\sqrt{3}}{2} \end{vmatrix}^{-1} = \frac{2}{\sqrt{3}},$$

故得

$$\begin{aligned} F(t) &= \iint_{\Sigma(t)} f(x,y,z)\mathrm{d}\sigma = \iint_{\Sigma(t)} [1-(x^2+y^2+z^2)]\mathrm{d}\sigma \\ &= \iint_{\Sigma(t)} [1-x^2-y^2-(t-x-y)^2]\sqrt{3}\,\mathrm{d}x\mathrm{d}y \\ &= \sqrt{3}\iint_{\xi^2+\eta^2\leqslant a^2} 2(a^2-\xi^2-\eta^2)\begin{vmatrix} \frac{\partial x}{\partial \xi} & \frac{\partial x}{\partial \eta} \\ \frac{\partial y}{\partial \xi} & \frac{\partial y}{\partial \eta} \end{vmatrix}\mathrm{d}\xi\mathrm{d}\eta \\ &= 4\iint_{\xi^2+\eta^2\leqslant a^2} (a^2-\xi^2-\eta^2)\mathrm{d}\xi\mathrm{d}\eta = 4\int_0^{2\pi}\mathrm{d}\varphi\int_0^a (a^2-r^2)r\mathrm{d}r \\ &= 8\pi\left(\frac{a^2r^2}{2}-\frac{r^4}{4}\right)\Big|_0^a = 2\pi a^4 = \frac{\pi}{18}(3-t^2)^2. \end{aligned}$$

证法 3 作坐标旋转,令

$$w = \frac{x+y+z}{\sqrt{3}},$$

并在 $w=0$ 的平面上,任意取定两正交轴,使 $Ouvw$ 仍为右手系,且

$$x^2+y^2+z^2 = u^2+v^2+w^2.$$

设 $\Sigma'(t)$ 为 $w=\frac{t}{\sqrt{3}}$ 被 $u^2+v^2+w^2\leqslant 1$ 截下的部分. 它在 uv 平面上投影区域为

$$\Delta:\ u^2+v^2 \leqslant 1-\frac{t^2}{3} \quad (|t|\leqslant\sqrt{3}).$$

于是

$$\begin{aligned} F(t) &= \iint_{\Sigma(t)} f(x,y,z)\mathrm{d}\sigma = \iint_{\Sigma(t)} [1-(x^2+y^2+z^2)]\mathrm{d}\sigma \\ &= \iint_{\Sigma(t)} [1-(u^2+v^2+w^2)]\mathrm{d}\sigma = \iint_{\Delta}\left(1-u^2-v^2-\frac{t^2}{3}\right)\mathrm{d}u\mathrm{d}v \\ &= \int_0^{2\pi}\mathrm{d}\theta\int_0^{\sqrt{1-\frac{t^2}{3}}}\left(1-\frac{t^2}{3}-r^2\right)r\mathrm{d}r \\ &= 2\pi\left[\left(1-\frac{t^2}{3}\right)\frac{r^2}{2}-\frac{r^4}{4}\right]\Bigg|_0^{\sqrt{1-\frac{t^2}{3}}} = \frac{\pi}{18}(3-t^2)^2. \end{aligned}$$

□

474′. 证明:第一型曲面积分

$$F(t)=\iint\limits_{x+y+z=t} f(x,y,z)\mathrm{d}\sigma=\begin{cases}\dfrac{\pi}{18}(3-t^2)^2, & |t|\leqslant\sqrt{3},\\ 0, & |t|>\sqrt{3},\end{cases}$$

其中

$$f(x,y,z)=\begin{cases}1-x^2-y^2-z^2, & x^2+y^2+z^2\leqslant 1,\\ 0, & x^2+y^2+z^2>1.\end{cases}$$

证明 当 $x+y+z=t>\sqrt{3}$ 时，$x^2+y^2+z^2>1$，故 $f(x,y,z)=0$. 于是

$$\begin{aligned}F(t)&=\iint\limits_{x+y+z=t} f(x,y,z)\mathrm{d}\sigma\\ &=\begin{cases}\displaystyle\iint\limits_{\Sigma(t)}(1-x^2-y^2-z^2)\mathrm{d}\sigma, & |t|\leqslant\sqrt{3},\\ \displaystyle\iint\limits_{\Sigma(t)}0\mathrm{d}\sigma, & |t|>\sqrt{3}\end{cases}\\ &\xlongequal{474\text{ 题}}\begin{cases}\dfrac{\pi}{18}(3-t^2)^2, & |t|\leqslant\sqrt{3},\\ 0, & |t|>\sqrt{3}.\end{cases}\end{aligned}$$

□

475. 对常数 $a>0$，定义函数

$$f(x,y,z)=\begin{cases}1, & x^2+y^2+z^2\leqslant a^2,\\ 0, & x^2+y^2+z^2>a^2.\end{cases}$$

设 $\mathbb{R}^3$ 中的点 (ξ,η,ζ) 满足 $\xi^2+\eta^2+\zeta^2>a^2$，计算第一型曲面积分

$$F(\xi,\eta,\zeta,t)=\iint\limits_{\Sigma(t)} f(x,y,z)\mathrm{d}\sigma,$$

其中 $\Sigma(t)$ 为球面 $(x-\xi)^2+(y-\eta)^2+(z-\zeta)^2=t^2$.

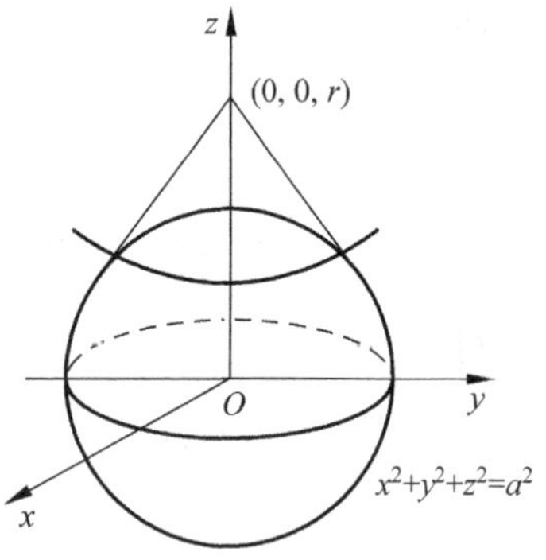

475 题图

解 所求积分的几何意义是“求球面

$$(x-\xi)^2+(y-\eta)^2+(z-\zeta)^2=t^2$$

落在球体 $x^2+y^2+z^2<a^2$ 内的表面积”.

明显地，若令

$$r=\sqrt{\xi^2+\eta^2+\zeta^2},$$

则凡是与原点的距离为 r 的点 (ξ,η,ζ)，积分具有相同的值. 因此，我们只需计算在点 $(0,0,r)$ 处积分的值(见 475 题图)，即

$$F(\xi,\eta,\zeta,t)=F(0,0,r,t)$$

$$= \iint\limits_{\substack{x^2+y^2+(z-r)^2=t^2 \\ x^2+y^2+z^2<a^2}} f(x,y,z)\,\mathrm{d}\sigma.$$

易见,当 $0<t\leqslant r-a$ 或 $t\geqslant r+a$ 时,球面 $x^2+y^2+(z-r)^2=t^2$ 与开球体 $x^2+y^2+z^2<a^2$ 无公共部分,故 $f(x,y,z)=0$,从而

$$F(x,y,z,t)=0.$$

当 $r-a<t<r+a$ 时,球面 $x^2+y^2+(z-r)^2=t^2$ 有一部分落在开球体 $x^2+y^2+z^2<a^2$ 内.这时,$f(x,y,z)=1$,且这部分球面投影到 xOy 平面上的边界曲线为

$$\begin{cases} x^2+y^2+(z-r)^2=t^2, \\ x^2+y^2+z^2=a^2, \end{cases}$$

$$a^2-2zr+r^2=t^2,$$

$$z=\frac{a^2+r^2-t^2}{2r},$$

$$x^2+y^2=t^2-(z-r)^2=t^2-\left(\frac{a^2+r^2-t^2}{2r}-r\right)^2$$

$$=t^2-\frac{(r^2+t^2-a^2)^2}{4r^2}\overset{\text{def}}{=\!=}h^2.$$

在球面 $x^2+y^2+(z-r)^2=t^2$ 上,有

$$\mathrm{d}\sigma=\sqrt{1+z_x'^2+z_y'^2}\,\mathrm{d}x\mathrm{d}y=\sqrt{1+\left(\frac{-x}{z-r}\right)^2+\left(\frac{-y}{z-r}\right)^2}\,\mathrm{d}x\mathrm{d}y$$

$$=\frac{t}{|z-r|}\mathrm{d}x\mathrm{d}y=\frac{t}{\sqrt{t^2-x^2-y^2}}\mathrm{d}x\mathrm{d}y.$$

由此得

$$F(\xi,\eta,\zeta,t)=\iint\limits_{x^2+y^2\leqslant h^2}\frac{t}{\sqrt{t^2-x^2-y^2}}\mathrm{d}x\mathrm{d}y=t\int_0^{2\pi}\mathrm{d}\varphi\int_0^h\frac{R\mathrm{d}R}{\sqrt{t^2-R^2}}$$

$$=2\pi t\left(-\sqrt{t^2-R^2}\right)\Big|_0^h=2\pi t\left(t-\sqrt{t^2-h^2}\right)$$

$$=2\pi t\left(t-\frac{r^2+t^2-a^2}{2r}\right)=\frac{\pi r}{r}[a^2-(r-t)^2].$$

合并以上结果得到

$$F(\xi,\eta,\zeta,t)=\begin{cases} 0, & 0<t\leqslant r-a \text{ 或 } t\geqslant r+a, \\ \dfrac{\pi t}{r}[a^2-(r-t)^2], & r-a<t<r+a. \end{cases}$$

其中 $r=\sqrt{\xi^2+\eta^2+\zeta^2}$. □

476. 设 C 为右半 yOz 平面中的 C^1 简单曲线 $(y,z)=(\psi(u),\varphi(u))$,$a\leqslant u\leqslant b$. 让 C 绕 z 轴旋转一周得到旋转曲面 Σ,其参数表示为

$$\boldsymbol{x}(u,v)=(x(u,v),y(u,v),z(u,v))$$
$$=(\psi(u)\cos v,\psi(u)\sin v,\varphi(u)),\quad a\leqslant u\leqslant b,0\leqslant v\leqslant 2\pi,\quad \psi(u)>0.$$

求面积元 $\mathrm{d}\sigma$，并证明 Σ 的面积

$$\sigma(\Sigma)=2\pi\int_a^b\psi(u)\sqrt{[\psi'(u)]^2+[\varphi'(u)]^2}\,\mathrm{d}u.$$

证法 1　$\boldsymbol{x}'_u=(\psi'(u)\cos v,\psi'(u)\sin v,\varphi'(u))$,

$$\boldsymbol{x}'_v=(-\psi(u)\sin v,\psi(u)\cos v,0),$$
$$E=\boldsymbol{x}'^2_u=\psi'^2(u)+\varphi'^2(u),$$
$$G=\boldsymbol{x}'^2_v=\psi^2(u),$$
$$F=\boldsymbol{x}'_u\cdot\boldsymbol{x}'_v=0.$$
$$\mathrm{d}\sigma=\sqrt{EG-F^2}\,\mathrm{d}u\mathrm{d}v=\psi(u)\sqrt{\psi'^2(u)+\varphi'^2(u)}\,\mathrm{d}u\mathrm{d}v$$
$$\sigma(\Sigma)=\iint\limits_{\substack{a\leqslant u\leqslant b\\ 0\leqslant\varphi\leqslant 2\pi}}\sqrt{EG-F^2}\,\mathrm{d}u\mathrm{d}v=\iint\limits_{\substack{a\leqslant u\leqslant b\\ 0\leqslant\varphi\leqslant 2\pi}}\psi(u)\sqrt{\varphi'^2(u)+\varphi'^2(u)}\,\mathrm{d}u\mathrm{d}v$$
$$=\int_0^{2\pi}\mathrm{d}v\int_a^b\psi(u)\sqrt{\psi'^2(u)+\varphi'^2(u)}\,\mathrm{d}u$$
$$=2\pi\int_a^b\psi(u)\sqrt{\psi'^2(u)+\varphi'^2(u)}\,\mathrm{d}u.$$

证法 2　设 $\mathrm{d}s$ 为曲线 $(\psi(u),\varphi(u))$ 的弧长元，则

$$\mathrm{d}s=\sqrt{\psi'^2(u)+\varphi'^2(u)}\,\mathrm{d}u,$$
$$\mathrm{d}\sigma=\psi(u)\mathrm{d}v\cdot\mathrm{d}s=\psi(u)\sqrt{\psi'^2(u)+\varphi'^2(u)}\,\mathrm{d}u\mathrm{d}v.$$
$$\sigma(\Sigma)=\int_0^L\left(\int_0^{2\pi}\psi(u)\mathrm{d}v\right)\mathrm{d}s$$
$$=2\pi\int_a^b\psi(u)\sqrt{\psi'^2(u)+\varphi'^2(u)}\,\mathrm{d}u.$$
□

477. 证明：

$$\left|\int_{\vec{C}}\boldsymbol{F}\cdot\mathrm{d}\boldsymbol{x}\right|\leqslant\int_{\vec{C}}\|\boldsymbol{F}\|\,\mathrm{d}s\leqslant\max_C\|\boldsymbol{F}\|\cdot s(C).$$

其中 $s(C)$ 为曲线 C 的长度.

证法 1　设 $\boldsymbol{F}=(F_1,F_2,\cdots,F_n)$，$\mathrm{d}\boldsymbol{x}=(\mathrm{d}x_1,\mathrm{d}x_2,\cdots,\mathrm{d}x_n)$，则

$$\left|\int_{\vec{C}}\boldsymbol{F}\cdot\mathrm{d}\boldsymbol{x}\right|=\left|\int_{\vec{C}}\sum_{i=1}^n F_i\mathrm{d}x_i\right|=\left|\int_0^T\sum_{i=1}^n F_ix'_i\mathrm{d}t\right|$$
$$\leqslant\int_0^T\left|\sum_{i=1}^n F_ix'_i\right|\mathrm{d}t\overset{\text{Cauchy-Schwarz}}{\leqslant}\int_0^T\sqrt{\sum_{i=1}^n F_i^2}\sqrt{\sum_{i=1}^n x'^2_i}\,\mathrm{d}t$$

$$= \int_C \| \boldsymbol{F} \| \mathrm{d}s \leqslant \max_C \| \boldsymbol{F} \| \cdot s(C),$$

证法 2 $\left| \int_{\vec{C}} \boldsymbol{F} \cdot \mathrm{d}\boldsymbol{x} \right| = \left| \int_{\vec{C}} \sum_{i=1}^n F_i \mathrm{d}x_i \right| = \left| \int_C \sum_{i=1}^n F_i \cos\alpha_i \mathrm{d}s \right|$

$$\leqslant \int_C \left| \sum_{i=1}^n F_i \cos\alpha_i \right| \mathrm{d}s \overset{\text{Cauchy-Schwarz}}{\leqslant} \int_C \sqrt{\sum_{i=1}^n F_i^2} \sqrt{\sum_{i=1}^n \cos^2\alpha_i}\, \mathrm{d}s$$

$$= \int_C \| \boldsymbol{F} \| \mathrm{d}s \leqslant \max_C \| \boldsymbol{F} \| \cdot s(C).$$

证法 3 将曲线 C 任意分为 m 个子弧段,其分点为

$$A_0, A_1, \cdots, A_{j-1}, A_j, \cdots, A_{m-1}, A_m.$$

设 B_j 为第 j 个子弧段上的任意一点,又 $\Delta_j x_i$ 为 $\overline{A_{j-1}A_j}$ 在 Ox_i 轴上的投影,$j=1,2,\cdots, m$; $i=1,2,\cdots,n$(见 477 题图).

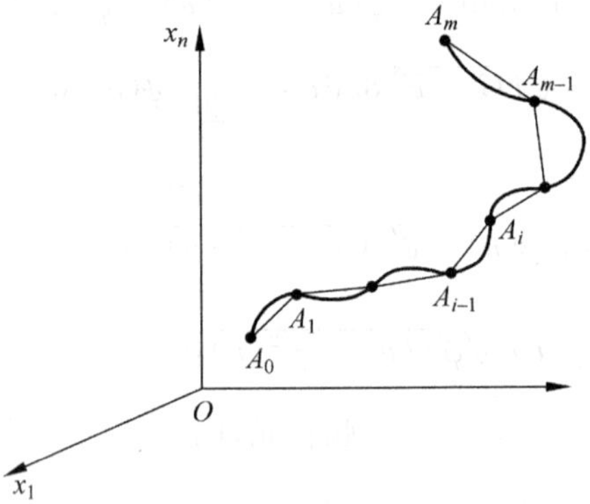

477 题图

根据 Cauchy-Schwarz 不等式,有

$$\left| \sum_{j=1}^m [F_1(B_j)\Delta_j x_1 + \cdots + F_n(B_j)\Delta_j x_n] \right|$$

$$\leqslant \sum_{j=1}^m | F_1(B_j)\Delta_j x_1 + \cdots + F_n(B_j)\Delta_j x_n |$$

$$\leqslant \sum_{j=1}^m \sqrt{F_1^2(B_j) + \cdots + F_n^2(B_j)} \sqrt{(\Delta_j x_1)^2 + \cdots + (\Delta_j x_n)^2}$$

$$\leqslant \max_C \| \boldsymbol{F} \| \cdot \sum_{i=1}^m \overline{A_{i-1}A_i}.$$

让各子弧段中的最大直径趋于零,即得

$$\left| \int_{\vec{C}} \boldsymbol{F} \cdot \mathrm{d}\boldsymbol{x} \right| \leqslant \max_C \| \boldsymbol{F} \| \cdot s(C).$$ □

478. 证明第二型曲线积分

$$\oint_{\vec{C}} \frac{-y\mathrm{d}x+x\mathrm{d}y}{x^2+y^2}=\begin{cases}0, & \text{当原点在}\vec{C}\text{所包围的区域}M\text{外},\\ 2\pi, & \text{当原点在}\vec{C}\text{所包围的区域}M\text{内},\\ \pi, & \text{当原点在正则}C^1\text{曲线}\vec{C}\text{上},\end{cases}$$

其中$\vec{C}$为反时针方向的闭曲线. 所谓曲线正则指的是它具有处处非零的连续切向量场.

证明　显然原点为

$$\omega=\frac{-y\mathrm{d}x+x\mathrm{d}y}{x^2+y^2}$$

的奇点.

(1) 当原点在$\vec{C}$所包围的区域 M 外时(见 478 题图(1)),则

$$\oint_{\vec{C}} \frac{-y\mathrm{d}x+x\mathrm{d}y}{x^2+y^2}\xlongequal{\text{Green 公式}}\iint_{\vec{M}}\left[\frac{\partial}{\partial x}\left(\frac{x}{x^2+y^2}\right)-\frac{\partial}{\partial y}\left(\frac{-y}{x^2+y^2}\right)\right]\mathrm{d}x\wedge\mathrm{d}y$$

$$=\iint_{\vec{M}}\left[\frac{(x^2+y^2)-2x\cdot x}{(x^2+y^2)^2}+\frac{(x^2+y^2)-2y\cdot y}{(x^2+y^2)^2}\right]\mathrm{d}x\wedge\mathrm{d}y$$

$$=\iint_{\vec{M}}0\mathrm{d}x\wedge\mathrm{d}y=0,$$

其中$\vec{C}$的定向为$\vec{M}$的诱导定向.

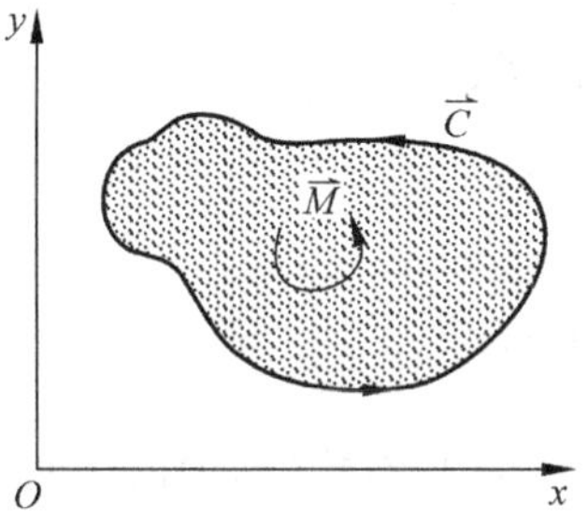

478 题图(1)

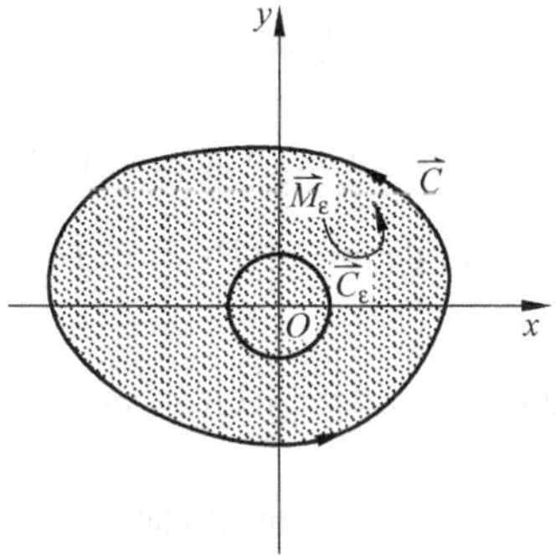

478 题图(2)

(2) 当原点在$\vec{C}$所包围的区域 M 内时(见 478 题图(2)),则可取 $\varepsilon>0$,使圆 C_ε: $x^2+y^2=\varepsilon^2$ 完全含在 M 内,并令$\vec{C}_\varepsilon$ 为逆时针方向的圆. 记$\vec{M}_\varepsilon$ 为由$\vec{C}$与$\vec{C}_\varepsilon^-$ 围成的区域,$\vec{M}_\varepsilon$ 与$\vec{M}$定向一致. 于是

$$\left(\int_{\vec{C}}-\int_{\vec{C}_\varepsilon}\right)\frac{-y\mathrm{d}x+x\mathrm{d}y}{x^2+y^2}=\oint_{\vec{C}+\vec{C}_\varepsilon^-}\frac{-y\mathrm{d}x+x\mathrm{d}y}{x^2+y^2}$$

$$=\iint\limits_{\vec{M}_\varepsilon}\mathrm{d}\left(\frac{-y\mathrm{d}x+x\mathrm{d}y}{x^2+y^2}\right)=\iint\limits_{\vec{M}_\varepsilon}0\mathrm{d}x\wedge\mathrm{d}y=0,$$

$$\oint_{\vec{C}}\frac{-y\mathrm{d}x+x\mathrm{d}y}{x^2+y^2}=\oint_{\vec{C}_\varepsilon}\frac{-y\mathrm{d}x+x\mathrm{d}y}{x^2+y^2}=\int_0^{2\pi}\frac{-\varepsilon\sin\varphi\cdot(-\varepsilon\sin\varphi)+\varepsilon\sin\varphi\cdot\varepsilon\cos\varphi}{(\varepsilon\cos\varphi)^2+(\varepsilon\sin\varphi)^2}\mathrm{d}\varphi$$

$$=\int_0^{2\pi}\mathrm{d}\varphi=2\pi.$$

(3) 当原点在正则 C^1 曲线 $\vec{C}$ 上时,对 $\forall\,\varepsilon>0$,作圆 $x^2+y^2=\varepsilon^2$,交 $\vec{C}$ 于点 A_ε 与 B_ε. 设 l 为原点处曲线 C 的切线,它与 Ox 轴夹角为 α_0. 圆 $x^2+y^2=\varepsilon^2$ 截 $\vec{C}$ 得到的定向曲线段为 $\vec{C}_\varepsilon$. $\vec{C}$ 截圆得到的正向曲线段为 $\vec{\Gamma}_\varepsilon$(见图 478 题图(3)). 于是

$$0\xlongequal{\text{Green 公式}}\oint_{\vec{C}_\varepsilon+\vec{\Gamma}_\varepsilon^-}\frac{-y\mathrm{d}x+x\mathrm{d}y}{x^2+y^2}$$

$$=\left(\int_{\vec{C}_\varepsilon}-\int_{\vec{\Gamma}_\varepsilon}\right)\frac{-y\mathrm{d}x+x\mathrm{d}y}{x^2+y^2},$$

$$\int_{\vec{C}}\frac{-y\mathrm{d}x+x\mathrm{d}y}{x^2+y^2}=\lim_{\varepsilon\to0^+}\int_{\vec{C}_\varepsilon}\frac{-y\mathrm{d}x+x\mathrm{d}y}{x^2+y^2}$$

$$=\lim_{\varepsilon\to0^+}\int_{\vec{\Gamma}_\varepsilon}\frac{-y\mathrm{d}x+x\mathrm{d}y}{x^2+y^2}$$

$$\xlongequal{\begin{cases}x=\varepsilon\cos\varphi\\ y=\varepsilon\sin\varphi\end{cases}}\lim_{\varepsilon\to0^+}\int_{\alpha_\varepsilon}^{\beta_\varepsilon}\mathrm{d}\varphi$$

$$=\lim_{\varepsilon\to0^+}(\beta_\varepsilon-\alpha_\varepsilon)=(\pi+\alpha_0)-\alpha_0=\pi.$$

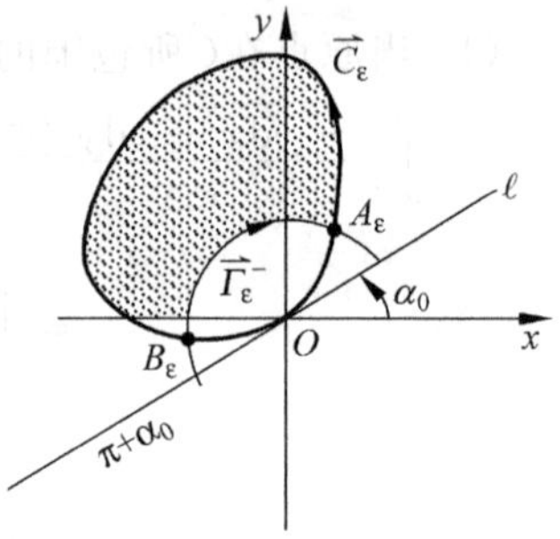

478 题图(3)

□

479. 设 $\vec{\Sigma}$: $z=f(x,y)$, $(x,y)\in\Delta$,法向量向上,证明:

(1) $\displaystyle\iint\limits_{\vec{\Sigma}}P\mathrm{d}y\wedge\mathrm{d}z=-\iint\limits_{\vec{\Delta}}P(x,y,f(x,y))\frac{\partial f}{\partial x}\mathrm{d}x\wedge\mathrm{d}y$;

(2) $\displaystyle\iint\limits_{\vec{\Sigma}}Q\mathrm{d}z\wedge\mathrm{d}x=-\iint\limits_{\vec{\Delta}}Q(x,y,f(x,y))\frac{\partial f}{\partial y}\mathrm{d}x\wedge\mathrm{d}y$.

证法 1 因为法向量向上,而 $z=f(x,y)$, $(x,y,f(x,y))$ 参数 (x,y) 的法向量

$$\boldsymbol{n}=\left(1,0,\frac{\partial f}{\partial x}\right)\times\left(0,1,\frac{\partial f}{\partial y}\right)=\begin{vmatrix}\boldsymbol{e}_1&\boldsymbol{e}_2&\boldsymbol{e}_3\\1&0&\frac{\partial f}{\partial x}\\0&1&\frac{\partial f}{\partial y}\end{vmatrix}=\left(-\frac{\partial f}{\partial x},-\frac{\partial f}{\partial y},1\right)$$

也向上,所以 (x,y) 为定向参数. 定向单位法向量场为

$$\boldsymbol{n}_0=(\cos\alpha,\cos\beta,\cos\gamma)=\left(-\frac{\frac{\partial f}{\partial x}}{\sqrt{1+\left(\frac{\partial f}{\partial x}\right)^2+\left(\frac{\partial f}{\partial y}\right)^2}},-\frac{\frac{\partial f}{\partial y}}{\sqrt{1+\left(\frac{\partial f}{\partial x}\right)^2+\left(\frac{\partial f}{\partial y}\right)^2}},\right.$$
$$\left.\frac{1}{\sqrt{1+\left(\frac{\partial f}{\partial x}\right)^2+\left(\frac{\partial f}{\partial y}\right)^2}}\right).$$

于是

$$\begin{aligned}&\iint_{\vec{\Sigma}}P\mathrm{d}y\wedge\mathrm{d}z+Q\mathrm{d}z\wedge\mathrm{d}x+R\mathrm{d}x\wedge\mathrm{d}y\\=&\iint_{\Sigma}(P\cos\alpha+Q\cos\beta+R\cos\gamma)\mathrm{d}\sigma\\=&\iint_{\Delta}\left[P\frac{-\frac{\partial f}{\partial x}}{\sqrt{1+\left(\frac{\partial f}{\partial x}\right)^2+\left(\frac{\partial f}{\partial y}\right)^2}}+Q\frac{-\frac{\partial f}{\partial y}}{\sqrt{1+\left(\frac{\partial f}{\partial x}\right)^2+\left(\frac{\partial f}{\partial y}\right)^2}}\right.\\&\left.+R\frac{1}{\sqrt{1+\left(\frac{\partial f}{\partial x}\right)^2+\left(\frac{\partial f}{\partial y}\right)^2}}\right]\sqrt{1+\left(\frac{\partial f}{\partial x}\right)^2+\left(\frac{\partial f}{\partial y}\right)^2}\mathrm{d}x\mathrm{d}y\\=&\iint_{\vec{\Delta}}\left[-P(x,y,f(x,y))\frac{\partial f}{\partial x}-Q(x,y,f(x,y))\frac{\partial f}{\partial y}+R(x,y,f(x,y))\right]\mathrm{d}x\wedge\mathrm{d}y.\end{aligned}$$

证法 2
$$\begin{aligned}&\iint_{\vec{\Sigma}}P\mathrm{d}y\wedge\mathrm{d}z+Q\mathrm{d}z\wedge\mathrm{d}x+R\mathrm{d}x\wedge\mathrm{d}y\\=&\iint_{\vec{\Sigma}}P(x,y,f(x,y))\mathrm{d}y\wedge\left(\frac{\partial f}{\partial x}\mathrm{d}x+\frac{\partial f}{\partial y}\mathrm{d}y\right)\\&+Q(x,y,f(x,y))\left(\frac{\partial f}{\partial x}\mathrm{d}x+\frac{\partial f}{\partial y}\mathrm{d}y\right)\wedge\mathrm{d}x+R(x,y,f(x,y))\mathrm{d}x\wedge\mathrm{d}y\\=&\iint_{\vec{\Delta}}\left[-P(x,y,f(x,y))\frac{\partial f}{\partial x}-Q(x,y,f(x,y))\frac{\partial f}{\partial y}+R(x,y,f(x,y))\right]\mathrm{d}x\wedge\mathrm{d}y.\end{aligned}$$

□

480. 设$\mathbb{R}^n$中有n个一次微分形式

$$\omega_j=\sum_{i=1}^{n}a_j^i\mathrm{d}x_i,\quad j=1,2,\cdots,n.$$

证明：

$$\omega_1\wedge\cdots\wedge\omega_n=\det(a_j^i(x))\mathrm{d}x_1\wedge\cdots\wedge\mathrm{d}x_n.$$

证明

$$\begin{aligned}\omega_1\wedge\cdots\wedge\omega_n&=\left(\sum_{i_1=1}^n a_1^{i_1}\mathrm{d}x_{i_1}\right)\wedge\cdots\wedge\left(\sum_{i_n=1}^n a_n^{i_n}\mathrm{d}x_{i_n}\right)\\&=\sum_{i_1,\cdots,i_n=1}^n a_1^{i_1}\cdots a_n^{i_n}\mathrm{d}x_{i_1}\wedge\cdots\wedge\mathrm{d}x_{i_n}\\&=\left(\sum_{\pi}(-1)^{\pi}a_1^{i_1}\cdots a_n^{i_n}\right)\mathrm{d}x_1\wedge\cdots\wedge\mathrm{d}x_n\\&=\det(a_j^i(x))\mathrm{d}x_1\wedge\cdots\wedge\mathrm{d}x_n.\end{aligned}$$
□

481. 设 $f_j(x_1,x_2,\cdots,x_n)(j=1,2,\cdots,n)$ 是 $\mathbb{R}^n$ 中 n 个 $C(r\geqslant1)$ 函数，$\mathrm{d}f_j$ 是它们的微分 $(j=1,2,\cdots,n)$. 证明：

$$\mathrm{d}f_1\wedge\cdots\wedge\mathrm{d}f_n=\frac{\partial(f_1,f_2,\cdots,f_n)}{\partial(x_1,x_2,\cdots,x_n)}\mathrm{d}x_1\wedge\cdots\wedge\mathrm{d}x_n.$$

证明

$$\begin{aligned}\mathrm{d}f_1\wedge\cdots\wedge\mathrm{d}f_n&=\left(\sum_{i_1=1}^n\frac{\partial f_1}{\partial x_{i_1}}\mathrm{d}x_{i_1}\right)\wedge\cdots\wedge\left(\sum_{i_n=1}^n\frac{\partial f_n}{\partial x_{i_n}}\mathrm{d}x_{i_n}\right)\\&=\sum_{i_1,\cdots,i_n=1}^n\frac{\partial f_1}{\partial x_{i_1}}\cdots\frac{\partial f_n}{\partial x_{i_n}}\mathrm{d}x_{i_1}\wedge\cdots\wedge\mathrm{d}x_{i_n}\\&=\left(\sum_{\pi}(-1)^{\pi}\frac{\partial f_1}{\partial x_{i_1}}\cdots\frac{\partial f_n}{\partial x_{i_n}}\right)\mathrm{d}x_1\wedge\cdots\wedge\mathrm{d}x_n\\&=\frac{\partial(f_1,f_2,\cdots,f_n)}{\partial(x_1,x_2,\cdots,x_n)}\mathrm{d}x_1\wedge\cdots\wedge\mathrm{d}x_n.\end{aligned}$$
□

482. 设 $\vec{C}$ 为 $\mathbb{R}^2$ 中 C^1 封闭曲线，依逆时针方向定向，用 $\boldsymbol{n}_0=(\cos\alpha,\cos\beta)$ 表示 $\vec{C}$ 上的单位法向量场($\|\boldsymbol{n}_0\|=\cos^2\alpha+\cos^2\beta=1$). 而 $\boldsymbol{e}=(a,b)$ 为一个固定的单位向量. 证明：

$$\int_C\cos(\boldsymbol{e},\boldsymbol{n}_0)\mathrm{d}s=0,$$

其中 $(\boldsymbol{e},\boldsymbol{n}_0)$ 表示 $\boldsymbol{e}$ 与 $\boldsymbol{n}_0$ 之间的夹角.

证法 1 设 $\boldsymbol{t}_0$ 为单位切向量，$\boldsymbol{e}_1$ 与 $\boldsymbol{e}_2$ 分别为 x 轴方向和 y 轴方向的单位向量，则

$$\begin{aligned}\int_C\cos(\boldsymbol{e},\boldsymbol{n}_0)\mathrm{d}s&=\int_C\frac{\boldsymbol{e}\cdot\boldsymbol{n}_0}{\|\boldsymbol{e}\|\cdot\|\boldsymbol{n}_0\|}\mathrm{d}s\\&=\int_C[a\cos(\boldsymbol{n}_0,\boldsymbol{e}_1)+b\cos(\boldsymbol{n}_0,\boldsymbol{e}_2)]\mathrm{d}s\\&=\int_C[a\cos(\boldsymbol{t}_0,\boldsymbol{e}_2)+b\cos((\boldsymbol{t}_0,\boldsymbol{e}_1)-\pi)]\mathrm{d}s\\&=\int_C[a\cos(\boldsymbol{t}_0,\boldsymbol{e}_2)-b\cos(\boldsymbol{t}_0,\boldsymbol{e}_1)]\mathrm{d}s\\&=\int_{\vec{C}}a\mathrm{d}y-b\mathrm{d}x=\int_0^T[ay'(t)-bx'(t)]\mathrm{d}t\end{aligned}$$

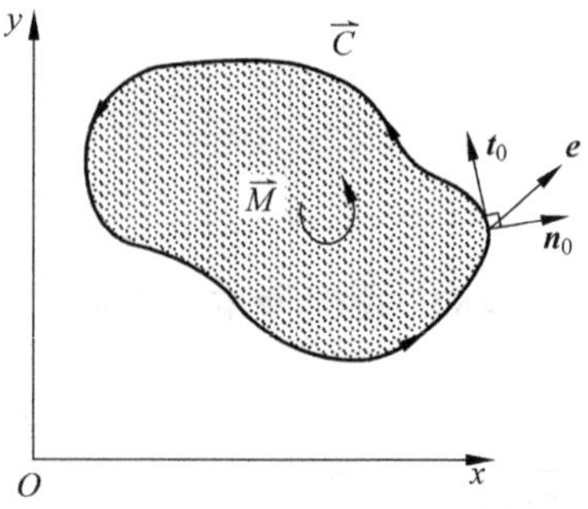

482 题图

$$
\begin{aligned}
&= [ay(t) - bx(t)]\big|_0^T \\
&= a[y(T) - y(0)] - b[x(T) - x(0)] \\
&= a \cdot 0 - b \cdot 0 = 0.
\end{aligned}
$$

证法 2　设$\vec{M}$为由$\vec{C}$所围的平面$\mathbb{R}^2$中的定向区域，$\vec{C}$的定向为$\vec{M}$的诱导定向，则

$$\int_C \cos(\boldsymbol{e}, \boldsymbol{n}_0) \mathrm{d}s = \int_{\vec{C}} a\mathrm{d}y - b\mathrm{d}x \xlongequal{\text{Green 公式}} \iint_{\vec{M}} \left(\frac{\partial a}{\partial x} + \frac{\partial b}{\partial y}\right) \mathrm{d}x \wedge \mathrm{d}y = \iint_{\vec{M}} 0 \mathrm{d}x \wedge \mathrm{d}y = 0. \quad \square$$

483. 设 C 为$\mathbb{R}^2$上的一条 C^1 封闭曲线，$\boldsymbol{n}_0$ 表示单位外法向量场，用$(\boldsymbol{n}_0, \boldsymbol{e}_1)$表示 $\boldsymbol{n}_0$ 与 x 轴方向单位向量 $\boldsymbol{e}_1$ 的夹角，$(\boldsymbol{n}_0, \boldsymbol{e}_2)$表示 $\boldsymbol{n}_0$ 与 y 轴方向单位向量 $\boldsymbol{e}_2$ 的夹角. 计算曲线积分

$$\oint_C [x\cos(\boldsymbol{n}_0, \boldsymbol{e}_1) + y\cos(\boldsymbol{n}_0, \boldsymbol{e}_2)] \mathrm{d}s.$$

解　根据 482 题证明，有

$$
\begin{aligned}
&\oint_C [x\cos(\boldsymbol{n}_0, \boldsymbol{e}_1) + y\cos(\boldsymbol{n}_0, \boldsymbol{e}_2)] \mathrm{d}s \\
&= \oint_C [x\cos(\boldsymbol{t}_0, \boldsymbol{e}_2) - y\cos(\boldsymbol{t}_0, \boldsymbol{e}_1)] \mathrm{d}s \\
&= \oint_{\vec{C}} x\mathrm{d}y - y\mathrm{d}x \xlongequal{\text{Green 公式}} 2\iint_{\vec{M}} \mathrm{d}x \wedge \mathrm{d}y = 2\iint_M \mathrm{d}x\mathrm{d}y \\
&= 2\iint_M \mathrm{d}x\mathrm{d}y = 2\sigma(M),
\end{aligned}
$$

即所求积分为曲线 C 所围区域的 2 倍. □

484. 设 M 为$\mathbb{R}^3$中的一个闭区域，$\boldsymbol{n}_0$ 为∂M的单位外法向量场，$\boldsymbol{e}$ 是一个固定的单位向量. 证明：

$$\iint_{\partial M} \cos(\boldsymbol{e}, \boldsymbol{n}_0) \mathrm{d}\sigma = 0.$$

证明　设$\vec{M}$的定向取右手系，$\boldsymbol{n}_0 = (\cos\alpha, \cos\beta, \cos\gamma)$，$\boldsymbol{e} = (a, b, c)$，则

$$
\begin{aligned}
&\iint_{\partial M} \cos(\boldsymbol{e}, \boldsymbol{n}_0) \mathrm{d}\sigma = \iint_{\partial M} \frac{\boldsymbol{e} \cdot \boldsymbol{n}_0}{\|\boldsymbol{e}\| \cdot \|\boldsymbol{n}_0\|} \mathrm{d}\sigma \\
&= \iint_{\partial M} (a\cos\alpha + b\cos\beta + c\cos\gamma) \mathrm{d}\sigma = \iint_{\overrightarrow{\partial M}} a\mathrm{d}y \wedge \mathrm{d}z + b\mathrm{d}z \wedge \mathrm{d}x + c\mathrm{d}x \wedge \mathrm{d}y \\
&\xlongequal{\text{Gauss 公式}} \iiint_{\vec{M}} \left(\frac{\partial a}{\partial x} + \frac{\partial b}{\partial y} + \frac{\partial c}{\partial z}\right) \mathrm{d}x \wedge \mathrm{d}y \wedge \mathrm{d}z = \iiint_{\vec{M}} 0 \mathrm{d}x \wedge \mathrm{d}y \wedge \mathrm{d}z = 0. \quad \square
\end{aligned}
$$

485. 设 M 为$\mathbb{R}^3$中的一个闭区域，向量 $\boldsymbol{n}_0 = (\cos\alpha, \cos\beta, \cos\gamma)$是$\partial M$ 的单位外法向量场，点$(a, b, c) \notin \partial M$. 令 $\boldsymbol{p} = (x-a, y-b, z-c)$且 $p = \|\boldsymbol{p}\|$. 证明：

$$\iiint_M \frac{\mathrm{d}x\mathrm{d}y\mathrm{d}z}{p} = \frac{1}{2}\iint_{\partial M} \cos(\boldsymbol{p}, \boldsymbol{n}_0) \mathrm{d}\sigma.$$

证明 (1) 当$(a,b,c)\notin M$时,设$\vec{M}$为右手系的定向区域(见 485 题图(1)),则

$$\frac{1}{2}\iint_{\partial M}\cos(\boldsymbol{p},\boldsymbol{n}_0)\mathrm{d}\sigma=\frac{1}{2}\iint_{\partial M}\frac{\boldsymbol{p}\cdot\boldsymbol{n}_0}{\|\boldsymbol{p}\|\cdot\|\boldsymbol{n}_0\|}\mathrm{d}\sigma$$

$$=\frac{1}{2}\iint_{\partial M}\frac{1}{p}[(x-a)\cos\alpha+(y-b)\cos\beta+(z-c)\cos\gamma]\mathrm{d}\sigma$$

$$=\frac{1}{2}\iint_{\overrightarrow{\partial M}}\frac{x-a}{p}\mathrm{d}y\wedge\mathrm{d}z+\frac{y-b}{p}\mathrm{d}z\wedge\mathrm{d}x+\frac{z-c}{p}\mathrm{d}x\wedge\mathrm{d}y$$

$$\xlongequal{\text{Gauss 公式}}\frac{1}{2}\iiint_{\vec{M}}\left[\frac{\partial}{\partial x}\left(\frac{x-a}{p}\right)+\frac{\partial}{\partial y}\left(\frac{y-b}{p}\right)+\frac{\partial}{\partial z}\left(\frac{z-c}{p}\right)\right]\mathrm{d}x\wedge\mathrm{d}y\wedge\mathrm{d}z$$

$$=\frac{1}{2}\iiint_{M}\left\{\frac{3}{p}-\left[\frac{(x-a)^2}{p^3}+\frac{(y-b)^2}{p^3}+\frac{(z-c)^2}{p^3}\right]\right\}\mathrm{d}x\mathrm{d}y\mathrm{d}z$$

$$=\frac{1}{2}\iiint_{M}\frac{2}{p}\mathrm{d}x\mathrm{d}y\mathrm{d}z=\iiint_{M}\frac{\mathrm{d}x\mathrm{d}y\mathrm{d}z}{p}.$$

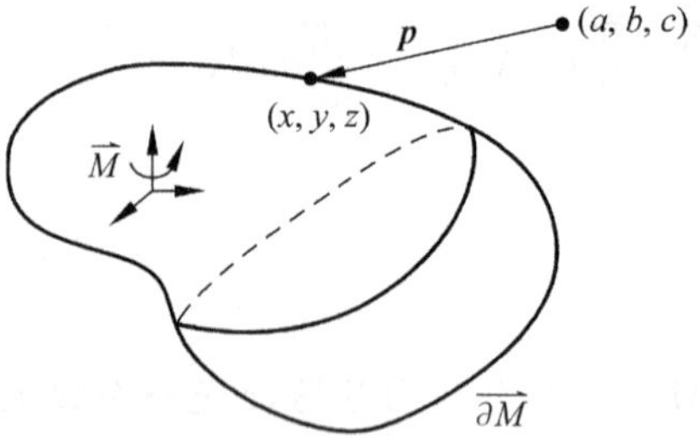

485 题图(1)

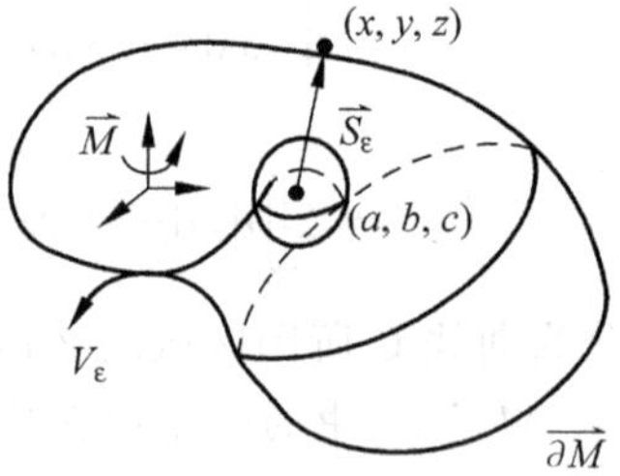

485 题图(2)

(2) 当$(a,b,c)\in\mathring{M}$(M的内点集)(见 485 题图(2)),则(a,b,c)为

$$\left(\frac{x-a}{p},\frac{y-b}{p},\frac{z-c}{p}\right)$$

的奇点,上述向量也不在(a,b,c)点处连续. 因此,不能直接在M上应用 Gauss 公式. 今以(a,b,c)为中心,以$\varepsilon>0$(充分小)为半径,作小球体V_ε,∂V_ε为相应的球面. 令$M_\varepsilon=\overline{M-V_\varepsilon}$,则$(a,b,c)\notin\mathring{M}_\varepsilon$,且

$$0\leqslant\iiint_{V_\varepsilon}\frac{\mathrm{d}x\mathrm{d}y\mathrm{d}z}{p}=\iiint_{V_\varepsilon^*}\frac{p^2\sin\theta\mathrm{d}r\mathrm{d}\theta\mathrm{d}\varphi}{p}\leqslant\varepsilon\int_0^{2\pi}\mathrm{d}\varphi\int_0^{\pi}\sin\theta\mathrm{d}\theta\int_0^{\varepsilon}\mathrm{d}r$$

$$=4\pi\varepsilon^2\to 0\quad(\varepsilon\to 0^+),$$

$$\left|\frac{1}{2}\iint_{\partial V_\varepsilon}\cos(\boldsymbol{p},\boldsymbol{n}_0)\mathrm{d}\sigma\right|\leqslant\frac{1}{2}\iint_{\partial V_\varepsilon}|\cos(\boldsymbol{p},\boldsymbol{n}_0)|\mathrm{d}\sigma\leqslant\frac{1}{2}\iint_{\partial V_\varepsilon}\mathrm{d}\sigma=2\pi\varepsilon^2\to 0\quad(\varepsilon\to 0^+).$$

应用(1)中的结论得到

$$\frac{1}{2}\iint\limits_{\partial M}\cos(\boldsymbol{p},\boldsymbol{n}_0)\mathrm{d}\sigma+\frac{1}{2}\iint\limits_{\partial V_\varepsilon}\cos(\boldsymbol{p},\boldsymbol{n}_0)\mathrm{d}\sigma=\iiint\limits_{M_\varepsilon}\frac{\mathrm{d}x\mathrm{d}y\mathrm{d}z}{p},$$

即

$$\iiint\limits_{M}\frac{\mathrm{d}x\mathrm{d}y\mathrm{d}z}{p}=\iiint\limits_{M_\varepsilon}\frac{\mathrm{d}x\mathrm{d}y\mathrm{d}z}{p}+\iiint\limits_{V_\varepsilon}\frac{\mathrm{d}x\mathrm{d}y\mathrm{d}z}{p}$$

$$=\frac{1}{2}\iint\limits_{\partial M}\cos(\boldsymbol{p},\boldsymbol{n}_0)\mathrm{d}\sigma+\frac{1}{2}\iint\limits_{\partial V_\varepsilon}\cos(\boldsymbol{p},\boldsymbol{n}_0)\mathrm{d}\sigma+\iiint\limits_{V_\varepsilon}\frac{\mathrm{d}x\mathrm{d}y\mathrm{d}z}{p}.$$

令 $\varepsilon\to0^+$，上式就成为

$$\iiint\limits_{M}\frac{\mathrm{d}x\mathrm{d}y\mathrm{d}z}{p}=\frac{1}{2}\iint\limits_{\partial M}\cos(\boldsymbol{p},\boldsymbol{n}_0)\mathrm{d}\sigma.$$ □

486. 计算第二型曲线积分

$$I=\oint_{\vec{C}}\frac{\mathrm{e}^x}{x^2+y^2}[(x\sin y-y\cos y)\mathrm{d}x+(x\cos y+y\sin y)\mathrm{d}y],$$

其中 $\vec{C}$ 是包含原点在其内部的分段 C^1 闭曲线，以逆时针方向为定向.

解法1　因为原点 O 为

$$\frac{\mathrm{e}^x}{x^2+y^2}[(x\sin y-y\cos y)\mathrm{d}x+(x\cos y+y\sin y)\mathrm{d}y]$$

的奇点，所以必须挖去一个以 O 为中心，ε 为半径的小开圆，才能应用 Green 公式，从而将 $\vec{C}$ 上的积分化为小开圆圆周上的积分. 而该积分利用极角 θ 作参数很容易直接算出如下：

设 $\vec{\Gamma}_\varepsilon$ 为 $\vec{C}$ 内部的以原点 O 为中心，ε 为半径的圆周，其方向为逆时针方向(见486题图).

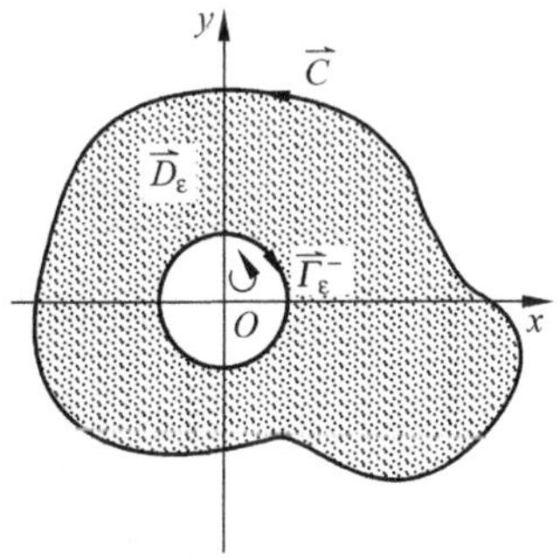

486 题图

因为

$$\mathrm{d}\left\{\frac{\mathrm{e}^x}{x^2+y^2}[(x\sin y-y\cos y)\mathrm{d}x+(x\cos y+y\sin y)\mathrm{d}y]\right\}=0,$$

所以

$$I\xlongequal{\text{Green 公式}}\iint\limits_{\vec{D}_\varepsilon}\mathrm{d}\left\{\frac{\mathrm{e}^x}{x^2+y^2}[(x\sin y-y\cos y)\mathrm{d}x+(x\cos y+y\sin y)\mathrm{d}y]\right\}$$

$$+\oint_{\vec{\Gamma}_\varepsilon}\frac{\mathrm{e}^x}{x^2+y^2}[(x\sin y-y\cos y)\mathrm{d}x+(x\cos y+y\sin y)\mathrm{d}y]$$

$$\xlongequal[\begin{cases}x=\varepsilon\cos\theta\\ y=\varepsilon\sin\theta\end{cases}]{}0+\int_0^{2\pi}\frac{\mathrm{e}^{\varepsilon\cos\theta}}{\varepsilon^2}\{[\varepsilon\cos\theta\sin(\varepsilon\sin\theta)-\varepsilon\sin\theta\cos(\varepsilon\sin\theta)](-\varepsilon\sin\theta)$$

$$+[\varepsilon\cos\theta\cos(\varepsilon\sin\theta)+\varepsilon\sin\theta\sin(\varepsilon\sin\theta)](\varepsilon\cos\theta)\}\mathrm{d}\theta$$

$$= \int_0^{2\pi} e^{\varepsilon\cos\theta}\cos(\varepsilon\sin\theta)\,d\theta.$$

令 $\varepsilon \to 0^+$ 得到

$$I = \int_0^{2\pi} d\theta = 2\pi.$$

解法 2 因为

$$\begin{aligned}\frac{e^z}{z}dz &= \frac{e^z \cdot \bar{z}}{z \cdot \bar{z}}dz \\ &= \frac{e^x(\cos y + i\sin y)(x - iy)}{x^2 + y^2}(dx + idy) \\ &= \frac{e^x}{x^2 + y^2}[(x\cos y + y\sin y) + i(x\sin y - y\cos y)](dx + idy) \\ &= \frac{e^x}{x^2 + y^2}[(x\cos y + y\sin y)dx - (x\sin y - y\cos y)dy] \\ &\quad + i\,\frac{e^x}{x^2 + y^2}[(x\sin y - y\cos y)dx + (x\cos y + y\sin y)dy],\end{aligned}$$

所以

$$\begin{aligned}I &= \oint_{\vec{C}} \frac{e^x}{x^2 + y^2}[(x\sin y - y\cos y)dx + (x\cos y + y\sin y)dy] \\ &= \frac{1}{i}\operatorname{Im}\oint_{\vec{C}} \frac{e^z}{z}dz = \frac{1}{i}\operatorname{Im}\oint_{\vec{C}} \frac{\sum_{n=0}^{\infty}\frac{z^n}{n!}}{z}dz \\ &= \frac{1}{i}\operatorname{Im}\oint_{\vec{C}} \frac{dz}{z} = \frac{1}{i}\operatorname{Im}\oint_{|z|=\varepsilon} \frac{dz}{z} \\ &\overset{z=\varepsilon e^{i\theta}}{=\!=\!=} \frac{1}{i}\operatorname{Im}\int_0^{2\pi} \frac{\varepsilon i e^{i\theta}}{\varepsilon e^{i\theta}}d\theta = \frac{1}{i}\operatorname{Im}(2\pi i) = 2\pi.\end{aligned}$$

□

487. 计算第二型曲线积分

$$\oint_{\vec{C}} (y^2 - z^2)dx + (z^2 - x^2)dy + (x^2 - y^2)dz,$$

$\vec{C}$ 为球面片 $x^2 + y^2 + z^2 = 1(x \geqslant 0, y \geqslant 0, z \geqslant 0)$ 的边界，方向是从 $(0,0,1)$ 到 $(1,0,0)$ 到 $(0,1,0)$ 再回到 $(0,0,1)$（见 487 题图）.

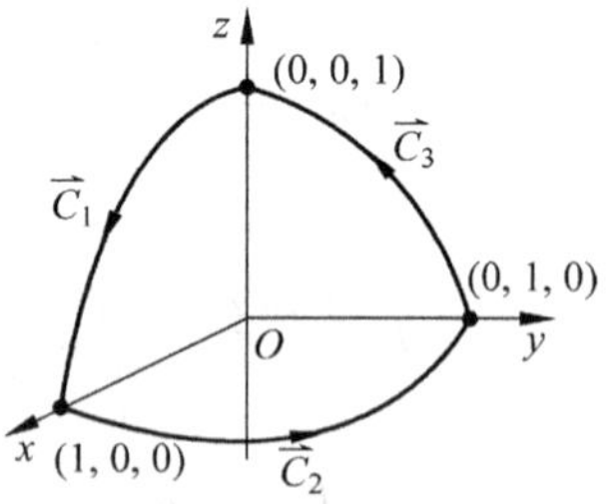

487 题图

解法 1 设 $\vec{C}_1, \vec{C}_2, \vec{C}_3$ 是曲线 $\vec{C}$ 分别在平面 $y=0, z=0$ 以及 $x=0$ 上的定向曲线部分. 于是

$$\oint_{\vec{C}} (y^2 - z^2)dx + (z^2 - x^2)dy + (x^2 - z^2)dz$$

$$\overset{\text{对称性}}{=\!=\!=} 3\oint_{\vec{C}}(y^2-z^2)\mathrm{d}x = 3\left[\int_{\vec{C}_1}+\int_{\vec{C}_2}+\int_{\vec{C}_3}\right](y^2-z^2)\mathrm{d}x$$

$$= 3\left[\int_{\vec{C}_1}(-z^2)\mathrm{d}x+\int_{\vec{C}_2}y^2\mathrm{d}x+0\right]$$

$$= 3\left[-\int_0^{\frac{\pi}{2}}\cos^2\theta\cdot\cos\theta\mathrm{d}\theta+\int_0^{\frac{\pi}{2}}\sin^2\theta\cdot(-\sin\theta)\mathrm{d}\theta\right]$$

$$=-6\int_0^{\frac{\pi}{2}}\sin^3\theta\mathrm{d}\theta=-6\,\frac{2}{3\times1}=-4.$$

解法 2 $\oint_{\vec{C}}(y^2-z^2)\mathrm{d}x+(z^2-x^2)\mathrm{d}y+(x^2-y^2)\mathrm{d}z$

$$=\int_{\vec{C}_1}-z^2\mathrm{d}x+x^2\mathrm{d}z+\int_{\vec{C}_2}y^2\mathrm{d}x-x^2\mathrm{d}y+\int_{\vec{C}_3}z^2\mathrm{d}y-y^2\mathrm{d}z$$

$$=\int_0^{\frac{\pi}{2}}[-\cos^2\theta\cdot\cos\theta+\sin^2\theta(-\sin\theta)]\mathrm{d}\theta+\int_0^{\frac{\pi}{2}}[\sin^2\theta(-\sin\theta)-\cos^2\theta\cdot\cos\theta]\mathrm{d}\theta$$

$$+\int_0^{\frac{\pi}{2}}[\sin^2\theta(-\sin\theta)-\cos^2\theta\cos\theta]\mathrm{d}\theta$$

$$=-3\int_0^{\frac{\pi}{2}}(\cos^3\theta+\sin^3\theta)\mathrm{d}\theta=-3\times2\,\frac{2}{3\times1}=-4.$$

解法 3 设$\vec{S}$为由$\vec{C}$围成的单位球面在第 1 卦限部分,其定向指向单位球面的外侧. 于是

$$\oint_{\vec{C}}(y^2-z^2)\mathrm{d}x+(z^2-x^2)\mathrm{d}y+(x^2-y^2)\mathrm{d}z$$

$$\overset{\text{Stokes 公式}}{=\!=\!=\!=}\iint_{\vec{S}}\begin{vmatrix}\mathrm{d}y\wedge\mathrm{d}z & \mathrm{d}z\wedge\mathrm{d}x & \mathrm{d}x\wedge\mathrm{d}y\\ \dfrac{\partial}{\partial x} & \dfrac{\partial}{\partial y} & \dfrac{\partial}{\partial z}\\ y^2-z^2 & z^2-x^2 & x^2-y^2\end{vmatrix}$$

$$=\iint_{\vec{S}}(-2y-2z)\mathrm{d}y\wedge\mathrm{d}z-(2x+2z)\mathrm{d}z\wedge\mathrm{d}x-(2x+2y)\mathrm{d}x\wedge\mathrm{d}y$$

$$=-2\iint_S[(y+z)x+(x+z)y+(x+y)z]\mathrm{d}\sigma$$

$$=-4\iint_S(xy+yz+zx)\mathrm{d}\sigma\overset{\text{对称性}}{=\!=\!=}-12\iint_S xy\,\mathrm{d}\sigma$$

$$=-12\int_0^{\frac{\pi}{2}}\mathrm{d}\varphi\int_0^{\frac{\pi}{2}}\sin\theta\cos\varphi\sin\theta\sin\varphi\sin\theta\mathrm{d}\theta$$

$$=-12\int_0^{\frac{\pi}{2}}\sin\varphi\cos\varphi\mathrm{d}\varphi\int_0^{\frac{\pi}{2}}\sin^3\theta\mathrm{d}\theta$$

$$=-12\cdot\frac{\sin^2\varphi}{2}\Big|_0^{\frac{\pi}{2}}\cdot\frac{2}{3\times 1}=-4.$$ □

488. 计算第二型曲线积分

$$\oint_{\vec{C}}(y-z)\mathrm{d}x+(z-x)\mathrm{d}y+(x-y)\mathrm{d}z,$$

其中$\vec{C}$为椭圆

$$\begin{cases}x^2+y^2=1,\\ x+z=1\end{cases}$$

从 x 轴正向看去,$\vec{C}$是顺时针方向.

解法 1 设$\vec{D}$为平面 $x+z=1$ 上由椭圆$\vec{C}$围成的二维区域，它的定向由单位法向量场 $\boldsymbol{n}_0=\left(-\frac{1}{\sqrt{2}},0,-\frac{1}{\sqrt{2}}\right)$确定,从而$\vec{C}$的定向为由$\vec{D}$的定向所诱导(见 488 题图).

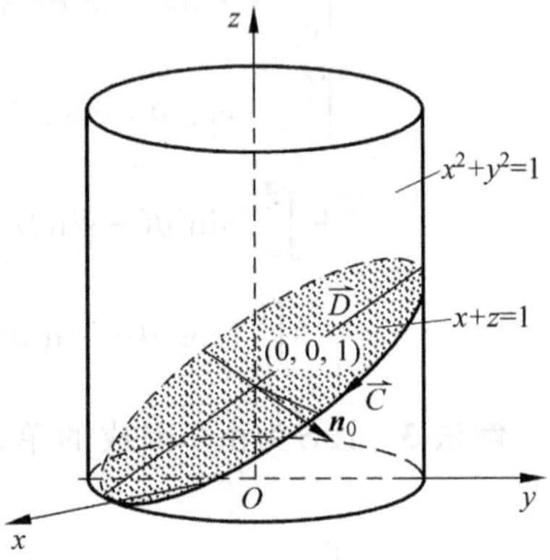

488 题图

由于$(0,0,1)$在平面 $x+z=1$ 上,且$(x,y,z)\in\vec{C}$到$(0,0,1)$的距离

$$\begin{aligned}\sqrt{x^2+y^2+(z-1)^2}&=\sqrt{x^2+y^2+(-x)^2}\\&=\sqrt{\cos^2\theta+\sin^2\theta+(-\cos\theta)^2}\\&=\sqrt{1+\cos^2\theta}\end{aligned}$$

的最小值为 1,最大值为$\sqrt{2}$,故椭圆$\vec{C}$的长半轴为$\sqrt{2}$,短半轴为 1. 于是

$$\oint_{\vec{C}}(y-z)\mathrm{d}x+(z-x)\mathrm{d}y+(x-y)\mathrm{d}z$$

$$\xlongequal{\text{Stokes 公式}}\iint_{\vec{D}}\begin{vmatrix}\mathrm{d}y\wedge\mathrm{d}z & \mathrm{d}z\wedge\mathrm{d}x & \mathrm{d}x\wedge\mathrm{d}y\\ \frac{\partial}{\partial x} & \frac{\partial}{\partial y} & \frac{\partial}{\partial z}\\ y-z & z-x & x-y\end{vmatrix}$$

$$=\iint_{\vec{D}}(-1-1)\mathrm{d}y\wedge\mathrm{d}z-(1+1)\mathrm{d}z\wedge\mathrm{d}x-(1+1)\mathrm{d}x\wedge\mathrm{d}y$$

$$=-2\iint_{\vec{D}}\mathrm{d}y\wedge\mathrm{d}z+\mathrm{d}z\wedge\mathrm{d}x+\mathrm{d}x\wedge\mathrm{d}y$$

$$=-2\iint_{D}\left(-\frac{1}{\sqrt{2}}+0-\frac{1}{\sqrt{2}}\right)\mathrm{d}\sigma=\frac{4}{\sqrt{2}}\iint_{D}\mathrm{d}\sigma$$

$$=\frac{4}{\sqrt{2}}\sigma(D)=\frac{4}{\sqrt{2}}(\pi\sqrt{2}\times 1)=4\pi.$$

解法 2 $\vec{C}$可用参数 θ 表示为

$$(x,y,z)=(\cos\theta,\sin\theta,1-\cos\theta),$$

且 θ 从 $2\pi\to 0$ 正好是$\vec{C}$的定向,所以

$$\oint_{\vec{C}}(y-z)\mathrm{d}x+(z-x)\mathrm{d}y+(x-y)\mathrm{d}z$$

$$=\int_{2\pi}^{0}[(\sin\theta-1+\cos\theta)(-\sin\theta)+(1-\cos\theta-\cos\theta)\cos\theta+(\cos\theta-\sin\theta)\sin\theta]\mathrm{d}\theta$$

$$=-\int_{0}^{2\pi}(-\sin^2\theta+\sin\theta-\sin\theta\cos\theta+\cos\theta-2\cos^2\theta+\cos\theta\sin\theta-\sin^2\theta)\mathrm{d}\theta$$

$$=\int_{0}^{2\pi}(2-\sin\theta-\cos\theta)\mathrm{d}\theta=4\pi.$$

解法 3 在椭圆$\vec{C}$所在平面上选取规范正交基

$$\{\boldsymbol{e}_1,\boldsymbol{e}_2\}=\left\{(0,1,0),\left(-\frac{1}{\sqrt{2}},0,\frac{1}{\sqrt{2}}\right)\right\},$$

并令 φ 为$\vec{C}$上动点(x,y,z)与 $\boldsymbol{e}_1$ 正向的交角,则

$$\begin{aligned}(x,y,z)&=(0,0,1)+\cos\varphi\boldsymbol{e}_1+\sqrt{2}\sin\varphi\boldsymbol{e}_2\\&=(0,0,1)+(0,\cos\varphi,0)+(-\sin\varphi,0,\sin\varphi)\\&=(-\sin\varphi,\cos\varphi,1+\sin\varphi).\end{aligned}$$

于是

$$\oint_{\vec{C}}(y-z)\mathrm{d}x+(z-x)\mathrm{d}y+(x-y)\mathrm{d}z$$

$$=\int_{2\pi}^{0}[(\cos\varphi-1-\sin\varphi)(-\cos\varphi)+(1+\sin\varphi+\sin\varphi)(-\sin\varphi)+(-\sin\varphi-\cos\varphi)\cos\varphi]\mathrm{d}\varphi$$

$$=-\int_{0}^{2\pi}(-\cos^2\varphi+\cos\varphi+\sin\varphi\cos\varphi-\sin\varphi-2\sin^2\varphi-\sin\varphi\cos\varphi-\cos^2\varphi)\mathrm{d}\varphi$$

$$=2\int_{0}^{2\pi}(\sin^2\varphi+\cos^2\varphi+\sin\varphi-\cos\varphi)\mathrm{d}\varphi=2\int_{0}^{2\pi}\mathrm{d}\varphi=4\pi.$$ □

489. 计算第二型曲线积分

$$\oint_{\vec{C}}\frac{-y\mathrm{d}x+x\mathrm{d}y}{4x^2+y^2},$$

其中$\vec{C}$为逆时针方向的圆周$(x-1)^2+y^2=R^2,R\neq 1$.

解 因为

$$\mathrm{d}\left(\frac{-y\mathrm{d}x+x\mathrm{d}y}{4x^2+y^2}\right)=\frac{(4x^2+y^2-y\cdot 2y)+(4x^2+y^2-x\cdot 8x)}{(4x^2+y^2)^2}\mathrm{d}x\wedge\mathrm{d}y$$

$$=0\mathrm{d}x \wedge \mathrm{d}y=0,$$

故当 $R<1$ 时，记$\vec{M}$为由$\vec{C}$围成的定向区域(见 489 题图(1))

$$\oint_{\vec{C}} \frac{-y\mathrm{d}x+x\mathrm{d}y}{4x^2+y^2} \xlongequal{\text{Green 公式}} \iint_{\vec{M}} 0\mathrm{d}x \wedge \mathrm{d}y=0.$$

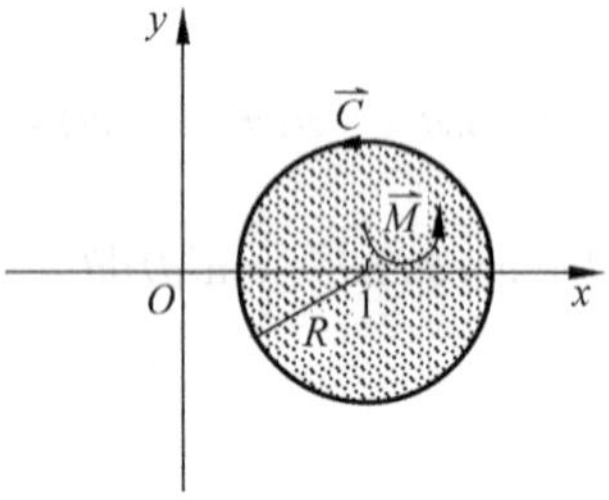

489 题图(1)

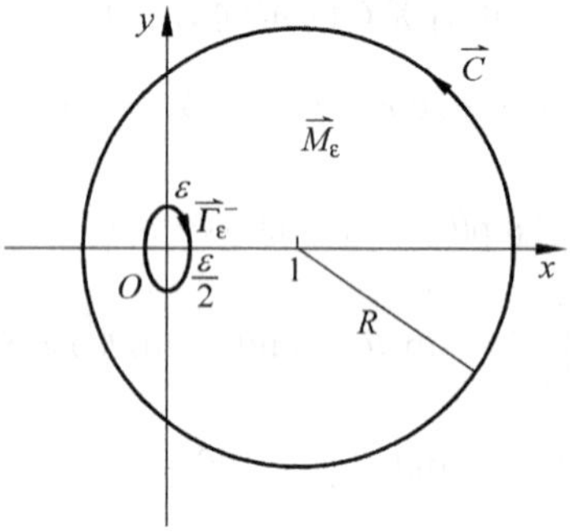

489 题图(2)

当 $R>1$ 时，取$\vec{\Gamma}_\varepsilon$ 为逆时针方向的椭圆 $4x^2+y^2=\varepsilon^2$，它含在$\vec{C}$包围的区域$\vec{M}_\varepsilon$ 的内部. $\vec{M}_\varepsilon$ 为由$\vec{C}$与$\vec{\Gamma}_\varepsilon^-$ 围成的定向区域. 于是

$$\left(\int_{\vec{C}}+\int_{\vec{\Gamma}_\varepsilon^-}\right)\frac{-y\mathrm{d}x+x\mathrm{d}y}{4x^2+y^2} \xlongequal{\text{Green 公式}} \iint_{\vec{M}_\varepsilon} \mathrm{d}\left(\frac{-y\mathrm{d}x+x\mathrm{d}y}{4x^2+y^2}\right)=\iint_{\vec{M}_\varepsilon} 0\mathrm{d}x \wedge \mathrm{d}y=0,$$

$$\oint_{\vec{C}} \frac{-y\mathrm{d}x+x\mathrm{d}y}{4x^2+y^2}=\oint_{\vec{\Gamma}_\varepsilon} \frac{-y\mathrm{d}x+x\mathrm{d}y}{4x^2+y^2}$$

$$\xlongequal[y=\varepsilon\sin\varphi]{\begin{cases}x=\frac{1}{2}\varepsilon\cos\varphi\\ \end{cases}} \int_0^{2\pi} \frac{-\varepsilon\sin\varphi\cdot\frac{1}{2}\varepsilon(-\sin\varphi)+\frac{1}{2}\varepsilon\cos\varphi\cdot\varepsilon\cos\varphi}{\varepsilon^2}\mathrm{d}\varphi$$

$$=\frac{1}{2}\int_0^{2\pi}\mathrm{d}\varphi=\pi.$$

因此

$$\oint_{\vec{C}} \frac{-y\mathrm{d}x+x\mathrm{d}y}{4x^2+y^2}=\begin{cases}0, & 0<R<1,\\ \pi, & R>1.\end{cases}$$ □

注 不难看出，如果 489 题中圆$\vec{C}$改为不过原点的任意逐段光滑的闭曲线，则该题的解法与结果仍保持有效.

490. 求第二型曲线积分

$$\oint_{\vec{C}} (y-z)\mathrm{d}x+(z-x)\mathrm{d}y+(x-y)\mathrm{d}z,$$

其中$\vec{C}$为球面 $x^2+y^2+z^2=R^2$ 与平面 $y=x\tan\varphi_0\left(0<\varphi_0<\frac{\pi}{2}\right)$的交线，方向：从 x 轴正向看

去,$\vec{C}$为逆时针方向.

解法 1　应用球面坐标,曲线$\vec{C}$可由参数 θ 来表示(见 490 题图(1)):

$$(x(\theta),y(\theta),z(\theta)) = (R\sin\theta\cos\varphi_0, R\sin\theta\sin\varphi_0, R\cos\theta),\quad 0\leqslant\theta<2\pi.$$

于是,第二型曲线积分

$$\begin{aligned}&\oint_{\vec{C}}(y-z)\mathrm{d}x+(z-x)\mathrm{d}y+(x-y)\mathrm{d}z\\ &= R^2\int_{2\pi}^{0}[(\sin\theta\sin\varphi_0-\cos\theta)\cos\theta\cos\varphi_0+(\cos\theta-\sin\theta\cos\varphi_0)\cos\theta\sin\varphi_0\\ &\quad+\sin\theta(\cos\varphi_0-\sin\varphi_0)(-\sin\theta)]\mathrm{d}\theta\\ &= R^2\int_{2\pi}^{0}(\sin\varphi_0-\cos\varphi_0)(\sin^2\theta+\cos^2\theta)\mathrm{d}\theta\\ &= R^2(\sin\varphi_0-\cos\varphi_0)\int_{2\pi}^{0}\mathrm{d}\theta = 2\pi R^2(\cos\varphi_0-\sin\varphi_0).\end{aligned}$$

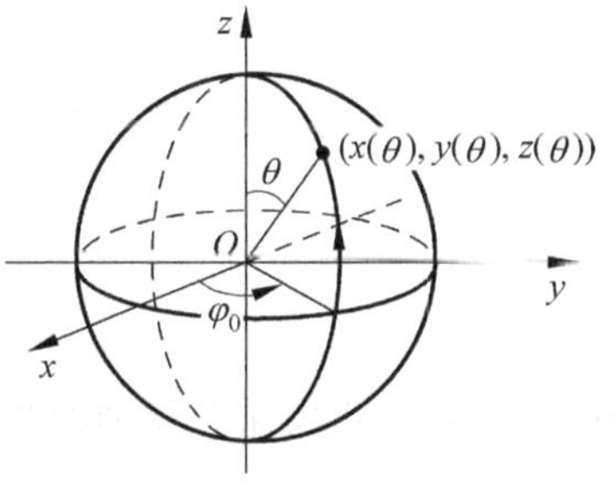

490 题图(1)

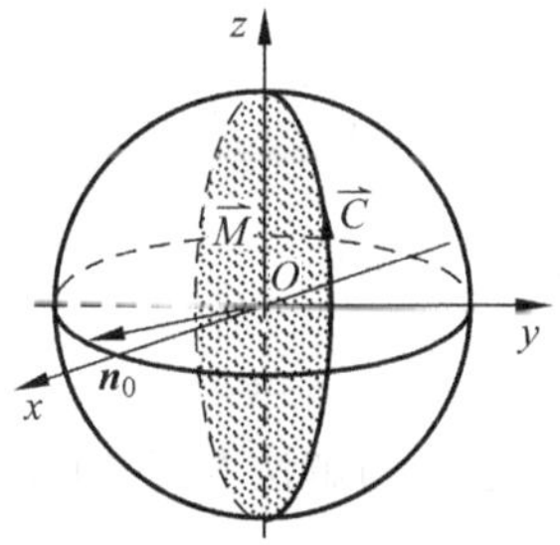

490 题图(2)

解法 2　设$\vec{M}$为有向平面 $y=x\tan\varphi_0\left(0<\varphi_0<\frac{\pi}{2}\right)$,使得$\vec{C}$的定向为$\vec{M}$的诱导定向,即由该平面的单位法向量场 $\boldsymbol{n}_0=(\tan\varphi_0,-1,0)/\sqrt{1+\tan^2\varphi_0}$ 决定的定向(见 490 题图(2)).于是

$$\begin{aligned}&\oint_{\vec{C}}(y-z)\mathrm{d}x+(z-x)\mathrm{d}y+(x-y)\mathrm{d}z\\ &\xlongequal{\text{Stokes 公式}}\iint_{\vec{M}}(\mathrm{d}y-\mathrm{d}z)\wedge\mathrm{d}x+(\mathrm{d}z-\mathrm{d}x)\wedge\mathrm{d}y+(\mathrm{d}x-\mathrm{d}y)\wedge\mathrm{d}z\\ &=-2\iint_{\vec{M}}\mathrm{d}y\wedge\mathrm{d}z+\mathrm{d}z\wedge\mathrm{d}x+\mathrm{d}x\wedge\mathrm{d}y\\ &=-2\iint_{M}\frac{\tan\varphi_0-1+0}{\sqrt{1+\tan^2\varphi_0}}\mathrm{d}\sigma=\frac{2(1-\tan\varphi_0)}{\sec\varphi_0}\pi R^2=2\pi R^2(\cos\varphi_0-\sin\varphi_0).\end{aligned}$$

解法 3 设$\vec{M}$为有向半球面($\varphi_0-\pi<\varphi<\varphi_0$),使得$\vec{C}$的定向为$\vec{M}$的诱导定向,即该半球面的单位法向量场 $\boldsymbol{n}_0=\left(\frac{x}{R},\frac{y}{R},\frac{z}{R}\right)$决定的定向(见 490 题图(3)). 于是

$$\oint_{\vec{C}}(y-z)\mathrm{d}x+(z-x)\mathrm{d}y+(x-y)\mathrm{d}z$$

$$\xlongequal{\text{Stokes 公式}}-2\iint_{\vec{M}}\mathrm{d}y\wedge\mathrm{d}z+\mathrm{d}z\wedge\mathrm{d}x+\mathrm{d}x\wedge\mathrm{d}y$$

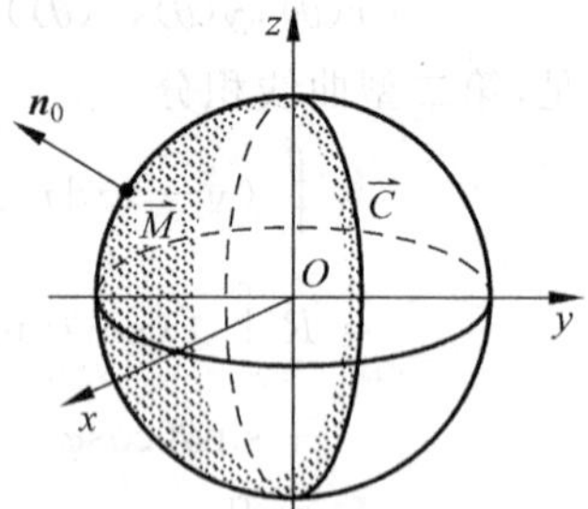

490 题图(3)

$$=-2\iint_{M}\frac{x+y+z}{R}\mathrm{d}\sigma$$

$$=-2\iint_{\Delta}\frac{R\sin\theta\cos\varphi+R\sin\theta\sin\varphi+R\cos\theta}{R}R^2\sin\theta\mathrm{d}\theta\mathrm{d}\varphi$$

$$=-2R^2\left[\int_0^{\pi}\sin^2\theta\mathrm{d}\theta\int_{\varphi_0-\pi}^{\varphi_0}\cos\varphi\mathrm{d}\varphi+\int_0^{\pi}\sin^2\theta\mathrm{d}\theta\int_{\varphi_0-\pi}^{\varphi_0}\sin\varphi\mathrm{d}\varphi+\int_0^{\pi}\sin\theta\cos\theta\mathrm{d}\theta\int_{\varphi_0-\pi}^{\varphi_0}\mathrm{d}\varphi\right]$$

$$=-2R^2\left\{2\,\frac{1}{2\times1}\,\frac{\pi}{2}[\sin\varphi_0-\sin(\varphi_0-\pi)]+2\,\frac{1}{2\times1}\,\frac{\pi}{2}[\cos(\varphi_0-\pi)-\cos\varphi_0]\right.$$

$$\left.+\frac{\sin^2\theta}{2}\bigg|_0^{\pi}\cdot\pi\right\}$$

$$=2\pi R^2(\cos\varphi_0-\sin\varphi_0).$$ □

注 比较解法 2 与解法 3,它们都应用了 Stokes 定理,再将第二型曲面积分化为第一型曲面积分. 所不同的是$\vec{C}$围成的定向曲面$\vec{M}$,一个是平面圆片,另一个是半球面片. 因此,相应的单位法向量 $\boldsymbol{n}_0$,一个是($\tan\varphi_0$,-1,0),另一个是$\left(\frac{x}{R},\frac{y}{R},\frac{z}{R}\right)$. 前者是常值,后者是变量! 正好第二型曲面积分

$$\iint_{\vec{M}}\mathrm{d}y\wedge\mathrm{d}z+\mathrm{d}z\wedge\mathrm{d}x+\mathrm{d}x\wedge\mathrm{d}y$$

中的 2 次微分形式

$$P\mathrm{d}y\wedge\mathrm{d}z+Q\mathrm{d}z\wedge\mathrm{d}x+R\mathrm{d}x\wedge\mathrm{d}y=\mathrm{d}y\wedge\mathrm{d}z+\mathrm{d}z\wedge\mathrm{d}x+\mathrm{d}x\wedge\mathrm{d}y$$

中的系数 $P=Q=R=1$ 为常值. 因此,当化为第一型曲面积分时,解法 2 远比解法 3 简单得多. 不要以为题中给的是球面,就认为$\vec{C}$围成的区域$\vec{M}$就采用定向半球面. 而采用$\vec{C}$围成的定向平面圆片计算方便得多.

491. 用各种方法计算第二型曲面积分

$$\iint_{\vec{\Sigma}}x^2\mathrm{d}y\wedge\mathrm{d}z+y^2\mathrm{d}z\wedge\mathrm{d}x+z^2\mathrm{d}x\wedge\mathrm{d}y,$$

式中$\vec{\Sigma}$为球面$(x-a)^2+(y-b)^2+(z-c)^2=R^2(R>0)$,方向朝外.

解法 1 $\displaystyle\iint_{\vec{\Sigma}} x^2 dy \wedge dz + y^2 dz \wedge dx + z^2 dx \wedge dy$

$$\xlongequal{\text{Gauss 公式}} \iiint_{\vec{V}} 2(x+y+z)dx \wedge dy \wedge dz$$

$$= 2 \iiint_{(x-a)^2+(y-b)^2+(z-c)^2 \leqslant R^2} (x+y+z)dxdydz$$

$$\xlongequal{\text{变换}} 2 \iiint_{u^2+v^2+w^2 \leqslant R^2} [(u+v+w)+(a+b+c)]dudvdw$$

$$\xlongequal{\text{对称性}} 2(a+b+c) \iiint_{u^2+v^2+w^2 \leqslant R^2} dudvdw$$

$$= \frac{8}{3}(a+b+c)\pi R^3,$$

其中作了变换：

$$\begin{cases} u = x - a, \\ v = y - b, \\ w = z - c. \end{cases}$$

解法 2 作上述变换，得

$$\iint_{\vec{\Sigma}} x^2 dy \wedge dz + y^2 dz \wedge dx + z^2 dx \wedge dy$$

$$= \iint_{\vec{\Sigma}^*} (u+a)^2 dv \wedge dw + (v+b)^2 dw \wedge du + (w+c)^2 du \wedge dv$$

$$= \iint_{\Sigma^*} \left[(u+a)^2 \frac{u}{R} + (v+b)^2 \frac{v}{R} + (w+c)^2 \frac{w}{R}\right] d\sigma$$

$$= \frac{1}{R}\iint_{\Sigma^*} [(u^3+v^3+w^3) + 2(au^2+bv^2+cw^2) + (a^2u+b^2v+c^2w)]d\sigma$$

$$\xlongequal{\text{对称性}} \frac{2}{R}\iint_{\Sigma^*} (au^2+bv^2+cw^2)d\sigma = \frac{2}{R}(a+b+c)\iint_{\Sigma^*} u^2 d\sigma$$

$$= \frac{2}{R}(a+b+c)\frac{4\pi}{3}R^4 = \frac{8}{3}(a+b+c)\pi R^3,$$

其中$\vec{\Sigma}^*$为方向朝外的球面 $u^2+v^2+w^2=R^2$，而

$$\iint_{\Sigma^*} u^2 d\sigma = \iint_{\Sigma^*} v^2 d\sigma = \iint_{\Sigma^*} w^2 d\sigma = 8 \iint_{\substack{0 \leqslant \theta \leqslant \frac{\pi}{2} \\ 0 \leqslant \varphi \leqslant \frac{\pi}{2}}} R^2 \cos^2\theta \cdot R^2 \sin\theta d\theta d\varphi$$

$$= 8R^4 \frac{-\cos^3\theta}{3}\Big|_0^{\frac{\pi}{2}} \cdot \frac{\pi}{2} = \frac{4}{3}\pi R^4.$$

解法 3 用平面 $z=c$ 将 $\vec{\Sigma}$ 分成上、下两个半球面 $\vec{\Sigma}_上$，$\vec{\Sigma}_下$. 上半球面方程为

$$z_上 = c + \sqrt{R^2-(x-a)^2-(y-b)^2},$$

下半球面方程为

$$z_下 = c - \sqrt{R^2-(x-a)^2-(y-b)^2}.$$

于是

$$\iint_{\vec{\Sigma}} z^2 dx \wedge dy = \iint_{\vec{\Sigma}_上} z^2 dx \wedge dy + \iint_{\vec{\Sigma}_下} z^2 dx \wedge dy$$

$$= \iint_{(x-a)^2+(y-b)^2 \leqslant R^2} (z_上^2 - z_下^2) dxdy$$

$$= \iint_{(x-a)^2+(y-b)^2 \leqslant R^2} (z_上 + z_下)(z_上 - z_下) dxdy$$

$$= 2c \iint_{(x-a)^2+(y-b)^2 \leqslant R^2} (z_上 - z_下) dxdy = 2cv(V) = \frac{8c}{3}\pi R^3,$$

其中 V 为由 Σ 围成的区域. 由此立知

$$\iint_{\vec{\Sigma}} x^2 dy \wedge dz + y^2 dz \wedge dx + z^2 dx \wedge dy \xlongequal{对称性} \frac{8}{3}(a+b+c)\pi R^3. \qquad \square$$

492. 用各种方法计算第二型曲面积分

$$\iint_{\vec{\Sigma}} x dy \wedge dz + y dz \wedge dx + z dx \wedge dy,$$

其中 $\vec{\Sigma}$ 是由圆柱面 $x^2+y^2=1$，三个坐标平面及上半球面 $x^2+y^2+z^2=2z(z\geqslant 1)$ 所围立体 $\vec{V}$ 在第一卦限部分的外侧面(见 492 题图).

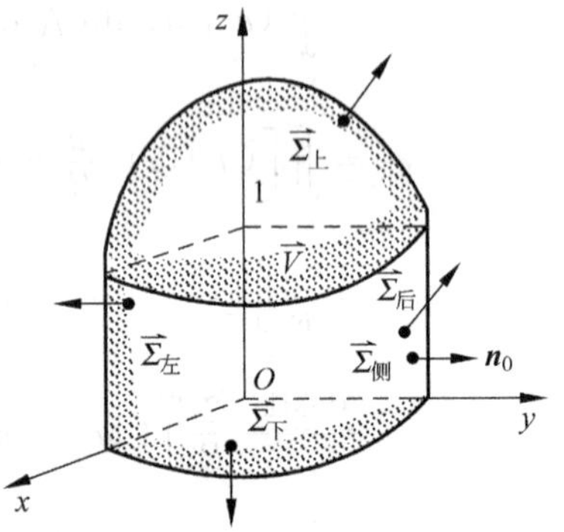

492 题图

解法 1
$$\oiint_{\vec{\Sigma}} x dy \wedge dz + y dz \wedge dx + z dx \wedge dy$$

$$= \iiint_{\vec{V}} (1+1+1) dx \wedge dy \wedge dz = 3\iiint_{V} dxdydz$$

$$= 3\left(1\,\frac{\pi \times 1^2}{4} + \frac{1}{8}\,\frac{4\pi \times 1^3}{3}\right) = \frac{3}{4}\pi + \frac{\pi}{2} = \frac{5}{4}\pi.$$

解法 2 当 $z=0$ 时，$dz=0$，有

$$\iint_{\vec{\Sigma}_下} x dy \wedge dz + y dz \wedge dx + z dx \wedge dy = 0.$$

同理,还有

$$\iint_{\vec{\Sigma}_{左}} x\mathrm{d}y \wedge \mathrm{d}z + y\mathrm{d}z \wedge \mathrm{d}x + z\mathrm{d}x \wedge \mathrm{d}y \xlongequal{y=0,\mathrm{d}y=0} 0,$$

$$\iint_{\vec{\Sigma}_{后}} x\mathrm{d}y \wedge \mathrm{d}z + y\mathrm{d}z \wedge \mathrm{d}x + z\mathrm{d}x \wedge \mathrm{d}y \xlongequal{x=0,\mathrm{d}x=0} 0.$$

此外,在 $\Sigma_{侧}$:$x^2+y^2=1(x\geqslant 0,y\geqslant 0,0\leqslant z\leqslant 1)$上有

$$\begin{aligned}
&\iint_{\vec{\Sigma}_{侧}} x\mathrm{d}y \wedge \mathrm{d}z + y\mathrm{d}z \wedge \mathrm{d}x + z\mathrm{d}x \wedge \mathrm{d}y \\
=&\iint_{\Sigma_{侧}} (x,y,z)\cdot\left(\frac{x}{\sqrt{x^2+y^2}},\frac{y}{\sqrt{x^2+y^2}},0\right)\mathrm{d}\sigma \\
=&\iint_{\Sigma_{侧}} \sqrt{x^2+y^2}\,\mathrm{d}\sigma = \iint_{\Sigma_{侧}} \mathrm{d}\sigma = \frac{1}{4}\times 2\pi\times 1\times 1 = \frac{\pi}{2}.
\end{aligned}$$

$\vec{\Sigma}_{上}$即为$\frac{1}{4}$上半球面,故有

$$\begin{aligned}
&\iint_{\vec{\Sigma}_{上}} x\mathrm{d}y \wedge \mathrm{d}z + y\mathrm{d}z \wedge \mathrm{d}x + z\mathrm{d}x \wedge \mathrm{d}y \\
=&\iint_{\vec{\Sigma}_{上}} [x\cdot x + y\cdot y + z\cdot(z-1)]\mathrm{d}\sigma \\
=&\iint_{\Sigma_{上}} (2z-z)\mathrm{d}\sigma = \iint_{\vec{\Sigma}_{上}} z\mathrm{d}\sigma \\
=&\iint_{\substack{0\leqslant\theta\leqslant\frac{\pi}{2}\\ 0\leqslant\varphi\leqslant\frac{\pi}{2}}} (1+\cos\theta)\sin\theta\mathrm{d}\theta\mathrm{d}\varphi = \int_0^{\frac{\pi}{2}}\mathrm{d}\varphi\int_0^{\frac{\pi}{2}}(\sin\theta+\sin\theta\cos\theta)\mathrm{d}\theta \\
=&\frac{\pi}{2}\left(-\cos\theta+\frac{\sin^2\theta}{2}\right)\Bigg|_0^{\frac{\pi}{2}} = \frac{\pi}{2}\left(\frac{1}{2}+1\right) = \frac{3}{4}\pi.
\end{aligned}$$

所以

$$\oiint_{\vec{\Sigma}} x\mathrm{d}y \wedge \mathrm{d}z + y\mathrm{d}z \wedge \mathrm{d}x + z\mathrm{d}x \wedge \mathrm{d}y = 0+0+0+\frac{\pi}{2}+\frac{3}{4}\pi = \frac{5}{4}\pi.$$ □

493. 计算第二型曲面积分

$$\oiint_{\vec{\Sigma}} \frac{x}{r^3}\mathrm{d}y \wedge \mathrm{d}z + \frac{y}{r^3}\mathrm{d}z \wedge \mathrm{d}x + \frac{z}{r^3}\mathrm{d}x \wedge \mathrm{d}y,$$

其中$\vec{\Sigma}$为曲面$(x-a)^2+2(y-b)^2+3(z-c)^2=1$的外侧,$r=\sqrt{x^2+y^2+z^2}$,且常数 a,b,c 满

足 $a^2+2b^2+3c^2\neq 1$.

解 由题设知

$$(0-a)^2+2(0-b)^2+3(0-c)^2=a^2+2b^2+3c^2\neq 1,$$

故原点 $(0,0,0)\notin\Sigma$.

如果 $(0,0,0)$ 在 $\vec{\Sigma}$ 所围区域 $\vec{V}$ 的外部,则

$$\begin{aligned}&\oiint\limits_{\vec{\Sigma}}\frac{x}{r^3}\mathrm{d}y\wedge\mathrm{d}z+\frac{y}{r^3}\mathrm{d}z\wedge\mathrm{d}x+\frac{z}{r^3}\mathrm{d}x\wedge\mathrm{d}y\\ \xlongequal{\text{Gauss 公式}}&\iiint\limits_{\vec{V}}\left[\frac{\partial}{\partial x}\left(\frac{x}{r^3}\right)+\frac{\partial}{\partial y}\left(\frac{y}{r^3}\right)+\frac{\partial}{\partial z}\left(\frac{z}{r^3}\right)\right]\mathrm{d}x\wedge\mathrm{d}y\wedge\mathrm{d}z\\ =&\iiint\limits_{\vec{V}}\left[\frac{3}{r^3}-\frac{3x\frac{x}{r}+3y\frac{y}{r}+3z\frac{z}{r}}{r^4}\right]\mathrm{d}x\wedge\mathrm{d}y\wedge\mathrm{d}z\\ =&\iiint\limits_{\vec{V}}\left[\frac{3}{r^3}-\frac{3}{r^5}(x^2+y^2+z^2)\right]\mathrm{d}x\wedge\mathrm{d}y\wedge\mathrm{d}z\\ =&\iiint\limits_{\vec{V}}0\mathrm{d}x\wedge\mathrm{d}y\wedge\mathrm{d}z=0.\end{aligned}$$

如果 $(0,0,0)$ 在 $\vec{\Sigma}$ 所围区域 $\vec{V}$ 的内部,则 $(0,0,0)$ 为

$$\frac{x}{r^3}\mathrm{d}y\wedge\mathrm{d}z+\frac{y}{r^3}\mathrm{d}z\wedge\mathrm{d}x+\frac{z}{r^3}\mathrm{d}x\wedge\mathrm{d}y$$

的奇点.作小球面 $S_\varepsilon: x^2+y^2+z^2=\varepsilon^2$ 含于 V 的内部,并用 $\vec{S}_\varepsilon$ 表示指向 S_ε 外侧的方向.因此

$$0=\iiint\limits_{\vec{V}_\varepsilon}0\mathrm{d}x\wedge\mathrm{d}y\wedge\mathrm{d}z\xlongequal{\text{Gauss 公式}}\left(\iint\limits_{\vec{\Sigma}}-\iint\limits_{\vec{S}_\varepsilon}\right)\frac{x}{r^3}\mathrm{d}y\wedge\mathrm{d}z+\frac{y}{r^3}\mathrm{d}z\wedge\mathrm{d}x+\frac{z}{r^3}\mathrm{d}x\wedge\mathrm{d}y,$$

$$\begin{aligned}&\oiint\limits_{\vec{\Sigma}}\frac{x}{r^3}\mathrm{d}y\wedge\mathrm{d}z+\frac{y}{r^3}\mathrm{d}z\wedge\mathrm{d}x+\frac{z}{r^3}\mathrm{d}x\wedge\mathrm{d}y\\ =&\oiint\limits_{\vec{S}_\varepsilon}\frac{x}{r^3}\mathrm{d}y\wedge\mathrm{d}z+\frac{y}{r^3}\mathrm{d}z\wedge\mathrm{d}x+\frac{z}{r^3}\mathrm{d}x\wedge\mathrm{d}y\\ =&\iint\limits_{S_\varepsilon}\left(\frac{x}{\varepsilon^3}\frac{x}{\varepsilon}+\frac{y}{\varepsilon^3}\frac{y}{\varepsilon}+\frac{z}{\varepsilon^3}\frac{z}{\varepsilon}\right)\mathrm{d}\sigma\\ =&\iint\limits_{S_\varepsilon}\frac{1}{\varepsilon^2}\mathrm{d}\sigma=\frac{1}{\varepsilon^2}4\pi\varepsilon^2=4\pi.\end{aligned}$$

□

494. 设曲面 Σ 有连续的单位法向量场 $\boldsymbol{n}_0$, $\boldsymbol{a}$ 是一个常向量.证明:

$$\int_{\overrightarrow{\partial\Sigma}}(\boldsymbol{a}\times\boldsymbol{x})\cdot\mathrm{d}\boldsymbol{x}=2\iint\limits_{\Sigma}\boldsymbol{a}\cdot\boldsymbol{n}_0\mathrm{d}\sigma.$$

证明　设 $\boldsymbol{n}_0=(\cos\alpha,\cos\beta,\cos\gamma)$，$\boldsymbol{a}=(a_1,a_2,a_3)$，$\vec{\Sigma}$以 $\boldsymbol{n}_0$ 为定向，$\overrightarrow{\partial\Sigma}$取诱导方向. 于是

$$\int_{\overrightarrow{\partial\Sigma}}(\boldsymbol{a}\times\boldsymbol{x})\cdot\mathrm{d}\boldsymbol{x}=\int_{\overrightarrow{\partial\Sigma}}\begin{vmatrix}\boldsymbol{e}_1 & \boldsymbol{e}_2 & \boldsymbol{e}_3\\ a_1 & a_2 & a_3\\ x & y & z\end{vmatrix}\cdot(\mathrm{d}x\boldsymbol{e}_1+\mathrm{d}y\boldsymbol{e}_2+\mathrm{d}z\boldsymbol{e}_3)=\int_{\overrightarrow{\partial\Sigma}}\begin{vmatrix}\mathrm{d}x & \mathrm{d}y & \mathrm{d}z\\ a_1 & a_2 & a_3\\ x & y & z\end{vmatrix}$$

$$=\int_{\overrightarrow{\partial\Sigma}}(a_2z-a_3y)\mathrm{d}x+(a_3x-a_1z)\mathrm{d}y+(a_1y-a_2x)\mathrm{d}z$$

$$\xlongequal{\text{Stokes 公式}}\iint_{\vec{\Sigma}}\begin{vmatrix}\mathrm{d}y\wedge\mathrm{d}z & \mathrm{d}z\wedge\mathrm{d}x & \mathrm{d}x\wedge\mathrm{d}y\\ \dfrac{\partial}{\partial x} & \dfrac{\partial}{\partial y} & \dfrac{\partial}{\partial z}\\ a_2z-a_3y & a_3x-a_1z & a_1y-a_2x\end{vmatrix}$$

$$=\iint_{\vec{\Sigma}}(a_1+a_1)\mathrm{d}y\wedge\mathrm{d}z-(-a_2-a_2)\mathrm{d}z\wedge\mathrm{d}x+(a_3+a_3)\mathrm{d}x\wedge\mathrm{d}y$$

$$=2\iint_{\vec{\Sigma}}a_1\mathrm{d}y\wedge\mathrm{d}z+a_2\mathrm{d}z\wedge\mathrm{d}x+a_3\mathrm{d}x\wedge\mathrm{d}y$$

$$=2\iint_{\Sigma}(a_1\cos\alpha+a_2\cos\beta+a_3\cos\gamma)\mathrm{d}\sigma$$

$$=2\iint_{\Sigma}\boldsymbol{a}\cdot\boldsymbol{n}_0\mathrm{d}\sigma.$$

□

495. 设 f,g 为连续可导的函数，$f(0)=g(0)=1$，且第二型曲线积分

$$\int_A^B yf(x)\mathrm{d}x+(f(x)+zg(y))\mathrm{d}y+g(y)\mathrm{d}z$$

与路径无关，只与起点 A、终点 B 有关. 求出 f,g 以及向量场

$$\boldsymbol{F}(x,y,z)=(yf(x),f(x)+zg(y),g(y))$$

的势函数 θ.

解　由题设积分

$$\int_A^B yf(x)\mathrm{d}x+(f(x)+zg(y))\mathrm{d}y+g(y)\mathrm{d}z$$

与路径无关知

$$\begin{cases}\dfrac{\partial(f(x)+zg(y))}{\partial x}=\dfrac{\partial(yf(x))}{\partial y},\\[2mm] \dfrac{\partial(yf(x))}{\partial z}=\dfrac{\partial(g(y))}{\partial x},\\[2mm] \dfrac{\partial(g(y))}{\partial y}=\dfrac{\partial(f(x)+zg(y))}{\partial z}.\end{cases}$$

于是有

$$\begin{cases} f'(x) = f(x), \\ 0 = 0, \\ g'(y) = g(y). \end{cases}$$

再由 $f(0)=g(0)=1$ 推出方程

$$\frac{\mathrm{d}f}{f} = \mathrm{d}x, \quad \frac{\mathrm{d}g}{g} = \mathrm{d}y$$

有解 $f(x)=\mathrm{e}^x, g(y)=\mathrm{e}^y$. 因此得向量场

$$\boldsymbol{F} = (y\mathrm{e}^x, \mathrm{e}^x + z\mathrm{e}^y, \mathrm{e}^y).$$

其势函数

$$\begin{aligned}\theta &= \int_{(0,0,0)}^{(x,y,z)} y\mathrm{e}^x\mathrm{d}x + (\mathrm{e}^x + z\mathrm{e}^y)\mathrm{d}y + \mathrm{e}^y\mathrm{d}z + C \\ &= \int_0^x 0 \cdot \mathrm{e}^x\mathrm{d}x + \int_0^y (\mathrm{e}^x + 0 \cdot \mathrm{e}^y)\mathrm{d}y + \int_0^z \mathrm{e}^y\mathrm{d}z + C \\ &= y\mathrm{e}^x + z\mathrm{e}^y + C, \quad C \text{为任意常数}.\end{aligned}$$

□

496. 设 M 为 Gauss 公式中的闭区域，$\boldsymbol{n}_0$ 为 ∂M 上的单位外法向量场，数量场 $u\in C^1(M,\mathbb{R})$，点 $\boldsymbol{p}\in\mathring{M}$. 证明：$u$ 在 $\boldsymbol{p}$ 点的梯度

$$\nabla u(\boldsymbol{p}) = \lim_{M\to\boldsymbol{p}} \frac{1}{v(M)} \oiint_{\partial M} u\boldsymbol{n}_0\,\mathrm{d}\sigma.$$

证明 设 $\boldsymbol{n}_0=(\cos\alpha,\cos\beta,\cos\gamma)$，则

$$\begin{aligned}\lim_{M\to\boldsymbol{p}} \frac{1}{v(M)} \oiint_{\partial M} u\boldsymbol{n}_0\,\mathrm{d}\sigma &= \lim_{M\to\boldsymbol{p}} \frac{1}{v(M)} \oiint_{\partial M} (u\cos\alpha, u\cos\beta, u\cos\gamma)\,\mathrm{d}\sigma \\ &= \lim_{M\to\boldsymbol{p}} \frac{1}{v(M)} \oiint_{\overrightarrow{\partial M}} (u\mathrm{d}y\wedge\mathrm{d}z, u\mathrm{d}z\wedge\mathrm{d}x, u\mathrm{d}x\wedge\mathrm{d}y) \\ &\xlongequal{\text{Gauss 公式}} \lim_{M\to\boldsymbol{p}} \frac{1}{v(M)} \iiint_{\vec{M}} \left(\frac{\partial u}{\partial x}, \frac{\partial u}{\partial y}, \frac{\partial u}{\partial z}\right)\mathrm{d}x\wedge\mathrm{d}y\wedge\mathrm{d}z \\ &= \lim_{M\to\boldsymbol{p}} \frac{1}{v(M)} \iiint_{\vec{M}} \nabla u\mathrm{d}x\wedge\mathrm{d}y\wedge\mathrm{d}z = \lim_{M\to\boldsymbol{p}} \frac{1}{v(M)} \iiint_{M} \nabla u\mathrm{d}x\mathrm{d}y\mathrm{d}z \\ &\xlongequal{\text{积分中值定理}} \lim_{M\to\boldsymbol{p}} \frac{1}{v(M)} \left(\frac{\partial u}{\partial x}(\boldsymbol{p}^1), \frac{\partial u}{\partial y}(\boldsymbol{p}^2), \frac{\partial u}{\partial z}(\boldsymbol{p}^3)\right)v(M) \\ &= \left(\frac{\partial u}{\partial x}(\boldsymbol{p}), \frac{\partial u}{\partial y}(\boldsymbol{p}), \frac{\partial u}{\partial z}(\boldsymbol{p})\right) = \nabla u(\boldsymbol{p}),\end{aligned}$$

其中 $\boldsymbol{p}^i\in M(i=1,2,3)$. □

497. 设 M 为 Gauss 公式中的闭区域，$\boldsymbol{n}_0=(\cos\alpha,\cos\beta,\cos\gamma)$ 为 ∂M 的单位外法向量场，$\boldsymbol{F}=(F_1,F_2,F_3)$ 为 M 上的 C^1 向量场，$\boldsymbol{p}\in\mathring{M}$. 证明：$\boldsymbol{F}$ 在 $\boldsymbol{p}$ 点的散度

$$\mathrm{div}\boldsymbol{F}(\boldsymbol{p}) = \lim_{M\to\boldsymbol{p}} \frac{1}{v(M)} \oiint_{\partial M} \boldsymbol{F}\cdot\boldsymbol{n}_0\,\mathrm{d}\sigma.$$

证明 $\lim\limits_{M\to p}\dfrac{1}{v(M)}\oiint\limits_{\partial M}\boldsymbol{F}\cdot\boldsymbol{n}_0\,\mathrm{d}\sigma$

$$=\lim_{M\to p}\frac{1}{v(M)}\cdot\oiint\limits_{\partial M}(F_1\cos\alpha+F_2\cos\beta+F_3\cos\gamma)\,\mathrm{d}\sigma$$

$$=\lim_{M\to p}\frac{1}{v(M)}\oiint\limits_{\overrightarrow{\partial M}}F_1\,\mathrm{d}y\wedge\mathrm{d}z+F_2\,\mathrm{d}z\wedge\mathrm{d}x+F_3\,\mathrm{d}x\wedge\mathrm{d}y$$

$$\xlongequal{\text{Gauss 公式}}\lim_{M\to p}\frac{1}{v(M)}\iiint\limits_{\overrightarrow{M}}\left(\frac{\partial F_1}{\partial x}+\frac{\partial F_2}{\partial y}+\frac{\partial F_3}{\partial z}\right)\mathrm{d}x\wedge\mathrm{d}y\wedge\mathrm{d}z$$

$$=\lim_{M\to p}\frac{1}{v(M)}\iiint\limits_{M}\mathrm{div}\boldsymbol{F}\,\mathrm{d}x\mathrm{d}y\mathrm{d}z$$

$$\xlongequal{\text{积分中值定理}}\lim_{M\to p}\frac{1}{v(M)}\mathrm{div}\boldsymbol{F}(\boldsymbol{p}^*)\cdot v(M)=\mathrm{div}\boldsymbol{F}(\boldsymbol{p}),$$

其中 $\boldsymbol{p}^*\in\mathring{M}$(见 497 题图). □

注 497 题中,若视 $\boldsymbol{F}$ 为流速场,则

$$\frac{1}{v(M)}\oiint\limits_{\partial M}\boldsymbol{F}\cdot\boldsymbol{n}_0\,\mathrm{d}\sigma$$

为单位体积上流速场送出的流体量. 当 M 无限地向点 $\boldsymbol{p}$ 收缩时,立即得到

$$\mathrm{div}\boldsymbol{F}(\boldsymbol{p})=\lim_{M\to p}\frac{1}{v(M)}\oiint\limits_{\partial M}\boldsymbol{F}\cdot\boldsymbol{n}_0\,\mathrm{d}\sigma.$$

由此可见,散度刻画出在一点处,流速场 $\boldsymbol{F}$ 产生流体的能力(见 497 题图).

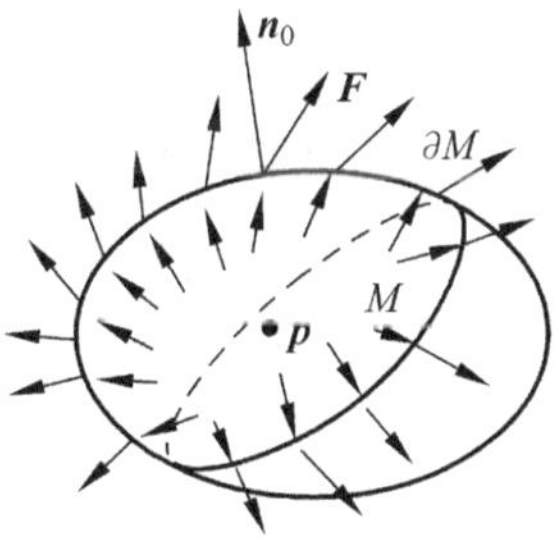

497 题图

498. 设 M 为 Gauss 公式中的闭区域,$\boldsymbol{n}_0=(\cos\alpha,\cos\beta,\cos\gamma)$ 为 ∂M 的单位外法向量场,$\boldsymbol{F}=(F_1,F_2,F_3)$ 为 M 上的 C^1 向量场,$\boldsymbol{p}\in\mathring{M}$. 证明:$\boldsymbol{F}$ 在 $\boldsymbol{p}$ 点的旋度

$$\mathrm{rot}\boldsymbol{F}(\boldsymbol{p})=\lim_{M\to p}\frac{1}{v(M)}\oiint\limits_{\partial M}\boldsymbol{n}_0\times\boldsymbol{F}\,\mathrm{d}\sigma.$$

证明 $\lim\limits_{M\to p}\dfrac{1}{v(M)}\oiint\limits_{\partial M}\boldsymbol{n}_0\times\boldsymbol{F}\,\mathrm{d}\sigma.$

$$=\lim_{M\to p}\frac{1}{v(M)}\oiint\limits_{\partial M}\begin{vmatrix}\boldsymbol{e}_1&\boldsymbol{e}_2&\boldsymbol{e}_3\\ \cos\alpha&\cos\beta&\cos\gamma\\ F_1&F_2&F_3\end{vmatrix}\mathrm{d}\sigma$$

$$=\lim_{M\to p}\frac{1}{v(M)}\oiint\limits_{\partial M}(F_3\cos\beta-F_2\cos\gamma,F_1\cos\gamma-F_3\cos\alpha,F_2\cos\alpha-F_1\cos\beta)\,\mathrm{d}\sigma$$

$$=\lim_{M\to p}\frac{1}{v(M)}\oiint\limits_{\overrightarrow{\partial M}}(F_3\,\mathrm{d}z\wedge\mathrm{d}x-F_2\,\mathrm{d}x\wedge\mathrm{d}y,\ -F_3\,\mathrm{d}y\wedge\mathrm{d}z+F_1\,\mathrm{d}x\wedge\mathrm{d}y,$$

$$F_2 dy\wedge dz - F_1 dz\wedge dx)$$

$$\xlongequal{\text{Gauss 公式}} \lim_{M\to p}\frac{1}{v(M)}\iiint\limits_{\vec{M}}\left(\frac{\partial F_3}{\partial y}-\frac{\partial F_2}{\partial z},-\frac{\partial F_3}{\partial x}+\frac{\partial F_1}{\partial z},\frac{\partial F_2}{\partial x}-\frac{\partial F_1}{\partial y}\right)dx\wedge dy\wedge dz$$

$$=\lim_{M\to p}\frac{1}{v(M)}\iiint\limits_{M}\left(\frac{\partial F_3}{\partial y}-\frac{\partial F_2}{\partial z},-\frac{\partial F_3}{\partial x}+\frac{\partial F_1}{\partial z},\frac{\partial F_2}{\partial x}-\frac{\partial F_1}{\partial y}\right)dxdydz$$

$$\xlongequal{\text{积分中值定理}} \lim_{M\to p}\frac{1}{v(M)}\left(\left(\frac{\partial F_3}{\partial y}-\frac{\partial F_2}{\partial z}\right)\Big|_{p^1},\left(-\frac{\partial F_3}{\partial x}+\frac{\partial F_1}{\partial z}\right)\Big|_{p^2},\left(\frac{\partial F_2}{\partial x}-\frac{\partial F_1}{\partial y}\right)\Big|_{p^3}\right)v(M)$$

$$=\left(\frac{\partial F_3}{\partial y}-\frac{\partial F_2}{\partial z},-\frac{\partial F_3}{\partial x}+\frac{\partial F_1}{\partial z},\frac{\partial F_2}{\partial x}-\frac{\partial F_1}{\partial y}\right)\Big|_{p}$$

$$=\begin{vmatrix}\boldsymbol{e}_1 & \boldsymbol{e}_2 & \boldsymbol{e}_3\\ \frac{\partial}{\partial x} & \frac{\partial}{\partial y} & \frac{\partial}{\partial z}\\ F_1 & F_2 & F_3\end{vmatrix}_{p}=\mathrm{rot}\boldsymbol{F}(\boldsymbol{p}).$$

□

499. 设数量场 $f\in C^2(M,\mathbb{R})$ 处处不为零,且满足条件:

$$\mathrm{div}(f\cdot\mathrm{grad}f)=af,\quad \|\mathrm{grad}f\|^2=bf,$$

其中 a 与 b 为实常数.计算 $\oiint\limits_{\partial M}\frac{\partial f}{\partial \boldsymbol{n}_0}d\sigma$,其中 $\boldsymbol{n}_0=(\cos\alpha,\cos\beta,\cos\gamma)$ 为 ∂M 的单位外法向量场.

解 根据题设条件:$\|\mathrm{grad}f\|^2=bf$,$\mathrm{div}(f\cdot\mathrm{grad}f)=af$,有

$$\left(\frac{\partial f}{\partial x}\right)^2+\left(\frac{\partial f}{\partial y}\right)^2+\left(\frac{\partial f}{\partial z}\right)^2=\|\mathrm{grad}f\|^2=bf,$$

$$af=\mathrm{div}(f\cdot\mathrm{grad}f)=\mathrm{div}\left(f\frac{\partial f}{\partial x},f\frac{\partial f}{\partial y},f\frac{\partial f}{\partial z}\right)$$

$$=\frac{\partial\left(f\frac{\partial f}{\partial x}\right)}{\partial x}+\frac{\partial\left(f\frac{\partial f}{\partial y}\right)}{\partial y}+\frac{\partial\left(f\frac{\partial f}{\partial z}\right)}{\partial z}$$

$$=\left(\frac{\partial f}{\partial x}\right)^2+\left(\frac{\partial f}{\partial y}\right)^2+\left(\frac{\partial f}{\partial z}\right)^2+f\left(\frac{\partial^2 f}{\partial x^2}+\frac{\partial^2 f}{\partial y^2}+\frac{\partial^2 f}{\partial z^2}\right)$$

$$=bf+f\left(\frac{\partial^2 f}{\partial x^2}+\frac{\partial^2 f}{\partial y^2}+\frac{\partial^2 f}{\partial z^2}\right),$$

$$\frac{\partial^2 f}{\partial x^2}+\frac{\partial^2 f}{\partial y^2}+\frac{\partial^2 f}{\partial z^2}=a-b.$$

于是

$$\oiint\limits_{\partial M}\frac{\partial f}{\partial \boldsymbol{n}_0}d\sigma=\oiint\limits_{\partial M}\left(\frac{\partial f}{\partial x}\cos\alpha+\frac{\partial f}{\partial y}\cos\beta+\frac{\partial f}{\partial z}\cos\gamma\right)d\sigma$$

$$=\oiint\limits_{\overrightarrow{\partial M}}\frac{\partial f}{\partial x}dy\wedge dz+\frac{\partial f}{\partial y}dz\wedge dx+\frac{\partial f}{\partial z}dx\wedge dy$$

$$\xlongequal{\text{Gauss 公式}}\iiint\limits_{\vec{M}}\left(\frac{\partial^2 f}{\partial x^2}+\frac{\partial^2 f}{\partial y^2}+\frac{\partial^2 f}{\partial z^2}\right)dx\wedge dy\wedge dz$$

$$= \iiint\limits_M (a-b)\,\mathrm{d}x\mathrm{d}y\mathrm{d}z = (a-b)v(M). \qquad \square$$

500. 证明：$\nabla\times(\nabla\times\boldsymbol{F})=\nabla(\nabla\cdot\boldsymbol{F})-\nabla^2\boldsymbol{F}$.

证明 $\nabla\times(\nabla\times\boldsymbol{F})-\nabla(\nabla\cdot\boldsymbol{F})$

$$=\nabla\times\begin{vmatrix} \boldsymbol{e}_1 & \boldsymbol{e}_2 & \boldsymbol{e}_3 \\ \dfrac{\partial}{\partial x} & \dfrac{\partial}{\partial y} & \dfrac{\partial}{\partial z} \\ F_1 & F_2 & F_3 \end{vmatrix}-\nabla\left(\frac{\partial F_1}{\partial x}+\frac{\partial F_2}{\partial y}+\frac{\partial F_3}{\partial z}\right)$$

$$=\begin{vmatrix} \boldsymbol{e}_1 & \boldsymbol{e}_2 & \boldsymbol{e}_3 \\ \dfrac{\partial}{\partial x} & \dfrac{\partial}{\partial y} & \dfrac{\partial}{\partial z} \\ \dfrac{\partial F_3}{\partial y}-\dfrac{\partial F_2}{\partial z} & \dfrac{\partial F_1}{\partial z}-\dfrac{\partial F_3}{\partial x} & \dfrac{\partial F_2}{\partial x}-\dfrac{\partial F_1}{\partial y} \end{vmatrix}$$

$$-\left(\frac{\partial^2 F_1}{\partial x^2}+\frac{\partial^2 F_2}{\partial y\partial x}+\frac{\partial^2 F_3}{\partial z\partial x},\frac{\partial^2 F_1}{\partial x\partial y}+\frac{\partial^2 F_2}{\partial y^2}+\frac{\partial^2 F_3}{\partial z\partial y},\frac{\partial^2 F_1}{\partial x\partial z}+\frac{\partial^2 F_2}{\partial y\partial z}+\frac{\partial^2 F_3}{\partial z^2}\right)$$

$$=\left(\frac{\partial^2 F_2}{\partial x\partial y}-\frac{\partial^2 F_1}{\partial y^2}-\frac{\partial^2 F_1}{\partial z^2}+\frac{\partial^2 F_3}{\partial x\partial z},\frac{\partial^2 F_3}{\partial y\partial z}-\frac{\partial^2 F_2}{\partial z^2}-\frac{\partial^2 F_2}{\partial x^2}+\frac{\partial^2 F_1}{\partial y\partial x},\frac{\partial^2 F_1}{\partial z\partial x}-\frac{\partial^2 F_3}{\partial x^2}-\frac{\partial^2 F_3}{\partial y^2}+\frac{\partial^2 F_2}{\partial z\partial y}\right)$$

$$-\left(\frac{\partial^2 F_1}{\partial x^2}+\frac{\partial^2 F_2}{\partial y\partial x}+\frac{\partial^2 F_3}{\partial z\partial x},\frac{\partial^2 F_1}{\partial x\partial y}+\frac{\partial^2 F_2}{\partial y^2}+\frac{\partial^2 F_3}{\partial z\partial y},\frac{\partial^2 F_1}{\partial x\partial z}+\frac{\partial^2 F_2}{\partial y\partial z}+\frac{\partial^2 F_3}{\partial z^2}\right)$$

$$=-\left(\frac{\partial^2 F_1}{\partial x^2}+\frac{\partial^2 F_1}{\partial y^2}+\frac{\partial^2 F_1}{\partial z^2},\frac{\partial^2 F_2}{\partial x^2}+\frac{\partial^2 F_2}{\partial y^2}+\frac{\partial^2 F_2}{\partial z^2},\frac{\partial^2 F_3}{\partial x^2}+\frac{\partial^2 F_3}{\partial y^2}+\frac{\partial^2 F_3}{\partial z^2}\right)$$

$$=-(\nabla^2 F_1,\nabla^2 F_2,\nabla^2 F_3)=-\nabla^2\boldsymbol{F},$$

$$\nabla\times(\nabla\times\boldsymbol{F})=\nabla(\nabla\cdot\boldsymbol{F})-\nabla^2\boldsymbol{F}. \qquad \square$$

501. 用两种不同的方法证明：n 维球坐标换元(变换)

$$\begin{cases} x_1 = r\cos\theta_1, \\ x_2 = r\sin\theta_1\cos\theta_2, \\ x_3 = r\sin\theta_1\sin\theta_2\cos\theta_3, \\ \quad\vdots \\ x_{n-1} = r\sin\theta_1\sin\theta_2\sin\theta_3\cdots\sin\theta_{n-2}\cos\theta_{n-1}, \\ x_n = r\sin\theta_1\sin\theta_2\sin\theta_3\cdots\sin\theta_{n-2}\sin\theta_{n-1} \end{cases}$$

的 Jacobi 行列式为

$$\frac{\partial(x_1,x_2,\cdots,x_n)}{\partial(r,\theta_1,\cdots,\theta_n)} = r^{n-1}\sin^{n-2}\theta_1\sin^{n-3}\theta_2\cdots\sin\theta_{n-2};$$

体积元为

$$\mathrm{d}v = r^{n-1}\sin^{n-2}\theta_1\sin^{n-3}\theta_2\cdots\sin\theta_{n-2}\,\mathrm{d}r\mathrm{d}\theta_1\cdots\mathrm{d}\theta_{n-2}.$$

证法 1 直接通过 n 维球坐标变换来计算这个 n 阶行列式是非常困难的(见证法 2). 下面我们用隐射定理 8.4.2(4)来计算这个行列式. 为此令

$$\begin{cases} G_1 = r^2 - (x_1^2 + x_2^2 + \cdots + x_n^2) = 0, \\ G_2 = r^2\sin^2\theta_1 - (x_2^2 + \cdots + x_n^2) = 0, \\ G_3 = r^2\sin^2\theta_1\sin^2\theta_2 - (x_3^2 + \cdots + x_n^2) = 0, \\ \vdots \\ G_n = r^2\sin^2\theta_1\cdots\sin^2\theta_{n-1} - x_n^2 = 0. \end{cases}$$

容易看出,n 维球坐标变换满足上述方程组.由于

$$\boldsymbol{J}_u\boldsymbol{G}(\boldsymbol{u},\boldsymbol{x}) = \begin{bmatrix} 2r & & & & \\ 2r\sin^2\theta_1 & 2r^2\sin\theta_1\cos\theta_1 & & & \\ * & * & 2r^2\sin^2\theta_1\sin\theta_2\cos\theta_2 & & \\ \vdots & \vdots & \vdots & \ddots & \\ * & * & * & \cdots & 2r^2\sin^2\theta_1\cdots\sin^2\theta_{n-2}\sin\theta_{n-1}\cos\theta_{n-1} \end{bmatrix},$$

所以

$$\det\boldsymbol{J}_u\boldsymbol{G}(\boldsymbol{u},\boldsymbol{x}) = 2^n r^{2n-1}\sin^{2n-3}\theta_1\cos\theta_1\sin^{2n-5}\theta_2\cos\theta_2\cdots\sin\theta_{n-1}\cos\theta_{n-1},$$

其中 $\boldsymbol{u}=(r,\theta_1,\cdots,\theta_{n-1})$.

又因为

$$\boldsymbol{J}_x\boldsymbol{G}(\boldsymbol{u},\boldsymbol{x}) = \begin{bmatrix} -2x_1 & * & * & \cdots & * \\ & -2x_2 & * & \cdots & * \\ & & -2x_3 & \cdots & * \\ & & & \ddots & \vdots \\ & & & & -2x_n \end{bmatrix},$$

所以

$$\begin{aligned} \det\boldsymbol{J}_x\boldsymbol{G}(\boldsymbol{u},\boldsymbol{x}) &= (-1)^n 2^n x_1x_2\cdots x_n \\ &= (-1)^n 2^n r^n \sin^{n-1}\theta_1\cos\theta_1\sin^{n-2}\theta_2\cos\theta_2\cdots\sin\theta_{n-1}\cos\theta_{n-1}. \end{aligned}$$

根据隐射定理 8.4.2(4)得到 n 维球坐标变换的 Jacobi 行列式为

$$\begin{aligned} \frac{\partial(x_1,x_2,\cdots,x_n)}{\partial(r,\theta_1,\cdots,\theta_{n-1})} &= \det[-\boldsymbol{J}_x\boldsymbol{G}(\boldsymbol{u},\boldsymbol{x})^{-1}\boldsymbol{J}_u\boldsymbol{G}(\boldsymbol{u},\boldsymbol{x})] \\ &= (-1)^n\frac{\det\boldsymbol{J}_u\boldsymbol{G}(\boldsymbol{u},\boldsymbol{x})}{\det\boldsymbol{J}_x\boldsymbol{G}(\boldsymbol{u},\boldsymbol{x})} = r^{n-1}\sin^{n-2}\theta_1\sin^{n-3}\theta_2\cdots\sin\theta_{n-2}. \end{aligned}$$

证法 2 现在我们来直接计算这个 n 阶 Jacobi 行列式.先算 $\frac{\partial \boldsymbol{x}}{\partial r},\frac{\partial \boldsymbol{x}}{\partial \theta_i},\frac{\partial \boldsymbol{x}}{\partial \theta_j}(i<j)$,再根据

$$\cos\theta_i\cdot(-\sin\theta_i)+\sin\theta_i\cdot\cos\theta_i = 0$$

知 $\frac{\partial \boldsymbol{x}}{\partial r}\cdot\frac{\partial \boldsymbol{x}}{\partial \theta_i}=0$.根据

$$\cos\theta_i\sin\theta_j\sin\theta_i\cos\theta_j + \cos\theta_i\cos\theta_j\sin\theta_i(-\sin\theta_j) = 0$$

知 $\frac{\partial \boldsymbol{x}}{\partial \theta_i}\cdot\frac{\partial \boldsymbol{x}}{\partial \theta_j}=0(i<j)$,其中

$$\left(\frac{\partial \boldsymbol{x}}{\partial \theta_i}\right)^{\mathrm{T}}=\begin{pmatrix}
0\\
0\\
0\\
\vdots\\
0\\
r\sin\theta_1\sin\theta_2\sin\theta_3\cdots\sin\theta_{i-2}\sin\theta_{i-1}(-\sin\theta_i)\\
r\sin\theta_1\sin\theta_2\sin\theta_3\cdots\sin\theta_{i-2}\sin\theta_{i-1}\quad\cos\theta_i\quad\cos\theta_{i+1}\\
\vdots\\
r\sin\theta_1\sin\theta_2\sin\theta_3\cdots\sin\theta_{i-2}\sin\theta_{i-1}\quad\cos\theta_i\quad\sin\theta_{i+1}\cdots\sin\theta_{j-2}\cos\theta_{j-1}\\
r\sin\theta_1\sin\theta_2\sin\theta_3\cdots\sin\theta_{i-2}\sin\theta_{i-1}\quad\cos\theta_i\quad\sin\theta_{i+1}\cdots\sin\theta_{j-2}\sin\theta_{j-1}\cos\theta_j\\
r\sin\theta_1\sin\theta_2\sin\theta_3\cdots\sin\theta_{i-2}\sin\theta_{i-1}\quad\cos\theta_i\quad\sin\theta_{i+1}\cdots\sin\theta_{j-2}\sin\theta_{j-1}\sin\theta_j\cos\theta_{j+1}\\
\vdots\\
r\sin\theta_1\sin\theta_2\sin\theta_3\cdots\sin\theta_{i-2}\sin\theta_{i-1}\quad\cos\theta_i\quad\sin\theta_{i+1}\cdots\sin\theta_{j-2}\sin\theta_{j-1}\sin\theta_j\sin\theta_{j+1}\cdots\sin\theta_{n-2}\cos\theta_{n-1}\\
r\sin\theta_1\sin\theta_2\sin\theta_3\cdots\sin\theta_{i-2}\sin\theta_{i-1}\quad\cos\theta_i\quad\sin\theta_{i+1}\cdots\sin\theta_{j-2}\sin\theta_{j-1}\sin\theta_j\sin\theta_{j+1}\cdots\sin\theta_{n-2}\sin\theta_{n-1}
\end{pmatrix}$$

↑ 第 i 列　　　　↑ 第 j 列

（这里上标 T 表示矩阵的转置），

$$\left(\frac{\partial \boldsymbol{x}}{\partial \theta_j}\right)^{\mathrm{T}}=\begin{pmatrix}
0\\
0\\
0\\
\vdots\\
0\\
0\\
0\\
\vdots\\
0\\
r\sin\theta_1\sin\theta_2\sin\theta_3\cdots\sin\theta_{i-2}\sin\theta_{i-1}\sin\theta_i\sin\theta_{i+1}\cdots\sin\theta_{j-2}\sin\theta_{j-1}(-\sin\theta_j)\\
r\sin\theta_1\sin\theta_2\sin\theta_3\cdots\sin\theta_{i-2}\sin\theta_{i-1}\sin\theta_i\sin\theta_{i+1}\cdots\sin\theta_{j-2}\sin\theta_{j-1}\quad\cos\theta_j\quad\cos\theta_{j+1}\\
\vdots\\
r\sin\theta_1\sin\theta_2\sin\theta_3\cdots\sin\theta_{i-2}\sin\theta_{i-1}\sin\theta_i\sin\theta_{i+1}\cdots\sin\theta_{j-2}\sin\theta_{j-1}\quad\cos\theta_j\quad\cdots\quad\sin\theta_{n-2}\cos\theta_{n-1}\\
r\sin\theta_1\sin\theta_2\sin\theta_3\cdots\sin\theta_{i-2}\sin\theta_{i-1}\sin\theta_i\sin\theta_{i+1}\cdots\sin\theta_{j-2}\sin\theta_{j-1}\quad\cos\theta_j\quad\cdots\quad\sin\theta_{n-2}\sin\theta_{n-1}
\end{pmatrix}.$$

↑ 第 i 列　　　　↑ 第 j 列

由上述推得相应的 Jacobi 矩阵的列是彼此正交的. 再注意到

$$\left.\frac{\partial(x_1,x_2,\cdots,x_n)}{\partial(r,\theta_1,\cdots,\theta_{n-1})}\right|_{\theta_1=\cdots=\theta_{n-1}=\frac{\pi}{2}}=r^{n-1}>0$$

和行列式值的保号性，有

$$\begin{aligned}
\frac{\partial(x_1,x_2,\cdots,x_n)}{\partial(r,\theta_1,\cdots,\theta_{n-1})}&=\left\|\frac{\partial \boldsymbol{x}}{\partial r}\right\|\cdot\left\|\frac{\partial \boldsymbol{x}}{\partial \theta_1}\right\|\cdots\left\|\frac{\partial \boldsymbol{x}}{\partial \theta_{n-1}}\right\|\cdot 1\\
&=1\cdot r\cdot r\sin\theta_1\cdot r\sin\theta_1\sin\theta_2\cdots r\sin\theta_1\sin\theta_2\cdots\sin\theta_{n-2}\\
&=r^{n-1}\sin^{n-2}\theta_1\sin^{n-3}\theta_2\cdots\sin\theta_{n-2}.
\end{aligned}$$

或者由

$$(\boldsymbol{J}_u\boldsymbol{x})^{\mathrm{T}}(\boldsymbol{J}_u\boldsymbol{x})=\begin{pmatrix}\frac{\partial x_1}{\partial r} & \frac{\partial x_2}{\partial r} & \cdots & \frac{\partial x_n}{\partial r}\\ \frac{\partial x_1}{\partial \theta_1} & \frac{\partial x_2}{\partial \theta_1} & \cdots & \frac{\partial x_n}{\partial \theta_1}\\ \vdots & \vdots & & \\ \frac{\partial x_1}{\partial \theta_{n-1}} & \frac{\partial x_2}{\partial \theta_{n-1}} & \cdots & \frac{\partial x_n}{\partial \theta_{n-1}}\end{pmatrix}\begin{pmatrix}\frac{\partial x_1}{\partial r} & \frac{\partial x_1}{\partial \theta_1} & \cdots & \frac{\partial x_1}{\partial \theta_{n-1}}\\ \frac{\partial x_2}{\partial r} & \frac{\partial x_2}{\partial \theta_1} & \cdots & \frac{\partial x_2}{\partial \theta_{n-1}}\\ \vdots & \vdots & & \vdots\\ \frac{\partial x_n}{\partial r} & \frac{\partial x_n}{\partial \theta_1} & \cdots & \frac{\partial x_n}{\partial \theta_{n-1}}\end{pmatrix}$$

$$=\begin{pmatrix}\frac{\partial \boldsymbol{x}}{\partial r}\cdot\frac{\partial \boldsymbol{x}}{\partial r} & \frac{\partial \boldsymbol{x}}{\partial r}\cdot\frac{\partial \boldsymbol{x}}{\partial \theta_1} & \cdots & \frac{\partial \boldsymbol{x}}{\partial r}\cdot\frac{\partial \boldsymbol{x}}{\partial \theta_{n-1}}\\ \frac{\partial \boldsymbol{x}}{\partial \theta_1}\cdot\frac{\partial \boldsymbol{x}}{\partial r} & \frac{\partial \boldsymbol{x}}{\partial \theta_1}\cdot\frac{\partial \boldsymbol{x}}{\partial \theta_1} & \cdots & \frac{\partial \boldsymbol{x}}{\partial \theta_1}\cdot\frac{\partial \boldsymbol{x}}{\partial \theta_{n-1}}\\ \vdots & \vdots & & \vdots\\ \frac{\partial \boldsymbol{x}}{\partial \theta_{n-1}}\cdot\frac{\partial \boldsymbol{x}}{\partial r} & \frac{\partial \boldsymbol{x}}{\partial \theta_{n-1}}\cdot\frac{\partial \boldsymbol{x}}{\partial \theta_1} & \cdots & \frac{\partial \boldsymbol{x}}{\partial \theta_{n-1}}\cdot\frac{\partial \boldsymbol{x}}{\partial \theta_{n-1}}\end{pmatrix}$$

$$\xlongequal{\text{正交性}}\begin{pmatrix}\frac{\partial \boldsymbol{x}}{\partial r}\cdot\frac{\partial \boldsymbol{x}}{\partial r} & & & \\ & \frac{\partial \boldsymbol{x}}{\partial \theta_1}\cdot\frac{\partial \boldsymbol{x}}{\partial \theta_1} & & \\ & & \ddots & \\ & & & \frac{\partial \boldsymbol{x}}{\partial \theta_{n-1}}\cdot\frac{\partial \boldsymbol{x}}{\partial \theta_{n-1}}\end{pmatrix},$$

可以推得

$$\frac{\partial(x_1,x_2,\cdots,x_n)}{\partial(r,\theta_1,\cdots,\theta_{n-1})}=\sqrt{\det(\boldsymbol{J}_u\boldsymbol{x})^{\mathrm{T}}(\boldsymbol{J}_u\boldsymbol{x})}$$

$$=\sqrt{\det\begin{pmatrix}\frac{\partial \boldsymbol{x}}{\partial r}\cdot\frac{\partial \boldsymbol{x}}{\partial r} & & & \\ & \frac{\partial \boldsymbol{x}}{\partial \theta_1}\cdot\frac{\partial \boldsymbol{x}}{\partial \theta_1} & & \\ & & \ddots & \\ & & & \frac{\partial \boldsymbol{x}}{\partial \theta_{n-1}}\cdot\frac{\partial \boldsymbol{x}}{\partial \theta_{n-1}}\end{pmatrix}}$$

$$=\left\|\frac{\partial \boldsymbol{x}}{\partial r}\right\|\cdot\left\|\frac{\partial \boldsymbol{x}}{\partial \theta_1}\right\|\cdots\left\|\frac{\partial \boldsymbol{x}}{\partial \theta_{n-1}}\right\|=r^{n-1}\sin^{n-2}\theta_1\sin^{n-3}\theta_2\cdots\sin\theta_{n-2}.$$ □

502. 是否还能用 501 题证明中的两种方法证明：$n-1$ 维球面坐标

$$\begin{cases} x_1 = R\cos\theta_1, \\ x_2 = R\sin\theta_1\cos\theta_2, \\ x_3 = R\sin\theta_1\sin\theta_2\cos\theta_3, \\ \vdots \\ x_{n-1} = R\sin\theta_1\sin\theta_2\sin\theta_3\cdots\sin\theta_{n-1}\cos\theta_{n-1}, \\ x_n = R\sin\theta_1\sin\theta_2\sin\theta_3\cdots\sin\theta_{n-1}\sin\theta_{n-1} \end{cases}$$

的面积元为

$$d\sigma = R^{n-1}\sin^{n-2}\theta_1\sin^{n-3}\theta_2\cdots\sin\theta_{n-2}\,d\theta_1\cdots d\theta_{n-1}.$$

证法 1　仿照 501 题证法 2，令 $\boldsymbol{u}=(\theta_1,\theta_2,\cdots,\theta_{n-1})$，则

$$(\boldsymbol{J}_u\boldsymbol{x})^{\mathrm{T}}\boldsymbol{J}_u\boldsymbol{x} = \begin{pmatrix} \frac{\partial \boldsymbol{x}}{\partial\theta_1}\cdot\frac{\partial \boldsymbol{x}}{\partial\theta_1} & & \\ & \ddots & \\ & & \frac{\partial \boldsymbol{x}}{\partial\theta_{n-1}}\cdot\frac{\partial \boldsymbol{x}}{\partial\theta_{n-1}} \end{pmatrix},$$

$$\begin{aligned} d\sigma &= \sqrt{\det(\boldsymbol{J}_u\boldsymbol{x})^{\mathrm{T}}\boldsymbol{J}_u\boldsymbol{x}} \\ &= \left\|\frac{\partial \boldsymbol{x}}{\partial\theta_1}\right\|\cdot\left\|\frac{\partial \boldsymbol{x}}{\partial\theta_2}\right\|\cdots\left\|\frac{\partial \boldsymbol{x}}{\partial\theta_{n-1}}\right\| = R^{n-1}\sin^{n-2}\theta_1\sin^{n-3}\theta_2\cdots\sin\theta_{n-2}. \end{aligned}$$

注意，在球面上，R 为常数，这与 501 题中 r 为变数是不同的.

此外，由于

$$\boldsymbol{J}_u\boldsymbol{x} = \begin{pmatrix} \frac{\partial x_1}{\partial\theta_1} & \cdots & \frac{\partial x_1}{\partial\theta_{n-1}} \\ \vdots & & \vdots \\ \frac{\partial x_n}{\partial\theta_1} & \cdots & \frac{\partial x_n}{\partial\theta_{n-1}} \end{pmatrix}$$

为 $n\times(n-1)$ 矩阵，不为方阵，因此 501 题证法 1 不能沿用到本题.

证法 2　根据 501 题，有

$$\det\begin{pmatrix} g_{11} & \cdots & g_{1,n-1} \\ \vdots & & \vdots \\ g_{n-1,1} & \cdots & g_{n-1,n-1} \end{pmatrix} = \det\begin{pmatrix} \frac{\partial \boldsymbol{x}}{\partial\theta_1}\cdot\frac{\partial \boldsymbol{x}}{\partial\theta_1} & \cdots & \frac{\partial \boldsymbol{x}}{\partial\theta_1}\cdot\frac{\partial \boldsymbol{x}}{\partial\theta_{n-1}} \\ \vdots & & \vdots \\ \frac{\partial \boldsymbol{x}}{\partial\theta_{n-1}}\cdot\frac{\partial \boldsymbol{x}}{\partial\theta_1} & \cdots & \frac{\partial \boldsymbol{x}}{\partial\theta_{n-1}}\cdot\frac{\partial \boldsymbol{x}}{\partial\theta_{n-1}} \end{pmatrix}_{r=R}$$

$$= \det\begin{pmatrix} 1 & 0 & \cdots & 0 \\ 0 & \frac{\partial \boldsymbol{x}}{\partial\theta_1}\cdot\frac{\partial \boldsymbol{x}}{\partial\theta_1} & \cdots & \frac{\partial \boldsymbol{x}}{\partial\theta_1}\cdot\frac{\partial \boldsymbol{x}}{\partial\theta_{n-1}} \\ \vdots & \vdots & & \vdots \\ 0 & \frac{\partial \boldsymbol{x}}{\partial\theta_{n-1}}\cdot\frac{\partial \boldsymbol{x}}{\partial\theta_1} & \cdots & \frac{\partial \boldsymbol{x}}{\partial\theta_{n-1}}\cdot\frac{\partial \boldsymbol{x}}{\partial\theta_{n-1}} \end{pmatrix}_{r=R}$$

$$=\det\begin{pmatrix}\frac{\partial \boldsymbol{x}}{\partial r}\cdot\frac{\partial \boldsymbol{x}}{\partial r} & \frac{\partial \boldsymbol{x}}{\partial r}\cdot\frac{\partial \boldsymbol{x}}{\partial \theta_1} & \cdots & \frac{\partial \boldsymbol{x}}{\partial r}\cdot\frac{\partial \boldsymbol{x}}{\partial \theta_{n-1}}\\ \frac{\partial \boldsymbol{x}}{\partial \theta_1}\cdot\frac{\partial \boldsymbol{x}}{\partial r} & \frac{\partial \boldsymbol{x}}{\partial \theta_1}\cdot\frac{\partial \boldsymbol{x}}{\partial \theta_1} & \cdots & \frac{\partial \boldsymbol{x}}{\partial \theta_1}\cdot\frac{\partial \boldsymbol{x}}{\partial \theta_{n-1}}\\ \vdots & \vdots & & \vdots\\ \frac{\partial \boldsymbol{x}}{\partial \theta_{n-1}}\cdot\frac{\partial \boldsymbol{x}}{\partial r} & \frac{\partial \boldsymbol{x}}{\partial \theta_{n-1}}\cdot\frac{\partial \boldsymbol{x}}{\partial \theta_1} & \cdots & \frac{\partial \boldsymbol{x}}{\partial \theta_{n-1}}\cdot\frac{\partial \boldsymbol{x}}{\partial \theta_{n-1}}\end{pmatrix}_{r=R}$$

$$=\det\left(\begin{pmatrix}\frac{\partial \boldsymbol{x}}{\partial r}\\ \frac{\partial \boldsymbol{x}}{\partial \theta_1}\\ \vdots\\ \frac{\partial \boldsymbol{x}}{\partial \theta_{n-1}}\end{pmatrix}\begin{pmatrix}\frac{\partial \boldsymbol{x}}{\partial r}\\ \frac{\partial \boldsymbol{x}}{\partial \theta_1}\\ \vdots\\ \frac{\partial \boldsymbol{x}}{\partial \theta_{n-1}}\end{pmatrix}^{\mathrm{T}}\right)_{r=R}=\left[\frac{\partial(x_1,x_2,\cdots,x_n)}{\partial(r,\theta_1,\cdots,\theta_{n-1})}\right]^2_{r=R}$$

$$=(R^{n-1}\sin^{n-2}\theta_1\sin^{n-3}\theta_2\cdots\sin\theta_{n-2})^2$$

$$=(R^{n-1}\sin^{n-2}\theta_1\sin^{n-3}\theta_2\cdots\sin\theta_{n-2})^2,$$

于是

$$\mathrm{d}\sigma=\sqrt{\det\begin{pmatrix}g_{11} & \cdots & g_{1,n-1}\\ \vdots & & \vdots\\ g_{n-1,1} & \cdots & g_{n-1,n-1}\end{pmatrix}}\,\mathrm{d}\theta_1\cdots\mathrm{d}\theta_{n-1}$$

$$=R^{n-1}\sin^{n-2}\theta_1\sin^{n-3}\theta_2\cdots\sin\theta_{n-2}\,\mathrm{d}\theta_1\cdots\mathrm{d}\theta_{n-1}.$$ □

503. 设$\mathbb{R}^{n-1}$中 $n-1$ 维超曲面 Σ 的参数表示为

$$\boldsymbol{x}(x_1,x_2,\cdots,x_{n-1})=(x_1,x_2,\cdots,x_{n-1},x_n(x_1,x_2,\cdots,x_{n-1})),$$

$(x_1,x_2,\cdots,x_{n-1})\in\Delta$(开区域),其中 $x_n(x_1,x_2,\cdots,x_{n-1})$有连续偏导数. 证明:$\Sigma$ 的面积元为

$$\mathrm{d}\sigma=\sqrt{1+\left(\frac{\partial x_n}{\partial x_1}\right)^2+\left(\frac{\partial x_n}{\partial x_2}\right)^2+\cdots+\left(\frac{\partial x_n}{\partial x_{n-1}}\right)^2}\,\mathrm{d}x_1\cdots\mathrm{d}x_{n-1}.$$

证法 1 易见

$$\mathrm{d}\sigma=\sqrt{\left|\begin{pmatrix}1 & 0 & & \cdots & 0 & \frac{\partial x_n}{\partial x_1}\\ 0 & 1 & 0 & \cdots & 0 & \frac{\partial x_n}{\partial x_2}\\ \vdots & \vdots & & \ddots & & \vdots\\ 0 & 0 & 0 & \cdots & 1 & \frac{\partial x_n}{\partial x_{n-1}}\end{pmatrix}\begin{pmatrix}1 & 0 & \cdots & 0\\ 0 & 1 & \cdots & 0\\ \vdots & \vdots & \ddots & \vdots\\ 0 & 0 & \cdots & 1\\ \frac{\partial x_n}{\partial x_1} & \frac{\partial x_n}{\partial x_2} & \cdots & \frac{\partial x_n}{\partial x_{n-1}}\end{pmatrix}\right|}\,\mathrm{d}x_1\cdots\mathrm{d}x_{n-1}$$

$$=\sqrt{\begin{vmatrix} 1+\left(\frac{\partial x_n}{\partial x_1}\right)^2 & \frac{\partial x_n}{\partial x_1}\frac{\partial x_n}{\partial x_2} & \cdots & \frac{\partial x_n}{\partial x_1}\frac{\partial x_n}{\partial x_{n-1}} \\ \frac{\partial x_n}{\partial x_2}\frac{\partial x_n}{\partial x_1} & 1+\left(\frac{\partial x_n}{\partial x_2}\right)^2 & \cdots & \frac{\partial x_n}{\partial x_2}\frac{\partial x_n}{\partial x_{n-1}} \\ \vdots & \vdots & \ddots & \vdots \\ \frac{\partial x_n}{\partial x_{n-1}}\frac{\partial x_n}{\partial x_1} & \frac{\partial x_n}{\partial x_{n-1}}\frac{\partial x_n}{\partial x_2} & \cdots & 1+\left(\frac{\partial x_n}{\partial x_{n-1}}\right)^2 \end{vmatrix}}\,\mathrm{d}x_1\cdots\mathrm{d}x_{n-1}$$

$$\xlongequal{\text{行列式性质}}\sqrt{\begin{vmatrix} 1+\left(\frac{\partial x_n}{\partial x_1}\right)^2 & \frac{\partial x_n}{\partial x_1}\frac{\partial x_n}{\partial x_2} & \cdots & \frac{\partial x_n}{\partial x_1}\frac{\partial x_n}{\partial x_{n-2}} & 0 \\ \frac{\partial x_n}{\partial x_2}\frac{\partial x_n}{\partial x_1} & 1+\left(\frac{\partial x_n}{\partial x_2}\right)^2 & \cdots & \frac{\partial x_n}{\partial x_2}\frac{\partial x_n}{\partial x_{n-2}} & 0 \\ \vdots & \vdots & & \vdots & \\ \frac{\partial x_n}{\partial x_{n-2}}\frac{\partial x_n}{\partial x_1} & \frac{\partial x_n}{\partial x_{n-2}}\frac{\partial x_n}{\partial x_2} & \cdots & 1+\left(\frac{\partial x_n}{\partial x_{n-2}}\right)^2 & 0 \\ \frac{\partial x_n}{\partial x_{n-1}}\frac{\partial x_n}{\partial x_1} & \frac{\partial x_n}{\partial x_{n-1}}\frac{\partial x_n}{\partial x_2} & \cdots & \frac{\partial x_n}{\partial x_{n-1}}\frac{\partial x_n}{\partial x_{n-2}} & 1 \end{vmatrix}+\begin{vmatrix} 1+\left(\frac{\partial x_n}{\partial x_1}\right)^2 & \frac{\partial x_n}{\partial x_1}\frac{\partial x_n}{\partial x_2} & \cdots & \frac{\partial x_n}{\partial x_1}\frac{\partial x_n}{\partial x_{n-2}} & \frac{\partial x_n}{\partial x_1}\frac{\partial x_n}{\partial x_{n-1}} \\ \frac{\partial x_n}{\partial x_2}\frac{\partial x_n}{\partial x_1} & 1+\left(\frac{\partial x_n}{\partial x_2}\right)^2 & \cdots & \frac{\partial x_n}{\partial x_2}\frac{\partial x_n}{\partial x_{n-2}} & \frac{\partial x_n}{\partial x_2}\frac{\partial x_n}{\partial x_{n-1}} \\ \vdots & \vdots & & \vdots & \vdots \\ \frac{\partial x_n}{\partial x_{n-2}}\frac{\partial x_n}{\partial x_1} & \frac{\partial x_n}{\partial x_{n-2}}\frac{\partial x_n}{\partial x_2} & \cdots & 1+\left(\frac{\partial x_n}{\partial x_{n-2}}\right)^2 & \frac{\partial x_n}{\partial x_{n-2}}\frac{\partial x_n}{\partial x_{n-1}} \\ \frac{\partial x_n}{\partial x_{n-1}}\frac{\partial x_n}{\partial x_1} & \frac{\partial x_n}{\partial x_{n-1}}\frac{\partial x_n}{\partial x_2} & \cdots & \frac{\partial x_n}{\partial x_{n-1}}\frac{\partial x}{\partial x_{n-2}} & \left(\frac{\partial x_n}{\partial x_{n-1}}\right)^2 \end{vmatrix}}$$

$$\cdot\,\mathrm{d}x_1\cdots\mathrm{d}x_{n-1}$$

$$\xlongequal{\text{行列式性质}}\sqrt{\begin{vmatrix} 1+\left(\frac{\partial x_n}{\partial x_1}\right)^2 & \frac{\partial x_n}{\partial x_1}\frac{\partial x_n}{\partial x_2} & \cdots & \frac{\partial x_n}{\partial x_1}\frac{\partial x_n}{\partial x_{n-2}} \\ \frac{\partial x_n}{\partial x_2}\frac{\partial x_n}{\partial x_1} & 1+\left(\frac{\partial x_n}{\partial x_2}\right)^2 & \cdots & \frac{\partial x_n}{\partial x_2}\frac{\partial x_n}{\partial x_{n-2}} \\ \vdots & \vdots & & \vdots \\ \frac{\partial x_n}{\partial x_{n-2}}\frac{\partial x_n}{\partial x_1} & \frac{\partial x_n}{\partial x_{n-2}}\frac{\partial x_n}{\partial x_2} & \cdots & 1+\left(\frac{\partial x_n}{\partial x_{n-2}}\right)^2 \end{vmatrix}+\begin{vmatrix} 1 & & & \frac{\partial x_n}{\partial x_1}\frac{\partial x_n}{\partial x_{n-1}} \\ & 1 & & \frac{\partial x_n}{\partial x_2}\frac{\partial x_n}{\partial x_{n-1}} \\ \vdots & & \ddots & \vdots \\ & & 1 & \frac{\partial x_n}{\partial x_{n-2}}\frac{\partial x_n}{\partial x_{n-1}} \\ 0 & 0 & \cdots \quad 0 & \left(\frac{\partial x_n}{\partial x_{n-1}}\right)^2 \end{vmatrix}}$$

$$\cdot\,\mathrm{d}x_1\cdots\mathrm{d}x_{n-1}$$

$$\xlongequal{\text{归纳法}}\sqrt{\left[1+\left(\frac{\partial x_n}{\partial x_1}\right)^2+\left(\frac{\partial x_n}{\partial x_2}\right)^2+\cdots+\left(\frac{\partial x_n}{\partial x_{n-2}}\right)^2\right]+\left(\frac{\partial x_n}{\partial x_{n-1}}\right)^2}\,\mathrm{d}x_1\cdots\mathrm{d}x_{n-1}$$

$$=\sqrt{1+\left(\frac{\partial x_n}{\partial x_1}\right)^2+\left(\frac{\partial x_n}{\partial x_2}\right)^2+\cdots+\left(\frac{\partial x_n}{\partial x_{n-1}}\right)^2}\,\mathrm{d}x_1\cdots\mathrm{d}x_{n-1}.$$

证法 2 根据第二册 305 页知

$$\det\begin{pmatrix} g_{11} & \cdots & g_{1,n-1} \\ \vdots & & \vdots \\ g_{n-1,1} & \cdots & g_{n-1,n-1} \end{pmatrix}=\sum_{i=1}^{n}\left[(-1)^{1+i}\frac{\partial(x_1,\cdots,x_{i-1},x_{i+1},\cdots,x_n)}{\partial(x_1,x_2,\cdots,x_{n-1})}\right]^2$$

$$
\overset{\qquad\qquad\qquad\qquad\qquad i\text{ 列}}{=\sum_{i=1}^{n}\left[(-1)^{1+i}\begin{vmatrix} 1 & 0 & \cdots & 0 & 0 & 0 & \cdots & 0 & \frac{\partial x_n}{\partial x_1} \\ \vdots & \vdots & & \vdots & \vdots & \vdots & & \vdots & \vdots \\ 0 & 0 & \cdots & 0 & 1 & 0 & \cdots & 0 & \frac{\partial x_n}{\partial x_i} \\ \vdots & \vdots & & \vdots & \vdots & \vdots & & \vdots & \vdots \\ 0 & 0 & \cdots & 0 & 0 & 0 & \cdots & 1 & \frac{\partial x_n}{\partial x_{n-1}} \end{vmatrix}\right]^2}
$$

$$
=\sum_{i=1}^{n-1}\left[(-1)^{1+i}(-1)^{(n-1)-i}\begin{vmatrix} 1 & \cdots & 0 & \frac{\partial x_n}{\partial x_1} & 0 & \cdots & 0 \\ \vdots & \ddots & \vdots & \vdots & \vdots & & \vdots \\ & & 1 & & & & \\ 0 & \cdots & 0 & \frac{\partial x_n}{\partial x_i} & 0 & \cdots & 0 \\ 0 & \cdots & 0 & \frac{\partial x_n}{\partial x_{i+1}} & 1 & \cdots & 0 \\ \vdots & & \vdots & \vdots & \vdots & & \vdots \\ 0 & \cdots & 0 & \frac{\partial x_n}{\partial x_{n-1}} & 0 & \cdots & 1 \end{vmatrix}\right]^2
$$

$$
+\begin{vmatrix} 1 & 0 & \cdots & 0 \\ 0 & 1 & \cdots & 0 \\ \vdots & \vdots & \ddots & \vdots \\ 0 & 0 & \cdots & 1 \end{vmatrix}^2
$$

$$
=\sum_{i=1}^{n-1}\left(\frac{\partial x_n}{\partial x_i}\right)^2+1=1+\left(\frac{\partial x_n}{\partial x_1}\right)^2+\left(\frac{\partial x_n}{\partial x_2}\right)^2+\cdots+\left(\frac{\partial x_n}{\partial x_{n-1}}\right)^2.
$$

因此

$$
\mathrm{d}\sigma=\sqrt{1+\left(\frac{\partial x_n}{\partial x_1}\right)^2+\left(\frac{\partial x_n}{\partial x_2}\right)^2+\cdots+\left(\frac{\partial x_n}{\partial x_{n-1}}\right)^2}\,\mathrm{d}x_1+\cdots\mathrm{d}x_{n-1}. \qquad \square
$$

504. 设 $\boldsymbol{p}=(x,y,z)$，$p=\|\boldsymbol{p}\|$，$\boldsymbol{F}=\dfrac{\boldsymbol{p}}{p^3}$，$\Sigma$ 为 $\mathbb{R}^3$ 中 C^1 正则(即具有处处非零的连续法向量场)的封闭曲面. 证明：

$$
\oiint_{\Sigma}\frac{\cos(\boldsymbol{p},\boldsymbol{n}_0)}{p^2}\mathrm{d}\sigma=\oiint_{\Sigma}\boldsymbol{F}\cdot\boldsymbol{n}_0\,\mathrm{d}\sigma=\begin{cases}0, & \text{当原点在曲面 }\Sigma\text{ 的外部时},\\ 4\pi, & \text{当原点在曲面 }\Sigma\text{ 的内部时},\\ 2\pi, & \text{当原点在曲面 }\Sigma\text{ 上时},\end{cases}
$$

其中 $\boldsymbol{n}_0$ 为方向朝外的连续单位法向量场，$\vec{\Sigma}$ 为相应的定向曲面.

证明 显然

$$
\mathrm{div}\boldsymbol{F}=\mathrm{div}\,\frac{\boldsymbol{p}}{p_3}=\mathrm{div}\left(\frac{x}{p^3},\frac{y}{p^3},\frac{z}{p^3}\right)=\frac{\partial}{\partial x}\left(\frac{x}{p^3}\right)+\frac{\partial}{\partial y}\left(\frac{y}{p^3}\right)+\frac{\partial}{\partial z}\left(\frac{z}{p^3}\right)
$$

$$= \frac{3}{p^3} - \frac{3}{p^4}\left(x \cdot \frac{x}{p} + y \cdot \frac{y}{p} + z \cdot \frac{z}{p}\right) = \frac{3}{p^3} - \frac{3(x^2+y^2+z^2)}{p^5} = \frac{3}{p^3} - \frac{3}{p^3} = 0;$$

$$\oiint_{\Sigma} \frac{\cos(\boldsymbol{p},\boldsymbol{n}_0)}{p^2}\mathrm{d}\sigma = \oiint_{\Sigma} \frac{\boldsymbol{p} \cdot \boldsymbol{n}_0}{\|\boldsymbol{p}\| \cdot \|\boldsymbol{n}_0\|} \cdot \frac{1}{p^2}\mathrm{d}\sigma = \oiint_{\Sigma} \frac{\boldsymbol{p}}{p^3} \cdot \boldsymbol{n}_0 \mathrm{d}\sigma = \oiint_{\Sigma} \boldsymbol{F} \cdot \boldsymbol{n}_0 \mathrm{d}\sigma.$$

(1) 当原点在曲面 Σ 的外部时，则

$$\oiint_{\Sigma} \boldsymbol{F} \cdot \boldsymbol{n}_0 \mathrm{d}\sigma \xlongequal{\text{Gauss 公式}} \iiint_{V} \mathrm{div}\boldsymbol{F}\mathrm{d}v = \iiint_{V} 0\mathrm{d}v = 0.$$

其中 V 为 Σ 围成的区域.

(2) 当原点在曲面 Σ 的内部时，则以原点为球心，以充分小的 $\varepsilon>0$ 为半径作球面 S_ε，使它全部落在 Σ 内. 于是，在 Σ 与 S_ε 所围的多连通域 V_ε 内任一点，有

$$\mathrm{div}\boldsymbol{F} = \frac{\partial F_1}{\partial x} + \frac{\partial F_2}{\partial y} + \frac{\partial F_3}{\partial z} = 0.$$

因此

$$\oiint_{\Sigma+S_\varepsilon} \boldsymbol{F} \cdot \boldsymbol{n}_0 \mathrm{d}\sigma \xlongequal{\text{Gauss 公式}} \iiint_{V_\varepsilon} \mathrm{div}\boldsymbol{F}\mathrm{d}v = \iiint_{V_\varepsilon} 0\mathrm{d}v = 0,$$

其中 S_ε 的定向取为内侧$\overrightarrow{S}_\varepsilon^-$，即小球面 S_ε 的内法向量方向(见 504 题图(1)).

由上得到

$$\oiint_{\Sigma} \boldsymbol{F} \cdot \boldsymbol{n}_0 \mathrm{d}\sigma = \oiint_{S_\varepsilon} \boldsymbol{F} \cdot \boldsymbol{n}_0 \mathrm{d}\sigma = \oiint_{S_\varepsilon} \left(\frac{x}{\varepsilon^3} \cdot \frac{x}{\varepsilon} + \frac{y}{\varepsilon^3} \cdot \frac{y}{\varepsilon} + \frac{z}{\varepsilon^3} \cdot \frac{z}{\varepsilon}\right)\mathrm{d}\sigma$$

$$= \frac{1}{\varepsilon^2}\iint_{S_\varepsilon} \mathrm{d}\sigma = \frac{1}{\varepsilon^2} 4\pi\varepsilon^2 = 4\pi.$$

这里 S_ε 的定向取为外侧$\overrightarrow{S}_\varepsilon$，即小球面 S_ε 的外法向量方向.

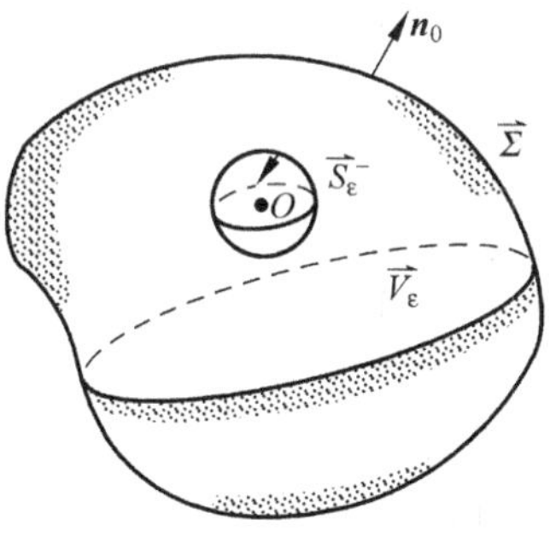

504 题图(1)

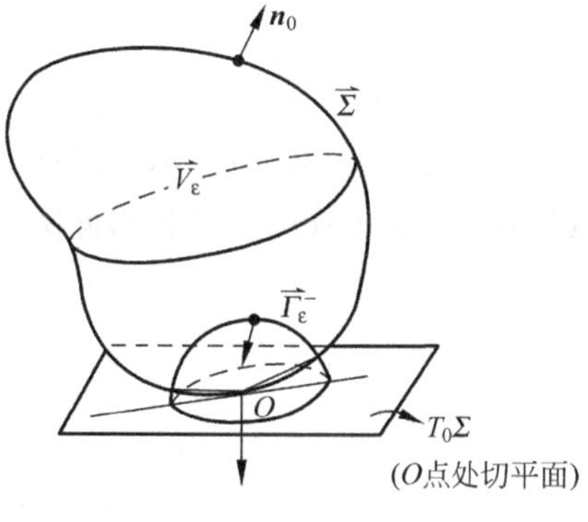

504 题图(2)

(3) 当原点在曲面 Σ 上时，则以原点为球心，以充分小的 $\varepsilon>0$ 为半径作球面，它含在 V 内的部分记为$\overrightarrow{\Gamma}_\varepsilon^-$，以内法向为定向. 小球面截 Σ 得球面外部部分为 Σ_ε(见 504 题图(2)).

于是

$$\oiint_{\Sigma_\varepsilon+\Gamma_\varepsilon}\boldsymbol{F}\cdot\boldsymbol{n}_0\,\mathrm{d}\sigma=\iiint_{V_\varepsilon}\mathrm{div}\boldsymbol{F}\mathrm{d}v=\iiint_{V_\varepsilon}0\,\mathrm{d}v=0,$$

$$\iint_{\Sigma_\varepsilon}\boldsymbol{F}\cdot\boldsymbol{n}_0\,\mathrm{d}\sigma=\iint_{\Gamma_\varepsilon}\boldsymbol{F}\cdot\boldsymbol{n}_0\,\mathrm{d}\sigma=\iint_{\Gamma_\varepsilon}\left(\frac{x}{\varepsilon^3}\cdot\frac{x}{\varepsilon}+\frac{y}{\varepsilon^3}\cdot\frac{y}{\varepsilon}+\frac{z}{\varepsilon^3}\cdot\frac{z}{\varepsilon}\right)\mathrm{d}\sigma$$

$$=\iint_{\Gamma_\varepsilon}\frac{\varepsilon^2}{\varepsilon^4}\mathrm{d}\sigma=\frac{1}{\varepsilon^2}\iint_{\Gamma_\varepsilon}\mathrm{d}\sigma=\frac{1}{\varepsilon^2}\sigma(\Gamma_\varepsilon)=\frac{1}{\varepsilon^2}\cdot 2\pi\varepsilon^2[1-o(1)]$$

$$=2\pi[1-o(1)],\quad \varepsilon\to 0^+,$$

$$\iint_{\Sigma}\boldsymbol{F}\cdot\boldsymbol{n}_0\,\mathrm{d}\sigma=\lim_{\varepsilon\to 0^+}\iint_{\Sigma_\varepsilon}\boldsymbol{F}\cdot\boldsymbol{n}_0\,\mathrm{d}\sigma=\lim_{\varepsilon\to 0^+}2\pi[1-o(1)]=2\pi.$$

其中 $\sigma(\Gamma_\varepsilon)=2\pi\varepsilon^2[1-o(1)](\varepsilon\to 0^+)$是由于

$$\alpha\sim\tan\alpha=\frac{z}{\sqrt{x^2+y^2}}=\frac{f(x,y)}{\sqrt{x^2+y^2}}=\frac{f'_x(0,0)x+f'_y(0,0)y+o(\sqrt{x^2+y^2})}{\sqrt{x^2+y^2}}$$

$$=\frac{0\cdot x+0\cdot y+o(\sqrt{x^2+y^2})}{\sqrt{x^2+y^2}}$$

$$=\frac{o(\sqrt{x^2+y^2})}{\sqrt{x^2+y^2}}\to 0\quad(\varepsilon\to 0^+,\text{从而}\sqrt{x^2+y^2}\to 0^+).$$

□

505. 证明：第二型曲线积分

$$\int_{\vec{\Gamma}}y\mathrm{d}x+z\mathrm{d}y+x\mathrm{d}z=\frac{ac}{2}-\frac{\pi b}{4\sqrt{2}}(a+c).$$

其中$\vec{\Gamma}$是曲线

$$\frac{x^2}{a^2}+\frac{y^2}{b^2}+\frac{z^2}{c^2}=1,\quad \frac{x}{a}+\frac{z}{c}=1,\quad x\geqslant 0,y\geqslant 0,z\geqslant 0$$

$(a>0,b>0,c>0$ 为常数)从点$(a,0,0)$到$(0,0,c)$的一段.

证法 1(利用坐标面 xOy 上的投影椭圆) 在

$$\frac{x^2}{a^2}+\frac{y^2}{b^2}+\frac{z^2}{c^2}=1,\quad \frac{x}{a}+\frac{z}{c}=1$$

中消去 z 得

$$\frac{x^2}{a^2}+\frac{y^2}{b^2}+\left(1-\frac{x}{a}\right)^2=1,$$

$$\frac{\left(x-\frac{a}{2}\right)^2}{\left(\frac{a}{2}\right)^2}+\frac{y^2}{\left(\frac{b}{\sqrt{2}}\right)^2}=1.$$

这是 xOy 平面上，以 $\left(\frac{a}{2},0\right)$ 为中心，以 $\frac{a}{2},\frac{b}{\sqrt{2}}$ 为半轴的椭圆.

从而可改写为参数方程(见 505 题图)

$$\begin{cases} x=\dfrac{a}{2}+\dfrac{a}{2}\cos\theta, \\ y=\dfrac{b}{\sqrt{2}}\sin\theta. \end{cases}$$

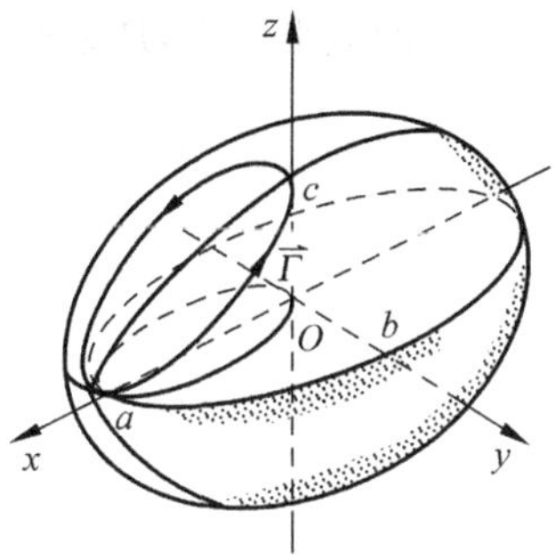

505 题图

代入 $\frac{x}{a}+\frac{z}{c}=1$ 得

$$z=c\left(1-\frac{x}{a}\right)=c\left[1-\left(\frac{1}{2}+\frac{1}{2}\cos\theta\right)\right]=\frac{c}{2}-\frac{c}{2}\cos\theta.$$

因 $x,y,z\geqslant 0$，故 $0\leqslant\theta\leqslant\pi$. 且

$$\begin{aligned}
&\int_{\vec{\Gamma}} y\mathrm{d}x+z\mathrm{d}y+x\mathrm{d}z \\
&=\int_0^{\pi}\left[\frac{b}{\sqrt{2}}\sin\theta\cdot\left(-\frac{a}{2}\sin\theta\right)+\left(\frac{c}{2}-\frac{c}{2}\cos\theta\right)\cdot\frac{b}{\sqrt{2}}\cos\theta+\left(\frac{a}{2}+\frac{a}{2}\cos\theta\right)\cdot\frac{c}{2}\sin\theta\right]\mathrm{d}\theta \\
&=-\frac{ab}{\sqrt{2}}\int_0^{\frac{\pi}{2}}\sin^2\theta\mathrm{d}\theta-\frac{bc}{\sqrt{2}}\int_0^{\frac{\pi}{2}}\cos^2\theta\mathrm{d}\theta+\frac{ac}{2}\int_0^{\frac{\pi}{2}}\sin\theta\mathrm{d}\theta \\
&=-\frac{b(a+c)}{\sqrt{2}}\cdot\frac{1}{2}\cdot\frac{\pi}{2}+\frac{ac}{2}=\frac{ac}{2}-\frac{\pi b}{4\sqrt{2}}(a+c).
\end{aligned}$$

证法 2(在截平面上引进极坐标)　令

$$\begin{cases} x=a\tilde{x}, \\ y=b\tilde{y}, \\ z=c\tilde{z}. \end{cases}$$

则 $\vec{\Gamma}$ 变成

$$\tilde{x}^2+\tilde{y}^2+\tilde{z}^2=1,\quad \tilde{x}+\tilde{z}=1.$$

作旋转变换，令

$$\begin{cases} u=\tilde{y}, \\ v=\dfrac{\tilde{x}+\tilde{z}}{\sqrt{2}}, \\ w=\dfrac{\tilde{x}-\tilde{z}}{\sqrt{2}}, \end{cases}$$

则 $\vec{\Gamma}$ 变成

$$u^2+v^2+w^2=1,\quad v=\frac{1}{\sqrt{2}}.$$

在 $v=\frac{1}{\sqrt{2}}$ 的截平面上，$\vec{\Gamma}$ 变成

$$u^2+w^2=1-\left(\frac{1}{\sqrt{2}}\right)^2=\frac{1}{2}.$$

引用极坐标

$$\begin{cases} w=\dfrac{1}{\sqrt{2}}\cos\theta, \\ u=\dfrac{1}{\sqrt{2}}\sin\theta. \end{cases}$$

于是，可得 $\vec{\Gamma}$ 的参数方程

$$\begin{cases} x=a\tilde{x}=a\dfrac{v+w}{\sqrt{2}}=\dfrac{a}{2}(1+\cos\theta), \\ y=b\tilde{y}=bu=\dfrac{b}{\sqrt{2}}\sin\theta, \\ z=c\tilde{z}=\dfrac{c}{\sqrt{2}}(v-w)=\dfrac{c}{2}(1-\cos\theta). \end{cases}$$

其余同证法 1.

证法 3（曲线上 y,z 都可写成 x 的函数） 令 $x=at$，则 $z=c(1-t)$，$y=b\sqrt{1-\left(\frac{x^2}{a^2}+\frac{z^2}{c^2}\right)}=b\sqrt{1-t^2-(1-t)^2}=b\sqrt{2t-2t^2}=\sqrt{2}b\sqrt{t-t^2}$. 起点 $t=1$，终点 $t=0$. 于此

$$\int_{\vec{\Gamma}} y\mathrm{d}x+z\mathrm{d}y+x\mathrm{d}z$$

$$=\int_1^0\left[\sqrt{2}ab\sqrt{t-t^2}+c(1-t)\cdot\sqrt{2}b\cdot\frac{1-2t}{2\sqrt{t-t^2}}+at\cdot(-c)\right]\mathrm{d}t$$

$$=\int_1^0\left[\sqrt{2}ab\sqrt{t-t^2}+bc\frac{(1-t)(1-2t)}{\sqrt{2}\sqrt{t-t^2}}-act\right]\mathrm{d}t$$

$$\xlongequal{t=\cos^2\frac{\theta}{2}}\int_0^\pi\left[\sqrt{2}ab\cos\frac{\theta}{2}\sin\frac{\theta}{2}+bc\frac{\sin^2\frac{\theta}{2}(-\cos\theta)}{\sqrt{2}\cos\frac{\theta}{2}\sin\frac{\theta}{2}}-ac\cos^2\frac{\theta}{2}\right]2\cos\frac{\theta}{2}\left(-\sin\frac{\theta}{2}\right)\cdot\frac{1}{2}\mathrm{d}\theta$$

$$=\int_0^\pi\left(-\frac{ab}{2\sqrt{2}}\sin^2\theta+\frac{bc}{\sqrt{2}}\sin^2\frac{\theta}{2}\cos\theta+ac\cos^2\frac{\theta}{2}\cos\frac{\theta}{2}\sin\frac{\theta}{2}\right)\mathrm{d}\theta$$

$$=-\frac{ab}{2\sqrt{2}}\cdot 2\cdot\frac{1}{2}\cdot\frac{\pi}{2}+\frac{bc}{\sqrt{2}}\int_0^\pi\sin^2\frac{\theta}{2}\left(1-2\sin^2\frac{\theta}{2}\right)\mathrm{d}\theta-ac\left.\frac{\cos^4\frac{\theta}{2}}{2}\right|_0^\pi$$

$$=-\frac{\pi ab}{4\sqrt{2}}+\frac{bc}{\sqrt{2}}\cdot\int_0^{\frac{\pi}{2}}\sin^2\varphi(1-2\sin^2\varphi)\cdot 2\mathrm{d}\varphi+\frac{ac}{2}$$

$$=-\frac{\pi ab}{4\sqrt{2}}+\frac{2bc}{\sqrt{2}}\left(\frac{1}{2}\cdot\frac{\pi}{2}-2\cdot\frac{3\cdot 1}{4\cdot 2}\cdot\frac{\pi}{2}\right)+\frac{ac}{2}$$

$$=\frac{ac}{2}-\frac{\pi b}{4\sqrt{2}}(a+c).$$ □

506. 证明：第二型曲线积分

$$\oint_{\vec{C}}\frac{-y\mathrm{d}x+x\mathrm{d}y}{[(\alpha x+\beta y)^2+(\gamma x+\delta y)^2]^{\alpha}}=\frac{2\pi}{|\alpha\delta-\beta\gamma|},\quad \alpha\delta-\beta\gamma\neq 0,$$

其中$\vec{C}$为椭圆$(\alpha x+\beta y)^2+(\gamma x+\delta y)^2=1$,取逆时针方向.

证法1　因在$\vec{C}$上

$$(\alpha x+\beta y)^2+(\gamma x+\delta y)^2=1,$$

因此(利用 Green 公式)

$$\oint_{\vec{C}}\frac{-y\mathrm{d}x+x\mathrm{d}y}{[(\alpha x+\beta y)^2+(\gamma x+\delta y)^2]^{\alpha}}=\oint_{\vec{C}}-y\mathrm{d}x+x\mathrm{d}y$$

$$\xlongequal{\text{Green 公式}}2\iint_{\vec{D}}\mathrm{d}x\wedge\mathrm{d}y=2\iint_{(\alpha x+\beta y)^2+(\gamma x+\delta y)^2\leqslant 1}\mathrm{d}x\mathrm{d}y$$

$$\xlongequal{\begin{cases}u=\alpha x+\beta y\\ v=\gamma x+\delta y\end{cases}}2\iint_{u^2+v^2\leqslant 1}\left|\frac{\partial(x,y)}{\partial(u,v)}\right|\mathrm{d}u\mathrm{d}v$$

$$=2\iint_{u^2+v^2\leqslant 1}\frac{1}{\left|\dfrac{\partial(u,v)}{\partial(x,y)}\right|}\mathrm{d}u\mathrm{d}v$$

$$=2\cdot\frac{1}{|\alpha\delta-\beta\gamma|}\cdot\pi\cdot 1^2=\frac{2\pi}{|\alpha\delta-\beta\gamma|}.$$

证法2(利用参数方程化为定积分)　作变换

$$\begin{cases}u=\alpha x+\beta y,\\ v=\gamma x+\delta y.\end{cases}$$

此时椭圆 C:$(\alpha x+\beta y)^2+(\gamma x+\delta y)^2=1$ 变为圆 Γ:$u^2+v^2=1$. 因而,可写成参数式

$$\begin{cases}u=\cos\theta,\\ v=\sin\theta.\end{cases}$$

故

$$\begin{cases}\alpha x+\beta y=\cos\theta,\\ \gamma x+\delta y=\sin\theta,\end{cases}$$

或者

$$\begin{cases} x = \dfrac{1}{\alpha\delta - \beta\gamma}(\delta\cos\theta - \beta\sin\theta), \\ y = \dfrac{1}{\alpha\delta - \beta\gamma}(\alpha\sin\theta - \gamma\cos\theta). \end{cases}$$

另外,当 Jacobi 行列式

$$\frac{\partial(u,v)}{\partial(x,y)} = \alpha\delta - \beta\gamma > 0$$

时,$\vec{\Gamma}$与$\vec{C}$同向,为逆时针方向,θ 应从 0 变到 2π. 因此

$$\begin{aligned}\oint_{\vec{C}} \frac{-y\mathrm{d}x + x\mathrm{d}y}{[(\alpha x+\beta y)^2+(\gamma x+\delta y)^2]^\alpha} &= \oint_{\vec{C}} -y\mathrm{d}x + x\mathrm{d}y \\ &= \int_0^{2\pi}\Big[-\frac{1}{\alpha\delta-\beta\gamma}(\alpha\sin\theta-\gamma\cos\theta)\cdot\frac{1}{\alpha\delta-\beta\gamma}(-\delta\sin\theta-\beta\cos\theta) \\ &\quad + \frac{1}{\alpha\delta-\beta\gamma}(\delta\cos\theta-\beta\sin\theta)\cdot\frac{1}{\alpha\delta-\beta\gamma}(\alpha\cos\theta+\gamma\sin\theta)\Big]\mathrm{d}\theta \\ &= \frac{1}{(\alpha\delta-\beta\gamma)^2}\int_0^{2\pi}(\alpha\delta-\beta\gamma)\mathrm{d}\theta = \frac{2\pi}{\alpha\delta-\beta\gamma}.\end{aligned}$$

当 Jacobi 行列式

$$\frac{\partial(u,v)}{\partial(x,y)} = \alpha\delta - \beta\gamma < 0$$

时,$\vec{\Gamma}$与$\vec{C}$反向,为顺时针方向,θ 应从 2π 变到 0. 因此

$$\begin{aligned}\oint_{\vec{C}} \frac{-y\mathrm{d}x + x\mathrm{d}y}{[(\alpha x+\beta y)^2+(\gamma x+\delta y)^2]^\alpha} &= \oint_{\vec{C}} -y\mathrm{d}x + x\mathrm{d}y \\ &= \frac{1}{(\alpha\delta-\beta\gamma)^2}\int_{2\pi}^{0}(\alpha\delta-\beta\gamma)\mathrm{d}\theta = \frac{2\pi}{|\alpha\delta-\beta\gamma|}.\end{aligned}$$

总之

$$\oint_{\vec{C}} \frac{-y\mathrm{d}x + x\mathrm{d}y}{[(\alpha x+\beta y)^2+(\gamma x+\delta y)^2]^\alpha} = \frac{2\pi}{|\alpha\delta-\beta\gamma|}. \quad \square$$

507. 设$\vec{\Gamma}$为平面上一条自身不相交的 C^1 曲线,其起点为(1,0),终点为(0,2). 除起点、终点外,Γ 全部落在第一象限内. 证明:第一型曲线积分

$$\int_\Gamma \frac{\partial \ln r}{\partial \boldsymbol{n}_0}\mathrm{d}s = -\frac{\pi}{2},$$

其中 $\boldsymbol{n}_0$ 为 Γ 上的连续的单位法向量场,方向指向原点所在的一侧; r 为 Γ 上动点到原点的距离,$\mathrm{d}s$ 为 Γ 的弧长元.

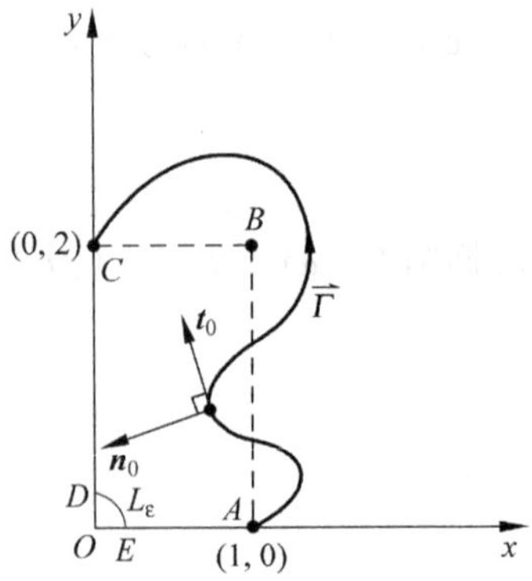

507 题图

证法 1 由 507 题图知,

$$(\boldsymbol{n}_0, \boldsymbol{e}_1), \quad (\boldsymbol{n}_0, \boldsymbol{e}_2)$$

分别表示单位法向量 $\boldsymbol{n}_0$ 与 $\boldsymbol{e}_1=(1,0)$，$\boldsymbol{e}_2=(0,1)$之间的夹角. 而

$$(\boldsymbol{t}_0,\boldsymbol{e}_1),\quad (\boldsymbol{t}_0,\boldsymbol{e}_2)$$

分别表示曲线$\vec{C}$的单位切向量场 $\boldsymbol{t}_0$ 与 $\boldsymbol{e}_1,\boldsymbol{e}_2$ 的夹角. 显然，

$$(\boldsymbol{n}_0,\boldsymbol{e}_1)=\pi-(\boldsymbol{t}_0,\boldsymbol{e}_2),\quad (\boldsymbol{n}_0,\boldsymbol{e}_2)=(\boldsymbol{t}_0,\boldsymbol{e}_1)$$

因此，有

$$\begin{aligned}\int_\Gamma \frac{\partial \ln r}{\partial \boldsymbol{n}_0}\mathrm{d}s&=\int_\Gamma\left[\frac{\partial \ln r}{\partial x}\cos(\boldsymbol{n}_0,\boldsymbol{e}_1)+\frac{\partial \ln r}{\partial y}\cos(\boldsymbol{n}_0,\boldsymbol{e}_2)\right]\mathrm{d}s\\&=\int_\Gamma\left[-\frac{\partial \ln r}{\partial x}\cos(\boldsymbol{t}_0,\boldsymbol{e}_2)+\frac{\partial \ln r}{\partial y}\cos(\boldsymbol{t}_0,\boldsymbol{e}_1)\right]\mathrm{d}s\\&=\int_\Gamma \frac{\partial \ln r}{\partial y}\mathrm{d}x-\frac{\partial \ln r}{\partial x}\mathrm{d}y.\end{aligned}$$

因为

$$P=\frac{\partial \ln r}{\partial y}=\frac{\partial}{\partial y}\ln\sqrt{x^2+y^2}=\frac{1}{2}\frac{\partial}{\partial y}\ln(x^2+y^2)=\frac{y}{x^2+y^2},$$

$$Q=-\frac{\partial \ln r}{\partial x}=-\frac{x}{x^2+y^2}$$

在第一象限内连续，有连续的偏导数，且

$$\frac{\partial Q}{\partial x}=\frac{x^2-y^2}{(x^2+y^2)^2}=\frac{\partial P}{\partial y},$$

所以，上述积分与路径无关. 可取平行于坐标轴的折线路径 ABC 进行积分. 于是

$$\begin{aligned}\int_\Gamma \frac{\partial \ln r}{\partial \boldsymbol{n}_0}\mathrm{d}s&=\int_{\vec{\Gamma}}\frac{y}{x^2+y^2}\mathrm{d}x-\frac{x}{x^2+y^2}\mathrm{d}y\\&=\int_{\overrightarrow{AB}+\overrightarrow{BC}}\frac{y}{x^2+y^2}\mathrm{d}x-\frac{x}{x^2+y^2}\mathrm{d}y\\&=\int_0^2-\frac{1}{1+y^2}\mathrm{d}y+\int_1^0\frac{2}{x^2+4}\mathrm{d}x\\&=-\arctan 2-\arctan\frac{1}{2}=-\frac{\pi}{2}.\end{aligned}$$

证法 2 因为

$$\begin{aligned}\Delta\ln r&=\frac{\partial^2\ln r}{\partial x^2}+\frac{\partial^2\ln r}{\partial y^2}=\frac{\partial}{\partial x}\left(\frac{x}{x^2+y^2}\right)+\frac{\partial}{\partial y}\left(\frac{y}{x^2+y^2}\right)\\&=\frac{x^2+y^2-2x\cdot x}{(x^2+y^2)^2}+\frac{x^2+y^2-y\cdot 2y}{(x^2+y^2)^2}=0,\end{aligned}$$

所以，$\ln r$ 在第一象限内为调和函数. 根据下面的引理知，$\frac{\partial \ln r}{\partial \boldsymbol{n}_0}$在第一象限内任何封闭逐段光滑曲线上的积分为零. 因此，积分与路径无关，解法 1 中最后的计算有效.

引理 设 $u=u(x,y)$有二阶连续偏导数. 试证：

$$\Delta u \xlongequal{\text{def}} \frac{\partial^2 u}{\partial x^2}+\frac{\partial^2 u}{\partial y^2}=0(\text{即 } u \text{ 为调和函数})$$

$\Leftrightarrow \oint_C \frac{\partial u}{\partial \boldsymbol{n}_0}\mathrm{d}s=0$，其中 C 为任意逐段 C^1 的闭曲线，$\frac{\partial u}{\partial \boldsymbol{n}_0}$ 为沿单位内法线方向的方向导数.

证 显然

$$\begin{aligned}\oint_C \frac{\partial u}{\partial \boldsymbol{n}_0}\mathrm{d}s &= \oint_C\left[\frac{\partial u}{\partial x}\cos(\boldsymbol{n}_0,(x,0))+\frac{\partial u}{\partial y}\cos(\boldsymbol{n}_0,(0,y))\right]\mathrm{d}s\\&=\oint_C\left[-\frac{\partial u}{\partial x}\cos(\boldsymbol{t}_0,(0,y))+\frac{\partial u}{\partial y}\cos(\boldsymbol{t}_0,(x,0))\right]\mathrm{d}s\\&=\oint_{\vec{C}}\frac{\partial u}{\partial y}\mathrm{d}x-\frac{\partial u}{\partial x}\mathrm{d}y\\&\xlongequal{\text{Green 公式}}\iint_{\vec{D}}-\left(\frac{\partial^2 u}{\partial x^2}+\frac{\partial^2 u}{\partial y^2}\right)\mathrm{d}x\wedge\mathrm{d}y\\&=-\iint_D \Delta u\mathrm{d}x\mathrm{d}y.\end{aligned}$$

($\Rightarrow$)因为 $\Delta u=0$，所以

$$\oint_C \frac{\partial u}{\partial \boldsymbol{n}_0}\mathrm{d}s=-\iint_D \Delta u\mathrm{d}x\mathrm{d}y=-\iint_D 0\mathrm{d}x\mathrm{d}y=0.$$

($\Leftarrow$) $\forall\, \boldsymbol{p}$，作以 $\boldsymbol{p}$ 为中心，$\varepsilon>0$ 为半径的小圆片 $B(\boldsymbol{p};\varepsilon)$，则

$$\Delta u(\boldsymbol{p}_\varepsilon)\xlongequal[\boldsymbol{p}_\varepsilon\in B(\boldsymbol{p};\,\varepsilon)]{\text{积分中值定理}}\frac{1}{\pi\varepsilon^2}\iint_{B(\boldsymbol{p};\,\varepsilon)}\Delta u\mathrm{d}x\mathrm{d}y=-\frac{1}{\pi\varepsilon^2}\oint_{\partial B(\boldsymbol{p};\,\varepsilon)}\frac{\partial u}{\partial \boldsymbol{n}_0}\mathrm{d}s=0,$$

$$\Delta u(\boldsymbol{p})=\lim_{\varepsilon\to 0^+}\Delta u(\boldsymbol{p}_\varepsilon)=\lim_{\varepsilon\to 0^+}0=0.$$

由于 $\boldsymbol{p}$ 任取，故 $\Delta u=0$，即 u 为调和函数.

证法 3 以原点为中心，以 $\varepsilon>0$ 为半径，在第一象限内作小圆弧 L_ε，与 x 轴、y 轴交于点 E,D(见 507 题图). 取 ε 充分小使 L_ε 与 Γ 不相交. 应用 Green 公式可知，$A\Gamma CDL_\varepsilon EA$ 上的积分为零. 又因 CD,EA 上的积分也为零. 故 Γ 上的积分等于在 L_ε 上的积分，即

$$\begin{aligned}\int_\Gamma \frac{\partial \ln r}{\partial \boldsymbol{n}_0}\mathrm{d}s &= \int_{\vec{\Gamma}}\frac{y}{x^2+y^2}\mathrm{d}x-\frac{x}{x^2+y^2}\mathrm{d}y\\&=\int_{\overrightarrow{EL_\varepsilon D}}\frac{y\mathrm{d}x-x\mathrm{d}y}{x^2+y^2}\xlongequal{\begin{cases}x=\varepsilon\cos\theta\\y=\varepsilon\sin\theta\end{cases}}\frac{1}{\varepsilon^2}\int_0^{\frac{\pi}{2}}[\varepsilon\sin\theta(-\varepsilon\sin\theta)-\varepsilon\cos\theta\cdot\varepsilon\cos\theta]\mathrm{d}\theta\\&=-\int_0^{\frac{\pi}{2}}\mathrm{d}\theta=-\frac{\pi}{2}.\end{aligned}$$

□

508. 设 $y>0$，求

$$P\mathrm{d}x+Q\mathrm{d}y=\frac{y\mathrm{d}x-x\mathrm{d}y}{3x^2-2xy+3y^2}$$

的原函数.

解 因为分母的判别式$(-2)^2-4\times3\times3<0$，易知分母$3x^2-2xy+3y^2$当$y>0$时不为零. P,Q有连续偏导数，且

$$\frac{\partial Q}{\partial x}=\frac{3(x^2-y^2)}{(3x^2-2xy+3y^2)^2}=\frac{\partial P}{\partial y},$$

故在$y>0$的区域上积分$\int_{\vec{\Gamma}}P\mathrm{d}x+Q\mathrm{d}y$与路径无关. 原函数可用曲线积分来计算. 取$(x_0,y_0)=(0,1)$，以折线$(0,1)\to(0,y)\to(x,y)$作积分路径，则全体原函数可表为

$$\begin{aligned}u(x,y)&=\int_{(0,1)}^{(x,y)}\frac{y\mathrm{d}x-x\mathrm{d}y}{3x^2-2xy+3y^2}+C_1\\&=\int_1^y 0\mathrm{d}y+\int_0^x\frac{y\mathrm{d}x}{3x^2-2xy+3y^2}+C_1\\&=\frac{y}{3}\int_0^x\frac{\mathrm{d}x}{\left(x-\frac{1}{3}y\right)^2+\frac{8}{9}y^2}+C_1\\&=\frac{1}{2\sqrt{2}}\arctan\frac{3x-y}{2\sqrt{2}y}+C,\quad y>0.\end{aligned}$$

□

509. 设$f(x)$在$|x|\leqslant\sqrt{a^2+b^2+c^2}\ (a^2+b^2+c^2\neq0)$上连续. 证明：

$$\iiint_{\Omega}f\left(\frac{ax+by+cz}{\sqrt{x^2+y^2+z^2}}\right)\mathrm{d}x\mathrm{d}y\mathrm{d}z=\frac{2\pi}{3}\int_{-1}^1 f(u\sqrt{a^2+b^2+c^2})\mathrm{d}u,$$

其中Ω为单位球体$x^2+y^2+z^2\leqslant1$.

证明

$$\begin{aligned}&\iiint_{\Omega}f\left(\frac{ax+by+cz}{\sqrt{x^2+y^2+z^2}}\right)\mathrm{d}x\mathrm{d}y\mathrm{d}z\\&\xlongequal{\text{球坐标}}\iiint\limits_{\substack{0\leqslant r\leqslant1\\0\leqslant\theta\leqslant\pi\\0\leqslant\varphi\leqslant2\pi}}f\left(\frac{ar\sin\theta\cos\varphi+br\sin\theta\sin\varphi+cr\cos\varphi}{r}\right)r^2\sin\theta\mathrm{d}r\mathrm{d}\theta\mathrm{d}\varphi\\&=\int_0^1 r^2\mathrm{d}r\int_0^{2\pi}\mathrm{d}\varphi\int_0^{\pi}f(a\sin\theta\cos\varphi+b\sin\theta\sin\varphi+c\cos\varphi)\sin\theta\mathrm{d}\theta\\&\xlongequal{473\text{题}}\frac{r^3}{3}\bigg|_0^1\cdot2\pi\int_{-1}^1 f(u\sqrt{a^2+b^2+c^2})\mathrm{d}u\\&=\frac{2\pi}{3}\int_{-1}^1 f(u\sqrt{a^2+b^2+c^2})\mathrm{d}u.\end{aligned}$$

□

510. 设$f(t)$在$|t|\leqslant1$内连续可导，$f(-1)=f(1)=0$，$M=\max\limits_{-1\leqslant t\leqslant1}\{|f'(t)|\}$，$S^2(1)$是中心在原点半径为1的球面. 证明：

$$\left|\iint_{S^2(1)}f(mx+ny+pz)\mathrm{d}\sigma\right|\leqslant2\pi M,$$

其中$m^2+n^2+p^2=1$，m,n,p为常数.

证明 $\left|\iint_{S^2(1)}f(mx+ny+pz)\mathrm{d}\sigma\right|$

$$\xlongequal[\text{Poisson 公式}]{473\text{ 题}} \left|2\pi\int_{-1}^{1} f(\sqrt{m^2+n^2+p^2}\,t)\,\mathrm{d}t\right| = \left|2\pi\int_{-1}^{1} f(t)\,\mathrm{d}t\right|$$

$$\xlongequal{\text{分部积分}} 2\pi\left|tf(t)\Big|_{-1}^{1} - \int_{-1}^{1} tf'(t)\,\mathrm{d}t\right| = 2\pi\left|\int_{-1}^{1} tf'(t)\,\mathrm{d}t\right|$$

$$\leqslant 2\pi\int_{-1}^{1} |t|\cdot|f'(t)|\,\mathrm{d}t \leqslant 2\pi M\cdot 2\int_0^1 t\,\mathrm{d}t = 2\pi M\cdot t^2\Big|_0^1$$

$$= 2\pi M.$$ □

511. 设 $\vec{\Sigma}$ 为

$$z-c=\sqrt{R^2-(x-a)^2-(y-b)^2}$$

的上侧. 证明：第二型曲面积分

$$\iint_{\vec{\Sigma}} x^2\mathrm{d}y\wedge\mathrm{d}z + y^2\mathrm{d}z\wedge\mathrm{d}x + (x-a)yz\,\mathrm{d}x\wedge\mathrm{d}y = \frac{4}{3}\pi(a+b)R^3.$$

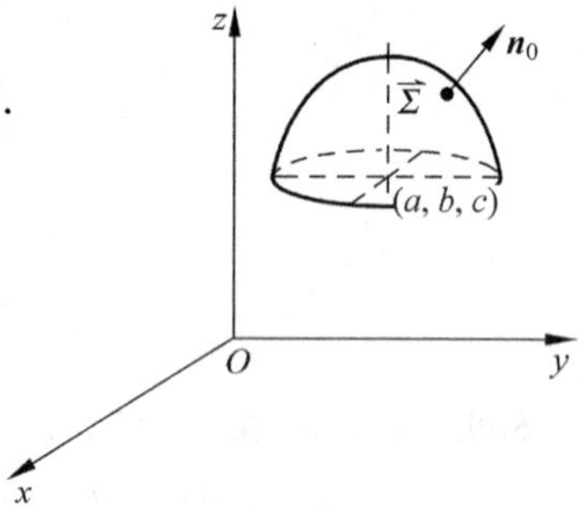

511 题图(1)

证法 1(利用对称性)　这里 $\vec{\Sigma}$ 是以 (a,b,c) 为中心 R 为半径的上半球面的外侧(见 511 题图(1)). Σ 关于 $x=a$ 的平面前后对称. 式中的第三项

$$(x-a)yz\,\mathrm{d}x\wedge\mathrm{d}y$$

在对称点上大小相等，符号相反，故此项积分

$$\iint_{\vec{\Sigma}}(x-a)yz\,\mathrm{d}x\wedge\mathrm{d}y = \iint_{\Sigma}(x-a)yz\cdot\frac{z-c}{R}\,\mathrm{d}\sigma = 0.$$

注意 x^2 在此半球面上，并非前后对称，但

$$x^2=(x-a)^2+2a(x-a)+a^2.$$

由于前后对称性可知

$$\iint_{\vec{\Sigma}}[(x-a)^2+a^2]\mathrm{d}y\wedge\mathrm{d}z = \iint_{\Sigma}[(x-a)^2+a^2]\frac{x-a}{R}\,\mathrm{d}\sigma = 0.$$

考虑 $\vec{\Sigma}_1$ 为 $\vec{\Sigma}$ 在 $z\geqslant c, y\geqslant b$ 的部分. 它的方程可写作

$$x-a=\sqrt{R^2-(y-b)^2-(z-c)^2}.$$

$\vec{\Sigma}_1$ 在 yz 平面上的投影区域为

$$\Delta:(y-b)^2+(z-c)^2\leqslant R^2,\quad z\geqslant c,\quad y\geqslant b.$$

因此

$$\iint_{\vec{\Sigma}} x^2\mathrm{d}y\wedge\mathrm{d}z = \iint_{\vec{\Sigma}} 2a(x-a)\mathrm{d}y\wedge\mathrm{d}z\left(=\iint_{\Sigma}2a(x-a)\,\frac{x-a}{R}\,\mathrm{d}\sigma\right)$$

$$=8a\iint_{\vec{\Sigma}_1}(x-a)\mathrm{d}y\wedge\mathrm{d}z = 8a\iint_{\Delta}\sqrt{R^2-(y-b)^2-(z-c)^2}\,\mathrm{d}y\mathrm{d}z$$

$$\xlongequal[z=c+r\sin\varphi]{y=b+r\cos\varphi} 8a\int_0^{\frac{\pi}{2}}\mathrm{d}\varphi\int_0^R \sqrt{R^2-r^2}\,r\mathrm{d}r = 8a\cdot\frac{\pi}{2}\,\frac{-1}{3}(R^2-r^2)^{\frac{3}{2}}\Big|_0^R$$

$$=\frac{4}{3}a\pi R^3$$

(因为$\vec{\Sigma}_1$ 的法向与 x 轴成锐角，所以 $x-a$ 取“+”).

同理

$$\iint\limits_{\vec{\Sigma}} y^2\mathrm{d}z\wedge\mathrm{d}x=\frac{4}{3}b\pi R^3.$$

于是

$$\iint\limits_{\vec{\Sigma}} x^2\mathrm{d}y\wedge\mathrm{d}z+y^2\mathrm{d}z\wedge\mathrm{d}x+(x-a)yz\mathrm{d}x\wedge\mathrm{d}y$$

$$=\frac{4}{3}a\pi R^3+\frac{4}{3}b\pi R^3+0=\frac{4}{3}\pi(a+b)R^3.$$

证法 2(利用参数方程的公式)　如 511 题图(2)所示，Σ 可用参数方程表示为

$$\begin{cases}x=a+R\sin\theta\cos\varphi,\\ y=b+R\sin\theta\sin\varphi,\\ z=c+R\cos\theta,\end{cases}$$

此时

$$\frac{\partial(y,z)}{\partial(\theta,\varphi)}=\begin{vmatrix}R\cos\theta\sin\varphi & R\sin\theta\cos\varphi\\ -R\sin\theta & 0\end{vmatrix}=R^2\sin^2\theta\cos\varphi.$$

因此

$$\iint\limits_{\vec{\Sigma}} x^2\mathrm{d}y\wedge\mathrm{d}z=\iint\limits_{\substack{0\leqslant\theta\leqslant\frac{\pi}{2}\\0\leqslant\varphi\leqslant 2\pi}}(a+R\sin\theta\cos\varphi)^2R^2\sin^2\theta\cos\varphi\mathrm{d}\theta\mathrm{d}\varphi$$

$$=a^2R^2\int_0^{\frac{\pi}{2}}\sin^2\theta\mathrm{d}\theta\int_0^{2\pi}\cos\varphi\mathrm{d}\varphi+2aR^3\int_0^{\frac{\pi}{2}}\sin^3\theta\mathrm{d}\theta\int_0^{2\pi}\cos^2\varphi\mathrm{d}\varphi+R^4\int_0^{\frac{\pi}{2}}\sin^4\theta\mathrm{d}\theta\int_0^{2\pi}\cos^3\varphi\mathrm{d}\varphi$$

$$=0+2aR^3\,\frac{2}{3\times 1}\cdot 4\times\frac{1}{2}\times\frac{\pi}{2}+0=\frac{4}{3}a\pi R^3.$$

同理可得

$$\iint\limits_{\vec{\Sigma}} y^2\mathrm{d}z\wedge\mathrm{d}x=\frac{4}{3}b\pi R^3.$$

所以

$$\iint\limits_{\vec{\Sigma}} x^2\mathrm{d}y\wedge\mathrm{d}z+y^2\mathrm{d}z\wedge\mathrm{d}x+(x-a)yz\mathrm{d}x\wedge\mathrm{d}y$$

$$=\frac{4}{3}a\pi R^3+\frac{4}{3}b\pi R^3+0=\frac{4}{3}\pi(a+b)R^3.$$

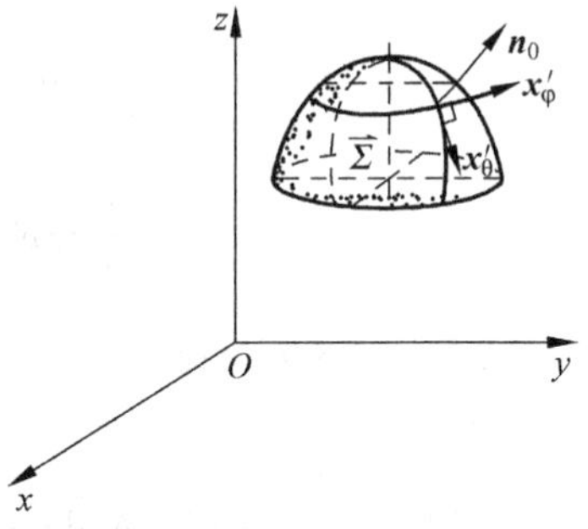

511 题图(2)

证法 3 对 x,y 用极坐标,则

$$\begin{cases} x = a + r\cos\varphi, \\ y = b + r\sin\varphi. \end{cases}$$

$$z = c + \sqrt{R^2 - (x-a)^2 - (y-b)^2} = c + \sqrt{R^2 - r^2}, \quad 0 \leqslant \varphi \leqslant 2\pi, \quad 0 \leqslant r \leqslant R.$$

$$\frac{\partial(y,z)}{\partial(r,\varphi)} = \begin{vmatrix} \sin\varphi & r\cos\varphi \\ \dfrac{-r}{\sqrt{R^2 - r^2}} & 0 \end{vmatrix} = \frac{r^2\cos\varphi}{\sqrt{R^2 - r^2}},$$

$$\iint_{\vec{\Sigma}} x^2 \mathrm{d}y \wedge \mathrm{d}z = \iint_{\substack{0 \leqslant r \leqslant R \\ 0 \leqslant \varphi \leqslant 2\pi}} (a + r\cos\varphi)^2 \cdot \frac{r^2\cos\varphi}{\sqrt{R^2 - r^2}} \mathrm{d}r\mathrm{d}\varphi$$

$$\xlongequal{\text{对称性}} \iint_{\substack{0 \leqslant r \leqslant R \\ 0 \leqslant \varphi \leqslant 2\pi}} 2ar\cos\varphi \cdot \frac{r^2\cos\varphi}{\sqrt{R^2 - r^2}} \mathrm{d}r\mathrm{d}\varphi$$

$$= 2a\int_0^{2\pi} \cos^2\varphi \mathrm{d}\varphi \int_0^R \frac{r^3}{\sqrt{R^2 - r^2}} \mathrm{d}r$$

$$\xlongequal{u = r^2} 2a \cdot 4 \cdot \frac{1}{2} \cdot \frac{\pi}{2} \int_0^{R^2} \frac{u}{2\sqrt{R^2 - u}} \mathrm{d}u$$

$$= \pi a \int_0^{R^2} \frac{R^2 - (R^2 - u)}{\sqrt{R^2 - u}} \mathrm{d}u$$

$$= \pi a \left[R^2 \cdot (-2)(R^2 - u)^{\frac{1}{2}} + \frac{2}{3}(R^2 - u)^{\frac{3}{2}} \right] \Bigg|_0^{R^2}$$

$$= \pi a \left(2R^2 \cdot R - \frac{2}{3}R^3 \right) = \frac{4}{3}a\pi R^3.$$

同理

$$\iint_{\vec{\Sigma}} y^2 \mathrm{d}z \wedge \mathrm{d}x = \frac{4}{3}b\pi R^3.$$

因此

$$\iint_{\vec{\Sigma}} x^2 \mathrm{d}y \wedge \mathrm{d}z + y^2 \mathrm{d}z \wedge \mathrm{d}x + (x-a)yz \mathrm{d}x \wedge \mathrm{d}y$$

$$= \frac{4}{3}a\pi R^3 + \frac{4}{3}b\pi R^3 + 0 = \frac{4}{3}\pi(a+b)R^3.$$ □

512. 设 $\vec{\Sigma}$ 为曲面 $|x-y+z| + |y-z+x| + |z-x+y| = 1$ 的外表面. 证明:第二型曲面积分

$$\oiint_{\vec{\Sigma}} (x + y - z)\mathrm{d}y \wedge \mathrm{d}z + [2y + \sin(z + x)]\mathrm{d}z \wedge \mathrm{d}x + (3z + \mathrm{e}^{x+y})\mathrm{d}x \wedge \mathrm{d}y = 2.$$

证明　设 V 为 Σ 围成的区域，$\vec{\Sigma}$ 取 $\vec{V}$ 的诱导定向. 则

$$\oiint_{\vec{\Sigma}}(x+y-z)\mathrm{d}y\wedge\mathrm{d}z+[2y+\sin(z+x)]\mathrm{d}z\wedge\mathrm{d}x+(3z+\mathrm{e}^{x+y})\mathrm{d}x\wedge\mathrm{d}y$$

$$\xlongequal{\text{Gauss 公式}}\iiint_{\vec{V}}(1+2+3)\mathrm{d}x\wedge\mathrm{d}y\wedge\mathrm{d}z=\iiint_{V}6\mathrm{d}x\mathrm{d}y\mathrm{d}z$$

$$=6\cdot\iiint_{|u|+|v|+|w|\leqslant 1}\frac{1}{4}\mathrm{d}u\mathrm{d}v\mathrm{d}w=\frac{3}{2}\times 8\times\frac{1}{3}\times 1\times\left(1\times\frac{1}{2}\right)=2.$$

其中 V 为 Σ 所包围的区域：

$$|x-y+z|+|y-z+x|+|z-x+y|\leqslant 1.$$

作变换：

$$\begin{cases}u=x-y+z,\\ v=y-z+x,\\ w=z-x+y.\end{cases}$$

此时 Σ 变成：$|u|+|v|+|w|=1$. V 变成八面体 $|u|+|v|+|w|\leqslant 1$，它在第一卦限的部分为由 $u+v+w=1$ 及坐标面 $u=0,v=0,w=0$ 所围的区域. 而

$$\frac{\partial(x,y,z)}{\partial(u,v,w)}=\frac{1}{\dfrac{\partial(u,v,w)}{\partial(x,y,z)}}=\frac{1}{\begin{vmatrix}1&-1&1\\1&1&-1\\-1&1&1\end{vmatrix}}=\frac{1}{4}.$$

□

513. 设 $\vec{\Sigma}$ 为 $1-\dfrac{z}{7}=\dfrac{(x-2)^2}{25}+\dfrac{(y-1)^2}{16}(z\geqslant 0)$ 的上侧. 证明：第二型曲面积分

$$\iint_{\vec{\Sigma}}\frac{x\mathrm{d}y\wedge\mathrm{d}z+y\mathrm{d}z\wedge\mathrm{d}x+z\mathrm{d}x\wedge\mathrm{d}y}{\sqrt{(x^2+y^2+z^2)^3}}=2\pi.$$

证明　用 Γ_ε 表示以原点为中心，$\varepsilon>0$ 为半径的上半球面，$\vec{\Gamma}_{\varepsilon外}$ 表示 Γ_ε 的定向为外侧. 取 ε 充分小使 Γ_ε 在 Σ 之内部. 记 S_ε 为平面 $z=0$ 上满足：

$$x^2+y^2\geqslant\varepsilon^2,$$

$$\frac{(x-2)^2}{25}+\frac{(y-1)^2}{16}\leqslant 1$$

的部分. $\vec{S}_{\varepsilon下}$ 表示 S_ε 的下侧；$\vec{V}_\varepsilon$ 表示 $\vec{\Sigma}$、$\vec{\Gamma}_{\varepsilon内}$ 与 $\vec{S}_{\varepsilon下}$ 所围成的区域(见 513 题图). 则原积分

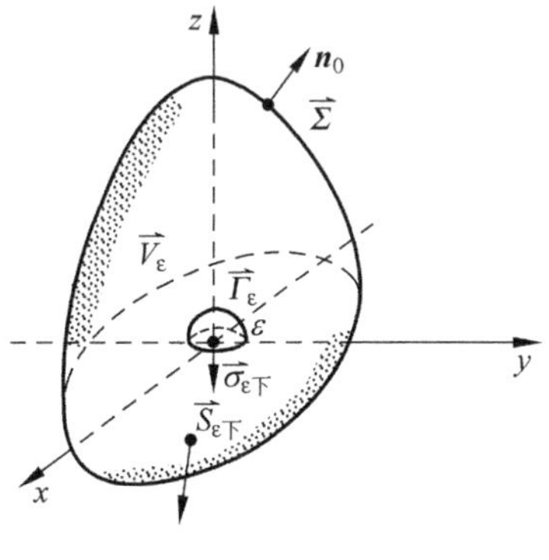

513 题图

$$\iint_{\vec{\Sigma}} \frac{x\mathrm{d}y \wedge \mathrm{d}z + y\mathrm{d}z \wedge \mathrm{d}x + z\mathrm{d}x \wedge \mathrm{d}y}{\sqrt{(x^2+y^2+z^2)^3}}$$

$$= \left(\iint_{\vec{\Sigma}+\vec{\Gamma}_{\varepsilon内}+\vec{S}_{\varepsilon下}} - \iint_{\vec{\Gamma}_{\varepsilon内}} - \iint_{\vec{S}_{\varepsilon下}}\right) \frac{x\mathrm{d}y \wedge \mathrm{d}z + y\mathrm{d}z \wedge \mathrm{d}x + z\mathrm{d}x \wedge \mathrm{d}y}{\sqrt{(x^2+y^2+z^2)^3}}$$

$$\xlongequal{\text{Gauss 公式}} \iiint_{\vec{V}_\varepsilon} 0\mathrm{d}x \wedge \mathrm{d}y \wedge \mathrm{d}z + \iint_{\vec{\Gamma}_{\varepsilon外}} \frac{x\mathrm{d}y \wedge \mathrm{d}z + y\mathrm{d}z \wedge \mathrm{d}x + z\mathrm{d}x \wedge \mathrm{d}y}{\sqrt{(x^2+y^2+z^2)^3}}$$

$$- \iint_{\vec{S}_{\varepsilon下}} \frac{x\mathrm{d}y \wedge \mathrm{d}z + y\mathrm{d}z \wedge \mathrm{d}x + z\mathrm{d}x \wedge \mathrm{d}y}{\sqrt{(x^2+y^2+z^2)^3}}$$

$$\xlongequal[\mathrm{d}z=0]{z=0} 0 + \frac{1}{\varepsilon^3}\iint_{\vec{\Gamma}_{\varepsilon外}} x\mathrm{d}y \wedge \mathrm{d}z + y\mathrm{d}z \wedge \mathrm{d}x + z\mathrm{d}x \wedge \mathrm{d}y - 0$$

$$\xlongequal[\mathrm{d}z=0]{z=0} \frac{1}{\varepsilon^3}\iint_{\vec{\Gamma}_{\varepsilon外}+\vec{\sigma}_{\varepsilon下}} x\mathrm{d}y \wedge \mathrm{d}z + y\mathrm{d}z \wedge \mathrm{d}x + z\mathrm{d}x \wedge \mathrm{d}y$$

$$\xlongequal{\text{Gauss 公式}} \frac{1}{\varepsilon^3}\iiint_{\substack{x^2+y^2+z^2\leqslant\varepsilon^2\\ z\geqslant 0}} 3\mathrm{d}x\mathrm{d}y\mathrm{d}z = \frac{1}{\varepsilon^3}\times 3\times\frac{2}{3}\pi\varepsilon^3 = 2\pi,$$

其中$\vec{\sigma}_{\varepsilon下}$为 Oxy 平面上 $x^2+y^2\leqslant\varepsilon^2$ 的部分，以下侧为其定向. □

第12章

无穷级数

Ⅰ. 数项级数

定义 12.1.1 设 $S_n=\sum\limits_{k=1}^{n}a_k$ 为级数 $\sum\limits_{n=1}^{\infty}a_n$ 的第 n 个**部分和**,如果

$$\lim_{n\to+\infty}S_n=\lim_{n\to+\infty}\sum_{k=1}^{n}a_k=S\in\mathbb{R},$$

则称级数 $\sum\limits_{n=1}^{\infty}a_n$ 是**收敛**的,其和为 S. 记作

$$\sum_{n=1}^{\infty}a_n=S=\lim_{n\to+\infty}S_n=\lim_{n\to+\infty}\sum_{k=1}^{n}a_k.$$

否则称 $\sum\limits_{n=1}^{\infty}a_n$ 是**发散**的.

定理 12.1.1(级数收敛的 Cauchy 判别法(Cauchy 收敛准则)) 下列结论是等价的:

(1) 级数 $\sum\limits_{n=1}^{\infty}a_n$ 收敛;

(2) $\forall\varepsilon>0,\exists N\in\mathbb{N}$,当 $n,m>N,m>n$ 时,有

$$\left|\sum_{k=n+1}^{m}a_k\right|<\varepsilon;$$

(3) $\forall\varepsilon>0,\exists N\in\mathbb{N}$,当 $n>N$ 时,有

$$\left|\sum_{k=n+1}^{n+p}a_k\right|<\varepsilon,\quad\forall p\in\mathbb{N}.$$

定理 12.1.2(级数收敛的必要条件) 设级数 $\sum\limits_{n=1}^{\infty}a_n$ 收敛,则 $\lim\limits_{n\to+\infty}a_n=0$. 但反之不真 $\left(如\sum\limits_{n=1}^{\infty}a_n=\sum\limits_{n=1}^{\infty}\dfrac{1}{n}\right)$.

推论 12.1.1 如果 $\lim\limits_{n\to+\infty} a_n\neq 0$,则 $\sum\limits_{n=1}^{\infty} a_n$ 发散.

定理 12.1.3(级数收敛的简单性质) 设级数 $\sum\limits_{n=1}^{\infty} a_n$, $\sum\limits_{n=1}^{\infty} b_n$ 都收敛,c 为常数,则级数 $\sum\limits_{n=1}^{\infty} ca_n$, $\sum\limits_{n=1}^{\infty}(a_n\pm b_n)$ 也收敛,且

$$\sum_{n=1}^{\infty} ca_n = c\sum_{n=1}^{\infty} a_n,\quad \sum_{n=1}^{\infty}(a_n\pm b_n) = \sum_{n=1}^{\infty} a_n \pm \sum_{n=1}^{\infty} b_n.$$

定理 12.1.4 级数 $\sum\limits_{n=1}^{\infty} a_n$ 去掉或加上有限项,不影响级数的敛散性.

定理 12.1.5 设级数 $\sum\limits_{n=1}^{\infty} a_n$ 收敛. 如果将级数的项任意归组,但不改变先后次序,所得新级数为

$$(a_1+\cdots+a_{n_1})+(a_{n_1+1}+\cdots+a_{n_2})+\cdots+(a_{n_{k-1}+1}+\cdots+a_{n_k})+\cdots,$$

则新级数也收敛,且与原级数有相同的和.

定理 12.1.6 设级数

$$(a_1+\cdots+a_{n_1})+(a_{n_1+1}+\cdots+a_{n_2})+\cdots+(a_{n_{k-1}+1}+\cdots+a_{n_k})+\cdots$$

在同一括号内有相同的符号,且此级数收敛,则原级数 $\sum\limits_{n=1}^{\infty} a_n$ 也收敛,且两级数之和相等.

例 12.1.1 等比级数

$$\sum_{n=0}^{\infty} q^n = \begin{cases} \dfrac{1}{1-q}, & |q|<1,\text{收敛}, \\ +\infty, & q\geqslant 1, \\ \infty, & q<-1, \\ \text{发散}, & q=-1. \end{cases}$$

裂项相消法 设 $a_n=V_{n+1}-V_n$, $\lim\limits_{n\to+\infty} V_{n+1}$ 存在,则

$$\sum_{n=1}^{\infty} a_n = \sum_{n=1}^{\infty}(V_{n+1}-V_1) = \lim_{n\to+\infty} V_{n+1}-V_1.$$

特别,当 $a_n=\dfrac{1}{\alpha_n\alpha_{n+1}\cdots\alpha_{n+m}}$,其中$\{\alpha_k\}$为公差 d 的等差数列,

$$V_{n+1}-V_n = a_n.$$

Ⅱ. 正项级数的其他判别法

定义 12.1.1 设 $a_n\geqslant 0(a_n>0)$,$n=1,2,\cdots$,则称级数 $\sum\limits_{n=1}^{\infty} a_n$ 为(**严格**)**正项级数**. 显然,(严格)正项级数的部分和数列 $S_n=S_{n-1}+a_n\geqslant S_{n-1}(>S_{n-1})$是(严格)单调增的.

定理 12.2.1 正项级数 $\sum_{n=1}^{\infty} a_n$ 收敛 $\Leftrightarrow$ 部分和 $S_n = \sum_{k=1}^{n} a_k$ 有上界.

定理 12.2.2(Cauchy 积分比较判别法) 设 $f(x)$ 为 $[a, +\infty)$ 上的非负单调减的连续函数，其中 $a \geqslant 0$，则级数

$$\sum_{n=1}^{\infty} f(a+n)$$

与广义积分

$$\int_a^{+\infty} f(x)\mathrm{d}x$$

同敛散.

例 12.2.1 **Riemann ζ 函数** $\zeta(x) = \sum_{n=1}^{\infty} \frac{1}{n^x}$ 当 $x>1$ 时收敛；当 $x \leqslant 1$ 时发散.

例 12.2.2 $\sum_{n=3}^{\infty} \frac{1}{n^\alpha \ln^\beta n \ln^\gamma \ln n}$，则：

(1) 当 $\alpha>1$ 时收敛；当 $\alpha<1$ 时发散；

(2) 当 $\alpha=1, \beta>1$ 时收敛；当 $\alpha=1, \beta<1$ 时发散；

(3) 当 $\alpha=1, \beta=1, \gamma>1$ 时收敛；当 $\alpha=1, \beta=1, \gamma \leqslant 1$ 时发散.

定理 12.2.3(比较判别法) 设 $\sum_{n=1}^{\infty} a_n$ 与 $\sum_{n=1}^{\infty} b_n$ 都为正项级数. 如果 $\exists N \in \mathbb{N}$，使得当 $n > N$ 时，有 $a_n \leqslant b_n$，则：

(1) $\sum_{n=1}^{\infty} b_n$ 收敛 $\Rightarrow \sum_{n=1}^{\infty} a_n$ 也收敛；

(2) $\sum_{n=1}^{\infty} a_n$ 发散 $\Rightarrow \sum_{n=1}^{\infty} b_n$ 也发散.

定理 12.2.3′(比较判别法的极限形式) 设 $\sum_{n=1}^{\infty} a_n$ 与 $\sum_{n=1}^{\infty} b_n$ 为两个正项级数，且有极限

$$\lim_{n \to +\infty} \frac{a_n}{b_n} = l.$$

(1) 若 $0<l<+\infty$，则 $\sum_{n=1}^{\infty} a_n$ 与 $\sum_{n=1}^{\infty} b_n$ 同敛散；

(2) 若 $l=0$，则 $\sum_{n=1}^{\infty} b_n$ 收敛蕴涵着 $\sum_{n=1}^{\infty} a_n$ 收敛；

(3) 若 $l=+\infty$，则 $\sum_{n=1}^{\infty} b_n$ 发散蕴涵着 $\sum_{n=1}^{\infty} a_n$ 发散.

将正项级数 $\sum_{n=1}^{\infty} a_n$ 与几何(或等比)级数比较，就派生出 Cauchy 判别法与 d'Alembert 判别法.

定理 12.2.4(Cauchy 判别法) 设 $\sum_{n=1}^{\infty} a_n$ 为正项级数.

(1) 如果 $\exists q \in [0,1)$, s. t.

$$\sqrt[n]{a_n} \leqslant q < 1 \quad (n \geqslant N, N \in \mathbb{N} \text{ 为某个自然数}),$$

则级数 $\sum_{n=1}^{\infty} a_n$ 收敛;

(2) 如果 $\sqrt[n]{a_n} \geqslant 1$ 对无穷个 n 成立,则级数 $\sum_{n=1}^{\infty} a_n$ 发散.

定理 12.2.4′(Cauchy 判别法的极限形式) 设 $\sum_{n=1}^{\infty} a_n$ 为正项级数,且

$$\varlimsup_{n \to +\infty} \sqrt[n]{a_n} = q,$$

则:

(1) 当 $0 \leqslant q < 1$ 时,级数 $\sum_{n=1}^{\infty} a_n$ 收敛;

(2) 当 $q > 1$ 时,级数 $\sum_{n=1}^{\infty} a_n$ 发散;

(3) 当 $q = 1$ 时,不能判定级数 $\sum_{n=1}^{\infty} a_n$ 的敛散性.

定理 12.2.5(d'Alembert 判别法) 设 $\sum_{n=1}^{\infty} a_n$ 为严格正项级数.

(1) 若 $\exists q \in (0,1)$, s. t.

$$\frac{a_{n+1}}{a_n} \leqslant q < 1 \quad (n \geqslant N, \text{某个 } N \in \mathbb{N}),$$

则级数 $\sum_{n=1}^{\infty} a_n$ 收敛;

(2) 若 $\frac{a_{n+1}}{a_n} \geqslant 1 (n \geqslant N$, 某个 $N \in \mathbb{N})$,则级数 $\sum_{n=1}^{\infty} a_n$ 发散.

定理 12.2.5′(d'Alembert 判别法的极限形式) 设 $\sum_{n=1}^{\infty} a_n$ 为严格正项级数.

(1) 若 $\varlimsup_{n \to +\infty} \frac{a_{n+1}}{a_n} = q \in (0,1)$,则 $\sum_{n=1}^{\infty} a_n$ 收敛;

(2) 若 $\varliminf_{n \to +\infty} \frac{a_{n+1}}{a_n} = q' > 1$,则 $\sum_{n=1}^{\infty} a_n$ 发散;

(3) 当 $q = 1$ 或 $q' = 1$ 时, $\sum_{n=1}^{\infty} a_n$ 的敛散性不能加以判定.

将正项级数 $\sum_{n=1}^{\infty} a_n$ 与收敛较慢的级数 $\sum_{n=1}^{\infty} \frac{1}{n^\alpha} (\alpha > 1)$ 作比较,就派生出 Raabe 判别法.

定理 12.2.6(Raabe 判别法)　设 $\sum_{n=1}^{\infty} a_n$ 为严格正项级数.

(1) 若 $\exists\, r>1$, $\exists\, N_0 \in \mathbb{N}$, s. t. 当 $n \geqslant N_0$ 时,有

$$n\left(\frac{a_n}{a_{n+1}}-1\right) \geqslant r,$$

则级数 $\sum_{n=1}^{\infty} a_n$ 收敛;

(2) 若 $\exists\, N_0 \in \mathbb{N}$, s. t. 当 $n \geqslant N_0$ 时,有

$$n\left(\frac{a_n}{a_{n+1}}-1\right) \leqslant 1,$$

则级数 $\sum_{n=1}^{\infty} a_n$ 发散.

定理 12.2.6′(Raabe 判别法的极限形式)　设 $\sum_{n=1}^{\infty} a_n$ 为严格正项级数.

(1) 若 $\varliminf_{n\to+\infty} n\left(\frac{a_n}{a_{n+1}}-1\right)=l>1$,则 $\sum_{n=1}^{\infty} a_n$ 收敛;

(2) 若 $\varlimsup_{n\to+\infty} n\left(\frac{a_n}{a_{n+1}}-1\right)=l'<1$,则 $\sum_{n=1}^{\infty} a_n$ 发散;

(3) 若 $l=1$ 或 $l'=1$,则 $\sum_{n=1}^{\infty} a_n$ 不能断定敛散.

将正项级数 $\sum_{n=1}^{\infty} a_n$ 与收敛更慢的级数 $\sum_{n=1}^{\infty} \frac{1}{n\ln^{\alpha} n}(\alpha > 1)$ 作比较,就派生出 Gauss 判别法.

一般说来,用于比较的级数收敛越慢,所派生出的判别法就越精细,它能判别的级数越广泛.

定理 12.2.7(Gauss 判别法)　设 $\sum_{n=1}^{\infty} a_n$ 为严格正项级数,且

$$\frac{a_n}{a_{n+1}} = 1+\frac{1}{n}+\frac{\delta}{n\ln n}+o\left(\frac{1}{n\ln n}\right), \quad n \to +\infty.$$

则:

(1) 当 $\delta>1$ 时,级数 $\sum_{n=1}^{\infty} a_n$ 收敛;

(2) 当 $\delta<1$ 时,级数 $\sum_{n=1}^{\infty} a_n$ 发散;

(3) 当 $\delta=1$ 时,不能判定级数 $\sum_{n=1}^{\infty} a_n$ 的敛散性.

定理 12.2.7′(推广的 Gauss 判别法)　设 $\sum_{n=1}^{\infty} a_n$ 为严格正项级数,且

$$\frac{a_n}{a_{n+1}}=1+\frac{1}{n}+\frac{\delta_n}{n\ln n}+o\left(\frac{1}{n\ln n}\right),\quad n\to+\infty,$$

如果 $\lim\limits_{n\to+\infty}\delta_n=\delta\in\mathbb{R}$,则:

(1) 当 $\delta>1$ 时,级数 $\sum\limits_{n=1}^{\infty}a_n$ 收敛;

(2) 当 $\delta<1$ 时,级数 $\sum\limits_{n=1}^{\infty}a_n$ 发散;

(3) 当 $\delta=1$ 时,级数 $\sum\limits_{n=1}^{\infty}a_n$ 不能判定敛散性.

Ⅲ. 一般级数

定理 12.3.1(Leibniz 判别法) 如果 $\{a_n\}$ 为单调减趋于 0,则交错级数 $\sum\limits_{n=1}^{\infty}(-1)^{n-1}a_n$ $(a_n\geqslant0)$ 收敛.

记 $S_n=\sum\limits_{k=1}^{n}(-1)^{k-1}a_k$,则 $\{S_{2k-1}\}$ 单调减趋于 $S=\sum\limits_{k=1}^{\infty}(-1)^{k-1}a_k$;$\{S_{2k}\}$ 单调增趋于 S. 于是,用 S_n 作 S 的近似值,其误差为

$$|S_n-S|\leqslant a_{n+1}.$$

引理 12.3.1(分部求和法) 设 $S_k=a_1+a_2+\cdots+a_k(k=1,2,\cdots)$,则有

$$\sum_{k=1}^{n}a_kb_k=\sum_{k=1}^{n-1}S_k(b_k-b_{k+1})+S_nb_n.$$

引理 12.3.2(Abel 引理) (1) 设 $b_1\geqslant b_2\geqslant\cdots\geqslant b_n\geqslant0$,

$$m\leqslant S_k=a_1+a_2+\cdots+a_k\leqslant M,\quad k=1,2,\cdots,n,$$

则有

$$b_1m\leqslant\sum_{k=1}^{n}a_kb_k\leqslant b_1M.$$

(2) 设 $b_1\geqslant b_2\geqslant\cdots\geqslant b_n$ 或 $b_1\leqslant b_2\leqslant\cdots\leqslant b_n$,$S_k=a_1+a_2+\cdots+a_k$,如果 $|S_k|\leqslant M,k=1,2,\cdots,n$,则

$$\left|\sum_{k=1}^{n}a_kb_k\right|\leqslant M(|b_1|+2|b_n|).$$

定理 12.3.2(Dirichlet 判别法) 设

(1) $\{b_n\}$ 单调趋于 0;

(2) $S_k=a_1+a_2+\cdots+a_k$,$|S_k|\leqslant M,k=1,2,\cdots$,即 $\sum\limits_{n=1}^{\infty}a_n$ 的部分和有界. 则 $\sum\limits_{n=1}^{\infty}a_nb_n$ 收敛.

定理 12.3.3(Abel 判别法)　设

(1) $\{b_n\}$单调有界；

(2) $\sum_{n=1}^{\infty} a_n$ 收敛.

则 $\sum_{n=1}^{\infty} a_n b_n$ 收敛.

定理 12.3.4　$\sum_{n=1}^{\infty} |a_n|$ 收敛蕴涵 $\sum_{n=1}^{\infty} a_n$ 收敛. 但反之不真$\left(\text{反例：}\sum_{n=1}^{\infty} \frac{(-1)^{n-1}}{n}\right)$.

定义 12.3.1　如果 $\sum_{n=1}^{\infty} |a_n|$ 收敛，则称级数 $\sum_{n=1}^{\infty} a_n$ **绝对收敛**. 根据定理 12.3.4，绝对收敛的级数 $\sum_{n=1}^{\infty} a_n$，它本身必收敛. 如果 $\sum_{n=1}^{\infty} a_n$ 收敛，而 $\sum_{n=1}^{\infty} |a_n|$ 发散，则称级数 $\sum_{n=1}^{\infty} a_n$ 是**条件收敛**的$\left(\text{如}\sum_{n=1}^{\infty} \frac{(-1)^{n-1}}{n}\right)$.

定义 12.3.2　设 $\sum_{n=1}^{\infty} a_n$ 为一般级数，令

$$a_n^+ = \begin{cases} a_n, & a_n \geqslant 0, \\ 0, & a_n < 0, \end{cases} \qquad a_n^- = \begin{cases} 0, & a_n \geqslant 0, \\ -a_n, & a_n < 0, \end{cases}$$

则 $\sum_{n=1}^{\infty} a_n^+$，$\sum_{n=1}^{\infty} a_n^-$ 都是正项级数，且

$$\sum_{n=1}^{\infty} a_n = \sum_{n=1}^{\infty} (a_n^+ - a_n^-), \quad \sum_{n=1}^{\infty} |a_n| = \sum_{n=1}^{\infty} (a_n^+ + a_n^-).$$

定理 12.3.5　(1) $\sum_{n=1}^{\infty} a_n$ 绝对收敛 $\Leftrightarrow \sum_{n=1}^{\infty} a_n^+$ 与 $\sum_{n=1}^{\infty} a_n^-$ 都收敛.

(2) $\sum_{n=1}^{\infty} a_n$ 条件收敛 $\Rightarrow \sum_{n=1}^{\infty} a_n^+ = \sum_{n=1}^{\infty} a_n^- = +\infty$. 但反之不真(如 $1-1+1-1+\cdots$).

定理 12.3.6(绝对收敛级数的特征)　绝对收敛级数中交换任意多项的次序所得的新级数仍然绝对收敛，其和不变.

定理 12.3.7(条件收敛级数的特性，Riemann)　设级数 $\sum_{n=1}^{\infty} a_n$ 条件收敛，则适当交换其项的次序，可使其收敛于任一事先指定的实数；也可使其发散$\left(\text{发散到}+\infty\text{，或发散到}-\infty\text{，或部分和 } S_n = \sum_{k=1}^{n} a_k \text{ 无极限}\right)$.

Ⅳ. 级数的乘法

定理 12.4.1(Cauchy) 设级数 $\sum_{n=1}^{\infty} a_n$ 与 $\sum_{n=1}^{\infty} b_n$ 都绝对收敛,其和分别为 A 与 B,则 $\sum_{n=1}^{\infty} c_n$ 也是绝对收敛的级数,且 $\sum_{n=1}^{\infty} c_n = AB$,其中 $c_n = \sum_{i=1}^{n} a_i b_{n-i+1}$.

定理 12.4.2(Mertens) 设级数 $\sum_{n=1}^{\infty} a_n$ 绝对收敛,$\sum_{n=1}^{\infty} b_n$ 收敛,且 $\sum_{n=1}^{\infty} a_n = A$, $\sum_{n=1}^{\infty} b_n = B$,则

$$\sum_{n=1}^{\infty} c_n = AB,$$

其中 $c_n = a_1 b_n + a_2 b_{n-1} + \cdots + a_n b_1 = \sum_{i=1}^{n} a_i b_{n-i+1}$.

例 12.4.1 设 $a_n = b_n = \frac{(-1)^{n-1}}{\sqrt{n}}$,由 Leibniz 判别法知,$\sum_{n=1}^{\infty} a_n = \sum_{n=1}^{\infty} b_n = \sum_{n=1}^{\infty} \frac{(-1)^{n-1}}{\sqrt{n}}$ 都收敛,但 $|c_n| = \left|\sum_{i=1}^{n} a_i b_{n-i+1}\right| \to 2 \neq 0$,故 $\sum_{n=1}^{\infty} c_n$ 发散.

Ⅴ. 无穷乘积

定义 12.5.1 设 $p_1, p_2, \cdots, p_n, \cdots$ 为一给定的数列,称形式乘积

$$\prod_{n=1}^{\infty} p_n = p_1 p_2 \cdots p_n \cdots$$

为无穷乘积. $P_n = p_1 p_2 \cdots p_n$ 称为 $\prod_{n=1}^{\infty} p_n$ 的第 $\boldsymbol{n}$ 个部分乘积.

如果 $\lim_{n\to+\infty} P_n = P \in \mathbb{R} - \{0\}$,则称无穷乘积 $\prod_{n=1}^{\infty} p_n$ **收敛**,且表示为 $\prod_{n=1}^{\infty} p_n = P$. 否则($\lim_{n\to+\infty} P_n = 0, +\infty, -\infty, \infty$ 或不存在)称无穷乘积 $\prod_{n=1}^{\infty} p_n$ **发散**. 特别当 $P=0$ 时,称无穷乘积 $\prod_{n=1}^{\infty} p_n$ **发散于** 0.

定理 12.5.1(无穷乘积收敛的必要条件) 设无穷乘积 $\prod_{n=1}^{\infty} p_n$ 收敛,则 $\lim_{n\to+\infty} p_n = 1$. 但反之不真$\left(\text{如} \prod_{n=1}^{\infty}\left(1+\frac{1}{n}\right)\right)$.

定理 12.5.2(无穷乘积与无穷级数敛散性的对偶定理) 设 $p_n > 0$,则:

(1) $\prod_{n=1}^{\infty} p_n$ 收敛于 $P > 0 \Leftrightarrow \sum_{n=1}^{\infty} \ln p_n$ 收敛于 $S = \ln P(P = e^S)$；

(2) $\prod_{n=1}^{\infty} p_n$ 发散于 $0 \Leftrightarrow \sum_{n=1}^{\infty} \ln p_n$ 发散于 $-\infty$.

定理 12.5.3　设 $a_n \geqslant 0$（或 $a_n \leqslant 0$ 且 $1+a_n>0$），$n=1,2,\cdots$，则 $\prod_{n=1}^{\infty}(1+a_n)$ 与 $\sum_{n=1}^{\infty} a_n$ 同敛散.

如果 $a_n \geqslant 0$，$\sum_{n=1}^{\infty} a_n = +\infty$，则 $\prod_{n=1}^{\infty}(1+a_n) = +\infty$；

如果 $a_n \leqslant 0, 1+a_n \geqslant 0$ 且 $\sum_{n=1}^{\infty} a_n = -\infty$，则 $P_n = \prod_{k=1}^{n}(1+a_k)$ 单调减有下界 0. 此时，$\prod_{n=1}^{\infty}(1+a_n)$ 必发散于 0.

定理 12.5.4　(1) 设 $\sum_{n=1}^{\infty} a_n^2$ 收敛，则 $\prod_{n=1}^{\infty}(1+a_n)$ 与 $\sum_{n=1}^{\infty} a_n$ 同敛散；

(2) 设 $\sum_{n=1}^{\infty} a_n$ 收敛，$\sum_{n=1}^{\infty} a_n^2 = +\infty$，则 $\prod_{n=1}^{\infty}(1+a_n)$ 发散于 0.

定理 12.5.5　设 $1+a_n>0$，则 $\prod_{n=1}^{\infty}(1+|a_n|)$ 收敛蕴涵着 $\prod_{n=1}^{\infty}(1+a_n)$ 收敛. 但反之不真（例如：

$$a_n = \begin{cases} -\dfrac{1}{\sqrt{k+1}}, & n = 2k-1, \\ \dfrac{1}{\sqrt{k+1}} + \dfrac{1}{k+1} + \dfrac{1}{(k+1)\sqrt{k+1}}, & n = 2k, \end{cases}$$

则 $\sum_{n=1}^{\infty} a_n, \sum_{n=1}^{\infty} a_n^2$ 都发散；$\prod_{n=1}^{\infty}(1+|a_n|)$ 发散，而 $\prod_{n=1}^{\infty}(1+a_n)$ 收敛）.

514. 设 r 为正整数，$pn+q \neq 0, n=1,2,\cdots$，证明：

$$\sum_{n=1}^{\infty} \frac{1}{(pn+q)(pn+q+pr)} = \frac{1}{pr}\left(\frac{1}{q+p} + \frac{1}{q+2p} + \cdots + \frac{1}{q+rp}\right).$$

证明　由于

$$\frac{1}{(pn+q)(pn+q+pr)} = \frac{1}{pr}\left(\frac{1}{pn+q} - \frac{1}{pn+q+pr}\right),$$

所以

$$\sum_{n=1}^{\infty} \frac{1}{(pn+q)(pn+q+pr)} = \frac{1}{pr}\sum_{n=1}^{\infty}\left(\frac{1}{pn+q} - \frac{1}{pn+q+pr}\right)$$

$$=\frac{1}{pr}\lim_{N\to+\infty}\sum_{n=1}^{N}\left(\frac{1}{pn+q}-\frac{1}{p(n+r)+q}\right)$$

$$=\frac{1}{pr}\lim_{N\to+\infty}\left(\sum_{n=1}^{N}\frac{1}{pn+q}-\sum_{m=r+1}^{N+r}\frac{1}{pm+q}\right)$$

$$=\frac{1}{pr}\lim_{N\to+\infty}\left(\frac{1}{p+q}+\frac{1}{2p+q}+\cdots+\frac{1}{rp+q}+\sum_{n=N+1}^{N+r}\frac{1}{pn+q}\right)$$

$$=\frac{1}{pr}\left(\frac{1}{q+p}+\frac{1}{q+2p}+\cdots+\frac{1}{q+rp}\right)+\frac{1}{pr}\lim_{N\to+\infty}\sum_{n=N+1}^{N+r}\frac{1}{q+pn}.$$

再由

$$\frac{r}{q+p(N+r)}<\frac{1}{q+p(N+1)}+\cdots+\frac{1}{q+p(N+r)}<\frac{r}{q+p(N+1)},$$

$$\lim_{N\to+\infty}\frac{r}{q+p(N+r)}=0=\lim_{N\to+\infty}\frac{r}{q+p(N+1)}$$

及夹逼定理知

$$\lim_{N\to+\infty}\sum_{n=N+1}^{N+r}\frac{1}{q+pn}=0.$$

于是

$$\sum_{n=1}^{\infty}\frac{1}{(pn+q)(pn+q+pr)}=\frac{1}{pr}\left(\frac{1}{q+p}+\frac{1}{q+2p}+\cdots+\frac{1}{q+rp}\right).$$ □

515. 设 m 为给定的正整数,证明:

$$\sum_{\substack{n=1\\n\neq m}}^{\infty}\frac{1}{m^2-n^2}=-\frac{3}{4m^2}.$$

证明 考虑部分和

$$S_{m+N}=\sum_{\substack{n=1\\n\neq m}}^{m+N}\frac{1}{m^2-n^2}=\sum_{n=1}^{m-1}\frac{1}{m^2-n^2}+\sum_{n=m+1}^{m+N}\frac{1}{m^2-n^2}$$

$$=\frac{1}{2m}\left[\frac{1}{m-1}+\frac{1}{m+1}+\frac{1}{m-2}+\frac{1}{m+2}+\cdots+\frac{1}{1}+\frac{1}{2m-1}+\sum_{n=m+1}^{m+N}\left(\frac{1}{m-n}+\frac{1}{m+n}\right)\right]$$

$$=\frac{1}{2m}\left(1+\frac{1}{2}+\cdots+\frac{1}{m-1}+\frac{1}{m}+\frac{1}{m+1}+\cdots+\frac{1}{2m-1}-\frac{1}{m}\right)$$

$$+\frac{1}{2m}\left(-1-\frac{1}{2}-\cdots-\frac{1}{N}+\frac{1}{2m+1}+\frac{1}{2m+2}+\cdots+\frac{1}{2m+N}\right)$$

$$=\frac{1}{2m}\left(1+\frac{1}{2}+\cdots+\frac{1}{2m+N}-1-\frac{1}{2}-\cdots-\frac{1}{N}-\frac{1}{m}-\frac{1}{2m}\right)$$

$$=\frac{1}{2m}\left(\frac{1}{N+1}+\frac{1}{N+2}+\cdots+\frac{1}{N+2m}\right)-\frac{3}{4m^2},$$

因为

$$0 \leftarrow \frac{2m}{N+2m} < \frac{1}{N+1} + \frac{1}{N+2} + \cdots + \frac{1}{N+2m} < \frac{2m}{N+1} \rightarrow 0 \quad (N \to +\infty),$$

所以

$$\lim_{N\to+\infty} S_{m+N} = 0 - \frac{3}{4m^2},$$

于是

$$\sum_{\substack{n=1\\ n\neq m}}^{\infty} \frac{1}{m^2-n^2} = \lim_{N\to+\infty} S_{m+N} = -\frac{3}{4m^2}.$$ □

516. 应用不等式

$$\ln\left(1+\frac{1}{k}\right) < \frac{1}{k} < \ln\left(1+\frac{1}{k-1}\right), \quad k = 2,3,\cdots.$$

证明：

$$10 < 1 + \frac{1}{2} + \frac{1}{3} + \cdots + \frac{1}{10^6} < 20.$$

证法 1 由题中不等式知

$$\begin{aligned}
1 + \ln\frac{3}{2}\,\frac{4}{3}\cdots\frac{10^6+1}{10^6} &= 1 + \ln\frac{3}{2} + \ln\frac{4}{3} + \cdots + \ln\frac{10^6+1}{10^6} \\
&< 1 + \frac{1}{2} + \frac{1}{3} + \cdots + \frac{1}{10^6} < 1 + \ln\frac{2}{1} + \ln\frac{3}{2} + \cdots + \ln\frac{10^6}{10^6-1} \\
&= 1 + \ln\frac{2}{1}\,\frac{3}{2}\cdots\frac{10^6}{10^6-1},
\end{aligned}$$

化简后得

$$1 + \ln\frac{10^6+1}{2} < 1 + \frac{1}{2} + \frac{1}{3} + \cdots + \frac{1}{10^6} < 1 + \ln 10^6.$$

又 $2<\ln 10<3$，故

$$1 + \ln 10^6 = 1 + 6\ln 10 < 19 < 20,$$

$$1 + \ln\frac{10^6+1}{2} > 1 + \ln 10^5 = 1 + 5\ln 10 > 11 > 10.$$

于是有

$$10 < 1 + \frac{1}{2} + \frac{1}{3} + \cdots + \frac{1}{10^6} < 20.$$

证法 2 经计算知 $2^{19}=524288<10^6<104857=2^{20}-1$ 所以

$$1 + \frac{1}{2} + \frac{1}{3} + \frac{1}{4} + \cdots + \frac{1}{2^{19}} < 1 + \frac{1}{2} + \frac{1}{3} + \cdots + \frac{1}{10^6} < 1 + \frac{1}{2} + \frac{1}{3} + \cdots + \frac{1}{2^{20}-1}.$$

进一步计算有

$$1 + \frac{1}{2} + \frac{1}{3} + \frac{1}{4} + \cdots + \frac{1}{2^{19}} > 1 + \frac{1}{2} + \left(\frac{1}{4} + \frac{1}{4}\right) + \cdots + \underbrace{\left(\frac{1}{2^{19}} + \frac{1}{2^{19}} + \cdots + \frac{1}{2^{19}}\right)}_{2^{18}\text{个}}$$

$$=1+\underbrace{\frac{1}{2}+\frac{1}{2}+\cdots+\frac{1}{2}}_{19\text{个}}=1+\frac{19}{2}>10,$$

以及

$$\begin{aligned}1+\frac{1}{2}+\frac{1}{3}+\cdots+\frac{1}{2^{20}-1}&=1+\left(\frac{1}{2}+\frac{1}{3}\right)+\left(\frac{1}{4}+\frac{1}{5}+\frac{1}{6}+\frac{1}{7}\right)+\cdots\\&\quad+\left(\frac{1}{2^{19}}+\frac{1}{2^{19}+1}+\cdots+\frac{1}{2^{20}-1}\right)\\&<1+\left(\frac{1}{2}+\frac{1}{2}\right)+\left(\frac{1}{4}+\frac{1}{4}+\frac{1}{4}+\frac{1}{4}\right)+\cdots+\left(\frac{1}{2^{19}}+\frac{1}{2^{19}}+\cdots+\frac{1}{2^{19}}\right)\\&=1+1+1+\cdots+1=20,\end{aligned}$$

综合起来即是

$$10<1+\frac{1}{2}+\frac{1}{3}+\cdots+\frac{1}{10^6}<20.$$ □

注 证法1实际上证明了不等式

$$11<1+\frac{1}{2}+\frac{1}{3}+\cdots+\frac{1}{10^6}<19.$$

比题目要求更精确些.

517. 设数列$\{na_n\}$与级数$\sum\limits_{n=1}^{\infty}n(a_n-a_{n+1})$都收敛.证明:级数$\sum\limits_{n=1}^{\infty}a_n$也收敛.

证明 由题意可设$\lim\limits_{n\to+\infty}na_n=A$,$\sum\limits_{n=1}^{\infty}n(a_n-a_{n+1})=B$. A,B均为有限数.再由$\sum\limits_{n=1}^{\infty}n(a_n-a_{n+1})$收敛知

$$\lim_{n\to+\infty}n(a_n-a_{n+1})=0.$$

故

$$\begin{aligned}\lim_{n\to+\infty}na_{n+1}&=\lim_{n\to+\infty}[na_n-n(a_n-a_{n+1})]\\&=\lim_{n\to+\infty}na_n-\lim_{n\to+\infty}n(a_n-a_{n+1})\\&=A-0=A.\end{aligned}$$

考察级数$\sum\limits_{n=1}^{\infty}a_n$的部分和

$$\begin{aligned}S_n&=a_1+a_2+\cdots+a_n\\&=a_1-a_2+2(a_2-a_3)+3(a_3-a_4)+\cdots+n(a_n-a_{n+1})+na_{n+1}\\&=\sum_{k=1}^{n}k(a_k-a_{k+1})+na_{n+1}.\end{aligned}$$

令$n\to+\infty$就得

$$\sum_{n=1}^{\infty}a_n=\sum_{k=1}^{\infty}k(a_k-a_{k+1})+\lim na_{n+1}=B+A.$$

即 $\sum_{n=1}^{\infty} a_n$ 收敛. □

518. (1) 设 $\sum_{n=1}^{\infty} a_n$ 为一个收敛级数，其和为 S. 用$\{S_n\}$记它的部分和数列. 令

$$\sigma_n = \frac{S_1 + S_2 + \cdots + S_n}{n}.$$

证明：$\lim_{n\to+\infty} \sigma_n = S$.

(2) 构造一个发散级数 $\sum_{n=1}^{\infty} a_n$，使得由(1)所定义的$\{\sigma_n\}$却是收敛的.

(3) 设$\{\sigma_n\}$是由(1)定义的数列. 如果 $\lim_{n\to+\infty} \sigma_n = S$. 证明：$a_n = o(n)$，$n\to+\infty$.

证明　(1) 由题意知 $\lim_{n\to+\infty} S_n = S$，根据例 1.1.15，就知 $\lim_{n\to+\infty} \sigma_n = S$.

(2) 设 $a_n = (-1)^{n-1}$，则 $\sum_{n=1}^{\infty} a_n$ 发散，其部分和

$$S_n = \begin{cases} 0, & n \text{ 为偶数}, \\ 1, & n \text{ 为奇数}. \end{cases}$$

于是 $\sigma_{2n} = \frac{1+0+\cdots+1+0}{2n} = \frac{n}{2n} = \frac{1}{2}$，$\sigma_{2n+1} = \frac{1+0+\cdots+1+0+1}{2n+1} = \frac{n+1}{2n+1}$，由此得

$$\lim_{n\to+\infty} \sigma_n = \frac{1}{2},$$

故$\{\sigma_n\}$收敛.

(3) 因为 $\lim_{n\to+\infty} \sigma_n = S$，所以

$$\frac{S_n}{n} = \frac{n\sigma_n - (n-1)\sigma_{n-1}}{n} = \sigma_n - \frac{n-1}{n}\sigma_{n-1} \longrightarrow S - 1 \cdot S = 0 \quad (n\to+\infty),$$

$$\lim_{n\to+\infty} \frac{a_n}{n} = \lim_{n\to+\infty} \frac{S_n - S_{n-1}}{n} = \lim_{n\to+\infty} \left(\frac{S_n}{n} - \frac{n-1}{n} \cdot \frac{S_{n-1}}{n-1} \right) = 0 - 1 \cdot 0 = 0,$$

即 $a_n = o(n)$，$n\to+\infty$. □

519. 证明：级数 $\sum_{n=1}^{\infty} a_n$ 收敛$\Leftrightarrow$对于任意的正整数序列 $p_1, p_2, \cdots, p_k, \cdots$ 及自然数的任意子序列$\{n_k\}$，皆有

$$\lim_{k\to+\infty} (a_{n_k+1} + a_{n_k+2} + \cdots + a_{n_k+p_k}) = 0.$$

证明　($\Rightarrow$)因级数 $\sum_{n=1}^{\infty} a_n$ 收敛，故由 Cauchy 收敛原理，对 $\forall \varepsilon > 0$，$\exists N$，当 $n > N$ 时，不等式

$$| a_{n+1} + a_{n+2} + \cdots + a_{n+p} | < \varepsilon$$

对 $\forall p \in \mathbb{N}$ 成立. 又自然数子列$\{n_k\}$满足 $\lim_{k\to+\infty} n_k = +\infty$，故 $\exists K \in \mathbb{N}$，当 $k > K$ 时，$n_k > N$，故

对 $\forall p_k$,有

$$|a_{n_k+1}+a_{n_k+2}+\cdots+a_{n_k+p_k}|<\varepsilon,$$

所以 $\lim\limits_{k\to+\infty}(a_{n_k+1}+a_{n_k+2}+\cdots+a_{n_k+p_k})=0$.

($\Leftarrow$)(反证)假设级数 $\sum\limits_{n=1}^{\infty}a_n$ 发散. 则必 $\exists\varepsilon_0>0$ 及 $n_1\in\mathbb{N}$, s. t.

$$|a_{n_1+1}+a_{n_1+2}+\cdots+a_{n_1+p_1}|\geqslant\varepsilon_0,$$

又 $\exists n_2>n_1,p_2\in\mathbb{N}^+$, s. t.

$$|a_{n_2+1}+\cdots+a_{n_2+p_2}|\geqslant\varepsilon_0,$$

继续下去 $\exists n_1<n_2<\cdots<n_k$ 及 $\exists p_k$,使

$$|a_{n_k+1}+a_{n_k+2}+\cdots+a_{n_k+p_k}|\geqslant\varepsilon_0.$$

这与题设

$$\lim_{k\to+\infty}(a_{n_k+1}+a_{n_k+2}+\cdots+a_{n_k+p_k})=0$$

矛盾. 故 $\sum\limits_{n=1}^{\infty}a_n$ 收敛. □

520. 证明:级数 $\sum\limits_{n=1}^{\infty}x^{1+\frac{1}{2}+\cdots+\frac{1}{n}}$ 当 $0<x<\mathrm{e}^{-1}$ 时收敛;当 $x\geqslant\mathrm{e}^{-1}$ 时发散.

证明 根据定理 1.4.2(4),有

$$\lim_{n\to+\infty}\left(1+\frac{1}{2}+\cdots+\frac{1}{n}-\ln n\right)=C \quad (\text{Euler 常数}).$$

所以,当 $x>0$ 时,

$$\lim_{n\to+\infty}\frac{x^{1+\frac{1}{2}+\cdots+\frac{1}{n}}}{x^{\ln n}}=\lim_{n\to+\infty}x^{1+\frac{1}{2}+\cdots+\frac{1}{n}-\ln n}$$
$$=x^C>0.$$

级数 $\sum\limits_{n=1}^{\infty}x^{1+\frac{1}{2}+\cdots+\frac{1}{n}}$ 与级数 $\sum\limits_{n=1}^{\infty}x^{\ln n}=\sum\limits_{n=1}^{\infty}(\mathrm{e}^{\ln x})^{\ln n}=\sum\limits_{n=1}^{\infty}(\mathrm{e}^{\ln n})^{\ln x}=\sum\limits_{n=1}^{\infty}n^{\ln x}=\sum\limits_{n=1}^{\infty}\frac{1}{n^{-\ln x}}$ 同敛散. 根据例 12.2.1,级数 $\sum\limits_{n=1}^{\infty}\frac{1}{n^{-\ln x}}$ 当 $-\ln x>1$ 时收敛,当 $-\ln x\leqslant1$ 时发散. 亦即当 $0<x<\frac{1}{\mathrm{e}}$ 时,级数 $\sum\limits_{n=1}^{\infty}x^{1+\frac{1}{2}+\cdots+\frac{1}{n}}$ 收敛;而当 $x\geqslant\frac{1}{\mathrm{e}}$ 时它就发散. □

521. 设 $a_n>0$, $S_n=\sum\limits_{k=1}^{n}a_k$. 证明:

(1) 若 $\sum\limits_{n=1}^{\infty}a_n$ 收敛,则 $\sum\limits_{n=1}^{\infty}\frac{a_n}{S_n^{\alpha}}$ 也收敛;

(2) 若 $\sum\limits_{n=1}^{\infty}a_n$ 发散,则 $\frac{a_k}{S_k^2}\leqslant\frac{1}{S_{k-1}}-\frac{1}{S_k}$ 且 $\sum\limits_{n=1}^{\infty}\frac{a_n}{S_n^2}$ 收敛;

(3) 若 $\sum_{n=1}^{\infty} a_n$ 发散，则当 $\alpha > 1$ 时，$\sum_{n=1}^{\infty} \frac{a_n}{S_n^{\alpha}}$ 收敛；当 $\alpha \leqslant 1$ 时，$\sum_{n=1}^{\infty} \frac{a_n}{S_n^{\alpha}}$ 发散.

证法1 (1) 由 $\sum_{n=1}^{\infty} a_n$ 收敛，可令 $S = \lim_{n \to +\infty} S_n = \sum_{n=1}^{\infty} a_n > 0$. 因为

$$\frac{\frac{a_n}{S_n^{\alpha}}}{a_n} = \frac{1}{S_n^{\alpha}} \longrightarrow \frac{1}{S^{\alpha}} \quad (n \to +\infty),$$

故由定理 12.2.3′(比较判别法的极限形式)及 $\sum_{n=1}^{\infty} a_n$ 收敛知 $\sum_{n=1}^{\infty} \frac{a_n}{S_n^{\alpha}}$ 收敛.

(2) 由 $a_n>0$ 及 $\sum_{n=1}^{\infty} a_n$ 发散知 $S_n(> a_1 > 0)$ 单调增且 $\lim_{n \to +\infty} S_n = +\infty$，故

$$\frac{a_k}{S_k^2} = \frac{S_k - S_{k-1}}{S_k^2} \leqslant \frac{S_k - S_{k-1}}{S_k S_{k-1}} = \frac{1}{S_{k-1}} - \frac{1}{S_k}.$$

从而

$$\sum_{k=2}^{n} \frac{a_k}{S_k^2} \leqslant \sum_{k=2}^{n} \left(\frac{1}{S_{k-1}} - \frac{1}{S_k} \right) = \frac{1}{S_1} - \frac{1}{S_n} < \frac{1}{S_1}.$$

所以级数 $\sum_{n=1}^{\infty} \frac{a_n}{S_n^2}$ 收敛.

(3) 当 $n \geqslant 2$ 时，有

$$\frac{a_n}{S_n^{\alpha}} = \frac{S_n - S_{n-1}}{S_n^{\alpha}} = \int_{S_{n-1}}^{S_n} \frac{dx}{S_n^{\alpha}} < \int_{S_{n-1}}^{S_n} \frac{dx}{x^{\alpha}},$$

所以

$$\sum_{n=1}^{\infty} \frac{a_n}{S_n^{\alpha}} = \frac{a_1}{S_1^{\alpha}} + \sum_{n=2}^{\infty} \frac{a_n}{S_n^{\alpha}} < \frac{1}{a_1^{\alpha-1}} + \sum_{n=2}^{\infty} \int_{S_{n-1}}^{S_n} \frac{dx}{x^{\alpha}} = \frac{1}{a_1^{\alpha-1}} + \int_{a_1}^{+\infty} \frac{dx}{x^{\alpha}},$$

因为当 $\alpha>1$ 时，积分 $\int_{a_1}^{+\infty} \frac{dx}{x^{\alpha}}$ 收敛，因此，$\sum_{n=1}^{\infty} \frac{a_n}{S_n^{\alpha}}$ 也收敛.

当 $\alpha \leqslant 1$ 时，$\exists N \in \mathbb{N}$，当 $n>N$ 时，$S_n \geqslant 1, S_n^{\alpha} \leqslant S_n$，因此

$$\frac{a_n}{S_n^{\alpha}} \geqslant \frac{a_n}{S_n}.$$

由于 $\sum_{n=1}^{\infty} a_n$ 发散，故 $\exists k_1 \in \mathbb{N}$，s. t.

$$\sum_{n=2}^{k_1} a_n > a_1, \quad S_{k_1} = a_1 + \cdots + a_{k_1} < 2(a_2 + \cdots + a_{k_1}),$$

从而

$$\frac{a_2}{S_2} + \cdots + \frac{a_{k_1}}{S_{k_1}} \geqslant \frac{a_2 + \cdots + a_{k_1}}{S_{k_1}} > \frac{1}{2}.$$

同理，可得 $1<k_1<k_2<\cdots$，s. t.

$$\frac{a_{k_i+1}}{S_{k_i+1}}+\cdots+\frac{a_{k_{i+1}}}{S_{k_{i+1}}}>\frac{1}{2},$$

所以

$$\sum_{n=1}^{k_N}\frac{a_n}{S_n}\geqslant N\cdot\frac{1}{2}.$$

令 $N\to+\infty$，就得 $\sum\limits_{n=1}^{\infty}\frac{a_n}{S_n}=+\infty$，发散. 从而当 $\alpha\leqslant 1$ 时，$\sum\limits_{n=1}^{\infty}\frac{a_n}{S_n^{\alpha}}$ 发散.

证法 2 (1) 当 $\alpha\geqslant 1$ 时，$S_1^{\alpha}\leqslant S_n^{\alpha}$，故 $\frac{a_n}{S_n^{\alpha}}\leqslant\frac{a_n}{S_1^{\alpha}}$. 而当 $\alpha<1$ 时，$S_n^{\alpha}>S^{\alpha}$，故 $\frac{a_n}{S_n^{\alpha}}\leqslant\frac{a_n}{S^{\alpha}}$. 而 $\sum\limits_{n=1}^{\infty}\frac{a_n}{S_1^{\alpha}}$，$\sum\limits_{n=1}^{\infty}\frac{a_n}{S^{\alpha}}$ 都收敛，所以对 $\forall\alpha$，$\sum\limits_{n=1}^{\infty}\frac{a_n}{S_n^{\alpha}}$ 都收敛.

(2) 令 $f(x)=\frac{1}{x}$，$x\in[S_{n-1},S_n]$，由 Lagrange 中值定理得

$$\frac{1}{S_{n-1}}-\frac{1}{S_n}=f'(\xi_n)(S_{n-1}-S_n)=-\frac{1}{\xi_n^2}(S_{n-1}-S_n)=\frac{1}{\xi_n^2}(S_n-S_{n-1}),$$

其中 $\xi_n\in(S_{n-1},S_n)$，故 $\frac{1}{\xi_n^2}>\frac{1}{S_n}$，从而

$$\frac{a_n}{S_n^2}=\frac{1}{S_n^2}(S_n-S_{n-1})\leqslant\frac{1}{\xi_n^2}(S_n-S_{n-1})=\frac{1}{S_{n-1}}-\frac{1}{S_n},$$

$$\sum_{k=2}^{n}\frac{a_k}{S_k^2}\leqslant\sum_{k=2}^{n}\left(\frac{1}{S_{k-1}}-\frac{1}{S_k}\right)=\frac{1}{S_1}-\frac{1}{S_n}\to\frac{1}{S_1}\quad(n\to+\infty),$$

$\sum\limits_{k=2}^{\infty}\left(\frac{1}{S_{k-1}}-\frac{1}{S_k}\right)$ 收敛，从而 $\sum\limits_{n=1}^{\infty}\frac{a_n}{S_n^2}=\frac{a_1}{S_1^2}+\sum\limits_{n=2}^{\infty}\frac{a_n}{S_n^2}$ 也收敛.

(3) 当 $\alpha>1$ 时，令 $f(x)=x^{1-\alpha}$，则 $f'(x)=\frac{1-\alpha}{x^{\alpha}}$，由 Lagrange 中值定理，$\exists\,\xi_n\in(S_n,S_{n+1})$，s. t.

$$\frac{1}{S_{n+1}^{\alpha-1}}-\frac{1}{S_n^{\alpha-1}}=S_{n+1}^{1-\alpha}-S_n^{1-\alpha}=\frac{1-\alpha}{\xi_n^{\alpha}}(S_{n+1}-S_n)=\frac{1-\alpha}{\xi_n^{\alpha}}a_{n+1}.$$

所以

$$\frac{a_{n+1}}{S_{n+1}^{\alpha}}<\frac{a_{n+1}}{\xi_n^{\alpha}}=\frac{1}{1-\alpha}\left(\frac{1}{S_{n+1}^{\alpha-1}}-\frac{1}{S_n^{\alpha-1}}\right),$$

$$\begin{aligned}\sum_{k=1}^{n}\frac{a_k}{S_k^{\alpha}}&<\frac{a_1}{S_1^{\alpha}}+\frac{1}{1-\alpha}\sum_{k=2}^{n}\left(\frac{1}{S_k^{\alpha-1}}-\frac{1}{S_k^{\alpha-1}}\right)\\&=a_1^{1-\alpha}+\frac{1}{1-\alpha}\left(\frac{1}{S_n^{\alpha-1}}-\frac{1}{S_1^{\alpha-1}}\right)=a_1^{1-\alpha}+\frac{1}{\alpha-1}\left(\frac{1}{S_1^{\alpha-1}}-\frac{1}{S_n^{\alpha-1}}\right)\\&\leqslant a_1^{1-\alpha}+\frac{1}{\alpha-1}\cdot\frac{1}{S_1^{\alpha-1}}=M.\end{aligned}$$

级数 $\sum_{n=1}^{\infty}\frac{a_n}{S_n^{\alpha}}$ 部分和有界，因而收敛.

当 $\alpha=1$ 时，由于

$$\frac{a_{n+1}}{S_{n+1}}+\cdots+\frac{a_{n+p}}{S_{n+p}}>\frac{1}{S_{n+p}}(a_{n+1}+\cdots+a_{n+p})$$
$$=\frac{1}{S_{n+p}}(S_{n+p}-S_n)=1-\frac{S_n}{S_{n+p}},$$

且级数 $\sum_{n=1}^{\infty}a_n$ 发散，故对 $\forall n\in\mathbb{N}$，$\exists p\in\mathbb{N}$，s. t. $\frac{S_n}{S_{n+p}}<\frac{1}{2}$，从而

$$\frac{a_{n+1}}{S_{n+1}}+\cdots+\frac{a_{n+p}}{S_{n+p}}>\frac{1}{2}.$$

由 Cauchy 收敛准则，知 $\sum_{n=1}^{\infty}\frac{a_n}{S_n}$ 发散. 当 $\alpha\leqslant 1$ 时，$S_n^{\alpha}\leqslant S_n$，$\frac{a_n}{S_n^{\alpha}}\geqslant\frac{a_n}{S_n}$，由比较判别法知 $\sum_{n=1}^{\infty}\frac{a_n}{S_n^{\alpha}}$ 当 $\alpha\leqslant 1$ 时 发散. □

522. 设 $\{a_n\}$ 为单调减的正数列. 证明：级数 $\sum_{n=1}^{\infty}a_n$ 与 $\sum_{n=1}^{\infty}2^n a_{2^n}$ 同敛散. 再应用此结果证明：

(1) $\sum_{n=1}^{\infty}\frac{1}{n^{1+\alpha}}$ 当 $\alpha>0$ 时收敛，当 $\alpha\leqslant 0$ 时发散；

(2) $\sum_{n=2}^{\infty}\frac{1}{n\ln n}$ 发散.

证明　因为 $\{a_n\}$ 为单调减的正数列. 所以有

$$2^n a_{2^n}=\underbrace{a_{2^n}+\cdots+a_{2^n}}_{2^n\text{个}}\geqslant a_{2^n}+a_{2^n+1}+\cdots+a_{2^n+2^n-1}=\sum_{k=2^n}^{2^{n+1}-1}a_k$$

及

$$2^n a_{2^n}=2(2^{n-1}a_{2^n})=2(\underbrace{a_{2^n}+\cdots+a_{2^n}}_{2^{n-1}\text{个}})$$
$$\leqslant 2(a_{2^{n-1}+1}+a_{2^{n-1}+2}+\cdots+a_{2^{n-1}+2^{n-1}})=2\sum_{k=2^{n-1}+1}^{2^n}a_k,$$

所以

$$\sum_{n=1}^{\infty}2^n a_{2^n}\leqslant\sum_{n=1}^{\infty}\left(2\sum_{k=2^{n-1}+1}^{2^n}a_k\right)=2\sum_{n=1}^{\infty}\left(\sum_{k=2^{n-1}+1}^{2^n}a_k\right)=2\sum_{n=1}^{\infty}a_n$$
$$=2\sum_{n=0}^{\infty}\sum_{k=2^n}^{2^{n+1}-1}a_n\leqslant 2\sum_{n=0}^{\infty}2^n a_{2^n}.$$

利用比较判别法知 $\sum_{n=1}^{\infty} a_n$ 与 $\sum_{n=1}^{\infty} 2^n a_{2^n}$ 同敛散.

(1) 令 $a_n=\frac{1}{n^{1+\alpha}}$,则 $2^n a_{2^n}=2^n \frac{1}{(2^n)^{1+\alpha}}=\frac{1}{2^{n\alpha}}=\left(\frac{1}{2^\alpha}\right)^n$. 由以上结果知 $\sum_{n=1}^{\infty} \frac{1}{n^{1+\alpha}}$ 与 $\sum_{n=1}^{\infty}\left(\frac{1}{2^\alpha}\right)^n$ 同敛散.

当 $\alpha>0$ 时,$0<\frac{1}{2^\alpha}<1$,故 $\sum_{n=1}^{\infty}\left(\frac{1}{2^\alpha}\right)^n$ 收敛,从而 $\sum_{n=1}^{\infty} \frac{1}{n^{1+\alpha}}$ 收敛.

当 $\alpha \leqslant 0$ 时,$\frac{1}{2^\alpha} \geqslant 1$,故 $\sum_{n=1}^{\infty}\left(\frac{1}{2^\alpha}\right)^n$ 发散,从而 $\sum_{n=1}^{\infty} \frac{1}{n^{1+\alpha}}$ 也发散.

(2) 令 $a_n=\frac{1}{n \ln n}$,则 $2^n a_{2^n}=\frac{2^n}{2^n \ln 2^n}=\frac{1}{n \ln 2}$,由 $\sum_{n=2}^{\infty} \frac{1}{n \ln 2}$ 发散,推得 $\sum_{n=2}^{\infty} \frac{1}{n \ln n}$ 发散. □

523. 设 $\sum_{n=1}^{\infty} a_n$ 为一个发散的正项级数.

(1) 证明:$\sum_{n=1}^{\infty} \frac{a_n}{1+a_n}$ 发散,$\sum_{n=1}^{\infty} \frac{a_n}{1+n^2 a_n}$ 收敛;

(2) 研究 $\sum_{n=1}^{\infty} \frac{a_n}{1+a_n^2}$,$\sum_{n=1}^{\infty} \frac{a_n}{1+n a_n}$ 的敛散性.

证明 (1) 因为 $\sum_{n=1}^{\infty} a_n$ 发散,故数列$\{a_n\}$可能有界也可能无界. 当$\{a_n\}$有界时,即 $\exists M>0, \forall n, 0 \leqslant a_n \leqslant M$. 此时

$$\frac{a_n}{1+a_n} \geqslant \frac{1}{1+M} a_n .$$

由比较判别法知,$\sum_{n=1}^{\infty} a_n$ 发散 $\Rightarrow \sum_{n=1}^{\infty} \frac{a_n}{1+a_n}$ 发散;

当$\{a_n\}$无界时,必有子列 $a_{n_k} \rightarrow+\infty(k \rightarrow+\infty)$,此时

$$\frac{a_{n_k}}{1+a_{n_k}}=\frac{1}{\frac{1}{a_{n_k}}+1} \rightarrow 1 \neq 0 \quad(k \rightarrow+\infty) .$$

$\sum_{n=1}^{\infty} \frac{a_n}{1+a_n}$ 发散.

又因为

$$\frac{a_n}{1+n^2 a_n} \leqslant \frac{a_n}{n^2 a_n}=\frac{1}{n^2},$$

$\sum_{n=1}^{\infty} \frac{1}{n^2}$ 收敛,根据比较判别法知 $\sum_{n=1}^{\infty} \frac{a_n}{1+n^2 a_n}$ 收敛.

(2) (i) 在$\{a_n\}$有界的情况下,由于 $\frac{a_n}{1+a_n^2} \geqslant \frac{a_n}{1+M^2}(0 \leqslant a_n \leqslant M)$,故 $\sum_{n=1}^{\infty} \frac{a_n}{1+a_n^2}$ 发散.

（ⅱ）若 $\lim\limits_{n\to+\infty} a_n=+\infty$，则由于

$$\frac{a_n}{1+a_n^2}=\frac{1}{a_n}\frac{1}{1+\frac{1}{a_n^2}}\sim\frac{1}{a_n}\quad(n\to+\infty),$$

所以级数 $\sum\limits_{n=1}^{\infty}\frac{a_n}{1+a_n^2}$ 与级数 $\sum\limits_{n=1}^{\infty}\frac{1}{a_n}$ 同敛散.

（ⅲ）其他情况不定，例如

$$a_n=\begin{cases}n, & n=2^k,\\ 0, & n\neq 2^k,\end{cases}\quad k=0,1,2,\cdots.$$

则

$$\sum_{n=1}^{\infty}\frac{a_n}{1+a_n^2}=\sum_{k=0}^{\infty}\frac{2^k}{1+2^{2k}}<\sum_{k=0}^{\infty}\frac{1}{2^k}=2\quad 收敛；$$

又例如

$$a_n=\begin{cases}n, & n=2k,\\ 0, & n=2k-1,\end{cases}\quad k=1,2,\cdots,$$

则 $\sum\limits_{n=1}^{\infty}\frac{a_n}{1+a_n^2}=\sum\limits_{k=1}^{\infty}\frac{2^k}{1+4k^2}$，$\frac{2k}{1+4k^2}\sim\frac{1}{2k}(k\to+\infty)$. 故由 $\sum\limits_{k=1}^{\infty}\frac{1}{2k}$ 发散可推得 $\sum\limits_{k=1}^{\infty}\frac{2k}{1+4k^2}=\sum\limits_{n=1}^{\infty}\frac{a_n}{1+a_n^2}$ 发散.

对于级数 $\sum\limits_{n=1}^{\infty}\frac{a_n}{1+na_n}$，与前面一样有：

（ⅰ）若 $\{na_n\}$ 有界，即 $\exists M>0$, s. t. $0\leqslant na_n\leqslant M$, $\forall n\in\mathbb{N}$，则由于 $\sum\limits_{n=1}^{\infty}\frac{a_n}{1+na_n}\geqslant\sum\limits_{n=1}^{\infty}\frac{1}{1+M}a_n$，故 发散.

（ⅱ）若 $\lim\limits_{n\to+\infty} na_n=+\infty$，则由于

$$\frac{a_n}{1+na_n}=\frac{1}{n}\cdot\frac{1}{1+\frac{1}{na_n}}\sim\frac{1}{n}\quad(n\to+\infty)$$

所以级数 $\sum\limits_{n=1}^{\infty}\frac{a_n}{1+na_n}$ 也发散.

（ⅲ）在其他情况下，级数 $\sum\limits_{n=1}^{\infty}\frac{a_n}{1+na_n}$ 敛散性不定. 例如

$$a_n=\begin{cases}1, & n=2^k,\\ \frac{1}{n^2}, & n\neq 2^k.\end{cases}\quad k=0,1,2,\cdots,$$

则 $\sum\limits_{n=1}^{\infty} a_n$ 发散，但

$$\sum_{n=1}^{\infty} \frac{a_n}{1+na_n} = \sum_{k=0}^{\infty} \frac{1}{1+2^k} + \sum_{n\neq 2^k} \frac{\frac{1}{n^2}}{1+n\cdot\frac{1}{n^2}}$$

$$\leqslant \sum_{k=0}^{\infty} \frac{1}{2^k} + \sum_{n=1}^{\infty} \frac{1}{n^2}$$

收敛，又例如

$$a_n = \frac{1}{n}, \quad n=1,2,\cdots,$$

则 $na_n = 1 \not\to +\infty$，$\sum\limits_{n=1}^{\infty} a_n$ 发散，$\sum\limits_{n=1}^{\infty} \frac{a_n}{1+na_n} = \sum\limits_{n=1}^{\infty} \frac{1}{2n}$ 发散. □

524. 证明：从调和级数 $\sum\limits_{n=1}^{\infty} \frac{1}{n}$ 中划去所有分母中含有 9 的那些项$\left(\text{例如：} \frac{1}{9}, \frac{1}{19}, \frac{1}{29}, \cdots, \frac{1}{90}, \frac{1}{91}, \cdots\right)$之后，所得的新级数是收敛的，且其和不超过 80.

证明 在非负整数中，划去含有 9 的数字后，所有的数仅有 9 个数字 0,1,2,…,8 组成. 在从 1 到 10^k-1 中，不含 9 的数共有 9^k-1 个. 故在 1～9 中有 $9^1-1=8$ 个，在 10～99 中有 9^2-9^1，…，在 $10^k \sim 10^{k+1}-1$ 中有 $9^{k+1}-9^k$ 个. 从调和级数中划去分母中含有 9 的项后的新级数是

$$\sum_{n\text{中无}9} \frac{1}{n} = \underbrace{1+\frac{1}{2}+\cdots+\frac{1}{8}}_{9-1\text{项}} + \underbrace{\frac{1}{10}+\cdots+\frac{1}{88}}_{9^2-9\text{项}} + \cdots$$

$$\leqslant \underbrace{1+1+\cdots+1}_{9-1\text{项}} + \underbrace{\frac{1}{10}+\cdots+\frac{1}{10}}_{9^2-9\text{项}} + \underbrace{\frac{1}{100}+\cdots+\frac{1}{100}}_{9^3-9^2\text{项}} + \cdots$$

$$= \frac{8}{1} + \frac{9^2-9}{10} + \frac{9^3-9^2}{100} + \cdots + \frac{9^{k+1}-9^k}{10^k} + \cdots$$

$$= 8 + \frac{9\times 8}{10} + \frac{9^2\times 8}{100} + \cdots + \frac{9^k\times 8}{10^k} + \cdots$$

$$= 8\left(1+\frac{9}{10}+\left(\frac{9}{10}\right)^2+\cdots+\left(\frac{9}{10}\right)^k+\cdots\right)$$

$$= 8\,\frac{1}{1-\frac{9}{10}} = 80.$$ □

525. 设 $\sum\limits_{n=1}^{\infty} a_n$ 为一个正项级数，如果 $\overline{\lim\limits_{n\to+\infty}} \frac{a_{n+1}}{a_n} = q < 1$ 或 $\overline{\lim\limits_{n\to+\infty}} \sqrt[n]{a_n} = q < 1$，则 $\forall r \in$

$(q,1)$，总有 $\lim\limits_{n\to+\infty}\dfrac{a_n}{r^n}=0$. 这说明能用 d'Alembert 判别法的极限形式或 Cauchy 判别法的极限形式判定收敛的级数 $\sum\limits_{n=1}^{\infty}a_n$ 总比等比(几何)级数 $\sum\limits_{n=1}^{\infty}r^n$ 收敛得快.

证明 对 $\forall r\in(q,1)$，取 $\varepsilon>0$，s. t. $q+\varepsilon<r$，则 $0<\dfrac{q+\varepsilon}{r}<1$. 由 $\overline{\lim\limits_{n\to+\infty}}\sqrt[n]{a_n}=q<1$ 知 $\exists N\in\mathbb{N}$，当 $n>N$ 时有

$$\sqrt[n]{a_n}<q+\varepsilon<r,$$

于是 $a_n<(q+\varepsilon)^n$，故

$$0<\frac{a_n}{r^n}<\left(\frac{q+\varepsilon}{r}\right)^n\to 0\quad(n\to+\infty).$$

所以 $\lim\limits_{n\to+\infty}\dfrac{a_n}{r^n}=0$.

同理，若 $\overline{\lim\limits_{n\to+\infty}}\dfrac{a_{n+1}}{a_n}=q<1$，$\exists N_0\in\mathbb{N}$，当 $n>N_0$ 时有

$$\frac{a_{n+1}}{a_n}<q+\varepsilon<r,$$

由 $a_{n+1}<(q+\varepsilon)a_n<(q+\varepsilon)^2a_{n-1}<\cdots<(q+\varepsilon)^{n-N_0+1}a_{N_0}=(q+\varepsilon)^{n+1}\dfrac{a_{N_0}}{(q+\varepsilon)^{N_0}}$，知

$$0<\frac{a_{n+1}}{r^{n+1}}<\left(\frac{q+\varepsilon}{r}\right)^{n+1}\frac{a_{N_0}}{(q+\varepsilon)^{N_0}}\to 0\quad(n\to+\infty),$$

即 $\lim\limits_{n\to+\infty}\dfrac{a_n}{r^n}=\lim\limits_{n\to+\infty}\dfrac{a_{n+1}}{r^{n+1}}=0$. □

526. 研究下列级数的敛散性：

(1) $\sum\limits_{n=1}^{\infty}\left(\dfrac{1}{\sqrt{n}}-\sqrt{\ln\dfrac{n+1}{n}}\right)$；

(2) $\sum\limits_{n=1}^{\infty}\left(a^{\frac{1}{n}}-\dfrac{b^{\frac{1}{n}}+c^{\frac{1}{n}}}{2}\right)$，$a>0,b>0,c>0$；

(3) $\sum\limits_{n=1}^{\infty}\left(n^{\frac{1}{n^2+1}}-1\right)$.

解 (1) 应用 $\ln(1+x)$ 及 $\sqrt{1+x}$ 的 Taylor 展开有

$$\begin{aligned}\sqrt{\ln\frac{n+1}{n}}&=\sqrt{\ln\left(1+\frac{1}{n}\right)}\\&=\left[\frac{1}{n}-\frac{1}{2n^2}+o\left(\frac{1}{n^2}\right)\right]^{\frac{1}{2}}=\frac{1}{\sqrt{n}}\left[1-\frac{1}{2n}+o\left(\frac{1}{n}\right)\right]^{\frac{1}{2}}\\&=\frac{1}{\sqrt{n}}\left[1-\frac{1}{4n}+o\left(\frac{1}{n}\right)\right],\end{aligned}$$

所以

$$\frac{1}{\sqrt{n}}-\sqrt{\ln\frac{n+1}{n}}=\frac{1}{4n\sqrt{n}}+o\left(\frac{1}{n\sqrt{n}}\right)\sim\frac{1}{4n^{\frac{3}{2}}},$$

故级数 $\sum\limits_{n=1}^{\infty}\left[\frac{1}{\sqrt{n}}-\sqrt{\ln\frac{n+1}{n}}\right]$ 收敛.

(2) 由

$$a^{\frac{1}{n}}=e^{\frac{1}{n}\ln a}=1+\frac{1}{n}\ln a+o\left(\frac{1}{n}\right),$$

$$b^{\frac{1}{n}}=1+\frac{1}{n}\ln b+o\left(\frac{1}{n}\right),\quad c^{\frac{1}{n}}=1+\frac{1}{n}\ln c+o\left(\frac{1}{n}\right),$$

知

$$a^{\frac{1}{n}}-\frac{b^{\frac{1}{n}}+c^{\frac{1}{n}}}{2}=\frac{1}{n}\ln\frac{a}{\sqrt{bc}}+o\left(\frac{1}{n}\right)\sim\frac{1}{n}\ln\frac{a}{\sqrt{bc}}\quad(n\to+\infty),$$

而 $\sum\limits_{n=1}^{\infty}\frac{1}{n}\ln\frac{a}{\sqrt{bc}}$ 仅当 $a=\sqrt{bc}$ 时收敛,否则发散.故级数

$$\sum_{n=1}^{\infty}\left(a^{\frac{1}{n}}-\frac{b^{\frac{1}{n}}+c^{\frac{1}{n}}}{2}\right)$$

当 $a=\sqrt{bc}$ 时收敛,当 $a\neq\sqrt{bc}$ 时发散.

(3) 因为

$$\frac{\frac{\ln n}{n^2+1}}{\frac{1}{n^{3/2}}}=\frac{\ln n}{\sqrt{n}+\frac{3}{n^{3/2}}}\to 0\quad(n\to+\infty),$$

所以 $\frac{\ln n}{n^2+1}=o\left(\frac{1}{n^{3/2}}\right)$,于是 $\sum\limits_{n=1}^{\infty}\frac{\ln n}{n^2+1}$ 收敛.又

$$n^{\frac{1}{n^2+1}}-1=e^{\frac{\ln n}{n^2+1}}-1=1+\frac{\ln n}{n^2+1}+o\left(\frac{\ln n}{n^2+1}\right)-1\sim\frac{\ln n}{n^2+1}\quad(n\to+\infty).$$

由此推得级数 $\sum\limits_{n=1}^{\infty}\left(n^{\frac{1}{n^2+1}}-1\right)$ 收敛. □

527. 设 $a_n\geqslant 0(n=1,2,\cdots)$, $\sum\limits_{n=1}^{\infty}a_n$ 收敛.证明:$\lim\limits_{m\to+\infty}\frac{1}{m}\sum\limits_{\substack{n\leqslant m\\ a_n>\frac{1}{n}}}1=0$,其中 $\sum\limits_{\substack{n\leqslant m\\ a_n>\frac{1}{n}}}1$ 表示 $a_1,\cdots,a_m$ 中满足 $a_n>\frac{1}{n}$ 的个数.

证明 (反证)若 $\lim\limits_{m\to+\infty}\frac{1}{m}\sum\limits_{\substack{n\leqslant m\\ a_n>\frac{1}{n}}}1\neq 0$.则 $\exists\,\varepsilon_0$, s.t.,对无穷多个 m,有

$$\frac{1}{m}\sum_{\substack{n\leqslant m\\a_n>\frac{1}{n}}}1\geqslant\varepsilon_0.$$

另一方面，由于 $\sum\limits_{n=1}^{\infty}a_n$ 收敛，故 $\exists N_0\in\mathbb{N}$，s.t. $\sum\limits_{n=N_0+1}^{\infty}a_n<\frac{\varepsilon_0}{2}$. 取 m 满足

$$\frac{1}{m}\sum_{1}^{N_0}1<\frac{\varepsilon_0}{2},\quad \frac{1}{m}\sum_{\substack{n\leqslant m\\a_n>\frac{1}{n}}}1\geqslant\varepsilon_0,$$

于是

$$\frac{\varepsilon_0}{2}>\sum_{n=N_0+1}^{\infty}a_n\geqslant\sum_{\substack{a_n>\frac{1}{n}\\N_0+1\leqslant n\leqslant m}}a_n>\frac{1}{m}\sum_{\substack{a_n>\frac{1}{n}\\N_0+1\leqslant n\leqslant m}}1$$

$$=\frac{1}{m}\sum_{\substack{a_n>\frac{1}{n}\\n\leqslant m}}1-\frac{1}{m}\sum_{\substack{a_n>\frac{1}{n}\\1\leqslant n\leqslant N_0}}1\geqslant\varepsilon_0-\frac{\varepsilon_0}{2}=\frac{\varepsilon_0}{2}.$$

矛盾. 故 $\lim\limits_{m\to+\infty}\frac{1}{m}\sum\limits_{\substack{n\leqslant m\\a_n>\frac{1}{n}}}=0$. □

528. 设 $a_n>0(n=1,2,\cdots)$，$\sum\limits_{n=1}^{\infty}a_n$ 收敛，令 $r_n=\sum\limits_{k=n}^{\infty}a_k$，证明：级数 $\sum\limits_{k=1}^{\infty}\frac{a_k}{r_k}$ 发散.

证法1　因为 $a_n>0$，故 r_n 严格减，对 $\forall n\in\mathbb{N}$，有

$$\sum_{k=n}^{\infty}\frac{a_k}{r_k}\geqslant\frac{1}{r_n}\sum_{k=n}^{\infty}a_k=\frac{1}{r_n}\cdot r_n=1.$$

根据 Cauchy 收敛准则得 $\sum\limits_{k=1}^{\infty}\frac{a_k}{r_k}$ 发散.

证法2　（反证）假设 $\sum\limits_{k=1}^{\infty}\frac{a_k}{r_k}$ 收敛. 根据 Cauchy 收敛准则，对 $\varepsilon=\frac{1}{2}$，$\exists N\in\mathbb{N}$，对 $\forall p\in\mathbb{N}$，有

$$\frac{a_N}{r_N}+\cdots+\frac{a_{N+p}}{r_{N+p}}<\varepsilon=\frac{1}{2},$$

再由 $a_n>0$ 及 r_n 的单调减性质，有

$$\frac{1}{r_N}(a_N+\cdots+a_{N+p})<\frac{a_N}{r_N}+\frac{a_{N+1}}{r_{N+1}}+\cdots+\frac{a_{N+p}}{r_{N+p}}<\frac{1}{2}.$$

令 $p\to+\infty$ 得

$$\frac{1}{2}\geqslant\frac{1}{r_N}\sum_{k=N}^{+\infty}a_k=\frac{1}{r_N}r_N=1.$$

矛盾. 所以 $\sum\limits_{k=1}^{\infty}\frac{a_k}{r_k}$ 发散. □

529. 设 $\lim\limits_{n\to+\infty}(n^{2n\sin\frac{1}{n}}a_n)=1$. 证明：级数 $\sum\limits_{n=1}^{\infty}a_n$ 收敛.

证明 由于 $\lim\limits_{n\to+\infty}2n\sin\dfrac{1}{n}=2\lim\limits_{n\to+\infty}\dfrac{\sin\dfrac{1}{n}}{\dfrac{1}{n}}=2$,所以,当 n 充分大时有

$$\frac{3}{2}<2n\sin\frac{1}{n}<\frac{5}{2},$$

$$0<n^{-2n\sin\frac{1}{n}}<n^{-\frac{3}{2}}\to 0.$$

于是 $\lim\limits_{n\to+\infty}n^{-2n\sin\frac{1}{n}}=0$,且由 $\sum\limits_{n=1}^{\infty}n^{-\frac{3}{2}}=\sum\limits_{n=1}^{\infty}\dfrac{1}{n^{\frac{3}{2}}}$ 收敛知 $\sum\limits_{n=1}^{\infty}n^{-2n\sin\frac{1}{n}}=\sum\limits_{n=1}^{\infty}\dfrac{1}{n^{2n\sin\frac{1}{n}}}$ 收敛.

根据题意,$1=\lim\limits_{n\to+\infty}(n^{2n\sin\frac{1}{n}}a_n)=\lim\limits_{n\to+\infty}\dfrac{a_n}{n^{-2n\sin\frac{1}{n}}}$,故

$$a_n\sim n^{-2n\sin\frac{1}{n}}\quad(n\to+\infty).$$

由此就得级数 $\sum\limits_{n=1}^{\infty}a_n$ 收敛. □

530. 设 $a_n=\left(1-\dfrac{p\ln n}{n}\right)^n$,证明：

(1) $a_n\sim\dfrac{1}{n^p}(n\to+\infty)$;

(2) 级数 $\sum\limits_{n=1}^{\infty}a_n$ 当 $p>1$ 时收敛,当 $p\leqslant 1$ 时发散.

证法 1 (1) 应用 L'Hospital 法则得

$$\lim_{x\to 0}\frac{\ln(1+px\ln x)-px\ln x}{x}=\lim_{x\to 0}\left(\frac{p\ln x+p}{1+px\ln x}-p\ln x-p\right)$$
$$=\lim_{x\to 0}\frac{-p^2(x\ln^2x+x\ln x)}{1+px\ln x}\xlongequal{x\ln^k x\to 0(k>0)}0.$$

将 $\dfrac{1}{n}$ 代替 x 就有

$$0=\lim_{n\to+\infty}n\left[\ln\left(1+\frac{p}{n}\ln\frac{1}{n}\right)-\frac{p}{n}\ln\frac{1}{n}\right]=\lim_{n\to+\infty}\left[p\ln n+n\ln\left(1-\frac{p\ln n}{n}\right)\right].$$

从而

$$\lim_{n\to+\infty}\frac{a_n}{\dfrac{1}{n^p}}=\lim_{n\to+\infty}n^p\left(1-\frac{p\ln n}{n}\right)^n=\lim_{n\to+\infty}e^{p\ln n+n\ln\left(1-\frac{p\ln n}{n}\right)}=e^0=1.$$

因此,$a_n\sim\dfrac{1}{n^p}(n\to+\infty)$.

(2) 级数 $\sum\limits_{n=1}^{\infty}a_n$ 当 $p>1$ 时收敛,当 $p\leqslant 1$ 时发散,这由(1)并应用比较判别法立即得到所

要的结论.

证法 2　(1) 由

$$\ln(1+x)=x-\frac{x^2}{2}+o(x^2)\quad(x\to 0),$$

得

$$a_n=\left(1-\frac{p\ln n}{n}\right)^n=\mathrm{e}^{n\ln\left(1-\frac{p\ln n}{n}\right)}=\mathrm{e}^{n\left(-\frac{p\ln n}{n}-\frac{p^2\ln^2 n}{n^2}+o\left(\frac{p^2\ln^2 n}{n^2}\right)\right)}$$

$$=\mathrm{e}^{-p\ln n-\frac{p^2\ln^2 n}{n}+o\left(\frac{p^2\ln^2 n}{n}\right)}=\frac{1}{n^p}\cdot\mathrm{e}^{-\frac{p^2\ln^2 n}{n}+o\left(\frac{\ln^2 n}{n}\right)}\sim\frac{1}{n^p}.$$

(2) 同证法 1. □

531. 设 $0<p_1<p_2<\cdots<p_n<\cdots$,证明:

$$\sum_{n=1}^{\infty}\frac{1}{p_n}\text{ 收敛}\Leftrightarrow\sum_{n=1}^{\infty}\frac{n}{p_1+p_2+\cdots+p_n}\text{ 收敛}.$$

证明　当 $n\geqslant 2$ 时,由 $\{p_n\}$ 的增性得

$$p_1+\cdots+p_n\geqslant p_{\left[\frac{n}{2}\right]}+p_{\left[\frac{n}{2}\right]+1}+\cdots+p_n\geqslant\left[\frac{n}{2}\right]p_{\left[\frac{n}{2}\right]}$$

$$>\left(\frac{n}{2}-1\right)p_{\left[\frac{n}{2}\right]}\geqslant\frac{n}{4}p_{\left[\frac{n}{2}\right]}>0,$$

$$0\leqslant\frac{1}{p_n}=\frac{n}{np_n}\leqslant\frac{n}{p_1+p_2+\cdots+p_n}\leqslant n\cdot\frac{1}{\frac{n}{4}p_{\left[\frac{n}{2}\right]}}=\frac{4}{p_{\left[\frac{n}{2}\right]}}.$$

当 $\sum\limits_{n=1}^{\infty}\frac{n}{p_1+p_2+\cdots+p_n}$ 收敛时由 $\frac{n}{p_1+p_2+\cdots+p_n}\geqslant\frac{1}{p_n}$ 可推得 $\sum\limits_{n=1}^{\infty}\frac{1}{p_n}$ 收敛.

当 $\sum\limits_{n=1}^{\infty}\frac{1}{p_n}$ 收敛时,由于

$$\sum_{n=2}^{\infty}\frac{1}{p_{\left[\frac{n}{2}\right]}}=\frac{1}{p_1}+\frac{1}{p_1}+\frac{1}{p_2}+\frac{1}{p_2}+\cdots=2\sum_{n=1}^{\infty}\frac{1}{n_p}$$

也收敛,从而 $\sum\limits_{n=2}^{\infty}\frac{4}{p_{\left[\frac{n}{2}\right]}}$ 收敛,从而得

$$\sum_{n=1}^{\infty}\frac{n}{p_1+\cdots+p_n}=\frac{1}{p_1}+\sum_{n=2}^{\infty}\frac{n}{p_1+\cdots+p_n}\leqslant\frac{1}{p_1}+\sum_{n=1}^{\infty}\frac{4}{p_{\left[\frac{n}{2}\right]}}\text{ 也收敛}.$$ □

532. 设 $a_n\geqslant 0$,且 $\sum\limits_{n=1}^{\infty}a_n$ 收敛.证明:当 $p>\frac{1}{2}$ 时,级数 $\sum\limits_{n=1}^{\infty}\frac{\sqrt{a_n}}{n^p}$ 也收敛.

证法 1　因为

$$\frac{\sqrt{a_n}}{n^p}=\sqrt{a_n\cdot\frac{1}{n^{2p}}}\leqslant\frac{1}{2}\left(a_n+\frac{1}{n^{2p}}\right).$$

$\sum\limits_{n=1}^{\infty}\frac{1}{n^{2p}}$ 当 $p>\frac{1}{2}$ 时收敛,而已知 $\sum\limits_{n=1}^{\infty}a_n$ 收敛,故 $\sum\limits_{n=1}^{\infty}\frac{\sqrt{a_n}}{n^p}$ 当 $p>\frac{1}{2}$ 时收敛.

证法 2 由 $\sum\limits_{n=1}^{\infty} a_n$ 及 $p>\frac{1}{2}$ 时 $\sum\limits_{n=1}^{\infty}\frac{1}{n^{2p}}$ 收敛知.它们的部分和 $\sum\limits_{k=1}^{n} a_k$ 及 $\sum\limits_{k=1}^{n}\frac{1}{k^{2p}}$ 都有界,记为

$$\sum_{k=1}^{n} a_k \leqslant A,\quad \sum_{k=1}^{n}\frac{1}{k^{2p}}\leqslant B,\quad n=1,2,\cdots.$$

于是,对级数 $\sum\limits_{n=1}^{\infty}\frac{\sqrt{a_n}}{n^p}$ 的部分和应用 Cauchy 不等式有

$$S_n=\sum_{k=1}^{n}\frac{\sqrt{a_k}}{k^p}\leqslant\left(\sum_{k=1}^{n} a_k\right)^{\frac{1}{2}}\left(\sum_{k=1}^{n}\frac{1}{k^{2p}}\right)^{\frac{1}{2}}\leqslant A^{\frac{1}{2}}B^{\frac{1}{2}}=\sqrt{AB},$$

S_n 也有界.所以 $\sum\limits_{n=1}^{\infty}\frac{\sqrt{a_n}}{n^p}$ 当 $p>\frac{1}{2}$ 时收敛. □

533. 设 $\sum\limits_{n=1}^{\infty} a_n$ 为正项级数,满足:

(1) $\sum\limits_{k=1}^{n}(a_k-a_n)$ 对 n 有界;

(2) 当 n 趋于 $+\infty$ 时,$\{a_n\}$ 单调减趋于 0.

证明:级数 $\sum\limits_{n=1}^{\infty} a_n$ 收敛.

证明 由条件(1)知存在正数 M, s. t. 对 $\forall n\in\mathbb{N}$,

$$\sum_{k=1}^{n}(a_k-a_n)\leqslant M.$$

对充分大的 $n\in\mathbb{N}$,再取 $m>n$,利用$\{a_n\}$单调减趋于 0 的条件有

$$\sum_{k=1}^{n} a_k-na_m=\sum_{k=1}^{n}(a_k-a_m)\leqslant\sum_{k=1}^{m}(a_k-a_m)\leqslant M.$$

令 $m\to+\infty$,因为 $\lim\limits_{m\to+\infty} a_m=0$,就得

$$\sum_{k=1}^{n} a_k\leqslant M,$$

即正项级数 $\sum\limits_{n=1}^{\infty} a_n$ 的部分和有界,因而此级数收敛. □

534. 应用 d'Alembert 判别法证明级数

$$\sqrt{2-\sqrt{2}}+\sqrt{2-\sqrt{2+\sqrt{2}}}+\sqrt{2-\sqrt{2+\sqrt{2+\sqrt{2}}}}+\cdots$$

收敛.

证法 1 例 1.4.4 证明了

$$\lim_{n\to+\infty} A_n=\lim_{n\to+\infty}\underbrace{\sqrt{2+\sqrt{2+\sqrt{2+\cdots\sqrt{2}}}}}_{n\text{重根号}}=2.$$

记 $a_n=\sqrt{2-A_n}$，则要证 $\sum\limits_{n=1}^{\infty}a_n$ 收敛. 考虑

$$\lim_{n\to+\infty}\frac{a_{n+1}}{a_n}=\lim_{n\to+\infty}\frac{\sqrt{2-\sqrt{2+A_n}}}{\sqrt{2-A_n}},$$

这是"$\frac{0}{0}$"的不定型，令 $A_n=x$. 则有

$$\lim_{n\to+\infty}\frac{a_{n+1}}{a_n}=\lim_{x\to2}\frac{\sqrt{2-\sqrt{2+x}}}{\sqrt{2-x}}=\lim_{x\to2}\sqrt{\frac{2-\sqrt{2+x}}{2-x}}$$

$$=\sqrt{\lim_{x\to2}\frac{2-x}{2-x}\cdot\frac{1}{2+\sqrt{2+x}}}=\frac{1}{2}<1.$$

根据 d'Alembert 判别法. 该级数收敛.

证法 2 因为$\sqrt{2}=2\cos\frac{\pi}{4}$，所以有

$$\sqrt{2-\sqrt{2}}=\sqrt{2\left(1-\cos\frac{\pi}{4}\right)}=\sqrt{4\sin^2\frac{\pi}{8}}=2\sin\frac{\pi}{8}=2\sin\frac{\pi}{2^{2+1}},$$

$$\sqrt{2-\sqrt{2+\sqrt{2}}}=\sqrt{2-\sqrt{2\left(1+\cos\frac{\pi}{4}\right)}}=\sqrt{2-\sqrt{4\cos^2\frac{\pi}{8}}}$$

$$=\sqrt{2-2\cos^2\frac{\pi}{8}}=2\sin\frac{\pi}{2^4},$$

类推得

$$\underbrace{\sqrt{2-\sqrt{2+\sqrt{2+\cdots+\sqrt{2}}}}}_{n\text{重根号}}=2\sin\frac{\pi}{2^{n+1}}.$$

级数就变成 $2\sum\limits_{n=1}^{\infty}\sin\frac{\pi}{2^{n+2}}$，由于

$$a_n=\sin\frac{\pi}{2^{n+2}}\sim\frac{\pi}{2^{n+2}}\quad(n\to+\infty)$$

及 $\sum\limits_{n=1}^{\infty}\frac{\pi}{2^{n+2}}=\frac{\pi}{4}\sum\limits_{n=1}^{\infty}\frac{1}{2^n}$ 收敛，所以 $\sum\limits_{n=1}^{\infty}a_n$ 收敛，即原级数收敛. □

535. 设级数 $\sum\limits_{n=1}^{\infty}a_n$ 收敛，$a_n\geqslant0$，$\{a_n\}$ 单调减. 证明：$\lim\limits_{n\to+\infty}na_n=0$，即 $a_n=o\left(\frac{1}{n}\right)(n\to+\infty)$. 举例说明，删去条件"$\{a_n\}$ 单调减"，上述结论不成立. 进而读者给出 $a_n>0(n=1,2,\cdots)$ 的反例.

证明 对 $\forall\,\varepsilon>0$，因为级数 $\sum\limits_{n=1}^{\infty}a_n$ 收敛，故 $\exists\,n_0\in\mathbb{N}$，s. t. 当 $n>n_0$ 时，有

$$0<a_{n+1}+a_{n+2}+\cdots+a_{n+p}<\frac{\varepsilon}{4},\quad a_n<\frac{\varepsilon}{2}$$

对 $\forall\, p\in\mathbb{N}$ 成立. 因为$\{a_n\}$单调减,故

$$pa_{n+p}<a_{n+1}+a_{n+2}+\cdots+a_{n+p}<\frac{\varepsilon}{4}.$$

特别取 $p=n$ 就得

$$na_{2n}<\frac{\varepsilon}{4},$$

$$2na_{2n}<\frac{\varepsilon}{2}<\varepsilon,$$

$$(2n+1)a_{2n+1}<(2n+1)a_{2n}=2na_{2n}+a_{2n}<\frac{\varepsilon}{2}+\frac{\varepsilon}{2}=\varepsilon.$$

即当 $n>n_0$ 时,成立

$$na_n<\varepsilon.$$

这就证明了

$$\lim_{n\to+\infty}\frac{a_n}{\frac{1}{n}}=\lim_{n\to+\infty}na_n=0,\quad 即\quad a_n=o\left(\frac{1}{n}\right).$$

反例 令

$$a_n=\begin{cases}\dfrac{1}{n}, & n=m^2(m=1,2,\cdots),\\ 0, & 其他情况,\end{cases}$$

则 $\sum\limits_{n=1}^{\infty}a_n=\sum\limits_{m=1}^{\infty}\frac{1}{m^2}$ 收敛,但 $\overline{\lim\limits_{n\to+\infty}}na_n=1\neq 0=\underline{\lim\limits_{n\to+\infty}}na_n$,故 $\lim\limits_{n\to+\infty}na_n$ 不存在. □

536. 设$\{a_n\}$为正的单调减数列,$\sum\limits_{n=1}^{\infty}a_n$ 发散. 证明:

$$\lim_{n\to+\infty}\frac{a_2+a_4+\cdots+a_{2n}}{a_1+a_3+\cdots+a_{2n-1}}=1.$$

证法 1 因为$\{a_n\}$单调减,且 $a_n>0$,所以 $\forall\, n\in\mathbb{N}$ 有

$$a_1\geqslant a_2\geqslant a_3\geqslant a_4\geqslant\cdots\geqslant a_{2n-1}\geqslant a_{2n}\geqslant\cdots$$

$$a_1+a_3+\cdots+a_{2n-1}\geqslant a_2+a_4+\cdots+a_{2n},$$

$$a_3+a_5+\cdots+a_{2n-1}\leqslant a_2+a_4+\cdots+a_{2n-2}+a_{2n}.$$

又因为级数 $\sum\limits_{n=1}^{\infty}a_n$ 发散,所以 $\sum\limits_{n=1}^{\infty}a_n=+\infty$,$a_1+a_2+\cdots+a_{2n}\to+\infty\,(n\to+\infty)$,于是

$$\begin{aligned}a_1+a_3+\cdots+a_{2n-1}&=\frac{1}{2}(2a_1+2a_3+\cdots+2a_{2n-1})\\&\geqslant\frac{1}{2}(a_1+a_2+a_3+a_4+\cdots+a_{2n-1}+a_{2n})\to+\infty\quad(n\to+\infty).\end{aligned}$$

由此得

$$1\geqslant\frac{a_2+a_4+\cdots+a_{2n}}{a_1+a_3+\cdots+a_{2n-1}}\geqslant\frac{a_3+\cdots+a_{2n-1}}{a_1+a_3+\cdots+a_{2n-1}}$$

$$=1-\frac{a_1}{a_1+a_3+\cdots+a_{2n-1}}\to 1-0=1\quad(n\to+\infty).$$

根据夹逼定理得

$$\lim_{n\to+\infty}\frac{a_2+a_4+\cdots+a_{2n}}{a_1+a_3+\cdots+a_{2n-1}}=1.$$

证法 2　记 $A_n=a_2+a_4+\cdots+a_{2n}$，$B_n=a_1+a_3+\cdots+a_{2n-1}$，由 a_n 单调减知 $A_n\leqslant B_n$. 而

$$B_n-a_1\leqslant A_n,$$

所以

$$2B_n\geqslant A_n+B_n=\sum_{k=1}^{2n}a_k\to+\infty,$$

$$\left|\frac{A_n}{B_n}-1\right|=\frac{B_n-A_n}{B_n}\leqslant\frac{a_1}{B_n}\to 0.$$

故

$$\lim_{n\to+\infty}\frac{a_2+a_4+\cdots+a_{2n}}{a_1+a_3+\cdots+a_{2n-1}}=\lim_{n\to+\infty}\frac{A_n}{B_n}=1.$$ □

537. 设 $\{a_n\}$ 为正的单调增加的数列. 证明：级数 $\sum\limits_{n=1}^{\infty}\left(1-\frac{a_n}{a_{n+1}}\right)$ 当 $\{a_n\}$ 有界时收敛；而当 $\{a_n\}$ 无界时发散.

证明　当 $\{a_n\}$ 有界时，由 $\{a_n\}$ 单调增性得 $\{a_n\}$ 收敛，记 $\lim\limits_{n\to+\infty}a_n=a$.

$$a_{n+1}=(a_{n+1}-a_n)+(a_n-a_{n-1})+\cdots+(a_2-a_1)+a_1$$

记 $b_n=a_{n+1}-a_n$，则 $\sum\limits_{k=1}^{n}b_k=a_{n+1}-a_1\to a-a_1\,(n\to+\infty)$，进而

$$\sum_{n=1}^{\infty}\frac{b_n}{a_1}=\sum_{n=1}^{\infty}\frac{a_{n+1}-a_n}{a_1}=\frac{1}{a_1}\sum_{n=1}^{\infty}(a_{n+1}-a_n)$$

收敛. 再由 $\{a_n\}$ 的单调增性知

$$1-\frac{a_n}{a_{n+1}}=\frac{a_{n+1}-a_n}{a_{n+1}}\leqslant\frac{a_{n+1}-a_n}{a_1}=\frac{b_n}{a_1}.$$

由比较判别法知级数 $\sum\limits_{n=1}^{\infty}\left(1-\frac{a_n}{a_{n+1}}\right)$ 收敛.

当 $\{a_n\}$ 无界时，因为 a_n 单调增，故 $\lim\limits_{n\to+\infty}a_n=+\infty$. 由于

$$\sum_{k=n}^{n+p}\left(1-\frac{a_k}{a_{k+1}}\right)=\sum_{k=n}^{n+p}\frac{a_{k+1}-a_k}{a_{k+1}}>\sum_{k=n}^{n+p}\frac{a_{k+1}-a_k}{a_{n+p+1}}=\frac{a_{n+p+1}-a_n}{a_{n+p+1}}=1-\frac{a_n}{a_{n+p+1}},$$

及 $\lim\limits_{p\to+\infty}a_{n+p+1}=+\infty$，故对 $\forall n\in\mathbb{N}$，总存在 $p_0\in\mathbb{N}$，s. t.

$$a_{n+p_0+1}>2a_n.$$

于是对 $\forall n\in\mathbb{N}$，$\exists p_0\in\mathbb{N}$，s. t.

$$\sum_{k=n}^{n+p_0}\left(1-\frac{a_k}{a_{k+1}}\right)>1-\frac{1}{2}=\frac{1}{2}.$$

根据 Cauchy 收敛原理，$\sum\limits_{n=1}^{\infty}\left(1-\dfrac{a_n}{a_{n+1}}\right)$发散. □

538. 讨论下列级数的敛散性：

(1) $\sum\limits_{n=1}^{\infty}\sin(\pi\sqrt{n^2+1})$；　　(2) $\sum\limits_{n=1}^{\infty}\left(1+\dfrac{1}{2}+\cdots+\dfrac{1}{n}\right)\dfrac{\sin nx}{n}$.

解 (1) 由于

$$\begin{aligned}\sin(\pi\sqrt{n^2+1}) &= \sin(\pi\sqrt{n^2+1}-n\pi+n\pi)\\ &= (-1)^n\sin(\sqrt{n^2+1}-n)\pi\\ &= (-1)^n\sin\frac{\pi}{\sqrt{n^2+1}+n},\end{aligned}$$

所以该级数为交错级数. 又因为

$$\frac{\pi}{2}>\frac{\pi}{\sqrt{n^2+1}+n}>0$$

单调减趋于 0，故 $\sin\dfrac{\pi}{\sqrt{n^2+1}+n}$ 单调减趋于 0. 根据 Leibniz 判别法，级数 $\sum\limits_{n=1}^{\infty}\sin(\pi\cdot\sqrt{n^2+1})$ 收敛.

(2) 因为当 $x\neq 2m\pi(m\in\mathbb{Z})$时

$$\begin{aligned}\left|\sum_{k=1}^{n}\sin kx\right| &= \left|\frac{1}{2\sin\frac{x}{2}}\sum_{k=1}^{n}2\sin\frac{x}{2}\sin kx\right|\\ &= \left|\frac{1}{2\sin\frac{x}{2}}\sum_{k=1}^{n}\left[\cos\left(k-\frac{1}{2}\right)x-\cos\left(k+\frac{1}{2}\right)x\right]\right|\\ &= \left|\frac{\cos\frac{x}{2}-\cos\left(n+\frac{1}{2}\right)x}{2\sin\frac{x}{2}}\right|\leqslant\left|\frac{1}{\sin\frac{x}{2}}\right|\end{aligned}$$

有界，而

$$\begin{aligned}\frac{\frac{1}{n+1}\left(1+\frac{1}{2}+\cdots+\frac{1}{n+1}\right)}{\frac{1}{n}\left(1+\frac{1}{2}+\cdots+\frac{1}{n}\right)} &= \frac{n}{n+1}\left[1+\frac{1}{\left(1+\frac{1}{2}+\cdots+\frac{1}{n}\right)(n+1)}\right]\\ &< \frac{n}{n+1}\left(1+\frac{1}{n}\right)=1,\end{aligned}$$

且

$$\lim_{n\to+\infty}\frac{1+\frac{1}{2}+\cdots+\frac{1}{n}}{n}=\lim_{n\to+\infty}\frac{1}{n}=0,$$

所以根据 Dirichlet 判别法，级数 $\sum_{n=1}^{\infty}\left(1+\frac{1}{2}+\cdots+\frac{1}{n}\right)\frac{\sin nx}{n}$ 收敛.

又当 $x=2m\pi(m\in\mathbb{Z})$ 时，$\sin nx=0$，级数也收敛. 故对 $\forall x\in\mathbb{R}$，级数 $\sum_{n=1}^{\infty}\left(1+\frac{1}{2}+\cdots+\frac{1}{n}\right)\frac{\sin nx}{n}$ 收敛. □

539. 设级数 $\sum_{n=1}^{\infty}\frac{a_n}{n^{\alpha}}$ 收敛，则 $\forall\beta>\alpha$，级数 $\sum_{n=1}^{\infty}\frac{a_n}{n^{\beta}}$ 也收敛.

证明　由 $\beta>\alpha$ 知 $\beta-\alpha>0$，$\frac{1}{n^{\beta-\alpha}}$ 单调有界. 而 $\sum_{n=1}^{\infty}\frac{a_n}{n^{\alpha}}$ 收敛，因此，根据 Abel 判别法

$$\sum_{n=1}^{\infty}\frac{a_n}{n^{\beta}}=\sum_{n=1}^{\infty}\frac{a_n}{n^{\alpha}}\cdot\frac{1}{n^{\beta-\alpha}}$$

收敛. □

540. 设 $\lim\limits_{n\to+\infty}n\left(\frac{a_n}{a_{n+1}}-1\right)=\lambda>0$，则交错级数 $\sum_{n=1}^{\infty}(-1)^{n-1}a_n$ 收敛.

证明　由题意知 $a_n>0$. 因为

$$\lim_{n\to+\infty}n\left(\frac{a_n}{a_{n+1}}-1\right)=\lambda>0,$$

所以，当 n 充分大时，

$$n\left(\frac{a_n}{a_{n+1}}-1\right)>\frac{\lambda}{2}>0,\quad 即\quad \frac{a_n}{a_{n+1}}>1+\frac{\lambda}{2n}>1,$$

故 $\{a_n\}$ 为单调减数列.

取 $0<\sigma<\frac{\lambda}{2}$. 因为

$$\lim_{n\to+\infty}n\left[\left(1+\frac{1}{n}\right)^{\sigma}-1\right]=\lim_{n\to+\infty}\frac{\left(1+\frac{1}{n}\right)^{\sigma}-1}{\frac{1}{n}}=\sigma<\frac{\lambda}{2},$$

所以，$\exists N\in\mathbb{N}$，当 $n>N$ 时，有

$$n\left[\left(1+\frac{1}{n}\right)^{\sigma}-1\right]<\frac{\lambda}{2},$$

$$\left(1+\frac{1}{n}\right)^{\sigma}<1+\frac{\lambda}{2n}<\frac{a_n}{a_{n+1}},$$

即当 $n>N$ 时，

$$n^{\sigma}a_n>(n+1)^{\sigma}a_{n+1}>0,$$

数列 $\{n^{\sigma}a_n\}$ 单调减且有下界，因而收敛，亦即有界. 记 $0<n^{\sigma}a_n\leqslant M$，即当 n 充分大时

$$0<a_n\leqslant\frac{M}{n^{\sigma}}\to 0\quad(n\to+\infty).$$

这就证明了 $\lim\limits_{n\to+\infty} a_n=0$. 根据 Leibniz 判别法，交错级数 $\sum\limits_{n=1}^{\infty}(-1)^{n-1}a_n$ 收敛. □

541. 设 $a>0,b>0$. 应用 Raabe 判别法证明：当 $b-1>a$ 时，级数

$$1+\sum_{n=1}^{\infty}\frac{a(a+1)\cdots(a+n-1)}{b(b+1)\cdots(b+n-1)}$$

收敛，其和为 $\dfrac{b-1}{b-a-1}$. 当 $b-1\leqslant a$ 时，收敛情况如何？

证明 记 $A_0=1,A_n=\dfrac{a(a+1)\cdots(a+n-1)}{b(b+1)\cdots(b+n-1)}(n=1,2,\cdots)$，则由 $a>0,b>0$ 知 $A_n>0$，级数变为 $\sum\limits_{n=0}^{\infty}A_n$，且

$$\lim_{n\to+\infty}n\left(\frac{A_n}{A_{n+1}}-1\right)=\lim_{n\to+\infty}n\left(\frac{b+n}{a+n}-1\right)=\lim_{n\to+\infty}\frac{n(b-a)}{a+n}=b-a.$$

根据 Raabe 判别法，当 $b-a>1$，即 $b-1>a$ 时，级数 $\sum\limits_{n=0}^{\infty}A_n$ 收敛，当 $b-a<1$，即 $b-1<a$ 时发散，当 $b=a+1$ 时，$A_n=\dfrac{a}{a+n}\sim\dfrac{1}{n}(n\to+\infty)$，$\sum\limits_{n=0}^{\infty}A_n$ 也发散.

下面来求当 $b-1>a$ 时，级数 $\sum\limits_{n=0}^{\infty}A_n$ 的和，由

$$\frac{A_n}{A_{n+1}}=\frac{b+n}{a+n}>1$$

知 $\{A_n\}$ 单调减且 $\lim\limits_{n\to+\infty}A_n=0$. 根据 535 题(思考题 12.2 中题 16)的结论得

$$\lim_{n\to+\infty}nA_n=0.$$

记 $S_n=\sum\limits_{k=0}^{n}A_k,S=\sum\limits_{k=0}^{\infty}A_k=\lim\limits_{n\to+\infty}S_n$. 由等式

$$k\left(\frac{A_k}{A_{k+1}}-1\right)=k\left(\frac{b+k}{a+k}-1\right)=\frac{k(b-a)}{a+k}$$

得

$$a(A_k-A_{k+1})+k(A_k-A_{k+1})=(b-a)A_{k+1},\quad k=0,1,2,\cdots.$$

将上式从 $k=0$ 到 $k=n$ 相加得

$$a(A_0-A_{n+1})+(A_1+\cdots+A_n-nA_{n+1})=(b-a)(A_1+\cdots+A_{n+1}).$$

令 $n\to+\infty$，并注意到 $A_0=1$，就有

$$a+S-1=(b-a)(S-1),\quad \text{即}\quad S=\frac{b-1}{b-a-1}.$$ □

542. 设 $\{a_n\}$ 为正的单调增数列. 证明：级数 $\sum\limits_{n=1}^{\infty}\left(\dfrac{a_{n+1}}{a_n}-1\right)$ 收敛 $\Leftrightarrow\{a_n\}$ 有界.

证法 1 ($\Rightarrow$)由级数 $\sum\limits_{n=1}^{\infty}\left(\dfrac{a_{n+1}}{a_n}-1\right)$ 收敛及 $\{a_n\}$ 为正的单调增数列知，$\dfrac{a_{n+1}}{a_n}-1\geqslant 0$，且

对 $\varepsilon_0=\frac{1}{2}$，$\exists N_0\in\mathbb{N}$，对 $\forall p\in\mathbb{N}$ 有

$$0\leqslant\left(\frac{a_{N_0+2}}{a_{N_0+1}}-1\right)+\left(\frac{a_{N_0+3}}{a_{N_0+2}}-1\right)+\cdots+\left(\frac{a_{n+p+1}}{a_{n+p}}-1\right)<\varepsilon_0=\frac{1}{2},$$

而

$$\begin{aligned}\sum_{i=1}^{p}\left(\frac{a_{N_0+i+1}}{a_{N_0+i}}-1\right)&=\sum_{i=1}^{p}\frac{a_{N_0+i+1}-a_{N_0+i}}{a_{N_0+i}}\\&\leqslant\frac{1}{a_{N_0+p+1}}\sum_{i=1}^{p}(a_{N_0+i+1}-a_{N_0+i})\\&=\frac{1}{a_{N_0+p+1}}(a_{N_0+p+1}-a_{N_0+1})=1-\frac{a_{N_0+1}}{a_{N_0+p+1}},\end{aligned}$$

即对 $\forall p\in\mathbb{N}$，有

$$1-\frac{a_{N_0+1}}{a_{N_0+p+1}}<\frac{1}{2},\quad 即\quad a_{N_0+p+1}<2a_{N_0+1},$$

换言之，当 $n>N_0$ 时，$a_n<2a_{N_0+1}$，故 $\{a_n\}$ 为有界数列.

($\Leftarrow$) 由于 $\{a_n\}$ 为正的单调增数列且有界，故 $\exists M>0$，对 $\forall n\in\mathbb{N}$，$a_1\leqslant a_n\leqslant M$，且 $\frac{a_{n+1}}{a_n}-1\leqslant 0$，故级数 $\sum\limits_{n=1}^{\infty}\left(\frac{a_{n+1}}{a_n}-1\right)$ 为正项级数，其部分和

$$S_n=\sum_{k=1}^{n}\left(\frac{a_{k+1}}{a_k}-1\right)=\sum_{k=1}\frac{a_{k+1}-a_k}{a_k}\leqslant\frac{1}{a_1}\sum_{k=1}^{n}(a_{k+1}-a_k)=\frac{M-a_1}{a_1}$$

有界. 因而收敛.

证法 2 记 $b_n=\frac{a_{n+1}}{a_n}-1(n=1,2,\cdots)$，由题意知 $\{b_n\}\geqslant 0$，且 $a_nb_n=a_{n+1}-a_n$.

($\Rightarrow$)（反证）假设 $\sum\limits_{n=1}^{\infty}b_n=\sum\limits_{n=1}^{\infty}\left(\frac{a_{n+1}}{a_n}-1\right)$ 收敛，而 $\{a_n\}$ 无界. 因为 $\{a_n\}$ 单调增，故 $\lim\limits_{n\to+\infty}a_n=+\infty$，从而对任意选定的 n，$\exists p\in\mathbb{N}$，s. t. $\frac{a_{n+1}}{a_{n+p}}<\frac{1}{2}$，但由于 $\sum\limits_{n=1}b_n$ 收敛，根据 Cauchy 准则，$\exists N\in\mathbb{N}$，当 $n>N$ 时，对 $\forall p\in\mathbb{N}$，成立

$$\frac{1}{2}>b_{n+1}+\cdots+b_{n+p}=\frac{a_{n+2}-a_{n+1}}{a_{n+1}}+\cdots+\frac{a_{n+p+1}-a_{n+p}}{a_{n+p}},$$

这与对选定的 $n>N$，必 $\exists p$，s. t.

$$b_{n+1}+\cdots+b_{n+p}\geqslant\frac{a_{n+p+1}-a_{n+1}}{a_{n+p}}\geqslant 1-\frac{a_{n+1}}{a_{n+p}}>\frac{1}{2}$$

矛盾. 因此 $\{a_n\}$ 有界.

($\Leftarrow$) 由 $\{a_n\}$ 单调增有界，故 $\{a_n\}$ 收敛. 记 $\lim\limits_{n\to+\infty}a_n=a$，于是

$$\sum_{n=1}^{\infty}a_nb_n=\sum_{n=1}^{\infty}(a_{n+1}-a_n)=\lim_{n\to+\infty}(a_{n+1}-a_1)=a-a_1$$

收敛.

$$\frac{a_{n+1}}{a_n}-1=b_n=\frac{1}{a_n}a_nb_n\leqslant\frac{1}{a_1}a_nb_n,$$

由比较判别法立知 $\sum\limits_{n=1}^{\infty}\left(\frac{a_{n+1}}{a_n}-1\right)$ 收敛.

证法 3 （$\Rightarrow$）由级数 $\sum\limits_{n=1}^{\infty}\left(\frac{a_{n+1}}{a_n}-1\right)$ 收敛，知 $\exists M>0$, s. t.

$$0\leqslant T_n=\left(\frac{a_2}{a_1}-1+\cdots+\frac{a_{n+1}}{a_n}-1\right)=\frac{a_2}{a_1}+\cdots+\frac{a_{n+1}}{a_n}-n<M.$$

而

$$\frac{a_2}{a_1}+\cdots+\frac{a_{n+1}}{a_n}\geqslant n\sqrt[n]{\frac{a_2}{a_1}\cdots\frac{a_{n+1}}{a_n}}=n\sqrt[n]{\frac{a_{n+1}}{a_1}},$$

因此

$$\frac{a_{n+1}}{a_1}\leqslant\left[\frac{1}{n}\left(\frac{a_2}{a_1}+\cdots+\frac{a_{n+1}}{a_n}\right)\right]^n<\left[\frac{1}{n}(n+M)\right]^n=\left(1+\frac{M}{n}\right)^n<\mathrm{e}^M,\quad a_{n+1}\leqslant a\mathrm{e}^M.$$

故$\{a_n\}$有界.

（$\Leftarrow$）同证法 1,2. □

543. 应用 Leibniz 判别法证明：

(1) $\sum\limits_{n=1}^{\infty}\frac{(-1)^{[\sqrt{n}]}}{n}$ 收敛；

(2) $1-\frac{1}{3}\left(1+\frac{1}{2}\right)+\frac{1}{5}\left(1+\frac{1}{2}+\frac{1}{3}\right)-\frac{1}{7}\left(1+\frac{1}{2}+\frac{1}{3}+\frac{1}{4}\right)+\cdots$ 收敛.

证法 1 (1) 根据定理 12.1.5.将级数按相同符号归组，不改变先后序得

$$\sum_{n=1}^{\infty}\frac{(-1)^{[\sqrt{n}]}}{n}=-1-\frac{1}{2}-\frac{1}{3}+\frac{1}{4}+\frac{1}{5}+\frac{1}{6}+\frac{1}{7}+\frac{1}{8}-\frac{1}{9}-\cdots-\frac{1}{15}$$
$$+(-1)^k\left(\frac{1}{k^2}+\frac{1}{k^2+1}+\cdots+\frac{1}{(k+1)^2-1}\right)+\cdots$$
$$=\sum_{n=1}^{\infty}(-1)^n\left(\frac{1}{n^2}+\cdots+\frac{1}{(n+1)^2-1}\right)$$
$$=\sum_{n=1}^{\infty}(-1)^n\left(\frac{1}{n^2}+\frac{1}{n^2+1}+\cdots+\frac{1}{n^2+2n}\right).$$

级数变成交错级数，其中 $a_n=\frac{1}{n^2}+\cdots+\frac{1}{n^2+2n}>0$ 中有 $2n+1$ 项，且

$$0<a_n<\frac{2n+1}{n^2}<\frac{3n}{n^2}=\frac{3}{n}\to 0,$$

$$a_n-a_{n+1}=\frac{1}{n^2}-\frac{1}{(n+1)^2}+\frac{1}{n^2+1}-\frac{1}{(n+1)^2+1}+\cdots+\frac{1}{n^2+2n}-\frac{1}{(n+1)^2+2n}$$

$$-\left[\frac{1}{(n+1)^2+2n+1}+\frac{1}{(n+1)^2+2(n+1)}\right]$$

$$=(2n+1)\left[\frac{1}{n^2(n+1)^2}+\cdots+\frac{1}{(n^2+2n)(n^2+4n+1)}\right]$$

$$-\frac{1}{n^2+4n+2}-\frac{1}{n^2+4n+3}$$

$$>\frac{(2n+1)^2}{(n^2+2n)(n^2+4n+1)}-\frac{2}{n^2+4n+1}=\frac{2n^2+1}{(n^2+2n)(n^2+4n+1)}>0.$$

数列$\{a_n\}$单调减趋于0. 由 Leibniz 判别法，$\sum\limits_{n=1}^{\infty}(-1)^n a_n$ 收敛. 从而原级数 $\sum\limits_{n=1}^{\infty}\dfrac{(-1)^{[\sqrt{n}]}}{n}$ 收敛.

(2) 记 $a_n=\dfrac{1}{2n-1}\left(1+\dfrac{1}{2}+\cdots+\dfrac{1}{n}\right)$，则所求级数等于 $\sum\limits_{n=1}^{\infty}(-1)^{n-1}a_n$. 而

$$a_n=\frac{1}{2n-1}\left(1+\frac{1}{2}+\cdots+\frac{1}{n}\right)$$

$$=\frac{(2n-1)+2}{2n+1}\cdot\frac{1}{2n-1}\left(1+\frac{1}{2}+\cdots+\frac{1}{n}\right)$$

$$=\frac{1}{2n+1}\left[\left(1+\frac{2}{2n-1}\right)\left(1+\frac{1}{2}+\cdots+\frac{1}{n}\right)\right]$$

$$>\frac{1}{2n+1}\left[1+\frac{1}{2}+\cdots+\frac{1}{n}+\frac{2}{2n-1}\cdot\frac{n}{n+1}\right]$$

$$>\frac{1}{2n+1}\left(1+\frac{1}{2}+\cdots+\frac{1}{n}+\frac{1}{n+1}\right)=a_{n+1},$$

$\{a_n\}$单调减，且

$$a_n=\frac{1}{2n-1}\left(1+\frac{1}{2}+\cdots+\frac{1}{n}\right)=\frac{1}{2n-1}(c+\ln n+\varepsilon_n)\to 0,$$

其中 c 为 Euler 常数，$\varepsilon_n\to 0(n\to+\infty)$. 由 Leibniz 判别法，级数收敛.

证法 2　(1) 同证法 1. 记 $a_n=\dfrac{1}{n^2}+\dfrac{1}{n^2+1}+\cdots+\dfrac{1}{n^2+2n}>0$.

下证$\{a_n\}$单调减趋于0，从而交错级数收敛. 由于

$$\frac{2}{n}=\frac{n}{n^2}+\frac{n+1}{n^2+n}$$

$$>\frac{1}{n^2}+\frac{1}{n^2+1}+\cdots+\frac{1}{n^2+n-1}+\frac{1}{n^2+n}+\frac{1}{n^2+n+1}+\cdots+\frac{1}{n^2+2n}$$

$$(=a_n)>\frac{n+1}{n^2+n}+\frac{n}{n^2+2n}$$

$$=\frac{1}{n}+\frac{1}{n+2}>\frac{2}{n+1},$$

所以，$\frac{2}{n+1}>a_{n+1}>\frac{2}{n+2}$，于是 $a_n\to 0(n\to+\infty)$.

$$a_n>\frac{2}{n+1}>a_{n+1},$$

$\{a_n\}$单调减，由 Leibniz 判别法. 级数

$$\sum_{n=1}^{\infty}\frac{(-1)^{[\sqrt{n}]}}{n}=\sum_{n=1}^{\infty}(-1)^n a_n=\sum_{n=1}^{\infty}(-1)^n\left(\frac{1}{n^2}+\cdots+\frac{1}{n^2+2n}\right)$$

收敛.

(2) 同证法 1. □

注 543(1)题可推广为一个命题：

设 $\alpha>0$，m 为正整数，则级数 $\sum\limits_{n=1}^{\infty}\frac{(-1)^{[\sqrt[m]{n}]}}{n^{\alpha}}$ 当 $\alpha+\frac{1}{m}>1$ 时收敛；当 $\alpha+\frac{1}{m}\leqslant 1$ 时发散.

证明 (1) 在 $\alpha+\frac{1}{m}>1$ 的条件下，立即有

$$\sum_{n=1}^{\infty}\frac{1}{n^{\alpha+\frac{1}{m}}}<+\infty,\quad \lim_{n\to+\infty}\frac{1}{n^{\alpha+\frac{1}{m}-1}}=0.$$

根据 Cauchy 收敛原理，对 $\forall\varepsilon>0$，$\exists N_0\in\mathbb{N}$，s. t. 对 $\forall p\in\mathbb{N}$，有

$$\sum_{n=N_0+1}^{N_0+p}\frac{1}{n^{\alpha+\frac{1}{m}}}<\varepsilon,\quad \frac{1}{(N_0+p)^{\alpha+\frac{1}{m}-1}}<\varepsilon.$$

记 $a_n=(-1)^{[\sqrt[m]{n}]}$，$b_n=\frac{1}{n^{\alpha}}$，$S_{N_0+k}=a_{N_0+1}+a_{N_0+2}+\cdots+a_{N_0+k}$，$k=1,2,\cdots,p$. 对固定的 N_0 及 $\forall p\in\mathbb{N}$，由分部求和公式得

$$\sum_{k=N_0+1}^{N_0+p}a_k b_k=\sum_{k=N_0+1}^{N_0+p-1}S_k(b_k-b_{k+1})+S_{N_0+p}b_{N_0+p}.$$

对于和式

$$\sum_{n=1}^{N}a_n=\sum_{n=1}^{N}(-1)^{[\sqrt[m]{n}]},$$

设 $t^m\leqslant N<(t+1)^m$. t 为某个正整数，$t\leqslant N^{\frac{1}{m}}<t+1$，故上式介于 $\sum\limits_{n=1}^{t^m}(-1)^{[\sqrt[m]{n}]}$ 和 $\sum\limits_{n=1}^{(t+1)^m-1}(-1)^{[\sqrt[m]{n}]}$ 之间.

如果 $t=2l$ 为偶数，那么

$$\left|\sum_{n=1}^{(t+1)^m-1}(-1)^{[\sqrt[m]{n}]}\right|=\left|\sum_{k=1}^{2l}\sum_{n=k^m}^{(k+1)^m-1}(-1)^{[\sqrt[m]{n}]}\right|=\left|\sum_{k=1}^{2l}(-1)^k[(k+1)^m-k^m]\right|$$

$$=\left|\sum_{k=1}^{l}\sum_{s=2k-1}^{2k}(-1)^s[(s+1)^m-s^m]\right|$$

$$= \sum_{k=1}^{l}\{[(2k+1)^m-(2k)^m]-[(2k)^m-(2k-1)^m]\}$$

$$= \sum_{k=1}^{l}[(2k+1)^m+(2k-1)^m-2(2k)^m]$$

$$\leqslant M\sum_{k=1}^{l}k^{m-2} \leqslant M\cdot t^{m-2}\cdot t = M(t^m)^{\frac{m-1}{m}}$$

$$= MN^{1-\frac{1}{m}}.$$

这里 M 是一个与 N 无关的常数,但在不同 m 处的数值是不同的.

如果 $t=2l-1$ 为奇数,那么

$$\left|\sum_{n=1}^{(t+1)^m-1}(-1)^{[\sqrt[m]{n}]}\right| = \left|\sum_{k=1}^{l-1}\sum_{s=2k-1}^{2k}(-1)^s[(s+1)^m-s^m]+(-1)^t[(t+1)^m-t^m]\right|$$

$$\leqslant \left|\sum_{k=1}^{l-1}\sum_{s=2k-1}^{2k}(-1)^s[(s+1)^m-s^m]\right|+|(t+1)^m-t^m|$$

$$\leqslant Mt^{m-1} \leqslant MN^{1-\frac{1}{m}}.$$

综合上述,即得

$$\left|\sum_{n=1}^{(t+1)^m-1}(-1)^{[\sqrt[m]{n}]}\right| \leqslant MN^{1-\frac{1}{m}}.$$

同理可证得

$$\left|\sum_{n=1}^{t^m}(-1)^{[\sqrt[m]{n}]}\right| \leqslant MN^{1-\frac{1}{m}}.$$

根据上两不等式,以及 $\sum_{n=1}^{N}(-1)^{[\sqrt[m]{n}]}$ 介于 $\sum_{n=1}^{t^m}(-1)^{[\sqrt[m]{n}]}$ 和 $\sum_{n=1}^{(t+1)^m-1}(-1)^{[\sqrt[m]{n}]}$ 之间推得

$$\left|\sum_{n=1}^{N}(-1)^{[\sqrt[m]{n}]}\right| \leqslant MN^{1-\frac{1}{m}}.$$

由此,有

$$|S_{N_0+k}| = \left|\sum_{n=N_0+1}^{N_0+k}a_n\right| = \left|\sum_{n=1}^{N_0+k}a_n-\sum_{n=1}^{N_0}a_n\right|$$

$$\leqslant \left|\sum_{n=1}^{N_0+k}a_n\right|+\left|\sum_{n=1}^{N_0}a_n\right| \leqslant 2M(N_0+k)^{1-\frac{1}{m}}.$$

于是

$$\left|\sum_{k=N_0+1}^{N_0+p}a_kb_k\right| = \left|\sum_{k=N_0+1}^{N_0+p-1}S_k(b_k-b_{k+1})+S_{N_0+p}b_{N_0+p}\right|$$

$$\leqslant \sum_{k=N_0+1}^{N_0+p-1} |S_k|(b_k - b_{k+1}) + |S_{N_0+p}| b_{N_0+p}$$

$$\leqslant 2M\left\{\sum_{k=N_0+1}^{N_0+p-1} k^{1-\frac{1}{m}}\left[\frac{1}{k^\alpha} - \frac{1}{(k+1)^\alpha}\right] + (N_0+p)^{1-\frac{1}{m}} \frac{1}{(N_0+p)^\alpha}\right\}$$

$$\leqslant 2M\left\{\sum_{k=N_0+1}^{N_0+p-1} \frac{\alpha}{k^{\alpha+\frac{1}{m}}} + \frac{1}{(N_0+p)^{\alpha+\frac{1}{m}-1}}\right\}$$

$$\leqslant 2M(\alpha\varepsilon + \varepsilon) = 2M(\alpha+1)\varepsilon,$$

其中

$$\left|k^{1-\frac{1}{m}}\left[\frac{1}{k} - \frac{1}{(k+1)^\alpha}\right]\right| \xlongequal[\text{中值定理}]{\text{Lagrange}} \left|k^{1-\frac{1}{m}} \cdot (-\alpha)\xi^{-\alpha-1}[k-(k+1)]\right|$$

$$= \left|\frac{k^{1-\frac{1}{m}} \cdot \alpha}{\xi^{\alpha+1}}\right| < \alpha \cdot \frac{1}{k^{\alpha+\frac{1}{m}}}, \quad \xi \in (k, k+1).$$

这就证明了级数

$$\sum_{n=1}^{\infty} \frac{(-1)^{[\sqrt[m]{n}]}}{n^\alpha} = \sum_{n=1}^{\infty} (-1)^{[\sqrt[m]{n}]} \cdot \frac{1}{n^\alpha} = \sum_{n=1}^{\infty} a_n b_n$$

当 $\alpha + \frac{1}{m} > 1$ 时是收敛的.

(2) 在 $\alpha + \frac{1}{m} \leqslant 1$ 的条件下,有

$$\sum_{n=1}^{\infty} \frac{(-1)^{[\sqrt[m]{n}]}}{n^\alpha} = \sum_{k=1}^{\infty} \sum_{n=k^m}^{(k+1)^m-1} \frac{(-1)^{[\sqrt[m]{n}]}}{n^\alpha} = \sum_{k=1}^{\infty} (-1)^k \sum_{n=k^m}^{(k+1)^m-1} \frac{1}{n^\alpha}.$$

由于

$$\sum_{n=k^m}^{(k+1)^m-1} \frac{1}{n^\alpha} \geqslant \frac{(k+1)^m - k^m}{(k+1)^{m\alpha}} \geqslant \frac{k^{m-1}}{(k+1)^{m\left(1-\frac{1}{m}\right)}} = \frac{1}{\left(1+\frac{1}{k}\right)^{m-1}} \to 1 \quad (k \to +\infty),$$

应用 Cauchy 收敛准则知,级数 $\sum_{n=1}^{\infty} \frac{(-1)^{[\sqrt[m]{n}]}}{n^\alpha}$ 发散. □

544. 讨论下列级数的绝对收敛性与条件收敛性:

(1) $\sum_{n=2}^{\infty} \ln\left(1 + \frac{(-1)^n}{n^p}\right), p > 0$;

(2) $\sum_{n=1}^{\infty} (-1)^{n-1}\left(\frac{1 \cdot 3 \cdot 5 \cdots (2n-1)}{2 \cdot 4 \cdot 6 \cdots 2n}\right)^p$;

(3) $\frac{1}{1^p} - \frac{1}{2^q} + \frac{1}{3^p} - \frac{1}{4^q} + \frac{1}{5^p} - \frac{1}{6^q} + \cdots$.

解 (1) 因 $p > 0$,所以 $\lim\limits_{n \to +\infty} \frac{(-1)^n}{n^p} = 0$,故

$$\lim_{n\to+\infty}\left|\frac{\ln\left(1+\frac{(-1)^n}{n^p}\right)}{\frac{(-1)^n}{n^p}}\right|=1,$$

即 $\lim\limits_{n\to+\infty}\dfrac{\left|\ln\left(1+\frac{(-1)^n}{n^p}\right)\right|}{\frac{1}{n^p}}=1$. 而 $\sum\limits_{n=1}^{\infty}\dfrac{1}{n^p}$ 当 $p>1$ 时收敛，所以 $\sum\limits_{n=2}^{\infty}\ln\left(1+\dfrac{(-1)^n}{n^p}\right)$ 当 $p>1$ 时绝对收敛.

当 $0<p\leqslant1$ 时，$\sum\limits_{n=1}^{\infty}\dfrac{1}{n^p}$ 发散，由此可知 $\sum\limits_{n=2}^{\infty}\left|\ln\left(1+\dfrac{(-1)^n}{n^p}\right)\right|$ 发散.

因为当 $0<p\leqslant1$ 时，有

$$\lim_{n\to+\infty}\frac{\frac{(-1)^n}{n^p}-\ln\left(1+\frac{(-1)^n}{n^p}\right)}{\left[\frac{(-1)^n}{n}\right]^2}=\lim_{x\to0}\frac{x-\ln(1+x)}{x^2}$$

$$=\lim_{x\to0}\frac{1-\frac{1}{1+x}}{2x}=\lim_{x\to0}\frac{1}{2(1+x)}=\frac{1}{2}.$$

又当 $p>\dfrac{1}{2}$ 时，$\sum\limits_{n=1}^{\infty}\left[\dfrac{(-1)^n}{n^p}\right]^2=\sum\limits_{n=1}^{\infty}\dfrac{1}{n^{2p}}$ 收敛，$\sum\limits_{n=1}^{\infty}\dfrac{(-1)^n}{n^p}$ 也收敛. 当 $0<p\leqslant\dfrac{1}{2}$ 时 $\sum\limits_{n=1}^{\infty}\dfrac{1}{n^{2p}}$ 发散. 于是可得 $\sum\limits_{n=2}^{\infty}\left[\dfrac{(-1)^n}{n^p}-\ln\left(1+\dfrac{(-1)^n}{n^p}\right)\right]$ 当 $p>\dfrac{1}{2}$ 时收敛，进而 $\sum\limits_{n=2}^{\infty}\ln\left(1+\dfrac{(-1)^n}{n^p}\right)$ 收敛；当 $0<p\leqslant\dfrac{1}{2}$，$\sum\limits_{n=2}^{\infty}\left[\dfrac{(-1)^n}{n^p}-\ln\left(1+\dfrac{(-1)^n}{n^p}\right)\right]$ 发散，进而 $\sum\limits_{n=2}^{\infty}\ln\left(1+\dfrac{(-1)^n}{n^p}\right)$ 发散. 总之有级数

$$\sum_{n=2}^{\infty}\ln\left(1+\frac{(-1)^n}{n^p}\right)$$

当 $p>1$ 时，绝对收敛；当 $\dfrac{1}{2}<p\leqslant1$ 时，条件收敛；当 $0<p\leqslant\dfrac{1}{2}$ 时发散.

(2) 设 $a_n=\left(\dfrac{1\cdot3\cdot5\cdots(2n-1)}{2\cdot4\cdot6\cdots2n}\right)^p=\left(\dfrac{(2n-1)!!}{2n!!}\right)^p$.

当 $p\leqslant0$ 时，$a_n\geqslant1$，级数 $\sum\limits_{n=1}^{\infty}(-1)^{n-1}a_n$ 发散.

当 $p>0$ 时，用归纳法可证

$$\frac{1}{2\sqrt{n}}\leqslant\frac{(2n-1)!!}{2n!!}<\frac{1}{\sqrt{2n+1}},$$

所以 $\{a_n\}$ 单调减趋于 0. 由 Leibniz 判别法知 $\sum\limits_{n=1}^{\infty}(-1)^{n-1}a_n$ 收敛.

因为

$$\frac{1}{(4n)^{p/2}}\leqslant\left|(-1)^{n-1}\left(\frac{(2n-1)!!}{2n!!}\right)^p\right|\leqslant\frac{1}{(2n+1)^{p/2}},$$

故当 $p>2$ 时，$\sum\limits_{n=1}^{\infty}(-1)^{n-1}a_n$ 绝对收敛；当 $0<p\leqslant 2$ 时，$\sum\limits_{n=1}^{\infty}|(-1)^{n-1}a_n|$ 发散. 从而 $\sum\limits_{n=1}^{\infty}(-1)^n a_n$ 当 $0<p\leqslant 2$ 时 条件收敛.

还可用 Raabe 判别法. 记 $A_n=(-1)^{n-1}\left(\frac{(2n-1)!!}{2n!!}\right)^p=(-1)^{n-1}a_n$，则

$$\begin{aligned}n\left(\frac{|A_n|}{|A_{n+1}|}-1\right)&=n\left(\left(\frac{2n+2}{2n+1}\right)^p-1\right)\\&=n\left(\left(1+\frac{1}{2n+1}\right)^p-1\right)\\&=n\left(1+\frac{p}{2n+1}+o\left(\frac{1}{n}\right)-1\right)=\frac{np}{2n+1}+o(1)\to\frac{p}{2}\quad(n\to+\infty),\end{aligned}$$

故当 $p>2\left(\frac{p}{2}>1\right)$时，$\sum\limits_{n=1}^{\infty}|A_n|$ 收敛，当 $p<2$ 时，$\sum\limits_{n=1}^{\infty}|A_n|$ 发散. 而当 $p=2$ 时，有

$$\begin{aligned}&n\left(\frac{|A_n|}{|A_{n+1}|}-1\right)=\frac{2n}{2n+1}+o(1),\\&\frac{|A_n|}{|A_{n+1}|}=1+\frac{2}{2n+1}+o\left(\frac{1}{n}\right)=1+\frac{1}{n}+\frac{0}{n\ln n}+\frac{-1}{n(2n+1)}+o\left(\frac{1}{n}\right)\\&\qquad\quad=1+\frac{1}{n}+\frac{0}{n\ln n}+o\left(\frac{1}{n\ln n}\right).\end{aligned}$$

由 Gauss 判别法知 $\sum\limits_{n=1}^{\infty}|A_n|$ 发散，从而知 $\sum\limits_{n=1}^{\infty}A_n$ 当 $0<p\leqslant 2$ 时条件收敛.

(3) 记原级数 $\frac{1}{1^p}-\frac{1}{2^q}+\frac{1}{3^p}-\frac{1}{4^q}+\frac{1}{5^p}-\frac{1}{6^q}+\cdots=\sum\limits_{n=1}^{\infty}a_n$. 则

$$\sum_{n=1}^{\infty}a_n^+=\sum_{k=1}^{\infty}\frac{1}{(2k-1)^p},\quad\sum_{n=1}^{\infty}a_n^-=\sum_{n=1}^{\infty}\frac{1}{(2k)^q}.$$

当 $p>1,q>1$ 时，$\sum\limits_{n=1}^{\infty}a_n^+$，$\sum\limits_{n=1}^{\infty}a_n^-$ 都收敛，由定理 12.3.5(1) 知，$\sum\limits_{n=1}^{\infty}a_n$ 绝对收敛.

当 $p>1,q\leqslant 1$ 时，$\sum\limits_{n=1}^{\infty}a_n^+$ 收敛，$\sum\limits_{n=1}^{\infty}a_n^-$ 发散，由定理 12.3.5 知 $\sum\limits_{n=1}^{\infty}a_n$ 发散. 同理，当 $p\leqslant 1$，$q>1$ 时，$\sum\limits_{n=1}^{\infty}a_n$ 也发散.

当 $0<p=q\leqslant 1$ 时，$\sum\limits_{n=1}^{\infty}a_n$ 为交错级数，且$\{|a_n|\}$单调下降趋于 0，故级数收敛，但

$\sum_{n=1}^{\infty}|a_n|=\sum_{n=1}^{\infty}\frac{1}{n^p}$发散，此时，$\sum_{n=1}^{\infty}a_n$条件收敛.

当 $0<p\neq q\leqslant 1$ 时，将原级数写成

$$\sum_{n=1}^{\infty}\left[\frac{1}{(2n-1)^p}-\frac{1}{(2n)^q}\right]=\sum_{n=1}^{\infty}\frac{(-1)^{n-1}}{n^p}+\sum_{n=1}^{\infty}\left[\frac{1}{(2n)^p}-\frac{1}{(2n)^q}\right],$$

$\sum_{n=1}^{\infty}\frac{(-1)^{n-1}}{n^p}$收敛. 当 $p\leqslant q$ 时，由

$$\frac{1}{(2n)^p}-\frac{1}{(2n)^q}=\frac{(2n)^{q-p}-1}{(2n)^q}\geqslant\frac{2^{q-p}-1}{2^q}\cdot\frac{1}{n^q}$$

得 $\sum_{n=1}^{\infty}\frac{1}{n^q}$发散，故$\sum_{n=1}^{\infty}\left[\frac{1}{(2n)^p}-\frac{1}{(2n)^q}\right]$发散，同理. 当 $p>q$ 时，$\sum_{n=1}^{\infty}\left[\frac{1}{(2n)^p}-\frac{1}{(2n)^q}\right]$也发散. 所以此时原级数发散.

当 p,q 中有一个不大于 0 时，由于 $\lim a_n\neq 0$，故级数发散.

综上所述有：

$p>1,q>1$ 时，级数绝对收敛；

$0<p=q\leqslant 1$ 时，级数条件收敛.

其他情形，级数发散. □

545. 若将级数

$$1-\frac{1}{2}+\frac{1}{3}-\frac{1}{4}+\frac{1}{5}-\frac{1}{6}+\cdots$$

的项重新这样安排：先依次取 p 个正项，接着依次取 q 个负项，再接着依次取 p 个正项，如此继续下去. 应用公式 $1+\frac{1}{2}+\cdots+\frac{1}{n}=\ln n+C+o(1)$（参阅定理 1.4.2(5) 证明）证明所得新级数的和为

$$\ln 2+\frac{1}{2}\ln\frac{p}{q}.$$

证明 重新排列后的级数为

$$1+\frac{1}{3}+\cdots+\frac{1}{2p-1}-\frac{1}{2}-\frac{1}{4}-\cdots-\frac{1}{2q}+\frac{1}{2p+1}+\frac{1}{2p+3}+\cdots+\frac{1}{4p-1}$$
$$-\frac{1}{2q+2}-\cdots-\frac{1}{4q}+\cdots,$$

对任何自然数 n，必 $\exists m\in\mathbb{N}$，s. t. $m(p+q)\leqslant n<(m+1)(p+q)$. 则 $n\to+\infty$时，$m\to+\infty$. 记重新排列后的级数通项为 a_n，则部分和为

$$S_n=S_{m(p+q)}+\sum_{k=m(p+q)+1}^{n}a_k.$$

由于 $\sum_{k=m(p+q)+1}^{n}|a_k|<(p+q)\frac{1}{m(p+q)+1}<\frac{1}{m}\to 0\ (n\to+\infty)$. 因此，只须求 $\lim_{n\to+\infty}S_{m(p+q)}=$

$\lim\limits_{m\to+\infty} S_{m(p+q)}$.

$$S_{m(p+q)}=1+\frac{1}{3}+\cdots+\frac{1}{2p-1}-\frac{1}{2}-\frac{1}{4}-\cdots-\frac{1}{2q}+\cdots+\frac{1}{2mp-2p+1}+\cdots$$
$$+\frac{1}{2mp-1}-\frac{1}{2(m-1)q+2}-\cdots-\frac{1}{2mq}$$
$$=1+\frac{1}{3}+\frac{1}{5}+\cdots+\frac{1}{2mp-1}-\frac{1}{2}-\frac{1}{4}-\cdots-\frac{1}{2mq}$$
$$=\sum_{k=1}^{2mp}\frac{1}{k}-\sum_{k=1}^{mp}\frac{1}{2k}-\sum_{k=1}^{mq}\frac{1}{2k}$$
$$=\sum_{k=1}^{2mp}\frac{1}{k}-\frac{1}{2}\left(\sum_{k=1}^{mp}\frac{1}{k}+\sum_{k=1}^{mq}\frac{1}{k}\right)$$
$$\xlongequal{\text{应用公式}}\ln(2mp)+C+o(1)-\frac{1}{2}(\ln mp+C+o(1)+\ln mq+C+o(1))$$
$$=\ln\frac{2mp}{\sqrt{mp}\ \sqrt{mq}}+o(1)=\ln 2\sqrt{\frac{p}{q}}+o(1)$$
$$\longrightarrow\ln 2+\frac{1}{2}\ln\frac{p}{q}\ (n\to+\infty,\text{即 } m\to+\infty).$$

这就证明了新级数的和为 $\ln 2+\frac{1}{2}\ln\frac{p}{q}$. □

546. 将级数

$$1-\frac{1}{2^\alpha}+\frac{1}{3^\alpha}-\frac{1}{4^\alpha}+\frac{1}{5^\alpha}-\frac{1}{6^\alpha}+\cdots,\quad 0<\alpha<1$$

的项重新安排如下：先依次取 p 个正项，接着依次取 q 个负项，再接着依次取 p 个正项. 如此继续下去. 证明：所得新级数收敛 $\Leftrightarrow p=q$；当 $p>q$ 时，新级数发散到 $+\infty$；当 $p<q$ 时，新级数发散到 $-\infty$.

证明 应用书中例 12.3.7 同样的方法可证得交错级数 $\sum\limits_{n=1}^{\infty}(-1)^{n-1}\frac{1}{n^\alpha}$ 当 $0<\alpha<1$ 时是条件收敛级数.

在引理 12.3.3 中，令 $f(x)=\frac{1}{x^\alpha}$ 为单调减非负函数，且 $\lim\limits_{x\to+\infty}f(x)=0$，于是有

$$\left|\sum_{k=1}^{n}\frac{1}{k^\alpha}-\int_1^n\frac{\mathrm{d}x}{x^\alpha}-A\right|\leqslant f(n-1)=\frac{1}{(n-1)^\alpha},\quad n>1,$$

其中，$A=\lim\limits_{n\to+\infty}\left(\sum\limits_{k=1}^{n}\frac{1}{k^\alpha}-\int_1^n\frac{\mathrm{d}x}{x^\alpha}\right)$ 为常数. 而

$$\int_1^n\frac{\mathrm{d}x}{x^\alpha}=\frac{n^{1-\alpha}-1}{1-\alpha},$$

故有

$$\left|\sum_{k=1}^{n}\frac{1}{k^{\alpha}}-\frac{n^{1-\alpha}-1}{1-\alpha}-A\right|\leqslant\frac{1}{(n-1)^{\alpha}},$$

因此

$$\sum_{k=1}^{n}\frac{1}{k^{\alpha}}=\frac{n^{1-\alpha}}{1-\alpha}+A-\frac{1}{1-\alpha}+O\left(\frac{1}{n^{\alpha}}\right).$$

记 $A-\frac{1}{1-\alpha}=\beta$ 就得

$$\sum_{k=1}^{n}\frac{1}{k^{\alpha}}=\frac{n^{1-\alpha}}{1-\alpha}+\beta+O\left(\frac{1}{n^{\alpha}}\right).$$

再将重新安排后的新级数记为 $\sum_{n=1}^{\infty}a_n$，对 $\forall N\in\mathbb{N}$，令 $m=\left[\frac{N}{p+q}\right]$，则当 $N\to+\infty$ 时，$m\to+\infty$，且有

$$m(p+q)\leqslant N<(m+1)(p+q).$$

$\sum_{n=1}^{\infty}a_n$ 的部分和

$$S_N=\sum_{k=1}^{N}a_k=\sum_{k=1}^{m(p+q)}a_k+\sum_{k=m(p+q)+1}^{N}a_k,$$

由于 $N-m(p+q)<p+q$，故以上第 2 个和式中项数至多有 $p+q-1$ 项，从而得

$$\left|\sum_{k=m(p+q)+1}^{N}a_k\right|\leqslant\sum_{k=m(p+q)+1}^{N}|a_k|\leqslant(p+q)\frac{1}{[m(p+q)]^{\alpha}}$$
$$=\frac{(p+q)^{1-\alpha}}{m^{\alpha}}\to 0\quad(N\to+\infty,m\to+\infty).$$

于是

$$\begin{aligned}\sum_{n=1}^{\infty}a_n&=\lim_{N\to+\infty}\sum_{k=1}^{N}a_k=\lim_{N\to+\infty}\sum_{k=1}^{m(p+q)}a_k\\
&=\lim_{m\to+\infty}\left(\sum_{k=1}^{mp}\frac{1}{(2k-1)^{\alpha}}-\sum_{k=1}^{mq}\frac{1}{(2k)^{\alpha}}\right)\\
&=\lim_{m\to+\infty}\left(\sum_{k=1}^{2mp}\frac{1}{k^{\alpha}}-\sum_{k=1}^{mp}\frac{1}{(2k)^{\alpha}}-\frac{1}{2^{\alpha}}\sum_{k=1}^{mq}\frac{1}{k^{\alpha}}\right)\\
&=\lim_{m\to+\infty}\left(\sum_{k=1}^{2mp}\frac{1}{k^{\alpha}}-\frac{1}{2^{\alpha}}\sum_{k=1}^{mp}\frac{1}{k^{\alpha}}-\frac{1}{2^{\alpha}}\sum_{k=1}^{mq}\frac{1}{k^{\alpha}}\right)\\
&=\lim_{m\to+\infty}\left\{\frac{(2p)^{1-\alpha}m^{1-\alpha}}{1-\alpha}+\beta+O\left(\frac{1}{(2mp)^{\alpha}}\right)-\frac{1}{2^{\alpha}}\frac{p^{1-\alpha}m^{1-\alpha}}{1-\alpha}-\frac{\beta}{2^{\alpha}}-O\left(\frac{1}{(mp)^{\alpha}}\right)\right.\\
&\qquad\left.-\frac{1}{2^{\alpha}}\frac{q^{1-\alpha}m^{1-\alpha}}{1-\alpha}-\frac{\beta}{2^{\alpha}}-O\left(\frac{1}{(mq)^{\alpha}}\right)\right\}\\
&=\lim_{m\to+\infty}\left\{\frac{2(pm)^{1-\alpha}-(pm)^{1-\alpha}-(qm)^{1-\alpha}}{2^{\alpha}(1-\alpha)}+\beta(1-2^{1-\alpha})+O\left(\frac{1}{m^{\alpha}}\right)\right\}\end{aligned}$$

$$= \lim_{m\to+\infty}\left[\frac{(p^{1-\alpha}-q^{1-\alpha})m^{1-\alpha}}{2^{\alpha}(1-\alpha)}+\beta(1-2^{1-\alpha})+O\left(\frac{1}{m^{\alpha}}\right)\right]$$

$$= \begin{cases}\beta(1-2^{1-\alpha}), & p=q,\\ +\infty, & p>q,\\ -\infty, & p<q.\end{cases}$$

□

547. 如果改变调和级数

$$1+\frac{1}{2}+\frac{1}{3}+\cdots+\frac{1}{n}+\cdots$$

中某些项的符号，使得 p 个正项后，跟 q 个负项，但不改变原来的次序，证明：新得的级数当且仅当 $p=q$ 时收敛.

证法 1 设所得新级数的通项记为 a_n，则 $|a_n|=\frac{1}{n}$ 单调下降趋于 0. 记新级数的部分和为 $S_n=\sum\limits_{k=1}^{n}a_k$.

当 $p>q$ 时，有

$$\begin{aligned}S_{m(p+q)} &= \left(1+\frac{1}{2}+\cdots+\frac{1}{p}-\frac{1}{p+1}-\cdots-\frac{1}{p+q}\right)\\ &\quad+\left(\frac{1}{p+q+1}+\cdots+\frac{1}{2p+q}-\frac{1}{2p+q+1}-\cdots-\frac{1}{2(p+q)}\right)\\ &\quad+\cdots\\ &\quad+\left[\frac{1}{(m-1)(p+q)+1}+\cdots+\frac{1}{mp+(m-1)q}\right.\\ &\quad\left.-\frac{1}{mp+(m-1)q+1}-\cdots-\frac{1}{m(p+q)}\right]\\ &> \frac{1}{p}+\frac{1}{2p+q}+\cdots+\frac{1}{mp+(m-1)q}>\frac{1}{p}+\frac{1}{3p}+\cdots+\frac{1}{(2m-1)p}\\ &=\frac{1}{p}\left(1+\frac{1}{3}+\cdots+\frac{1}{2m-1}\right)\to+\infty\quad(m\to+\infty).\end{aligned}$$

由于 $|a_n|\to 0(n\to+\infty)$，故对 $0<l<p+q$，有

$$S_{m(p+q)+l}=S_{m(p+q)}+[S_{m(p+q)+l}-S_{m(p+q)}].$$

后面括号中仅有 l 项，当 $m\to+\infty$ 时，极限为 0，故此 $S_n(n=m(p+q)+l,0<l<p+q)\to+\infty(n\to+\infty)$，新级数 $\sum\limits_{k=1}^{\infty}a_k$ 发散于 $+\infty$.

当 $p<q$ 时，有

$$\begin{aligned}S_{m(p+q)+p} &= \left(1+\frac{1}{2}+\cdots+\frac{1}{p}\right)-\left[\left(\frac{1}{p+1}+\cdots+\frac{1}{p+q}\right)-\left(\frac{1}{p+q+1}+\cdots+\frac{1}{2p+q}\right)\right]\\ &\quad-\left[\left(\frac{1}{2p+q+1}+\cdots+\frac{1}{2p+2q}\right)-\left(\frac{1}{2p+2q+1}+\cdots+\frac{1}{3p+2q}\right)\right]\end{aligned}$$

$$-\cdots$$

$$-\left\{\left[\frac{1}{mp+(m-1)q+1}+\cdots+\frac{1}{mp+mq}\right]-\left[\frac{1}{mp+mq+1}+\cdots+\frac{1}{(m+1)p+mq}\right]\right\}$$

$$< S_p-\frac{1}{p+q}-\frac{1}{2(p+q)}-\cdots-\frac{1}{m(p+q)}$$

$$= S_p-\frac{1}{p+q}\left(1+\frac{1}{2}+\cdots+\frac{1}{m}\right)\longrightarrow-\infty(m\to+\infty).$$

由于$|a_n|\to 0(n\to+\infty)$，故对$0<l<p+q$，有

$$S_{m(p+q)+p+l}=S_{m(p+q)+p}+[S_{m(p+q)+p+l}-S_{m(p+q)+p}].$$

后面括号中仅有l项，当$m\to+\infty$时，极限为0，故此$S_n(n=m(p+q)+p+l,0<l<p+q)\to-\infty(n\to+\infty)$，新级数$\sum\limits_{k=1}^{\infty}a_k$发散于$-\infty$.

当$p=q$时，级数变为

$$\left(1+\frac{1}{2}+\cdots+\frac{1}{p}\right)-\left(\frac{1}{p+1}+\cdots+\frac{1}{2p}\right)+\left(\frac{1}{2p+1}+\cdots+\frac{1}{3p}\right)-\cdots$$

$$=\sum_{k=1}^{\infty}(-1)^{k-1}\left[\frac{1}{(k-1)p+1}+\cdots+\frac{1}{kp}\right]=\sum_{k=1}^{\infty}(-1)^{k-1}A_k.$$

它为交错级数，且

$$A_k=\frac{1}{(k-1)p+1}+\cdots+\frac{1}{kp}>\frac{1}{kp+1}+\cdots+\frac{1}{(k+1)p}=A_{k+1},$$

$$0<A_k<\frac{p}{(k-1)p+1}\longrightarrow 0\quad(k\to+\infty).$$

根据 Leibniz 判别法，此时，级数

$$\sum_{n=1}^{\infty}A_n=\left(1+\frac{1}{2}+\cdots+\frac{1}{p}\right)-\left(\frac{1}{p+1}+\cdots+\frac{1}{2p}\right)+\left(\frac{1}{2p+1}+\cdots+\frac{1}{3p}\right)-\cdots$$

收敛. 由于上式括号中都为p项，且$|a_n|\to 0(n\to+\infty)$，或者由定理 12.1.6 推得原级数$\sum\limits_{n=1}^{\infty}a_n$也收敛.

另一证法是应用 Dirichlet 判别法：由于级数

$$\underbrace{1+1+\cdots+1}_{p个}-\underbrace{1-1\cdots-1}_{p个}+\cdots$$

的部分和有界，且因为序列$\left\{\frac{1}{n}\right\}$当$n\to+\infty$时单调下降趋于0，故$\sum\limits_{n=1}^{\infty}a_n$收敛.

证法 2 当$p>q$时，由证法1，有

$$S_{m(p+q)}>\frac{1}{p}\left(1+\frac{1}{3}+\cdots+\frac{1}{2m-1}\right)\to+\infty\quad(m\to+\infty),$$

立知，S_n发散，故新级数$\sum\limits_{k=1}^{\infty}a_k$发散.

当 $p<q$ 时，由证法 1，有

$$S_{m(p+q)+p} < S_p - \frac{1}{p+q}\left(1+\frac{1}{2}+\cdots+\frac{1}{m}\right) \to -\infty\ (m\to+\infty)$$

立知，S_n 发散，故新级数 $\sum\limits_{k=1}^{\infty} a_k$ 发散.

当 $p=q$ 时，同证法 1，新级数 $\sum\limits_{k=1}^{\infty} a_k$ 收敛. □

548. 设 $S_n = q\cos\alpha + q^2\cos 2\alpha + \cdots + q^n\cos n\alpha = \sum\limits_{k=1}^{n} q^k\cos k\alpha$.

证明：

(1) $2qS_n\cos\alpha = (q^{n+1}\cos(n+1)\alpha + S_n - q\cos\alpha) + (q^2 + q^2S_n - q^{n+2}\cos n\alpha)$；

(2) $\sum\limits_{k=1}^{\infty} q^k\cos k\alpha = \lim\limits_{n\to+\infty} S_n = \dfrac{q\cos\alpha - q^2}{1+q^2-2q\cos\alpha}$，$|q|<1$；

(3) 利用复数和式

$$\sum_{k=0}^{\infty} z^n = \frac{1-z^{n+1}}{1-z},$$

取实部推得(2).

证明 (1) S_n 两边乘以 $2q\cos\alpha$ 得

$$\begin{aligned}
2q\cos\alpha S_n &= \sum_{k=1}^{\infty} q^{k+1} 2\cos\alpha\cos k\alpha \\
&= \sum_{k=1}^{n} q^{k+1}(\cos(k+1)\alpha + \cos(k-1)\alpha) \\
&= \sum_{k=0}^{n} q^{k+1}\cos(k+1)\alpha - q\cos\alpha + q^2\sum_{k=1}^{n} q^{k-1}\cos(k-1)\alpha \\
&= \sum_{k=1}^{n} q^k\cos k\alpha + q^{n+1}\cos(n+1)\alpha - q\cos\alpha + q^2(S_n + 1 - q^n\cos n\alpha) \\
&= (q^{n+1}\cos(n+1)\alpha + S_n - q\cos\alpha) + (q^2 + q^2S_n - q^{n+2}\cos n\alpha).
\end{aligned}$$

(2) 由(1)，移项得

$$\begin{aligned}
(2q\cos\alpha - 1 - q^2)S_n &= q^{n+1}\cos(n+1)\alpha - q\cos\alpha + q^2 - q^{n+2}\cos n\alpha \\
&= q^2 - q\cos\alpha + q^{n+1}\cos(n+1)\alpha - q^{n+2}\cos n\alpha.
\end{aligned}$$

令 $n\to+\infty$，注意当 $|q|<1$ 时，$q^n\to 0\ (n\to+\infty)$，$\cos n\alpha$ 有界，故

$$(2q\cos\alpha - 1 - q^2)S = q^2 - q\cos\alpha,$$

即有

$$S = \frac{q\cos\alpha - q^2}{1+q^2-2q\cos\alpha}.$$

(3) 令 $z=qe^{i\alpha}=q(\cos\alpha+i\sin\alpha)$ 为复数,则由

$$z^k=q^ke^{ik\alpha}=q^k(\cos k\alpha+i\sin k\alpha),\quad k=1,2,\cdots$$

得

$$\begin{aligned}\frac{1-z^{n+1}}{1-z}&=\sum_{k=0}^{n}z^k=1+z+\cdots+z^n\\&=1+q(\cos\alpha+i\sin\alpha)+q^2(\cos2\alpha+i\sin2\alpha)+\cdots+q^n(\cos n\alpha+i\sin n\alpha)\\&=1+q\cos\alpha+q^2\cos2\alpha+\cdots+q^n\cos n\alpha\\&\quad+i(q\sin\alpha+q^2\sin2\alpha+\cdots+q^n\sin n\alpha)\\&=1+S_n+i(q\sin\alpha+q^2\sin\alpha+\cdots+q^n\sin n\alpha).\end{aligned}$$

而

$$\begin{aligned}\frac{1-z^{n+1}}{1-z}&=\frac{1-q^{n+1}(\cos(n+1)\alpha+i\sin(n+1)\alpha)}{1-q(\cos\alpha+i\sin\alpha)}\\&=\frac{1-q^{n+1}\cos(n+1)\alpha-iq^{n+1}\sin(n+1)\alpha}{1-q\cos\alpha-iq\sin\alpha}\\&=\frac{(1-q^{n+1}\cos(n+1)\alpha-iq^{n+1}\sin(n+1)\alpha)(1-q\cos\alpha+iq\sin\alpha)}{(1-q\cos\alpha)^2+q^2\sin^2\alpha}\\&=\frac{1}{1-2q\cos\alpha+q^2}\{[1-q\cos\alpha-q^{n+1}\cos(n+1)\alpha+q^{n+2}\cos(n+1)\alpha\cos\alpha\\&\quad+q^{n+2}\sin(n+1)\alpha\sin\alpha]\\&\quad+i[q\sin\alpha-q^{n+2}\cos(n+1)\alpha\sin\alpha-q^{n+1}\sin(n+1)\alpha+q^{n+2}\sin(n+1)\alpha\cos\alpha]\}.\end{aligned}$$

取其实部就有

$$1+S_n=\frac{1}{1-2q\cos\alpha+q^2}(1-q\cos\alpha-q^{n+1}\cos(n+1)\alpha+q^{n+2}\cos n\alpha)$$

$$\begin{aligned}S_n&=\frac{1}{1-2q\cos\alpha+q^2}(1-q\cos\alpha-q^{n+1}\cos(n+1)\alpha+q^{n+2}\cos n\alpha-1+2q\cos\alpha-q^2)\\&=\frac{1}{1+q^2-2q\cos\alpha}(q\cos\alpha-q^2-q^{n+1}\cos(n+1)\alpha+q^{n+2}\cos n\alpha)\end{aligned}$$

令 $n\to+\infty$,由 $|q|<1$,即得 $\lim\limits_{n\to+\infty}S_n=\dfrac{q\cos\alpha-q^2}{1+q^2-2q\cos\alpha}$. □

549. 证明:

$$1+\frac{1}{2}+\left(\frac{1}{3}-1\right)+\frac{1}{4}+\frac{1}{5}+\left(\frac{1}{6}-\frac{1}{2}\right)+\frac{1}{7}+\frac{1}{8}+\left(\frac{1}{9}-\frac{1}{3}\right)+\cdots=\ln3.$$

证明 应用公式 $\sum\limits_{k=1}^{n}\dfrac{1}{k}=\ln n+C+o(1)$($C$ 为 Euler 常数)有级数的部分和

$$\begin{aligned}S_{3n}&=1+\frac{1}{2}+\left(\frac{1}{3}-1\right)+\cdots+\frac{1}{3n-2}+\frac{1}{3n-1}+\left(\frac{1}{3n}-\frac{1}{n}\right)\\&=1+\frac{1}{2}+\frac{1}{3}+\cdots+\frac{1}{3n}-\left(1+\frac{1}{2}+\cdots+\frac{1}{n}\right)\end{aligned}$$

$$= \ln 3n + C + o(1) - (\ln n + C + o(1))$$
$$= \ln 3 + o(1).$$

所以 $\lim\limits_{n\to+\infty} S_{3n} = \ln 3$. 又

$$S_{3n+1} = S_{3n} + \frac{1}{3n+1}, \quad S_{3n+2} = S_{3n} + \frac{1}{3n+1} + \frac{1}{3n+2},$$

故 $\lim\limits_{n\to+\infty} S_{3n+1} = \lim\limits_{n\to+\infty} S_{3n} = \lim\limits_{n\to+\infty} S_{3n+2}$. 故此证得

$$1 + \frac{1}{2} + \left(\frac{1}{3} - 1\right) + \frac{1}{4} + \frac{1}{5} + \left(\frac{1}{6} - 1\right) + \cdots = \ln 3.$$

□

550. 设 $S_n(x) = \sum\limits_{k=1}^{n} \frac{\sin kx}{k}, x \in [0, \pi]$. 证明:

(1) $S'_n(x) = \dfrac{\sin(n + \frac{1}{2})x}{2\sin\frac{x}{2}} - \dfrac{1}{2}$,

$$S_n(x) = -\frac{1}{2}\int_x^{\pi} \frac{1}{\sin\frac{t}{2}} \sin(n + \frac{1}{2})t\,dt + \frac{1}{2}(\pi - x);$$

(2) $S(x) = \sum\limits_{k=1}^{\infty} \dfrac{\sin kx}{k} = \begin{cases} 0, & x = 0, \\ \dfrac{\pi - x}{2}, & 0 < x \leqslant \pi. \end{cases}$

证明 (1) 当 $x \neq 0$ 时,有

$$S'_n(x) = \left(\sum_{k=1}^{n} \frac{\sin kx}{k}\right)' = \sum_{k=1}^{n} \left(\frac{\sin kx}{k}\right)'$$
$$= \sum_{k=1}^{n} \cos kx = \frac{1}{2\sin\frac{x}{2}} \sum_{k=1}^{n} 2\sin\frac{x}{2}\cos kx$$
$$= \frac{1}{2\sin\frac{x}{2}} \sum_{k=1}^{n} \left(\sin\left(k + \frac{1}{2}\right)x - \sin\left(k - \frac{1}{2}\right)x\right)$$
$$= \frac{1}{2\sin\frac{x}{2}} \left(\sin\left(n + \frac{1}{2}\right)x - \sin\frac{x}{2}\right)$$
$$= \frac{\sin\left(n + \frac{1}{2}\right)x}{2\sin\frac{x}{2}} - \frac{1}{2}.$$

当 $x = 0$ 时, $S_n(x) = S_n(0) = 0$, $S_n(\pi) = \sum\limits_{k=1}^{n} \dfrac{\sin k\pi}{k} = 0$. 故

$$S_n(x)=S_n(x)-S_n(\pi)=-\int_x^{\pi}S'(t)\mathrm{d}t=-\int_x^{\pi}\left(\frac{\sin\left(n+\frac{1}{2}\right)t}{2\sin\frac{t}{2}}-\frac{1}{2}\right)\mathrm{d}t$$

$$=-\frac{1}{2}\int_x^{\pi}\frac{\sin\left(n+\frac{1}{2}\right)t}{\sin\frac{t}{2}}\mathrm{d}t+\frac{\pi-x}{2}.$$

(2) 由$\dfrac{1}{\sin\frac{t}{2}}$在$[x,\pi](0<x\leqslant\pi)$上连续可导，根据练习题 6.4 中 10 题的结论，得

$$\lim_{n\to+\infty}\int_x^{\pi}\frac{1}{2\sin\frac{t}{2}}\sin\left(n+\frac{1}{2}\right)t\mathrm{d}t=0.$$

于是 $S(x)=\lim\limits_{n\to+\infty}S_n(x)=\dfrac{\pi-x}{2}(0<x\leqslant\pi)$，而 $S(0)=\lim\limits_{n\to+\infty}S_n(0)=0.$ □

551. 设级数 $\sum\limits_{n=1}^{\infty}a_n$ 的前 n 项和分成两项，即 $S_n=S_n^{+}+S_n^{-}$，其中 S_n^{+} 与 S_n^{-} 分别为正项之和与负项之和，如果 $\sum\limits_{n=1}^{\infty}a_n$ 条件收敛，证明：$\lim\limits_{n\to+\infty}\dfrac{S_n^{+}}{S_n^{-}}=-1.$

证明 记

$$a_n^{+}=\begin{cases}a_n, & a_n\geqslant 0,\\ 0, & a_n<0;\end{cases}\qquad a_n^{-}=\begin{cases}0, & a_n\geqslant 0,\\ -a_n, & a_n<0.\end{cases}$$

根据定理 12.3.5，由 $\sum\limits_{n=1}^{\infty}a_n$ 条件收敛推得 $\sum\limits_{n=1}^{\infty}a_n^{-}=\lim\limits_{n\to+\infty}\sum\limits_{k=1}^{n}a_k^{-}=+\infty$. 由题意

$$S_n^{+}+S_n^{-}=S_n\longrightarrow S(n\to+\infty).$$

$$\lim_{n\to+\infty}\frac{S_n^{+}}{S_n^{-}}=\lim_{n\to+\infty}\left(\frac{S_n^{+}+S_n^{-}}{S_n^{-}}-\frac{S_n^{-}}{S_n^{-}}\right)=\lim_{n\to+\infty}\left(\frac{S_n}{S_n^{-}}-1\right)=0-1=-1.$$ □

552. 举出一个发散的交错级数，其通项趋于 0，考察级数

$$1-\frac{1}{2}+\frac{1}{3^2}-\frac{1}{4}+\frac{1}{5^2}-\cdots+\frac{1}{(2n-1)^2}-\frac{1}{2n}+\cdots.$$

解 题中所举级数的通项

$$a_n=\begin{cases}-\dfrac{1}{n}, & n\text{ 为偶数}\\ \dfrac{1}{n^2}, & n\text{ 为奇数}.\end{cases}$$

显然有 $\lim\limits_{n\to+\infty}a_n=0$. 且因为

$$\sum_{n=1}^{\infty}a_n^{+}=1+\frac{1}{3^2}+\frac{1}{5^2}+\cdots+\frac{1}{(2n-1)^2}+\cdots$$

收敛,而

$$\sum_{n=1}^{\infty}a_n^- = \frac{1}{2}+\frac{1}{4}+\cdots+\frac{1}{2n}+\cdots=\frac{1}{2}\left(1+\frac{1}{2}+\frac{1}{3}+\cdots+\frac{1}{n}+\cdots\right)$$

发散,因此该级数为发散的交错级数. □

553. 设 $a_n>0$,$a_n>a_{n+1}(n=1,2\cdots)$,且 $\lim\limits_{n\to+\infty}a_n=0$,证明级数

$$\sum_{n=1}^{\infty}(-1)^{n-1}\frac{a_1+a_2+\cdots+a_n}{n}$$

是收敛的.

证明 由 $a_n>0$ 知 $\sum\limits_{n=1}^{\infty}(-1)^{n-1}\dfrac{a_1+a_2+\cdots+a_n}{n}$ 为交错级数,且

$$\lim_{n\to+\infty}\frac{a_1+a_2+\cdots+a_n}{n}=\lim_{n\to+\infty}a_n=0.$$

又因为

$$\begin{aligned}&\frac{a_1+a_2+\cdots+a_n}{n}-\frac{a_1+a_2+\cdots+a_n+a_{n+1}}{n+1}\\&=\frac{(n+1)(a_1+a_2+\cdots+a_n)-n(a_1+a_2+\cdots+a_n)-na_{n+1}}{n(n+1)}\\&=\frac{(a_1-a_{n+1})+(a_2-a_{n+1})+\cdots+(a_n-a_{n+1})}{n(n+1)}>0.\end{aligned}$$

所以数列 $\left\{\dfrac{a_1+a_2+\cdots+a_n}{n}\right\}$ 单调减,由 Leibniz 判别法,级数 $\sum\limits_{n=1}^{\infty}(-1)^{n-1}\dfrac{a_1+a_2+\cdots+a_n}{n}$ 收敛. □

554. 证明:下面两个级数

$$\sum_{n=1}^{\infty}(-1)^{n-1}\frac{1}{n^{\alpha}},\quad \sum_{n=1}^{\infty}(-1)^{n-1}\frac{1}{n^{\beta}},\quad \alpha>0,\beta>0$$

的 Cauchy 乘积当 $\alpha+\beta>1$ 时收敛;当 $\alpha+\beta\leqslant1$ 时发散.

证法 1 由 Leibniz 判别法知级数 $\sum\limits_{n=1}^{\infty}(-1)^{n-1}\dfrac{1}{n^{\alpha}}$ 及 $\sum\limits_{n=1}^{\infty}(-1)^{n-1}\dfrac{1}{n^{\beta}}$ 都收敛. 设 $a_n=(-1)^{n-1}\dfrac{1}{n^{\alpha}}$,$b_n=(-1)^{n-1}\dfrac{1}{n^{\beta}}$,$n=1,2,\cdots$,

$$A=\sum_{n=1}^{\infty}a_n=\sum_{n=1}^{\infty}\frac{(-1)^{n-1}}{n^{\alpha}},B=\sum_{n=1}^{\infty}b_n=\sum_{n=1}^{\infty}\frac{(-1)^{n-1}}{n^{\beta}},$$

$$\sum_{n=1}^{\infty}a_n\sum_{n=1}^{\infty}b_n=\sum_{n=1}^{\infty}c_n,$$

其中

$$c_n=\sum_{k=1}^{n}a_kb_{n+1-k}=\sum_{k=1}^{n}(-1)^{k-1}\frac{1}{k^{\alpha}}(-1)^{n-k}\frac{1}{(n+1-k)^{\beta}}$$

$$=\sum_{k=1}^{n}(-1)^{n-1}\frac{1}{k^{\alpha}(n+1-k)^{\beta}}=(-1)^{n-1}\sum_{k=1}^{n}\frac{1}{k^{\alpha}(n+1-k)^{\beta}}.$$

当 $\alpha+\beta\leqslant 1$ 时,有

$$|c_n|=\sum_{k=1}^{n}\frac{1}{k^{\alpha}(n+1-k)^{\beta}}=\frac{n}{n^{\alpha}\cdot n^{\beta}}\geqslant\frac{n}{n^{\alpha+\beta}}\geqslant 1,$$

所以 $\sum_{n=1}^{\infty}c_n$ 发散.

下证当 $\alpha+\beta>1$ 时, $\sum_{n=1}^{\infty}c_n$ 收敛. 首先证明 $\lim_{n\to+\infty}|c_n|=0$,从而 $\lim_{n\to+\infty}c_n=0$.

$$|c_n|=\sum_{k=1}^{n}\frac{1}{k^{\alpha}(n+1-k)^{\beta}}=\sum_{k=1}^{\left[\frac{n}{2}\right]}\frac{1}{k^{\alpha}(n+1-k)^{\beta}}+\sum_{k=\left[\frac{n}{2}\right]+1}^{n}\frac{1}{k^{\alpha}(n-k+1)^{\beta}}.$$

因为当 $1\leqslant k\leqslant\left[\frac{n}{2}\right]$ 时, $n-k+1\geqslant\left[\frac{n}{2}\right]$,所以

$$|c_n|\leqslant\frac{1}{\left[\frac{n}{2}\right]^{\beta}}\sum_{k=1}^{n}\frac{1}{k^{\alpha}}+\frac{1}{\left[\frac{n}{2}\right]^{\alpha}}\sum_{k=1}^{n}\frac{1}{k^{\beta}}$$

由于当 $\beta\neq 1$ 时,有

$$\sum_{k=1}^{n}\frac{1}{k^{\beta}}\sim\int_{1}^{n}\frac{\mathrm{d}x}{x^{\beta}}=\left.\frac{x^{1-\beta}}{1-\beta}\right|_{1}^{n}=\frac{1}{1-\beta}\left(\frac{1}{n^{\beta-1}}-1\right),$$

当 $\beta=1$ 时,成立

$$\sum_{k=1}^{n}\frac{1}{k}\sim\ln n,\quad n\to+\infty.$$

所以

$$\frac{1}{\left[\frac{n}{2}\right]^{\beta}}\sum_{k=1}^{n}\frac{1}{k^{\alpha}}\leqslant\begin{cases}\dfrac{M}{n^{\alpha+\beta-1}}, & \alpha\neq 1,\\ \dfrac{M}{n^{\beta}}\ln n, & \alpha=1,\end{cases}$$

$$\frac{1}{\left[\frac{n}{2}\right]^{\alpha}}\sum_{k=1}^{n}\frac{1}{k^{\beta}}\leqslant\begin{cases}\dfrac{M}{n^{\alpha+\beta-1}}, & \beta\neq 1,\\ \dfrac{M}{n^{\alpha}}\ln n, & \beta=1.\end{cases}$$

由条件 $\alpha>0,\beta>0,\alpha+\beta>1$,即知 $\lim_{n\to+\infty}|c_n|=0$.

下面再证 $\sum_{n=1}^{\infty}c_n$ 收敛. 记

$$S_n=\sum_{k=1}^{n}c_k.$$

观察

$$\begin{aligned}c_{2n}&=-\sum_{k=1}^{2n}\frac{1}{k^{\alpha}(2n+1-k)^{\beta}}\\&=-\left(\sum_{k=1}^{n}\frac{1}{k^{\alpha}(2n+1-k)^{\beta}}+\sum_{k=n+1}^{2n}\frac{1}{k^{\alpha}(2n+1-k)^{\beta}}\right)\\&=-\left(\sum_{k=1}^{n}\frac{1}{k^{\alpha}(2n+1-k)^{\beta}}+\sum_{k=1}^{n}\frac{1}{k^{\beta}(2n+1-k)^{\alpha}}\right),\end{aligned}$$

$$\begin{aligned}c_{2n+1}&=\sum_{k=1}^{2n+1}\frac{1}{k^{\alpha}(2n+2-k)^{\beta}}\\&=\sum_{k=1}^{n}\frac{1}{k^{\alpha}(2n+2-k)^{\beta}}+\sum_{k=n+1}^{2n+1}\frac{1}{k^{\alpha}(2n+2-k)^{\beta}}\\&=\sum_{k=1}^{n}\frac{1}{k^{\alpha}(2n+2-k)^{\beta}}+\sum_{k=1}^{n+1}\frac{1}{k^{\beta}(2n+2-k)^{\alpha}},\end{aligned}$$

两式相加得

$$\begin{aligned}|c_{2n}+c_{2n+1}|=&\left|\sum_{k=1}^{n}\frac{1}{k^{\alpha}}\left(\frac{1}{(2n+1-k)^{\beta}}-\frac{1}{(2n+2-k)^{\beta}}\right)\right.\\&\left.+\sum_{k=1}^{n}\frac{1}{k^{\beta}}\left(\frac{1}{(2n+1-k)^{\alpha}}-\frac{1}{(2n+2-k)^{\alpha}}\right)-\frac{1}{(n+1)^{\alpha+\beta}}\right|\\\leqslant&\sum_{k=1}^{n}\left[\frac{1}{k^{\alpha}}\left(\frac{1}{(2n+1-k)^{\beta}}-\frac{1}{(2n+2-k)^{\beta}}\right)+\frac{1}{k^{\beta}}\left(\frac{1}{(2n+1-k)^{\alpha}}-\frac{1}{(2n+2-k)^{\alpha}}\right)\right]\\&+\frac{1}{(n+1)^{\alpha+\beta}}.\end{aligned}$$

由于当 $x>0,\sigma>0$ 时，有

$$\left(\frac{1}{x^{\sigma}}-\frac{1}{(x+1)^{\sigma}}\right)'=-\sigma\left(\frac{1}{x^{\sigma+1}}-\frac{1}{(x+1)^{\sigma+1}}\right)<0.$$

故函数$\frac{1}{x^{\sigma}}-\frac{1}{(x+1)^{\sigma}}$在$(0,+\infty)$中严格减，于是有

$$\frac{1}{(2n+1-k)^{\sigma}}-\frac{1}{(2n+2-k)^{\sigma}}<\frac{1}{(n+1)^{\sigma}}-\frac{1}{(n+2)^{\sigma}}.$$

应用此不等式到上面的$|c_{2n}+c_{2n+1}|$中，就得

$$\begin{aligned}|c_{2n}+c_{2n+1}|\leqslant&\sum_{k=1}^{n}\frac{1}{k^{\alpha}}\left(\frac{1}{(n+1)^{\beta}}-\frac{1}{(n+2)^{\beta}}\right)\\&+\sum_{k=1}^{n}\frac{1}{k^{\beta}}\left(\frac{1}{(n+1)^{\alpha}}-\frac{1}{(n+2)^{\alpha}}\right)+\frac{1}{(n+1)^{\alpha+\beta}}.\end{aligned}$$

再由

$$\frac{1}{(n+1)^{\alpha}}-\frac{1}{(n+2)^{\alpha}}\sim\frac{1}{n^{\alpha+1}}\quad(n\to+\infty)$$

知

$$\sum_{k=1}^{n}\frac{1}{k^{\alpha}}\left(\frac{1}{(n+1)^{\beta}}-\frac{1}{(n+2)^{\beta}}\right)\leqslant\begin{cases}\dfrac{M}{n^{\alpha+\beta}}, & \alpha\neq1,\\ \dfrac{M\ln n}{n^{\beta+1}}, & \alpha=1,\end{cases}$$

$$\sum_{k=1}^{n}\frac{1}{k^{\beta}}\left(\frac{1}{(n+1)^{\alpha}}-\frac{1}{(n+2)^{\alpha}}\right)\leqslant\begin{cases}\dfrac{M}{n^{\alpha+\beta}}, & \beta\neq1,\\ \dfrac{M\ln n}{n^{\alpha+1}}, & \beta=1,\end{cases}$$

即 $S_{2n+1}=c_1+(c_2+c_3)+\cdots+(c_{2n}+c_{2n+1})$ 收敛，又 $S_{2n+2}=S_{2n+1}+c_{2n+2}$，$\lim\limits_{n\to+\infty}c_{2n+2}=0=\lim\limits_{n\to+\infty}c_n$. 故 S_n 收敛.

证法 2　先证明一个定理(Pringsheim)：

设$\{a_n\}$，$\{b_n\}$为正且单调趋于 0 的数列，级数 $\sum\limits_{n=1}^{\infty}(-1)^{n-1}a_n$ 和 $\sum\limits_{n=1}^{\infty}(-1)^{n-1}b_n$ 分别收敛于A 和B，它们的乘积为 $\sum\limits_{n=1}^{\infty}(-1)^{n-1}c_n$，其中

$$c_n=\sum_{k=1}^{n}a_kb_{n+1-k}$$

则 $\sum\limits_{n=1}^{\infty}(-1)^{n-1}c_n$ 收敛$\Leftrightarrow$

(ⅰ) $\lim\limits_{n\to+\infty}c_n=0\Leftrightarrow$

(ⅱ) $\lim\limits_{n\to+\infty}A_nb_n=0$，$\lim a_nB_n=0$，其中 $A_n=\sum\limits_{k=1}^{n}a_k$，$B_n=\sum\limits_{k=1}^{n}b_k$.

先证(ⅰ)$\Leftrightarrow$(ⅱ)

(ⅰ)$\Rightarrow$(ⅱ)由 $c_n\to0$ 及$\{a_n\}$，$\{b_n\}$的单调正趋于零知

$$0<A_nb_n=\sum_{k=1}^{n}a_k\cdot b_n\leqslant\sum_{k=1}^{n}a_kb_{n+1-k}=c_n\to0\quad(n\to+\infty).$$

根据夹逼定理得到 $A_nb_n\to(n\to+\infty)$. 同理可得 $B_na_n\to0(n\to+\infty)$.

(ⅱ)$\Rightarrow$(ⅰ)

$$\begin{aligned}0<c_{2n+1}&=a_1b_{2n+1}+a_2b_{2n}+\cdots+a_{n+1}b_{n+1}+\cdots+a_{2n+1}b_1\\&\leqslant(a_1+a_2+\cdots+a_n)b_n+a_{n+1}b_{n+1}+(b_n+\cdots+b_1)a_n\\&=A_nb_n+B_na_n+a_{n+1}b_{n+1}\to0\quad(n\to+\infty),\end{aligned}$$

$$\begin{aligned}0<c_{2n}&=(a_1b_{2n}+a_2b_{2n-1}+\cdots+a_nb_{n+1})+(a_{n+1}b_n+\cdots+a_{2n}b_1)\\&\leqslant(a_1+\cdots+a_n)b_n+(b_n+\cdots+b_1)a_nA_nb_n+a_nB_n\to0\quad(n\to+\infty).\end{aligned}$$

由此得 $\lim\limits_{n\to+\infty} c_n=0$.

下证 $\sum\limits_{n=1}^{\infty}(-1)^{n-1}c_n$ 收敛⇔(ⅰ).必要性显然,只须证充分性.

记部分和 $\sum\limits_{k=1}^{n}(-1)^{k-1}a_k=R_n$, $\sum\limits_{k=1}^{n}(-1)^{k-1}b_k=T_n$, $S_n=\sum\limits_{k=1}^{n}(-1)^{k-1}c_k$. 由 $\sum\limits_{n=1}^{\infty}(-1)^{n-1}a_n$, $\sum\limits_{n=1}^{\infty}(-1)^{n-1}b_n$ 收敛知 $R_n\to R<+\infty$, $T_n\to T<+\infty$. 而

$$\begin{aligned}S_n&=c_1-c_2+\cdots+(-1)^{n-1}c_n\\&=a_1b_1-a_1b_2+a_1b_3-\cdots+(-1)^{n-1}a_1b_n-a_2b_1+a_2b_2-\cdots+(-1)^{n-1}a_2b_{n-1}\\&\quad+a_3b_1-\cdots+(-1)^{n-1}a_3b_{n-2}-\cdots+\cdots+(-1)^{n-1}a_nb_1\\&=a_1T_n-a_2T_{n-1}+\cdots+(-1)^{n-1}a_nT_1.\end{aligned}$$

因此

$$\begin{aligned}|R_{2n}T-S_{2n}|&=|(a_1-a_2+\cdots+a_{2n-1}-a_{2n})T-(a_1T_{2n}-a_2T_{2n-1}+\cdots-a_{2n}T_1)|\\&=|a_1(T-T_{2n})-a_2(T-T_{2n-1})+\cdots-a_{2n}(T-T_1)|\\&\leqslant a_1|T-T_{2n}|+a_2|T-T_{2n-1}|+\cdots+a_{2n}|T-T_1|.\end{aligned}$$

再根据交错级数 $T=\sum\limits_{n=1}^{\infty}(-1)^{n-1}b_n$ 中 $\{b_n\}$ 单调减知

$$|T-T_k|\leqslant b_{k+1}\leqslant b_k.$$

于是

$$|R_{2n}T-S_{2n}|\leqslant a_1b_{2n}+a_2b_{2n-1}+\cdots+a_{2n}b_1=c_{2n}\to 0.$$

所以 $\lim\limits_{n\to+\infty}S_{2n}=T\lim\limits_{n\to+\infty}R_{2n}=RT$. $S_{2n+1}=S_{2n}+c_{2n+1}\to RT+0=RT$. 这就证明了,当 $\lim\limits_{n\to+\infty}c_n=0$ 时,$S=\lim\limits_{n\to+\infty}\sum\limits_{n=1}^{\infty}(-1)^{n-1}c_n=RT$.

在本题中,$a_n=\dfrac{1}{n^\alpha}$,$b_n=\dfrac{1}{n^\beta}$都符合定理的条件,且由证法1,证得当 $\alpha+\beta>1$ 时, $\lim\limits_{n\to+\infty}c_n=0$. 由此知,当 $\alpha+\beta>1$ 时,级数 $\sum\limits_{n=1}^{\infty}(-1)^{n-1}\dfrac{1}{n^\alpha}$, $\sum\limits_{n=1}^{\infty}(-1)^{n-1}\dfrac{1}{n^\beta}$ 的 Cauchy 乘积收敛. □

555. 证明:下面两个发散级数

$$1-\sum_{n=1}^{\infty}\left(\frac{3}{2}\right)^n,\ 1+\sum_{n=1}^{\infty}\left(\frac{3}{2}\right)^{n-1}\left(2^n+\frac{1}{2^{n+1}}\right)$$

的 Cauchy 乘积是一个绝对收敛级数.

证明 记 $a_0=1$, $a_n=-\left(\dfrac{3}{2}\right)^n$, $b_0=1$, $b_n=\left(\dfrac{3}{2}\right)^{n-1}\left(2^n+\dfrac{1}{2^{n+1}}\right)$, $n=1,2,\cdots$. 则 $a_n\not\to 0$, $b_n\not\to 0\ (n\to+\infty)$,故两个级数

$$1-\sum_{n=1}^{\infty}\left(\frac{3}{2}\right)^n=\sum_{n=0}^{\infty}a_n,\quad 1+\sum_{n=1}^{\infty}\left(\frac{3}{2}\right)^{n-1}\left(2^n+\frac{1}{2^{n+1}}\right)=\sum_{n=0}^{\infty}b_n$$

都发散，设

$$\sum_{n=0}^{\infty}a_n\sum_{n=1}^{\infty}b_n=\sum_{n=0}^{\infty}c_n.$$

$$\begin{aligned}c_n&=\sum_{k=0}^{n}a_kb_{n-k}\\&=1\cdot\left(\frac{3}{2}\right)^{n-1}\left(2^n+\frac{1}{2^{n+1}}\right)-\frac{3}{2}\cdot\left(\frac{3}{2}\right)^{n-2}\left(2^{n-1}+\frac{1}{2^n}\right)-\left(\frac{3}{2}\right)^2\left(\frac{3}{2}\right)^{n-3}\left(2^{n-2}+\frac{1}{2^{n-1}}\right)-\cdots\\&\quad-\left(\frac{3}{2}\right)^{n-1}\cdot\left(\frac{3}{2}\right)^0\left(2+\frac{1}{2^2}\right)-\left(\frac{3}{2}\right)^n\\&=\left(\frac{3}{2}\right)^{n-1}\left(2^n+\frac{1}{2^{n+1}}-2^{n-1}-\frac{1}{2^n}-2^{n-2}-\frac{1}{2^{n-1}}-\cdots-2-\frac{1}{2^2}-\frac{3}{2}\right)\\&=\left(\frac{3}{2}\right)^{n-1}\left[2^n+\frac{1}{2^{n+1}}-\frac{1-2^n}{1-2}-\frac{\frac{1}{2}\left(1-\left(\frac{1}{2}\right)^n\right)}{1-\frac{1}{2}}\right]\\&=\left(\frac{3}{2}\right)^{n-1}\left(\frac{1}{2^{n+1}}+\frac{1}{2^n}\right)=\left(\frac{3}{4}\right)^n.\end{aligned}$$

所以 $\sum\limits_{n=0}^{\infty}c_n=\sum\limits_{n=0}^{\infty}\left(\frac{3}{4}\right)^n=4$ 收敛. □

556. 讨论下列无穷乘积的敛散性：

(1) $\prod\limits_{n=1}^{\infty}\dfrac{n}{\sqrt{n^2+1}}$；

(2) $\prod\limits_{n=2}^{\infty}\left(\dfrac{n^2-1}{n^2+1}\right)^p$，$p$ 为任意实数；

(3) $\prod\limits_{n=1}^{\infty}\sqrt[n]{\ln(n+x)-\ln n}$，$x>0$.

解法 1　(1) 令 $a_n=\dfrac{n}{\sqrt{n^2+1}}-1=-\dfrac{1}{\sqrt{n^2+1}(n+\sqrt{n^2+1})}<0$. 又 $-a_n\sim\dfrac{1}{2n^2}(n\to+\infty)$.

故 $\sum\limits_{n=1}^{\infty}(-a_n)$ 收敛，推得 $\sum\limits_{n=1}^{\infty}a_n$ 收敛. 根据定理 12.5.3，无穷乘积 $\prod\limits_{n=1}^{\infty}\dfrac{n}{\sqrt{n^2+1}}=\prod\limits_{n=1}^{\infty}(1+a_n)$ 也收敛.

(2) 记 $p_n=\dfrac{n^2-1}{n^2+1}$，则

$$p_n=1-\frac{2}{n^2+1},\quad a_n=-\frac{2}{n^2+1}.$$

根据定理 12.5.3，$\sum\limits_{n=2}^{\infty}\dfrac{2}{n^2+1}$ 收敛，故 $\prod\limits_{n=2}^{\infty}\left(1-\dfrac{2}{n^2+1}\right)$ 收敛，从而

$$\prod_{n=2}^{\infty}\left(\frac{n^2-1}{n^2+1}\right)^p=\left(\prod_{n=2}^{\infty}\frac{n^2-1}{n^2+2}\right)^p$$

对任何实数 p 都收敛.

(3) 记 $p_n=\sqrt[n]{\ln(n+x)-\ln n}=\left[\ln\left(1+\frac{x}{n}\right)\right]^{\frac{1}{n}}$,则

$$\ln p_n=\frac{1}{n}\ln\ln\left(1+\frac{x}{n}\right)\sim\frac{1}{n}\ln\frac{x}{n}=\frac{-\ln\frac{n}{x}}{n},$$

当 n 充分大时,$\frac{\ln\frac{n}{x}}{n}>\frac{1}{n}$,故 $\sum\limits_{n=2}^{\infty}\frac{\ln\frac{x}{n}}{n}$发散,从而 $\sum\limits_{n=2}^{\infty}\ln p_n$ 发散. 再由定理 12.5.2 得 $\prod\limits_{n=1}^{\infty}p_n=\prod\limits_{n=1}^{\infty}\sqrt[n]{\ln(n+x)-\ln n}$发散.

解法 2 (1) $\frac{n^2}{n^2+1}=1-\frac{1}{n^2+1}$, $\sum\limits_{n=1}^{\infty}\frac{1}{n^2+1}$收敛,根据定理 12.5.3 知 $\prod\limits_{n=1}^{\infty}\frac{n^2}{n^2+1}$收敛. 设积为 P,则

$$\prod_{n=1}^{\infty}\frac{n}{\sqrt{n^2+1}}=\prod_{n=1}^{\infty}\sqrt{\frac{n^2}{n^2+1}}=\sqrt{P}$$

收敛.

(2) 记 $P_n=\prod\limits_{k=2}^{n}\frac{k^2-1}{k^2+1}$,当 $k>2$ 时,$0<\frac{k^2-1}{k^2+1}<1$,于是

$$P_{n+1}=\prod_{k=2}^{n+1}\frac{k^2-1}{k^2+1}=P_n\frac{(n+1)^2-1}{(n+1)^2+1}<P_n,$$

再当 $n>2$ 时,有

$$\frac{n^2-1}{n^2+1}\geqslant\frac{n^2-2}{n^2}>\frac{n^2-4}{n^2},$$

因此

$$P_n=\frac{3}{5}\prod_{k=3}^{n}\frac{k^2-1}{k^2+1}>\frac{3}{5}\prod_{k=3}^{n}\frac{(k-2)(k+2)}{k^2}=\frac{3}{5}\prod_{k=3}^{n}\frac{k-2}{k}\prod_{k=5}^{n+2}\frac{k}{k-2}$$
$$=\frac{3}{5}\cdot\frac{1}{3}\cdot\frac{2}{4}\cdot\frac{n+1}{n-1}\cdot\frac{n+2}{n}>\frac{1}{10},$$

$\{P_n\}$单调减有下界,$\{P_n\}$收敛,设$\lim\limits_{n\to\infty}P_n=P\geqslant\frac{1}{10}>0$. 所以对 $\forall\, p\in\mathbb{R}$,有

$$\prod_{n=2}^{\infty}\left(\frac{k^2-1}{k^2+1}\right)^p=\left(\prod_{n=2}^{\infty}\frac{k^2-1}{k^2+1}\right)^p=P^p$$

收敛.

(3) 同证法 1. □

557. 证明下列等式:

(1) $\prod_{n=1}^{\infty}\cos\dfrac{x}{2^n}=\dfrac{\sin x}{x}, x\neq 0$;

(2) $\dfrac{2}{\sqrt{2}}\dfrac{2}{\sqrt{2+\sqrt{2}}}\dfrac{2}{\sqrt{2+\sqrt{2+\sqrt{2}}}}\cdots=\dfrac{\pi}{2}$;

(3) $\prod_{n=1}^{\infty}\left(1+\dfrac{1}{a_n}\right)=\mathrm{e}$,其中 $a_1=1, a_n=n(a_{n-1}+1)$.

证明 (1) 记 $P_n=\prod_{k=1}^{n}\cos\dfrac{x}{2^k}, x\neq 0$,则

$$\begin{aligned}2^n\sin\frac{x}{2^n}P_n&=2^n\cos\frac{x}{2}\cos\frac{x}{2^2}\cdots\cos\frac{x}{2^n}\sin\frac{x}{2^n}\\&=2^{n-1}\cos\frac{x}{2}\cos\frac{x}{2^2}\cdots\cos\frac{x}{2^{n-1}}\sin\frac{x}{2^{n-1}}\\&=\cdots=\sin x,\end{aligned}$$

$$P_n=\frac{\sin x}{2^n\sin\frac{x}{2^n}}=\frac{\frac{x}{2^n}\cdot\sin x}{\sin\frac{x}{2^n}\cdot x}\longrightarrow\frac{\sin x}{x}\quad(n\to+\infty),$$

即 $\prod_{n=1}^{\infty}\cos\dfrac{x}{2^n}=\dfrac{\sin x}{x}$.

(2) $1+\cos\alpha=2\cos^2\dfrac{\alpha}{2}, \sqrt{2}=2\cos\dfrac{\pi}{4}=2\cos\dfrac{\pi}{2^2}$,

$$2+\sqrt{2}=2\left(1+\cos\frac{\pi}{4}\right)=2^2\cos^2\frac{\pi}{2^3},\quad\sqrt{2+\sqrt{2}}=2\cos\frac{\pi}{2^3}.$$

递推得

$$\underbrace{\sqrt{2+\sqrt{2+\cdots+\sqrt{2}}}}_{n\text{个根号}}=2\cos\frac{\pi}{2^{n+1}},$$

所以

$$\begin{aligned}&\frac{2}{\sqrt{2}}\frac{2}{\sqrt{2+\sqrt{2}}}\frac{2}{\sqrt{2+\sqrt{2+\sqrt{2}}}}\cdots\\&=\lim_{n\to+\infty}\frac{1}{\cos\frac{\pi}{2^2}}\frac{1}{\cos\frac{\pi}{2^3}}\cdots\frac{1}{\cos\frac{\pi}{2^{n+1}}}\\&=\prod_{n=2}^{\infty}\frac{1}{\cos\frac{\pi}{2^n}}=\frac{1}{\prod_{n=2}^{\infty}\cos\frac{\pi}{2^n}}\overset{\text{由(1)}}{=\!=}\frac{\frac{\pi}{2}}{\sin\frac{\pi}{2}}=\frac{\pi}{2}.\end{aligned}$$

(3) $$P_n=\prod_{k=1}^{n}\left(1+\frac{1}{a_k}\right)=\prod_{k=1}^{n}\frac{a_k+1}{a_k}$$
$$=\frac{a_1+1}{a_1}\frac{a_2+1}{a_2}\cdots\frac{a_n+1}{a_n}=\frac{a_1+1}{a_2}\frac{a_2+1}{a_3}\cdots\frac{a_{n-1}+1}{a_n}\frac{a_n+1}{a_1}.$$

由题中条件,$a_1=1,a_n=n(a_{n-1}+1)$.代入得

$$P_n=\frac{1}{2}\frac{1}{3}\cdots\frac{1}{n}\frac{a_n+1}{1}=\frac{a_n+1}{n!}.$$

再由

$$P_n-P_{n-1}=\frac{a_n+1}{n!}-\frac{a_{n-1}+1}{(n-1)!}=\frac{a_n+1-n(a_{n-1}+1)}{n!}=\frac{1}{n!},$$

得递推式

$$P_n=P_{n-1}+\frac{1}{n!}=P_{n-2}+\frac{1}{(n-1)!}+\frac{1}{n!}$$
$$=P_1+\frac{1}{2!}+\frac{1}{3!}+\cdots+\frac{1}{n!}=1+1+\frac{1}{2!}+\cdots+\frac{1}{n!},$$

所以得

$$\prod_{n=1}^{\infty}\left(1+\frac{1}{a_n}\right)=\sum_{n=0}^{\infty}\frac{1}{n!}=\mathrm{e}^1=\mathrm{e}.$$ □

558. 设 $a_n=\begin{cases}-\dfrac{1}{\sqrt{k}}, & n=2k-1,\\ \dfrac{1}{\sqrt{k}}+\dfrac{1}{k}+\dfrac{1}{k\sqrt{k}}, & n=2k.\end{cases}$ 证明:$\sum\limits_{n=1}^{\infty}a_n$,$\sum\limits_{n=1}^{\infty}a_n^2$ 都发散,但$\prod\limits_{n=2}^{\infty}(1+a_n)$收敛.

证明 因为

$$\sum_{n=1}^{2N}a_n=\sum_{k=1}^{N}(a_{2k-1}+a_{2k})=\sum_{k=1}^{N}\left(-\frac{1}{\sqrt{k}}+\frac{1}{\sqrt{k}}+\frac{1}{k}+\frac{1}{k\sqrt{k}}\right)$$
$$=\sum_{k=1}^{N}\frac{1}{\sqrt{k}}+\sum_{k=1}^{N}\frac{1}{k\sqrt{k}}\to+\infty\quad(N\to+\infty).$$

所以 $\sum\limits_{n=1}^{\infty}a_n$ 发散.

又因为

$$a_n^2=\begin{cases}\dfrac{1}{k}, & n=2k-1,\\ \dfrac{1}{k}+\dfrac{2}{k\sqrt{k}}+\dfrac{3}{k^2}+\dfrac{2}{k^2\sqrt{k}}+\dfrac{1}{k^3}, & n=2k.\end{cases}$$

$$\sum_{n=1}^{2N}a_n^2=\sum_{k=1}^{N}(a_{2k-1}^2+a_{2k}^2)\geqslant\sum_{k=1}^{N}\frac{1}{k}\to+\infty\quad(N\to+\infty),$$

故 $\sum\limits_{n=1}^{\infty} a_n^2$ 也发散.

由

$$1+a_n=\begin{cases}1-\dfrac{1}{\sqrt{k}}, & n=2k-1\\ 1+\dfrac{1}{\sqrt{k}}+\dfrac{1}{k}+\dfrac{1}{k\sqrt{k}}, & n=2k\end{cases}=\begin{cases}1-\dfrac{1}{\sqrt{k}}, & n=2k-1,\\ \left(1+\dfrac{1}{\sqrt{k}}\right)\left(1+\dfrac{1}{k}\right), & n=2k.\end{cases}$$

得

$$\begin{aligned}\prod_{n=2}^{2N}(1+a_n)&=(1+a_2)\prod_{k=2}^{N}(1+a_{2k-1})(1+a_{2k})\\&=4\prod_{k=2}^{N}\left(1-\frac{1}{\sqrt{k}}\right)\left(1+\frac{1}{\sqrt{k}}\right)\left(1+\frac{1}{k}\right)=4\prod_{k=1}^{N}\left(1-\frac{1}{k^2}\right)\\&=4\prod_{k=2}^{N}\frac{k-1}{k}\frac{k+1}{k}=4\cdot\frac{1}{2}\frac{N+1}{N}\to 2\quad(N\to+\infty),\end{aligned}$$

$$\prod_{n=2}^{2N+1}(1+a_n)=\prod_{n=2}^{2N}(1+a_n)(1+a_{2N+1})=\frac{2(N+1)}{N}\left(1-\frac{1}{\sqrt{N+1}}\right)\to 2\quad(N\to+\infty).$$

由此知

$$\prod_{n=2}^{\infty}(1+a_n)=2$$

收敛.

或从 $\prod\limits_{n=2}^{2N}(1+a_n)=4\prod\limits_{k=1}^{N}\left(1-\dfrac{1}{k^2}\right)$ 中,由于 $\sum\limits_{k=1}^{\infty}\dfrac{1}{k^2}$ 收敛,得知 $\prod\limits_{k=1}^{\infty}\left(1-\dfrac{1}{k^2}\right)$ 收敛及 $\prod\limits_{n=2}^{2N+1}(1+a_n)=\prod\limits_{n=2}^{2N}(1+a_n)\left(1-\dfrac{1}{\sqrt{2N}}\right)$ 可推得 $\prod\limits_{n=2}^{\infty}(1+a_n)$ 收敛. □

559. 设级数 $\sum\limits_{n=1}^{\infty}x_n^2$ 收敛. 证明:无穷乘积 $\prod\limits_{n=1}^{\infty}\cos x_n$ 也收敛.

证明　将 $\cos x_n$ 写成 $1+(\cos x_n-1)=1-2\sin^2\dfrac{x_n}{2}$.

因为 $\sum\limits_{n=1}^{\infty}x_n^2$ 收敛,故 $\lim\limits_{n\to+\infty}x_n^2=0$ 及 $\lim\limits_{n\to+\infty}x_n=0$.

$$\frac{2\sin^2\dfrac{x_n}{2}}{\dfrac{x_n^2}{2}}=\left(\frac{\sin\dfrac{x_n}{2}}{\dfrac{x_n}{2}}\right)^2\to 1\quad(n\to+\infty,x_n\to 0).$$

由 $\sum\limits_{n=1}^{\infty}x_n^2$ 收敛推得 $\sum\limits_{n=1}^{\infty}2\sin^2\dfrac{x_n}{2}$ 收敛. 由定理 12.5.3 得到 $\prod\limits_{n=1}^{\infty}\cos x_n$ 收敛. □

560. 设级数 $\sum\limits_{n=1}^{\infty}\alpha_n$ 绝对收敛. 证明:无穷乘积 $\prod\limits_{n=1}^{\infty}\tan\left(\dfrac{\pi}{4}+\alpha_n\right)$ 也收敛,其中 $|\alpha_n|<\dfrac{\pi}{4}$.

证明 $p_n=\tan\left(\frac{\pi}{4}+\alpha_n\right)=\frac{1+\tan\alpha_n}{1-\tan\alpha_n}=1+\frac{2\tan\alpha_n}{1-\tan\alpha_n}$，记 $a_n=\frac{2\tan\alpha_n}{1-\tan\alpha_n}$，则

$$a_n^2=\frac{4\tan^2\alpha_n}{(1-\tan\alpha_n)^2}.$$

因为 $\sum_{n=1}^{\infty}|\alpha_n|$ 收敛，所以 $\lim_{n\to+\infty}|\alpha_n|=0$，$\lim_{n\to+\infty}\alpha_n^2=0$. 由此得

$$\lim_{n\to+\infty}\frac{a_n}{\alpha_n}=\lim_{n\to+\infty}\frac{2\tan\alpha_n}{\alpha_n(1-\tan\alpha_n)}=2,$$

$$\lim_{n\to+\infty}\frac{a_n^2}{\alpha_n^2}=\lim_{n\to+\infty}\frac{4\tan^2\alpha_n}{\alpha_n^2}\frac{1}{(1-\tan\alpha_n)^2}=4\times1\times1=4.$$

于是 $\sum_{n=1}^{\infty}a_n$ 与 $\sum_{n=1}^{\infty}a_n^2$ 都收敛，根据定理 12.5.4(1)，乘积

$$\prod_{n=1}^{\infty}(1+a_n)=\prod_{n=1}^{\infty}\left(1+\frac{2\tan\alpha_n}{1-\tan\alpha_n}\right)=\prod_{n=1}^{\infty}\tan\left(\frac{\pi}{4}+\alpha_n\right)$$

收敛. □

561. 证明级数

$$\left(\frac{1}{\sqrt{2}}+\frac{1}{2}\right)+\left(-\frac{1}{\sqrt{2}}\right)+\left(\frac{1}{\sqrt{3}}+\frac{1}{3}\right)+\left(-\frac{1}{\sqrt{3}}\right)+\cdots$$

发散，但无穷乘积

$$\left(1+\frac{1}{\sqrt{2}}+\frac{1}{2}\right)\left(1-\frac{1}{\sqrt{2}}\right)\left(1+\frac{1}{\sqrt{3}}+\frac{1}{3}\right)\left(1-\frac{1}{\sqrt{3}}\right)\cdots$$

却收敛.

证明 由于 $S_{2n}=\left(\frac{1}{\sqrt{2}}+\frac{1}{2}\right)+\left(-\frac{1}{\sqrt{2}}\right)+\left(\frac{1}{\sqrt{3}}+\frac{1}{3}\right)+\left(-\frac{1}{\sqrt{3}}\right)+\cdots+\left(\frac{1}{\sqrt{n+1}}+\frac{1}{n+1}\right)+\left(-\frac{1}{\sqrt{n+1}}\right)=\frac{1}{2}+\frac{1}{3}+\cdots+\frac{1}{n+1}\to+\infty(n\to+\infty)$，故此级数发散. 设

$$P_{2n}=\left(1+\frac{1}{\sqrt{2}}+\frac{1}{2}\right)\left(1-\frac{1}{\sqrt{2}}\right)\cdots\left(1+\frac{1}{\sqrt{n+1}}+\frac{1}{n+1}\right)\left(1-\frac{1}{\sqrt{n+1}}\right).$$

因为 $\left(1+\frac{1}{\sqrt{k}}+\frac{1}{k}\right)\left(1-\frac{1}{\sqrt{k}}\right)=1-\frac{1}{k}+\frac{1}{k}-\frac{1}{k\sqrt{k}}=1-\frac{1}{k\sqrt{k}}$，所以

$$P_{2n}=\left(1-\frac{1}{2\sqrt{2}}\right)\left(1-\frac{1}{3\sqrt{3}}\right)\cdots\left(1-\frac{1}{(n+1)\sqrt{n+1}}\right)=\prod_{k=1}^{n}\left(1-\frac{1}{(k+1)\sqrt{k+1}}\right).$$

由 $-\frac{1}{(k+1)\sqrt{k+1}}<0$ 不变号，且 $\sum_{k=1}^{\infty}\frac{1}{(k+1)\sqrt{k+1}}$ 收敛，根据定理 12.5.3 知 $\{P_{2n}\}$ 收敛.

$$P_{2n+1}=P_{2n}\left(1+\frac{1}{\sqrt{n+2}}+\frac{1}{n+2}\right)$$

与 P_{2n} 有相同的极值，这就证明了上述无穷乘积是收敛的. □

注 此题说明定理 12.5.3 中 a_n 不变号的条件起了重要作用.

562. 设 $\sum\limits_{n=1}^{\infty} a_n$ 为正项级数. 如果存在正数 α 与 β,使得 $a_n - a_{n+1} \geqslant \beta a_n^{2-\alpha}$. 证明:

(1) $\{a_n\}$ 单调减趋于 0,且 $\alpha \leqslant 1$;

(2) $\sum\limits_{n=1}^{\infty} a_n < +\infty$,且

$$\sum_{n=N}^{\infty} a_n = O(a_N^{\alpha}), \quad N \to +\infty.$$

证明 (1) 由题设知

$$0 \leqslant a_{n+1} \leqslant a_n(1-\beta a_n^{1-\alpha}),$$

从而 $0 \leqslant 1-\beta a_n^{1-\alpha} \leqslant 1$, $a_{n+1} \leqslant a_n$, $\{a_n\}$ 单调减有下界 0,故收敛. 设 $\lim\limits_{n\to+\infty} a_n = a \geqslant 0$,在式 $a_{n+1} \leqslant a_n(1-\beta a_n^{1-\alpha})$ 中,令 $n \to +\infty$ 有

$$a \leqslant a(1-\beta a^{1-\alpha}),$$

则 $a=0$(否则有 $1-\beta a^{1-\alpha} \geqslant 1$,矛盾).

再由 $1-\beta a_n^{1-\alpha} \geqslant 0$ 知, $\alpha \leqslant 1$.

(2) 当 $\alpha=1$ 时,根据 $a_n - a_{n+1} \geqslant \beta a_n^{2-\alpha} = \beta a_n$ 及 $\lim\limits_{n\to+\infty} a_n = 0$ 得,

$$\beta \sum_{n=1}^{\infty} a_n \leqslant \sum_{n=1}^{\infty} (a_n - a_{n+1}) = \lim_{n\to+\infty} (a_1 - a_{n+1}) = a_1.$$

故 $\sum\limits_{n=1}^{\infty} a_n$ 收敛,且

$$\sum_{n=N}^{\infty} a_n \leqslant \frac{a_N}{\beta} = O(a_N), \quad N \to +\infty.$$

当 $0<\alpha<1$ 时,由 $a_n \to 0$ 知,可取 N_0 充分大, s. t. 当 $n>N_0$ 时, $\beta a_n^{1-\alpha} < 1$,于是

$$a_{n+1}^{\alpha} \leqslant a_n^{\alpha}(1-\beta a_n^{1-\alpha})^{\alpha} < a_n^{\alpha}(1-\alpha\beta a_n^{1-\alpha}) = a_n^{\alpha} - \alpha\beta a_n.$$

移项得 $\alpha\beta a_n \leqslant a_n^{\alpha} - a_{n+1}^{\alpha}$,因此

$$\alpha\beta \sum_{n=N_0}^{\infty} a_n \leqslant \sum_{n=N_0}^{\infty} (a_n^{\alpha} - a_{n+1}^{\alpha}) = a_{N_0}^{\alpha}.$$

由此知 $\sum\limits_{n=1}^{\infty} a_n$ 收敛,且

$$\sum_{n=N}^{\infty} a_n = O(a_N^{\alpha}), \quad N \to +\infty.$$

□

563. 试作一个收敛级数 $\sum\limits_{n=1}^{\infty} a_n$,使得 $\sum\limits_{n=1}^{\infty} a_n^3$ 发散.

举例 1 令

$$a_n = \frac{\cos \dfrac{2n\pi}{3}}{\sqrt[3]{n}}.$$

由 Dirichlet 判别法知级数 $\sum_{n=1}^{\infty} a_n = \sum_{n=1}^{\infty} \frac{\cos\frac{2n\pi}{3}}{\sqrt[3]{n}}$ 收敛. 由

$$\cos 3x = 4\cos^3 x - 3\cos x$$

得

$$\cos^3 x = \frac{1}{4}(\cos 3x + 3\cos x).$$

因此

$$a_n^3 = \frac{\cos^3 \frac{2\pi}{3} n}{n} = \frac{\cos 2n\pi + 3\cos\frac{2n\pi}{3}}{4n} = \frac{1}{4}\left(\frac{1}{n} + \frac{3\cos\frac{2n\pi}{3}}{n}\right).$$

因为 $\sum_{n=1}^{\infty} \frac{1}{n}$ 发散, $\sum_{n=1}^{\infty} \frac{\cos\frac{2n\pi}{3}}{n}$ 收敛,因此

$$\sum_{n=1}^{\infty} a_n^3 = \frac{1}{4}\sum_{n=1}^{\infty}\left(\frac{1}{n} + \frac{3\cos\frac{2n\pi}{3}}{n}\right)$$

发散.

举例 2 令

$$\sum_{n=1}^{\infty} a_n = 1 - 1 + \frac{1}{\sqrt[3]{2}} - \frac{1}{2\sqrt[3]{2}} - \frac{1}{2\sqrt[3]{2}} + \frac{1}{\sqrt[3]{3}} - \frac{1}{3\sqrt[3]{3}} - \frac{1}{3\sqrt[3]{3}} - \frac{1}{3\sqrt[3]{3}} + \cdots + \frac{1}{\sqrt[3]{k}} - \underbrace{\frac{1}{k\sqrt[3]{k}} - \cdots - \frac{1}{k\sqrt[3]{k}}}_{k\text{项}} + \cdots$$

显然, $\sum_{n=1}^{\infty} a_n = 0$. 但

$$\sum_{n=1}^{\infty} a_n^3 = 1 - 1 + \frac{1}{2} - \frac{1}{8\times 2} - \frac{1}{8\times 2} + \frac{1}{3} - \frac{3}{27\times 3} + \frac{1}{k} - \frac{k}{k^3\cdot k} + \cdots$$
$$= 1 + \frac{1}{2} + \frac{1}{3} + \cdots + \frac{1}{k} - 1 - \frac{1}{2^3} - \frac{1}{3^3} - \cdots - \frac{1}{k^3} - \cdots$$

是发散的. □

564. 设 $\{b_n\}$ 单调趋于 0,且 $\sum_{n=1}^{\infty} a_n b_n$ 收敛,应用 Cauchy 收敛原理与 Abel 引理证明:

$$\lim_{n\to+\infty}(a_1 + a_2 + \cdots + a_n) b_n = 0.$$

证明 不妨设 $\{b_n\}$ 单调减,由 $\lim_{n\to+\infty} b_n = 0$, 及 $\sum_{n=1}^{\infty} a_n b_n$ 收敛知,对 $\forall\, \varepsilon > 0$, $\exists\, N \in \mathbb{N}$, 当 $n >$

N 时

$$|b_n|<\varepsilon,$$

$$\left|\sum_{k=N+1}^{n} a_k b_k\right|<\varepsilon.$$

记 $M=|a_1+\cdots+a_N|$，故当 $n>N$ 时，$|(a_1+\cdots+a_N)b_n|<M\varepsilon$.

当固定 $n(>N)$ 时，$\left\{\dfrac{b_n}{b_k}\right\}$关于 k 单调增，由 Abel 引理

$$\left|\sum_{k=N+1}^{n} a_k b_n\right|=\left|\sum_{k=N+1}^{n} a_k b_k \frac{b_n}{b_k}\right|<\varepsilon\left(\frac{b_n}{b_{N+1}}+2\frac{b_n}{b_n}\right)\leqslant 3\varepsilon.$$

于是

$$\left|\sum_{k=1}^{n} a_k b_n\right|\leqslant\left|\sum_{k=1}^{N} a_k b_n\right|+\left|\sum_{k=N+1}^{n} a_k b_n\right|<M\varepsilon+3\varepsilon=(M+3)\varepsilon.$$

所以 $\lim\limits_{n\to+\infty}\sum\limits_{k=1}^{n} a_k b_n=0$. □

565. 设 $\sum\limits_{n=1}^{\infty}\dfrac{a_n}{n^\alpha}$ $(\alpha>0)$收敛. 证明：

$$\lim_{n\to+\infty}\frac{a_1+a_2+\cdots+a_n}{n^\alpha}=0.$$

证明 应用上题(564 题)，令 $b_n=\dfrac{1}{n^\alpha}(\alpha>0)$. 满足单调减趋于 0. $\sum\limits_{n=1}^{\infty}a_n b_n=\sum\limits_{n=1}^{\infty}\dfrac{a_n}{n^\alpha}$ 收敛，所以

$$\lim_{n\to+\infty}\sum_{k=1}^{\infty} a_k b_n=\lim_{n\to+\infty}\frac{\sum\limits_{k=1}^{n} a_k}{n^\alpha}=0.$$ □

566. 设$\{b_n\}$为正的单调增趋于$+\infty$的数列，如果 $\sum\limits_{n=1}^{\infty}a_n$ 收敛. 证明

$$\lim_{n\to+\infty}\frac{a_1b_1+a_2b_2+\cdots+a_nb_n}{b_n}=0.$$

证明 令 $c_n=\dfrac{1}{b_n}$，则$\{c_n\}$为正的单调减趋于 0 的数列，$\sum\limits_{n=1}^{\infty}(a_nb_n)c_n=\sum\limits_{n=1}^{\infty}(a_nb_n)\dfrac{1}{b_n}=\sum\limits_{n=1}^{\infty}a_n$ 收敛. 根据上面 564 题的结论，有

$$\lim_{n\to+\infty}\frac{a_1b_1+a_2b_2+\cdots+a_nb_n}{b_n}=\lim_{n\to+\infty}\left(\sum_{k=1}^{n}a_kb_k\right)c_n=0.$$ □

567. 设 $\sum\limits_{n=1}^{\infty}a_n$ 收敛，令

$$b_n=\frac{a_1+2a_2+\cdots+na_n}{n(n+1)}.$$

证明：(1) $\sum_{k=1}^{n} b_k = \sum_{k=1}^{n} a_k - \dfrac{a_1 + 2a_2 + \cdots + na_n}{n+1}$;

(2) $\sum_{n=1}^{\infty} b_n$ 收敛，且 $\sum_{n=1}^{\infty} b_n = \sum_{n=1}^{\infty} a_n$.

证明 (1) 令 $C_n = \sum_{k=1}^{n} ka_k$，则 $C_n - C_{n-1} = na_n$，$C_0 = 0$. 从而

$$\sum_{k=1}^{n} b_k = \sum_{k=1}^{n} \frac{C_k}{k(k+1)} = \sum_{k=1}^{n}\left(\frac{1}{k} - \frac{1}{k+1}\right)C_k$$

$$= \sum_{k=1}^{n} \frac{C_k}{k} - \sum_{k=1}^{n} \frac{C_k}{k+1} = \sum_{k=1}^{n} \frac{C_k}{k} - \sum_{k=2}^{n+1} \frac{C_{k-1}}{k}$$

$$= C_1 + \sum_{k=2}^{n} \frac{C_k - C_{k-1}}{k} - \frac{C_n}{n+1} = C_1 + \sum_{k=2}^{n} a_k - \frac{C_n}{n+1}$$

$$= \sum_{k=1}^{n} a_k - \frac{a_1 + 2a_2 + \cdots + na_n}{n+1}.$$

(2) 令 $d_n = n(n=1,2,\cdots)$，则 $\{d_n\}$ 单调增趋于 $+\infty$，$\sum_{n=1}^{\infty} a_n$ 收敛，根据上题(566 题)的结论有

$$\lim_{n\to+\infty} \frac{a_1 + 2a_2 + \cdots + na_n}{n} = 0.$$

由此得

$$\lim_{n\to+\infty} \frac{a_1 + 2a_2 + \cdots + na_n}{n+1} = \lim_{n\to+\infty} \frac{a_1 + 2a_2 + \cdots + na_n}{n} \cdot \frac{n}{n+1} = 0 \cdot 1 = 0.$$

于是

$$\sum_{n=1}^{\infty} b_n = \lim_{n\to+\infty} \sum_{k=1}^{n} b_k = \lim_{n\to+\infty}\left(\sum_{k=1}^{n} a_k - \frac{1}{n+1}\sum_{k=1}^{n} ka_k\right) = \sum_{k=1}^{\infty} a_k - 0 = \sum_{n=1}^{\infty} a_n. \qquad \square$$

568. 设级数 $\sum_{n=1}^{\infty} a_n$ 绝对收敛，且 $\lim_{n\to+\infty} b_n = 0$. 证明：

$$\lim_{n\to+\infty} (a_1 b_n + a_2 b_{n-1} + \cdots + a_n b_1) = 0.$$

证明 由 $\sum_{n=1}^{\infty} a_n$ 绝对收敛，$\{b_n\}$ 收敛知，$\exists A > 0$, s. t. $\sum_{k=1}^{n} |a_k| < A$，$|b_n| < A$，$n = 1, 2, \cdots$.

对 $\forall \varepsilon > 0$，$\exists N \in \mathbb{N}$，当 $n > N$ 时，有

$$|a_{n+1}| + \cdots + |a_{n+p}| < \frac{\varepsilon}{2A}, \quad \forall p \in \mathbb{N}, \quad |b_n| < \frac{\varepsilon}{2A}.$$

取 $n > 2N+2$，则 $\left[\dfrac{n}{2}\right] > N$，$n - \left[\dfrac{n}{2}\right] + 1 > N$，于是

$$
\begin{aligned}
&|a_1b_n+a_2b_{n-1}+\cdots+a_nb_1-0|\\
\leqslant&|a_1b_n|+|a_2b_{n-1}|+\cdots+\left|a_{\left[\frac{n}{2}\right]}b_{n-\left[\frac{n}{2}\right]+1}\right|+\left|a_{\left[\frac{n}{2}\right]+1}b_{n-\left[\frac{n}{2}\right]}\right|+\cdots+|a_nb_1|\\
\leqslant&\left(|a_1|+|a_2|+\cdots+\left|a_{\left[\frac{n}{2}\right]}\right|\right)\frac{\varepsilon}{2A}+\left(\left|a_{\left[\frac{n}{2}\right]+1}\right|+\cdots+|a_n|\right)A\\
<&A\cdot\frac{\varepsilon}{2A}+\frac{\varepsilon}{2A}\cdot A=\varepsilon.
\end{aligned}
$$

所以 $\lim\limits_{n\to+\infty}(a_1b_n+a_2b_{n-1}+\cdots+a_nb_1)=0$. □

569. 如果对任意一个趋于 0 的数列 $\{x_n\}$，级数 $\sum\limits_{n=1}^{\infty}a_nx_n$ 都收敛. 试用反证法证明 $\sum\limits_{n=1}^{\infty}a_n$ 绝对收敛.

如果将条件中的“任意一个趋于 0 的数列”改为“任意一个单调减趋于 0 的数列”，结论是否成立？

证明 （反证法）若级数 $\sum\limits_{n=1}^{\infty}a_n$ 非绝对收敛，则 $\sum\limits_{n=1}^{\infty}|a_n|=+\infty$. 则对 $\forall m\in\mathbb{N}$，总有 $\sum\limits_{k=m}^{+\infty}|a_k|=+\infty$. 于是 $\exists k_1$，s. t.

$$\sum_{n=1}^{k_1}|a_n|>1,$$

$\exists k_2>k_1$，s. t.

$$\sum_{n=k_1+1}^{k_2}|a_n|>2,$$

继续这个过程，得 $\{k_j\}$，$k_1<k_2<\cdots<k_j<\cdots$，s. t.

$$\sum_{n=k_{j-1}+1}^{k_j}|a_n|>j,\quad j=1,2,\cdots.\quad 其中\ k_0=0,$$

构造数列 $\{x_n\}$ 如下：$x_n=\operatorname{sgn}a_n$，$1\leqslant n\leqslant k_1$，$x_n=\dfrac{1}{j+1}\operatorname{sgn}a_n$，$k_j<n\leqslant k_{j+1}$ $(j=1,2,\cdots)$. 显然当 $n\to+\infty$ 时，$j\to+\infty$，故 $x_n\to0\ (n\to+\infty)$. 由题设条件 $\sum\limits_{n=1}^{\infty}a_nx_n$ 收敛. 但

$$
\begin{aligned}
\sum_{n=1}^{\infty}a_nx_n&=\sum_{n=1}^{k_1}|a_n|+\sum_{n=k_1+1}^{k_2}\frac{1}{2}|a_n|+\cdots+\sum_{n=k_j+1}^{k_{j+1}}\frac{1}{j+1}|a_n|+\cdots\\
&=\sum_{n=1}^{k_1}|a_n|+\frac{1}{2}\sum_{n=k_1+1}^{k_2}|a_n|+\cdots+\frac{1}{j+1}\sum_{n=k_j+1}^{k_{j+1}}|a_n|+\cdots\\
&>1+\frac{1}{2}\cdot2+\cdots+\frac{1}{j+1}(j+1)+\cdots=+\infty,
\end{aligned}
$$

矛盾. 由此知 $\sum\limits_{n=1}^{\infty} a_n$ 绝对收敛.

如果改了条件,则结论未必成立. 例如取 $a_n=(-1)^{n-1}$,对于任意一个单调减趋于 0 的数列$\{x_n\}$,由 Dirichlet 判别法,$\sum\limits_{n=1}^{\infty} a_n x_n=\sum\limits_{n=1}^{\infty}(-1)^{n-1}x_n$ 收敛,但$\sum\limits_{n=1}^{\infty}(-1)^{n-1}$非绝对收敛. □

570. 证明:$\prod\limits_{n=1}^{\infty}\frac{1}{\mathrm{e}}\left(1+\frac{1}{n}\right)^n=0$,并由此推得 $\lim\limits_{n\to+\infty}\frac{n^n}{n!}\mathrm{e}^{-n}=0$.

证明 设 $p_n=\frac{1}{\mathrm{e}}\left(1+\frac{1}{n}\right)^n$,则 $\ln p_n=n\ln\left(1+\frac{1}{n}\right)-1$,进而

$$\ln p_n=n\left(\frac{1}{n}-\frac{1}{2n^2}+o\left(\frac{1}{n^2}\right)\right)-1=-\frac{1}{2n}+o\left(\frac{1}{n}\right)\sim-\frac{1}{2n}\ (n\to+\infty).$$

由 $\sum\limits_{n=1}^{\infty}-\frac{1}{2n}=-\infty$及定理 12.5.2(2)知 $\prod\limits_{n=1}^{\infty}\frac{1}{\mathrm{e}}\left(1+\frac{1}{n}\right)^n=0$.

记 $a_n=\frac{n^n}{n!}\mathrm{e}^{-n}$,则

$$\frac{a_{n+1}}{a_n}=\left(1+\frac{1}{n}\right)^n\frac{1}{\mathrm{e}},$$

$$\frac{n^n}{n!}\mathrm{e}^{-n}=a_n=\frac{a_n}{a_{n-1}}\frac{a_{n-1}}{a_{n-2}}\cdots\frac{a_2}{a_1}a_1$$

$$=\prod_{k=1}^{n-1}\frac{1}{\mathrm{e}}\left(1+\frac{1}{k}\right)^k\cdot\frac{1}{\mathrm{e}}\to0\cdot\frac{1}{\mathrm{e}}=0\quad(n\to+\infty).$$ □

注 $\lim\limits_{n\to+\infty}\frac{n^n}{n!}\mathrm{e}^{-n}=0$ 也可用 Stirling 公式

$$n!\sim\left(\frac{n}{\mathrm{e}}\right)^n\sqrt{2\pi n}\quad(n\to+\infty)$$

立即证得

$$\frac{n^n}{n!}\mathrm{e}^{-n}\sim\frac{1}{\sqrt{2n\pi}}\to0\quad(n\to+\infty).$$

571. 设级数

$$\sum_{n=1}^{\infty}a_n(x^2-1)(x^2-2^2)\cdots(x^2-n^2)$$

在 $x=x_0$(非整数)处收敛. 证明:该级数对所有的 x 都收敛.

证明 对 $\forall\, x\neq x_0$,有

$$\sum_{n=1}^{\infty}a_n(x^2-1)(x^2-2^2)\cdots(x^2-n^2)$$

$$=\sum_{n=1}^{\infty}a_n(x_0^2-1)(x_0^2-2^2)\cdots(x_0^2-n^2)\cdot\frac{(x^2-1)(x^2-2^2)\cdots(x^2-n^2)}{(x_0^2-1)(x_0^2-2^2)\cdots(x_0^2-n^2)}$$

$$=\sum_{n=1}^{\infty}\alpha_n\cdot\beta_n.$$

这里，$\alpha_n=a_n(x_0^2-1)(x_0^2-2^2)\cdots(x_0-n^2)$，$\beta_n=\prod_{k=1}^{n}\frac{x^2-k^2}{x_0^2-k^2}$.

已知 $\sum_{n=1}^{\infty}\alpha_n$ 收敛. 而

$$\frac{\beta_{n+1}}{\beta_n}=\frac{x-(n+1)^2}{x_0-(n+1)^2},\quad n=1,2,\cdots.$$

当 $x<x_0$ 时，$\beta_{n+1}>\beta_n$，$\{\beta_n\}$单调增，当 $x>x_0$ 时，$\beta_{n+1}<\beta_n$，$\{\beta_n\}$单调减.

β_n 是无穷乘积 $\prod_{n=1}^{\infty}\frac{x^2-n^2}{x_0^2-n^2}$ 的部分积，若该无穷乘积收敛，则$\{\beta_n\}$有界. 而

$$p_n=\frac{x^2-n^2}{x_0^2-n^2}=1+\frac{x_0^2-x^2}{n^2-x_0^2},$$

$\sum_{n=1}^{\infty}\frac{x_0^2-x^2}{n^2-x_0^2}$收敛，由此推得 $\prod_{n=1}^{\infty}p_n=\prod_{n=1}^{\infty}\frac{x^2-n^2}{x_0^2-n^2}$ 收敛，$\{\beta_n\}$有界. 根据 Abel 判别法，$\sum_{n=1}^{\infty}\alpha_n\beta_n$ 收敛，即级数

$$\sum_{n=1}^{\infty}a_n(x^2-1)(x^2-2^2)\cdots(x^2-n^2)$$

对 $\forall x$ 收敛. □

572. 设正数列$\{a_n\}$满足

$$\frac{a_n}{a_{n+1}}=1+\frac{1}{n}+O(b_n),\quad n\to+\infty,$$

其中 $\sum_{n=1}^{\infty}b_n$ 是一个绝对收敛级数. 证明：$\sum_{n=1}^{\infty}a_n$ 发散.

证明 设 $c_n=\frac{n}{n+1}O(b_n)$，即 $\exists M$, s. t.

$$|c_n|\frac{n+1}{n}\leqslant M|b_n|.$$

于是

$$|c_n|\leqslant\frac{n}{n+1}M|b_n|<M|b_n|.$$

由 $\sum_{n=1}^{\infty}|b_n|$收敛推得 $\sum_{n=1}^{\infty}|c_n|$收敛，从而 $\prod_{n=1}^{\infty}(1+|c_n|)$收敛，根据定理 12.5.5 得

$$\prod_{n=1}^{\infty}(1+c_n)$$

收敛. 令 $\prod_{n=1}^{\infty}(1+c_n)=c\neq 0$，就有

$$\frac{a_n}{a_{n+1}}=\frac{n+1}{n}+O(b_n)=\frac{n+1}{n}\left(1+\frac{n}{n+1}O(b_n)\right)=\frac{n+1}{n}(1+c_n),$$

$$\frac{a_{n+1}}{a_n}=\frac{n}{n+1}\frac{1}{1+c_n},$$

$$\frac{a_{n+1}}{a_1}=\frac{a_{n+1}}{a_n}\frac{a_n}{a_{n-1}}\cdots\frac{a_2}{a_1}=\frac{n}{n+1}\cdot\frac{n-1}{n}\cdots\frac{1}{2}\cdot\frac{1}{1+c_n}\cdot\frac{1}{1+c_{n-1}}\cdots\frac{1}{1+c_1}$$

$$=\frac{1}{n+1}\frac{1}{\prod\limits_{k=1}^{n}(1+c_k)},$$

$$\frac{a_{n+1}}{\frac{1}{n+1}}=\frac{a_1}{\prod\limits_{k=1}^{n}(1+c_k)}\longrightarrow\frac{a_1}{c}\quad(n\to+\infty).$$

因为 $\sum\limits_{n=1}^{\infty}\frac{1}{n}$发散,由比较判别法知 $\sum\limits_{n=1}^{\infty}a_n$ 发散. □

573. 设 $p_1=2,p_2=3,p_3=5,\cdots$为从小到大排列的全体素(质)数,证明:

(1) $\prod\limits_{k=1}^{\infty}\frac{1}{1-\frac{1}{p_k^x}}=\sum\limits_{n=1}^{\infty}\frac{1}{n^x}=\zeta(x)$(Riemann ζ 函数) 当 $x>1$ 时收敛;当 $0<x\leqslant 1$ 时发散到 $+\infty$.

(2) $\sum\limits_{k=1}^{\infty}\frac{1}{p_k}=\frac{1}{2}+\frac{1}{3}+\frac{1}{5}+\frac{1}{7}+\frac{1}{11}+\cdots=+\infty.$

证明 (1) 当 $x>0$ 时,由等比数列求和公式得到

$$\frac{1}{1-\frac{1}{p_k^x}}=1+\frac{1}{p_k^x}+\frac{1}{p_k^{2x}}+\cdots$$

令 $p_1,p_2,\cdots,p_m$ 为不大于自然数 N 的全体素数,则

$$\prod_{k=1}^{m}\frac{1}{1-\frac{1}{p_k^x}}=1+\frac{1}{2^x}+\frac{1}{3^x}+\cdots+\frac{1}{N^x}+\frac{1}{N_1^x}+\frac{1}{N_2^x}+\cdots\leqslant\sum_{n=1}^{\infty}\frac{1}{n^x},$$

其中 $N_1>N,N_2>N_1$(但 N,N_1,N_2 不必彼此相差 1),从而

$$\prod_{k=1}^{\infty}\frac{1}{1-\frac{1}{p_k^x}}=\lim_{m\to+\infty}\prod_{k=1}^{m}\frac{1}{1-\frac{1}{p_k^x}}\leqslant\sum_{n=1}^{\infty}\frac{1}{n^x}.$$

另一方面,又可得

$$\prod_{k=1}^{\infty}\frac{1}{1-\frac{1}{p_k^x}}>\prod_{k=1}^{m}\frac{1}{1-\frac{1}{p_k^x}}>\sum_{n=1}^{N}\frac{1}{n^x}.$$

令 $N\to+\infty$得

$$\prod_{k=1}^{\infty}\frac{1}{1-\frac{1}{p_k^x}}\geqslant\sum_{n=1}^{\infty}\frac{1}{n^x}.$$

综合上述，有

$$\prod_{k=1}^{\infty}\frac{1}{1-\frac{1}{p_k^x}}=\sum_{n=1}^{\infty}\frac{1}{n^x}.$$

当 $x>1$ 时收敛；当 $0<x\leqslant 1$ 时发散到 $+\infty$.

(2) 因为(由(1))

$$\prod_{k=1}^{\infty}\frac{1}{1-\frac{1}{p_k}}=+\infty,$$

所以

$$+\infty=\ln\prod_{k=1}^{\infty}\frac{1}{1-\frac{1}{p_k}}=-\sum_{k=1}^{\infty}\ln\left(1-\frac{1}{p_k}\right)\leqslant\sum_{k=1}^{\infty}\frac{2}{p_k}=2\sum_{k=1}^{\infty}\frac{1}{p_k},\quad \sum_{k=1}^{\infty}\frac{1}{p_k}=+\infty.$$

这里用到

$$-\ln(1-\eta)=-\sum_{n=1}^{\infty}(-1)^{n-1}\frac{(-\eta)^n}{n}=\sum_{n=1}^{\infty}\frac{\eta^n}{n}\leqslant\sum_{n=1}^{\infty}\eta^n=\frac{\eta}{1-\eta}\leqslant 2\eta,\quad 0<\eta\leqslant\frac{1}{2}.$$

或者令 $\varphi(\eta)=2\eta+\ln(1-\eta)$, $0<\eta\leqslant\frac{1}{2}$,则

$$\varphi'(\eta)=2-\frac{1}{1-\eta}=\frac{1-2\eta}{1-\eta}\geqslant 0,$$

因此,φ 单调增,从而

$$0=\varphi(0)\leqslant\varphi(\eta)=2\eta+\ln(1-\eta),\quad -\ln(1-\eta)\leqslant 2\eta.$$ □

574. 证明：级数

$$\sum_{n=1}^{\infty}(2-e^{\alpha})(2-e^{\frac{\alpha}{2}})\cdots(2-e^{\frac{\alpha}{n}})$$

当 $\alpha=N\ln 2$(N 为自然数)或 $\alpha>1$ 时收敛；当 $\alpha\leqslant 1$ 且 $\alpha\neq N\ln 2$(N 为自然数)时发散.

证明 当 $\alpha=N\ln 2$ 时,$\forall\, n\geqslant N$ 有

$$\begin{aligned}a_n&=(2-e^{N\ln 2})(2-e^{\frac{N}{2}\ln 2})\cdots(2-e^{\frac{N\ln 2}{n}})\\&=(2-2^N)\cdots(2-2^{\frac{N}{2^2}})\cdots(2-2^{\frac{N}{n}})=0.\end{aligned}$$

所以级数只有有限项不为 0,当然收敛.

当 $\alpha\neq\ln 2,2\ln 2,3\ln 2,\cdots$时,因为 $\lim\limits_{n\to+\infty}(2-e^{\frac{\alpha}{n}})=1$,所以,$\exists\, N\in\mathbb{N}$, s. t. $2-e^{\frac{1}{N+1}}>0$. 由此有

$$\sum_{n=1}^{\infty}(2-e^{\alpha})(2-e^{\frac{\alpha}{2}})\cdots(2-e^{\frac{\alpha}{n}})$$

$$= \sum_{n=1}^{N}(2-\mathrm{e}^{\alpha})(2-\mathrm{e}^{\frac{\alpha}{2}})\cdots(2-\mathrm{e}^{\frac{\alpha}{n}})$$

$$+(2-\mathrm{e}^{\alpha})(2-\mathrm{e}^{\frac{\alpha}{2}})\cdots(2-\mathrm{e}^{\frac{\alpha}{N}})\sum_{n=N+1}^{\infty}(2-\mathrm{e}^{\frac{\alpha}{N+1}})\cdots(2-\mathrm{e}^{\frac{\alpha}{n}}),$$

故只须考虑级数 $\sum\limits_{n=N+1}^{\infty}(2-\mathrm{e}^{\frac{\alpha}{N+1}})\cdots(2-\mathrm{e}^{\frac{\alpha}{n}})$ 的敛散性.

记 $b_n=(2-\mathrm{e}^{\frac{\alpha}{N+1}})\cdots(2-\mathrm{e}^{\frac{\alpha}{n}})>0$,由

$$\lim_{n\to+\infty} n\left(\frac{b_n}{b_{n+1}}-1\right)=\lim_{n\to+\infty} n\left(\frac{1}{2-\mathrm{e}^{\frac{\alpha}{n+1}}}-1\right)=\lim_{n\to+\infty} n\,\frac{\mathrm{e}^{\frac{\alpha}{n+1}}-1}{2-\mathrm{e}^{\frac{\alpha}{n+1}}}$$

$$=\lim_{n\to+\infty}\frac{\mathrm{e}^{\frac{\alpha}{n+1}}-1}{\frac{\alpha}{n+1}}\cdot\frac{n\alpha}{n+1}\cdot\frac{1}{2-\mathrm{e}^{\frac{\alpha}{n+1}}}=\alpha.$$

根据 Raabe 判别法,当 $\alpha>1$ 时收敛,当 $\alpha<1$ 时发散.

当 $\alpha=1$ 时,根据

$$\frac{b_{n-1}}{b_n}=\frac{1}{2-\mathrm{e}^{\frac{1}{n}}}=\frac{1}{2-\left(1+\frac{1}{n}+\frac{1}{2n^2}+o\left(\frac{1}{n^2}\right)\right)}$$

$$=\frac{1}{1-\left(\frac{1}{n}+\frac{1}{2n^2}+o\left(\frac{1}{n^2}\right)\right)}$$

$$=1+\left[\frac{1}{n}+\frac{1}{2n^2}+o\left(\frac{1}{n^2}\right)\right]+\left[\frac{1}{n}+\frac{1}{2n^2}+o\left(\frac{1}{n^2}\right)\right]^2+o\left(\left[\frac{1}{n}+\frac{1}{2n^2}+o\left(\frac{1}{n^2}\right)\right]^3\right)$$

$$=1+\frac{1}{n}+\frac{1}{2n^2}+\frac{1}{n^2}+o\left(\frac{1}{n^2}\right)$$

$$=1+\frac{1}{n-1}-\frac{1}{n(n-1)}+\frac{3}{2n^2}+o\left(\frac{1}{n^2}\right)$$

$$=1+\frac{1}{n-1}+\frac{0}{(n-1)\ln(n-1)}+o\left(\frac{1}{(n-1)\ln(n-1)}\right)$$

和 Gauss 判别法,$\sum\limits_{n=1}^{\infty}b_n$ 发散.因此 原级数当 $\alpha=N\ln 2$(N 为自然数)或 $\alpha>1$ 时收敛;当$\alpha\leqslant 1$ 且 $\alpha\neq N\ln 2$(N 为自然数)时发散. □

575. 如果对满足 $\sum\limits_{n=1}^{\infty}a_n^2$ 收敛的任意 a_n,必有 $\sum\limits_{n=1}^{\infty}a_nb_n$ 收敛,证明:$\sum\limits_{n=1}^{\infty}b_n^2$ 也收敛.

证明 (反证)假设 $\sum\limits_{n=1}^{\infty}b_n^2=+\infty$,则对 $\forall A\in\mathbb{R}^+$,$\exists N\in\mathbb{N}$,s.t.当 $n>N$ 时,$\sum\limits_{k=1}^{n}b_k^2>A$.故

$$\exists n_1,\text{s.t.}\sum_{k=1}^{n}b_k^2=B_{n_1}>1,$$

$$\exists n_2 > n_1, \text{s. t.} \sum_{k=n_1+1}^{n_2} b_k^2 = B_{n_2} > 2^2, \cdots,$$

$$\exists n_N > n_{N-1}, \text{s. t.} \sum_{k=n_{N-1}+1}^{n_N} b_k^2 = B_{n_N} > N^2, \cdots,$$

令 $a_n = \dfrac{b_n}{B_{n_i}}$，其中 $n_{i-1}+1 \leqslant n \leqslant n_i (i=1,2,\cdots)$，$n_0=0$，则

$$\begin{aligned} 0 \leqslant \sum_{n=1}^{\infty} a_n^2 &= \frac{1}{B_{n_1}^2}(b_1^2 + \cdots + b_{n_1}^2) + \frac{1}{B_{n_2}^2}(b_{n_1+1}^2 + \cdots + b_{n_2}^2) + \cdots \\ &\quad + \frac{1}{B_{n_N}^2}(b_{n_{N-1}+1}^2 + \cdots + b_{n_N}^2) + \cdots \\ &= \frac{1}{B_{n_1}} + \frac{1}{B_{n_2}} + \cdots + \frac{1}{B_{n_N}} + \cdots < \frac{1}{1} + \frac{1}{2^2} + \cdots + \frac{1}{N^2} + \cdots = \sum_{n=1}^{\infty} \frac{1}{n^2}, \end{aligned}$$

所以 $\sum\limits_{n=1}^{\infty} a_n^2$ 收敛，由题意 $\sum\limits_{n=1}^{\infty} a_n b_n$ 收敛. 但

$$\begin{aligned} \sum_{n=1}^{\infty} a_n b_n &= \frac{1}{B_{n_1}}(b_1^2 + \cdots + b_{n_1}^2) + \frac{1}{B_{n_2}}(b_{n_1+1}^2 + \cdots + b_{n_2}^2) + \cdots \\ &\quad + \frac{1}{B_{n_N}}(b_{n_{N-1}+1}^2 + \cdots + b_{n_N}^2) + \cdots \\ &= 1 + 1 + 1 + \cdots = +\infty \end{aligned}$$

矛盾. 故 $\sum\limits_{n=1}^{\infty} b_n^2$ 收敛. □

576. 如果对任意满足 $\int_a^{+\infty} f^2(x)\mathrm{d}x$ 收敛的 f，必有 $\int_a^{+\infty} f(x)g(x)\mathrm{d}x$ 收敛，证明：$\int_a^{+\infty} g^2(x)\mathrm{d}x$ 也收敛.

证明 (反证)假设 $\int_a^{+\infty} g^2(x)\mathrm{d}x$ 发散($=+\infty$)，则存在严格增的序列 $a_1, a_2, \cdots, a_n, \cdots$, s. t.

$$\int_a^{a_1} g^2(x)\mathrm{d}x > 1,$$

$$\int_{a_1}^{a_2} g^2(x)\mathrm{d}x > 2^2,$$

$$\vdots$$

$$\int_{a_{n-1}}^{a_n} g^2(x)\mathrm{d}x > n^2,$$

$$\vdots$$

设

$$f(x)=\frac{g(x)}{\int_{a_i}^{a_{i+1}} g^2(x)\mathrm{d}x},\quad a_i\leqslant x<a_{i+1},i=0,1,2,\cdots,\quad 其中\ a_0=a.$$

则

$$0\leqslant\int_a^{+\infty} f^2(x)\mathrm{d}x=\sum_{i=0}^{\infty}\int_{a_i}^{a_{i+1}} f^2(x)\mathrm{d}x=\sum_{i=0}^{\infty}\frac{\int_{a_i}^{a_{i+1}} g^2(x)\mathrm{d}x}{\left[\int_{a_i}^{a_{i+1}} g^2(x)\mathrm{d}x\right]^2}$$

$$=\sum_{i=0}^{\infty}\frac{1}{\int_{a_i}^{a_{i+1}} g^2(x)\mathrm{d}x}<\sum_{i=0}^{\infty}\frac{1}{(i+1)^2}=\sum_{n=1}^{\infty}\frac{1}{n^2}<+\infty,$$

即 $\int_a^{+\infty} f^2(x)\mathrm{d}x$ 收敛. 由题意 $\int_a^{+\infty} f(x)g(x)\mathrm{d}x$ 也收敛,但是

$$\int_a^{+\infty} f(x)g(x)\mathrm{d}x=\sum_{i=0}^{\infty}\int_{a_i}^{a_{i+1}} f(x)g(x)\mathrm{d}x=\sum_{i=0}^{\infty}\frac{\int_{a_i}^{a_{i+1}} g^2(x)\mathrm{d}x}{\int_{a_i}^{a_{i+1}} g^2(x)\mathrm{d}x}=\sum_{i=0}^{\infty}1=+\infty,$$

矛盾,所以 $\int_a^{+\infty} g^2(x)\mathrm{d}x$ 收敛. □

577. 设 $a_n\geqslant 0(n=1,2,\cdots)$, $\sum_{n=1}^{\infty}a_n^2<+\infty$. 证明:

(1) $\sum_{n=1}^{\infty}\frac{\sqrt{m}}{\sqrt{n}(m+n)}\leqslant\pi\quad(m=1,2,\cdots)$;

(2) $\sum_{m,n=1}^{\infty}\frac{a_m a_n}{m+n}\leqslant\pi\sum_{n=1}^{\infty}a_n^2$.

证明 (1) 设 $f_m(x)=\frac{\sqrt{m}}{\sqrt{x}(m+x)}$, $m=1,2,\cdots$,则对 $\forall\, m\in\mathbb{N}$,积分

$$\int_0^{+\infty} f_m(x)\mathrm{d}x$$

收敛,且 $f_m(x)$ 是 x 的严格单调减函数. 因此

$$0<\sum_{n=1}^{\infty}\frac{\sqrt{m}}{\sqrt{n}(m+n)}<\sum_{n=1}^{\infty}\int_{n-1}^{n} f_m(x)\mathrm{d}x$$

$$=\int_0^{+\infty} f_m(x)\mathrm{d}x=\int_0^{+\infty}\frac{\sqrt{m}}{\sqrt{x}(m+x)}\mathrm{d}x\xlongequal{t=\sqrt{x}}\int_0^{+\infty}\frac{2\sqrt{m}\,\mathrm{d}t}{m+t^2}$$

$$=2\arctan\frac{t}{\sqrt{m}}\bigg|_0^{+\infty}=\pi\quad(m=1,2,\cdots).$$

(2) 对 $\forall m,n\in\mathbb{N}$,有

$$a_m a_n = a_m\left(\frac{m}{n}\right)^{\frac{1}{4}} a_n\left(\frac{n}{m}\right)^{\frac{1}{4}} \leqslant \frac{1}{2}\left[a_m^2\left(\frac{m}{n}\right)^{\frac{1}{2}} + a_n^2\left(\frac{n}{m}\right)^{\frac{1}{2}}\right].$$

部分和

$$S_k = \sum_{m,n=1}^{k}\frac{a_m a_n}{m+n} \leqslant \frac{1}{2}\sum_{m,n=1}^{k}\left[a_m^2\frac{\sqrt{m}}{\sqrt{n}\,(m+n)} + a_n^2\frac{\sqrt{n}}{\sqrt{m}\,(m+n)}\right] = \sum_{m,n=1}^{k} a_m^2\frac{\sqrt{m}}{\sqrt{n}\,(m+n)}$$

$$= \sum_{m=1}^{k} a_m^2\sum_{n=1}^{k}\frac{\sqrt{m}}{\sqrt{n}\,(m+n)} \leqslant \sum_{m=1}^{k} a_m^2\sum_{n=1}^{\infty}\frac{\sqrt{m}}{\sqrt{n}\,(m+n)} \leqslant \pi\sum_{m=1}^{k} a_m^2 \leqslant \pi\sum_{n=1}^{\infty} a_n^2.$$

进一步考虑部分和

$$S_{M,N} = \sum_{m=1}^{M}\sum_{n=1}^{N}\frac{a_m a_n}{m+n}.$$

取 $k=\max\{M,N\}$,则有

$$S_{M,N} \leqslant S_k \leqslant \pi\sum_{n=1}^{\infty} a_n^2,$$

即正项级数 $\sum\limits_{m,n=1}^{\infty}\frac{a_m a_n}{m+n}$ 部分和有上界 $\pi\sum\limits_{n=1}^{\infty} a_n^2$,也即级数

$$\sum_{m,n=1}^{\infty}\frac{a_m a_n}{m+n} \leqslant \pi\sum_{n=1}^{\infty} a_n^2$$

收敛. □

578. 设 $a_1=1,a_2=2,a_n=a_{n-2}+a_{n-1}(n\geqslant 3)$,证明:$\frac{a_n}{a_{n+1}}\leqslant\frac{2}{3}(n=1,2,\cdots)$,且 $\sum\limits_{n=1}^{\infty}\frac{1}{a_n}$ 收敛.

证明 (归纳法)显然 $\frac{a_1}{a_2}=\frac{1}{2}<\frac{2}{3},\frac{a_2}{a_3}=\frac{a_2}{a_1+a_2}=\frac{1}{\frac{a_1}{a_2}+1}=\frac{1}{\frac{1}{2}+1}=\frac{2}{3}$,结论成立.

假设当 $n=k(\geqslant 2)$ 时,不等式 $\frac{a_k}{a_{k+1}}\leqslant\frac{2}{3}$ 成立,则当 $n=k+1$ 时,有

$$\frac{a_{k+1}}{a_{k+2}} = \frac{a_{k-1}+a_k}{a_k+a_{k+1}} = \frac{\frac{a_{k-1}}{a_k}+1}{1+\frac{a_{k+1}}{a_k}} \leqslant \frac{\frac{2}{3}+1}{1+\frac{3}{2}} = \frac{2}{3}.$$

不等式也成立,所以,对 $\forall n\in\mathbb{N}$,有 $\frac{a_n}{a_{n+1}}\leqslant\frac{2}{3}$.

记 $\frac{1}{a_n}=b_n$. 则有

$$\frac{b_{n+1}}{b_n} = \frac{a_n}{a_{n+1}} \leqslant \frac{2}{3} < 1.$$

根据 D'Alembert 判别法,级数 $\sum\limits_{n=1}^{\infty}\frac{1}{a_n}=\sum\limits_{n=1}^{\infty}b_n$ 收敛. □

579. 设$\{a_n\}$为正实数序列，$\sum_{n=1}^{\infty}\frac{1}{a_n}$收敛. 证明：级数

$$\sum_{n=1}^{\infty}\frac{n^2}{(a_1+a_2+\cdots+a_n)^2}a_n$$

也收敛.

证明 记$A_n=\sum_{k=1}^{n}a_k$. 由于$a_n>0$，故$\{A_n\}$单调增. 级数$\sum_{n=1}^{\infty}\frac{n^2}{A_n^2}a_n$是正项级数，记它的部分和为$S_n=\sum_{k=1}^{n}\frac{k^2}{A_k^2}a_k$. 下证$\{S_n\}$有界.

$$S_n=\sum_{k=1}^{n}\frac{k^2}{A_k^2}a_k=\frac{1}{a_1}+\sum_{k=2}^{n}\frac{k^2}{A_k^2}(A_k-A_{k-1})\leqslant\frac{1}{a_1}+\sum_{k=2}^{n}\frac{k^2}{A_{k-1}A_k}(A_k-A_{k-1})$$

$$=\frac{1}{a_1}+\sum_{k=2}^{n}\frac{k^2}{A_{k-1}}-\sum_{k=2}^{n}\frac{k^2}{A_k}=\frac{1}{a_1}+\sum_{k=1}^{n-1}\frac{(k+1)^2}{A_k}-\sum_{k=2}^{n-1}\frac{k^2}{A_k}-\frac{n^2}{A_n}$$

$$=\frac{1}{a_1}+\frac{4}{a_1}+\sum_{k=2}^{n-1}\frac{(k+1)^2-k^2}{A_k}-\frac{n^2}{A_n}\leqslant\frac{5}{a_1}+2\sum_{k=1}^{n}\frac{k}{A_k}+\sum_{k=1}^{n}\frac{1}{A_k}.$$

由于$A_k\geqslant a_k$，$\sum_{k=1}^{n}\frac{1}{A_k}\leqslant\sum_{k=1}^{n}\frac{1}{a_k}$，由$\sum_{n=1}^{\infty}\frac{1}{a_n}$收敛，可设$\sum_{n=1}^{\infty}\frac{1}{a_n}=A$. 则$\sum_{k=1}^{n}\frac{1}{a_k}<A$.

应用 Cauchy 不等式，得

$$\sum_{k=1}^{n}\frac{k}{A_k}=\sum_{k=1}^{n}\frac{k}{A_k}\sqrt{a_k}\cdot\frac{1}{\sqrt{a_k}}\leqslant\left[\sum_{k=1}^{n}\left(\frac{k}{A_k}\sqrt{a_k}\right)^2\right]^{\frac{1}{2}}\left[\sum_{k=1}^{n}\left(\frac{1}{\sqrt{a_k}}\right)^2\right]^{\frac{1}{2}}$$

$$=\left(\sum_{k=1}^{n}\frac{k^2}{A_k^2}a_k\right)^{\frac{1}{2}}\left(\sum_{k=1}^{n}\frac{1}{a_k}\right)^{\frac{1}{2}}=\sqrt{S_n}\left(\sum_{k=1}^{n}\frac{1}{a_k}\right)^{\frac{1}{2}}.$$

代入前面的式子，得

$$S_n\leqslant\frac{5}{a_1}+2\sqrt{S_n}\left(\sum_{k=1}^{n}\frac{1}{a_k}\right)^{\frac{1}{2}}+\sum_{k=1}^{n}\frac{1}{a_k}.$$

令$\sqrt{S_n}=X$. 就得关于X的不等式

$$X^2-2X\left(\sum_{k=1}^{n}\frac{1}{a_k}\right)^{\frac{1}{2}}-\frac{5}{a_1}-\sum_{k=1}^{n}\frac{1}{a_k}\leqslant 0,$$

解此不等式得

$$0<X=\sqrt{S_n}\leqslant\left(\sum_{k=1}^{n}\frac{1}{a_k}\right)^{\frac{1}{2}}+\left(\frac{5}{a_1}+\sum_{k=1}^{n}\frac{1}{a_k}\right)^{\frac{1}{2}}\leqslant A^{\frac{1}{2}}+\left(\frac{5}{a_1}+A\right)^{\frac{1}{2}},$$

故S_n有界. 所以级数

$$\sum_{n=1}^{\infty}\frac{n^2}{(a_1+a_2+\cdots+a_n)}a_n=\sum_{n=1}^{\infty}\frac{n^2}{A_n}a_n$$

收敛. □

580. 设级数 $\sum_{n=1}^{\infty}a_n$ 收敛，$\sum_{n=1}^{\infty}(b_{n+1}-b_n)$ 绝对收敛. 证明：级数 $\sum_{n=1}^{\infty}a_nb_n$ 也收敛. 如果“绝对收敛”改为“收敛”，结论如何?

证明 (1) 因为 $\sum_{n=1}^{\infty}(b_{n+1}-b_n)$ 绝对收敛，所以 $\sum_{n=1}^{\infty}(b_{n+1}-b_n)$ 收敛，从而，$b_n-b_1=\sum_{k=1}^{n}(b_{k+1}-b_k)\to A$，$b_n\to A+b_1(n\to+\infty)$. 所以，$\{b_n\}$ 有界，即 $|b_n|\leqslant M$. 因为 $\sum_{n=1}^{\infty}a_n$ 收敛，及 $\sum_{n=1}^{\infty}|b_{n+1}-b_n|$ 收敛，据 Cauchy 收敛准则，$\forall\varepsilon>0,\exists N\in\mathbb{N}$，当 $n>N$ 时，有

$$\left|\sum_{k=n+1}^{n+p}a_k\right|<\frac{\varepsilon}{1+M},\quad \sum_{k=n+1}^{n+p}|b_{k+1}-b_k|<1(\forall p\in\mathbb{N}).$$

记 $S_{n+i}=\sum_{k=n+1}^{n+i}a_k(i=1,2,\cdots,p)$，则

$$\begin{aligned}\left|\sum_{k=n+1}^{n+p}a_kb_k\right|&=|a_{n+1}b_{n+1}+a_{n+2}b_{n+2}+\cdots+a_{n+p}b_{n+p}|\\&=|S_{n+1}b_{n+1}+(S_{n+2}-S_{n+1})b_{n+2}+\cdots+(S_{n+p}-S_{n+p-1})b_{n+p}|\\&=|S_{n+1}(b_{n+1}-b_{n+2})+\cdots+S_{n+p-1}(b_{n+p-1}-b_{n+p})+S_{n+p}b_{n+p}|\\&\leqslant|S_{n+1}|\cdot|b_{n+1}-b_{n+2}|+\cdots+|S_{n+p-1}|\cdot|b_{n+p-1}-b_{n+p}|+|S_{n+p}|\cdot|b_{n+p}|\\&\leqslant\frac{\varepsilon}{1+M}\left(\sum_{k=n+1}^{n+p}|b_{k+1}-b_k|+|b_{n+p}|\right)<\frac{\varepsilon}{1+M}(1+M)\\&=\varepsilon\quad(\forall p\in\mathbb{N}).\end{aligned}$$

这就证明了 $\sum_{n=1}^{\infty}a_nb_n$ 是收敛的.

(2) 如果“绝对收敛”改为“收敛”，结论并不成立. 举反例如下：设 $a_n=\frac{(-1)^{n-1}}{\sqrt{n}}$，$b_n=\frac{(-1)^{n-1}}{\sqrt{n}}$，则 $\sum_{n=1}^{\infty}a_n=\sum_{n=1}^{\infty}\frac{(-1)^{n-1}}{\sqrt{n}}$ 与 $\sum_{n=1}^{\infty}(b_{n+1}-b_n)=\sum_{n=1}^{\infty}\frac{(-1)^n}{\sqrt{n+1}}-\sum_{n=1}^{\infty}\frac{(-1)^{n-1}}{\sqrt{n}}$ 都收敛，但是 $\sum_{n=1}^{\infty}a_nb_n=\sum_{n=1}^{\infty}\frac{(-1)^{n-1}}{\sqrt{n}}\cdot\frac{(-1)^{n-1}}{\sqrt{n}}=\sum_{n=1}^{\infty}\frac{1}{n}$ 发散. 根据(1)，$\sum_{n=1}^{\infty}(b_{n+1}-b_n)$ 肯定不绝对收敛. 事实上，从

$$\begin{aligned}|b_{n+1}-b_n|&=\left|\frac{(-1)^n}{\sqrt{n+1}}-\frac{(-1)^{n-1}}{\sqrt{n}}\right|=\left|\frac{1}{\sqrt{n+1}}+\frac{1}{\sqrt{n}}\right|=\frac{\sqrt{n}+\sqrt{n+1}}{\sqrt{n+1}\sqrt{n}}\\&=\frac{1+\sqrt{1+\frac{1}{n}}}{\sqrt{n+1}}\sim\frac{2}{n^{\frac{1}{2}}}\quad(n\to+\infty)\end{aligned}$$

知 $\sum\limits_{n=1}^{\infty}|b_{n+1}-b_n|$发散.因而，$\sum\limits_{n=1}^{\infty}(b_{n+1}-b_n)$不绝对收敛. □

581. 设 $\alpha>\beta>1$，

$$I_n=\int_0^{\frac{\pi}{2}}\frac{\mathrm{d}t}{1+(n\pi+t)^\alpha\sin^\beta t},\quad J_n=\int_{\frac{\pi}{2}}^{\pi}\frac{\mathrm{d}t}{1+(n\pi+t)^\alpha\sin^\beta t}.$$

证明：

(1) $\int_0^{+\infty}\frac{\mathrm{d}x}{1+x^\alpha|\sin x|^\beta}=\sum\limits_{n=0}^{\infty}I_n+\sum\limits_{n=0}^{\infty}J_n$；

(2) $\sum\limits_{n=0}^{\infty}I_n,\sum\limits_{n=1}^{\infty}J_n,\int_0^{+\infty}\frac{\mathrm{d}x}{1+x^\alpha|\sin x|^\beta}$ 均收敛.

证明 (1)

$$\int_0^{+\infty}\frac{\mathrm{d}x}{1+x^\alpha|\sin x|^\beta}=\sum_{n=0}^{\infty}\int_{n\pi}^{(n+1)\pi}\frac{\mathrm{d}x}{1+x^\alpha|\sin x|^\beta}\xlongequal{x=n\pi+t}\sum_{n=0}^{\infty}\int_0^{\pi}\frac{\mathrm{d}t}{1+(n\pi+t)^\alpha|\sin t|^\beta}$$

$$=\sum_{n=0}^{\infty}\left(\int_0^{\frac{\pi}{2}}\frac{\mathrm{d}t}{1+(n\pi+t)^\alpha\sin^\beta t}+\int_{\frac{\pi}{2}}^{\pi}\frac{\mathrm{d}t}{1+(n\pi+t)^\alpha\sin^\beta t}\right)$$

$$=\sum_{n=0}^{\infty}I_n+\sum_{n=0}^{\infty}J_n.$$

(2) 因为 $t\in\left[0,\frac{\pi}{2}\right]$时，$t\geqslant\sin t\geqslant\frac{2}{\pi}t$. 所以

$$(n\pi+t)^\alpha\sin^\beta t\geqslant(n\pi)^\alpha\left(\frac{2}{\pi}t\right)^\beta=2^\beta\pi^{\alpha-\beta}n^\alpha t^\beta.$$

由此得

$$I_n=\int_0^{\frac{\pi}{2}}\frac{\mathrm{d}t}{1+(n\pi+t)^\alpha\sin^\beta t}\leqslant\int_0^{\frac{\pi}{2}}\frac{\mathrm{d}t}{1+2^\beta\pi^{\alpha-\beta}n^\alpha t^\beta}$$

$$=\frac{1}{2\pi^{\frac{\alpha-\beta}{\beta}}n^{\frac{\alpha}{\beta}}}\int_0^{\frac{\pi}{2}}\frac{\mathrm{d}(2\pi^{\frac{\alpha-\beta}{\beta}}n^{\frac{\alpha}{\beta}}t)}{1+(2\pi^{\frac{\alpha-\beta}{\beta}}n^{\frac{\alpha}{\beta}}t)^\beta}=\frac{1}{2\pi^{\frac{\alpha}{\beta}-1}n^{\frac{\alpha}{\beta}}}\int_0^{(n\pi)^{\frac{\alpha}{\beta}}}\frac{\mathrm{d}u}{1+u^\beta}$$

$$<\frac{1}{2\pi^{\frac{\alpha}{\beta}-1}n^{\frac{\alpha}{\beta}}}\int_0^{+\infty}\frac{\mathrm{d}u}{1+u^\beta}=\frac{C}{n^{\frac{\alpha}{\beta}}}\quad\left(\text{其中 }C=\frac{1}{2\pi^{\frac{\alpha}{\beta}-1}}\int_0^{+\infty}\frac{\mathrm{d}u}{1+u^\beta}\text{ 为常数}\right).$$

因为$\frac{\alpha}{\beta}>1$，$\sum\limits_{n=1}^{\infty}\frac{C}{n^{\frac{\alpha}{\beta}}}$ 收敛，所以$\sum\limits_{n=0}^{\infty}I_n$ 收敛.

当 $t\in\left[\frac{\pi}{2},\pi\right]$时，$\pi-t\in\left[0,\frac{\pi}{2}\right]$，此时有

$$(n\pi+t)^\alpha\sin^\beta t\geqslant(n\pi)^\alpha\sin^\beta(\pi-t)\geqslant(n\pi)^\alpha\left(\frac{2}{\pi}(\pi-t)\right)^\beta=2^\beta\pi^{\alpha-\beta}n^\alpha(\pi-t)^\beta.$$

所以

$$J_n=\int_{\frac{\pi}{2}}^{\pi}\frac{\mathrm{d}t}{1+(n\pi+t)^\alpha\sin^\beta t}\leqslant\int_{\frac{\pi}{2}}^{\pi}\frac{\mathrm{d}t}{1+[2\pi^{\frac{\alpha-\beta}{\beta}}n^{\frac{\alpha}{\beta}}(\pi-t)]^\beta}\xlongequal{\pi-t=u}\int_0^{\frac{\pi}{2}}\frac{\mathrm{d}u}{1+(2\pi^{\frac{\alpha-\beta}{\beta}}n^{\frac{\alpha}{\beta}}u)^\beta}.$$

与前计算一样，知

$$J_n < \frac{C}{n^{\frac{\alpha}{\beta}}}.$$

从而，$\sum_{n=1}^{\infty} J_n$ 也收敛. 而由(1)知

$$\int_0^{+\infty} \frac{dx}{1+x^\alpha \mid \sin x \mid^\beta} = \sum_{n=0}^{\infty} I_n + \sum_{n=0}^{\infty} J_n$$

收敛. □

582. 证明：

(1) $\left| x\sin\frac{1}{x^2} - \frac{1}{x}\cos\frac{1}{x^2} \right| \geqslant \frac{1}{x}\left|\cos\frac{1}{x^2}\right| - x, x>0$；

(2) $\int_0^1 \left| x\sin\frac{1}{x^2} - \frac{1}{x}\cos\frac{1}{x^2} \right| dx$ 发散.

证明 (1) 因为 $x>0$ 时，有

$$\begin{aligned}\frac{1}{x}\left|\cos\frac{1}{x^2}\right| &= \left|\frac{1}{x}\cos\frac{1}{x^2} - x\sin\frac{1}{x^2} + x\sin\frac{1}{x^2}\right| \\ &\leqslant \left|\frac{1}{x}\cos\frac{1}{x^2} - x\sin\frac{1}{x^2}\right| + \left|x\sin\frac{1}{x^2}\right| \\ &= \left|x\sin\frac{1}{x^2} - \frac{1}{x}\cos\frac{1}{x^2}\right| + x\left|\sin\frac{1}{x^2}\right|,\end{aligned}$$

所以

$$\left|x\sin\frac{1}{x^2} - \frac{1}{x}\cos\frac{1}{x^2}\right| \geqslant \frac{1}{x}\left|\cos\frac{1}{x^2}\right| - x\left|\sin\frac{1}{x^2}\right| \geqslant \frac{1}{x}\left|\cos\frac{1}{x^2}\right| - x.$$

(2) 由

$$\int_0^1 x dx = \frac{1}{2},$$

及

$$\int_0^1 \frac{1}{x}\left|\cos\frac{1}{x^2}\right| dx \xlongequal{x^2=\frac{1}{t}} \frac{1}{2}\int_1^{+\infty} \frac{\mid \cos t \mid}{t} dt = \frac{1}{2}\int_1^{+\infty} \left|\frac{\cos t}{t}\right| dt$$

(参看例 6.5.12)发散知

$$\int_0^1 \left(\frac{1}{x}\left|\cos\frac{1}{x^2}\right| - x\right) dx$$

发散，由比较判别法 $\int_0^1 \left| x\sin\frac{1}{x^2} - \frac{1}{x}\cos\frac{1}{x^2} \right| dx$ 发散.

$\int_0^1 \frac{1}{x}\left|\cos\frac{1}{x^2}\right| dx$ 的发散性还可以有如下的证明：

$$\int_1^{+\infty} \frac{\mid \cos t \mid}{t} dt \geqslant \int_{\frac{5\pi}{3}}^{+\infty} \frac{\mid \cos t \mid}{t} dt \geqslant \sum_{k=1}^{\infty} \int_{2k\pi-\frac{\pi}{3}}^{2k\pi+\frac{\pi}{3}} \frac{\mid \cos t \mid}{t} dt$$

$$\geqslant \frac{1}{2}\sum_{k=1}^{\infty}\int_{2k\pi-\frac{\pi}{3}}^{2k\pi+\frac{\pi}{3}}\frac{\mathrm{d}t}{t}=\frac{1}{2}\sum_{k=1}^{\infty}\ln\frac{2k\pi+\frac{\pi}{3}}{2k\pi-\frac{\pi}{3}}=\frac{1}{2}\sum_{k=1}^{\infty}\ln\left(1+\frac{\frac{2}{3}\pi}{2k\pi-\frac{\pi}{3}}\right)$$

$$=+\infty.$$ □

583. 证明：$\displaystyle\sum_{k=0}^{\infty}\int_{2k\pi}^{(2k+1)\pi}\mathrm{e}^{-\frac{x}{2}}\frac{|\sin x-\cos x|}{\sqrt{\sin x}}\mathrm{d}x=\frac{2\sqrt[4]{8}\,\mathrm{e}^{-\frac{\pi}{8}}}{1-\mathrm{e}^{-\pi}}$.

证明 在 $x\in(2k\pi,(2k+1)\pi)$ 中，作变换 $x=2k\pi+t$ 得

$$\int_{2k\pi}^{(2k+1)\pi}\mathrm{e}^{-\frac{x}{2}}\frac{|\sin x-\cos x|}{\sqrt{\sin x}}\mathrm{d}x=\int_0^{\pi}\mathrm{e}^{-\left(k\pi+\frac{t}{2}\right)}\frac{|\sin t-\cos t|}{\sqrt{\sin t}}\mathrm{d}t$$

$$=\mathrm{e}^{-k\pi}\int_0^{\pi}\mathrm{e}^{-\frac{t}{2}}\frac{|\sin t-\cos t|}{\sqrt{\sin t}}\mathrm{d}t.$$

再根据

$$\int\mathrm{e}^{-\frac{t}{2}}\frac{|\sin t-\cos t|}{\sqrt{\sin t}}\mathrm{d}t=\int\mathrm{e}^{-\frac{t}{2}}\left(\sqrt{\sin t}-\frac{(\sin t)'}{\sqrt{\sin t}}\right)\mathrm{d}t$$

$$=-2\mathrm{e}^{-\frac{t}{2}}\sqrt{\sin t}+c.$$

得

$$\int_0^{\pi}\mathrm{e}^{-\frac{t}{2}}\frac{|\sin t-\cos t|}{\sqrt{\sin t}}\mathrm{d}t=-\int_0^{\frac{\pi}{4}}\mathrm{e}^{-\frac{t}{2}}\frac{\sin t-\cos t}{\sqrt{\sin t}}\mathrm{d}t+\int_{\frac{\pi}{4}}^{\pi}\mathrm{e}^{-\frac{t}{2}}\frac{\sin t-\cos t}{\sqrt{\sin t}}\mathrm{d}t$$

$$=2\mathrm{e}^{-\frac{t}{2}}\sqrt{\sin t}\Big|_0^{\frac{\pi}{4}}-2\mathrm{e}^{-\frac{t}{2}}\sqrt{\sin t}\Big|_{\frac{\pi}{4}}^{\pi}$$

$$=4\mathrm{e}^{-\frac{\pi}{8}}\sqrt{\sin\frac{\pi}{4}}=2\sqrt[4]{8}\,\mathrm{e}^{-\frac{\pi}{8}}.$$

所以

$$\sum_{k=0}^{\infty}\int_{2k\pi}^{(2k+1)\pi}\mathrm{e}^{-\frac{x}{2}}\frac{|\sin x-\cos x|}{\sqrt{\sin x}}\mathrm{d}x=\sum_{k=0}^{\infty}\mathrm{e}^{-k\pi}\cdot\int_0^{\pi}\mathrm{e}^{-\frac{t}{2}}\frac{|\sin t-\cos t|}{\sqrt{\sin t}}\mathrm{d}t$$

$$=\frac{1}{1-\mathrm{e}^{-\pi}}\cdot 2\sqrt[4]{8}\,\mathrm{e}^{-\frac{\pi}{8}}.$$ □

584. 设单调函数 $f(x)$ 在 $[0,+\infty)$ 上有定义，而广义积分 $\int_0^{+\infty}f(x)\mathrm{d}x$ 存在且有限. 证明：

$$\lim_{h\to 0^+}h(f(h)+f(2h)+\cdots)=\int_0^{+\infty}f(x)\mathrm{d}x.$$

证明 不妨设 $f(x)$ 单调增. 对 $\forall h>0$，有

$$\int_0^{+\infty}f(x)\mathrm{d}x=\sum_{k=1}^{\infty}\int_{(k-1)h}^{kh}f(x)\mathrm{d}x\leqslant\sum_{k=1}^{\infty}\int_{(k-1)h}^{kh}f(kh)\mathrm{d}x$$

$$= \sum_{k=1}^{\infty} hf(kh) = \sum_{k=1}^{\infty} \int_{kh}^{(k+1)h} f(kh)\,dx$$

$$\leqslant \sum_{k=1}^{\infty} \int_{kh}^{(k+1)h} f(x)\,dx = \int_{h}^{+\infty} f(x)\,dx.$$

由于 $\int_{0}^{+\infty} f(x)\,dx$ 收敛. 故 $\lim\limits_{h\to 0}\int_{h}^{+\infty} f(x)\,dx = \int_{0}^{+\infty} f(x)\,dx$. 由夹逼定理知

$$\lim_{h\to 0} h\sum_{k=1}^{\infty} f(kh) = \int_{0}^{+\infty} f(x)\,dx,$$

(若 $f(x)$ 单调减,也类似可证或用“$-f$”代替“f”). □

585. 将 584 题应用于单调函数 $f(x)=\dfrac{e^{-x}}{1+e^{-x}}$,证明:

$$\lim_{t\to 1^-}(1-t)\left(\frac{t}{1+t}+\frac{t^2}{1+t^2}+\cdots+\frac{t^n}{1+t^n}+\cdots\right)=\ln 2.$$

证明 函数 $f(x)=\dfrac{e^{-x}}{1+e^{-x}}=\dfrac{1}{1+e^{x}}$ 在 $[0,+\infty)$ 中单调减,且

$$\int_{0}^{+\infty} \frac{e^{-x}}{1+e^{-x}}dx = \int_{0}^{+\infty} \frac{-d(1+e^{-x})}{1+e^{-x}} = -\ln(1+e^{-x})\Big|_{0}^{+\infty} = \ln 2.$$

为了应用 584 题的结论. 令 $h=-\ln t$,满足 $\lim\limits_{t\to 1} h=\lim\limits_{t\to 1}\ln t=0$. 于是

$$1-t = 1-e^{\ln t} = 1-e^{-h} = \frac{1-e^{-h}}{h}\cdot h.$$

$$\frac{t^k}{1+t^k} = \frac{(e^{-\ln t})^k}{1+(e^{-\ln t})^k} = \frac{e^{-kh}}{1+e^{-kh}} = f(kh).$$

代入所求式并应用 584 题结论即得

$$\lim_{t\to 1^-}(1-t)\left(\frac{t}{1+t}+\frac{t^2}{1+t^2}+\cdots+\frac{t^n}{1+t^n}+\cdots\right)$$

$$= \lim_{h\to 0}\frac{1-e^{-h}}{h}\cdot h\sum_{k=1}^{\infty} f(kh) = 1\cdot\int_{0}^{+\infty}\frac{e^{-x}}{1+e^{-x}}dx = \ln 2.$$ □

586. 设数列 $\{a_n\}$ 单调减少趋于 0,且

$$b_k = a_k - 2a_{k+1} + a_{k+2} \geqslant 0,\quad k=1,2,\cdots.$$

证明:$\sum\limits_{k=1}^{\infty} kb_k = a_1$.

证明 由 $b_k=a_k-2a_{k+1}+a_{k+2}=(a_k-a_{k+1})-(a_{k+1}-a_{k+2})\geqslant 0$ 知数列 $\{a_k-a_{k+1}\}$ 为单调减数列. 记 $c_k=a_k-a_{k+1}$, $k=1,2,\cdots$,则 $\lim\limits_{k\to+\infty} c_k=\lim\limits_{k\to 0}(a_k-a_{k+1})=0$. 又因为

$$\sum_{k=1}^{n} c_k = a_1 - a_{n+1} \to a_1 \quad (n\to+\infty),$$

所以级数 $\sum\limits_{k=1}^{n} c_k$ 收敛,根据 535 题(思考题 12.2 中 16 题) $\lim\limits_{n\to+\infty} nc_n = 0$.

于是

$$\begin{aligned}
S_n &= \sum_{k=1}^{n} kb_k \\
&= \sum_{k=1}^{n} k(a_k - 2a_{k+1} + a_{k+2}) \\
&= \sum_{k=1}^{n} [k(a_k - a_{k+1}) - k(a_{k+1} - a_{k+2}) - (a_{k+1} - a_{k+2}) + (a_{k+1} - a_{k+2})] \\
&= \sum_{k=1}^{n} (kc_k - (k+1)c_{k+1}) + \sum_{k=1}^{n} (a_{k+1} - a_{k+2}) \\
&= c_1 - (n+1)c_{n+1} + a_2 - a_{n+2} = a_1 - a_2 + a_2 - (n+1)c_{n+1} - a_{n+2} \\
&\to a_1 \quad (n \to +\infty).
\end{aligned}$$

这就证明了 $\sum_{k=1}^{\infty} kb_k = a_1$. □

587. 设$\{a_n\}$为实数列，它满足不等式

$$0 \leqslant a_k \leqslant 100a_n，其中\ n \leqslant k \leqslant 2n, n = 1, 2, \cdots,$$

又级数 $\sum_{n=1}^{\infty} a_n$ 收敛. 证明：$\lim_{n\to+\infty} na_n = 0$.

证明 由条件 $0 \leqslant a_k \leqslant 100a_n, n \leqslant k \leqslant 2n$，知

$$\begin{aligned}
&0 \leqslant a_{2n} \leqslant 100a_n, \quad n < 2n \leqslant 2n, \\
&0 \leqslant a_{2n} \leqslant 100a_{n+1}, \quad n+1 \leqslant 2n \leqslant 2(n+1), \\
&\vdots \\
&0 \leqslant a_{2n} \leqslant 100a_{2n-1}, \quad 2n-1 < 2n \leqslant 2(2n-1).
\end{aligned}$$

将以上各式两倍后再加起来得

$$0 \leqslant 2na_{2n} \leqslant 200(a_n + a_{n+1} + \cdots + a_{2n-1}).$$

因为级数 $\sum_{n=1}^{\infty} a_n$ 收敛，所以

$$\lim_{n\to+\infty} \sum_{k=0}^{n-1} a_{n+k} = 0.$$

由夹逼定理知 $\lim_{n\to+\infty} 2na_{2n} = 0$. 同理得

$$0 \leqslant (2n-1)a_{2n-1} < 2na_{2n-1} \leqslant 200(a_n + a_{n+1} + \cdots + a_{2n-1}) \to 0 \quad (n \to +\infty).$$

于是又有 $\lim_{n\to+\infty} (2n-1)a_{2n-1} = 0$. 由此就证明了

$$\lim_{n\to+\infty} na_n = 0.$$

□

第 13 章

函数项级数

Ⅰ. 函数项级数的一致收敛

定义 13.1.1 设 $u_n(x)(n\in\mathbb{N})$为定义在 $J\subset\mathbb{R}$ 上的函数列. $x\in J$ 固定时, $\sum\limits_{n=1}^{\infty}u_n(x)$ 为一个数项级数. 当 x 在 J 中变动时, 称 $\sum\limits_{n=1}^{\infty}u_n(x)$ 为 J 上的一个**函数项级数**. $S_n(x)=\sum\limits_{k=1}^{n}u_k(x)$ 称为该函数项级数的**第 n 个部分和**.

如果 $x\in J$, 级数 $\sum\limits_{n=1}^{\infty}u_n(x)=\lim\limits_{n\to+\infty}S_n(x)$ 收敛, 则称 x 为该函数项级数的**收敛点**; 如果 $x\in J$, 级数 $\sum\limits_{n=1}^{\infty}u_n(x)$ 发散, 则称 x 为该函数项级数的**发散点**.

$\sum\limits_{n=1}^{\infty}u_n(x)$ 的收敛点的集合称为该函数项级数的**收敛点集**, 记为 $I\subset J\subset\mathbb{R}$.

定义 13.1.2 设函数列$\{f_n(x)\}$与 $f(x)$在 $I\subset\mathbb{R}$ 上定义. 如果 $\forall\varepsilon>0$, $\exists N=N(\varepsilon)\in\mathbb{N}$ ($N(\varepsilon)$只与 ε 有关, 而与 x 无关), s. t. 当 $n>N=N(\varepsilon)$时, 有

$$|f_n(x)-f(x)|<\varepsilon,\quad \forall x\in I,$$

即 $f(x)-\varepsilon<f_n(x)<f(x)+\varepsilon$, 则称函数列$\{f_n(x)\}$在 I 上**一致收敛**于 $f(x)$, 并简记为

$$f_n(x)\rightrightarrows f(x),\quad n\to+\infty, x\in I.$$

显然, 一致收敛必收敛, 反之不真(如$\{x^n\}$在$(0,1)$上收敛于 0, 但不一致收敛于 0).

定理 13.1.1(函数列一致收敛的 Cauchy 收敛准则) 设$\{f_n(x)\}$为 $I\subset\mathbb{R}$ 上的一个函数列, 则:

(1) $\{f_n(x)\}$在 I 上一致收敛;

$\Leftrightarrow$(2) $\forall\varepsilon>0$, $\exists N=N(\varepsilon)\in\mathbb{N}$, 当 $n,m>N$ 时, $|f_m(x)-f_n(x)|<\varepsilon$, $\forall\varepsilon\in I$;

$\Leftrightarrow$(3) $\forall \varepsilon>0, \exists N=N(\varepsilon)\in\mathbb{N}$，当 $n>N$ 时，$|f_{n+p}(x)-f_n(x)|<\varepsilon, \forall x\in I, \forall p\in\mathbb{N}$.

定理 13.1.2 函数列$\{f_n(x)\}$在 $I\subset\mathbb{R}$ 上一致收敛于 $f(x)\Leftrightarrow \lim\limits_{n\to+\infty}\beta_n=0$，其中 $\beta_n=\sup\limits_{x\in I}|f_n(x)-f(x)|$.

定义 13.1.2′ 应用函数项级数 $\sum\limits_{n=1}^{\infty}u_n(x)$ 和部分和的函数列 $S_n(x)=\sum\limits_{k=1}^{n}u_k(x)$ 之间的对偶关系，设 $\sum\limits_{n=1}^{\infty}u_n(x)$ 是定义在 $I\subset\mathbb{R}$ 上的函数项级数，$S_n(x)=\sum\limits_{k=1}^{n}u_k(x)$ 为其部分和. 如果$\{S_n(x)\}$在 I 上一致收敛于 $S(x)$，就称 $\sum\limits_{n=1}^{\infty}u_n(x)$ 在 I 上**一致收敛**于 $S(x)$. 并记 $S(x)=\sum\limits_{n=1}^{\infty}S_n(x)$. 用 ε-N 语言表达为：

$\forall \varepsilon>0, \exists N=N(\varepsilon)\in\mathbb{N}$，当 $n>N$ 时，有

$$\left|\sum_{k=n+1}^{\infty}u_k(x)\right|=\left|\sum_{k=1}^{n}u_k(x)-\sum_{k=1}^{\infty}u_k(x)\right|=|S_n(x)-S(x)|<\varepsilon,\quad \forall x\in I.$$

定理 13.1.1′(函数项级数一致收敛的 Cauchy 准则)

(1) 函数项级数 $\sum\limits_{n=1}^{\infty}u_n(x)$ 在 $I\in\mathbb{R}$ 上一致收敛；

(2) $\forall \varepsilon>0, \exists N=N(\varepsilon)\in\mathbb{N}$，当 $m>n>N$ 时，有

$$\left|\sum_{k=n+1}^{m}u_k(x)\right|<\varepsilon,\quad \forall x\in I;$$

(3) $\forall \varepsilon>0, \exists N=N(\varepsilon)\in\mathbb{N}$，当 $n>N$ 时，有

$$\left|\sum_{k=n+1}^{n+p}u_k(x)\right|<\varepsilon,\quad \forall x\in I,\quad \exists p\in\mathbb{N}.$$

推论 13.1.1(函数项级数一致收敛的必要条件) 函数项级数 $\sum\limits_{n=1}^{\infty}u_n(x)$ 在 $I\subset\mathbb{R}$ 上一致收敛的必要条件是通项 $u_n(x)\rightrightarrows 0, x\in I(n\to+\infty)$. 但反之不真$\left(\text{如 } u_n(x)=\dfrac{1}{n}\right)$.

由此知，$u_n(x)\not\rightrightarrows 0, x\in I(n\to+\infty)$推得 $\sum\limits_{n=1}^{\infty}u_n(x)$ 在 I 上非一致收敛.

定理 13.1.3(Weierstrass 判别法) 如果存在收敛的正项级数 $\sum\limits_{n=1}^{\infty}a_n$，使得

$$|u_n(x)|\leqslant a_n,\quad n=1,2,\cdots,\quad \forall x\in I\subset\mathbb{R},$$

则函数项级数 $\sum\limits_{n=1}^{\infty}u_n(x)$ 在 I 上一致收敛. 而数项级数 $\sum\limits_{n=1}^{\infty}a_n$ 称为 $\sum\limits_{n=1}^{\infty}u_n(x)$ 在 I 上的**优级数**.

如果将优级数改为**优正函数级数** $\sum\limits_{n=1}^{\infty}a_n(x)$ (即 $|u_n(x)|\leqslant a_n(x), \forall x\in I, n=1,2,\cdots$)，

且 $\sum_{n=1}^{\infty} a_n(x)$ 在 I 上一致收敛，则 $\sum_{n=1}^{\infty} u_n(x)$ 在 I 上也一致收敛.

定理 13.1.4(Dirichlet 判别法)　如果函数项级数 $\sum_{n=1}^{\infty} a_n(x)b_n(x)$ 满足：

(1) $\{b_n(x)\}$对于每个固定的 $x\in I\subset\mathbb{R}$ 关于 n 都是单调的，且在 I 上一致收敛于 0；

(2) $\sum_{n=1}^{\infty} a_n(x)$ 的部分和在 I 上**一致有界**，即

$$\left|\sum_{k=1}^{n} a_k(x)\right| \leqslant M, \quad \forall x \in I, \quad n=1,2,\cdots.$$

则 $\sum_{n=1}^{\infty} a_n(x)b_n(x)$ 在 I 上一致收敛.

定理 13.1.5(Abel 判别法)　如果函数项级数 $\sum_{n=1}^{\infty} a_n(x)b_n(x)$ 满足：

(1) $\{b_n(x)\}$对于每个固定的 $x\in I\subset\mathbb{R}$ 都是单调的，并且在 I 上一致有界，即

$$|b_n(x)| \leqslant B, \quad \forall x \in I, \quad \forall n \in \mathbb{N};$$

(2) 函数项级数 $\sum_{n=1}^{\infty} a_n(x)$ 在 I 上一致收敛.

则 $\sum_{n=1}^{\infty} a_n(x)b_n(x)$ 在 I 上一致收敛.

Ⅱ. 极限函数与和函数的重要性质

定理 13.2.1　设$\{f_n(x)\}$在 $I\subset\mathbb{R}$ 上为连续函数列，且$\{f_n(x)\}$在 I 上一致收敛于函数 $f(x)$，则 $f(x)$在 I 上为连续函数.

推论 13.2.1　设$\{f_n(x)\}$在 $I\subset\mathbb{R}$ 上为连续函数列，且$\{f_n(x)\}$在 I 上收敛于函数 $f(x)$，如果 $f(x)$在 I 上不为连续函数，则$\{f_n(x)\}$在 I 上不一致收敛.

更一般地，有下面的结论.

定理 13.2.2　设$\{f_n(x)\}$在 $I\subset\mathbb{R}$ 上一致收敛，$x_0\in I'\setminus I$，$\lim\limits_{x\to x_0} f_n(x)=c_n$，$\forall n\in\mathbb{N}$，则$\{c_n\}$收敛于 $c\in\mathbb{R}$，且 $\lim\limits_{x\to x_0} f(x)=\lim\limits_{x\to x_0}\lim\limits_{n\to+\infty} f_n(x)=\lim\limits_{n\to+\infty}\lim\limits_{x\to x_0} f_n(x)=\lim\limits_{n\to+\infty} c_n=c$.

推论 13.2.2　设 $I\subset\mathbb{R}$，$x_0\in I'\setminus I$，如果

$$\lim_{x\to x_0}\lim_{n\to+\infty} f_n(x) \neq \lim_{n\to+\infty}\lim_{x\to x_0} f_n(x),$$

则$\{f_n(x)\}$在 I 上不一致收敛.

定理 13.2.3　如果$[a,b]$上的 Riemann 可积函数列(特别是连续函数)$\{f_n(x)\}$在$[a,b]$上一致收敛于 $f(x)$，则 $f(x)$在$[a,b]$上也 Riemann 可积(连续)，且

$$\lim_{n\to+\infty}\int_a^b f_n(x)\mathrm{d}x=\int_a^b \lim_{n\to+\infty} f_n(x)\mathrm{d}x=\int_a^b f(x)\mathrm{d}x.$$

推论 13.2.3 设$\{f_n(x)\}$为$[a,b]$上的 Riemann 可积函数列，如果

$$\lim_{n\to+\infty}\int_a^b f_n(x)\mathrm{d}x \neq \int_a^b f(x)\mathrm{d}x,$$

则$\{f_n(x)\}$在$[a,b]$上不一致收敛.

定理 13.2.4 如果函数列$\{f_n(x)\}$满足：

(1) 每一个$\{f_n(x)\}$在$[a,b]$上有连续的导函数；

(2) 由导函数构成的函数列$\{f_n'(x)\}$在$[a,b]$上一致收敛于$g(x)$；

(3) 至少在某一点$x_0\in[a,b]$收敛，即$\{f_n(x_0)\}$收敛.

则函数列$\{f_n(x)\}$在闭区间$[a,b]$上一致收敛于某个连续可导的函数$f(x)$，且有

$$f'(x)=g(x),\quad \forall x\in[a,b],$$

即

$$(\lim_{n\to+\infty}f_n(x))'=\lim_{n\to+\infty}f_n'(x).$$

推论 13.2.4 如果函数列$\{f_n(x)\}$满足定理 13.2.4 中的(1)与(3)，且

$$(\lim_{n\to+\infty}f_n(x))'\neq\lim_{n\to+\infty}f_n'(x),$$

则$\{f_n'(x)\}$在$[a,b]$上不一致收敛.

定理 13.2.5(Dini) 设函数列$\{f_n(x)\}$在有界闭区间$[a,b]$上连续，如果$\forall x\in[a,b]$，数列$\{f_n(x)\}$单调减收敛于 0，则$\{f_n(x)\}$在$[a,b]$上一致收敛于$f(x)=0$.

它等价于：如果函数列$\{f_n(x)\}$在有界闭区间$[a,b]$上连续，且$\forall x\in[a,b]$，数列$\{f_n(x)\}$单调减(增)收敛于$f(x)$，则$\{f_n(x)\}$在$[a,b]$上一致收敛于$f(x)$.

对于函数项级数$\sum\limits_{n=1}^{\infty}u_n(x)$，它的部分和函数列为$\{S_n(x)\}$，根据对偶性，上述诸定理不必重新证明就可翻译为函数项级数相应的定理. 当然，这些定理也可直接用级数的方法加以证明.

定理 13.2.1′ 如果函数项级数$\sum\limits_{n=1}^{\infty}u_n(x)$在$I\subset\mathbb{R}$上一致收敛于$S(x)$，且每个$u_n(x)$都在$I$上连续，则和函数$S(x)=\sum\limits_{n=1}^{\infty}u_n(x)$在$I$上也连续.

推论 13.2.1′ 如果函数项级数$\sum\limits_{n=1}^{\infty}u_n(x)$在$I\subset\mathbb{R}$上收敛于和函数$S(x)$. 又$u_n(x)$在$I$上连续($n\in\mathbb{N}$)，且$S(x)$在$I$上不连续，则$\sum\limits_{n=1}^{\infty}u_n(x)$在$I$上不一致收敛.

更一般地，有

定理 13.2.2′(逐项求极限—和号与极限号可交换) 设$u_n(x)$在集合$I\subset\mathbb{R}$上有定义，如果$\lim\limits_{x\to a}u_n(x)=c_n$，$\forall n\in\mathbb{N}$. 又函数项级数$\sum\limits_{n=1}^{\infty}u_n(x)$在$I$上一致收敛，则$\sum\limits_{n=1}^{\infty}c_n$收敛，且

$$\lim_{x\to a}\sum_{n=1}^{\infty}u_n(x)=\sum_{n=1}^{\infty}c_n=\sum_{n=1}^{\infty}\lim_{x\to a}u_n(x),$$

其中 a 可为 $a^+,a^-,+\infty,-\infty,\infty$.

推论 13.2.2′　设 $u_n(x)$在集合 $I\subset\mathbb{R}$ 上有定义,且 $\lim\limits_{n\to+\infty}u_n(x)=c_n$, $\forall n\in\mathbb{N}$. 如果 $\sum\limits_{n=1}^{\infty}c_n$ 不收敛,或即使 $\sum\limits_{n=1}^{\infty}c_n$ 收敛但 $\lim\limits_{n\to+\infty}\sum\limits_{n=1}^{\infty}u_n(x)\neq\sum\limits_{n=1}^{\infty}c_n=\sum\limits_{n=1}^{\infty}\lim\limits_{n\to+\infty}u_n(x)$,则 $\sum\limits_{n=1}^{\infty}u_n(x)$ 在 I 上不一致收敛.

定理 13.2.3′(逐项积分—积分号与和号可交换)　如果函数项级数 $\sum\limits_{n=1}^{\infty}u_n(x)$ 在闭区间$[a,b]$上一致收敛于 $S(x)$, $\forall n\in\mathbb{N}$, $u_n(x)$在$[a,b]$上 Riemann 可积(连续),则 $S(x)=\sum\limits_{n=1}^{\infty}u_n(x)$ 在$[a,b]$上也 Riemann 可积(连续),则 $S(x)=\sum\limits_{n=1}^{\infty}u_n(x)$ 在$[a,b]$上也 Riemann 可积(连续),且

$$\int_a^b S(x)\mathrm{d}x=\int_a^b\lim_{n\to+\infty}S_n(x)\mathrm{d}x=\int_a^b\sum_{n=1}^{\infty}u_n(x)\mathrm{d}x$$

$$=\sum_{n=1}^{\infty}\int_a^b u_n(x)\mathrm{d}x=\lim_{n\to+\infty}\int_a^b S_n(x)\mathrm{d}x.$$

推论 13.2.3′　设 $u_n(x)$在$[a,b]$上 Riemann 可积,如果 $S(x)=\sum\limits_{n=1}^{\infty}u_n(x)$ 在$[a,b]$上非 Riemann 可积,或即使 Riemann 可积,但

$$\int_a^b\sum_{n=1}^{\infty}u_n(x)\mathrm{d}x\neq\sum_{n=1}^{\infty}\int_a^b u_n(x)\mathrm{d}x,$$

则 $\sum\limits_{n=1}^{\infty}u_n(x)$ 在$[a,b]$上不一致收敛.

定理 13.2.4′(逐项求导—求导与和号可交换)　如果 $\sum\limits_{n=1}^{\infty}u_n(x)$ 满足:

(1) $u_n(x)$在$[a,b]$上连续可导,$n\in\mathbb{N}$;

(2) $\sum\limits_{n=1}^{\infty}u_n'(x)$ 在$[a,b]$上一致收敛(于 $g(x)$);

(3) 至少在某一点 $x_0\in[a,b]$, $\sum\limits_{n=1}^{\infty}u_n(x_0)$ 收敛.

则 $S(x)=\sum\limits_{n=1}^{\infty}u_n(x)$ 在$[a,b]$上一致收敛、连续可导,且

$$S'(x)=\left(\sum_{n=1}^{\infty}u_n(x)\right)'=\sum_{n=1}^{\infty}u_n'(x).$$

推论 13.2.4′ 如果 $\sum_{n=1}^{\infty}u_n(x)$ 满足定理 13.2.4′中的条件(1)与(3)，且

$$\left(\sum_{n=1}^{\infty}u_n(x)\right)'\neq\sum_{n=1}^{\infty}u_n'(x),$$

则 $\sum_{n=1}^{\infty}u_n'(x)$ 在$[a,b]$上不一致收敛.

定理 13.2.5′(Dini) 设函数项级数 $\sum_{n=1}^{\infty}u_n(x)$ 在有界闭区间$[a,b]$上连续且非负，而和函数 $\sum_{n=1}^{\infty}u_n(x)$ 也在$[a,b]$上连续，则 $\sum_{n=1}^{\infty}u_n(x)$ 在$[a,b]$上一致收敛.

Ⅲ. 无穷级数的重要应用

例 13.2.14 处处连续处处不可导的函数.

例 13.2.15 填满正方形的连续曲线.

588. 设函数项级数 $\sum_{n=1}^{\infty}u_n(x)$ 在有界闭区间$[a,b]$上收敛于 $S(x)$，且 $u_n(x)(n=1,2,\cdots)$都是$[a,b]$上的非负连续函数.

(1) 证明 $S(x)$必在$[a,b]$上达到最小值；

(2) $S(x)$是否一定能在$[a,b]$上达到最大值?

(3) 有界闭区间$[a,b]$换成开区间(a,b)或无穷区间，(1)中结论是否成立?

证明 (1) 由 $S(x)=\sum_{n=1}^{\infty}u_n(x)$，$x\in[a,b]$，$u_n(x)\geqslant 0$，知 $S(x)\geqslant 0$. $S(x)$有下界，因而有下确界. 设 $m=\inf\limits_{x\in[a,b]}S(x)$，则$\exists$数列$\{x_l\}\subset[a,b]$，s. t. $\lim\limits_{l\to+\infty}S(x_l)=m$. 又$\{x_l\}$为有界数列，必$\exists$收敛子列 $x_{l_j}\to x_0\in[a,b]$. 不妨仍记 $\lim\limits_{l\to+\infty}x_l=x_0\in[a,b]$，则 $\sum_{n=1}^{\infty}u_n(x_0)$ 收敛.

对$\forall\varepsilon>0$，$\exists N_0\in\mathbb{N}$，当 $n>N_0$ 时，有

$$\sum_{k=n}^{\infty}u_k(x_0)<\frac{\varepsilon}{3}.$$

再由$\{u_n(x)\}$的连续性知，$\exists\delta>0$，当$|x-x_0|<\delta$时，$|u_n(x_0)-u_n(x)|<\frac{\varepsilon}{3N_0}$，$n=1,2,\cdots,N_0$，又$\exists L\in\mathbb{N}$，当 $l>L$ 时，$|x_l-x_0|<\delta$，从而$|u_n(x_0)-u_n(x_l)|<\frac{\varepsilon}{3N_0}$，且 $S(x_l)<m+\frac{\varepsilon}{3}$. 于是

$$m\leqslant S(x_0)=\sum_{k=1}^{\infty}u_k(x_0)=\sum_{k=1}^{N_0}u_k(x_0)+\sum_{k=N_0+1}^{\infty}u_k(x_0)$$

$$< \sum_{k=1}^{N_0} u_k(x_l) + \sum_{k=1}^{N_0} | u_k(x_0) - u_k(x_l) | + \frac{\varepsilon}{3}$$

$$< \sum_{k=1}^{N_0} u_k(x_l) + \frac{2}{3}\varepsilon < \sum_{k=1}^{\infty} u_k(x_l) + \frac{2}{3}\varepsilon$$

$$= S(x_l) + \frac{2}{3}\varepsilon < m + \frac{\varepsilon}{3} + \frac{2}{3}\varepsilon = m + \varepsilon.$$

由 ε 的任取性,得

$$S(x_0) = m$$

为 $S(x) = \sum_{n=1}^{\infty} u_n(x)$ 在 $[a,b]$ 上的最小值.

(2) 不一定. 例如

$$u_n(x) = x^n - x^{n+1} \geqslant 0, \quad x \in [0,1]$$

在 $[0,1]$ 上连续, $\sum_{n=1}^{\infty} u_n(x)$ 在 $[0,1]$ 上收敛.

$$S(x) = \lim_{n\to+\infty} S_n(x) = \lim_{n\to+\infty} (x - x^{n+1}) = \begin{cases} 0, & x = 1, \\ x, & 0 \leqslant x < 1. \end{cases}$$

$$\sup_{x\in[0,1]} S(x) = 1,$$

但 1 不是 $S(x)$ 的最大值. $S(x)$ 在 $[0,1]$ 上达不到最大值.

(3) 若将有界闭区间 $[a,b]$ 改为开区间,则结论不一定成立. 如(2)中例子, $S(x)$ 在开区间 $(0,1)$ 上就达不到最小值.

有界闭区间改成无穷区间,其结论也不一定成立. 例如在 $[2,+\infty)$ 中,级数

$$\sum_{n=0}^{\infty} \left(\frac{1}{x}\right)^n = 1 + \frac{1}{x} + \frac{1}{x^2} + \cdots = \frac{1}{1-\dfrac{1}{x}} = \frac{x}{x-1}$$

在 $[2,+\infty)$ 中收敛, $S(x) = \dfrac{x}{x-1}$ 为 $[2,+\infty)$ 中的单调减函数,取不到最小值. □

589. 讨论函数项级数

$$\sum_{n=1}^{\infty} \frac{nx}{(1+x)(1+2x)\cdots(1+nx)}$$

在区间 $[0,\lambda]$ 与 $[\lambda,+\infty)$ 上的一致收敛性,其中 $\lambda > 0$.

解 由于

$$S_n(x) = \frac{x}{1+x} + \frac{2x}{(1+x)(1+2x)} + \cdots + \frac{nx}{(1+x)(1+2x)\cdots(1+nx)}$$

$$= 1 - \frac{1}{1+x} + \frac{1}{1+x} - \frac{1}{(1+x)(1+2x)} + \cdots$$

$$+ \frac{1}{(1+x)(1+2x)\cdots(1+(n-1)x)} - \frac{1}{(1+x)\cdots(1+nx)}$$

$$=1-\frac{1}{(1+x)(1+2x)\cdots(1+nx)}$$

$$\to\begin{cases}0, & x=0\\ 1, & x\neq 0\end{cases}=S(x),\quad n\to+\infty.$$

当 $x\in[\lambda,+\infty)$时，由于

$$\beta_n(x)=\sup_{x\in[\lambda,+\infty)}|S(x)-S_n(x)|=\sup_{x\in[\lambda,+\infty)}\frac{1}{(1+x)(1+2x)\cdots(1+nx)}$$

$$=\frac{1}{(1+\lambda)(1+2\lambda)\cdots(1+n\lambda)}\to 0\quad(n\to+\infty),$$

即$\{\beta_n(x)\}$在$[\lambda,+\infty)$一致趋于0.所以级数在$[\lambda,+\infty)$中一致收敛.

当 $x\in[0,\lambda]$时，由于

$$\beta_n(x)=\sup_{x\in[0,\lambda]}|S(x)-S_n(x)|=\sup_{x\in[0,\lambda]}\frac{1}{(1+x)(1+2x)\cdots(1+nx)}=1\neq 0\quad(x\to 0),$$

所以级数$\{\beta_n(x)\}$在$[0,\lambda]$上非一致收敛.

事实上，由于 $u_n(x)=\dfrac{nx}{(1+x)\cdots(1+nx)}(n=1,2,\cdots)$，在$[0,\lambda]$上连续，而和函数 $S(x)$ 在$[0,\lambda]$上不连续.由定理 13.2.1′也可知级数在$[0,\lambda]$上非一致收敛. □

590. 证明：函数列 $f_n(x)=xn^{-x}(\ln n)^\alpha$ 在$[0,+\infty)$上一致收敛$\Leftrightarrow\alpha<1$.

证明 对$\forall n$，$f_n(0)=0$，而当 $x>0$ 时

$$f_n(x)=\frac{x}{n^{\frac{x}{2}}}\left(\frac{2}{x}\right)^\alpha\frac{(\ln n^{\frac{x}{2}})^\alpha}{n^{\frac{x}{2}}}\to 0(n\to+\infty),$$

故 $f_n(x)=xn^{-x}(\ln n)^\alpha$ 在$[0,+\infty)$上收敛于0，所以

$$\beta_n=\sup_{x\in[0,+\infty)}|f_n(x)-f(x)|=\sup_{x\in[0,+\infty)}f_n(x).$$

因为

$$f_n'(x)=\frac{(\ln n)^\alpha}{n^x}-x\frac{\ln n}{n^x}\cdot(\ln n)^\alpha=\frac{(\ln n)^\alpha}{n^x}(1-x\ln n),$$

所以，当 $x<\dfrac{1}{\ln n}$时，$f_n'(x)>0$；当 $x>\ln n$ 时，$f_n'(x)<0$.由此知 $f_n(x)$在 $x=\dfrac{1}{\ln n}$处取极大值，也是最大值.于是

$$\beta_n=f_n\left(\frac{1}{\ln n}\right)=\frac{n^{-\frac{1}{\ln n}}}{\ln n}(\ln n)^\alpha=\mathrm{e}^{-\frac{1}{\ln n}\ln n}(\ln n)^{\alpha-1}=\frac{(\ln n)^{\alpha-1}}{\mathrm{e}}.$$

$$\lim_{n\to+\infty}\beta_n=\begin{cases}0, & \alpha<1,\\ \dfrac{1}{\mathrm{e}}, & \alpha=1,\\ +\infty, & \alpha>1.\end{cases}$$

根据定理 13.1.2，$\{f_n(x)\}$在$[0,+\infty)$上一致收敛$\Leftrightarrow\alpha<1$. □

591. 设 $f_1(x)$在$[a,b]$上 Riemann 可积,定义

$$f_{n+1}(x)=\int_a^x f_n(t)\mathrm{d}t,\quad n=1,2,\cdots.$$

证明:函数列$\{f_n(x)\}$在$[a,b]$上一致收敛于0.

证明 因为 $f_1(x)$在$[a,b]$上 Riemann 可积,所以在$[a,b]$上有界,即 $M>0$, s. t. $|f_1(x)|\leqslant M$. 由此知

$$|f_2(x)|=\left|\int_a^x f_1(x)\mathrm{d}x\right|\leqslant\int_a^x|f_1(x)|\mathrm{d}x\leqslant M(x-a).$$

$$|f_3(x)|\leqslant\int_a^x M(x-a)\mathrm{d}x=\frac{M}{2}(x-a)^2.$$

用归纳法可以证明

$$|f_n(x)|\leqslant\frac{M}{n!}(x-a)^{n-1}\leqslant\frac{M(b-a)^{n-1}}{n!}\to 0\quad(n\to+\infty).$$

所以$\{f_n(x)\}$在$[a,b]$上一致收敛于0. □

592. 设函数列$\{f_n(x)\}$与$\{g_n(x)\}$在区间 I 上一致收敛,如果对每个 $n=1,2,\cdots$, $f_n(x)$与 $g_n(x)$都是 I 上的有界函数(不要求一致有界). 证明:$\{f_n(x)g_n(x)\}$在 I 上必一致收敛.

如果删去"$f_n(x)$与 $g_n(x)$有界"的条件,结论是否还成立,试举例说明之.

证明 设当 $n\to\infty$ 时 $f_n\rightrightarrows f$, $g_n\rightrightarrows g$, $x\in I$. 又设$|f_n(x)|\leqslant M_n$, $|g_n(x)|\leqslant L_n$, $n=1,2,\cdots$, $x\in I$.

首先证明 f, g 都是 I 上的有界函数.

对$\forall x\in I$, $\exists N_0\in\mathbb{N}$, s. t.

$$|f(x)-f_{N_0}(x)|<1.$$

而$|f_{N_0}(x)|\leqslant M_{N_0}$, $\forall x\in I$. 于是

$$|f(x)|=|f(x)-f_{N_0}(x)+f_{N_0}(x)|\leqslant|f(x)-f_{N_0}(x)|+|f_{N_0}(x)|\leqslant 1+M_{N_0}=M.$$

同理可证 $g(x)$也在 I 上有界. 设$|g(x)|\leqslant L$. $\forall x\in I$.

接下来证明$\{f_n(x)\}$与$\{g_n(x)\}$在 I 上一致有界. 由 $f_n\rightrightarrows f$, $g_n\rightrightarrows g$, 故$\exists N_1\in\mathbb{N}$, 当 $n>N_1$ 时,有

$$|f_n(x)-f(x)|<1,\quad |g_n(x)-g(x)|<1$$

对$\forall x\in I$ 成立. 因此,对$\forall x\in I$ 有

$$|f_n(x)|\leqslant|f_n(x)-f(x)|+|f(x)|\leqslant 1+M,$$

$$|g_n(x)|\leqslant|g_n(x)-g(x)|+|g(x)|\leqslant 1+L.$$

令 $\Delta_1=\max\{M_1,\cdots,M_{N_1},1+M\}$, $\Delta_2=\max\{L_1,\cdots,L_{N_1},1+L\}$, 则对$\forall x\in I$, $\forall n=1,2,\cdots$, 有

$$|f_n(x)|\leqslant\Delta_1,\quad |g_n(x)|\leqslant\Delta_2.$$

再证 $f_n(x)g_n(x)\rightrightarrows f(x)g(x)$.

对$\forall\varepsilon>0$, 取 $N\in\mathbb{N}$, s. t. 当 $n>N$ 时,有

$$|f_n(x)-f(x)|<\frac{\varepsilon}{2\Delta_2},\quad |g_n(x)-g(x)|<\frac{\varepsilon}{2M},$$

则对 $\forall x\in I$,有

$$\begin{aligned}|f_n(x)g_n(x)-f(x)g(x)|&=|f_n(x)g_n(x)-f(x)g_n(x)+f(x)g_n(x)-f(x)g(x)|\\&\leqslant|f_n(x)-f(x)||g_n(x)|+|f(x)||g_n(x)-g(x)|\\&\leqslant\frac{\varepsilon}{2\Delta_2}\Delta_2+M\frac{\varepsilon}{2M}=\varepsilon.\end{aligned}$$

$\{f_n(x)g_n(x)\}$在 I 上一致收敛于 $f(x)g(x)$.

如果删去"$f_n(x)$与 $g_n(x)$有界"的条件,则结论不一定成立.举例如下:

设 $x\in[0,1]$,

$$f_n(x)=x\left(1+\frac{1}{n}\right),\quad g_n(x)=\begin{cases}\dfrac{1}{n}, & x=0\text{ 或无理数},\\ q+\dfrac{1}{n}, & x=\dfrac{p}{q},\quad q>0.\end{cases}$$

因为

$$|f_n(x)-x|=\left|\frac{x}{n}\right|\leqslant\frac{1}{n}\to 0\quad(n\to+\infty),$$

所以 $f_n(x)\rightrightarrows x(x\in[0,1])$.

$$\lim_{n\to+\infty}g_n(x)=\begin{cases}0, & x=0\text{ 或无理数}\\ q, & x=\dfrac{p}{q},q>0\end{cases}=g(x),$$

$$|g_n(x)-g(x)|=\frac{1}{n}\to 0\quad(n\to+\infty),$$

故 $g_n(x)\rightrightarrows g(x)$,$(x\in[0,1])$.但是$\{f_n(x)g_n(x)\}$在$[0,1]$上非一致收敛,事实上

$$h_n(x)=f_n(x)g_n(x)=\begin{cases}0, & x=0,\\ x\left(1+\dfrac{1}{n}\right)\dfrac{1}{n}, & x=\text{无理数},\\ \dfrac{p}{q}\left(1+\dfrac{1}{n}\right)\left(q+\dfrac{1}{n}\right), & x=\dfrac{p}{q},q>0,\end{cases}$$

$$h(x)=f(x)g(x)=xg(x)=\begin{cases}0, & x=0\text{ 或无理数},\\ p, & x=\dfrac{p}{q},q>0,\end{cases}$$

$$\begin{aligned}\beta_n&=\sup_{x\in[0,1]}|h_n(x)-h(x)|\geqslant\left|h_n\left(\frac{n-1}{n}\right)-h\left(\frac{n-1}{n}\right)\right|\\&=\frac{n-1}{n}\left(1+\frac{1}{n}\right)\left(n+\frac{1}{n}\right)-(n-1)\\&=\frac{n-1}{n}\left(1+\frac{1}{n}+\frac{1}{n^2}\right)\to 1\neq 0.\end{aligned}$$

□

593. 证明：函数项级数

$$\sum_{n=0}^{\infty}(-1)^n x^n(1-x)$$

在$[0,1]$上绝对并一致收敛. 但 $\sum\limits_{n=0}^{\infty}x^n(1-x)$ 在$[0,1]$上并不一致收敛.

证明　设 $u_n(x)=(-1)^n x^n(1-x)$. 对 $\sum\limits_{n=0}^{\infty}|u_n(x)|=\sum\limits_{n=0}^{\infty}x^n(1-x)$，部分和

$$S_n(x)=1-x^{n+1}\to\begin{cases}0, & x=1,\\ 1, & 0\leqslant x<1.\end{cases}$$

所以 $\sum\limits_{n=0}^{\infty}x^n(1-x)$ 收敛，即 $\sum\limits_{n=0}^{\infty}(-1)^n x^n(1-x)$ 绝对收敛.

因为 $\left|\sum\limits_{k=0}^{n}(-1)^k\right|\leqslant 1$ 有界，因而一致有界. 对固定的 $x\in[0,1]$，$\{x^n(1-x)\}$ 单调减且一致地趋于 0 $\left(\text{事实上，对}\ \forall\,\varepsilon>0\text{，取}\ 0<\delta<\frac{\varepsilon}{2}\text{，当}\ x\in[1-\delta,1]\ \text{时，}|x^n(1-x)|\leqslant 1-x\leqslant\delta<\frac{\varepsilon}{2}\text{；当}\ x\in[0,1-\delta]\ \text{时，}\exists\,N\in\mathbb{N}\text{，当}\ n>N\ \text{时，}|x^n(1-x)|\leqslant(1-\delta)^n<(1-\delta)^N<\frac{\varepsilon}{2}\right)$. 根据 Dirichlet 判别法，$\sum\limits_{n=0}^{\infty}(-1)^n x^n(1-x)$ 在$[0,1]$上一致收敛.

但是，$\sum\limits_{n=0}^{\infty}x^n(1-x)$ 在$[0,1]$上不一致收敛. 这是因为当 $0<x<1$ 时，有

$$S(x)-S_n(x)=1-(1-x^{n+1})=x^{n+1}$$

不一致地收敛于 0(参阅例 13.1.8(1)和例 13.1.9). □

594. 在区间$[0,1]$上定义

$$u_n(x)=\begin{cases}\dfrac{1}{n}, & x=\dfrac{1}{n},\\[2mm] 0, & x\neq\dfrac{1}{n}.\end{cases}$$

证明：$\sum\limits_{n=1}^{\infty}u_n(x)$ 在$[0,1]$上一致收敛，但它不存在优级数.

证明　对 $\forall\,\varepsilon>0$，取 $N>\frac{1}{\varepsilon}$，则当 $n>N$ 时，有

$$u_{n+1}(x)+u_{n+2}(x)+\cdots+u_{n+p}(x)=\begin{cases}\dfrac{1}{n+i}, & x=\dfrac{1}{n+i},\ i=1,2,\cdots,p,\\[2mm] 0, & x\in[0,1]\setminus\left\{\dfrac{1}{n+1},\cdots,\dfrac{1}{n+p}\right\}\end{cases}$$

$$<\frac{1}{n}<\varepsilon$$

对 $\forall p\in\mathbb{N}$ 成立. 由 Cauchy 收敛判别法知 $\sum\limits_{n=1}^{\infty}u_n(x)$ 在$[0,1]$上一致收敛.

但 $\sum\limits_{n=1}^{\infty}u_n(x)$ 不存在优级数. (反证)假设存在收敛级数 $\sum\limits_{n=1}^{\infty}a_n$, s. t. 对 $\forall x\in[0,1]$有 $u_n(x)\leqslant a_n$, 则

$$\frac{1}{n}=u_n\left(\frac{1}{n}\right)\leqslant a_n.$$

$\sum\limits_{n=1}^{\infty}a_n\geqslant\sum\limits_{n=1}^{\infty}\frac{1}{n}=+\infty$, 矛盾. □

595. 设 $\sum\limits_{n=1}^{\infty}u_n(x)$ 在$[a,b]$上收敛. 如果存在正常数 M, 使得对任何 $x\in[a,b]$及一切自然数 n 都有 $\left|\sum\limits_{k=1}^{n}u_k'(x)\right|\leqslant M$. 证明: $\sum\limits_{n=1}^{\infty}u_n(x)$ 在$[a,b]$上一致收敛. 由此结论, 讨论函数项级数

$$\sum_{n=1}^{\infty}\frac{\cos nx}{n},\quad \sum_{n=1}^{\infty}\frac{\sin nx}{n}$$

的一致收敛性.

证法 1 任取 $x_0\in[a,b]$, $\sum\limits_{n=1}^{\infty}u_n(x_0)$ 收敛, 故对 $\forall\varepsilon>0$, $\exists N_0=N_0(x_0,\varepsilon)$, s. t. 当 $n>N_0$ 时, 有

$$\left|\sum_{k=n+1}^{n+p}u_k(x_0)\right|<\frac{\varepsilon}{2}$$

对所有的 $p\in\mathbb{N}$ 都成立. 取 $\delta=\frac{\varepsilon}{4M}$, 则当 $|x-x_0|<\delta$ 时, 有

$$\begin{aligned}\left|\sum_{k=n+1}^{n+p}u_k(x)\right|&\leqslant\left|\sum_{k=n+1}^{n+p}u_k(x)-\sum_{k=n+1}^{n+p}u_k(x_0)\right|+\left|\sum_{k=n+1}^{n+p}u_k(x_0)\right|\\&\overset{\exists\xi}{=\!=}\left|\sum_{k=n+1}^{n+p}u_k'(\xi_k)(x-x_0)\right|+\left|\sum_{k=n+1}^{n+p}u_k(x_0)\right|\\&<\left|\left(\sum_{k=0}^{n+p}u_k'(\xi_k)-\sum_{k=0}^{n}u_k'(\xi_k)\right)(x-x_0)\right|+\frac{\varepsilon}{2}\\&\leqslant 2M|x-x_0|+\frac{\varepsilon}{2}<2M\delta+\frac{\varepsilon}{2}=\varepsilon\end{aligned}$$

对 $\forall p\in\mathbb{N}$ 成立. 于是 $\left|\sum\limits_{k=n+1}^{n+p}u_k(x)\right|<\varepsilon\ (n>N_0(x_0,\varepsilon))$ 对 $\forall x\in(x_0-\delta,x_0+\delta)=I_{x_0}$.

$$\vartheta=\{I_x\mid x\in[a,b]\}$$

构成了$[a,b]$区间的一个开覆盖. 因此, 必存在有限开覆盖, 设为$\{I_{x_1},I_{x_2},\cdots,I_{x_l}\}$, 于是取

$$N=\max\{N_1(x_1,\varepsilon),\cdots,N_l(x_l,\varepsilon)\},$$

则当 $n>N$ 时，$\forall x\in[a,b]$，必有 $i\in\{1,2,\cdots,l\}$，s. t. $x\in I_{x_i}$，对 $\forall p\in\mathbb{N}$

$$\left|\sum_{k=n+1}^{n+p}u_k(x)\right|<\varepsilon$$

成立. 故 $\sum_{n=1}^{\infty}u_n(x)$ 在 $[a,b]$ 上一致收敛.

证法 2　对 $\forall\varepsilon>0$，取自然数 m 充分大，使得 $\frac{b-a}{m}<\frac{\varepsilon}{2M}$，将区间 $[a,b]$ 等分为 m 个小区间，记每个区间的中点为 $x_1,x_2,\cdots,x_m$. 于是每个区间的长度 $\delta=\frac{b-a}{m}<\frac{\varepsilon}{2M}$. 由条件，$m$ 个级数

$$\sum_{n=1}^{\infty}u_n(x_i),\quad i=1,2,\cdots,m$$

都收敛，因此，$\exists N\in\mathbb{N}$，当 $n>N$ 时

$$\left|\sum_{k=n+1}^{n+p}u_k(x_i)\right|<\frac{\varepsilon}{2},\quad i=1,2,\cdots,m$$

对 $\forall p\in\mathbb{N}$ 都成立.

$[a,b]$ 中的任一点 x 必在 m 个小区间的某一个内，不妨设 x 在以 x_l 为中心的区间 $\left[x_l-\frac{\delta}{2},x_l+\frac{\delta}{2}\right]$ 上，则当 $n>N$ 时，有

$$\begin{aligned}
\left|\sum_{k=n+1}^{n+p}u_k(x)\right| &= \left|\sum_{k=1}^{n+p}u_k(x)-\sum_{k=1}^{n}u_k(x)\right| \\
&\leqslant \left|\sum_{k=1}^{n+p}u_k(x)-\sum_{k=1}^{n+p}u_k(x_l)\right|+\left|\sum_{k=1}^{n+p}u_k(x_l)-\sum_{k=1}^{n}u_k(x_l)\right| \\
&\quad+\left|\sum_{k=1}^{n}u_k(x_l)-\sum_{k=1}^{n}u_k(x)\right| \\
&\leqslant \left|\sum_{k=1}^{n+p}u_k'(\xi_l)(x-x_l)\right|+\left|\sum_{k=1}^{n}u'(\eta_l)(x-x_l)\right|+\left|\sum_{k=n+1}^{n+p}u_k(x_l)\right| \\
&\leqslant M\cdot\frac{\delta}{2}+M\cdot\frac{\delta}{2}+\frac{\varepsilon}{2} \\
&= M\delta+\frac{\varepsilon}{2}<\frac{\varepsilon}{2}+\frac{\varepsilon}{2}=\varepsilon.
\end{aligned}$$

这就证明了，对 $\forall\varepsilon>0$，$\exists N\in\mathbb{N}$，当 $n>N$ 时，不等式

$$\left|\sum_{k=n+1}^{n+p}u_k(x)\right|<\varepsilon$$

对 $\forall x\in[a,b]$，$\forall p\in\mathbb{N}$ 成立. 故 $\sum_{n=1}^{\infty}u_n(x)$ 在 $[a,b]$ 上一致收敛.

因为 $\left|\sum\limits_{k=1}^{n}\cos kx\right|\leqslant\dfrac{1}{\left|\sin\dfrac{x}{2}\right|}$，$\left|\sum\limits_{k=1}^{n}\sin kx\right|\leqslant\dfrac{1}{\left|\sin\dfrac{x}{2}\right|}$，$\left\{\dfrac{1}{n}\right\}$ 单调下降趋于 0，所以级数 $\sum\limits_{n=1}^{\infty}\dfrac{\cos nx}{n}$，$\sum\limits_{n=1}^{\infty}\dfrac{\sin x}{n}$ 在 $(0,2\pi)$ 内收敛. 又

$$\left|\sum_{k=1}^{n}\left(\frac{\cos kx}{k}\right)'\right|=\left|\sum_{k=1}^{n}\sin kx\right|\leqslant\frac{1}{\left|\sin\dfrac{x}{2}\right|},$$

$$\left|\sum_{k=1}^{n}\left(\frac{\sin kx}{k}\right)'\right|=\left|\sum_{k=1}^{n}\cos kx\right|\leqslant\frac{1}{\left|\sin\dfrac{x}{2}\right|}.$$

对于 $\forall\,\delta>0$(固定)，在 $x\in[\delta,2\pi-\delta]$ 中

$$\left|\sum_{k=1}^{n}\left(\frac{\cos kx}{k}\right)'\right|\leqslant\frac{1}{\sin\dfrac{\delta}{2}},\quad\left|\sum_{k=1}^{n}\left(\frac{\sin kx}{k}\right)'\right|\leqslant\frac{1}{\sin\dfrac{\delta}{2}},$$

根据上面的结论，级数 $\sum\limits_{n=1}^{\infty}\dfrac{\cos nx}{n}$，$\sum\limits_{n=1}^{\infty}\dfrac{\sin nx}{n}$ 在 $[\delta,2\pi-\delta]$ 中一致收敛. 由周期性，在 $[2k\pi+\delta,(2k+1)\pi-\delta]$ 上一致收敛. 但在 $(0,2\pi)$ 内不一致收敛(证明见例 13.1.16(2)). □

596. 设 $f(x)$ 为 $(-\infty,+\infty)$ 上的连续函数. 证明：函数列

$$f_n(x)=\sum_{k=0}^{n-1}\frac{1}{n}f\left(x+\frac{k}{n}\right),\quad n=1,2,\cdots$$

在任何有限区间上一致收敛.

证明 由 $f(x)$ 在 $(-\infty,+\infty)$ 中连续推得 $f(x+t)$ 关于 t 在 $[0,1]$ 上 Riemann 可积，且对 $\forall\,x\in(-\infty,+\infty)$，有

$$\begin{aligned}\int_0^1 f(x+t)\,\mathrm{d}t&=\lim_{n\to+\infty}\sum_{k=0}^{n-1}f\left(x+\frac{k}{n}\right)\cdot\frac{1}{n}\\&=\lim_{n\to+\infty}f_n(x).\end{aligned}$$

设 $[a,b]\subset(-\infty,+\infty)$ 为任一有限闭区间. 我们将证明在 $[a,b]$ 上，成立

$$f_n(x)\rightrightarrows\int_0^1 f(x+t)\,\mathrm{d}t\quad(n\to\infty).$$

为此，我们做如下处理：

$$f_n(x)=\sum_{k=0}^{n-1}\frac{1}{n}f\left(x+\frac{k}{n}\right)=\sum_{k=0}^{n-1}\int_{\frac{k}{n}}^{\frac{k+1}{n}}f\left(x+\frac{k}{n}\right)\mathrm{d}t,$$

$$\int_0^1 f(x+t)\,\mathrm{d}t=\sum_{k=0}^{n-1}\int_{\frac{k}{n}}^{\frac{k+1}{n}}f(x+t)\,\mathrm{d}t.$$

于是

$$\left|f_n(x)-\int_0^1 f(x+t)\,\mathrm{d}t\right|=\left|\sum_{k=0}^{n-1}\int_{\frac{k}{n}}^{\frac{k+1}{n}}\left[f\left(x+\frac{k}{n}\right)-f(x+t)\right]\mathrm{d}t\right|$$

$$\leqslant \sum_{k=0}^{n-1}\int_{\frac{k}{n}}^{\frac{k+1}{n}}\left|f\left(x+\frac{k}{n}\right)-f(x+t)\right|\mathrm{d}t.$$

对 $\forall\varepsilon>0$，由于 f 在 $(-\infty,+\infty)$ 上连续，因而在闭区间 $[a,b+1]$ 上一致连续，故 $\exists\delta>0$，当 $x',x''\in[a,b+1]$，$|x'-x''|<\delta$ 时

$$|f(x')-f(x'')|<\delta.$$

取 $N\in\mathbb{N}$，s. t. $\frac{1}{N}<\delta$，当 $n>N$ 时，$\frac{1}{n}<\delta$；当 $t\in\left[\frac{k}{n},\frac{k+1}{n}\right]$时，$x+t\in[a+t,b+t]\subset[a,b+1]$.

$$\left|\left(x+\frac{k}{n}\right)-(x+t)\right|=\left|\frac{k}{n}-t\right|<\frac{1}{n}<\delta,$$

$$\left|f\left(x+\frac{k}{n}\right)-f(x+t)\right|<\varepsilon,$$

代入上面的式子得

$$\left|f_n(x)-\int_0^1 f(x+t)\mathrm{d}t\right|\leqslant\sum_{k=0}^{n-1}\int_{\frac{k}{n}}^{\frac{k+1}{n}}\left|f\left(x+\frac{k}{n}\right)-f(x+t)\right|\mathrm{d}t$$

$$<\sum_{k=0}^{n-1}\int_{\frac{k}{n}}^{\frac{k+1}{n}}\varepsilon\,\mathrm{d}t=\sum_{k=0}^{n-1}\frac{1}{n}\varepsilon=\varepsilon.$$

故 $\{f_n(x)\}$ 在 $[a,b]$ 上一致收敛. □

597. 设函数 $f(x)$ 在 $(-\infty,+\infty)$ 上有连续的导函数 $f'(x)$，$f_n(x)=\mathrm{e}^n[f(x+\mathrm{e}^{-n})-f(x)]$ $(n=1,2,\cdots)$. 证明：函数列 $\{f_n(x)\}$ 在任一有限开区间 (a,b) 内一致收敛于 $f'(x)$.

证明 对 $\forall x\in(-\infty,+\infty)$，因为 f 在 x 处可导，故

$$\lim_{n\to+\infty}f_n(x)=\lim_{\substack{n\to+\infty\\ \mathrm{e}^{-n}\to0}}\frac{f(x+\mathrm{e}^{-n})-f(x)}{\mathrm{e}^{-n}}=f'(x).$$

函数列 $\{f_n(x)\}$ 在 $(-\infty,+\infty)$ 上收敛于 $f'(x)$. 由 $f'(x)$ 在 $(-\infty,+\infty)$ 内连续，因而在任一闭区间上一致连续. 因 $(a,b)\subset(-\infty,+\infty)$，$[a,b+1]\subset(-\infty,+\infty)$，故 $f'(x)$ 在 $[a,b+1]$ 上一致连续.

对 $\forall\varepsilon>0$，$\exists\,0<\delta<1$，s. t. $\forall x',x''\in[a,b+1]$，且 $|x'-x''|<\delta$ 时有

$$|f'(x')-f'(x'')|<\varepsilon.$$

取 $N>\ln\frac{1}{\delta}$，当 $n>N$ 时，$\mathrm{e}^{-n}<\mathrm{e}^{-N}<\delta$，$x+\mathrm{e}^{-n}<x+\delta<b+1$，于是

$$|f_n(x)-f'(x)|=\left|\frac{f(x+\mathrm{e}^{-n})-f(x)}{\mathrm{e}^{-n}}-f'(x)\right|$$

$$\xlongequal{a<x<\xi<x+\mathrm{e}^{-n}}|f'(\xi)-f'(x)|<\varepsilon.$$

故 $\{f_n(x)\}$ 在 (a,b) 内一致收敛于 $f'(x)$. □

598. 设 $f(x)$ 在 $[0,1]$ 上连续，$g_n(x)$ 为由 $f(x)$ 在 $[0,1]$ n 等分下产生的阶梯函数

$$g_n(x)=\sum_{k=1}^{\infty}f\left(\frac{k}{n}\right)\ (x_{\frac{k-1}{n}}(x)-x_{\frac{k}{n}}(x)),$$

其中

$$x_{\frac{i}{n}}(x)=\begin{cases}1, & 0\leqslant x<\dfrac{i}{n},\\ 0, & \dfrac{i}{n}\leqslant x\leqslant 1,\quad i=1,2,\cdots,n.\end{cases}$$

证明：$g_n(x)\rightrightarrows f(x),x\in[0,1),n\to+\infty$.

证明 由题中定义的 $x_{\frac{i}{n}}(x)$ 知

$$x_{\frac{k-1}{n}}(x)-x_{\frac{k}{n}}(x)=\begin{cases}1, & \dfrac{k-1}{n}\leqslant x<\dfrac{k}{n},\\ 0, & \text{其他}.\end{cases}$$

所以

$$f\left(\frac{k}{n}\right)(x_{\frac{k-1}{n}}(x)-x_{\frac{k}{n}}(x))=\begin{cases}f\left(\dfrac{k}{n}\right), & \dfrac{k-1}{n}\leqslant x<\dfrac{k}{n},\\ 0, & \text{其他}.\end{cases}$$

$g_n(x)$就是如 598 题图所示的阶梯函数.

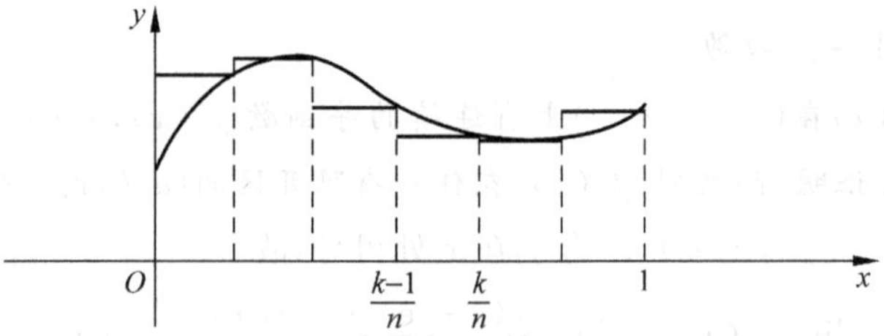

598 题图

$\forall x\in[0,1),\exists k\in\{1,2,\cdots,n\}$. 使得 $x\in\left[\dfrac{k-1}{n},\dfrac{k}{n}\right)$. 因此

$$g_n(x)=f\left(\frac{k}{n}\right).$$

对 $\forall\varepsilon>0$，由 f 在$[0,1]$上连续，因而一致连续知，$\exists\delta>0$，当 $x',x''\in[0,1]$，$|x'-x''|<\delta$ 时，$|f(x')-f(x'')|<\varepsilon$，取 $N>\dfrac{1}{\delta}$，当 $n>N$ 时，$\left|x-\dfrac{k}{n}\right|<\dfrac{1}{n}<\delta$，此时

$$|f(x)-g_n(x)|=\left|f(x)-f\left(\frac{k}{n}\right)\right|<\varepsilon.$$

即 $g_n(x)\rightrightarrows f(x)(x\in[0,1))$. □

599. 设 $\sum_{n=1}^{\infty}u_n(x)$ 在区间 I 上收敛. 证明 $\sum_{n=1}^{\infty}u_n(x)$ 在 I 上一致收敛$\Leftrightarrow\forall\{x_n\}\subset I$，有

$$\lim_{n\to+\infty} r_n(x_n)=0 \quad (\text{其中 } r_n(x)=\sum_{k=n+1}^{\infty}u_k(x) \text{ 为级数余和}).$$

证明 (⇒)因为 $\sum_{n=1}^{\infty}u_n(x)$ 在 I 上一致收敛,故对 $\forall\varepsilon>0$, $\exists N=N(\varepsilon)\in\mathbb{N}$,当 $n>N$ 时,有

$$|r_n(x)|=\left|\sum_{k=n+1}^{\infty}u_k(x)\right|=\left|\sum_{k=1}^{n}u_k(x)-\sum_{k=1}^{\infty}u_k(x)\right|<\varepsilon,\quad \forall x\in I.$$

于是,对 $\forall\{x_n\}\subset I$,当 $n>N$ 时,有

$$|r_n(x_n)|<\varepsilon.$$

这就证明了 $\lim\limits_{n\to+\infty} r_n(x_n)=0$.

(⇐)(反证)假设 $\sum_{n=1}^{\infty}u_n(x)$ 在 I 上不一致收敛,则 $\exists\varepsilon_0>0$,对 $\forall n\in\mathbb{N}$,必有 $x_n\in I$,s. t.

$$|r_n(x_n)|=\left|\sum_{k=n+1}^{\infty}u_k(x_n)\right|\geqslant\varepsilon_0.$$

这表明 $\lim\limits_{n\to+\infty} r_n(x_n)\neq 0$. 它与题设 $\lim\limits_{n\to+\infty} r_n(x_n)=0$ 相矛盾. □

600. 证明:$\sum_{n=1}^{\infty}\frac{n(-1)^n}{n^2+x^2}$ 在$(-\infty,+\infty)$中一致收敛.

证明 令 $u_n(x)=\frac{n}{n^2+x^2}$. 对 $\forall x\in(-\infty,+\infty)$有

$$u_n(x)-u_{n+1}(x)=\frac{n}{n^2+x^2}-\frac{n+1}{(n+1)^2+x^2}=\frac{n^2+n-x^2}{(n^2+x^2)[(n+1)^2+x^2]}.$$

当 n 足够大时 $u_n(x)-u_{n+1}(x)>0$. $\{u_n(x)\}$单调减且

$$u_n(x)=\frac{n}{n^2+x^2}<\frac{1}{n}\to 0,$$

它一致地趋于 0. 而

$$\left|\sum_{k=1}^{n}(-1)^k\right|\leqslant 1$$

一致有界,由 Dirichlet 判别法得

$$\sum_{n=1}^{\infty}(-1)^n\frac{n}{n^2+x^2}=\sum_{n=1}^{\infty}(-1)^n u_n(x)$$

在$(-\infty,+\infty)$上一致收敛. □

601. 设 $b>0$, $a_1,\cdots,a_n,\cdots$ 均为常数,级数 $\sum_{n=1}^{\infty}a_n$ 收敛. 证明:函数项级数 $\sum_{n=1}^{\infty}a_n\frac{1}{n!}\int_0^x t^n e^{-t}dt$ 在$[0,b]$上一致收敛.

证明 $\sum_{n=1}^{\infty}a_n$ 收敛蕴涵着它在 $\forall x\in[0,b]$ 上一致收敛.

$$\begin{aligned}b_n(x)&=\frac{1}{n!}\int_0^x t^n\mathrm{e}^{-t}\mathrm{d}t=\frac{1}{n!}\left(\int_0^x \mathrm{e}^{-t}\mathrm{d}\,\frac{t^{n+1}}{n+1}\right)\\&=\frac{t^{n+1}}{(n+1)!}\mathrm{e}^{-t}\Big|_0^x+\frac{1}{(n+1)!}\int_0^x t^{n+1}\mathrm{e}^{-t}\mathrm{d}t\\&=\frac{x^{n+1}}{(n+1)!}\mathrm{e}^{-x}+b_{n+1}(x)>b_{n+1}(x),\end{aligned}$$

$\{b_n(x)\}$ 单调减,且对 $\forall x\in[0,b]$,$t^n\mathrm{e}^t>0$,故

$$b_n(x)=\frac{1}{n!}\int_0^x t^n\mathrm{e}^{-t}\mathrm{d}t<\frac{1}{n!}\int_0^{+\infty}t^n\mathrm{e}^{-t}\mathrm{d}t=\frac{\Gamma_{(n+1)}}{n!}=1,$$

即 $\{b_n(x)\}$ 在 $[0,b]$ 上一致有界.

根据 Abel 判别法

$$\sum a_n\frac{1}{n!}\int_0^x t^n\mathrm{e}^{-t}\mathrm{d}t=\sum_{n=1}^{\infty}a_nb_n(x)$$

在 $[0,b]$ 上一致收敛. □

602. 证明函数项级数 $\sum_{n=1}^{\infty}(-1)^n\frac{\mathrm{e}^{x^2}+\sqrt{n}}{n^{\frac{3}{2}}}$ 在任何有限区间 $[a,b]$ 上一致收敛,但在任何一点 x_0 处不绝对收敛.

证法 1 任取有限区间 $[a,b]$,$M=\max\{|a|,|b|\}$,则 $\mathrm{e}^{x^2}\leqslant\mathrm{e}^{M^2}$,进而

$$\frac{\mathrm{e}^{x^2}+\sqrt{n}}{n^{3/2}}\leqslant\frac{\mathrm{e}^{M^2}+\sqrt{n}}{n^{3/2}}=\frac{\mathrm{e}^{M^2}}{n^{3/2}}+\frac{1}{n}\to 0,$$

即 $\{b_n(x)\}=\left\{\frac{\mathrm{e}^{x^2}+\sqrt{n}}{n^{3/2}}\right\}$ 在 $[a,b]$ 上一致收敛于 0,且对 $\forall x\in[a,b]$ 有

$$b_n(x)=\frac{\mathrm{e}^{x^2}+\sqrt{n}}{n^{3/2}}=\frac{\mathrm{e}^{x^2}}{n^{3/2}}+\frac{1}{n}>\frac{\mathrm{e}^{x^2}}{(n+1)^{3/2}}+\frac{1}{n+1}=b_{n+1}(x),$$

即 $\{b_n(x)\}$ 单调减.

又对 $a_n=(-1)^n$,有 $\left|\sum_{k=1}^{n}a_k\right|\leqslant 1$,即一致有界. 根据 Dirichlet 判别法得 $\sum_{n=1}^{\infty}(-1)^n\cdot\frac{\mathrm{e}^x+\sqrt{n}}{n^{3/2}}=\sum_{n=1}^{\infty}a_nb_n(x)$ 在 $[a,b]$ 上一致收敛.

对 $\forall x_0\in(-\infty,+\infty)$,$\sum_{n=1}^{\infty}\left|(-1)^n\frac{\mathrm{e}^{x_0^2}+\sqrt{n}}{n^{3/2}}\right|=\sum_{n=1}^{\infty}\frac{\mathrm{e}^{x_0^2}+\sqrt{n}}{n^{3/2}}$. 因

$$\frac{\mathrm{e}^{x_0^2}+\sqrt{n}}{n^{\frac{3}{2}}}\sim\frac{1}{n}\quad(n\to+\infty),$$

故发散,即 $\sum_{n=1}^{\infty}(-1)^n\frac{\mathrm{e}^{x_0^2}+\sqrt{n}}{n^{\frac{3}{2}}}$ 不绝对收敛.

证法 2　$\sum_{n=1}^{\infty}(-1)^n\frac{e^{x^2}+\sqrt{n}}{n^{\frac{3}{2}}}=\sum_{n=1}^{\infty}(-1)^n\frac{e^{x^2}}{n^{\frac{3}{2}}}+\sum_{n=1}^{\infty}(-1)^n\frac{1}{n}.$

$\sum_{n=1}^{\infty}(-1)^n\frac{1}{n}$ 收敛，当然在任何区间上一致收敛.

对于区间$[a,b]$上的函数 e^{x^2}，对 n 而言是单调的，且 $e^{x^2}\leqslant e^{\max\{a^2,b^2\}}$，即一致有界而$\sum_{n=1}^{\infty}\frac{(-1)^n}{n^{\frac{3}{2}}}$一致收敛，故 $\sum_{n=1}^{\infty}(-1)^n\frac{e^{x^2}}{n^{3/2}}$ 在$[a,b]$上一致收敛. 从而它们的和 $\sum_{n=1}^{\infty}\frac{(-1)^n e^{x^2}}{n^{\frac{3}{2}}}+\sum_{n=1}^{\infty}\frac{(-1)^n}{n}=\sum_{n=1}^{\infty}(-1)^n\frac{e^{x^2}+\sqrt{n}}{n^{\frac{3}{2}}}$ 在$[a,b]$上一致收敛. □

603. 研究函数项级数

$$\sum_{n=1}^{\infty}\frac{(-1)^{n-1}x^2}{(1+x^2)^n}$$

在$(-\infty,+\infty)$上的一致收敛性.

证明　因为

$$\sum_{n=1}^{\infty}\frac{(-1)^{n-1}x^2}{(1+x^2)^n}=\sum_{n=1}^{\infty}\frac{(-1)^{n-1}}{n}\frac{nx^2}{(1+x^2)^n}.$$

令 $a_n(x)=\frac{(-1)^{n-1}}{n}$，则 $\sum_{n=1}^{\infty}a_n$ 收敛，当然在 $x\in(-\infty,+\infty)$上一致收敛. 记 $b_n(x)=\frac{nx^2}{(1+x^2)^n}$，则对固定的 $x\in(-\infty,+\infty)$有

$$\frac{b_n(x)}{b_{n+1}(x)}=\frac{n(1+x^2)}{n+1}=\frac{1+x^2}{1+\frac{1}{n}}.$$

当 $n>\frac{1}{x^2}$时，$\{b_n(x)\}$单调减，且

$$|b_n(x)|=\left|\frac{nx^2}{1+nx^2+\cdots}\right|\leqslant 1,$$

故一致有界. 由 Abel 判别法得 $\sum_{n=1}^{\infty}a_n(x)b_n(x)=\sum_{n=1}^{\infty}(-1)^{n-1}\frac{x^2}{(1+x^2)^n}$ 在$(-\infty,+\infty)$中一致收敛. □

604. 设 E 为$(-\infty,+\infty)$中的一点集，x_0 为 E 的广义聚点(即 x_0 可为实数或$\pm\infty$，x_0 的任何开邻域中必含 E 中异于 x_0 的点). 如果函数项级数 $\sum_{n=1}^{\infty}u_n(x)$ 在 E 上一致收敛. 且 $\lim\limits_{\substack{x\to x_0\\ x\in E}}u_n(x)=a_n$，$n=1,2,\cdots$. 证明：

(1) $\sum_{n=1}^{\infty}a_n$ 收敛；　(2) $\lim\limits_{\substack{x\to x_0\\ x\in E}}\sum_{n=1}^{\infty}u_n(x)=\sum_{n=1}^{\infty}a_n=\sum_{n=1}^{\infty}\lim\limits_{\substack{x\to x_0\\ x\in E}}u_n(x).$

证明 (1) 因为 $\sum_{n=1}^{\infty}u_n(x)$ 在 E 上一致收敛,故对 $\forall\varepsilon>0$, $\exists N\in\mathbb{N}$, 当 $n>N$ 时,不等式

$$\left|\sum_{k=n+1}^{n+p}u_k(x)\right|<\frac{\varepsilon}{3}$$

对 $\forall x\in E$, $\forall p\in\mathbb{N}$ 都成立. 令 $x\to x_0$. 就有

$$\frac{\varepsilon}{3}\geqslant\lim_{\substack{x\to x_0\\x\in E}}\left|\sum_{k=n+1}^{n+p}u_k(x)\right|=\left|\sum_{k=n+1}^{n+p}\lim_{\substack{x\to x_0\\x\in E}}u_k(x)\right|=\left|\sum_{k=n+1}^{n+p}a_k\right|,$$

所以 $\sum_{n=1}^{\infty}a_n$ 收敛.

(2) 对 $\forall\varepsilon>0$, $\exists N\in\mathbb{N}$, 对 $\forall x\in E$, 有

$$\left|\sum_{n=N+1}^{+\infty}u_n(x)\right|<\frac{\varepsilon}{3},\quad\left|\sum_{n=N+1}^{\infty}a_n\right|<\frac{\varepsilon}{3}.$$

固定 N, 由于 $\lim_{x\to x_0}u_n(x)=a_n$, 故 $\exists\delta_n>0$, 当 $0<|x-x_0|<\delta_n$, $x\in E$ 时有

$$|u_n(x)-a_n|<\frac{\varepsilon}{3N}.$$

令 $\delta=\min\{\delta_1,\delta_2,\cdots,\delta_N\}$, 则当 $0<|x-x_0|<\delta$ 时,有

$$\begin{aligned}\left|\sum_{n=1}^{\infty}u_n(x)-\sum_{n=1}^{\infty}a_n\right|&\leqslant\left|\sum_{n=1}^{N}(u_n(x)-a_n)\right|+\left|\sum_{n=N+1}^{\infty}u_n(x)-\sum_{n=N+1}^{\infty}a_n\right|\\&\leqslant\sum_{n=1}^{N}|u_n(x)-a|+\left|\sum_{n=N+1}^{\infty}u_n(x)\right|+\left|\sum_{n=N+1}^{\infty}a_n\right|\\&<N\cdot\frac{\varepsilon}{3N}+\frac{\varepsilon}{3}+\frac{\varepsilon}{3}=\varepsilon.\end{aligned}$$

于是, $\lim_{\substack{x\to 0\\x\in E}}\sum_{n=1}^{\infty}u_n(x)=\sum_{n=1}^{\infty}a_n=\sum_{n=1}^{\infty}\lim_{\substack{x\to x_0\\x\in E}}u_n(x)$.

对于 x_0 为 $\pm\infty$ 的情形,只须将"$\exists\delta_n>0$"改为"$\exists\Delta_n>0$",当 $x\in E$, $x>\Delta_n$ $(<-\Delta_n)$ 时,有

$$|u_n(x)-a_n|<\frac{\varepsilon}{3N}.$$

其他都照搬即可. □

605. 利用 $\sum_{n=1}^{\infty}\frac{1}{n^2}=\frac{\pi^2}{6}$. 证明:

$$\lim_{x\to 1}\sum_{n=1}^{\infty}\frac{x^n(1-x)}{n(1-x^{2n})}=\frac{\pi^2}{12}.$$

证明 对 $\forall x\in(0,1)=E$, 有

$$u_n(x)=\frac{x^n(1-x)}{n(1-x^{2n})}=\frac{x^n}{n(1+x+\cdots+x^{2n-1})}$$

$$\leqslant \frac{x^n}{n(1+x+\cdots+x^n)} \leqslant \frac{x^n}{n \cdot nx^n} = \frac{1}{n^2}.$$

而 $\sum\limits_{n=1}^{\infty} \frac{1}{n^2}$ 收敛，由 Weierstrass 定理得 $\sum\limits_{n=1}^{\infty} \frac{x^n(1-x)}{n(1-x^{2n})}$ 在 $E=(0,1)$ 上一致收敛. 又

$$\lim_{x\to 1} u_n(x) = \lim_{x\to 1} \frac{x^n(1-x)}{n(1-x^{2n})} = \lim_{x\to 1} \frac{x^n}{n(1+x+\cdots+x^{2n-1})} = \frac{1}{2n^2} = a_n,$$

由 604 题得

$$\lim_{x\to 1} \sum_{n=1}^{\infty} \frac{x^n(1-x)}{n(1-x^{2n})} = \sum_{n=1}^{\infty} a_n = \sum_{n=1}^{\infty} \frac{1}{2n^2} = \frac{1}{2}\sum_{n=1}^{\infty} \frac{1}{n^2} = \frac{\pi^2}{12}.$$ □

606. 设函数项级数 $\sum\limits_{n=1}^{\infty} u_n(x)$ 满足下列条件：

(1) $\sum\limits_{n=1}^{\infty} u_n(x)$ 在 $(x_0-\delta, x_0+\delta)$ 中收敛于 $f(x)$；

(2) 函数项级数的每一项 $u_n(x)$ 在 $x=x_0$ 处可导；

(3) 函数项级数 $\sum\limits_{n=1}^{\infty} \frac{u_n(x)-u_n(x_0)}{x-x_0}$ 在 $0<|x-x_0|<\delta$ 中一致收敛. 则 $f(x)$ 在 x_0 处可导，且 $f'(x_0) = \sum\limits_{n=1}^{\infty} u'(x_0)$.

证明 （应用 604 题）$E=(x_0-\delta, x_0)\cup(x_0, x_0+\delta)$，$x_0$ 为 E 的聚点，记

$$\frac{u_n(x)-u_n(x_0)}{x-x_0} = v_n(x),$$

则 $\lim\limits_{x\to x_0} v_n(x) = \lim\limits_{x\to x_0} \frac{u_n(x)-u_n(x_0)}{x-x_0} \overset{\text{由(2)}}{=\!=} u_n'(x_0) = a_n$. 再由(3)得 $\sum\limits_{n=1}^{\infty} v_n(x)$ 在 E 上一致收敛. 根据 604 题就有

$$\lim_{x\to x_0} \sum_{n=1}^{\infty} v_n(x) = \sum_{n=1}^{\infty} \lim_{x\to x_0} v_n(x) = \sum_{n=1}^{\infty} a_n = \sum_{n=1}^{\infty} u_n'(x_0),$$

故

$$f'(x_0) = \lim_{x\to x_0} \frac{f(x)-(x_0)}{x-x_0} = \lim_{x\to x_0} \frac{\sum\limits_{n=1}^{\infty} u_n(x) - \sum\limits_{n=1}^{\infty} u_n(x_0)}{x-x_0}$$

$$= \lim_{x\to x_0} \sum_{n=1}^{\infty} \frac{u_n(x)-u_n(x_0)}{x-x_0} = \lim_{x\to x_0} \sum_{n=1}^{\infty} v_n(x) = \sum_{n=1}^{\infty} u_n'(x_0).$$ □

607. 在 $(0,1)$ 中任取一数列 $\{a_n\}$，其中各项两两不相同. 证明：函数

$$f(x) = \sum_{n=1}^{\infty} \frac{|x-a_n|}{2^n}$$

在 $(0,1)$ 中连续，且在 $x=a_n (n=1,2,\cdots)$ 处都不可导，而在 $(0,1)$ 中其他点处都可导.

证明 $\forall x, a_n \in (0,1)$，$\dfrac{|x-a_n|}{2^n} \leqslant \dfrac{1}{2^n}$，所以级数

$$\sum_{n=1}^{\infty} \frac{|x-a_n|}{2^n}$$

在 $x\in(0,1)$上一致收敛. 记 $u_n(x)=\dfrac{|x-a_n|}{2^n}$. 当 $x_0 \neq a_n$ 时，$u_n(x)$在 x_0 处可导，且 $u_n'(x_0)=\pm\dfrac{1}{2^n}$($x_0>a_n$ 时，取"+"；$x_0<a_n$ 时，取"−"). $u_n(x)$在 a_n 处不可导，在$(0,1)\setminus\{a_n\}$上是可导的.

$\forall x_0 \in (0,1)\setminus\{a_1,a_2,\cdots,a_n,\cdots\}$. 由于$|u_n'(x_0)|=\dfrac{1}{2^n}$，故 $\sum\limits_{n=1}^{\infty}|u_n'(x_0)|$ 收敛，故 $\sum\limits_{n=1}^{\infty}u_n'(x_0)$ 在$(0,1)\setminus\{a_1,\cdots,a_n,\cdots\}$上一致收敛. 由 606 题，函数 $f(x)$在 x_0 处可导，且 $f'(x_0)=\sum\limits_{n=1}^{\infty}u_n'(x_0)=\sum\limits_{n=1}^{\infty}\left(\pm\dfrac{1}{2^n}\right)$.

若 x_0 为某个 a_l，则

$$f(x)=\frac{|x-a_l|}{2^l}+\sum_{n\neq l}\frac{|x-a_n|}{2^n}.$$

$\sum\limits_{n\neq l}\dfrac{|x-a_n|}{2^n}$ 在 x_0 处可导，但$\dfrac{|x-a_l|}{2^l}$在 x_0 处不可导，所以 $f(x)$在 x_0 处不可导. 由 l 的任取性，$f(x)$在 $a_1,a_2,\cdots,a_n,\cdots$处都不可导. □

608. 设$\{x_n\}$为区间$[0,1]$中的全体有理数，对任意 $x\in(0,1)$，定义

$$f(x)=\sum_{x_n<x}\frac{1}{2^n},$$

令

$$g_n(x)=\begin{cases}0, & x\leqslant x_n,\\ \dfrac{1}{2^n}, & x>x_n,\end{cases}$$

证明：

(1) 级数 $\sum\limits_{n=1}^{\infty}g_n(x)$ 在$(0,1)$上一致收敛于 $f(x)$；

(2) $\displaystyle\int_0^1 f(x)\,\mathrm{d}x=\sum_{n=1}^{\infty}\frac{1-x_n}{2^n}$.

证明 (1) 由于

$$|g_n(x)|\leqslant\frac{1}{2^n},$$

而 $\sum\limits_{n=1}^{\infty}\dfrac{1}{2^n}$ 收敛，故 $\sum\limits_{n=1}^{\infty}g_n(x)$ 在$[0,1]$上一致收敛且

$$\sum_{n=1}^{\infty} g_n(x) = \sum_{x_n<x} \frac{1}{2^n} = f(x).$$

(2) 由(1) $\sum\limits_{n=1}^{\infty} g_n(x)$ 可以逐项积分,于是

$$\int_0^1 f(x)\mathrm{d}x = \sum_{n=1}^{\infty}\int_0^1 g_n(x)\mathrm{d}x = \sum_{n=1}^{\infty}\int_{x_n}^1 \frac{1}{2^n}\mathrm{d}x = \sum_{n=1}^{\infty} \frac{1-x_n}{2^n}.$$ □

609. 设$\{x_n\}$是$(0,1)$内的一个数列,且 $x_i \neq x_j (i\neq j)$,证明:

$$f(x) = \sum_{n=1}^{\infty} \frac{\operatorname{sgn}(x-x_n)}{2^n}$$

在$(0,1)$内一致收敛;$f(x)$在$(0,1)\backslash\{x_n \mid n=1,2,\cdots\}$中每一点处连续,而在每个点 $x_n(n=1,2,\cdots)$处不连续.

证明 由$\left|\frac{\operatorname{sgn}(x-x_n)}{2^n}\right| \leqslant \frac{1}{2^n}$及 $\sum\limits_{n=1}^{\infty}\frac{1}{2^n}$ 收敛知

$$\sum_{n=1}^{\infty} \frac{\operatorname{sgn}(x-x_n)}{2^n}$$

在$(0,1)$内一致收敛.

对 $\forall\, x_0 \neq x_n(n=1,2,\cdots)$,$\frac{\operatorname{sgn}(x-x_n)}{2^n}$在 x_0 处连续,即

$$\lim_{x\to x_0} \frac{\operatorname{sgn}(x-x_n)}{2^n} = \frac{\operatorname{sgn}(x_0-x_n)}{2^n}.$$

由定理 13.2.2′得

$$\lim_{x\to x_0} f(x) = \lim_{x\to x_0}\sum_{n=1}^{\infty} \frac{\operatorname{sgn}(x-x_n)}{2^n} = \sum_{n=1}^{\infty}\lim_{x\to x_0} \frac{\operatorname{sgn}(x-x_n)}{2^n}$$
$$= \sum_{n=1}^{\infty} \frac{\operatorname{sgn}(x_0-x_n)}{2^n} = f(x_0),$$

即 $f(x)$在 x_0 连续.

若 x 为某个 x_l,则

$$f(x) = \sum_{n=1}^{\infty} \frac{\operatorname{sgn}(x-x_n)}{2^n} = \frac{\operatorname{sgn}(x-x_l)}{2^l} + \sum_{n\neq l} \frac{\operatorname{sgn}(x-x_n)}{2^n},$$

其中第一项在 x_l 处不连续,第二项由前面的证明在 x_l 处连续,所以 $f(x)$在 x_l 处间断.由 $x_l \in \{x_n \mid n=1,2,\cdots\}$的任取性知 f 在每个 $x_n(n=1,2,\cdots)$处不连续. □

注 将此题与 607 题对比一下,不难看出它们的联系.

610. 证明:$f(x) = \sum\limits_{n=1}^{\infty} n\mathrm{e}^{-nx}$ 在$(0,+\infty)$内收敛,但不一致收敛,而和函数在$(0,+\infty)$内无穷次可导.

证法 1 $\sum\limits_{n=1}^{\infty} n\mathrm{e}^{-nx}$ 在$(0,+\infty)$内收敛,但不一致收敛见书中例 13.1.13.下证 $f(x)$在

$(0,+\infty)$内无穷次可导.

记 $u_n(x)=ne^{-nx}$,则它在$(0,+\infty)$内可导,且 $u_n'(x)=-n^2e^{-nx}$,因

$$n^2e^{-nx}=\frac{n^2}{e^{nx}}=o\left(\frac{1}{n^2}\right),$$

故 $\sum_{n=1}^{\infty}u_n'(x)$ 在$(0,+\infty)$中收敛. 又对 $\forall\delta>0$,由于当 $x\in[\delta,+\infty)$时,有

$$n^2e^{-nx}<n^2e^{-n\delta},$$

而 $\sum_{n=1}^{\infty}n^2e^{-n\delta}$ 收敛,所以 $\sum_{n=1}^{\infty}u_n'(x)=\sum_{n=1}^{\infty}-n^2e^{-nx}$ 在$[\delta,+\infty)$中绝对一致收敛. 从而 $f(x)$在$[\delta,+\infty)$中可逐项求导,且

$$f'(x)=\sum_{n=1}^{\infty}u_n'(x)=-\sum_{n=1}^{\infty}n^2e^{-nx}.$$

对 $\forall x\in(0,+\infty)$,可取 $0<\delta_x<x$,则 f 在$[\delta_x,+\infty)$中可逐项求导,故 f 在 x 处可导,即 $f(x)$在$(0,+\infty)$中可导.

由于对 $\forall k\in\mathbb{N}$, $n^ke^{-nx}=o\left(\frac{1}{n^2}\right)(n\to+\infty)$,故

$$\sum_{n=1}^{\infty}n^ke^{-nx}$$

在$(0,+\infty)$中一致收敛. 应用此性质及数学归纳法就可证明 $f(x)$在$(0,+\infty)$内无穷次可导.

证法 2 由题设

$$f(x)=e^{-x}+2e^{-2x}+\cdots+ne^{-nx}+(n+1)e^{-(n+1)x}+\cdots$$

于是

$$e^{-x}f(x)=e^{-2x}+2e^{-3x}+\cdots+ne^{-(n+1)x}+(n+1)e^{-(n+2)x}+\cdots$$

两式相减得

$$(1-e^{-x})f(x)=e^{-x}+e^{-2x}+\cdots+e^{-nx}+e^{-(n+1)x}+\cdots\xlongequal{0<e^{-x}<1}\frac{e^{-x}}{1-e^{-x}},$$

$$f(x)=\frac{e^{-x}}{(1-e^{-x})^2}.$$

显然 $f(x)$在$(0,+\infty)$中无穷次可导.

证法 3 由证法 1 知 $\sum_{n=1}^{\infty}ne^{-nx}$ 在$(0,+\infty)$中内闭一致收敛. 又 $\sum_{n=1}^{\infty}e^{-nx}$ 在$(0,+\infty)$内收敛, e^{-nx}在$(0,+\infty)$内可导,且$(e^{-nx})'=-ne^{-nx}$. 根据求导号与和号可交换定理(定理 13.2.4)有

$$f(x)=\sum_{n=1}^{\infty}ne^{-nx}=-\sum_{n=1}^{\infty}(e^{-nx})'$$

$$=-\left(\sum_{n=1}^{\infty}\mathrm{e}^{-nx}\right)'\xlongequal{0<\mathrm{e}^{-x}<1}-\left(\frac{\mathrm{e}^{-x}}{1-\mathrm{e}^{-x}}\right)'=\frac{\mathrm{e}^{-x}}{(1-\mathrm{e}^{-x})^{2}}.$$ □

611. 设 $h(x),f_n'(x)(n=1,2,\cdots)$ 在 $[a,b]$ 上连续. 又对 $[a,b]$ 中任意的 x_1,x_2 与正整数 n 有

$$|f_n(x_1)-f_n(x_2)|\leqslant\frac{M}{n}|x_1-x_2|,$$

其中 $M>0$ 为常数. 证明：

(1) $f_n'(x)\rightrightarrows 0,x\in[a,b],n\to+\infty$；

(2) $\lim\limits_{n\to+\infty}\int_a^b h(x)f_n'(x)\mathrm{d}x=0$.

证明　(1) $f_n'(x)$ 在 $[a,b]$ 上连续，因而一致连续，故 $\exists\delta_n>0$, s. t. 当 $x_1,x_2\in[a,b]$，$|x_1-x_2|<\delta_n$ 时，有

$$|f_n'(x_1)-f_n'(x_2)|<\frac{1}{n}.$$

取 m 满足 $\frac{b-a}{m}<\delta_n$，将 $[a,b]$ m 等分：$a=x_0<x_1<\cdots<x_n=b$.

由题意

$$|f_n(x_i)-f_n(x_{i-1})|\leqslant\frac{M}{n}|x_i-x_{i-1}|.$$

由 Lagrange 中值定理 $\exists\xi_i\in[x_{i-1},x_i)$, s. t.

$$|f_n'(\xi_i)(x_i-x_{i-1})|=|f_n(x_i)-f_n(x_{i-1})|\leqslant\frac{M}{n}|x_i-x_{i-1}|,$$

于是

$$|f_n'(\xi_i)|\leqslant\frac{M}{n}.$$

$\forall x\in[a,b]$, $\exists i$, s. t. $x\in[x_{i-1},x_i]$，于是 $|x-\xi_i|\leqslant|x_i-x_{i-1}|<\delta_n$，故有

$$|f_n'(x)|\leqslant|f_n'(x)-f_n'(\xi_i)|+|f_n'(\xi_i)|<\frac{1}{n}+\frac{M}{n}=\frac{M+1}{n}.$$

故 $f_n'(x)$ 在 $[a,b]$ 上一致收敛于 0.

(2) 由于 $h(x)$ 在 $[a,b]$ 上连续，因而有界，设当 $x\in[a,b]$ 时，$|h(x)|<H$，则对 $\forall x\in[a,b]$ 有

$$|h(x)f_n'(x)|\leqslant\frac{(M+1)H}{n}\to 0\quad(n\to+\infty).$$

$h(x)f_n'(x)$ 也在 $[a,b]$ 上一致地收敛于 0，从而可在积分号下取极限，故得

$$\lim_{n\to+\infty}\int_a^b h(x)f_n'(x)\mathrm{d}x=\int_a^b\lim_{n\to+\infty}h(x)f_n'(x)\mathrm{d}x=\int_a^b 0\mathrm{d}x=0.$$ □

612. 设函数 $f(x)$ 在 $x=0$ 的邻域里有二阶连续导函数，且 $f(0)=0,0<f'(0)<1$. 如果

$f_n(x)$为$f(x)$的n次复合,即$f_n=\underbrace{f\circ f\circ\cdots\circ f}_{n次}$.证明:函数项级数$\sum\limits_{n=1}^{\infty}f_n(x)$在$x=0$的某邻域内一致收敛.

证明 设$f(x)$在$(-\delta,\delta)$里2阶连续可导,则$\exists M>0$, s. t. 当$|x|<\delta$时,$|f''(x)|\leqslant M$.将$f(x)$在$x=0$处Taylor展开得

$$f(x)=f(0)+f'(0)x+\frac{1}{2!}f''(\xi)x^2=f'(0)x+\frac{1}{2!}f''(\xi)x^2,$$

其中ξ介于0与x之间,故$|\xi|<|x|<\delta$.由此

$$|f(x)|\leqslant|f'(0)||x|+\frac{1}{2}|f''(\xi)|x^2\leqslant\left|f'(0)+\frac{M}{2}|x|\right||x|.$$

取$0<\eta<\min\left\{\delta,\frac{2}{M}(1-f'(0))\right\}$.当$|x|\leqslant\eta$时,有

$$|f(x)|\leqslant\left|f'(0)+\frac{M}{2}\eta\right||x|=q|x|,$$

其中$q=\left|f'(0)+\frac{M}{2}\eta\right|<f'(0)+\frac{M}{2}\cdot\frac{2}{M}(1-f'(0))=1$.于是有

$$|f_1(x)|=|f(x)|\leqslant q|x|,$$
$$|f_2(x)|=|f(f_1(x))|\leqslant q|f_1(x)|\leqslant q^2|x|.$$

归纳得

$$|f_n(x)|\leqslant q^n|x|\leqslant q^n\eta.$$

由于$0<q<1$,故$\sum\limits_{n=1}^{\infty}q^n\eta$收敛.根据Weierstrass定理得$\sum\limits_{n=1}^{\infty}f_n(x)$在$[-\eta,\eta]$中一致收敛. □

613. 证明:函数项级数

$$\sum_{n=1}^{\infty}\frac{x^n}{1+x+x^2+\cdots+x^{2n-1}}\cos nx$$

在[0,1]中一致收敛.

证明 记$u_n=\frac{x^n}{1+x+x^2+\cdots+x^{2n-1}}\cos nx$,则

$$u_n=\frac{(1-x)x^n}{1-x^{2n}}\cos nx=\frac{1}{1+x^n}\frac{(1-x)x^n}{1-x^n}\cos nx=a_n(x)b_n(x),$$

其中,$a_n(x)=\frac{1}{1+x^n}$,$b_n(x)=\frac{(1-x)x^n}{1-x^n}\cos nx$.

再由

$$\left|\sum_{k=1}^{n}\cos kx\right|=\left|\frac{\sin\frac{2n+1}{2}x-\sin\frac{x}{2}}{2\sin\frac{x}{2}}\right|\leqslant\frac{1}{\left|\sin\frac{x}{2}\right|},$$

当 $x\in\left[\frac{\pi}{4},1\right]$时，$\left|\sum_{k=1}^{n}\cos kx\right|\leqslant\frac{1}{\sin\frac{\pi}{8}}=M$ 一致有界.

而

$$0<\frac{(1-x)x^n}{1-x^n}=\frac{x^n}{1+x+\cdots+x^{n-1}}\leqslant\frac{x^n}{nx^{n-1}}=\frac{x}{n}\leqslant\frac{1}{n}\to 0.$$

又对固定的 $x\in\left[\frac{\pi}{4},1\right]$,有

$$t_n=\frac{1-x}{1-x^n}x^n=\frac{x^n}{1+x+\cdots+x^{n-1}}\leqslant\frac{x^{n-1}}{1+x+\cdots+x^{n-2}}=\frac{1-x}{1-x^{n-1}}x^{n-1}=t_{n-1},$$

即$\{t_n\}$单调减且在$\left[\frac{\pi}{4},1\right]$一致收敛于0. 由 Dirichlet 判别法知级数

$$\sum_{n=1}^{\infty}\frac{(1-x)x^n}{1-x^n}\cos nx=\sum_{n=1}^{\infty}b_n(x)$$

在$\left[\frac{\pi}{4},1\right]$中一致收敛.

对 $\forall x\in\left[\frac{\pi}{4},1\right]$, $\{a_n(x)\}$ 单调增且 $|a_n(x)|\leqslant 1$ 一致有界. 根据 Abel 判别法 $\sum_{n-1}^{\infty}a_n(x)b_n(x)=\sum_{n=1}^{\infty}u_n(x)=\sum_{n=1}^{\infty}\frac{x^n}{1+x+x^2+\cdots+x^{2n-1}}\cos nx$ 在$\left[\frac{\pi}{4},1\right]$上一致收敛.

当 $x\in\left[0,\frac{\pi}{4}\right]$时,由于

$$|u_n(x)|=\left|\frac{x^n}{1+x+x^2+\cdots+x^{2n-1}}\cos nx\right|\leqslant\left(\frac{\pi}{4}\right)^n,$$

而 $\sum_{n=1}^{\infty}\left(\frac{\pi}{4}\right)^n$ 收敛. 所以 $\sum_{n=1}^{\infty}u_n(x)$ 在$\left[0,\frac{\pi}{4}\right]$上一致收敛.

综上所述 $\sum_{n=1}^{\infty}u_n(x)$ 在$\left[0,\frac{\pi}{4}\right]$和$\left[\frac{\pi}{4},1\right]$上均一致收敛,因此在[0,1]上一致收敛. □

注 此题中综合使用了 Weierstrass 判别法、Abel 判别法和 Dirichlet 判别法.

614. 设 $\sum_{n=1}^{\infty}u_n(x)$ 在$[a,b]$上收敛,如果

$$|S_n(x)|=\left|\sum_{k=1}^{n}u_k(x)\right|\leqslant M,\quad a\leqslant x\leqslant b,\quad n=1,2,\cdots,$$

就称 $\sum_{n=1}^{\infty}u_n(x)$ 在$[a,b]$上**有界收敛**.

设 $\sum_{n=1}^{\infty}u_n(x)$ 在$[a,b]$上有界收敛,且对任意 $\delta>0$ 及 $c\in(a,b)$, $\sum_{n=1}^{\infty}u_n(x)$ 在$[a,c-\delta]$与$[c+\delta,b]$上一致收敛. 如果 $u_n(x)(n=1,2,\cdots)$在$[a,b]$上 Riemann 可积,则 $\sum_{n=1}^{\infty}u_n(x)$ 也在

$[a,b]$上 Riemann 可积,且

$$\int_a^b\left(\sum_{n=1}^{\infty}u_n(x)\right)\mathrm{d}x=\sum_{n=1}^{\infty}\int_a^b u_n(x)\mathrm{d}x.$$

证明 由 $\sum_{n=1}^{\infty}u_n(x)$ 在$[a,b]$上有界收敛,设 $\left|\sum_{k=1}^{m}u_k(x)\right|\leqslant M$, $a\leqslant x\leqslant b$,则 $\left|\sum_{n=1}^{\infty}u_n(x)\right|\leqslant M$,记$\sum_{n=1}^{\infty}u_n(x)=S(x)$.

先证 $\sum_{n=1}^{\infty}u_n(x)$ 的 Riemann 可积性.

对$\forall\varepsilon>0$,任取 $c\in(a,b)$,取 $\delta=\frac{\varepsilon}{12M}$,因为 $\sum_{n=1}^{\infty}u_n(x)$ 在$[a,c-\delta][c+\delta,b]$上一致收敛,$u_n(x)$在$[a,b]$因而也在$[a,c-\delta]$,$[c+\delta,b]$上 Riemann 可积知 $S(x)=\sum_{n=1}^{\infty}u_n(x)$ 在$[a,c-\delta]$,$[c+\delta,b]$上 Riemann 可积.因而分别存在$[a,c-\delta]$和$[c+\delta,b]$的分割:

$$\pi_1:a=x_0<x_1<\cdots<x_n=c-\delta,$$

$$\pi_2:c+\delta=x_{n+1}<x_{n+2}<\cdots<x_{n+m}=b$$

使得

$$\sum_{i=1}^{n}\omega_i\Delta x_i<\frac{\varepsilon}{3},\quad \sum_{j=1}^{m-1}\omega_{n+j+1}\Delta x_{n+j+1}<\frac{\varepsilon}{3},$$

其中 $\Delta x_i=x_i-x_{i-1}(i=1,2,\cdots,n)$,$\Delta x_{n+j+1}=x_{n+j+1}-x_{n+j}(j=1,2,\cdots,m-1)$,而

$$\omega_i=\sup_{x\in[x_{i-1},x_i]}S(x)-\inf_{x\in[x_{i-1},x_i]}S(x),\quad i=1,2,\cdots,n,$$

$$\omega_{n+j+1}=\sup_{x\in[x_{n+j},x_{n+j+1}]}S(x)-\inf_{x\in[x_{n+j},x_{n+j+1}]}S(x),\quad j=1,2,\cdots,m-1$$

分别为 $S(x)$在$[x_{i-1},x_i]$,$[x_{n+j},x_{n+j+1}]$上的振幅.

$S(x)$在$[c-\delta,c+\delta]$上的振幅(由$|S(x)|\leqslant M$ 知)

$$\omega_{n+1}=\omega_{S(x)}([c-\delta,c+\delta])\leqslant 2M.$$

由此得到$[a,b]$的一个分割

$$\pi:a=x_0<x_1<\cdots<x_n=c-\delta<c+\delta=x_{n+1}<\cdots<x_{n+m}=b.$$

其对应的

$$\sum_{i=1}^{n+m}\omega_i\Delta x_i=\sum_{i=1}^{n}\omega_i\Delta x_i+\omega_{n+1}(c+\delta-(c-\delta))+\sum_{j=1}^{m-1}\omega_{n+j+1}\Delta x_{n+j+1}$$

$$<\frac{\varepsilon}{3}+2M\cdot 2\delta+\frac{\varepsilon}{3}=\frac{2}{3}\varepsilon+4\cdot M\cdot\frac{\varepsilon}{12M}=\varepsilon.$$

这就证明了 $S(x)$在$[a,b]$上可积.

由题意,$\sum_{n=1}^{\infty}u_n(x)$ 分别在$[a,c-\delta]$,$[c+\delta,b]$上一致收敛,所以对$\forall\varepsilon>0$,$\exists N\in\mathbb{N}$,当

$n>N$ 时，对 $\forall x\in[a,c-\delta)$ 和 $x\in[c+\delta,b]$，有

$$\left|\sum_{k=1}^{n}u_n(x)-S(x)\right|<\frac{\varepsilon}{3(b-a)},$$

于是，当 $n>N$ 时有

$$\begin{aligned}&\left|\int_a^b S(x)\mathrm{d}x-\int_a^b\sum_{k=1}^{n}u_k(x)\mathrm{d}x\right|\\ \leqslant&\int_a^{c-\delta}\left|S(x)-\sum_{k=1}^{n}u_k(x)\right|\mathrm{d}x+\int_{c-\delta}^{c+\delta}\left|S(x)-\sum_{k=1}^{n}u_k(x)\right|\mathrm{d}x+\int_{c+\delta}^{b}\left|S(x)-\sum_{k=1}^{n}u_k(x)\right|\mathrm{d}x\\ <&\int_a^{c-\delta}\frac{\varepsilon}{3(b-a)}\mathrm{d}x+\int_{c-\delta}^{c+\delta}2M\mathrm{d}x+\int_{c+\delta}^{b}\frac{\varepsilon}{3(b-a)}\mathrm{d}x\\ <&\frac{\varepsilon}{3}+2M\cdot 2\delta+\frac{\varepsilon}{3}=\varepsilon.\end{aligned}$$

所以

$$\begin{aligned}\int_a^b\sum_{n=1}^{\infty}u_n(x)\mathrm{d}x&=\int_a^b S(x)\mathrm{d}x=\lim_{n\to+\infty}\int_a^b\left(\sum_{k=1}^{n}u_k(x)\right)\mathrm{d}x\\&=\lim_{n\to+\infty}\sum_{k=1}^{n}\int_a^b u_k(x)\mathrm{d}x=\sum_{k=1}^{\infty}\int_a^b u_k(x)\mathrm{d}x.\end{aligned}$$ □

615. 设函数项级数 $\sum\limits_{n=1}^{\infty}u_n(x)$ 满足下列条件：

(1) 广义积分 $\int_a^{+\infty}u_n(x)\mathrm{d}x$ 收敛，$n=1,2,\cdots$；

(2) 函数项级数 $\sum\limits_{n=1}^{\infty}u_n(x)$ 在区间$[a,b]$上一致收敛，这里 b 是大于 a 的任何实数；

(3) 函数项级数 $\sum\limits_{n=1}^{\infty}\int_a^x u_n(t)\mathrm{d}t$ 在$[a,+\infty)$上一致收敛. 则 $\int_a^{+\infty}\left(\sum\limits_{n=1}^{\infty}u_n(x)\right)\mathrm{d}x$ 与 $\sum\limits_{n=1}^{\infty}\int_a^{+\infty}u_n(x)\mathrm{d}x$ 都收敛，且

$$\int_a^{+\infty}\left(\sum_{n=1}^{\infty}u_n(x)\right)\mathrm{d}x=\sum_{n=1}^{\infty}\int_a^{+\infty}u_n(x)\mathrm{d}x.$$

证明 由(1)，设 $\int_a^{+\infty}u_n(x)\mathrm{d}x=a_n<+\infty(n=1,2,\cdots)$，记 $f_n(x)=\int_a^x u_n(t)\mathrm{d}t$. 再由 $\sum\limits_{n=1}^{\infty}u_n(x)$ 在区间$[a,b]$上一致收敛，故

$$\lim_{x\to+\infty}f_n(x)=\lim_{x\to+\infty}\int_a^x u_n(t)\mathrm{d}t=\int_a^{+\infty}u_n(t)\mathrm{d}t=a_n.$$

由(3) $\sum\limits_{n=1}^{\infty}f_n(x)$ 在$[a,+\infty)$上一致收敛，根据 604 题的结论知 $\sum\limits_{n=1}^{\infty}a_n=\sum\limits_{n=1}^{\infty}\int_a^{+\infty}u_n(x)\mathrm{d}x$

收敛,且

$$\sum_{n=1}^{\infty}\int_a^{+\infty}u_n(x)\mathrm{d}x=\sum_{n=1}^{\infty}a_n=\sum_{n=1}^{\infty}\lim_{x\to+\infty}f_n(x)=\lim_{x\to+\infty}\sum_{n=1}^{\infty}f_n(x)$$

$$=\lim_{x\to+\infty}\sum_{n=1}^{\infty}\int_a^x u_n(t)\mathrm{d}t\overset{(2)}{=}\int_a^{+\infty}\left(\sum_{n=1}^{\infty}u_n(t)\right)\mathrm{d}t.$$ □

616. 设 $r_1,r_2,\cdots$ 为 $[0,1]$ 中的有理数. 证明:函数

$$f(x)=\sum_{n=1}^{\infty}\frac{|x-r_n|}{3^n}\quad(0\leqslant x\leqslant 1)$$

连续,且在无理点可导,但在有理点不可导.

证明 因为 $r_n,x\in[0,1]$,$|x-r_n|\leqslant 1$,故

$$|u_n(x)|=\frac{|x-r_n|}{3^n}\leqslant\frac{1}{3^n},$$

由 Weierstrass 定理,$\sum\limits_{n=1}^{\infty}u_n(x)=\sum\limits_{n=1}^{\infty}\frac{|x-r_n|}{3^n}$ 在 $[0,1]$ 上一致收敛. 又因为

$$u_n(x)=\frac{|x-r_n|}{3^n}$$

在 $[0,1]$ 上连续,所以 $f(x)$ 在 $[0,1]$ 上连续.

设 $x_0\in[0,1]$ 为一无理数. 考虑级数 $(x\neq x_0)$

$$\sum_{n=1}^{\infty}\frac{|x-r_n|-|x_0-r_n|}{3^n(x-x_0)}=\frac{1}{x-x_0}\left(\sum_{n=1}^{\infty}\frac{|x-r_n|}{3^n}-\sum_{n=1}^{\infty}\frac{|x_0-r_n|}{3^n}\right)$$

$$=\frac{f(x)-f(x_0)}{x-x_0}.$$

因为

$$\left|\frac{|x-r_n|-|x_0-r_n|}{3^n(x-x_0)}\right|\leqslant\frac{|x-r_n-x_0+r_n|}{3^n|x-x_0|}=\frac{1}{3^n},$$

所以级数 $\sum\limits_{n=1}^{\infty}\frac{|x-r_n|-|x_0-r_n|}{3^n(x-x_0)}$ 在 $[0,1]$ 上一致收敛,于是

$$\lim_{x\to x_0}\frac{f(x)-f(x_0)}{x-x_0}=\sum_{n=1}^{\infty}\lim_{x\to x_0}\frac{|x-r_n|-|x_0-r_n|}{3^n(x-x_0)}.$$

而

$$\lim_{x\to x_0}\frac{|x-r_n|-|x_0-r_n|}{3^n(x-x_0)}=\begin{cases}-\dfrac{1}{3^n}, & x_0<r_n,\\[2mm] \dfrac{1}{3^n}, & x_0>r_n,\end{cases}$$

所以

$$f'(x_0)=\sum_{x_0<r_n}\left(\frac{-1}{3^n}\right)+\sum_{x_0>r}\frac{1}{3^n},$$

即 f 在无理点处可导.

设 x_0 为有理数,则 $\exists\, l$,故 $x_0=r_l$. 同上方法可得

$$\sum_{\substack{n=1\\ n\neq l}}^{\infty}\frac{|x-r_n|}{3^n}$$

是可导的. 但 $\dfrac{|x-r_l|}{3^l}$ 在 $x_0=r_l$ 处不可导. 故此

$$f(x)=\sum_{n=1}^{\infty}\frac{x-r_n}{3^n}=\frac{|x-r_l|}{3^l}+\sum_{\substack{n=1\\ n\neq l}}^{\infty}\frac{|x-r_n|}{3^n}$$

在 $x_0=r_l$ 处不可导.

故 $f(x)$ 在无理点处可导,在有理点处不可导. □

注　此题与607题雷同.

617. 设 $K(x,t)$ 在 $[a,b]\times[a,b]$ 上连续,$u_0(x)$ 在 $[a,b]$ 上连续,且对任意 $x\in[a,b]$,令

$$u_n(x)=\int_a^x K(x,t)u_{n-1}(t)\,\mathrm{d}t,\quad n=1,2,\cdots.$$

证明:函数列 $\{u_n(x)\}$ 在 $[a,b]$ 上一致收敛.

证明　$K(x,t)$ 在有界闭区域 $[a,b]\times[a,b]$ 上连续,因而有界. $u_0(x)$ 在 $[a,b]$ 上连续,故也在 $[a,b]$ 上有界. 对 $\forall\, x\in[a,b]$,$K(x,t)u_0(t)$ 在 $t\in[a,b]$ 上一致有界. 记 $|K(x,t)|\leqslant K$,$|u_0(x)|\leqslant M$,则

$$|u_1(x)|=\left|\int_a^x K(x,t)u_0(t)\,\mathrm{d}t\right|\leqslant KM\,|x-a|\leqslant KM(b-a),$$

$$\begin{aligned}|u_2(x)|&=\left|\int_a^x K(x,t)u_1(t)\,\mathrm{d}t\right|\leqslant\int_a^x |K(x,t)|\,|u_1(t)|\,\mathrm{d}t\leqslant K^2M\int_a^x(t-a)\,\mathrm{d}t\\&=\frac{MK^2}{2!}(x-a)^2\leqslant\frac{MK^2}{2!}(b-a)^2.\end{aligned}$$

利用归纳法可以证得

$$|u_n(x)|\leqslant\frac{MK^n}{n!}(x-a)^n\leqslant\frac{MK^n}{n!}(b-a)^n.$$

再由

$$\frac{\dfrac{K^{n+1}(b-a)^{n+1}}{(n+1)!}}{\dfrac{K^n(b-a)^n}{n!}}=\frac{K(b-a)}{n+1}\to 0\quad(n\to+\infty)$$

知级数 $\sum\limits_{n=1}^{\infty}\dfrac{K^n}{n!}(b-a)^n$ 收敛,故根据 d'Alembert 知,$\sum\limits_{n=1}^{\infty}u_n(x)$ 在 $[a,b]$ 上一致收敛,其一般项 $u_n(x)=\int_a^x K(x,t)u_{n-1}(t)\,\mathrm{d}t$ 在 $[a,b]$ 上一致收敛于0. □

618. 设 $f(x)$ 在 $(-\infty,+\infty)$ 内连续;当 $x\neq 0$ 时,有 $|f(x)|<|x|$. 令 $f_1(x)=f(x)$,

$f_2(x)=f(f_1(x))=f\circ f(x)$, $f_n(x)=f(f_{n-1}(x))=\underbrace{f\circ f\circ\cdots\circ f(x)}_{n个}$, …. 证明：$\{f_n(x)\}$ 在 $[-A,A]$ 上一致收敛.

证明 由 $f(x)$ 在 $(-\infty,+\infty)$ 内连续及 $|f(x)|<|x|(x\neq 0)$，有 $f(x)$ 在 $x=0$ 处连续，且

$$|f(x)|<|x|\to 0\quad(x\to 0).$$

故 $f(0)=0$，因此在 $(-\infty,+\infty)$ 中，$|f(x)|\leqslant|x|$.

对 $\forall A>\varepsilon>0$，取 $0<\delta<\varepsilon$. 在 $[-\delta,\delta]$ 中，$|f(x)|\leqslant|x|\leqslant\delta$，即

$$|f_1(x)|=|f(x)|\leqslant\delta<\varepsilon,$$
$$|f_2(x)|=|f_1(f_1(x))|\leqslant|f_1(x)|\leqslant\delta<\varepsilon.$$

归纳可得

$$|f_n(x)|\leqslant\delta<\varepsilon,\quad\forall x\in[-\delta,\delta],\quad n=1,2,\cdots.$$

在 $[-A,-\delta]$ 和 $[\delta,A]$ 中，由 $|f(x)|<|x|$ 知

$$\left|\frac{f(x)}{x}\right|<1.$$

因为 $\left|\dfrac{f(x)}{x}\right|$ 在 $[-A,-\delta]$ 和 $[\delta,A]$ 中连续，有上界 1，故有最大值 $0<q<1$，于是

$$|f(x)|\leqslant q|x|\leqslant qA,$$
$$|f_2(x)|=|f\circ f(x)|\leqslant q|f(x)|\leqslant q^2|x|\leqslant q^2A.$$

归纳可证在 $[-A,-\delta]\cup[\delta,A]$ 上，有

$$|f_n(x)|\leqslant q^n|x|<q^nA\to 0\quad(n\to+\infty),$$

故 $\exists N$，当 $n>N$ 时，$0<q^nA<\varepsilon$. 由此得在 $[-A,A]$ 上，$\exists N$，当 $n>N$ 时，有

$$|f_n(x)|<\varepsilon,$$

即 $f_n(x)$ 在 $[-A,A]$ 上一致收敛于 0. □

619. 设 $\alpha_n>0$，$\lim\limits_{n\to+\infty}\alpha_n=0$，$|u_n(x)|\leqslant\alpha_n(\forall x\in I)$，且 $u_i(x)u_j(x)=0(i\neq j)$，$\forall x\in I\subset\mathbb{R}$. 证明：$\sum\limits_{n=1}^{\infty}u_n(x)$ 在 I 上一致收敛.

证明 对于 $\forall x\in I$，由条件 $u_i(x)u_j(x)=0(i\neq j)$ 知至多存在一个 n，s. t. $u_n(x)\neq 0$，故 $\sum\limits_{n=1}^{\infty}u_n(x)$ 在 I 上收敛. 设 $S(x)=\sum\limits_{n=1}^{\infty}u_n(x)$，$S_n(x)=\sum\limits_{k=1}^{n}u_k(x)$，则对 $\forall x\in I$ 有

$$|S_n(x)-S(x)|\leqslant\sup_{k>n}|u_k(x)|\leqslant\sup_{k>n}\alpha_k\to 0\quad(n\to+\infty),$$

故 $\sum\limits_{n=1}^{\infty}u_n(x)$ 在 I 上一致收敛. □

620. 设函数列 $f_0(x),f_1(x),\cdots,f_n(x),\cdots$ 在 $I\subset\mathbb{R}$ 上有定义，且满足：

$$|f_0(x)|\leqslant M,\quad x\in I,$$

$$\sum_{n=0}^{m}|f_n(x)-f_{n+1}(x)|\leqslant M,\quad m=0,1,2,\cdots,x\in I,$$

其中 M 为常数. 证明：如果级数 $\sum\limits_{n=0}^{\infty}b_n$ 收敛，则函数项级数 $\sum\limits_{n=0}^{\infty}b_nf_n(x)$ 必在 I 上一致收敛.

证明　由于 $\sum\limits_{n=0}^{\infty}b_n$ 收敛，由 Cauchy 准则，对 $\forall\,\varepsilon>0$，$\exists\,N\in\mathbb{N}$，当 $n>N$ 时，有

$$\left|\sum_{k=n+1}^{n+p}b_k\right|<\frac{\varepsilon}{3M}$$

对任意自然数 p 成立. 记 $B_i=\sum\limits_{k=n+1}^{n+i}b_k$，则 $|B_i|<\dfrac{\varepsilon}{3M}(i=1,2,\cdots)$.

$$\begin{aligned}&\left|\sum_{k=n+1}^{n+p}b_kf_k(x)\right|\\&=|B_1f_{n+1}(x)+(B_2-B_1)f_{n+2}(x)+\cdots+(B_p-B_{p-1})f_{n+p}(x)|\\&=|B_1(f_{n+1}(x)-f_{n+2}(x))+\cdots+B_{p-1}(f_{n+p-1}(x)-f_{n+p}(x))+B_pf_{n+p}(x)|\\&\leqslant|B_1||f_{n+1}(x)-f_{n+2}(x)|+\cdots+|B_{p-1}||f_{n+p-1}(x)-f_{n+p}(x)|+|B_p||f_{n+p}(x)|\\&<\frac{\varepsilon}{3M}\left(\sum_{k=n+1}^{n+p-1}|f_k(x)-f_{k+1}(x)|+|f_{n+p}(x)|\right).\end{aligned}$$

对 $\forall\,x\in I$，由于

$$\sum_{k=n+1}^{n+p-1}|f_k(x)-f_{k+1}(x)|\leqslant\sum_{k=0}^{n+p-1}|f_k(x)-f_{k+1}(x)|\leqslant M,$$

而

$$\begin{aligned}|f_{n+p}(x)|&=|f_{n+p}(x)-f_{n+p-1}(x)+f_{n+p-1}(x)-\cdots+f_1(x)-f_0(x)+f_0(x)|\\&\leqslant\sum_{k=0}^{n+p-1}|f_k(x)-f_{k+1}(x)|+|f_0(x)|\leqslant 2M.\end{aligned}$$

于是

$$\left|\sum_{k=n+1}^{n+p}b_kf_k(x)\right|<\frac{\varepsilon}{3M}(M+2M)=\varepsilon.$$

这就证明了 $\sum\limits_{n=0}^{\infty}b_nf_n(x)$ 在 I 上一致收敛. □

621. 证明：函数项级数 $\sum\limits_{n=1}^{\infty}\dfrac{1}{n}\left[\mathrm{e}^x-\left(1+\dfrac{x}{n}\right)^n\right]$ 在任意有限区间 $[a,b]$ 上一致收敛，但在 $(0,+\infty)$ 上非一致收敛.

证明　应用不等式

$$\mathrm{e}^{-t}-\left(1-\frac{t}{n}\right)^n\leqslant\frac{t^2}{n}\mathrm{e}^{-t}\quad(t\leqslant n),$$

则当 n 充分大时，有(令 $x=-t$)

$$\frac{1}{n}\left[\mathrm{e}^x-\left(1+\frac{x}{n}\right)^n\right]\leqslant\frac{x^2}{n^2}\mathrm{e}^x.$$

令 $M=\max\{|a|,|b|\}$，则当 $x\in[a,b]$ 时，$\mathrm{e}^x\leqslant\mathrm{e}^M$，$x^2\leqslant M^2$，故

$$\frac{1}{n}\left[\mathrm{e}^x-\left(1+\frac{x}{n}\right)^n\right]\leqslant\frac{M^2}{n^2}\mathrm{e}^M.$$

而 $\sum\limits_{n=1}^{\infty}\frac{M^2}{n^2}\mathrm{e}^M=M^2\mathrm{e}^M\sum\limits_{n=1}^{\infty}\frac{1}{n^2}$ 收敛，由 Weierstrass 定理得

$$\sum_{n=1}^{\infty}\frac{1}{n}\left[\mathrm{e}^x-\left(1+\frac{x}{n}\right)^n\right]$$

在 $x\in[a,b]$ 上一致收敛.

但该函数项级数在 $(0,+\infty)$ 上非一致收敛. 事实上，对 $\forall n$，取 $x=n$，则有

$$u_n(n)=\frac{1}{n}\left[\mathrm{e}^n-\left(1+\frac{n}{n}\right)^n\right]=\frac{1}{n}(\mathrm{e}^n-2^n)=\frac{2^n}{n}\left[\left(\frac{\mathrm{e}}{2}\right)^n-1\right].$$

由于 $\frac{\mathrm{e}}{2}>1$，则 $\left(\frac{\mathrm{e}}{2}\right)^n\to+\infty$. 又 $\frac{2^n}{n}\to+\infty$，故 $u_n(n)\to+\infty$，$u_n(x)\not\rightrightarrows 0$.

下证不等式

$$\mathrm{e}^{-t}-\left(1-\frac{t}{n}\right)^n\leqslant\frac{t^2}{n}\mathrm{e}^{-t}\quad(t\leqslant n).$$

$$\mathrm{e}^{-t}-\left(1-\frac{t}{n}\right)^n\leqslant\frac{t^2}{n}\mathrm{e}^{-t}\Leftrightarrow 1-\left(1-\frac{t}{n}\right)^n\mathrm{e}^t\leqslant\frac{t^2}{n}.$$

令 $f(t)=\frac{t^2}{n}-\left(1-\left(1-\frac{t}{n}\right)^n\mathrm{e}^t\right)(t\leqslant n)$，则

$$f'(t)=\frac{2t}{n}+\mathrm{e}^t\left[\left(1-\frac{t}{n}\right)^{n-1}(-1)+\left(1-\frac{t}{n}\right)^n\right]=\frac{t}{n}\left[2-\mathrm{e}^t\left(1-\frac{t}{n}\right)^{n-1}\right].$$

由此可知 $t=0$ 为 $f(t)$ 的驻点. 假设 $2-\mathrm{e}^t\left(1-\frac{t}{n}\right)^{n-1}=0$ 有根 ξ. 因 $t=n$ 为 $f(t)$ 的边界点，则 $f(t)$ 的最值点可能在 $0,n$ 和 ξ 处达到. 经计算得

$$f(0)=0,\quad f(n)=n-1\geqslant 0,\quad \lim_{t\to-\infty}f(-t)=+\infty,$$

$$f(\xi)=\frac{\xi^2}{n}-\left[1-\left(1-\frac{\xi}{n}\right)^n\mathrm{e}^{\xi}\right]\quad\left(2-\mathrm{e}^{\xi}\left(1-\frac{\xi}{n}\right)^{n-1}=0\right)$$

$$=\frac{\xi^2}{n}-\left[1-2\left(1-\frac{\xi}{n}\right)\right]=\left(1-\frac{\xi}{n}\right)^2+\frac{\xi^2}{n^2}(n-1)>0.$$

由此知 $f(t)\geqslant\min\limits_{t\leqslant n}f(t)=f(0)=0$，即

$$\frac{t^2}{n}-\left[1-\left(1-\frac{t}{n}\right)\mathrm{e}^t\right]\geqslant 0,$$

$$1-\left(1-\frac{t}{n}\right)\mathrm{e}^t\leqslant\frac{t^2}{n}.$$

□

622. 证明：$\sum_{n=1}^{\infty}(1-x)\frac{x^n}{1-x^{2n}}\sin nx$ 在 $\left(\frac{1}{2},1\right)$ 内一致收敛.

证明 因为

$$\sum_{n=1}^{\infty}(1-x)\frac{x^n}{1-x^{2n}}\sin nx=\sum_{n=1}^{\infty}\frac{1}{1+x^n}\cdot\frac{(1-x)x^n}{1-x^n}\sin nx.$$

而 $\frac{1}{1+x^n}=v_n(x)$ 在 $\left(\frac{1}{2},1\right)$ 中关于 n 单调且一致有界 $\left|\frac{1}{1+x^n}\right|=\frac{1}{1+x^n}<1$，所以，下面先证明级数 $\sum_{n=1}^{\infty}\frac{(1-x)x^n}{1-x^n}\sin nx$ 在 $\left(\frac{1}{2},1\right)$ 上一致收敛.

对 $\forall x\in\left(\frac{1}{2},1\right)$，则有

$$\left|\sum_{k=1}^{n}\sin kx\right|\leqslant\frac{1}{\sin\frac{x}{2}}<\frac{1}{\sin\frac{1}{4}},$$

即 $\sum_{k=1}^{n}\sin kx$ 在 $\left(\frac{1}{2},1\right)$ 中一致有界. 而

$$b_n(x)=\frac{(1-x)x^n}{1-x^n}=\frac{x^n}{1+x+\cdots+x^{n-1}}<\frac{x^{n-1}}{1+x+\cdots+x^{n-2}}=b_{n-1}(x),$$

即 $b_n(x)$ 关于 n 单调减，且

$$0<\frac{x^n}{1+x+\cdots+x^{n-1}}<\frac{x^n}{n\cdot x^{n-1}}<\frac{1}{n}\to 0.$$

故 $b_n(x)\rightrightarrows 0, x\in\left(\frac{1}{2},1\right)$. 由 Dirichlet 判别法知级数

$$\sum_{n=1}^{\infty}\frac{(1-x)x^n}{1-x^n}\sin nx$$

在 $\left(\frac{1}{2},1\right)$ 上一致收敛. 再根据 Abel 判别法可得级数

$$\sum_{n=1}^{\infty}\frac{1}{1+x^n}\cdot\frac{(1-x)x^n}{1-x^n}\sin nx=\sum_{n=1}^{\infty}\frac{(1-x)x^n}{1-x^{2n}}\sin nx$$

在 $\left(\frac{1}{2},1\right)$ 上一致收敛. □

注 与 612 题相似，此函数项级数可以在 $[0,1)$ 上一致收敛. 因若将 $u_n=(1-x)\frac{x^n}{1-x^{2n}}\cdot\sin nx$ 写成 $u_n=\frac{x^n}{1+x+x^2+\cdots+x^{2n-1}}\sin nx$，则 $\sum_{n=1}^{\infty}u_n(x)$ 在 $[0,1]$ 上一致收敛.

623. 证明：(1) 函数列 $\left(1+\frac{x}{n}\right)^n(n=1,2,\cdots)$ 在 $[0,1]$ 上一致收敛于 e^x；

(2) 函数列 $f_n(x)=\frac{1}{e^{\frac{x}{n}}+\left(1+\frac{x}{n}\right)^n}(n=1,2,\cdots)$ 在 $[0,1]$ 上一致收敛于 $\frac{1}{1+e^x}$；

(3) $\lim\limits_{n\to\infty}\int_0^1 \dfrac{\mathrm{d}x}{\mathrm{e}^{\frac{x}{n}}+\left(1+\dfrac{x}{n}\right)^n}=1+\ln\dfrac{2}{1+\mathrm{e}}$.

证法 1 (1) $\forall x\in[0,1]$, $g_n(x)=\left(1+\dfrac{x}{n}\right)^n(n=1,2,\cdots)$非负连续,且 $\lim\limits_{n\to+\infty}g_n(x)=\mathrm{e}^x$ 收敛,根据 Dini 定理 13.2.5 或 103 题,$g_n(x)$在$[0,1]$上一致收敛于 e^x.

(2) 对$\forall x\in[0,1]$,有

$$\lim_{n\to+\infty}f_n(x)=\lim_{n\to+\infty}\frac{1}{\mathrm{e}^{\frac{x}{n}}+\left(1+\frac{x}{n}\right)^n}=\frac{1}{1+\mathrm{e}^x}.$$

而 $1\leqslant \mathrm{e}^{\frac{x}{n}}\leqslant \mathrm{e}^{\frac{1}{n}}\to 1$,即 $\mathrm{e}^{\frac{x}{n}}$在$[0,1]$上一致收敛于 1,$\mathrm{e}^{\frac{x}{n}}+\left(1+\dfrac{x}{n}\right)^n>1$,所以

$$\left|f_n(x)-\frac{1}{1+\mathrm{e}^x}\right|=\frac{\left|1+\mathrm{e}^x-\mathrm{e}^{\frac{x}{n}}-\left(1+\frac{x}{n}\right)^n\right|}{(1+\mathrm{e}^x)\left(\mathrm{e}^{\frac{x}{n}}+\left(1+\frac{x}{n}\right)^n\right)}$$

$$<\left|\left(1+\frac{x}{n}\right)^n-\mathrm{e}^x\right|+\left|\mathrm{e}^{\frac{x}{n}}-1\right|\leqslant \mathrm{e}^x-\left(1+\frac{x}{n}\right)^n+\mathrm{e}^{\frac{1}{n}}-1$$

$$\rightrightarrows 0\quad (n\to+\infty).$$

所以 $f_n(x)$在$[0,1]$上一致收敛于$\dfrac{1}{1+\mathrm{e}^x}$.

(3) 由于 $f_n(x)$在$[0,1]$上连续,由(2)的结论知可在积分号下求极限,故有

$$\lim_{n\to+\infty}\int_0^1\frac{1}{\mathrm{e}^{\frac{x}{n}}+\left(1+\frac{x}{n}\right)^n}\mathrm{d}x=\int_0^1\left[\lim_{n\to+\infty}\frac{1}{\mathrm{e}^{\frac{x}{n}}+\left(1+\frac{x}{n}\right)^n}\right]\mathrm{d}x=\int_0^1\frac{\mathrm{d}x}{1+\mathrm{e}^x}$$

$$=\int_0^1\left(1-\frac{\mathrm{e}^x}{1+\mathrm{e}^x}\right)\mathrm{d}x=1-\ln(1+\mathrm{e}^x)\Big|_0^1=1+\ln\frac{2}{1+\mathrm{e}}.$$

证法 2 (1) 令 $u_n(x)=\left(1+\dfrac{x}{n}\right)^n-\mathrm{e}^x$,则

$$\frac{\mathrm{d}u_n(x)}{\mathrm{d}x}=\left(1+\frac{x}{n}\right)^{n-1}-\mathrm{e}^x<0,$$

故$\{u_n(x)\}$关于 $x\in[0,1]$单调减,因而

$$0\geqslant\left(1+\frac{x}{n}\right)^n-\mathrm{e}^x=u_n(x)\geqslant u_n(1)=\left(1+\frac{1}{n}\right)^n-\mathrm{e}\to 0,$$

故在$[0,1]$上,$\left(1+\dfrac{x}{n}\right)^n\rightrightarrows \mathrm{e}^x$.

(2),(3)同证法 1. □

624. 设$\{r_n\}$为区间$[0,1]$上全体有理数组成的数列,$u_n(x)$在$[0,1]$上一致地满足 Lipschitz 条件,即$\exists L>0$,使得$\forall x_1,x_2\in[0,1]$有$|u_n(x_1)-u_n(x_2)|\leqslant L|x_1-x_2|$,$\forall n\in$

$\mathbb{N}$. 又设 $u_n(0)=0$，$u_n(x)$只在 r_n 处不可导，而在$[0,1]$的其他点处可导($n=1,2,\cdots$). 证明：

(1) $f(x)=\sum\limits_{n=1}^{\infty}\dfrac{u_n(x)}{2^n}$ 在$[0,1]$上连续；

(2) $f(x)$在$[0,1]$的有理点处不可导，而在无理点处可导，且导数

$$f'(x)=\sum_{n=1}^{\infty}\frac{u'_n(x)}{2^n}.$$

证明　(1) 由 $u_n(x)$在$[0,1]$上一致满足 Lipschitz 条件可得

(ⅰ) $u_n(x)$在$[0,1]$上连续，$n=1,2,\cdots$；

(ⅱ) $|u_n(x)|=|u_n(x)-u_n(0)|\leqslant L|x-0|=Lx\leqslant L$. $\forall x\in[0,1]$，$\forall n\in\mathbb{N}$.

由此得

$$\left|\frac{u_n(x)}{2^n}\right|\leqslant\frac{L}{2^n},\quad \forall x\in[0,1].$$

而 $\sum\limits_{n=1}^{\infty}\dfrac{L}{2^n}$ 收敛，根据 Weierstrass 定理得 $\sum\limits_{n=1}^{\infty}\dfrac{u_n(x)}{2^n}$ 在$[0,1]$上一致收敛. 再由(ⅰ)知函数 $f(x)=\sum\limits_{n=1}^{\infty}\dfrac{u_n(x)}{2^n}$ 在$[0,1]$上连续.

(2) 设 $x_0\in[0,1]\setminus\{r_n\mid n=1,2,\cdots\}$为$[0,1]$中的一个无理数，则

$$\frac{f(x_0+h)-f(x_0)}{h}=\sum_{n=1}^{\infty}\frac{u_n(x_0+h)\quad u_n(x_0)}{h2^n}.$$

又 $\left|\dfrac{u_n(x_0+h)-u_n(x_0)}{h2^n}\right|\leqslant\dfrac{L|h|}{|h|2^n}=\dfrac{L}{2^n}$，所以 $\sum\limits_{n=1}^{\infty}\dfrac{u_n(x_0+h)-u_n(x_0)}{h2^n}$ 关于$h\in(-\delta,\delta)$(取 δ 充分小，s. t. $(x_0-\delta,x_0+\delta)\subset(0,1)$)一致收敛. 于是可应用和号与极限号可交换定理得

$$\begin{aligned}f'(x_0)&=\lim_{h\to0}\frac{f(x_0+h)-f(x_0)}{h}=\lim_{h\to0}\sum_{n=1}^{\infty}\frac{u_n(x_0+h)-u_n(x_0)}{h2^n}\\&=\sum_{n=1}^{\infty}\lim_{h\to0}\frac{u_n(x_0+h)-u_n(x_0)}{h}\cdot\frac{1}{2^n}=\sum_{n=1}^{\infty}\frac{u'_n(x_0)}{2^n}.\end{aligned}$$

设 x_0 为有理数，则 $x_0=r_l$(某个 l). 将 $f(x)$写成

$$f(x)=\sum_{n=1}^{\infty}\frac{u_n(x)}{2^n}=\frac{u_l(x)}{2^l}+\sum_{n\neq l}\frac{u_n(x)}{2^n}.$$

由于 $u_l(x)$在 r_l 处不可导，而用上面同样的方法可证得 $\sum\limits_{n\neq l}\dfrac{u_n(x)}{2^n}$ 在 $l=x_0$ 是可导的. 因此，$f(x)$在 $x_0=r_l$ 处不可导. 由 r_l 的任取性得 $f(x)$在$\{r_n\mid n=1,2,\cdots\}$处都不可导.　□

625. 设 $g(x)$与 $f_n(x)\geqslant0$($n=1,2,\cdots$)在$[a,b]$上有界 Riemann 可积，且$\forall c\in(a,b)$，有

$$f_n(x)\rightrightarrows0,\quad x\in[c,b],\quad n\to+\infty,$$

$$\lim_{n\to+\infty}\int_a^b f_n(x)\mathrm{d}x=1,\quad \lim_{x\to a^+}g(x)=A.$$

证明：$\lim\limits_{n\to+\infty}\int_a^b g(x)f_n(x)\mathrm{d}x = A$.

证明 设$|g(x)|\leqslant M, x\in[a,b]$. 因为$\lim\limits_{x\to a^+}g(x)=A$,对$\forall\varepsilon>0$, $\exists\delta>0$,使得$a<x<a+\delta<b$时,有

$$|g(x)-A|<\frac{\varepsilon}{4},$$

因为$\lim\limits_{n\to+\infty}\int_a^b f_n(x)\mathrm{d}x=1$, 所以$\lim\limits_{n\to+\infty}\int_a^b Af_n(x)\mathrm{d}x=A$, 且$\exists N_1\in\mathbb{N}$,当$n>N_1$时

$$0<\int_a^b f_n(x)\mathrm{d}x<2.$$

取定$0<\delta<b-a$,在$[a+\delta,b]$上,$f_n(x)\rightrightarrows 0(n\to+\infty)$,故又$\exists N_2\in\mathbb{N}$,当$n>N_2$时

$$0\leqslant f_n(x)<\frac{\varepsilon}{2(|A|+M)(b-a-\delta)}.$$

取$N=\max\{N_1,N_2\}$,则当$n>N$时

$$\begin{aligned}\left|\int_a^b(g(x)f_n(x)-Af_n(x))\mathrm{d}x\right| &= \left|\int_a^b f_n(x)(g(x)-A)\mathrm{d}x\right|\\ &\leqslant\int_a^{a+\delta}f_n(x)\,|g(x)-A|\,\mathrm{d}x+\int_{a+\delta}^b f_n(x)\,|g(x)-A|\,\mathrm{d}x\\ &<\frac{\varepsilon}{4}\int_a^{a+\delta}f_n(x)\mathrm{d}x+\int_{a+\delta}^b f_n(x)(|g(x)|+A)\mathrm{d}x\\ &\leqslant\frac{\varepsilon}{4}\int_a^b f_n(x)\mathrm{d}x+(M+|A|)\int_{a+\delta}^b f_n(x)\mathrm{d}x\\ &<\frac{\varepsilon}{4}\cdot 2+(M+|A|)\frac{\varepsilon}{2(|A|+M)(b-a-\delta)}\int_{a+\delta}^b\mathrm{d}x\\ &=\frac{\varepsilon}{2}+\frac{\varepsilon}{2}=\varepsilon.\end{aligned}$$

于是

$$0=\lim_{n\to+\infty}\left(\int_a^b f_n(x)g(x)\mathrm{d}x-\int_a^b Af_n(x)\mathrm{d}x\right)=\lim_{n\to+\infty}\int_a^b f_n(x)g(x)\mathrm{d}x-A,$$

即$\lim\limits_{n\to+\infty}\int_a^b f_n(x)g(x)\mathrm{d}x=A$. □

626. 证明：函数项级数$\sum\limits_{n=1}^{\infty}x^{2n}\ln x$在$(0,1)$内不一致收敛,但在$[0,1]$上可逐项积分.

证明 函数项级数$\sum\limits_{n=1}^{\infty}x^{2n}\ln x$在$x=1$时收敛于0.

若$\sum\limits_{n=1}^{\infty}x^{2n}\ln x$在$(0,1)$内一致收敛,则对$\forall\varepsilon>0$, $\exists N\in\mathbb{N}$,当$n>N$时,对$\forall x\in(0,1)$, $\forall p\in\mathbb{N}$都成立

$$\left|\sum_{k=n+1}^{n+p} x^{2k}\ln x\right| < \varepsilon.$$

上式对 $x=1$ 自然也成立，故由此可推得级数在(0,1]上一致收敛，又 $u_n(x)=x^{2n}\ln x$ 在(0,1]上连续. 而

$$S(x)=\sum_{n=1}^{\infty} x^{2n}\ln x=\begin{cases}\ln x \lim\limits_{n\to+\infty}\dfrac{x^2(1-x^{2n})}{1-x^2}, & 0<x<1\\ 0, & x=1\end{cases}$$

$$=\begin{cases}\dfrac{x^2}{1-x^2}\ln x, & 0<x<1,\\ 0, & x=1.\end{cases}$$

$$\lim_{x\to1^-} S(x)=\lim_{x\to1^-}\frac{x^2}{1+x}\cdot\frac{\ln x}{1-x}=\frac{1}{2}\lim_{x\to1^-}\frac{1}{-x}=-\frac{1}{2}\neq 0=S(1).$$

$S(x)$在 $x=1$ 处不连续，这与 $S(x)$在 $x=1$ 处连续矛盾，故此 $\sum\limits_{n=1}^{\infty} x^{2n}\ln x$ 在(0,1)上不一致收敛.

因为

$$r_n(x)=S(x)-S_n(x)=\sum_{k=n+1}^{\infty} x^{2k}\ln x=x^{2n}\frac{x^2\ln x}{1-x^2},$$

$$\lim_{x\to0^+}\frac{x^2\ln x}{1-x^2}=0,\quad \lim_{x\to1^-}\frac{x^2\ln x}{1-x^2}=-\frac{1}{2}$$

及$\dfrac{x^2\ln x}{1-x^2}$在(0,1)内连续，所以$\dfrac{x^2\ln x}{1-x^2}$在(0,1)有界，即 $\exists M>0$, s. t.

$$\left|\frac{x^2\ln x}{1-x^2}\right|\leqslant M.$$

由此得

$$\left|\int_0^1 r_n(x)\,\mathrm{d}x\right|\leqslant\int_0^1 |r_n(x)|\,\mathrm{d}x=\int_0^1\left|\frac{x^2\ln x}{1-x^2}\right|x^{2n}\,\mathrm{d}x\leqslant M\int_0^1 x^{2n}\,\mathrm{d}x$$

$$=\frac{M}{2n+1}\to 0\quad(n\to+\infty),$$

$$\int_0^1\left(\sum_{n=1}^{\infty}x^{2n}\ln x\right)\mathrm{d}x=\int_0^1\left(\sum_{k=1}^{n}x^{2k}\ln x+\sum_{k=n+1}^{\infty}x^{2k}\ln x\right)\mathrm{d}x$$

$$=\sum_{k=1}^{n}\int_0^1 x^{2k}\ln x\,\mathrm{d}x+\int_0^1 r_n(x)\,\mathrm{d}x$$

$$\to\sum_{k=1}^{\infty}\int_0^1 x^{2k}\ln x\,\mathrm{d}x+0\quad(n\to+\infty).$$

即级数 $\sum\limits_{n=1}^{\infty} x^{2n}\ln x$ 在[0,1]上可逐项积分. □

627. 设$\{f_n(x)\}$为$(-\infty,+\infty)$上定义的连续函数列，试构造一个在$(-\infty,+\infty)$上有界连续的函数$f(x)$，使得$f(x)=0\Leftrightarrow f_n(x)=0,n=1,2,\cdots$.

解 令

$$u_n(x)=\frac{1}{2^n}\cdot\frac{|f_n(x)|}{1+|f_n(x)|},\quad n=1,2,\cdots,$$

则$u_n(x)$在$(-\infty,+\infty)$中连续，由$|u_n(x)|\leqslant\frac{1}{2^n},\forall x\in(-\infty,+\infty)$，知$\sum\limits_{n=1}^{\infty}u_n(x)$在$(-\infty,+\infty)$中一致收敛，因此

$$f(x)=\sum_{n=1}^{\infty}u_n(x)=\sum_{n=1}^{\infty}\frac{1}{2^n}\cdot\frac{|f_n(x)|}{1+|f_n(x)|}$$

在$(-\infty,+\infty)$中连续，且$|f(x)|\leqslant\sum\limits_{n=1}^{\infty}\frac{1}{2^n}=1$有界.

再由$u_n(x)\geqslant 0$，知$f(x)\geqslant 0$，且

$$f(x)=0\Leftrightarrow u_n(x)=0\Leftrightarrow f_n(x)=0.$$ □

注 对于$\sum\limits_{n=1}^{\infty}a_n$收敛的正数列$\{a_n\}$，则由

$$u_n(x)=a_n\frac{|f_n(x)|}{1+|f_n(x)|}$$

构造的级数$\sum\limits_{n=1}^{\infty}u_n(x)=f(x)$都满足要求.

628. 设$f_n(x)(n=1,2,\cdots)$在$[0,1]$上连续，并且$f_n(x)\geqslant f_{n+1}(x),\forall x\in[0,1],n=1,2,\cdots$. 如果$f_n(x)$在$[0,1]$上收敛于$f(x)$. 证明$f(x)$在$[0,1]$上达到最大值. 举例说明，上述$f(x)$在$[0,1]$上未必达到最小值.

证明 对$\forall x\in[0,1]$，$\lim\limits_{n\to+\infty}f_n(x)=f(x)$. 由于$f_n(x)\geqslant f_{n+1}(x)$，所以$f(x)\leqslant f_1(x)$. $f_1(x)$在$[0,1]$上连续，故$f_1(x)$在$[0,1]$上有上界M，M必为$f(x)$在$[0,1]$上的上界，因此$f(x)$在$[0,1]$上必有上确界. 记

$$\mu=\sup_{x\in[0,1]}f(x).$$

下面证明μ为$f(x)$在$[0,1]$上的最大值，即必有$x_0\in[0,1]$, s. t. $f(x_0)=\mu$.

由上确界定义，$\exists x_m\in[0,1],m=1,2,\cdots$, s. t..

$$\lim_{n\to+\infty}f(x_m)=\mu.$$

$\{x_m\}$为有界数列. 根据实数连续性命题(六)，$\exists\{x_{m_k}\}$的收敛子列$\{x_k\}$. s. t.

$$\lim_{k\to+\infty}x_{m_k}=x_0\in[0,1].$$

假设$f(x_0)\neq\mu$，则$\exists\mu_1<\mu$, s. t. $f(x_0)<\mu_1<\mu$.

因为$\lim\limits_{n\to+\infty}f_n(x_0)=f(x_0)$，故$\exists N$, s. t. $f_N(x_0)<\mu_1$. 又$f_N(x)$连续，故$\exists\delta>0$，当$|x-x_0|<\delta$时，有

$$f_N(x) < \mu_1.$$

由于 $\lim\limits_{k\to+\infty} x_{m_k} = x_0$，$\exists K\in\mathbb{N}$，当 $k>K$ 时，$|x_{m_k}-x_0|<\delta$. 此时

$$f_N(x_{m_k}) < \mu_1.$$

又 $f(x_{m_k})\leqslant f_N(x_{m_k})<\mu_1$，于是

$$\mu = \lim_{k\to+\infty} f(x_{m_k}) \leqslant \mu_1 < \mu.$$

矛盾. 因此，$\mu=\lim\limits_{k\to+\infty} f(x_{m_k})=f(x_0)$，故 $\mu=f(x_0)$ 为 f 在 $[0,1]$ 中的最大值.

但 $f(x)$ 未必达到最小值. 例如(628 题图)

$$f_n(x) = \begin{cases} (1-n)x+1, & 0\leqslant x<\dfrac{1}{n}, \\ x, & \dfrac{1}{n}\leqslant x\leqslant 1, \end{cases} \quad n=1,2,\cdots,$$

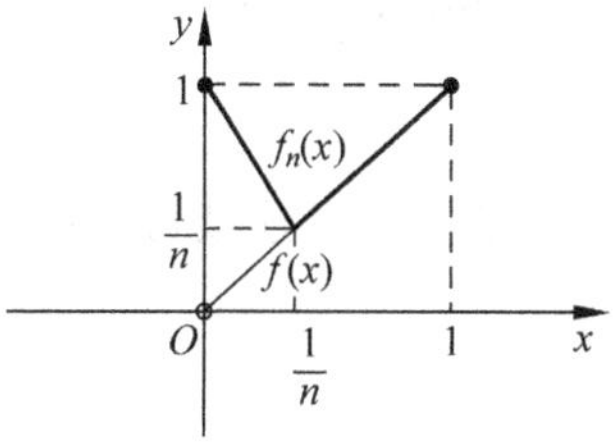

628 题图

则 $f(x)=\lim\limits_{n\to+\infty} f_n(x)=\begin{cases} 1, & x=0, \\ x, & 0<x\leqslant 1, \end{cases}$ 它有最大值 1. 但达不到最小值. $0=\inf\limits_{0\leqslant x\leqslant 1} f(x)$，$\forall x\in[0,1]$，$f(x)\neq 0$. □

629. 设 $f_n(x)(n=1,2,\cdots)$ 在 $[a,b]$ 上连续可导，且 $\max\limits_{a\leqslant x\leqslant b}|f_n'(x)|\leqslant M(n=1,2,\cdots)$. 又 $\{f_n(x)\}$ 在 $[a,b]$ 上每一点处收敛. 证明：$\{f_n(x)\}$ 在 $[a,b]$ 上一致收敛. 如果"连续可导"改为"可导"，上述结论是否仍正确.

证法 1 任取 $x_0\in[a,b]$，则 $\{f_n(x)\}$ 在 x_0 处收敛，故对 $\forall\varepsilon>0$，$\exists N_{x_0}(\varepsilon)\in\mathbb{N}$，当 m，$n>N_{x_0}$ 时

$$|f_m(x_0)-f_n(x_0)|<\frac{\varepsilon}{2}.$$

取 $\delta_{x_0}=\dfrac{\varepsilon}{4M}$，则当 $|x-x_0|<\delta_{x_0}$ 时，有

$$\begin{aligned} |f_m(x)-f_n(x)| &= |f_m(x)-f_m(x_0)+f_n(x_0)-f_n(x)+f_m(x_0)-f_n(x_0)| \\ &\leqslant |f_m(x)-f_m(x_0)|+|f_n(x)-f_n(x_0)|+|f_m(x_0)-f_n(x_0)| \\ &= |f_m'(\xi_m)||x-x_0|+|f_n'(\xi_n)||x-x_0|+|f_m(x_0)-f_n(x_0)| \\ &< M\delta_{x_0}+M\delta_{x_0}+\frac{\varepsilon}{2} = 2M\cdot\frac{\varepsilon}{4M}+\frac{\varepsilon}{2}=\varepsilon, \end{aligned}$$

其中，ξ_m，ξ_n 介于 x 与 x_0 之间，是根据 Lagrange 中值定理取到的.

记

$$\mathcal{T}=\{(x-\delta_x,x+\delta_x)\mid x\in[a,b]\},$$

则 $\mathcal{T}$ 为区间 $[a,b]$ 的一个开覆盖. 根据实数连续性命题(四)，存在有限开覆盖 $\mathcal{T}_1=\{(x_1-\delta_{x_1},x_1+\delta_{x_1}),\cdots,(x_l-\delta_{x_l},x+\delta_{x_l})\}$，对应有 $N_{x_1}(\varepsilon),\cdots,N_{x_l}(\varepsilon)$. 取 $N=\max\{N_{x_1}(\varepsilon),\cdots,N_{x_l}(\varepsilon)\}$，于是对 $\forall x\in[a,b]$，当 $m,n>N$ 时，都有

$$|f_m(x)-f_n(x)|<\varepsilon,$$

故得$\{f_n(x)\}$在$[a,b]$上一致收敛.

证法2 (反证)假设$\{f_n(x)\}$在$[a,b]$上不一致收敛于$f(x)=\lim\limits_{n\to+\infty}f_n(x)$,则$\exists\varepsilon_0>0$,对$\forall n\in\mathbb{N}$,必有$x_n\in[a,b]$,s. t.

$$|f_n(x_n)-f(x_n)|\geqslant\varepsilon_0.$$

$\{x_n\}\subset[a,b]$为有界数列,故存在收敛子列. 为方便叙述,设$\{x_n\}$收敛,且记$\lim\limits_{n\to+\infty}x_n=x_0\in[a,b]$.

由$\lim\limits_{n\to+\infty}f_n(x_0)=f(x_0)$,$\exists N_1\in\mathbb{N}$,当$n>N_1$时,有

$$|f_n(x_0)-f(x_0)|<\varepsilon_0.$$

根据$f_n(x)$连续可导的条件,取$\delta<\dfrac{\varepsilon}{3M+1}$,则当$|x-x_0|<\delta$时,有

$$|f_n(x)-f_n(x_0)|\xlongequal{\xi\text{在}x_0\text{与}x\text{之间}}|f_n'(\xi)||x-x_0|\leqslant M|x-x_0|<M\cdot\frac{\varepsilon_0}{3M+1}<\frac{\varepsilon_0}{3}.$$

令$n\to+\infty$有

$$|f(x)-f(x_0)|\leqslant\frac{\varepsilon_0}{3}.$$

由$\lim\limits_{n\to+\infty}x_n=x_0$. $\exists N_2\in\mathbb{N}$,当$n>N_2$时,$|x_n-x_0|<\delta$. 于是若取$N=\max\{N_1,N_2\}$,则当$n>N$时,有

$$|f_n(x_n)-f_n(x_0)|<\frac{\varepsilon_0}{3},$$

$$|f(x_n)-f(x_0)|\leqslant\frac{\varepsilon_0}{3}.$$

于是

$$\begin{aligned}|f_n(x_0)-f(x_0)|&=|f_n(x_0)-f_n(x_n)+f_n(x_n)-f(x_n)+f(x_n)-f(x_0)|\\&\geqslant|f_n(x_0)-f_n(x_n)|-|f_n(x_n)-f(x_n)|-|f(x_n)-f(x_0)|\\&\geqslant\varepsilon_0-\frac{\varepsilon_0}{3}-\frac{\varepsilon_0}{3}=\frac{\varepsilon_0}{3}.\end{aligned}$$

这与$\lim\limits_{n\to+\infty}f_n(x_0)=f(x_0)$矛盾,故$\{f_n(x)\}$在$[a,b]$上一致收敛于$f(x)$.

因为上面证明中只用到$f_n(x)(n=1,2,\cdots)$在$[a,b]$上"可导",并未用到"连续可导",所以如果"连续可导"改为"可导",上述结论仍正确. □

630. 设$\{f_n(x)\}$是定义在$[a,b]$上的连续函数列,且$\{f_n(x)\}$在$[a,b]$上一致收敛于$f(x)$. 又$\{x_n\}\subset[a,b]$,且$x_n\to x_0(n\to+\infty)$. 证明:$\lim\limits_{n\to+\infty}f_n(x_n)=f(x_0)$.

证明 $\forall\varepsilon>0$,因为$f_n(x)\rightrightarrows f(x)$,$x\in[a,b]$,所以$\exists N_1\in\mathbb{N}$,当$n>N_1$时,$\forall x\in[a,b]$,有

$$|f_n(x)-f(x)|<\frac{\varepsilon}{2}.$$

当然也有

$$|f_n(x_n)-f(x_n)|<\frac{\varepsilon}{2}.$$

再因为 $f_n(x)$ 连续，$f_n(x)\rightrightarrows f(x)$，$x\in[a,b]$，所以 $f(x)$ 在 $[a,b]$ 上连续，因而一致连续. $\exists\,\delta>0$，当 $|x-x_0|<\delta$ 时，有

$$|f(x)-f(x_0)|<\frac{\varepsilon}{2}.$$

$\exists\,N_2$，当 $n>N_2$ 时，$|x_n-x_0|<\delta$，此时

$$|f(x_n)-f(x_0)|<\frac{\varepsilon}{2}.$$

取 $N=\max\{N_1,N_2\}$，则当 $n>N$ 时，有

$$\begin{aligned}|f_n(x_n)-f(x_0)|&=|f_n(x_n)-f(x_n)+f(x_n)-f(x_0)|\\&\leqslant|f_n(x_n)-f(x_n)|+|f(x_n)-f(x_0)|\\&<\frac{\varepsilon}{2}+\frac{\varepsilon}{2}=\varepsilon.\end{aligned}$$

这就意味着

$$\lim_{n\to+\infty}f_n(x_n)=f(x_0).$$ □

631. (Dini 定理)设 $\{f_n(x)\}$ 为 $[a,b]$ 上的连续函数列，且对任意 $x\in[a,b]$，有 $f_n(x)\leqslant f_{n+1}(x)$. 证明：如果 $\{f_n(x)\}$ 收敛于连续函数 $f(x)$，则 $\{f_n(x)\}$ 在 $[a,b]$ 上必一致收敛于 $f(x)$.

证法 1　对 $\forall\,\varepsilon>0$，取 $x_0\in[a,b]$，依题中条件有

$$f_1(x_0)\leqslant f_2(x_0)\leqslant\cdots\leqslant f_n(x_0)\leqslant\cdots\leqslant f(x_0).$$

$\exists\,N_{x_0}\in\mathbb{N}$，s. t. 当 $n>N_{x_0}$ 时，有

$$0\leqslant f(x_0)-f_n(x_0)<\frac{\varepsilon}{3}.$$

又 $f(x)$ 与 $f_n(x)$ 在 x_0 处连续，所以 $\exists\,\delta_{x_0}>0$，当 $|x-x_0|<\delta_{x_0}$ 时，有

$$|f(x)-f(x_0)|<\frac{\varepsilon}{3},$$

$$|f_n(x)-f_n(x_0)|<\frac{\varepsilon}{3}.$$

从而当 $|x-x_0|<\delta_{x_0}$，$n>N_{x_0}$ 时

$$\begin{aligned}|f(x)-f_n(x)|&=|f(x)-f(x_0)-(f_n(x)-f_n(x_0))+f(x_0)-f_n(x_0)|\\&\leqslant|f(x)-f(x_0)|+|f_n(x)-f_n(x_0)|+|f(x_0)-f_n(x_0)|\\&<\frac{\varepsilon}{3}+\frac{\varepsilon}{3}+\frac{\varepsilon}{3}=\varepsilon.\end{aligned}$$

令 $\mathcal{T}=\{(x-\delta_x,x+\delta_x)\,|\,x\in[a,b]$，$\exists\,N_x,\delta_x$，当 $n>N_x$ 时，$|f(x)-f_n(x)|<\varepsilon\}$，则 $\mathcal{T}$ 为 $[a,b]$ 的一个开覆盖. 根据实数连续性命题(四)，$\exists\,\mathcal{T}$ 的有限子集 $\mathcal{T}_1=\{(x_i-\delta_{x_i},x_i+\delta_{x_i})\,|\,i=$

$1,2,\cdots,m\}$覆盖了$[a,b]$. 取 $N=\max\{N_{x_1},\cdots,N_{x_m}\}$，则当 $n>N$ 时，$\forall x\in[a,b]$，x 必在某一$(x_i-\delta_{x_i},x_i+\delta_{x_i})$中，$n>N_{x_i}$，故必有

$$|f(x)-f_n(x)|<\varepsilon.$$

故$\{f_n(x)\}$在$[a,b]$上一致收敛于 $f(x)$.

证法 2 （反证）假设$\{f_n(x)\}$在$[a,b]$上不一致收敛于 $f(x)$，则 $\exists\varepsilon_0$，对 $\forall n$，有 $x_n\in[a,b]$，s. t.

$$|f_n(x_n)-f(x_n)|\geqslant\varepsilon_0.$$

由于数列$\{x_n\}$有界，故必有收敛子列. 不妨仍设该收敛子列为$\{x_n\}$，且设 $\lim\limits_{n\to+\infty}x_n=x_0\in[a,b]$.

由于 $\lim\limits_{n\to+\infty}f_n(x_0)=f(x_0)$，故 $\exists N_1\in\mathbb{N}$，当 $n>N_1$ 时，$|f_n(x_0)-f(x_0)|<\dfrac{\varepsilon_0}{2}$. 再由 $f_n(x)-f(x)$在 x_0 连续，且 $\lim\limits_{n\to+\infty}x_n=x_0$，$\exists\delta>0$，s. t. $|x-x_0|<\delta$ 时

$$|f_n(x)-f(x)-(f_n(x_0)-f(x_0))|<\frac{\varepsilon_0}{2}.$$

$\exists N_2\in\mathbb{N}$，当 $n>N_2$，$|x_n-x_0|<\delta$，故取 $N=\max\{N_1,N_2\}$，则当 $n>N$ 时，有

$$\begin{aligned}\varepsilon_0&\leqslant|f_n(x_n)-f(x_n)|=|f_n(x_n)-f_n(x_0)+f_n(x_0)-f(x_0)+f(x_0)-f(x_n)|\\&\leqslant|f_n(x_n)-f(x_n)-(f_n(x_0)-f(x_0))|+|f(x_0)-f_n(x_0)|\\&<\frac{\varepsilon_0}{2}+\frac{\varepsilon_0}{2}=\varepsilon_0,\end{aligned}$$

矛盾. 从而$\{f_n(x)\}$在$[a,b]$上一致收敛于 $f(x)$. □

632. 设对每一个 n，$f_n(x)$为$[a,b]$上的单调函数. 证明：如果函数列$\{f_n(x)\}$在$[a,b]$上收敛于连续函数 $f(x)$，则$\{f_n(x)\}$在$[a,b]$上必一致收敛于 $f(x)$.

证明 由于 $f(x)$在$[a,b]$上连续，因而一致连续，故对 $\forall\varepsilon>0$，$\exists\delta>0$，当 $x',x''\in[a,b]$，$|x'-x''|<\delta$ 时，有

$$|f(x')-f(x'')|<\varepsilon.$$

取自然数 k，s. t. $\dfrac{b-a}{k}<\delta$，将$[a,b]k$ 等分：

$$a=x_0<x_1<\cdots<x_k=b,\quad \Delta x_i=x_i-x_{i-1}=\frac{b-a}{k},\quad i=1,2,\cdots,k.$$

于是有：

(1) $|f(x_i)-f(x_{i-1})|<\varepsilon$；

(2) $\forall x\in[x_{i-1},x_i]$，$|f(x)-f(x_i)|<\dfrac{\varepsilon}{2}$，$|f(x)-f(x_{i-1})|<\dfrac{\varepsilon}{2}$；

(3) $\exists N_i$，当 $n>N_i$ 时，$|f_n(x_i)-f(x_i)|<\dfrac{\varepsilon}{2}(i=0,1,\cdots,k)$.

取 $N=\max\{N_0,N_1,\cdots,N_k\}$，对 $\forall x\in[x_{i-1},x_i]$，当 $n>N$ 时，有

$$|f_n(x_{i-1})-f(x)|\leqslant|f_n(x_{i-1})-f(x_{i-1})|+|f(x_{i-1})-f(x)|<\frac{\varepsilon}{2}+\frac{\varepsilon}{2}=\varepsilon,$$

$$|f_n(x_i)-f(x)|\leqslant|f_n(x_i)-f(x_i)|+|f(x_i)-f(x)|<\frac{\varepsilon}{2}+\frac{\varepsilon}{2}=\varepsilon.$$

对 $\forall x\in[a,b]$，必有 $0\leqslant i\leqslant k$, s. t. $x\in[x_{i-1},x_i]$. 当 $n>N$ 时，根据 $f_n(x)$ 的单调性得

$$|f_n(x)-f(x)|\leqslant\max\{|f_n(x_{i-1})-f(x)|,|f_n(x_i)-f(x)|\}<\varepsilon.$$

故 $\{f_n(x)\}$ 在 $[a,b]$ 上一致收敛于 $f(x)$. □

633. 设每个函数 $u_n(x)(n=1,2,\cdots)$ 都在点 $x=c$ 处连续，但 $\sum\limits_{n=1}^{\infty}u_n(c)$ 发散. 证明：$\forall\delta>0$，级数 $\sum\limits_{n=1}^{\infty}u_n(x)$ 在 $(c,c+\delta)$ 内不一致收敛.

证明　(反证)假设 $\exists\delta_0>0$，$\sum\limits_{n=1}^{\infty}u_n(x)$ 在 $(c,c+\delta_0)$ 内一致收敛，则对 $\forall\varepsilon>0$，$\exists N\in\mathbb{N}$，当 $n>N$ 时，对 $\forall x\in(c,c+\delta_0)$. $\forall p\in\mathbb{N}$，有

$$|u_{n+1}(x)+\cdots+u_{n+p}(x)|<\frac{\varepsilon}{2}.$$

由于 $u_{n+1}(x),\cdots,u_{n+p}(x)$ 都在 c 处连续，其和也在 c 处连续. 令 $x\to c^+$ 就得

$$|u_{n+1}(c)\ |\ \cdots\ |\ u_{n+p}(c)|\leqslant\frac{\varepsilon}{2}<\varepsilon$$

对 $\forall p\in\mathbb{N}$ 成立. 于是 $\sum\limits_{n=1}^{\infty}u_n(c)$ 收敛，矛盾. 故此级数 $\sum\limits_{n=1}^{\infty}u_n(x)$ 在 $(c,c+\delta)(\forall\delta>0)$ 内不一致收敛. □

634. 设 $\{u_n(x)\}$ 是 $[a,b]$ 上正的单调减 $(u_{n+1}(x)\leqslant u_n(x))$ 且收敛于 0 的函数列，每个 $u_n(x)$ 都是 $[a,b]$ 上的单调增函数. 证明：函数项级数 $\sum\limits_{n=1}^{\infty}(-1)^{n-1}u_n(x)$ 在 $[a,b]$ 上一致收敛.

证明　(1) 设 $v_n(x)=(-1)^{n-1}$，则其部分和

$$\left|\sum_{k=1}^{n}v_n(x)\right|\leqslant 1,$$

即在 $[a,b]$ 上一致有界.

(2) $u_n(x)$ 对每个 $x\in[a,b]$ 单调减. 根据 $u_n(b)\to 0$ 知，对 $\forall\varepsilon>0$，$\exists N\in\mathbb{N}$，当 $n>N$ 时，有

$$0\leqslant u_n(b)<\varepsilon.$$

又对 $\forall x\in[a,b]$，$0\leqslant u_n(x)\leqslant u_n(b)$，故当 $n>N$ 时，有

$$0\leqslant u_n(x)\leqslant u_n(b)<\varepsilon.$$

故 $u_n(x)$ 在 $[a,b]$ 上一致收敛于 0. 根据 Dirichlet 判别法

$$\sum_{n=1}^{\infty}(-1)^{n-1}u_n(x)=\sum_{n=1}^{\infty}v_n(x)u_n(x)$$

在$[a,b]$上一致收敛. □

635. 证明函数项级数$\sum_{n=1}^{\infty}\frac{n^2}{\sqrt{n!}}(x^n+x^{-n})$在$\frac{1}{2}\leqslant|x|\leqslant 2$上一致收敛.

证明 记$f_n(x)=x^n+x^{-n}\left(\frac{1}{2}\leqslant|x|\leqslant 2\right)$,则

$$f_n'(x)=nx^{n-1}-nx^{-n-1}=\frac{n}{x^{n+1}}(x^{2n}-1).$$

当$\frac{1}{2}<x<1$时,$f_n'(x)<0$;当$1<x<2$时,$f'(x)>0$.于是

$$0\leqslant\max_{\frac{1}{2}\leqslant|x|\leqslant 2}|f_n(x)|=\max\left\{f_n\left(\frac{1}{2}\right),f_n(2)\right\}=2^n+2^{-n}.$$

因此

$$\left|\frac{n^2}{\sqrt{n!}}(x^n+x^{-n})\right|=\frac{n^2}{\sqrt{n!}}|f_n(x)|\leqslant\frac{n^2}{\sqrt{n!}}(2^n+2^{-n})<\frac{2^{n+1}n^2}{\sqrt{n!}}.$$

应用 D'Alembert 判别法知$\sum_{n=1}^{\infty}\frac{2^{n+1}n^2}{\sqrt{n!}}$收敛.再根据 Weierstrass 判别法就得$\sum_{n=1}^{\infty}\frac{n^2}{\sqrt{n!}}(x^n+x^{-n})$在$\frac{1}{2}\leqslant|x|\leqslant 2$中一致收敛. □

636. 证明:Riemann ζ函数$\zeta(x)=\sum_{n=1}^{\infty}\frac{1}{n^x}$在$(1,+\infty)$上为$C^{\infty}$函数,但它在$(1,+\infty)$上非一致连续,且$\sum_{n=1}^{\infty}\frac{1}{n^x}$在$(1,+\infty)$上非一致收敛.

证明 设$u_n(x)=\frac{1}{n^x}$,$u_n'(x)=u_n^{(1)}(x)=\frac{-\ln n}{n^x}$,$u_n^{(2)}(x)=u_n''(x)=\frac{\ln^2 n}{n^x}$,…,$u_n^{(k)}(x)=(-1)^k\frac{\ln^k n}{n^x}$,….

对$\forall\delta>0$,当$x\in[1+\delta,+\infty)$,n充分大时,有

$$|u_n^{(k)}(x)|=\frac{\ln^k n}{n^x}\leqslant\frac{\ln^k n}{n^{1+\delta}}=\frac{1}{n^{1+\frac{\delta}{2}}}\cdot\frac{\ln^k n}{n^{\frac{\delta}{2}}}<\frac{1}{n^{1+\frac{\delta}{2}}}.$$

而$\sum_{n=1}^{\infty}\frac{1}{n^{1+\frac{\delta}{2}}}$收敛,由 Weierstrass 定理,知

$$\sum_{n=1}^{\infty}u_n^{(k)}(x),\quad k=0,1,2,\cdots$$

在$[1+\delta,+\infty)$上一致收敛,$\zeta(x)$在$[1+\delta,+\infty)$中有各阶导数,且

$$\zeta^{(k)}(x)=\sum_{n=1}^{\infty}\frac{(-1)^k\ln^k n}{n^x},\quad x\in[1+\delta,+\infty).$$

对 $\forall x_0>1$，取 $\delta=\frac{x_0-1}{2}>0$，则 $x_0=2\delta+1\in[1+\delta,+\infty)$. $\zeta(x)$ 在 x_0 处有任意阶导数，所以 $\zeta(x)$ 在 $(1,+\infty)$ 为 C^∞ 函数.

但 $\sum_{n=1}^{\infty}\frac{1}{n^x}$ 在 $(1,+\infty)$ 非一致收敛.（反证）假设 $\sum_{n=1}^{\infty}\frac{1}{n^x}$ 在 $(1,+\infty)$ 上一致收敛. 对 $\varepsilon_0=\frac{1}{4}$，$\exists N\in\mathbb{N}$，当 $n>N$ 时，有

$$\frac{1}{4}=\varepsilon_0>\frac{1}{(n+1)^x}+\frac{1}{(n+2)^x}+\cdots+\frac{1}{(n+p)^x}$$

对 $\forall p\in\mathbb{N}$ 成立. 现取 $p=n$ 就有

$$\frac{1}{4}>\frac{1}{(n+1)^x}+\frac{1}{(n+2)^x}+\cdots+\frac{1}{(2n)^x}>\frac{n}{(2n)^x}.$$

令 $x\to 1$ 就有

$$\frac{1}{4}\geqslant\frac{n}{2n}=\frac{1}{2}.$$

矛盾. 故 $\sum_{n=1}^{\infty}\frac{1}{n^x}$ 在 $(1,+\infty)$ 内非一致收敛.

下证 $\zeta(x)$ 在 $(1,+\infty)$ 上不一致连续.（反证）假设 $\zeta(x)$ 在 $(1,+\infty)$ 上一致连续，则对 $\varepsilon_0=1$，$\exists\delta>0$，当 $x',x''\in(1,+\infty)$，$|x'-x''|<\delta$ 时

$$|\zeta(x')-\zeta(x'')|<\varepsilon_0=1.$$

今取 $x',x''\in(1,1+\delta)$，则 $|x'-x''|<\delta$，从而固定 x'，当 $x''\to 1^+$ 时，有

$$1\geqslant|\zeta(x')-(+\infty)|=+\infty>1.$$

矛盾. 故 $\zeta(x)$ 在 $(1,+\infty)$ 上非一致连续. □

637. 设级数 $\sum_{n=1}^{\infty}a_n$ 收敛，证明 Dirichlet 级数 $\sum_{n=1}^{\infty}\frac{a_n}{n^x}$ 当 $x\geqslant 0$ 时一致收敛.

证明 因为 $\sum_{n=1}^{\infty}a_n$ 收敛，故在 $x\in[0,+\infty)$ 上一致收敛.

对每个固定的 $x\geqslant 0$，$\left\{\frac{1}{n^x}\right\}$ 单调减且 $\frac{1}{n^x}\leqslant\frac{1}{n^0}=1$，一致有界. 由 Abel 判别法，Dirichlet 级数 $\sum_{n=1}^{\infty}\frac{a_n}{n^x}$ 在 $[0,+\infty)$ 上一致收敛. □

第14章

幂级数、用多项式一致逼近连续函数

Ⅰ. 幂级数的重要性质

定理 14.1.1 设 $\sum\limits_{n=0}^{\infty} a_n(x-x_0)^n$ 为幂级数，$\alpha=\overline{\lim\limits_{n\to+\infty}}\sqrt[n]{|a_n|}$，$R=\dfrac{1}{\alpha}=\dfrac{1}{\overline{\lim\limits_{n\to+\infty}}\sqrt[n]{|a_n|}}$，则：

(1) 当 $R=0(\alpha=+\infty)$ 时，幂级数仅在 $x=x_0$ 这一点绝对收敛；

(2) 当 $R=+\infty(\alpha=0)$ 时，幂级数在 $(-\infty,+\infty)$ 上绝对收敛；

(3) 当 $0<R<+\infty$ 时，幂级数在 (x_0-R,x_0+R) 中绝对收敛. 而在 $[x_0-R,x_0+R]$ 外（即 $(-\infty,x_0-R)\cup(x_0+R,+\infty)$ 内）发散.

称 R 为该幂级数的**收敛半径**；而 (x_0-R,x_0+R) 为其**收敛区间**，它含在收敛点集中.

注 14.1.1 幂级数的收敛半径也可表达为

$$R=\frac{1}{\lim\limits_{n\to+\infty}\left|\dfrac{a_{n+1}}{a_n}\right|}$$

（若右边的极限存在）.

为简单，只讨论 $x_0=0$ 的情形，一般情形是类似的.

定理 14.1.2(Abel) 如果幂级数 $\sum\limits_{n=0}^{\infty} a_nx^n$ 在点 $x=x_1(x_1\neq 0)$ 处收敛，则它必在区间 $|x|<|x_1|$ 中绝对收敛；如果 $\sum\limits_{n=0}^{\infty} a_nx^n$ 在点 $x=x_2$ 处发散，则它必在 $|x|>|x_2|$ 处发散.

定理 14.1.3 设幂级数 $\sum\limits_{n=0}^{\infty} x^n$ 的收敛半径为 $R>0$，则 $\forall r\in(0,R)$，该幂级数在 $[-r,r]$ 中绝对且一致收敛.

定理 14.1.4(幂级数的重要性质)　设幂级数 $\sum_{n=0}^{\infty} a_n x^n$ 的收敛半径为 $R(>0)$，其和函数为 $S(x)$，则：

(1) $S(x)$在$(-R,R)$中连续；

(2) $S(x)$在$(-R,R)$中可导，且可逐项求导，即

$$S'(x)=\left(\sum_{n=0}^{\infty} a_n x^n\right)'=\sum_{n=0}^{\infty}(a_n x^n)'=\sum_{n=0}^{\infty} n a_n x^{n-1},$$

逐项求导后的幂级数收敛半径仍为 R；

(3) $S(x)$在$(-R,R)$中有任意阶导数，且

$$S^{(k)}(x)=\left(\sum_{n=0}^{\infty} a_n x^n\right)^{(k)}=\sum_{n=0}^{\infty}(a_n x^n)^{(k)}=\sum_{n=0}^{\infty} n(n-1)\cdots(n-k+1)a_n x^{n-k},$$

其收敛半径仍为 R；

(4) $\forall x\in(-R,R)$，可逐项积分，即

$$\int_0^x S(t)\,\mathrm{d}t=\int_0^x\left(\sum_{n=0}^{\infty} a_n t^n\right)\mathrm{d}t=\sum_{n=0}^{\infty} a_n\int_0^x t^n\,\mathrm{d}t=\sum_{n=0}^{\infty}\frac{a_n}{n+1}x^{n+1},$$

且其收敛半径仍为 R.

定理 14.1.5(Abel 第二定理)　设幂级数 $\sum_{n=0}^{\infty} a_n x^n$ 的收敛半径为 R，如果在 $x=R$ 处，该幂级数收敛，则其和函数 $S(x)$在 $x=R$ 处左连续；如果该幂级数在 $x=-R$ 处收敛，则 $S(x)$在 $x=-R$ 处右连续.

附加一定条件，Abel 第二定理的逆定理成立.

定理 14.1.6(Tauber)　设幂级数 $\sum_{n=0}^{\infty} a_n x^n$ 的收敛半径为 1，且 $\lim_{x\to1^-}\sum_{n=0}^{\infty} a_n x^n=A\in\mathbb{R}$. 如果

$$a_n=o\left(\frac{1}{n}\right)\quad(n\to+\infty),$$

则 $\sum_{n=0}^{\infty} a_n=\sum_{n=0}^{\infty} a_n\cdot 1^n=A$.

定理 14.1.7　设幂级数 $\sum_{n=0}^{\infty} a_n x^n$ 的收敛半径为 1，且 $\lim_{x\to1^-}\sum_{n=0}^{\infty} a_n x^n=A\in\mathbb{R}$. 如果 $a_n\geqslant0$ $(n=0,1,2,\cdots)$，则 $\sum_{n=0}^{\infty} a_n=\sum_{n=0}^{\infty} a_n\cdot 1^n=A$.

此外，两个幂级数的相加、相减以及相乘，有如下结论.

定理 14.1.8　设幂级数 $\sum_{n=0}^{\infty} a_n x^n$ 与 $\sum_{n=0}^{\infty} b_n x^n$ 的收敛半径分别为 R_1 与 R_2，令 $R=\min\{R_1,R_2\}$，则在$(-R,R)$中有：

(1) $\sum_{n=0}^{\infty} a_n x^n\pm\sum_{n=0}^{\infty} b_n x^n=\sum_{n=0}^{\infty}(a_n\pm b_n)x^n$；

(2) $\left(\sum\limits_{n=0}^{\infty}a_nx^n\right)\left(\sum\limits_{n=0}^{\infty}b_nx^n\right)=\sum\limits_{n=0}^{\infty}c_nx^n$,其中 $c_n=\sum\limits_{k=0}^{n}a_kb_{n-k}(n=0,1,2,\cdots)$.

作为定理 14.1.8(2)与 Abel 第二定理的应用,有下面的定理.

定理 14.1.9 设 $\sum\limits_{n=0}^{\infty}a_n$ 与 $\sum\limits_{n=0}^{\infty}b_n$ 为两个收敛级数,如果它们的 Cauchy 乘积 $\sum\limits_{n=0}^{\infty}c_n\left(c_n=\sum\limits_{k=0}^{n}a_kb_{n-k}\right)$ 也收敛,则

$$\sum_{n=0}^{\infty}c_n=\left(\sum_{n=0}^{\infty}a_n\right)\left(\sum_{n=0}^{\infty}b_n\right).$$

Ⅱ. 函数的幂级数展开式

定理 14.2.1(幂级数展开的唯一性) 设 $f(x)$在(x_0-R,x_0+R)中能展开为收敛的幂级数

$$f(x)=\sum_{n=0}^{\infty}a_n(x-x_0)^n,$$

则 $f(x)$在(x_0-R,x_0+R)中为 C^{∞} 函数,且

$$a_n=\frac{f^{(n)}(x_0)}{n!},\quad n=0,1,2,\cdots,$$

即

$$f(x)=\sum_{n=0}^{\infty}\frac{f^{(n)}(x_0)}{n!}(x-x_0)^n,$$

其中 $f^{(0)}(x)=f(x)$.

定义 14.2.1 设 $f(x)$在 $x=x_0$ 处有各阶导数,于是从 $f(x)$可作出一个形式幂级数

$$\sum_{n=0}^{\infty}\frac{f^{(n)}(x_0)}{n!}(x-x_0)^n,$$

称它为 $f(x)$在 $x=x_0$ 处的 **Taylor 级数**,记为

$$f(x)\sim\sum_{n=0}^{\infty}\frac{f^{(n)}(x_0)}{n!}(x-x_0)^n.$$

特别当 $x_0=0$ 时,幂级数

$$\sum_{n=0}^{\infty}\frac{f^{(n)}(0)}{n!}x^n$$

也称为 $f(x)$的 **Maclaurin 级数**.

如果 $f(x)=\sum\limits_{n=0}^{\infty}\frac{f^{(n)}(x_0)}{n!}(x-x_0)^n,x\in(x_0-R,x_0+R)$,则称 $f(x)$在(x_0-R,x_0+R)上可 **Taylor 展开**.

定义 14.2.2　设 $x_0\in(a,b)$，如果 $\exists\delta>0$，s. t. 幂级数

$$\sum_{n=0}^{\infty}a_n(x-x_0)^n$$

在 (x_n-R,x_0+R) 中收敛于函数 $f(x)$，则称 $f(x)$ **在点 x_0 处是实解析的**；如果 $\forall x_0\in(a,b)$，f 在 x_0 处都实解析，则称 $f(x)$ 在 (a,b) 上为**实解析函数**或 $f(x)$ 在 (a,b) 上是 C^ω 的.

定理 14.2.2　(a,b) 上的 C^ω(实解析)函数必为 C^∞ 函数. 但反之不真，如：

$$f(x)=\begin{cases}\mathrm{e}^{-\frac{1}{x}}, & x>0,\\ 0, & x\leqslant 0.\end{cases}$$

推论 14.2.1　可 Taylor 展开的函数或收敛的幂级数函数是 C^∞ 的.

定理 14.2.3　设 $f(x)$ 在 $(a-R,a+R)$ 中可展开为收敛的幂级数，即

$$f(x)=\sum_{n=0}^{\infty}a_n(x-a)^n,\quad x\in(a-R,a+R).$$

则 $\forall x_0\in(a-R,a+R)$，$f(x)$ 在 (x_0-r,x_0+r) 中可展开为收敛的幂级数

$$f(x)=\sum_{n=0}^{\infty}\frac{f^{(n)}(x_0)}{n!}(x-x_0)^n,$$

其中 $r=R-|x_0-a|$，于是，f 为 $(a-R,a+R)$ 上的 C^ω(实解析)函数.

定理 14.2.4(可 Taylor 展开的充要条件)　设 $f(x)$ 在 (x_0-R,x_0+R) 上为 C^∞ 函数，则 $f(x)$ 在 (x_0-R,x_0+R) 上可 Taylor 展开等价于

$$f(x)=\sum_{k=0}^{n}\frac{f^{(k)}(x_0)}{k!}(x-x_0)^k+R_n(x),\quad x\in(x_0-R,x_0+R),$$

有

$$\lim_{n\to+\infty}R_n(x)=0,\quad x\in(x_0-R,x_0+R).$$

定理 14.2.5(可 Taylor 展开的充分条件)　设 $f(x)$ 在 (x_0-R,x_0+R) 上有各阶导数，且对充分大的 $n\in\mathbb{N}$(即 $\exists N_0\in\mathbb{N}$，当 $n>N_0$)，均有

$$\left|f^{(n)}(x)\right|\leqslant M(\text{常数}),\quad \forall x\in(x_0-R,x_0+R),$$

则 $f(x)$ 在 (x_0-R,x_0+R) 中可 Taylor 展开.

Ⅲ. 重要初等函数的 Maclaurin 展开式

$$\mathrm{e}^x=\sum_{n=0}^{\infty}\frac{x^n}{n!},\quad x\in(-\infty,+\infty),$$

$$\sin x=\sum_{k=0}^{\infty}\frac{(-1)^k}{(2k+1)!}x^{2k+1},\quad x\in(-\infty,+\infty),$$

$$\cos x=\sum_{k=0}^{\infty}\frac{(-1)^k}{(2k)!}x^{2k},\quad x\in(-\infty,+\infty),$$

$$(1+x)^{\alpha}=\sum_{n=0}^{\infty}\frac{\alpha(\alpha-1)\cdots(\alpha-k+1)}{k!}x^{n},\quad x\in(-1,1),$$

$$\sqrt{1+x}=(1+x)^{\frac{1}{2}}=1+\frac{x}{2}+\sum_{n=2}^{\infty}(-1)^{n-1}\frac{(2n-3)!!}{(2n)!!}x^{n},\quad x\in[-1,1],$$

$$\frac{1}{\sqrt{1+x}}=(1+x)^{-\frac{1}{2}}=1+\sum_{n=1}^{\infty}(-1)^{n}\frac{(2n-1)!!}{(2n)!!}x^{n},\quad x\in(-1,1],$$

$$\ln(1+x)=\sum_{n=1}^{\infty}\frac{(-1)^{n-1}}{n}x^{n},\quad x\in(-1,1]\qquad(\text{例 }14.1.7).$$

应用幂级数展开的唯一性定理，有限 Taylor 展开的方法以及上述初等函数的 Maclaurin 展开式可以给出大量函数的无穷 Taylor 展开式.

Ⅳ. 用多项式一致逼近连续函数

定义 14.3.1 设 $f:[a,b]\to\mathbb{R}$ 为实函数，如果 $\forall\varepsilon>0$，总 $\exists P(x)$，s. t.

$$|f(x)-P(x)|<\varepsilon,\quad\forall x\in[a,b],$$

其中 $P(x)$ 为多项式函数，则称 $f(x)$ **在 $[a,b]$ 上能用多项式一致逼近.**

定理 14.3.1(用多项式函数一致逼近的必要条件) 设 $f(x)$ 在 $[a,b]$ 上能用多项式函数一致逼近，则 $f(x)$ 必为连续函数.

定理 14.3.2(用多项式函数一致逼近的充要条件) $f(x)$ 在 $[a,b]$ 上能用多项式函数一致逼近 $\Leftrightarrow$ 存在多项式函数序列 $\{P_n(x)\}$ 在 $[a,b]$ 上一致收敛于 $f(x)$.

定理 14.3.3(用多项式函数一致逼近的充分条件) 设 $f(x)$ 在 $(-R,R)$ 中能展开成收敛的幂级数，则对任意 $[a,b]\subset(-R,R)$，$f(x)$ 在 $[a,b]$ 上能用多项式函数一致逼近.

引理 14.3.1 设 $f(x)$ 的 **Bernstein 多项式**为

$$B_n(f;\,x)=\sum_{i=0}^{n}f\left(\frac{i}{n}\right)C_n^i x^i(1-x)^{n-i},\quad n=1,2,\cdots,$$

则

$$B_n(1;\,x)=1;\quad B_n(x;\,x)=x;\quad B(x^2;\,x)=\left(1-\frac{1}{n}\right)x^2+\frac{1}{n}x;$$

$$\sum_{i=0}^{n}C_n^i(i-nx)^2x^i(1-x)^{n-i}\leqslant\frac{n}{4},\quad 0\leqslant x\leqslant 1.$$

定理 14.3.4(Bernstein) 设 $f(x)$ 为闭区间 $[0,1]$ 上的连续函数，则 $f(x)$ 的 Bernstein 多项式序列 $\{B_n(f;\,x)\}$ 在 $[0,1]$ 上一致收敛于 $f(x)$.

定理 14.3.5(Weierstrass) 闭区间 $[a,b]$ 上的任何连续函数 $f(x)$ 能在这个区间上用多项式函数一致逼近.

定理 14.3.6(用多项式函数一致逼近的充要条件) $f(x)$ 在 $[a,b]$ 上能用多项式函数一致逼近的充要条件是 $f(x)$ 为 $[a,b]$ 上的连续函数.

作为 Weierstrass 定理的应用，有如下定理.

定理 14.3.7　设 $f(x)$为有界闭区间$[a,b]$上的 Riemann 可积函数，则 $\forall \varepsilon>0$，存在多项式函数 $P(x)$，使得

$$\int_a^b |P(x)-f(x)|\,dx<\varepsilon.$$

例 14.3.3　设 $f(x)$在$(-\infty,+\infty)$中能用多项式函数一致逼近，则 $f(x)$必为一个多项式函数.

作为 Weierstrass 定理的另一个应用，可以证明周期为 2π 的连续函数可以用三角多项式来一致逼近.

定义 14.3.2　称函数

$$T(x)=A+\sum_{k=1}^{n}(a_k\cos kx+b_k\sin kx)$$

为 **n 次三角多项式**.

当 $b_1=b_2=\cdots=b_n=0$ 时，$T(x)$为一个偶函数，称它为**余弦多项式**. 当 $a_1=a_2=\cdots=a_n=0$ 时，称它为**正弦多项式**；又若 $A=0$，则 $T(x)$为一个奇函数.

引理 14.3.2　(1) 函数 $\cos^k x$ 为余弦多项式($k\in\mathbb{N}$)；

(2) 如果 $T(x)$为三角多项式，则 $T(x)\sin x$ 也为三角多项式；

(3) 如果 $T(x)$为三角多项式，则 $T(x+\alpha)$也为三角多项式.

引理 14.3.3　设 $f(x)$为$[0,\pi]$上定义的连续函数，则对 $\forall \varepsilon>0$，存在余弦多项式$T(x)$，使得

$$|f(x)-T(x)|<\varepsilon.$$

引理 14.3.4　设 $f(x)$为$(-\infty,+\infty)$上以 2π 为周期的偶函数，且处处连续，则对 $\forall \varepsilon>0$，有三角多项式 $T(x)$，使得

$$|f(x)-T(x)|<\varepsilon,\quad \forall x\in(-\infty,+\infty).$$

定理 14.3.8(Weierstrass)　设 $f(x)$为$(-\infty,+\infty)$上以 2π 为周期的连续周期函数，则对 $\forall \varepsilon>0$，必有三角多项式 $T(x)$，使得

$$|f(x)-T(x)|<\varepsilon,\quad \forall x\in(-\infty,+\infty).$$

638. 求级数$\frac{1}{2}-\frac{1}{5}+\frac{1}{8}-\frac{1}{11}+\cdots$的和.

解　级数$\frac{1}{2}-\frac{1}{5}+\frac{1}{8}-\frac{1}{11}+\cdots=\sum\limits_{n=1}^{\infty}\frac{(-1)^{n-1}}{3n-1}$，$\left\{\frac{1}{3n-1}\right\}$单调下降趋于 $0(n\to+\infty)$，根据 Leibniz 判别法知道，它是一个收敛级数. 命

$$S(x)=\sum_{n=1}^{\infty}\frac{(-1)^{n-1}}{3n-1}x^{3n-1},$$

易见，它的收敛半径为

$$R=\frac{1}{\varlimsup\limits_{k\to+\infty}\sqrt[k]{|a_k|}}=1,\quad \text{其中 } a_k=\begin{cases}\dfrac{(-1)^{n-1}}{3n-1}, & k=3n-1\\ 0, & k\neq 3n-1.\end{cases}$$

又因幂级数 $\sum\limits_{n=1}^{\infty}\frac{(-1)^{n-1}}{3n-1}x^{3n-1}$ 在 $x=-1$ 处发散，在 $x=1$ 处收敛，故它的收敛点集为 $(-1,1]$. 于是，由 Abel 第二定理知

$$\sum_{n=1}^{\infty}\frac{(-1)^{n-1}}{3n-1}=\lim_{x\to1^-}S(x).$$

由于 $S(0)=0$,

$$S'(x)=\left[\sum_{n=1}^{\infty}\frac{(-1)^{n-1}}{3n-1}x^{3n-1}\right]'=\sum_{n=1}^{\infty}\left[\frac{(-1)^{n-1}}{3n-1}x^{3n-1}\right]'$$

$$=\sum_{n=1}^{\infty}(-1)^{n-1}x^{3n-2}=\sum_{n=0}^{\infty}(-1)^n x^{3n+1}=x\sum_{n=0}^{\infty}(-x^3)^n$$

$$=\frac{x}{1+x^3},$$

所以

$$S(x)=\int_0^x S'(t)\,\mathrm{d}t+S(0)=\int_0^x\frac{t}{1+t^3}\mathrm{d}t$$

$$=-\frac{1}{3}\ln(1+x)+\frac{1}{6}\ln(1-x+x^2)+\frac{1}{\sqrt{3}}\arctan\frac{2}{\sqrt{3}}\left(x-\frac{1}{2}\right)+\frac{1}{\sqrt{3}}\arctan\frac{1}{\sqrt{3}}.$$

从而

$$\sum_{n=1}^{\infty}\frac{(-1)^{n-1}}{3n-1}=\lim_{x\to1^-}S(x)=-\frac{1}{3}\ln2+0+\frac{1}{\sqrt{3}}\arctan\frac{1}{\sqrt{3}}+\frac{1}{\sqrt{3}}\arctan\frac{1}{\sqrt{3}}$$

$$=-\frac{1}{3}\ln2+\frac{2}{\sqrt{3}}\times\frac{\pi}{6}=\frac{\sqrt{3}}{9}\pi-\frac{1}{3}\ln2.$$

□

639. 证明：

(1) $1-\frac{1}{5}+\frac{1}{9}-\frac{1}{13}+\cdots=\frac{1}{4\sqrt{2}}[\pi+2\ln(\sqrt{2}+1)]$;

(2) $1+\frac{1}{2}-\frac{1}{3}-\frac{1}{4}+\frac{1}{5}+\frac{1}{6}-\frac{1}{7}-\frac{1}{8}+\cdots=\frac{\pi}{4}+\frac{1}{2}\ln2$;

(3) $1+\sum\limits_{n=1}^{\infty}\frac{(2n-1)!!}{(2n)!!}\frac{1}{(2n+1)^2}=\frac{\pi}{2}\ln2$.

证明 (1) 由 leibniz 判别法易知级数

$$1-\frac{1}{5}+\frac{1}{9}-\frac{1}{13}+\cdots=\sum_{n=0}^{\infty}\frac{(-1)^n}{4n+1}$$

收敛，记

$$S(x)=\sum_{n=0}^{\infty}\frac{(-1)^n}{4n+1}x^{4n+1}.$$

它的收敛半径为

$$R=\frac{1}{\overline{\lim\limits_{k\to+\infty}}\sqrt[k]{|a_k|}}=1,\quad \text{其中 } a_k=\begin{cases}\dfrac{(-1)^n}{4n+1}, & k=4n+1,\\ 0, & k\neq 4n+1.\end{cases}$$

又因幂级数 $\sum\limits_{n=0}^{\infty}\frac{(-1)^n}{4n+1}x^{4n+1}$ 在 $x=-1,1$ 处都收敛，故它的收敛点集为$[-1,1]$. 于是，由 Abel 第二定理知

$$\sum_{n=0}^{\infty}\frac{(-1)^n}{4n+1}=\lim_{x\to1^-}S(x).$$

由于 $S(0)=0$，

$$S'(x)=\left[\sum_{n=0}^{\infty}\frac{(-1)^n}{4n+1}x^{4n+1}\right]'=\sum_{n=0}^{\infty}\left[\frac{(-1)^n}{4n+1}x^{4n+1}\right]'$$
$$=\sum_{n=0}^{\infty}(-1)^n x^{4n}=\sum_{n=0}^{\infty}(-x^4)^n=\frac{1}{1+x^4},$$

所以

$$\sum_{n=0}^{\infty}\frac{(-1)^n}{4n+1}=\lim_{x\to1^-}S(x)=\lim_{x\to1^-}\left[\int_0^x S'(t)\mathrm{d}t+S(0)\right]=\int_0^1\frac{\mathrm{d}t}{1+t^4}$$
$$\xlongequal{\text{例 5.3.7}}\frac{1}{4\sqrt{2}}\left\{\ln\frac{t^2+\sqrt{2}t+1}{t^2-\sqrt{2}t+1}+2[\arctan(\sqrt{2}t+1)+\arctan(\sqrt{2}t-1)]\right\}\Bigg|_0^1$$
$$=\frac{1}{4\sqrt{2}}\left\{\ln\frac{2+\sqrt{2}}{2-\sqrt{2}}+2[\arctan(\sqrt{2}+1)+\arctan(\sqrt{2}-1)]\right\}$$
$$=\frac{1}{4\sqrt{2}}\left[2\ln(\sqrt{2}+1)+2\times\frac{\pi}{2}\right]=\frac{1}{4\sqrt{2}}[\pi+2\ln(\sqrt{2}+1)],$$

其中 $\arctan(\sqrt{2}+1)+\arctan(\sqrt{2}-1)=\frac{\pi}{2}$.

(2) 将级数

$$1+\frac{1}{2}-\frac{1}{3}-\frac{1}{4}+\frac{1}{5}+\frac{1}{6}-\frac{1}{7}-\frac{1}{8}+\cdots$$

每两项合在一起得一新级数

$$\left(1+\frac{1}{2}\right)+\left(-\frac{1}{3}-\frac{1}{4}\right)+\left(\frac{1}{5}+\frac{1}{6}\right)+\left(-\frac{1}{7}-\frac{1}{8}\right)+\cdots=\frac{3}{2}-\frac{7}{12}+\frac{11}{30}-\frac{15}{56}+\cdots,$$

这是一个交错级数，且通项单调趋于 0，故由 Leibniz 判别法知，它收敛. 由于括号中的项有相同的符号，根据定理 12.1.6，原级数收敛，令其和为 S. 现在原级数按下列方式组合：

$$S=1+\left(\frac{1}{2}-\frac{1}{3}\right)-\left(\frac{1}{4}-\frac{1}{5}\right)+\left(\frac{1}{6}-\frac{1}{7}\right)-\left(\frac{1}{8}-\frac{1}{9}\right)+\cdots=1+\sum_{n=1}^{\infty}\frac{(-1)^{n-1}}{2n(2n+1)}.$$

考虑幂级数

$$S(x)=1+\sum_{n=1}^{\infty}\frac{(-1)^{n-1}}{2n(2n+1)}x^{2n+1}.$$

类似于(1),易知它的收敛半径为1,收敛点集为$[-1,1]$. 逐项求导得

$$S'(x)=\left[1+\sum_{n=1}^{\infty}\frac{(-1)^{n-1}}{2n(2n+1)}x^{2n+1}\right]'$$

$$=\frac{1}{2}\sum_{n=1}^{\infty}\frac{(-1)^{n-1}}{n}x^{2n}=\frac{1}{2}\ln(1+x^2).$$

因为 $S(0)=1$,所以

$$S(x)=S(0)+\int_0^x S'(t)\,\mathrm{d}t=1+\frac{1}{2}\int_0^x\ln(1+t^2)\,\mathrm{d}t.$$

于是

$$S=\lim_{x\to1^-}S(x)=1+\frac{1}{2}\int_0^1\ln(1+t^2)\,\mathrm{d}t$$

$$=1+\frac{1}{2}\left[t\ln(1+t^2)\Big|_0^1-\int_0^1\frac{2t^2}{1+t^2}\mathrm{d}t\right]$$

$$=1+\frac{1}{2}\ln2-\int_0^1\left(1-\frac{1}{1+t^2}\right)\mathrm{d}t$$

$$=1+\frac{1}{2}\ln2-1+\frac{\pi}{4}=\frac{\pi}{4}+\frac{1}{2}\ln2.$$

用下面的证法更为简单. 根据

$$1+\frac{1}{2}-\frac{1}{3}-\frac{1}{4}+\frac{1}{5}+\frac{1}{6}-\frac{1}{7}-\frac{1}{8}+\cdots$$

$$\xlongequal{\text{定理 12.1.6}}\left(1+\frac{1}{2}\right)-\left(\frac{1}{3}+\frac{1}{4}\right)+\left(\frac{1}{5}+\frac{1}{6}\right)-\left(\frac{1}{7}+\frac{1}{8}\right)+\cdots$$

$$=\left(1-\frac{1}{3}+\frac{1}{5}-\frac{1}{7}+\cdots\right)+\left(\frac{1}{2}-\frac{1}{4}+\frac{1}{6}-\frac{1}{8}+\cdots\right)$$

$$=\left(1-\frac{1}{3}+\frac{1}{5}-\frac{1}{7}+\cdots\right)+\frac{1}{2}\left(1-\frac{1}{2}+\frac{1}{3}-\frac{1}{4}+\cdots\right)$$

$$\xlongequal[\text{例 14.1.8}]{\text{例 14.1.7}}\frac{\pi}{4}+\frac{1}{2}\ln2.$$

(3) 因为

$$0<\frac{(2n-1)!!}{(2n)!!}\frac{1}{(2n+1)^2}<\frac{1}{(2n+1)^2},$$

所以级数

$$1+\sum_{n=1}^{\infty}\frac{(2n-1)!!}{(2n)!!}\frac{1}{(2n+1)^2}$$

是收敛的,记其和为 S,考虑幂级数

$$S(x)=1+\sum_{n=1}^{\infty}\frac{(2n-1)!!}{(2n)!!}\frac{1}{(2n+1)^2}x^{2n+1},$$

它的收敛半径为

$$R=\frac{1}{\varlimsup\limits_{k\to+\infty}\sqrt[k]{|a_k|}}=1,\quad 其中\ a_k=\begin{cases}\dfrac{(2n-1)!!}{(2n)!!}\dfrac{1}{(2n+1)^2}, & k=2n+1,\\ 0, & k\neq 2n+1,\end{cases}$$

且

$$\frac{1}{2n(2n+1)^2}<\frac{(2n-1)!!}{(2n-2)!!}\frac{1}{2n(2n+1)^2}=\frac{(2n-1)!!}{(2n)!!}\frac{1}{(2n+1)^2}<\frac{1}{(2n+1)^2}.$$

该级数在 $x=-1,1$ 处都收敛，故收敛点集为$[-1,1]$. 由 Abel 第二定理知

$$S=\lim_{x\to1^-}S(x).$$

对 $S(x)$进行逐项求导得到

$$S'(x)=\sum_{n=1}^{\infty}\frac{(2n-1)!!}{(2n)!!}\frac{1}{2n+1}x^{2n}.$$

两边乘以 x 后再逐项求导，即得

$$(xS'(x))'=\sum_{n=1}^{\infty}\frac{(2n-1)!!}{(2n)!!}x^{2n}.$$

为了求上式右边级数的和，在二项式级数

$$(1+x)^{\alpha}=1+\sum_{n=1}^{\infty}C_{\alpha}^{n}x^{n}\quad\left(其中\ C_{\alpha}^{n}=\frac{\alpha(\alpha-1)\cdots(\alpha-n+1)}{n!}\right)$$

中取 $\alpha=-\dfrac{1}{2}$. 由于

$$C_{\alpha}^{n}=C_{-\frac{1}{2}}^{n}=\frac{-\dfrac{1}{2}\left(-\dfrac{1}{2}-1\right)\cdots\left(-\dfrac{1}{2}-n+1\right)}{n!}$$

$$=(-1)^n\frac{\dfrac{1}{2}\,\dfrac{3}{2}\cdots\dfrac{2n-1}{2}}{n!}=(-1)^n\frac{(2n-1)!!}{(2n)!!},$$

故有

$$(1+x)^{-\frac{1}{2}}=1+\sum_{n=1}^{\infty}(-1)^n\frac{(2n-1)!!}{(2n)!!}x^n.$$

用$-x^2$ 代替 x，即得

$$1+\sum_{n=1}^{\infty}\frac{(2n-1)!!}{(2n)!!}x^{2n}=\frac{1}{\sqrt{1-x^2}},\quad |x|<1.$$

于是

$$(xS'(x))'=\sum_{n=1}^{\infty}\frac{(2n-1)!!}{(2n)!!}x^{2n}=\frac{1}{\sqrt{1-x^2}}-1.$$

由此得

$$xS'(x)=\arcsin x-x+C.$$

用 $x=0$ 代入即知 $C=0$,因此

$$S'(x)=\frac{\arcsin x}{x}-1.$$

$$S=\lim_{x\to1^-}S(x)=\lim_{x\to1^-}\left[S(0)+\int_0^x S'(t)\mathrm{d}t\right]$$

$$=1+\int_0^1\left(\frac{\arcsin t}{t}-1\right)\mathrm{d}t=\int_0^1\frac{\arcsin t}{t}\mathrm{d}t$$

$$=\int_0^1\arcsin t\,\mathrm{d}\ln t=\arcsin t\cdot\ln t\Big|_0^1-\int_0^1\frac{\ln t}{\sqrt{1-t^2}}\mathrm{d}t$$

$$=-\int_0^1\frac{\ln t}{\sqrt{1-t^2}}\mathrm{d}t\xlongequal{t=\sin\theta}-\int_0^{\frac{\pi}{2}}\ln\sin\theta\mathrm{d}\theta$$

$$\xlongequal{\text{例 6.5.18}}\frac{\pi}{2}\ln 2.$$ □

640. 设

$$l=\varliminf_{n\to+\infty}\left|\frac{a_n}{a_{n+1}}\right|,\quad L=\varlimsup_{n\to+\infty}\left|\frac{a_n}{a_{n+1}}\right|.$$

如果幂级数 $\sum\limits_{n=0}^{\infty}a_nx^n$ 的收敛半径为 R,证明:$l\leqslant R\leqslant L$.

证明 根据引理 12.2.1,有

$$\varliminf_{n\to+\infty}\left|\frac{a_{n+1}}{a_n}\right|\leqslant\varliminf_{n\to+\infty}\sqrt[n]{|a_n|}\leqslant\varlimsup_{n\to+\infty}\sqrt[n]{|a_n|}\leqslant\varlimsup_{n\to+\infty}\left|\frac{a_{n+1}}{a_n}\right|,$$

所以

$$l=\varliminf_{n\to+\infty}\left|\frac{a_n}{a_{n+1}}\right|=\frac{1}{\varlimsup\limits_{n\to+\infty}\left|\frac{a_{n+1}}{a_n}\right|}\leqslant\frac{1}{\varlimsup\limits_{n\to+\infty}\sqrt[n]{|a_n|}}$$

$$=R\leqslant\frac{1}{\varliminf\limits_{n\to+\infty}\left|\frac{a_{n+1}}{a_n}\right|}=\varlimsup_{n\to+\infty}\left|\frac{a_n}{a_{n+1}}\right|=L.$$ □

641. 设幂级数 $\sum\limits_{n=0}^{\infty}a_nx^n$ 的收敛半径为 R(实数),且 $a_n\geqslant0$.

(1) 证明:$\lim\limits_{x\to R^-}\sum\limits_{n=0}^{\infty}a_nx^n=\sum\limits_{n=0}^{\infty}a_nR^n$;

(2) 由(1)证明:$\sum\limits_{n=1}^{\infty}\frac{1}{n}=+\infty$.

证明 (1) 如果 $\sum\limits_{n=0}^{\infty}a_nR^n<+\infty$,则由 Abel 第二定理,立即得到

$$\lim_{x \to R^-} \sum_{n=0}^{\infty} a_n x^n = \sum_{n=0}^{\infty} a_n R^n.$$

现设 $\sum_{n=0}^{\infty} a_n R^n = +\infty$，我们要证 $\lim_{x \to R^-} \sum_{n=0}^{\infty} a_n x^n = +\infty$. 由假定，对 $\forall A>0$，$\exists N \in \mathbb{N}$. s. t. $\sum_{n=0}^{N} a_n R^n > 2A$. 取 $0<\delta<(1-2^{-\frac{1}{N}})R$，则当 $0<R-x<\delta<(1-2^{-\frac{1}{N}})R$ 时，$\left(\frac{x}{R}\right)^N > \frac{1}{2}$. 于是

$$\sum_{n=0}^{\infty} a_n x^n > \sum_{n=0}^{N} a_n x^n = \sum_{n=0}^{N} a_n R^n \cdot \left(\frac{x}{R}\right)^n > \sum_{n=0}^{N} a_n R^n \left(\frac{x}{R}\right)^N > \sum_{n=0}^{N} a_n R^n \cdot \frac{1}{2} > A.$$

这就证明了 $\lim_{x \to R^-} \sum_{n=0}^{\infty} a_n x^n = +\infty = \sum_{n=0}^{\infty} a_n R^n$.

(2) 在等式 $\ln(1+x) = \sum_{n=1}^{\infty} \frac{(-1)^{n-1}}{n} x^n$ 中用 $-x$ 代替 x 即得

$$-\sum_{n=1}^{\infty} \frac{x^n}{n} = \ln(1-x).$$

由于 $\sum_{n=1}^{\infty} \frac{x^n}{n}$ 的收敛半径为 1，且 $a_n = \frac{1}{n} > 0$，故由(1)即得

$$\sum_{n=1}^{\infty} \frac{1}{n} = \lim_{x \to 1^-} \sum_{n=1}^{\infty} \frac{x^n}{n} = -\lim_{x \to 1^-} \ln(1-x) = +\infty.$$ □

642. 设幂级数 $\sum_{n=0}^{\infty} a_n x^n$ 的收敛半径为 1，且 $\lim_{x \to 1^-} \sum_{n=0}^{\infty} a_n x^n = A$(实数). 如果 $a_n \geqslant 0$($n=0$, 1, 2, …)，证明：$\sum_{n=0}^{\infty} a_n = A$.

问：条件"$a_n \geqslant 0$"删去，结论是否仍正确？

证法 1 (反证)因为 $a_n \geqslant 0$，如果 $\sum_{n=0}^{\infty} a_n$ 不收敛，则一定有 $\sum_{n=0}^{\infty} a_n = +\infty$. 由 641 题的结果必有

$$+\infty > A = \lim_{x \to 1^-} \sum_{n=0}^{\infty} a_n x^n = \sum_{n=0}^{\infty} a_n \cdot 1^n = +\infty.$$

矛盾. 因而 $0 \leqslant \sum_{n=0}^{\infty} a_n < +\infty$. 于是，根据 Abel 第二定理，有

$$\sum_{n=0}^{\infty} a_n = \lim_{x \to 1^-} \sum_{n=0}^{\infty} a_n x^n = A.$$

如果条件"$a_n \geqslant 0$"删去，结论未必正确.

反例：取 $a_n = (-1)^n$，则 $\sum_{n=0}^{\infty} a_n x^n = \sum_{n=0}^{\infty} (-1)^n x^n$ 的收敛半径为 1，且 $\lim_{x \to 1^-} \sum_{n=0}^{\infty} (-1)^n x^n = \lim_{x \to 1^-} \sum_{n=0}^{\infty} (-x)^n = \lim_{x \to 1^-} \frac{1}{1+x} = \frac{1}{2}$. 但是，$\sum_{n=0}^{\infty} (-1)^n$ 发散.

证法 2 (反证)假设 $\sum\limits_{n=0}^{\infty} a_n$ 不收敛,由 $a_n \geqslant 0$ 知,$\sum\limits_{n=0}^{\infty} a_n = +\infty$,则 $\exists N \in \mathbb{N}$, s. t. $\sum\limits_{n=0}^{N} a_n > A+1$. 因为 $\lim\limits_{x\to 1^-}\sum\limits_{n=0}^{\infty} a_n x^n = A$,所以存在 $1>\delta>0$,当 $0<1-\delta<x<1$ 时,有

$$A+1 > \sum_{n=0}^{\infty} a_n x^n \geqslant \sum_{n=0}^{N} a_n x^n.$$

令 $x\to 1^-$ 就有

$$A+1 \geqslant \lim_{x\to 1^-}\sum_{n=0}^{N} a_n x^n = \sum_{n=0}^{N} a_n > A+1.$$

矛盾. 这就证明了 $\sum\limits_{n=1}^{\infty} a_n$ 收敛. 再由 Abel 第二定理可知

$$\sum_{n=0}^{\infty} a_n = \lim_{x\to 1^-}\sum_{n=0}^{\infty} a_n x^n = A.$$

证法 3 令 $S_n = \sum\limits_{k=0}^{n} a_k$,由 $a_k \geqslant 0$ 知,$\{S_n\}$ 单调增. 再由

$$S_n = \sum_{k=0}^{n} a_k = \lim_{x\to 1^-}\sum_{k=0}^{n} a_k x^k \leqslant \lim_{x\to 1^-}\sum_{k=0}^{\infty} a_k x^k = A$$

知 S_n 有上界 A,所以 $\sum\limits_{n=0}^{\infty} a_n$ 收敛. 再由 Abel 第二定理可得

$$\sum_{n=0}^{\infty} a_n = \lim_{x\to 1^-}\sum_{n=0}^{\infty} a_n x^n = A. \qquad \square$$

643. 设幂级数 $\sum\limits_{n=0}^{\infty} a_n x^n$ 的收敛半径为 1,$a_n = o\left(\dfrac{1}{n^{1+\alpha}}\right)(n\to +\infty)$,其中 $\alpha>0$,且 $\lim\limits_{x\to 1^-}\sum\limits_{n=0}^{\infty} a_n x^n = A$. 证明:$\sum\limits_{n=0}^{\infty} a_n = A$.

证法 1 因为

$$a_n = o\left(\frac{1}{n^{1+\alpha}}\right), \quad n\to +\infty,$$

所以,$\exists N\in\mathbb{N}$,当 $n>N$ 时,有

$$|a_n| \leqslant \frac{1}{n^{1+\alpha}},$$

从而由 $\sum\limits_{n=1}^{\infty}\dfrac{1}{n^{1+\alpha}}$ 收敛知,$\sum\limits_{n=1}^{\infty} a_n$ 绝对收敛,当然也收敛. 根据 Abel 定理得

$$\sum_{n=1}^{\infty} a_n \xlongequal{\text{Abel 定理}} \lim_{x\to 1^-}\sum_{n=1}^{\infty} a_n x^n \xlongequal{\text{题设}} A.$$

证法 2 $\left(\text{用} \sum\limits_{n=0}^{\infty} a_n \text{ 收敛于 } A \text{ 的定义}\right)$设 $\sum\limits_{n=1}^{\infty}\dfrac{1}{n^{1+\alpha}} = \Delta > 0$.

对 $\forall\varepsilon>0$，因为 $a_n=o\left(\frac{1}{n^{1+\alpha}}\right)(n\to+\infty)$，所以，$\exists N_1\in\mathbb{N}$，当 $n>N_1$ 时，有

$$|a_n|<\frac{\varepsilon}{4\Delta n^{1+\alpha}}.$$

又因 $\lim\limits_{x\to1^-}\sum\limits_{n=0}^{\infty}a_nx^n=A$，故 $\exists\delta$，当 $0<1-x<\delta$ 时

$$\left|\sum_{n=0}^{\infty}a_nx^n-A\right|<\frac{\varepsilon}{4}$$

以及

$$\left|\sum_{n=0}^{N_1}a_n(1-x^n)\right|<\frac{\varepsilon}{4}.$$

于是，当 $N>N_1$ 和 $0<1-\delta<x<1$ 时，有

$$\begin{aligned}\left|\sum_{n=0}^{N}a_n-A\right|&=\left|\sum_{n=0}^{N_1}a_n+\sum_{n=N_1+1}^{N}a_n-\sum_{n=0}^{N_1}a_nx^n+\sum_{n=0}^{N_1}a_nx^n-\sum_{n=0}^{\infty}a_nx^n+\sum_{n=0}^{\infty}a_nx^n-A\right|\\&\leqslant\left|\sum_{n=0}^{N_1}a_n(1-x^n)\right|+\left|\sum_{n=N_1+1}^{N}a_n\right|+\left|\sum_{n=N_1+1}^{\infty}a_nx^n\right|+\left|\sum_{n=0}^{\infty}a_nx^n-A\right|\\&<\frac{\varepsilon}{4}+\sum_{n=N_1+1}^{N}|a_n|+\sum_{n=N_1+1}^{\infty}|a_n||x^n|+\frac{\varepsilon}{4}\\&<\frac{\varepsilon}{4}+2\sum_{n=N_1+1}^{\infty}|a_n|+\frac{\varepsilon}{4}<\frac{\varepsilon}{2}+2\sum_{n=N_1+1}^{\infty}\frac{\varepsilon}{4\Delta n^{1+\alpha}}\\&\leqslant\frac{\varepsilon}{2}+\frac{\varepsilon}{2\Delta}\sum_{n=1}^{\infty}\frac{1}{n^{1+\alpha}}=\frac{\varepsilon}{2}+\frac{\varepsilon}{2\Delta}\cdot\Delta=\varepsilon,\end{aligned}$$

所以

$$\sum_{n=0}^{\infty}a_n=\lim_{N\to+\infty}\sum_{n=0}^{N}a_n=A.$$ □

注　自然会猜测：当 643 题中条件“$a_n=o\left(\frac{1}{n^{1+\alpha}}\right)(n\to+\infty)$，$\alpha>0$”改为“$a_n=o\left(\frac{1}{n}\right)(n\to+\infty)$”时，仍有结论 $\sum\limits_{n=0}^{\infty}a_n=A$.

易见，643 题中的证法 1 不能沿用到此，原因是由 $a_n=o\left(\frac{1}{n}\right)(n\to+\infty)$ 不能推得 $\sum\limits_{n=1}^{\infty}a_n$ 收敛$\left(\text{例如：}a_n=\frac{1}{n\ln n}\right)$. 当然就不能应用 Abel 定理了！

在 636 题中，显然证法 1 比证法 2 简单得多，也就是证法 1 优于证法 2. 但是，当条件“$a_n=o\left(\frac{1}{n^{1+\alpha}}\right)$”减弱为“$a_n=o\left(\frac{1}{n}\right)$”时，简单的证法 1 不能沿用，而复杂的证法 2 却还能继续

应用.这种情形在数学的研究工作中也经常会碰到.

644. (Tauber 定理)设幂级数的收敛半径为 1, $a_n=o\left(\frac{1}{n}\right)(n\to+\infty)\left(\text{即}\lim\limits_{n\to+\infty} na_n=0\right)$,且 $\lim\limits_{x\to1^-}\sum\limits_{n=0}^{\infty}a_nx^n=S$. 证明: $\sum\limits_{n=0}^{\infty}a_n=S$.

证法 1 由 $a_n=o\left(\frac{1}{n}\right)(n\to+\infty)$知,对 $\forall\varepsilon>0$, $\exists N_0\in\mathbb{N}$ 时,当 $n>N_0$ 时, $|a_n|\leqslant\frac{\varepsilon}{4n}$. 又因为

$$\lim_{N\to+\infty}\left[1-\left(1-\frac{1}{N}\right)^n\right]=0$$

及 $\lim\limits_{x\to1^-}\sum\limits_{n=0}^{\infty}a_nx^n=S$,所以 $\exists N_1>N_0$,当 $N>N_1$ 时,有

$$\left|\sum_{n=0}^{N_0-1}a_n\left[1-\left(1-\frac{1}{N}\right)^n\right]\right|<\frac{\varepsilon}{4},$$

$$\left|\sum_{n=0}^{\infty}a_n\left(1-\frac{1}{N}\right)^n-S\right|<\frac{\varepsilon}{4}.$$

因此

$$\begin{aligned}
\left|\sum_{n=0}^{N-1}a_n-S\right|&=\left|\sum_{n=0}^{N-1}a_n-\sum_{n=0}^{\infty}a_n\left(1-\frac{1}{N}\right)^n+\sum_{n=0}^{\infty}a_n\left(1-\frac{1}{N}\right)^n-S\right|\\
&\leqslant\left|\sum_{n=0}^{N_0-1}a_n-\sum_{n=0}^{N_0-1}a_n\left(1-\frac{1}{N}\right)^n\right|+\left|\sum_{n=N_0}^{N-1}a_n-\sum_{n=N_0}^{N-1}a_n\left(1-\frac{1}{N}\right)^n\right|\\
&\quad+\left|\sum_{n=N}^{\infty}a_n\left(1-\frac{1}{N}\right)^n\right|+\left|\sum_{n=0}^{\infty}a_n\left(1-\frac{1}{N}\right)^n-S\right|\\
&<\left|\sum_{n=0}^{N_0-1}a_n\left[1-\left(1-\frac{1}{N}\right)^n\right]\right|+\left|\sum_{n=N_0}^{N-1}a_n\left[1-\left(1-\frac{1}{N}\right)^n\right]\right|\\
&\quad+\left|\sum_{n=N}^{\infty}a_n\left(1-\frac{1}{N}\right)^n\right|+\frac{\varepsilon}{4}\\
&<\frac{\varepsilon}{4}+\sum_{n=N_0}^{N-1}|a_n|\left[1-\left(1-\frac{1}{N}\right)^n\right]+\sum_{n=N}^{\infty}|a_n|\left(1-\frac{1}{N}\right)^n+\frac{\varepsilon}{4}\\
&\leqslant\frac{\varepsilon}{4}+\sum_{n=N_0}^{N-1}\frac{\varepsilon}{4n}\left[1-\left(1-\frac{1}{N}\right)\right]\left[1+\left(1-\frac{1}{N}\right)+\cdots+\left(1-\frac{1}{N}\right)^{n-1}\right]\\
&\quad+\sum_{n=N}^{\infty}\frac{\varepsilon}{4n}\left(1-\frac{1}{N}\right)^n+\frac{\varepsilon}{4}\\
&<\frac{\varepsilon}{4}+\frac{\varepsilon}{4N}\sum_{n=N_0}^{N-1}\frac{1}{n}\cdot n+\frac{\varepsilon}{4N}\sum_{n=N}^{\infty}\left(1-\frac{1}{N}\right)^n+\frac{\varepsilon}{4}
\end{aligned}$$

$$< \frac{\varepsilon}{4} + \frac{\varepsilon}{4N}(N - N_0) + \frac{\varepsilon}{4N}\frac{1}{1-\left(1-\frac{1}{N}\right)} + \frac{\varepsilon}{4}$$

$$< \frac{\varepsilon}{4} + \frac{\varepsilon}{4} + \frac{\varepsilon}{4} + \frac{\varepsilon}{4} = \varepsilon.$$

于是，$\sum\limits_{n=0}^{\infty} a_n = S$.

证法 2 由 $\lim\limits_{n\to+\infty} na_n = 0$ 知 $\lim\limits_{n\to+\infty} n|a_n| = 0$，从而

$$\lim_{n\to+\infty}\frac{\sum\limits_{k=1}^{n}k\,|a_k|}{n} \xlongequal{\text{Stolz 公式}} \lim_{n\to+\infty}\frac{\sum\limits_{k=1}^{n}k\,|a_k| - \sum\limits_{k=1}^{n-1}k\,|a_k|}{n-(n-1)}$$

$$= \lim_{n\to+\infty}\frac{n\,|a_n|}{1} = \lim_{n\to+\infty} n\,|a_n| = 0.$$

又因 $\lim\limits_{x\to1^-} f(x) = S$，所以 $\lim\limits_{n\to+\infty}\left|f\left(1-\frac{1}{n}\right) - S\right| = 0$. 于是，对 $\forall\,\varepsilon>0$，$\exists\,N>0$，s. t. 当 $n>N$ 时，有

$$0 < \frac{\sum\limits_{k=1}^{n}k\,|a_k|}{n} < \frac{\varepsilon}{3},\quad n\,|a_n| < \frac{\varepsilon}{3},\quad \left|f\left(1-\frac{1}{n}\right) - S\right| < \frac{\varepsilon}{3}.$$

进而，有

$$\left|\sum_{k=0}^{n}a_k - S\right| = \left|\sum_{k=1}^{n}a_k - \sum_{k=1}^{n}a_kx^k - \sum_{k=n+1}^{\infty}a_kx^k + \sum_{k=0}^{\infty}a_kx^k - S\right|$$

$$\leqslant \left|\sum_{k=1}^{n}a_k(1-x^k)\right| + \left|\sum_{k=n+1}^{\infty}a_kx^k\right| + \left|\sum_{k=0}^{\infty}a_kx^k - S\right|$$

$$\overset{\text{取}x=1-\frac{1}{n}}{<} \frac{\varepsilon}{3} + \frac{\varepsilon}{3} + \frac{\varepsilon}{3} = \varepsilon,$$

从而 $\sum\limits_{n=0}^{\infty} a_n$ 收敛且其和为 S. 现在来补上面最后一个不等号的证明：

$$\left|\sum_{k=1}^{n}a_k(1-x^k)\right| = \left|\sum_{k=1}^{n}a_k(1-x)(1+x+x^2+\cdots+x^{k-1})\right|$$

$$\leqslant \sum_{k=1}^{n}|a_k|(1-x)\cdot k \xlongequal{x=1-\frac{1}{n}} \frac{\sum\limits_{k=1}^{n}k\,|a_k|}{n} < \frac{\varepsilon}{3};$$

$$\left|\sum_{k=n+1}^{\infty}a_kx^k\right| \overset{k>n}{\leqslant} \sum_{k=n+1}^{\infty}\frac{k}{n}\,|a_k|\cdot|x|^k < \frac{1}{n}\frac{\varepsilon}{3}\sum_{k=n+1}^{\infty}|x|^k \leqslant \frac{\varepsilon}{3n}\cdot\frac{1}{1-|x|}$$

$$= \frac{\varepsilon}{3n \cdot \frac{1}{n}} = \frac{\varepsilon}{3};$$

$$\left| \sum_{k=0}^{\infty} a_k x^k - S \right| \xlongequal{x = 1 - \frac{1}{n}} \left| f\left(1 - \frac{1}{n}\right) - S \right| < \frac{\varepsilon}{3}.$$ □

645. 设数列$\{a_n\}$满足：$\overline{\lim\limits_{n\to+\infty}} \sqrt[n]{|a_n|}=1$，证明：$\overline{\lim\limits_{n\to+\infty}} \sqrt[n]{|S_n|}=1$，其中$S_n=\sum\limits_{k=0}^{n} a_k$为$\sum\limits_{n=0}^{\infty} a_n$的部分和.

证明 设幂级数$\sum\limits_{n=0}^{\infty} a_n x^n$与$\sum\limits_{n=0}^{\infty} S_n x^n$的收敛半径分别为$R$与$R_1$. 显然，利用级数乘法知，当$|x|<1$时，则

$$\sum_{n=0}^{\infty} x^n \cdot \sum_{n=0}^{\infty} a_n x^n = \sum_{n=0}^{\infty} (a_0 + a_1 + \cdots + a_n) x^n = \sum_{n=0}^{\infty} S_n x^n$$

收敛. 可见，$\sum\limits_{n=0}^{\infty} S_n x^n$的收敛半径$R_1 \geqslant \min\{1,R\}=\min\left\{1, \overline{\lim\limits_{n\to+\infty}} \sqrt[n]{|a_n|}\right\}=\min\{1,1\}=1=R$.

另一方面，如果$\sum\limits_{n=0}^{\infty} S_n x^n$收敛，则

$$(1-x)\sum_{n=0}^{\infty} S_n x^n = \sum_{n=0}^{\infty} a_n x^n$$

也收敛. 这可推得$R \geqslant R_1$. 从而$\overline{\lim\limits_{n\to+\infty}} \sqrt[n]{|S_n|}=R_1=R=1$. □

646. 证明：$f(x)=\ln^2(1-x)$的幂级数展开式为

$$f(x) = 2\sum_{n=1}^{\infty}\left(1+\frac{1}{2}+\frac{1}{3}+\cdots+\frac{1}{n}\right)\frac{x^{n+1}}{n+1}, \quad x \in [-1,1).$$

证法 1 已知$\ln(1-x)=-\sum\limits_{n=1}^{\infty}\frac{x^n}{n}$在$[-1,1)$上收敛，在$(-1,1)$的任何内闭区间上绝对收敛，根据定理 12.4.1 或 12.4.2，因此可应用级数乘法.

$$\begin{aligned}
f(x) = \ln^2(1-x) &= \left(-x-\frac{x^2}{2}-\frac{x^3}{3}-\cdots\right)^2 \\
&= \sum_{n=1}^{\infty}\left(\frac{1}{1}\cdot\frac{1}{n}+\frac{1}{2}\cdot\frac{1}{n-1}+\frac{1}{3}\cdot\frac{1}{n-2}+\cdots+\frac{1}{n}\cdot\frac{1}{1}\right)x^{n+1} \\
&= \sum_{n=1}^{\infty}\left\{\sum_{k=1}^{n}\frac{1}{k(n+1-k)}\right\}x^{n+1} \\
&= \sum_{n=1}^{\infty}\frac{1}{n+1}\left\{\sum_{k=1}^{n}\frac{k+[(n+1)-k]}{k(n+1-k)}\right\}x^{n+1} \\
&= \sum_{n=1}^{\infty}\frac{1}{n+1}\left[\sum_{k=1}^{n}\left(\frac{1}{n+1-k}+\frac{1}{k}\right)\right]x^{n+1}
\end{aligned}$$

$$= 2\sum_{n=1}^{\infty} \frac{1}{n+1}\left(\sum_{k=1}^{n} \frac{1}{k}\right)x^{n+1}$$

$$= 2\sum_{n=1}^{\infty}\left(1+\frac{1}{2}+\frac{1}{3}+\cdots+\frac{1}{n}\right)\frac{x^{n+1}}{n+1}, \quad x \in (-1,1).$$

因为$\dfrac{1+\frac{1}{2}+\cdots+\frac{1}{n}}{n+1} \xlongequal{\text{定理 1.4.2(4)}} \dfrac{\ln n + C + o(1)}{n+1}$单调下降趋于 0，所以

$$\sum_{n=1}^{\infty}\left(1+\frac{1}{2}+\frac{1}{3}+\cdots+\frac{1}{n}\right)\frac{(-1)^{n+1}}{n+1}$$

收敛. 根据 Abel 第二定理得到

$$\begin{aligned}
&2\sum_{n=1}^{\infty}\left(1+\frac{1}{2}+\frac{1}{3}+\cdots+\frac{1}{n}\right)\frac{(-1)^{n+1}}{n+1} \\
&= \lim_{x\to(-1)^+} 2\sum_{n=1}^{\infty}\left(1+\frac{1}{2}+\frac{1}{3}+\cdots+\frac{1}{n}\right)\frac{x^{n+1}}{n+1} \\
&= \lim_{x\to(-1)^+} \ln^2(1-x) = \ln^2 2 = \left(1-\frac{1}{2}+\frac{1}{3}-\cdots\right)^2.
\end{aligned}$$

于是

$$f(x) = \ln^2(1-x) = 2\sum_{n=1}^{\infty}\left(1+\frac{1}{2}+\frac{1}{3}+\cdots+\frac{1}{n}\right)\frac{x^{n+1}}{n+1}, \quad x \in [-1,1).$$

证法 2　因为

$$\begin{aligned}
f'(x) &= -\frac{2\ln(1-x)}{1-x} = -2\sum_{n=0}^{\infty} x^n\left(-\sum_{n=1}^{\infty}\frac{x^n}{n}\right) \\
&= 2\sum_{n=1}^{\infty}\left(1+\frac{1}{2}+\cdots+\frac{1}{n}\right)x^n, \quad x \in (-1,1).
\end{aligned}$$

所以

$$\begin{aligned}
f(x) &= f(0) + \int_0^x f'(t)\,\mathrm{d}t \\
&= 0 + \int_0^x 2\sum_{n=1}^{\infty}\left(1+\frac{1}{2}+\cdots+\frac{1}{n}\right)t^n\,\mathrm{d}t \\
&\xlongequal{\text{逐项积分}} 2\sum_{n=1}^{\infty}\left(1+\frac{1}{2}+\frac{1}{3}+\cdots+\frac{1}{n}\right)\int_0^x t^n\,\mathrm{d}t \\
&= 2\sum_{n=1}^{\infty}\left(1+\frac{1}{2}+\frac{1}{3}+\cdots+\frac{1}{n}\right)\frac{x^{n+1}}{n+1}, \quad x \in (-1,1).
\end{aligned}$$

同证法 1 的理由，有

$$f(x) = \ln^2(1-x) = 2\sum_{n=1}^{\infty}\left(1+\frac{1}{2}+\frac{1}{3}+\cdots+\frac{1}{n}\right)\frac{x^{n+1}}{n+1}, \quad x \in [-1,1). \qquad \square$$

647. 用两种不同的方法将

$$y=y(x)=\frac{\ln(x+\sqrt{1+x^2})}{\sqrt{1+x^2}}$$

展开为幂级数

$$y=\frac{\ln(x+\sqrt{1+x^2})}{\sqrt{1+x^2}}=\sum_{n=0}^{\infty}(-1)^n\frac{(2n)!!}{(2n+1)!!}x^{2n+1},\quad x\in[-1,1]$$

证法 1 $\left(\text{计算 Taylor 级数}\sum\limits_{n=0}^{\infty}\frac{y^{(n)}(0)}{n!}x^n\right)$显然

$$y'(x)=\frac{1+\dfrac{x}{\sqrt{1+x^2}}}{x+\sqrt{1+x^2}}\cdot\frac{1}{\sqrt{1+x^2}}-\frac{1}{2}(1+x^2)^{-\frac{3}{2}}\cdot 2x\ln(x+\sqrt{1+x^2})$$

$$=\frac{1}{1+x^2}\left[1-x\frac{\ln(x+\sqrt{1+x^2})}{\sqrt{1+x^2}}\right],$$

即

$$(1+x^2)y'=1-xy.$$

由此两边同时求 n 阶导数,并应用数学归纳法得到

$$(1+x^2)y^{(n+1)}+(2n+1)xy^{(n)}+n^2y^{(n-1)}=0.$$

令 $x=0$,得

$$y_0^{(n+1)}=-n^2y_0^{(n-1)},$$

其中下标“0”表示在 $x=0$ 处的值.显然

$$y_0'=y'(0)=\left.\frac{1-xy}{1+x^2}\right|_{x=0}=1,$$

$$y_0''=y''(0)=-\left.\frac{(2\cdot 1+1)xy'+1^2y}{1+x^2}\right|_{x=0}=-y_0=0.$$

将 $y_0=y_0''=0,y_0'=1$ 代入递推公式 $y_0^{(n+1)}=-n^2y_0^{(n-1)}$ 中,有

$$y_0^{(2k)}=0,\quad k=1,2,\cdots;$$

$$y_0^{(2k+1)}=(-1)^k[(2k)!!]^2y_0'=(-1)^k[(2k)!!]^2.$$

因此

$$\frac{\ln(x+\sqrt{1+x^2})}{\sqrt{1+x^2}}\overset{\text{Taylor展开}}{\sim}\sum_{k=0}^{\infty}(-1)^k\frac{[(2k)!!]^2}{(2k+1)!}x^{2k+1}=\sum_{k=0}^{\infty}(-1)^k\frac{(2k)!!}{(2k+1)!!}x^{2k+1}.$$

从 $\sum\limits_{k=1}^{\infty}(-1)^k\frac{(2k)!!}{(2k+1)!!}x^{2k+1}=x\sum\limits_{k=1}^{\infty}(-1)^k\frac{(2k)!!}{(2k+1)!!}(x^2)^k$ 以及

$$\lim_{k\to+\infty}\frac{(2k+2)!!}{(2k+3)!!}\bigg/\frac{(2k)!!}{(2k+1)!!}=\lim_{k\to+\infty}\frac{2k+2}{2k+3}=1$$

立知,上面右边的 Taylor 级数的收敛半径为 $R=1$,利用逐项求导的方法,可验证该级数的

和函数 $y=S(x)$ 是

$$(1+x^2)y'=1-xy$$

的解，且 $S(0)=0$. 事实上

$$\begin{aligned}(1+x^2)S'(x)&=(1+x^2)\left[1+\sum_{k=1}^{\infty}(-1)^k\frac{(2k)!!}{(2k-1)!!}x^{2k}\right]\\&=1+\sum_{k=1}^{\infty}(-1)^k\frac{(2k)!!}{(2k-1)!!}x^{2k}+x^2+\sum_{k=1}^{\infty}(-1)^k\frac{(2k)!!}{(2k-1)!!}x^{2k+2}\\&=1-2x^2+\sum_{k=2}^{\infty}(-1)^k\frac{(2k)!!}{(2k-1)!!}x^{2k}+x^2+\sum_{k=2}^{\infty}(-1)^{k-1}\frac{(2k-2)!!}{(2k-3)!!}x^{2k}\\&=1-x^2+\sum_{k=2}^{\infty}(-1)^k\left[\frac{(2k)!!}{(2k-1)!!}-\frac{(2k-2)!!}{(2k-3)!!}\right]x^{2k}\\&=1-x^2+x\sum_{k=2}^{\infty}(-1)^k\frac{(2k-2)!!}{(2k-1)!!}x^{2k-1}\\&=1-x\sum_{k=1}^{\infty}(-1)^{k-1}\frac{(2k-2)!!}{(2k-1)!!}x^{2k-1}\\&=1-x\sum_{k=0}^{\infty}(-1)^k\frac{(2k)!!}{(2k+1)!!}x^{2k+1}\\&=1-xS(x).\end{aligned}$$

而函数 $y=\dfrac{\ln(x+\sqrt{1+x^2})}{\sqrt{1+x^2}}$ 也为微分方程

$$(1+x^2)y'=1-xy$$

的解，且 $y(0)=0$. 根据解的唯一性，必有

$$\frac{\ln(x+\sqrt{1+x^2})}{\sqrt{1+x^2}}=\sum_{k=0}^{\infty}(-1)^k\frac{(2k)!!}{(2k+1)!!}x^{2k+1},\quad x\in(-1,1).$$

另一方面，根据 Leibniz 判别法知，当 $x=1$ 时，级数

$$\sum_{k=0}^{\infty}(-1)^k\frac{(2k)!!}{(2k+1)!!}$$

收敛. 而函数 $y=\dfrac{\ln(x+\sqrt{1+x^2})}{\sqrt{1+x^2}}$ 在 $x=1$ 处连续. 因此

$$\begin{aligned}\left.\frac{\ln(x+\sqrt{1+x^2})}{\sqrt{1+x^2}}\right|_{x=1}&=\lim_{x\to1^-}\frac{\ln(x+\sqrt{1+x^2})}{\sqrt{1+x^2}}\\&=\lim_{x\to1^-}\sum_{k=0}^{\infty}(-1)^k\frac{(2k)!!}{(2k+1)!!}x^{2k+1}\\&\xlongequal{\text{Abel 第二定理}}\sum_{k=0}^{\infty}(-1)^k\frac{(2k)!!}{(2k+1)!!}.\end{aligned}$$

同理,有$\left.\frac{\ln(x+\sqrt{1+x^2})}{\sqrt{1+x^2}}\right|_{x=-1}=-\sum\limits_{k=1}^{\infty}(-1)^k\frac{(2k)!!}{(2k+1)!!}$. 于是

$$\frac{\ln(x+\sqrt{1+x^2})}{\sqrt{1+x^2}}=\sum_{k=0}^{\infty}(-1)^k\frac{(2k)!!}{(2k+1)!!}x^{2k+1},\quad x\in[-1,1].$$

证法 2 (待定系数法)令

$$y=\sum_{n=0}^{\infty}a_nx^n,$$

代入

$$(1+x^2)y'=1-xy$$

得

$$(1+x^2)\sum_{n=1}^{\infty}a_nnx^{n-1}=1-x\sum_{n=0}^{\infty}a_nx^n,$$

即

$$a_1+2a_2x+\sum_{n=2}^{\infty}[a_{n+1}(n+1)+a_{n-1}(n-1)]x^n=1-a_0x-\sum_{n=2}^{\infty}a_{n-1}x^n.$$

比较两边同幂次的系数得到

$$\begin{cases}a_1=1,\\ 2a_2=-a_0,\\ 3a_3+a_1=-a_1,\\ 4a_4+2a_2=-a_2,\\ \vdots\\ a_{n+1}(n+1)+a_{n-1}(n-1)=-a_{n-1}.\end{cases}$$

于是

$$a_0=y(0)=y|_{x=0}=\left.\frac{\ln(x+\sqrt{1+x^2})}{\sqrt{1+x^2}}\right|_{x=0}=0.$$

根据上面递推公式可得 $a_{2k}=0(k=0,1,2,\cdots)$.

$$a_1=1,$$

$$a_{2k+1}=-\frac{1}{2k+1}[(2k-1)+1]a_{2k-1}$$

$$=\cdots=(-1)^k\frac{(2k)!!}{(2k+1)!!},\quad k=1,2,\cdots.$$

于是

$$y=\sum_{n=0}^{\infty}a_nx^n=\sum_{k=0}^{\infty}(-1)^k\frac{(2k)!!}{(2k+1)!!}x^{2k+1},\quad x\in(-1,1)$$

为方程

$$(1+x^2)y'=1-xy$$

适合条件 $y|_{x=0}=0$ 的唯一解. 故得

$$\frac{\ln(x+\sqrt{1+x^2})}{\sqrt{1+x^2}}=\sum_{k=0}^{\infty}(-1)^k\frac{(2k)!!}{(2k+1)!!}x^{2k+1},\quad x\in(-1,1).$$

重复证法1中相应的内容可知，此式在$[-1,1]$上成立. □

648. (1) 对 $\sum_{n=0}^{\infty}(-1)^n x^n=\frac{1}{1+x}(|x|<1)$两边从0到$x$两次积分，证明：

$$\sum_{n=0}^{\infty}(-1)^n\frac{x^{n+2}}{(n+1)(n+2)}=x\ln(1+x)-x+\ln(1+x),\quad |x|<1;$$

(2) 证明：$\sum_{n=0}^{\infty}\frac{(-1)^n}{(n+1)(n+2)}=2\ln 2-1$.

证明 (1) 因为 $\sum_{n=0}^{\infty}(-1)^n x^n=\frac{1}{1+x}$，故

$$\sum_{n=0}^{\infty}(-1)^n\frac{x^{n+1}}{n+1}=\sum_{n=0}^{\infty}(-1)^n\int_0^x t^n\mathrm{d}t$$

$$\xlongequal{\text{逐项积分}}\int_0^x\sum_{n=0}^{\infty}(-1)^n t^n\mathrm{d}t=\int_0^x\frac{\mathrm{d}t}{1+t}=\ln(1+x),$$

$$\sum_{n=0}^{\infty}(-1)^n\frac{x^{n+2}}{(n+1)(n+2)}=\sum_{n=0}^{\infty}(-1)^n\int_0^x\frac{t^{n+1}}{n+1}\mathrm{d}t$$

$$\xlongequal{\text{逐项积分}}\int_0^x\sum_{n=0}^{\infty}(-1)^n\frac{t^{n+1}}{n+1}\mathrm{d}t=\int_0^x\ln(1+t)\mathrm{d}t$$

$$=t\ln(1+t)\Big|_0^x-\int_0^x\frac{t}{1+t}\mathrm{d}t$$

$$=x\ln(1+x)-\int_0^x\left(1-\frac{1}{1+t}\right)\mathrm{d}t$$

$$=x\ln(1+x)-x+\ln(1+x),\quad |x|<1.$$

根据Abel第二定理，上式对$x=1$也成立.

(2) 由(1)立知

$$\sum_{n=0}^{\infty}\frac{(-1)^n}{(n+1)(n+2)}=\sum_{n=0}^{\infty}(-1)^n\frac{x^{n+2}}{(n+1)(n+2)}\Big|_{x=1}$$

$$=[x\ln(1+x)-x+\ln(1+x)]\,|_{x=1}$$

$$=\ln 2-1+\ln 2=2\ln 2-1.$$ □

649. 证明：对任一正整数k，$\sum_{n=1}^{\infty}\frac{n^k}{n!}$是e的整数倍.

证明 记$f(x)=\sum_{n=1}^{\infty}\frac{n^k}{n!}x^n$，因为收敛半径

$$R=\lim_{n\to+\infty}\left|\frac{a_n}{a_{n+1}}\right|=\lim_{n\to+\infty}\frac{n^k}{n!}\Big/\frac{(n+1)^k}{(n+1)!}=\lim_{n\to+\infty}\frac{n+1}{\left(1+\frac{1}{n}\right)^k}=+\infty,$$

所以,逐项积分得到

$$\int_0^x \frac{1}{t}f(t)\mathrm{d}t=\int_0^x\left(\sum_{n=1}^{\infty}\frac{n^k}{n!}t^{n-1}\right)\mathrm{d}t=\sum_{n=1}^{\infty}\frac{n^k}{n!}\int_0^x t^{n-1}\mathrm{d}t$$

$$=\sum_{n=1}^{\infty}\frac{n^{k-1}}{n!}x^n.$$

反复这么做 k 次,得

$$\int_0^x\frac{1}{t_{k-1}}\mathrm{d}t_{k-1}\int_0^{t_{k-1}}\frac{1}{t_{k-2}}\mathrm{d}t_{k-2}\cdots\int_0^{t_2}\frac{1}{t_1}\mathrm{d}t_1\int_0^{t_1}\frac{1}{t}f(t)\mathrm{d}t=\sum_{n=1}^{\infty}\frac{x^n}{n!}=\mathrm{e}^x-1.$$

于是

$$(\mathrm{e}^x-1)'x=x\mathrm{e}^x=P_1(x)\mathrm{e}^x,$$

$$((\mathrm{e}^x-1)'x)'x=x(1+x)\mathrm{e}^x=P_2(x)\mathrm{e}^x,$$

若进行到 $k-1$ 次时为 $P_{k-1}(x)\mathrm{e}^x$(其中 P_{k-1} 为整数系数 $k-1$ 次多项式),则第 k 次应为

$$(P_{k-1}(x)\mathrm{e}^x)'x=(P'_{k-1}(x)x+P_{k-1}(x)x)\mathrm{e}^x=P_k(x)\mathrm{e}^x,$$

其中 $P_k(x)$ 为整系数 k 次多项式,因此

$$f(x)=\underbrace{(\cdots(((\mathrm{e}^x-1)'x)'x)'x\cdots)'x}_{k\text{层}}=P_k(x)\mathrm{e}^x\text{(对一切 }k\text{ 成立)},$$

由此知

$$\sum_{n=1}^{\infty}\frac{n^k}{n!}=f(1)=P_k(1)\mathrm{e}\quad(P_k(1)\text{ 为整数}),$$

即为 e 的整数倍. □

650. 试求下列幂级数的和函数

$$S(x)=1+x+\frac{x^2}{2}+\frac{x^3}{1\times3}+\frac{x^4}{2\times4}+\frac{x^5}{1\times3\times5}+\frac{x^6}{2\times4\times6}+\cdots.$$

解 显然

$$S(x)=1+x+\frac{x^2}{2}+\frac{x^3}{1\times3}+\frac{x^4}{2\times4}+\frac{x^5}{1\times3\times5}+\frac{x^6}{2\times4\times6}+\cdots$$

$$=1+x+\frac{x^2}{2}+\sum_{n=3}^{\infty}\frac{x^n}{n!!}.$$

因为

$$\frac{1}{\sqrt[n]{|a_n|}}=\sqrt[n]{n!!}\geqslant\sqrt[2n]{n!}\overset{\text{Stirling公式}}{\sim}\sqrt[2n]{\sqrt{2\pi n}\left(\frac{n}{\mathrm{e}}\right)^n}$$

$$=\sqrt[4n]{2\pi n}\sqrt{\frac{n}{\mathrm{e}}}\to+\infty\quad(n\to+\infty),$$

所以幂级数的收敛半径为

$$R=\lim_{n\to+\infty}\frac{1}{\sqrt[n]{|a_n|}}=+\infty.$$

于是，逐项求导可知

$$\begin{aligned}S'(x)&=1+x+x^2+\frac{x^3}{2}+\sum_{n=5}^{\infty}\frac{x^{n-1}}{(n-2)!!}\\&=1+x+x^2+\frac{x^3}{2}+\sum_{n=3}^{\infty}\frac{x^{n+1}}{n!!}\\&=1+x\left(1+x+\frac{x^2}{2}+\sum_{n=3}^{\infty}\frac{x^n}{n!!}\right)=1+xS(x),\end{aligned}$$

且 $S(0)=1$，下面先求解微分方程

$$\begin{aligned}&S'(x)=xS(x),\\&(\ln S(x))'=\frac{S'(x)}{S(x)}=x,\\&\ln S(x)=\frac{x^2}{2}+\ln C,\\&S(x)=Ce^{\frac{x^2}{2}}.\end{aligned}$$

应用常系数变易法，设 $S'(x)=1+xS(x)$ 的解为 $S(x)=C(x)e^{\frac{x^2}{2}}$，则

$$\begin{aligned}&[C'(x)+xC(x)]e^{\frac{x^2}{2}}=S'(x)=1+xC(x)e^{\frac{x^2}{2}},\\&C'(x)e^{\frac{x^2}{2}}=1,\\&C'(x)=e^{-\frac{x^2}{2}},\qquad 1=S(0)=C(0)e^{\frac{0^2}{2}}=C(0),\\&C(x)=\int_0^x e^{-\frac{t^2}{2}}dt+C(0)=\int_0^x e^{-\frac{t^2}{2}}dt+1.\end{aligned}$$

于是

$$S(x)=C(x)e^{\frac{x^2}{2}}=e^{\frac{x^2}{2}}\left(\int_0^x e^{-\frac{t^2}{2}}dt+1\right).$$ □

651. 证明：不等式

$$e^x+e^{-x}\leqslant 2e^{\frac{x^2}{2}},\quad x\in(-\infty,+\infty).$$

证明　应用 Taylor 级数展开得到

$$\begin{aligned}e^x+e^{-x}&=\sum_{n=0}^{\infty}\frac{x^n}{n!}+\sum_{n=0}^{\infty}\frac{(-x)^n}{n!}=2\sum_{k=0}^{\infty}\frac{x^{2k}}{(2k)!}\\&\leqslant 2\sum_{k=0}^{\infty}\frac{x^{2k}}{(2k)!!}=2\sum_{k=0}^{\infty}\frac{\left(\frac{x^2}{2}\right)^k}{k!}=2e^{\frac{x^2}{2}},\quad x\in(-\infty,+\infty).\end{aligned}$$ □

652. 设 $f(x)$ 在 $[0,1]$ 上连续. 证明：

$$\lim_{n\to+\infty}\frac{1}{2^n}\sum_{k=0}^{n}(-1)^k C_n^k f\left(\frac{k}{n}\right)=0.$$

证明　根据二项式定理，有

$$(1-x)^n=\sum_{k=0}^{n}C_n^k(-x)^k=\sum_{k=0}^{n}(-1)^kC_n^kx^k. \tag{1}$$

两边对 x 求导得

$$-n(1-x)^{n-1}=\sum_{k=1}^{n}(-1)^kC_n^kkx^{k-1}. \tag{2}$$

于是

$$-nx(1-x)^{n-1}=\sum_{k=1}^{n}(-1)^kC_n^kkx^k.$$

两边对 x 再求导得

$$-n(1-x)^{n-1}+n(n-1)x(1-x)^{n-2}=\sum_{k=1}^{n}(-1)^kC_n^kk^2x^{k-1}. \tag{3}$$

依次做到 $n-1$ 次，并将 $x=1$ 代入(1)，(2)，(3)，…，$(n-1)$式有

$$0=\sum_{k=0}^{n}(-1)^kC_n^k,$$

$$0=\sum_{k=1}^{n}(-1)^kC_n^kk=\sum_{k=0}^{n}(-1)^kC_n^kk,$$

$$0=\sum_{k=1}^{n}(-1)^kC_n^kk^2=\sum_{k=0}^{n}(-1)^kC_n^kk^2,$$

$$\vdots$$

$$0=\sum_{k=1}^{n}(-1)^kC_n^kk^{n-1}=\sum_{k=0}^{n}(-1)^kC_n^kk^{n-1}.$$

由以上各式立即推得，对任何 $m(0\leqslant m\leqslant n-1)$ 次多项式 $P(x)=\sum\limits_{i=0}^{m}a_ix^i$ 必有

$$\begin{aligned}\sum_{k=0}^{n}(-1)^kC_n^kP\left(\frac{k}{n}\right)&=\sum_{k=0}^{n}(-1)^kC_n^k\left[\sum_{i=0}^{m}a_i\left(\frac{k}{n}\right)^i\right]\\&=\sum_{i=0}^{m}a_i\left[\sum_{k=0}^{n}(-1)^kC_n^k\left(\frac{k}{n}\right)^i\right]=\sum_{i=0}^{m}a_i\cdot 0=0.\end{aligned}$$

因为 $f(x)$在$[0,1]$上为连续函数，根据 Weierstrass 逼近定理，对 $\forall\,\varepsilon>0$，存在 m 次多项式 P，使得

$$|f(x)-P(x)|<\varepsilon,\quad \forall\,x\in[0,1].$$

于是，当 $n>m$ 时，有

$$\begin{aligned}\left|\frac{1}{2^n}\sum_{k=0}^{n}(-1)^kC_n^kf\left(\frac{k}{n}\right)-0\right|&=\left|\frac{1}{2^n}\sum_{k=0}^{n}(-1)^kC_n^k\left[f\left(\frac{k}{n}\right)-P\left(\frac{k}{n}\right)\right]\right|\\&\leqslant\frac{1}{2^n}\sum_{k=0}^{n}C_n^k\left|f\left(\frac{k}{n}\right)-P\left(\frac{k}{n}\right)\right|\\&<\frac{1}{2^n}\varepsilon\sum_{k=0}^{n}C_n^k=\frac{1}{2^n}\varepsilon\cdot 2^n=\varepsilon,\end{aligned}$$

即

$$\lim_{n\to+\infty}\frac{1}{2^n}\sum_{k=0}^{n}(-1)^k C_n^k f\left(\frac{k}{n}\right)=0.$$ □

653. 设 $B_n(f;x)$ 为 f 的 Bernstein 多项式. 如果 f 在$[0,1]$上连续可导,试应用

$$B'_{n+1}(f;x)=(n+1)\sum_{k=0}^{n}\left[f\left(\frac{k+1}{n+1}\right)-f\left(\frac{k}{n+1}\right)\right]C_n^k x^k(1-x)^{n-k},$$

证明: $\lim\limits_{n\to+\infty}B'_n(f;x)=f'(x)$在$[0,1]$上一致成立.

证明　因为

$$B_{n+1}(f;x)=\sum_{k=0}^{n+1}f\left(\frac{k}{n+1}\right)C_{n+1}^k x^k(1-x)^{n+1-k},$$

所以

$$\begin{aligned}B'_{n+1}(f;x)=&\sum_{k=1}^{n+1}f\left(\frac{k}{n+1}\right)C_{n+1}^k kx^{k-1}(1-x)^{n+1-k}\\&-\sum_{k=0}^{n}f\left(\frac{k}{n+1}\right)C_{n+1}^k(n+1-k)x^k(1-x)^{n-k}\\=&\sum_{k=0}^{n}f\left(\frac{k+1}{n+1}\right)C_{n+1}^{k+1}(k+1)x^k(1-x)^{n-k}\\&-\sum_{k=0}^{n}f\left(\frac{k}{n+1}\right)(n+1)C_n^k x^k(1-x)^{n-k}\\=&(n+1)\sum_{k=0}^{n}f\left(\frac{k+1}{n+1}\right)C_n^k x^k(1-x)^{n-k}\\&-(n+1)\sum_{k=0}^{n}f\left(\frac{k}{n+1}\right)C_n^k x^k(1-x)^{n-k}\\=&(n+1)\sum_{k=0}^{n}\left[f\left(\frac{k+1}{n+1}\right)-f\left(\frac{k}{n+1}\right)\right]C_n^k x^k(1-x)^{n-k},\end{aligned}$$

其中等式右边第1式用 $k+1$ 代 k,并且还用到

$$C_{n+1}^{k+1}(k+1)=\frac{(n+1)!}{(k+1)!(n-k)!}(k+1)=\frac{(n+1)\cdot n!}{k!(n-k)!}=(n+1)C_n^k.$$

而第2式用到

$$C_{n+1}^k(n+1-k)=\frac{(n+1)!}{k!(n+1-k)!}(n+1-k)=\frac{(n+1)\cdot n!}{k!(n-k)!}=(n+1)C_n^k.$$

于是,应用 Lagrange 中值定理,$\exists\,\xi_k\in\left(\frac{k}{n+1},\frac{k+1}{n+1}\right)$, s. t.

$$\begin{aligned}B'_{n+1}(f;x)=&(n+1)\sum_{k=0}^{n}\left[f\left(\frac{k+1}{n+1}\right)-f\left(\frac{k}{n+1}\right)\right]C_n^k x^k(1-x)^{n-k}\\=&\sum_{k=0}^{n}f'(\xi_k)C_n^k x^k(1-x)^{n-k}.\end{aligned}$$

由于

$$f'(x)=\sum_{k=0}^{n}f'(x)C_n^k x^k(1-x)^{n-k},$$

故

$$B'_{n+1}(f;x)-f'(x)=\sum_{k=0}^{n}[f'(\xi_k)-f'(x)]C_n^k x^k(1-x)^{n-k}.$$

下面用与证明 Bernstein 定理完全相同的方法,可证得

$$\lim_{n\to+\infty}B'_{n+1}(f;x)=f'(x)$$

在[0,1]中一致成立,即

$$\lim_{n\to+\infty}B'_n(f;x)=f'(x)$$

在[0,1]中一致成立. □

654. 设 $f(x)$ 为有界闭区间 $[a,b]$ 上的连续函数. 证明: $f(x)$ 允许有理系数多项式一致逼近.

证明 $\forall\varepsilon>0$,由 Weierstrass 逼近定理,存在多项式 $P(x)=a_0+a_1x+\cdots+a_nx^n$ ($a_0,a_1,\cdots,a_n$ 为实数),使得

$$\max_{a\leqslant x\leqslant b}|f(x)-P(x)|<\frac{\varepsilon}{2}.$$

令 $c=\max\{|a|,|b|\}$,对每个 $i(i=0,1,\cdots,n)$,取有理数 b_i,使

$$|b_i-a_i|<\frac{\varepsilon}{2(n+1)c^i},$$

并设 $Q(x)=b_0+b_1x+\cdots+b_nx^n$,则

$$|P(x)-Q(x)|=\left|\sum_{i=0}^{n}(b_i-a_i)x^i\right|\leqslant\sum_{i=0}^{n}|b_i-a_i||x|^i$$

$$<\sum_{i=0}^{n}\frac{\varepsilon}{2(n+1)c^i}c^i=\frac{\varepsilon}{2}.$$

因此

$$\max_{a\leqslant x\leqslant b}|f(x)-Q(x)|\leqslant\max_{a\leqslant x\leqslant b}|f(x)-P(x)|+\max_{a\leqslant x\leqslant b}|P(x)-Q(x)|$$

$$<\frac{\varepsilon}{2}+\frac{\varepsilon}{2}=\varepsilon.$$

这就证明了 f 允许由有理系数多项式一致逼近. □

655. 设 f 为有界闭区间 $[a,b]$ 上的连续函数. 证明:

(1) 存在严格单调减的多项式序列 $\{P_n\}$,它在 $[a,b]$ 上一致收敛于 f.

(2) 存在严格单调增的多项式序列 $\{P_n\}$,它在 $[a,b]$ 上一致收敛于 f.

证明 (1) 设 $\{e_n\}$ 是适合 $\sum\limits_{n=1}^{\infty}e_n=1$ 的任一正数列. 由 Weierstrass 逼近定理 14.3.5,存

在多项式序列$\{P_n\}$,使对$\forall x\in[a,b]$,有

$$\left|f(x)+\left(1-\frac{e_1}{2}\right)-P_1(x)\right|<\frac{e_1}{2},$$

$$\left|f(x)+\left(1-e_1-\frac{e_2}{2}\right)-P_2(x)\right|<\frac{e_2}{2},$$

$$\vdots$$

$$\left|f(x)+\left(1-e_1-\cdots-e_{n-1}-\frac{e_n}{2}\right)-P_n(x)\right|<\frac{e_n}{2}.$$

令

$$f_0(x)=f(x)+1,$$

$$f_n(x)=f(x)+\left(1-\sum_{k=1}^{n}e_k\right),\quad n\geqslant 1.$$

则有

$$-\frac{e_1}{2}<f(x)+\left(1-\frac{e_1}{2}\right)-P_1(x)<\frac{e_1}{2},$$

$$-\frac{e_2}{2}<f(x)+\left(1-e_1-\frac{e_2}{2}\right)-P_2(x)<\frac{e_2}{2},$$

$$\vdots$$

$$-\frac{e_n}{2}<f(x)+\left(1-e_1-\cdots-e_{n-1}-\frac{e_n}{2}\right)-P_n(x)<\frac{e_n}{2},$$

即

$$f_1(x)=f(x)+(1-e_1)<P_1(x)<f(x)+1=f_0(x),$$

$$f_2(x)=f(x)+(1-e_1-e_2)<P_2(x)<f(x)+(1-e_1)=f_1(x),$$

$$\vdots$$

$$f_n(x)=f(x)+\left(1-\sum_{k=1}^{n}e_k\right)<P_n(x)<f(x)+\left(1-\sum_{k=1}^{n-1}e_k\right)=f_{n-1}(x).$$

综上所述,得到

$$f_0(x)>P_1(x)>f_1(x)>P_2(x)>f_2(x)>\cdots>f_{n-1}(x)>P_n(x)>f_n(x)>\cdots,$$

而且$\{f_n\}$在$[a,b]$上一致收敛于f.因此,严格单调减的多项式序列$\{P_n\}$在$[a,b]$上也一致收敛于f.

(2) 由(1)知,存在严格单调减的多项式序列$\{Q_n\}$,它在$[a,b]$上一致收敛于$-f$.于是,$\{P_n\}=\{-Q_n\}$在$[a,b]$上为严格单调增的多项式序列,它在$[a,b]$上一致收敛于f.

或者类似(1)证明如下:设$\{e_n\}$是适合$\sum\limits_{n=1}^{\infty}e_n=1$的任一正数列.由 Weierstrass 逼近定理 14.3.5,存在多项式序列$\{P_n\}$,使对$\forall x\in[a,b]$,有

$$\left|f(x)-\left(1-\frac{e_1}{2}\right)-P_1(x)\right|<\frac{e_1}{2},$$

$$\left|f(x)-\left(1-e_1-\frac{e_2}{2}\right)-P_2(x)\right|<\frac{e_2}{2},$$

$$\vdots$$

$$\left|f(x)-\left(1-e_1-\cdots-e_{n-1}-\frac{e_n}{2}\right)-P_n(x)\right|<\frac{e_n}{2},$$

令

$$f_0(x)=f(x)-1,$$

$$f_n(x)=f(x)-\left(1-\sum_{k=1}^{n}e_k\right),\quad n=1,2,\cdots.$$

则有

$$-\frac{e_1}{2}<f(x)-\left(1-\frac{e_1}{2}\right)-P_1(x)<\frac{e_1}{2},$$

$$-\frac{e_2}{2}<f(x)-\left(1-e_1-\frac{e_2}{2}\right)-P_2(x)<\frac{e_2}{2},$$

$$\vdots$$

$$-\frac{e_n}{2}<f(x)-\left(1-e_1-\cdots-e_{n-1}-\frac{e_n}{2}\right)-P_n(x)<\frac{e_n}{2},$$

即

$$f_1(x)=f(x)-(1-e_1)>P_1(x)>f(x)-1=f_0(x),$$

$$f_2(x)=f(x)-(1-e_1-e_2)>P_2(x)>f(x)-(1-e_1)=f_1(x),$$

$$\vdots$$

$$f_n(x)=f(x)-\left(1-\sum_{k=1}^{n}e_k\right)>P_n(x)>f(x)-\left(1-\sum_{k=1}^{n-1}e_k\right)=f_{n-1}(x).$$

综上所述,得到

$$f_0(x)<P_1(x)<f_1(x)<P_2(x)<f_2(x)<\cdots<f_{n-1}(x)<P_n(x)<f_n(x)<\cdots,$$

而且$\{f_n\}$在$[a,b]$上一致收敛于f.因此,严格单调增的多项式序列$\{P_n\}$在$[a,b]$上也一致收敛于f. □

656. 设$\sum\limits_{n=0}^{\infty}a_n$为一个发散的正项级数,如果

$$\lim_{n\to+\infty}\frac{a_n}{a_1+a_2+\cdots+a_n}=0,$$

证明:幂级数$\sum\limits_{n=0}^{\infty}a_nx^n$的收敛半径

$$R=\frac{1}{\varlimsup\limits_{n\to+\infty}\sqrt[n]{a_n}}=1.$$

证法 1 因$\sum\limits_{n=0}^{\infty}a_n$为一个发散的正项级数,所以$\sum\limits_{n=0}^{\infty}a_nx^n$的收敛半径为$R\leqslant1$,即

$$\overline{\lim_{n\to+\infty}}\sqrt[n]{a_n}\geqslant 1.$$

另一方面，记 $A_n=a_1+a_2+\cdots+a_n$，则由题设得

$$1-\frac{A_{n-1}}{A_n}=\frac{A_n-A_{n-1}}{A_n}=\frac{a_n}{a_1+a_2+\cdots+a_n}\to 0\quad(n\to+\infty),$$

因此，$\frac{A_{n-1}}{A_n}=1-\left(1-\frac{A_{n-1}}{A_n}\right)\to 1-0=1(n\to+\infty)$. 进而，有

$$\sqrt[n]{a_1+a_2+\cdots+a_n}=\sqrt[n]{A_n}=\sqrt[n]{\frac{A_n}{A_{n-1}}\frac{A_{n-1}}{A_{n-2}}\cdots\frac{A_2}{A_1}A_1}\to 1\quad(n\to+\infty).$$

又因 $\lim\limits_{n\to+\infty}\frac{a_n}{a_1+a_2+\cdots+a_n}=0$，所以 $\exists N\in\mathbb{N}$，当 $n>N$ 时，有

$$\frac{a_n}{a_1+a_2+\cdots+a_n}<1,\quad 即\quad a_n<a_1+a_2+\cdots+a_n,$$

故

$$\overline{\lim_{n\to+\infty}}\sqrt[n]{a_n}\leqslant\overline{\lim_{n\to+\infty}}\sqrt[n]{a_1+a_2+\cdots+a_n}=\lim_{n\to+\infty}\sqrt[n]{A_n}=1,\quad R=\frac{1}{\overline{\lim\limits_{n\to+\infty}}\sqrt[n]{a_n}}\geqslant 1.$$

于是

$$R=\frac{1}{\overline{\lim\limits_{n\to+\infty}}\sqrt[n]{a_n}}=1.$$

证法 2　同证法 1，$\sum\limits_{n=0}^{\infty}a_nx^n$ 的收敛半径 $R\leqslant 1$，$\lim\limits_{n\to+\infty}\frac{A_{n-1}}{A_n}=1$. 从而

$$\lim_{n\to+\infty}\sqrt[n]{a_1+a_2+\cdots+a_n}=\lim_{n\to+\infty}\sqrt[n]{A_n}=1,$$

且幂级数

$$\sum_{n=1}^{\infty}A_nx^n=\sum_{n=1}^{\infty}(a_1+a_2+\cdots+a_n)x^n$$

的收敛半径为 1. 当 $|x|<1$ 时，得

$$(1-x)\sum_{n=1}^{\infty}(a_1+a_2+\cdots+a_n)x^n=\sum_{n=1}^{\infty}a_nx^n$$

收敛，从而 $\sum\limits_{n=0}^{\infty}a_nx^n$ 也收敛. 这就证明了 $R\geqslant 1$. 因此，$R=1$.

证法 3　因为 $\sum\limits_{n=0}^{\infty}a_nx^n$ 在 $x=1$ 处发散，所以该幂级数的收敛半径 $R\leqslant 1$. 记 $A_n=\sum\limits_{k=1}^{n}a_k$，考虑幂级数 $\sum\limits_{n=0}^{\infty}A_nx^n$. 由于

$$\lim_{n\to+\infty}\frac{A_{n-1}}{A_n}=\lim_{n\to+\infty}\left(\frac{A_{n-1}}{A_n}+\frac{a_n}{A_n}\right)=\lim_{n\to+\infty}\frac{A_n}{A_n}=\lim_{n\to+\infty}1=1,$$

所以

$$\lim_{n\to+\infty}\frac{A_{n+1}\mid x\mid^{n+1}}{A_n\mid x\mid^n}=\lim_{n\to+\infty}\frac{A_{n+1}}{A_n}\mid x\mid=\mid x\mid.$$

这说明幂级数 $\sum\limits_{n=1}^{\infty}A_nx^n$ 的收敛半径为 1. 由于 $\lim\limits_{n\to+\infty}\dfrac{a_n}{A_n}=0$,故根据比较判别法知,凡使 $\sum\limits_{n=1}^{\infty}A_n|x|^n$ 收敛的 x 必使 $\sum\limits_{n=1}^{\infty}a_n|x|^n=(1-|x|)\sum\limits_{n=1}^{\infty}A_n|x|^n$ 收敛. 因而, $\sum\limits_{n=1}^{\infty}a_nx^n$ 的收敛半径不小于 $\sum\limits_{n=1}^{\infty}A_nx^n$ 的收敛半径 1. 因此, $\sum\limits_{n=1}^{\infty}a_nx^n$ 的收敛半径为 1. 从而, $\sum\limits_{n=0}^{\infty}a_nx^n$ 的收敛半径也为 1. □

657. 设 $f(x)$及其所有导数在区间$[0,r]$上都是非负的. 证明: $f(x)$能在$[0,r)$上展开为 Taylor 级数.

证法 1 令 $R_n(x)=f(x)-\sum\limits_{k=0}^{\infty}\dfrac{f^{(k)}(0)}{k!}x^k$, $g(x)=\dfrac{R_n(x)}{x^{n+1}}$,则

$$g'(x)=\frac{xR'_n(x)-(n+1)R_n(x)}{x^{n+2}}.$$

再令 $h(x)=xR'_n(x)-(n+1)R_n(x)$,逐次求导得到

$$h'(x)=xR''_n(x)-nR'_n(x),$$
$$\vdots$$
$$h^{(n)}(x)=xR_n^{(n+1)}(x)-R_n^{(n)}(x),$$
$$h^{(n+1)}(x)=xR_n^{(n+2)}(x)=xf^{(n+2)}(x)\geqslant 0.$$

于是, $h^{(n)}(x)\geqslant h^{(n)}(0)=0$,又得 $h^{(n-1)}(x)\geqslant h^{(n-1)}(0)=0$, ……,继续推出 $h(x)\geqslant 0$. 进而,有 $g'(x)\geqslant 0$. 所以, $g(x)\leqslant g(r)\left(即\dfrac{R_n(x)}{x^{n+1}}\leqslant\dfrac{R_n(r)}{r^{n+1}}\right)$,且对 $\forall\, x\in[0,r)$有

$$0\leqslant\frac{f^{(n+1)}(\xi)}{(n+1)!}x^{n+1}=R_n(x)\leqslant\left(\frac{x}{r}\right)^{n+1}R_n(r)\overset{f^{(k)}\text{非负}}{\leqslant}\left(\frac{x}{r}\right)^{n+1}f(r)\to 0\quad(n\to+\infty).$$

因此, $\lim\limits_{n\to+\infty}R_n(x)=0$, $\forall\, x\in[0,r)$,即

$$f(x)=\sum_{n=0}^{\infty}\frac{f^{(n)}(0)}{n!}x^n,\quad x\in[0,r).$$

证法 2 令 $F(t)=f(t)+\sum\limits_{k=1}^{n}\dfrac{f^{(k)}(t)}{k!}(x-t)^k$,则

$$F'(t)=f'(t)+\sum_{k=1}^{n}\left[\frac{f^{(k+1)}(t)}{k!}(x-t)^k-\frac{f^{(k)}(t)}{(k-1)!}(x-t)^{k-1}\right]$$
$$=\frac{f^{(n+1)}(t)}{n!}(x-t)^n.$$

从而

$$R_n(x)=F(x)-F(0)=\int_0^x F'(t)\,\mathrm{d}t=\int_0^x\frac{f^{(n+1)}(t)}{n!}(x-t)^n\,\mathrm{d}t.$$

特别地

$$R_n(r)=\int_0^r \frac{f^{(n+1)}(u)}{n!}(r-u)^n\mathrm{d}u \xlongequal{u=\frac{r}{x}t} \left(\frac{r}{x}\right)^{n+1}\int_0^x \frac{f^{(n+1)}\left(\frac{r}{x}t\right)}{n!}(x-t)^n\mathrm{d}t.$$

因 f 的各阶导数非负，故 $f^{(n+1)}$ 单调增，从而对 $\forall t\in[0,x]$，有

$$f^{(n+1)}(t)\leqslant f^{(n+1)}\left(\frac{r}{x}t\right),$$

故有

$$\begin{aligned}R_n(r)&=\left(\frac{r}{x}\right)^{n+1}\int_0^x \frac{f^{(n+1)}\left(\frac{r}{x}t\right)}{n!}(x-t)^n\mathrm{d}t\\&\geqslant\left(\frac{r}{x}\right)^{n+1}\int_0^x \frac{f^{(n+1)}(t)}{n!}(x-t)^n\mathrm{d}t=\left(\frac{r}{x}\right)^{n+1}R_n(x),\end{aligned}$$

$$R_n(x)\leqslant\left(\frac{x}{r}\right)^{n+1}R_n(r)\overset{f^{(k)}\text{非负}}{\leqslant}\left(\frac{x}{r}\right)^{n+1}f(r).$$

从而同证法 1 证明了所要的结论.

证法 3　由 f 各阶导数非负，并应用数学归纳法可得到

$$\sum_{k=0}^{n}\frac{f^{(k)}(0)}{k!}x^k\leqslant f(x),\quad \forall n\in\mathbb{N}.$$

$\left(\text{或者从证法 1 知 } f(x)-\sum_{k=0}^{n}\frac{f^{(k)}(0)}{k!}x^k=\frac{f^{(n+1)}(\xi)}{(n+1)!}x^{n+1}\geqslant 0 \text{ 推出上述不等式}\right)$从而，对 $\forall x\in[0,r]$，$\sum_{n=0}^{\infty}\frac{f^{(n)}(0)}{n!}x^n$ 收敛. 记 $g(x)=\sum_{n=0}^{\infty}\frac{f^{(n)}(0)}{n!}x^n, x\in[0,r]$. 又因

$$\frac{f^{(n)}(0)}{n!}x^n\leqslant\frac{f^{(n)}(0)}{n!}r^n,\quad x\in[0,r].$$

故 $g(x)=\sum_{n=0}^{\infty}\frac{f^{(n)}(0)}{n!}x^n$ 在$[0,r]$上一致收敛. 从而，$g(x)$连续. 考虑 f 的各阶导数的 Taylor 展开，重复上述证明可推得 $g(x)$是 C^{∞}的. 显然

$$g^{(n)}(0)=f^{(n)}(0),\quad [f(x)-g(x)]^{(n)}\geqslant 0.$$

令 $H(x)=f(x)-g(x)$，则：

(ⅰ) $H^{(n)}(0)=0$；　(ⅱ) $H^{(n)}(x)\geqslant 0$.

再设 $G(x)=xH'(x)-NH(x)$，其中 N 为充分大的自然数. 对 G 逐次求导推得

$$\begin{aligned}&G^{(N)}(x)=xH^{(N+1)}(x)\geqslant 0,\\&G^{(N-1)}(x)\geqslant G^{(N-1)}(0)=0,\\&\quad\vdots\\&G(x)\geqslant G(0)=0.\end{aligned}$$

从而

$$xH'(x)-NH(x)=G(x)\geqslant 0,$$

$$0\leqslant H(x)\leqslant\frac{x}{N}H'(x)\leqslant\frac{r}{N}H'(x).$$

由 N 的任意性,令 $N\to+\infty$ 得到 $H(x)=0,\forall x\in[0,r]$. 于是

$$f(x)=g(x)=\sum_{n=0}^{\infty}\frac{f^{(n)}(0)}{n!}x^n,\quad x\in[0,r]$$ □

注 参阅 193 题.

658. 设

$$a_n=\begin{cases}C_{3^m}^{k}, & n=3^m+k(m=1,2,\cdots;\ k=0,1,2,\cdots,3^m),\\ 0, & \text{其他},\end{cases}$$

证明:$\overline{\lim\limits_{n\to+\infty}}\sqrt[n]{a_n}=\dfrac{\sqrt{5}+1}{2}$.

证明 当 $x>0$ 时,级数 $\sum\limits_{n=1}^{\infty}a_nx^n$ 的各项非负,故任意加括号不影响收敛性. 将级数第 3^m 项至 $2\cdot 3^m$ 项括在一起组成新级数

$$\sum_{m=1}^{\infty}(C_{3^m}^{0}x^{3m}+C_{3^m}^{1}x^{3m+1}+\cdots+C_{3^m}^{3^m}x^{3m+3m})=\sum_{m=1}^{\infty}[x^{3^m}(1+x)^{3^m}]=\sum_{m=1}^{\infty}[x(1+x)]^{3^m},$$

这是一个函数项级数. 因为

$$\lim_{m\to+\infty}\sqrt[m]{|x(1+x)|^{3^m}}=\begin{cases}0, & |x(1+x)|<1,\\ 1, & |x(1+x)|=1,\\ +\infty, & |x(1+x)|>1\end{cases}$$

$\left(\text{注意不等式 }|x(1+x)|<1\Leftrightarrow\dfrac{-\sqrt{5}-1}{2}<x<\dfrac{\sqrt{5}-1}{2}\right)$,所以当 $0<x<\dfrac{\sqrt{5}-1}{2}$ 时,级数 $\sum\limits_{n=1}^{\infty}a_nx^n$ 收敛;当 $x>\dfrac{\sqrt{5}-1}{2}$ 时级数 $\sum\limits_{n=1}^{\infty}a_nx^n$ 发散. 由此推得幂级数 $\sum\limits_{n=1}^{\infty}a_nx^n$ 的收敛半径为 $R=\dfrac{\sqrt{5}-1}{2}$,故

$$\overline{\lim_{n\to+\infty}}\sqrt[n]{a_n}=\frac{1}{R}=\frac{1}{\dfrac{\sqrt{5}-1}{2}}=\frac{\sqrt{5}+1}{2}.$$ □

659. 设 $S_n=\sum\limits_{k=0}^{n}a_k,\sigma_n=\dfrac{S_0+S_1+S_2+\cdots+S_{n-1}}{n}$,证明:

(1) 如果 $\{\sigma_n\}$ 收敛,则 $a_n=o(n),n\to+\infty$;

(2) 如果 $\{\sigma_n\}$ 收敛,则 $f(x)=\sum\limits_{n=0}^{\infty}a_nx^n$ 在 $(-1,1)$ 内绝对收敛,且

$$f(x)=(1-x)^2\sum_{n=0}^{\infty}(n+1)\sigma_{n+1}x^n;$$

(3) 如果 $\lim\limits_{n\to+\infty}\sigma_n=S$，则 $\lim\limits_{n\to 1^-}f(x)=S$.

证明　(1) 因为 $\sigma_n=\dfrac{S_0+S_1+S_2+\cdots+S_{n-1}}{n}$，所以

$$S_n=(n+1)\sigma_{n+1}-n\sigma_n,$$

$$\frac{S_n}{n}=\frac{n+1}{n}\sigma_{n+1}-\sigma_n\to 1\cdot S-S=0\quad(n\to+\infty).$$

于是

$$\frac{a_n}{n}=\frac{S_n-S_{n-1}}{n}=\frac{S_n}{n}-\frac{n-1}{n}\frac{S_{n-1}}{n-1}\to 0-1\cdot 0=0\quad(n\to+\infty),$$

即

$$a_n=o(n),\quad n\to+\infty.$$

(2) 根据 $\dfrac{a_n}{n}\to o(n\to+\infty)$，所以当 n 充分大时，有 $|a_n|<n$，$|a_nx^n|\leqslant|a_n||x|^n\leqslant n|x|^n$.

而 $\sum\limits_{n=1}^{\infty}nx^n$ 的收敛半径为 1，故知级数 $f(x)=\sum\limits_{n=0}^{\infty}a_nx^n$ 在 $(-1,1)$ 内绝对收敛. 如此，当 $x\in(-1,1)$ 时，有

$$\frac{f(x)}{1-x}=\left(\sum_{n=0}^{\infty}x^n\right)\cdot\left(\sum_{n=0}^{\infty}a_nx^n\right)=\sum_{n=0}^{\infty}(a_0+a_1+\cdots+a_n)x^n=\sum_{n=0}^{\infty}S_nx^n,$$

$$\frac{f(x)}{(1-x)^2}=\sum_{n=0}^{\infty}(S_0+S_1+\cdots+S_n)x^n=\sum_{n=0}^{\infty}(n+1)\sigma_{n+1}x^n,$$

即

$$f(x)=(1-x)^2\sum_{n=0}^{\infty}(n+1)\sigma_{n+1}x^n.$$

(3) 由

$$\frac{1}{1-x}=\sum_{n=0}^{\infty}x^n,\quad \frac{1}{(1-x)^2}=\sum_{n=0}^{\infty}(n+1)x^n$$

可得

$$1=(1-x)^2\sum_{n=0}^{\infty}(n+1)x^n,$$

$$S=(1-x)^2\sum_{n=0}^{\infty}(n+1)Sx^n.$$

于是

$$f(x)-S=(1-x)^2\sum_{n=0}^{\infty}(n+1)(\sigma_{n+1}-S)x^n.$$

因 $\lim\limits_{n\to+\infty}\sigma_n=S$,所以 $\forall\varepsilon>0,\exists N\in\mathbb{N}$,当 $n>N$ 时,有

$$|\sigma_{n+1}-S|<\frac{\varepsilon}{2}.$$

由此,当 $0<x<1$ 时,有

$$\begin{aligned}\left|(1-x)^2\sum_{n>N}(n+1)(\sigma_{n+1}-S)x^n\right| &\leqslant (1-x)^2\sum_{n>N}(n+1)\,|\sigma_{n+1}-S|\,x^n\\&\leqslant\frac{\varepsilon}{2}(1-x)^2\sum_{n>N}(n+1)x^n\\&\leqslant\frac{\varepsilon}{2}(1-x)^2\sum_{n=0}^{\infty}(n+1)x^n\\&=\frac{\varepsilon}{2}.\end{aligned}$$

另一方面,因为 $\sum\limits_{n=0}^{N}(n+1)(\sigma_{n+1}-S)x^n$ 为有界量,而 $\lim\limits_{x\to1^-}(1-x)^2=0$,故 $\exists\delta>0$,当 $0<1-x<\delta$ 时,有

$$\left|(1-x)^2\sum_{n=0}^{N}(n+1)(\sigma_{n+1}-S)x^n\right|<\frac{\varepsilon}{2}.$$

综合上述,当 $0<1-x<\delta$ 时,有

$$\begin{aligned}|f(x)-S|&=\left|(1-x)^2\sum_{n=0}^{\infty}(n+1)(\sigma_{n+1}-S)x^n\right|\\&\leqslant\left|(1-x)^2\sum_{n=0}^{N}(n+1)(\sigma_{n+1}-S)x^n\right|+\left|(1-x)^2\sum_{n>N}(n+1)(\sigma_{n+1}-S)x^n\right|\\&<\frac{\varepsilon}{2}+\frac{\varepsilon}{2}=\varepsilon,\end{aligned}$$

即

$$\lim_{x\to1^-}f(x)=S.$$ □

660. 设 $f(x)$ 在 $[0,1]$ 上连续,令

$$f_0(x)=f(x),\quad f_{n+1}(x)=\int_x^1 f_n(y)\mathrm{d}y,\quad x\in[0,1],\quad n=0,1,2,\cdots,$$

则 $\sum\limits_{n=1}^{\infty}f_n(x)$ 在 $[0,1]$ 上一致收敛于

$$\varphi(x)=\int_x^1\mathrm{e}^{y-x}f(y)\mathrm{d}y.$$

证明 (1) 因为 $f(x)$ 在 $[0,1]$ 上连续,所以有界,即 $\exists M>0$, s. t. $|f(x)|\leqslant M$, $\forall x\in[0,1]$. 由此知

$$|f_1(x)|=\left|\int_x^1 f_0(y)\mathrm{d}y\right|=\left|\int_x^1 f(y)\mathrm{d}y\right|\leqslant\int_x^1|f(y)|\,\mathrm{d}y\leqslant M\int_x^1\mathrm{d}y=M(1-x),$$

$$|f_2(x)| = \left|\int_x^1 f_1(y)\mathrm{d}y\right| \leqslant M\int_x^1 (1-y)\mathrm{d}y = -M\frac{(1-y)^2}{2}\Big|_x^1 = M\frac{(1-x)^2}{2!},$$

…

用数学归纳法易见

$$|f_n(x)| \leqslant M\frac{(1-x)^n}{n!}, \quad n=1,2,\cdots.$$

显然，$\sum\limits_{n=0}^{\infty} M\frac{(1-x)^n}{n!}=M\mathrm{e}^{1-x}$在$\mathbb{R}=(-\infty,+\infty)$上成立，而在$[0,1]$上绝对一致收敛.

（2）记原级数为

$$\varphi(x) = \sum_{n=1}^{\infty} f_n(x) = \int_x^1 f(t)\mathrm{d}t + \int_x^1 \mathrm{d}t_1\int_{t_1}^1 f(t_2)\mathrm{d}t_2 + \cdots.$$

此式两边同时加 $f(x)$，再同时在$[x,1]$上取积分得

$$\int_x^1 f(t)\mathrm{d}t + \int_x^1 \varphi(t)\mathrm{d}t = \varphi(x), \quad \varphi(1)=0.$$

对上式两边求导得

$$-f(x)-\varphi(x) = \varphi'(x),$$
$$\varphi'(x)+\varphi(x)+f(x) = 0.$$

解具有初始值的一阶线性非齐次常微分方程

$$\begin{cases}\varphi'(x)+\varphi(x)+f(x) = 0,\\ \varphi(1)=0,\end{cases}$$

我们推得

$$\varphi(x) = \int_x^1 \mathrm{e}^{y-x} f(y)\mathrm{d}y.$$

未学过微分方程的读者可这样来求解：设 $\varphi(x)=C(x)\mathrm{e}^{-x}$，则

$$\begin{aligned} 0 &= \varphi'(x)+\varphi(x)+f(x)\\ &= [C'(x)\mathrm{e}^{-x}-C(x)\mathrm{e}^{-x}]+C(x)\mathrm{e}^{-x}+f(x)\\ &= C'(x)\mathrm{e}^{-x}+f(x),\\ C'(x) &= -f(x)\mathrm{e}^{x}.\end{aligned}$$

因此

$$C(x) = -\int_0^x f(t)\mathrm{e}^t\mathrm{d}t + C.$$

再由 $0=\varphi(1)=C(1)\mathrm{e}^{-1}$，得 $C(1)=0$，从而立知

$$0 = C(1) = -\int_0^1 f(t)\mathrm{e}^t\mathrm{d}t + C,$$

$$C = \int_0^1 f(t)\mathrm{e}^t\mathrm{d}t.$$

从而

$$C(x)=-\int_0^x f(t)\mathrm{e}^t\mathrm{d}t+\int_0^1 f(t)\mathrm{e}^t\mathrm{d}t=\int_x^1 f(t)\mathrm{e}^t\mathrm{d}t=\int_x^1 f(y)\mathrm{e}^y\mathrm{d}y.$$

由此得到

$$\varphi(x)=C(x)\mathrm{e}^{-x}=\int_x^1 f(y)\mathrm{e}^{y-x}\mathrm{d}y.$$

□

661. 证明：$1-\frac{1}{4}+\frac{1}{7}-\frac{1}{10}+\cdots=\sum\limits_{k=0}^{\infty}\frac{(-1)^k}{3k+1}=\frac{\sqrt{3}}{9}\pi+\frac{1}{3}\ln 2.$

证明 令 $f(x)=\sum\limits_{k=0}^{\infty}\frac{(-1)^k}{3k+1}x^{3k+1}$，则该幂级数的收敛半径为

$$R=\frac{1}{\varlimsup\limits_{n\to+\infty}\sqrt[n]{|a_n|}}=\frac{1}{\lim\limits_{k\to+\infty}\sqrt[3k+1]{\frac{1}{3k+1}}}=1.$$

根据 Leibniz 判别法知，上述级数当 $x=1$ 时收敛；当 $x=-1$ 时发散，故它的收敛点集为 $(-1,1]$.

在 $(-1,1)$ 中，上述级数可逐项求导得到

$$f'(x)=\left(\sum_{k=0}^{\infty}\frac{(-1)^k}{3k+1}x^{3k+1}\right)'=\sum_{k=0}^{\infty}(-1)^k x^{3k}=\sum_{k=0}^{\infty}(-x^3)^k=\frac{1}{1+x^3},$$

$$\begin{aligned}1-\frac{1}{4}+\frac{1}{7}-\frac{1}{10}+\cdots&=\sum_{k=0}^{\infty}\frac{(-1)^k}{3k+1}=f(1)=\int_0^1\frac{\mathrm{d}t}{1+t^3}+f(0)\\&=\int_0^1\frac{\mathrm{d}t}{1+t^3}=\int_0^1\frac{\frac{1}{3}}{1+t}\mathrm{d}t+\int_0^1\frac{\frac{2}{3}-\frac{1}{3}t}{1-t+t^2}\mathrm{d}t\\&=\frac{1}{3}\ln(1+t)\Big|_0^1+\int_0^1\frac{-\frac{1}{6}(-1+2t)+\frac{1}{2}}{1-t+t^2}\mathrm{d}t\\&=\frac{1}{3}\ln 2-\frac{1}{6}\ln(1-t+t^2)\Big|_0^1+\frac{1}{\sqrt{3}}\arctan\frac{t-\frac{1}{2}}{\frac{\sqrt{3}}{2}}\Bigg|_0^1\\&=\frac{1}{3}\ln 2+\frac{2}{\sqrt{3}}\arctan\frac{\frac{1}{2}}{\frac{\sqrt{3}}{2}}\\&=\frac{1}{3}\ln 2+\frac{2}{\sqrt{3}}\times\frac{\pi}{6}=\frac{\sqrt{3}}{9}\pi+\frac{1}{3}\ln 2.\end{aligned}$$

□

662. 证明：级数

$$1+\sum_{n=1}^{\infty}(-1)^n\frac{(2n-1)!!}{(2n)!!}=\frac{\sqrt{2}}{2}.$$

证明 (1) 因为 $1>\frac{2n+1}{2n+2}$,所以 $\frac{(2n-1)!!}{(2n)!!}>\frac{(2n+1)!!}{(2n+2)!!}$,即 $\left\{\frac{(2n-1)!!}{(2n)!!}\right\}$ 单调下降. 又

$$0<\frac{(2n-1)!!}{(2n)!!}=\frac{\sqrt{1\times 3}\sqrt{3\times 5}\cdots\sqrt{(2n-1)(2n+1)}}{2\times 4\cdots 2n}\frac{1}{\sqrt{2n+1}}$$
$$<\frac{2\times 4\cdots 2n}{2\times 4\cdots 2n}\frac{1}{\sqrt{2n+1}}=\frac{1}{\sqrt{2n+1}}\to 0\quad(n\to+\infty)$$

$\left(\sqrt{(2n-1)(2n+1)}<\frac{(2n-1)(2n+1)}{2}=2n\right.$ 或 $\sqrt{(2n-1)(2n+1)}=\sqrt{4n^2-1}<2n$. 注意,上面右边的不等式也可用数学归纳法证$\Big)$. 根据 Leibniz 判别法,幂级数

$$f(x)=1+\sum_{n=1}^{\infty}\frac{(2n-1)!!}{(2n)!!}x^n$$

在 $x=-1$ 处收敛.

又因为 $\frac{(2n-1)!!}{(2n)!!}=\frac{(2n-1)!!}{(2n-2)!!}\frac{1}{2n}>1\cdot\frac{1}{2n}=\frac{1}{2n}$,所以上述级数在 $x=1$ 处发散.

(2) 因为

$$R=\lim_{n\to+\infty}\frac{a_{n-1}}{a_n}=\lim_{n\to+\infty}\frac{(2n-3)!!}{(2n-2)!!}\bigg/\frac{(2n-1)!!}{(2n)!!}=\lim_{n\to+\infty}\frac{2n}{2n-1}=1,$$

所以,幂级数 $1+\sum\limits_{n=1}^{\infty}\frac{(2n-1)!!}{(2n)!!}x^n$ 的收敛半径为 $R=1$. 于是,它的收敛点集为 $[-1,1)$.

(3) 因

$$f(x)=1+\frac{1}{2}x+\frac{1\times 3}{2\times 4}x^2+\frac{1\times 3\times 5}{2\times 4\times 6}x^3+\cdots+\frac{1\times 3\times 5\cdots(2n-1)}{2\times 4\times 6\cdots 2n}x^n+\cdots,$$

故

$$f'(x)=\frac{1}{2}+\frac{1\times 3}{2\times 4}2x+\frac{1\times 3\times 5}{2\times 4\times 6}3x^2+\cdots+\frac{1\times 3\times 5\cdots(2n-1)}{2\times 4\times 6\cdots 2n}nx^{n-1}+\cdots,$$

$$2f'(x)=1+\frac{1}{2}3x+\frac{1\times 3}{2\times 4}5x^2+\cdots+\frac{1\times 3\times 5\cdots(2n-3)}{2\times 4\times 6\cdots(2n-2)}(2n-1)x^{n-1}+\cdots,$$

$$2xf'(x)=x+\frac{1}{2}3x^2+\cdots+\frac{1\times 3\times 5\cdots(2n-3)}{2\times 4\times 6\cdots(2n-2)}(2n-1)x^n+\cdots$$
$$=\frac{1}{2}2x+\frac{1\times 3}{2\times 4}\cdot 4x^2+\cdots+\frac{1\times 3\times 5\cdots(2n-3)(2n-1)}{2\times 4\times 6\cdots(2n-2)(2n)}2nx^n+\cdots,$$

$$2f'(x)-2xf'(x)=1+\frac{1}{2}x+\frac{1\times 3}{2\times 4}x^2+\cdots+\frac{1\times 3\times 5\cdots(2n-1)}{2\times 4\times 6\cdots(2n)}x^n+\cdots=f(x).$$

由此

$$\frac{f'(x)}{f(x)}=\frac{1}{2(1-x)}.$$

两边积分得

$$\ln f(x)=\int_0^x\frac{\mathrm{d}t}{2(1-t)}+\ln f(0)=\ln\frac{1}{\sqrt{1-x}}+0=\ln\frac{1}{\sqrt{1-x}},$$

因此

$$1+\sum_{n=1}^{\infty}\frac{(2n-1)!!}{(2n)!!}x^n=f(x)=\frac{1}{\sqrt{1-x}},$$

$$1+\sum_{n=1}^{\infty}(-1)^n\frac{(2n-1)!!}{(2n)!!}\xlongequal{\text{Abel 第二定理}}\lim_{x\to(-1)^+}\left(1+\sum_{n=1}^{\infty}\frac{(2n-1)!!}{(2n)!!}x^n\right)$$

$$=\lim_{x\to(-1)^+}\frac{1}{\sqrt{1-x}}=\frac{1}{\sqrt{2}}=\frac{\sqrt{2}}{2}.\qquad\square$$

663. 求极限$\lim\limits_{x\to 0}\sum\limits_{n=1}^{\infty}\dfrac{(-1)^n}{x^2+\dfrac{2^n}{n(n+1)}}$.

解 因为

$$\left|\frac{(-1)^n}{x^2+\dfrac{2^n}{n(n+1)}}\right|\leqslant\frac{n(n+1)}{2^n}=\frac{n(n+1)}{(1+1)^n}=\frac{n(n+1)}{1+\mathrm{C}_n^1+\mathrm{C}_n^2+\mathrm{C}_n^3+\mathrm{C}_n^4+\cdots+\mathrm{C}_n^n}$$

$$\leqslant\frac{n(n+1)}{\mathrm{C}_n^4}=\frac{24n(n+1)}{n(n-1)(n-2)(n-3)}\sim\frac{24}{n^2}\quad(n\to+\infty)$$

和$\sum\limits_{n=1}^{\infty}\dfrac{24}{n^2}$收敛,根据 Weierstrass 判别法知

$$\sum_{n=1}^{\infty}\frac{(-1)^n}{x^2+\dfrac{2^n}{n(n+1)}}$$

在$(-\infty,+\infty)$上一致收敛.

$$\lim_{x\to 0}\sum_{n=1}^{\infty}\frac{(-1)^n}{x^2+\dfrac{2^n}{n(n+1)}}\xlongequal{\text{一致收敛}}\sum_{n=1}^{\infty}\lim_{x\to 0}\frac{(-1)^n}{x^2+\dfrac{2^n}{n(n+1)}}$$

$$=\sum_{n=1}^{\infty}(-1)^n\frac{n(n+1)}{2^n}$$

为求上述右边数项级数的和,我们令

$$f(x)=\sum_{n=1}^{\infty}(-1)^n\frac{n(n+1)}{2^n}x^{n-1}.$$

显然,该幂级数的收敛半径为

$$R=\frac{1}{\lim\limits_{n\to+\infty}\sqrt[n-1]{|a_{n-1}|}}=\frac{1}{\lim\limits_{n\to+\infty}\sqrt[n-1]{\dfrac{n(n+1)}{2^n}}}=2.$$

而由$0<\dfrac{n(n+1)}{2^n}<\dfrac{24(n+1)}{(n-1)(n-2)(n-3)}\sim\dfrac{24}{n^2}(n\to+\infty)$知幂级数当$x=-1,1$时是收敛

的，故它的收敛点集为[−1,1].

应用逐项积分得到

$$\begin{aligned}\int_0^x f(t)\mathrm{d}t &= \int_0^x \sum_{n=1}^{\infty}(-1)^n \frac{n(n+1)}{2^n}t^{n-1}\mathrm{d}t\\ &= \sum_{n=1}^{\infty}(-1)^n \frac{n(n+1)}{2^n}\int_0^x t^{n-1}\mathrm{d}t = \sum_{n=1}^{\infty}(-1)^n \frac{n+1}{2^n}x^n.\end{aligned}$$

再逐项积分，有

$$\begin{aligned}\int_0^x\left[\int_0^y f(t)\mathrm{d}t\right]\mathrm{d}y &= \int_0^x \sum_{n=1}^{\infty}(-1)^n \frac{n+1}{2^n}y^n\mathrm{d}y\\ &= \sum_{n=1}^{\infty}(-1)^n \frac{n+1}{2^n}\int_0^x y^n\mathrm{d}y = \sum_{n=1}^{\infty}(-1)^n \frac{x^{n+1}}{2^n}\\ &= 2\sum_{n=1}^{\infty}(-1)^n\left(\frac{x}{2}\right)^{n+1} = -2\left(\frac{x}{2}\right)^2\sum_{n=0}^{\infty}(-1)^n\left(\frac{x}{2}\right)^n\\ &= -\frac{x^2}{2}\sum_{n=0}^{\infty}\left(-\frac{x}{2}\right)^n = -\frac{x^2}{2}\frac{1}{1+\frac{x}{2}} = -\frac{x^2}{2+x},\quad x\in(-2,2).\end{aligned}$$

于是

$$\begin{aligned}\int_0^x f(t)\mathrm{d}t &= \left\{\int_0^x\left[\int_0^y f(t)\mathrm{d}t\right]\mathrm{d}y\right\}' = \left(-\frac{x^2}{2+x}\right)'\\ &= -\left(x-2+\frac{4}{2+x}\right)' = -1+\frac{4}{(2+x)^2},\end{aligned}$$

$$f(x) = \left(\int_0^x f(t)\mathrm{d}t\right)' = \left[-1+\frac{4}{(2+x)^2}\right]' = -\frac{8}{(2+x)^3}.$$

$$\begin{aligned}\lim_{x\to 0}\sum_{n=1}^{\infty}\frac{(-1)^n}{x^2+\dfrac{2^n}{n(n+1)}} &= \sum_{n=1}^{\infty}(-1)^n\frac{n(n+1)}{2^n}\\ &= f(1) = -\frac{8}{(2+x)^3}\bigg|_{x=1} = -\frac{8}{27}.\end{aligned}$$

□

664. 利用 $\sum_{n=1}^{\infty}\frac{1}{n^2}=\frac{\pi^2}{6}$，证明：$\int_0^1\frac{\ln x}{1-x^2}\mathrm{d}t = -\frac{\pi^2}{8}$.

证法1　显然

$$\int_0^1 \ln x\mathrm{d}x = x\ln x\Big|_0^1 - \int_0^1 x\cdot\frac{1}{x}\mathrm{d}x = 0-\int_0^1\mathrm{d}x = -1.$$

于是

$$\int_0^1\frac{\ln x}{1-x^2}\mathrm{d}x = \int_0^1\frac{1-x^2+x^2}{1-x^2}\ln x\mathrm{d}x$$

$$=\int_0^1 \ln x\mathrm{d}x+\int_0^1 \frac{x^2}{1-x^2}\ln x\mathrm{d}x$$

$$=-1+\int_0^1 \sum_{n=1}^{\infty} x^{2n}\ln x\mathrm{d}x \xlongequal{\text{逐项积分}} -1+\sum_{n=1}^{\infty}\int_0^1 x^{2n}\ln x\mathrm{d}x$$

$$=-1+\sum_{n=1}^{\infty}\int_0^1 \ln x\mathrm{d}\,\frac{x^{2n+1}}{2n+1}=-1+\sum_{n=1}^{\infty}\left(\frac{x^{2n+1}}{2n+1}\ln x\Big|_0^1-\int_0^1 \frac{x^{2n+1}}{2n+1}\cdot\frac{1}{x}\mathrm{d}x\right)$$

$$=-1-\sum_{n=1}^{\infty}\int_0^1 \frac{x^{2n}}{2n+1}\mathrm{d}x=-1-\sum_{n=1}^{\infty}\frac{1}{(2n+1)^2}$$

$$=-\sum_{n=0}^{\infty}\frac{1}{(2n+1)^2}=-\left[\sum_{n=0}^{\infty}\frac{1}{(2n+1)^2}+\sum_{n=1}^{\infty}\frac{1}{(2n)^2}\right]+\frac{1}{4}\sum_{n=1}^{\infty}\frac{1}{n^2}$$

$$=-\sum_{n=1}^{\infty}\frac{1}{n^2}+\frac{1}{4}\sum_{n=1}^{\infty}\frac{1}{n^2}=-\frac{3}{4}\sum_{n=1}^{\infty}\frac{1}{n^2}=-\frac{3}{4}\times\frac{\pi^2}{6}=-\frac{\pi^2}{8}.$$

余下考虑的是级数 $\sum_{n=1}^{\infty} x^{2n}\ln x$ 虽然在[0,1]上不一致收敛,但仍可以在[0,1]上逐项积分.

设

$$u_n(x)=\begin{cases}x^{2n}\ln x, & x\in(0,1],\\ 0, & x=0,\end{cases}$$

则 $u_n(x)$ 在[0,1]上连续.(反证)假设 $\sum_{n=1}^{\infty}u_n(x)$ 在[0,1]上一致收敛,则由函数项级数的和函数的性质知,和函数

$$S(x)=\sum_{n=1}^{\infty}u_n(x)=\sum_{n=1}^{\infty}x^{2n}\ln x=\begin{cases}\dfrac{x^2}{1-x^2}\ln x, & 0<x<1,\\ 0, & x=0,1\end{cases}$$

在[0,1]上连续.因为

$$\lim_{x\to1^-}S(x)=\lim_{x\to1^-}\frac{x^2}{1-x^2}\ln x=\lim_{x\to1^-}\frac{x^2}{1+x}\,\frac{\ln(1-(1-x))}{1-x}=-\frac{1}{2}\neq0=S(1),$$

所以 $S(x)$ 在 $x=1$ 处不是左连续的,这与上述连续的结论相矛盾.这就证明了函数项级数在[0,1]上不一致收敛.

此外,因为

$$R_n(x)=\sum_{k=n+1}^{\infty}x^{2k}\ln x=\frac{x^{2n+2}}{1-x^2}\ln x=\frac{x^2\ln x}{1-x^2}\cdot x^{2n},$$

且

$$\lim_{x\to0^+}\frac{x^2\ln x}{1-x^2}=\lim_{x\to0^+}\frac{1}{1-x^2}\lim_{x\to0^+}\frac{-\ln\dfrac{1}{x}}{\left(\dfrac{1}{x}\right)^2}=-\lim_{u\to+\infty}\frac{\ln u}{u^2}=0,$$

$$\lim_{x\to1^-}\frac{x^2\ln x}{1-x^2}=\lim_{x\to1^-}\frac{x^2}{1+x}\lim_{x\to1^-}\frac{\ln x}{1-x}=\frac{1}{2}\lim_{x\to1^-}\frac{\frac{1}{x}}{-1}=-\frac{1}{2}$$

$\left(\text{或从上面}\lim\limits_{x\to1^-}S(x)=\lim\limits_{x\to1^-}\frac{x^2\ln x}{1-x^2}=-\frac{1}{2}\right)$，而$\frac{x^2\ln x}{1-x^2}$在$(0,1)$内连续，所以$\frac{x^2\ln x}{1-x^2}$在$(0,1)$内有界. 于是

$$S(x)=\begin{cases}\dfrac{x^2}{1-x^2}\ln x, & 0<x<1,\\ 0, & x=0,1\end{cases}$$

在$[0,1]$上 Riemann 可积. 设$\left|\frac{x^2\ln x}{1-x^2}\right|\leqslant M$, $\forall\, x\in(0,1)$，则

$$|R_n(x)|=\left|\frac{x^2\ln x}{1-x^2}x^{2n}\right|\leqslant M\cdot x^{2n},\quad x\in(0,1).$$

从而

$$\begin{aligned}&\left|\int_0^1\sum_{k=1}^{\infty}x^{2k}\ln x\mathrm{d}x-\sum_{k=1}^{n}\int_0^1x^{2k}\ln x\mathrm{d}x\right|\\
=&\left|\int_0^1\sum_{k=1}^{\infty}x^{2k}\ln x\mathrm{d}x-\int_0^1\sum_{k=1}^{n}x^{2k}\ln x\mathrm{d}x\right|=\left|\int_0^1\sum_{k=n+1}^{\infty}x^{2k}\ln x\mathrm{d}x\right|\\
=&\left|\int_0^1R_n(x)\mathrm{d}x\right|\leqslant\int_0^1|R_n(x)|\mathrm{d}x\leqslant M\int_0^1x^{2n}\mathrm{d}x\\
=&\frac{M}{2n+1}\to0\quad(n\to+\infty),\\
&\int_0^1\sum_{k=1}^{\infty}x^{2k}\ln x\mathrm{d}x=\lim_{n\to+\infty}\sum_{k=1}^{n}\int_0^1x^{2k}\ln x\mathrm{d}x=\sum_{n=1}^{\infty}\int_0^1x^{2k}\ln x\mathrm{d}x.\end{aligned}$$

证法 2（利用内闭一致收敛，逐项积分，再取极限） 对满足$0<\alpha<\frac{1}{2}<\beta<1$的$\forall\,\alpha,\beta$，因级数$\sum\limits_{n=0}^{\infty}x^{2n}=\frac{1}{1-x^2}$在$[\alpha,\beta]$上一致收敛，故$\sum\limits_{n=0}^{\infty}x^{2n}\ln x=\frac{\ln x}{1-x^2}$亦在$[\alpha,\beta]$上一致收敛. 因此

$$\begin{aligned}\int_0^1\frac{\ln x}{1-x^2}\mathrm{d}x&=\lim_{\substack{\alpha\to0^+\\\beta\to1^-}}\int_\alpha^\beta\frac{\ln x}{1-x^2}\mathrm{d}x=\lim_{\substack{\alpha\to0^+\\\beta\to1^-}}\int_\alpha^\beta\left(\sum_{n=0}^{\infty}x^{2n}\ln x\right)\mathrm{d}x\\
&\xlongequal{\text{逐项积分}}\lim_{\substack{\alpha\to0^+\\\beta\to1^-}}\sum_{n=0}^{\infty}\int_\alpha^\beta x^{2n}\ln x\mathrm{d}x\xlongequal{\text{极限与求和交换}}\sum_{n=0}^{\infty}\lim_{\substack{\alpha\to0^+\\\beta\to1^-}}\int_\alpha^\beta x^{2n}\ln x\mathrm{d}x\\
&=\sum_{n=0}^{\infty}\int_0^1x^{2n}\ln x\mathrm{d}x=\sum_{n=0}^{\infty}\frac{-1}{(2n+1)^2}=-\frac{\pi^2}{8}.\end{aligned}$$

其中因为

$$\left|\int_\alpha^\beta x^{2n}\ln x\mathrm{d}x\right|\leqslant\left|\int_0^1 x^{2n}\ln x\mathrm{d}x\right|=\frac{1}{(2n+1)^2}$$

和$\sum\limits_{n=0}^{\infty}\frac{1}{(2n+1)^2}$收敛,故由 Weierstrass 判别法知

$$\sum_{n=0}^{\infty}\int_\alpha^\beta x^{2n}\ln x\mathrm{d}x$$

关于参变量$\alpha,\beta\in(0,1)$一致收敛. 再根据函数项级数和函数的性质,有

$$\lim_{\substack{\alpha\to0^+\\ \beta\to1^-}}\sum_{n=0}^{\infty}\int_\alpha^\beta x^{2n}\ln x\mathrm{d}x=\sum_{n=0}^{\infty}\lim_{\substack{\alpha\to0^+\\ \beta\to1^-}}\int_\alpha^\beta x^{2n}\ln x\mathrm{d}x.\qquad\square$$

665. 设$f(x)=\sum\limits_{n=0}^{\infty}a_nx^n(a_n>0,n=0,1,2,\cdots)$的收敛半径为$+\infty$,$\sum\limits_{n=0}^{\infty}a_nn!$收敛,则$\int_0^{+\infty}\mathrm{e}^{-x}f(x)\mathrm{d}x$也收敛,且

$$\int_0^{+\infty}\mathrm{e}^{-x}f(x)\mathrm{d}x=\sum_{n=0}^{\infty}a_nn!.$$

证明
$$\int_0^{+\infty}\mathrm{e}^{-x}f(x)\mathrm{d}x=\int_0^{+\infty}\left(\mathrm{e}^{-x}\sum_{n=0}^{\infty}a_nx^n\right)\mathrm{d}x=\lim_{A\to+\infty}\int_0^A\left(\sum_{n=0}^{\infty}a_nx^n\mathrm{e}^{-x}\right)\mathrm{d}x$$

$$\xlongequal{\text{逐项积分}}\lim_{A\to+\infty}\sum_{n=0}^{\infty}a_n\left(\int_0^A x^n\mathrm{e}^{-x}\mathrm{d}x\right)$$

$$\xlongequal{\text{逐项取极限}}\sum_{n=0}^{\infty}a_n\lim_{A\to+\infty}\int_0^A x^n\mathrm{e}^{-x}\mathrm{d}x$$

$$=\sum_{n=0}^{\infty}a_n\int_0^{+\infty}x^n\mathrm{e}^{-x}\mathrm{d}x=\sum_{n=0}^{\infty}a_nn!,$$

由题设,它是收敛的. 其中

① $$\int_0^{+\infty}x^n\mathrm{e}^{-x}\mathrm{d}x=-\int_0^{+\infty}x^n\mathrm{d}\mathrm{e}^{-x}=-\left(x^n\mathrm{e}^{-x}\Big|_0^{+\infty}-\int_0^{+\infty}nx^{n-1}\mathrm{e}^{-x}\mathrm{d}x\right)$$
$$=n\int_0^{+\infty}x^{n-1}\mathrm{e}^{-x}\mathrm{d}x=\cdots=n!\int_0^{+\infty}\mathrm{e}^{-x}\mathrm{d}x$$
$$=n!,$$

或者$\int_0^{+\infty}x^n\mathrm{e}^{-x}\mathrm{d}x=\Gamma(n+1)=n!$.

② 因为

$$|a_nx^n\mathrm{e}^{-x}|=a_nx^n\left(1+x+\cdots+\frac{x^n}{n!}+\cdots\right)^{-1}<\frac{a_nx^n}{\dfrac{x^n}{n!}}=a_nn!\quad(\forall x>0),$$

且$\sum\limits_{n=0}^{\infty}a_nn!$收敛,故$\sum\limits_{n=0}^{\infty}a_nx^n\mathrm{e}^{-x}$在$[0,A]$上一致收敛,从而

$$\int_0^A \sum_{n=0}^{\infty} a_n x^n \mathrm{e}^{-x} \mathrm{d}x \xlongequal{\text{逐项积分}} \sum_{n=0}^{\infty} a_n \int_0^A x^n \mathrm{e}^{-x} \mathrm{d}x.$$

③ 因为

$$\left| a_n \int_0^A x^n \mathrm{e}^{-x} \mathrm{d}x \right| = a_n \int_0^A x^n \mathrm{e}^{-x} \mathrm{d}x \leqslant a_n \int_0^{+\infty} x^n \mathrm{e}^{-x} \mathrm{d}x = a_n n!\ (\forall A \geqslant 0)$$

和 $\sum\limits_{n=0}^{\infty} a_n n!$ 收敛(已知),所以 $\sum\limits_{n=0}^{\infty} a_n \int_0^A x^n \mathrm{e}^{-x} \mathrm{d}x$ 关于 $A \in [0, +\infty)$ 一致收敛,故有

$$\lim_{A \to +\infty} \sum_{n=0}^{\infty} a_n \left(\int_0^A x^n \mathrm{e}^{-x} \mathrm{d}x \right) = \sum_{n=0}^{\infty} a_n \lim_{A \to +\infty} \int_0^A x^n \mathrm{e}^{-x} \mathrm{d}x.$$

□

666. 利用已知公式

$$\int_{-1}^{1} \frac{\mathrm{d}x}{(\alpha - x)\sqrt{1 - x^2}} = \frac{\pi}{\sqrt{\alpha^2 - 1}}, \quad \alpha > 1$$

证明:

$$\int_{-1}^{1} \frac{x^{2n}}{\sqrt{1 - x^2}} \mathrm{d}x = \frac{(2n-1)!!}{(2n)!!}\pi, \quad n = 1, 2, \cdots.$$

证明 将已知公式

$$\int_{-1}^{1} \frac{\mathrm{d}x}{(\alpha - x)\sqrt{1 - x^2}} = \frac{\pi}{\sqrt{\alpha^2 - 1}}, \quad \alpha > 1$$

两端同时按 $\frac{1}{\alpha}$ 的幂次展开得到

$$\int_{-1}^{1} \frac{\mathrm{d}x}{(\alpha - x)\sqrt{1 - x^2}} = \frac{1}{\alpha}\int_{-1}^{1} \frac{\mathrm{d}x}{\left(1 - \frac{x}{\alpha}\right)\sqrt{1 - x^2}} = \frac{1}{\alpha}\int_{-1}^{1} \left(\sum_{n=0}^{\infty} \left(\frac{x}{\alpha}\right)^n \frac{1}{\sqrt{1 - x^2}} \right) \mathrm{d}x$$

$$\xlongequal{\text{逐项积分}} \frac{1}{\alpha} \sum_{n=0}^{\infty} \frac{1}{\alpha^n} \int_{-1}^{1} \frac{x^n}{\sqrt{1 - x^2}} \mathrm{d}x$$

$$\xlongequal{\text{奇次项积分为零}} \sum_{n=0}^{\infty} \frac{1}{\alpha^{2n+1}} \int_{-1}^{1} \frac{x^{2n}}{\sqrt{1 - x^2}} \mathrm{d}x,$$

$$\frac{\pi}{\sqrt{\alpha^2 - 1}} = \frac{\pi}{\alpha}\left(1 - \frac{1}{\alpha^2}\right)^{-\frac{1}{2}} = \frac{\pi}{\alpha} \sum_{n=0}^{\infty} \mathrm{C}_{-\frac{1}{2}}^{n} \left(-\frac{1}{\alpha^2}\right)^n$$

$$= \frac{\pi}{\alpha} \sum_{n=0}^{\infty} \frac{\left(-\frac{1}{2}\right)\left(-\frac{3}{2}\right)\cdots\left[-\frac{1}{2} - (n-1)\right]}{1 \times 2 \times 3 \cdots n} (-1)^n \frac{1}{\alpha^{2n}}$$

$$= \sum_{n=0}^{\infty} \frac{1}{\alpha^{2n+1}} \frac{(2n-1)!!}{(2n)!!}\pi.$$

于是

$$\sum_{n=0}^{\infty} \frac{1}{\alpha^{2n+1}} \int_{-1}^{1} \frac{x^{2n}}{\sqrt{1 - x^2}} \mathrm{d}x = \sum_{n=0}^{\infty} \frac{1}{\alpha^{2n+1}} \left[\frac{(2n-1)!!}{(2n)!!}\pi \right],$$

比较两端$\dfrac{1}{\alpha}$同幂次的系数得到欲证的等式：

$$\int_{-1}^{1}\frac{x^{2n}}{\sqrt{1-x^2}}\mathrm{d}x=\frac{(2n-1)!!}{(2n)!!}\pi,\quad n=1,2,\cdots.$$

现补充证明上述逐项积分的合理性.因级数$\sum\limits_{n=0}^{\infty}\left(\dfrac{x}{\alpha}\right)^n\dfrac{1}{\sqrt{1-x^2}}$关于$x$在$(-1,1)$上内闭一致收敛,所以$\forall[a,b]\subset(-1,1)$,在$[a,b]$上可逐项积分,即

$$\int_a^b\sum_{n=0}^{\infty}\frac{1}{\alpha^n}\frac{x^n}{\sqrt{1-x^2}}\mathrm{d}x=\sum_{n=0}^{\infty}\frac{1}{\alpha^n}\int_a^b\frac{x^n}{\sqrt{1-x^2}}\mathrm{d}x.$$

又$\sum\limits_{n=0}^{\infty}\dfrac{1}{\alpha^n}$收敛,自然关于$a,b\in[-1,1]$一致收敛,并且

$$\left|\int_a^b\frac{x^n}{\sqrt{1-x^2}}\mathrm{d}x\right|\leqslant\int_a^b\frac{|x|^n}{\sqrt{1-x^2}}\mathrm{d}x\leqslant\int_{-1}^{1}\frac{|x|^n}{\sqrt{1-x^2}}\mathrm{d}x\leqslant\int_{-1}^{1}\frac{\mathrm{d}x}{\sqrt{1-x^2}}=\pi,$$

$$\forall a,b\in[-1,1],\quad\forall n\in\mathbb{N},$$

即关于$a,b\in[-1,1]$,$n\in\mathbb{N}$一致有界.根据Abel判别法,级数

$$\sum_{n=0}^{\infty}\frac{1}{\alpha^n}\int_a^b\frac{x^n}{\sqrt{1-x^2}}\mathrm{d}x$$

关于$a,b\in[-1,1]$一致收敛.从而可逐项取极限,即

$$\begin{aligned}\int_{-1}^{1}\left(\sum_{n=0}^{\infty}\frac{1}{\alpha^n}\frac{x^n}{\sqrt{1-x^2}}\right)\mathrm{d}x&=\lim_{\substack{a\to(-1)^+\\b\to1^-}}\int_a^b\left(\sum_{n=0}^{\infty}\frac{1}{\alpha^n}\frac{x^n}{\sqrt{1-x^2}}\right)\mathrm{d}x\\&\xlongequal{\text{逐项积分}}\lim_{\substack{a\to(-1)^+\\b\to1^-}}\sum_{n=0}^{\infty}\frac{1}{\alpha^n}\int_a^b\frac{x^n}{\sqrt{1-x^2}}\mathrm{d}x\\&\xlongequal{\text{逐项取极限}}\sum_{n=0}^{\infty}\frac{1}{\alpha^n}\lim_{\substack{a\to(-1)^+\\b\to1^-}}\int_a^b\frac{x^n}{\sqrt{1-x^2}}\mathrm{d}x\\&=\sum_{n=0}^{\infty}\frac{1}{\alpha^n}\int_{-1}^{1}\frac{x^n}{\sqrt{1-x^2}}\mathrm{d}x.\end{aligned}$$

顺便我们来证明题中已给的公式：

$$\int_{-1}^{1}\frac{\mathrm{d}x}{(\alpha-x)\sqrt{1-x^2}}=\frac{\pi}{\sqrt{\alpha^2-1}},\quad\alpha>1.$$

因为$1-x^2=0$有两个相异的根-1和1,令

$$\sqrt{1-x^2}=t(1+x),$$

两边平方得到

$$(1-x)(1+x)=1-x^2=t^2(1+x)^2,\quad 1-x=t^2(1+x),$$

$$x(1+t^2)=1-t^2,\quad x=\frac{1-t^2}{1+t^2},\quad x+1=\frac{1-t^2}{1+t^2}+1=\frac{2}{1+t^2},$$

$$\mathrm{d}x=\frac{-2t(1+t^2)-2t(1-t^2)}{(1+t^2)^2}\mathrm{d}x=\frac{-4t}{(1+t^2)^2}\mathrm{d}t,$$

$$\int_{-1}^{1}\frac{\mathrm{d}x}{(\alpha-x)\sqrt{1-x^2}}\xlongequal{x=\frac{1-t^2}{1+t^2}}\int_{+\infty}^{0}\frac{\frac{-4t}{(1+t^2)^2}}{\left(\alpha-\frac{1-t^2}{1+t^2}\right)t\cdot\frac{2}{1+t^2}}\mathrm{d}t$$

$$=2\int_0^{+\infty}\frac{\mathrm{d}t}{\alpha(1+t^2)-(1-t^2)}=2\int_0^{+\infty}\frac{\mathrm{d}t}{(\alpha+1)t^2+(\alpha-1)}$$

$$=\frac{2}{\sqrt{\alpha^2-1}}\arctan\frac{t}{\sqrt{\frac{\alpha-1}{\alpha+1}}}\Bigg|_0^{+\infty}=\frac{2}{\sqrt{\alpha^2-1}}\cdot\frac{\pi}{2}=\frac{\pi}{\sqrt{\alpha^2-1}}.$$ □

667. 设幂级数 $f(x)=a_0+a_1x+\cdots+a_nx^n+\cdots$ 在 $x=1$ 处收敛. 证明：极限

$$\lim_{k\to+\infty}\frac{k^k}{2^k\cdot k!}\left[f^{(n)}(0)-f^{(n)}\left(\frac{2^k\cdot k!}{k^k}\right)\right]=-a_{n+1}(n+1)!,$$

其中 k 为自然数.

证明　应用 Stirling 公式

$$k!=\sqrt{2\pi k}k^k\mathrm{e}^{-k+\frac{\theta_k}{12k}},\quad 0<\theta_k<1$$

得到

$$\frac{2^k\cdot k!}{k^k}=\frac{2^k}{k^k}\cdot\sqrt{2\pi k}k^k\mathrm{e}^{-k+\frac{\theta_k}{12k}}=\frac{\sqrt{2\pi k}\ \mathrm{e}^{\frac{\theta_k}{12k}}}{\left(\frac{\mathrm{e}}{2}\right)^k}\to 0,\quad k\to+\infty.$$

于是

$$\lim_{k\to+\infty}\frac{k^k}{2^k\cdot k!}\left[f^{(n)}(0)-f^{(n)}\left(\frac{2^k\cdot k!}{k^k}\right)\right]$$

$$\xlongequal{\text{令 }h=\frac{2^k\cdot k!}{k^k}}\lim_{h\to0^+}\frac{f^{(n)}(0)-f^{(n)}(h)}{h}=-f^{(n+1)}(0)$$

$$=-(a_0+a_1x+\cdots+a_nx^n+a_{n+1}x^{n+1}+a_{n+2}x^{n+2}+\cdots)^{(n+1)}\Big|_{x=0}$$

$$\xlongequal{\text{逐项求导}}-[a_{n+1}(n+1)!+a_{n+2}(n+2)!x+\cdots]\Big|_{x=0}$$

$$=-a_{n+1}(n+1)!.$$ □

668. 设 $f(x)$ 在 $(-\infty,+\infty)$ 上无穷次可导且满足：

(1) $\exists M$，使得 $|f^{(k)}(x)|\leqslant M,\forall x\in(-\infty,+\infty),k=0,1,2,\cdots$；

(2) $f\left(\frac{1}{2^n}\right)=0, n=1,2,\cdots$.

证明：在$(-\infty,+\infty)$上，$f(x)\equiv 0$.

证明 由(1)知$f(x)$的各阶导数在$(-\infty,+\infty)$上一致有界，根据定理14.2.5，有

$$f(x)=\sum_{n=0}^{\infty}\frac{f^{(n)}(0)}{n!}x^n,\quad x\in(-\infty,+\infty).$$

下证 $f^{(n)}(0)=0, n=0,1,2,\cdots$，从而有

$$f(x)=\sum_{n=0}^{\infty}\frac{f^{(n)}(0)}{n!}x^n=\sum_{n=0}^{\infty}\frac{0}{n!}x^n\equiv 0,\quad x\in(-\infty,+\infty).$$

事实上，由(2)知$f\left(\frac{1}{2^n}\right)=0, n=1,2,\cdots$，则

$$f(0)=\lim_{n\to+\infty}f\left(\frac{1}{2^n}\right)=\lim_{n\to+\infty}0=0,$$

$$f'(0)=\lim_{n\to+\infty}\frac{f\left(\frac{1}{2^n}\right)-f(0)}{\frac{1}{2^n}}=\lim_{n\to+\infty}\frac{0-0}{\frac{1}{2^n}}=\lim_{n\to+\infty}0=0.$$

根据Rolle定理，$\exists\,\xi_n^1, n=1,2,\cdots$, s. t.

$$\frac{1}{2}>\xi_1^1>\frac{1}{2^2}>\xi_2^1>\frac{1}{2^3}>\cdots>\frac{1}{2^n}>\xi_n^1>\frac{1}{2^{n+1}}>\cdots$$

且$f'(\xi_n^1)=0$. 由上面不等式，显然$\xi_n^1\to 0(n\to+\infty)$. 于是

$$f''(0)=\lim_{n\to\infty}\frac{f'(\xi_n^1)-f'(0)}{\xi_n^1}=\lim_{n\to+\infty}\frac{0-0}{\xi_n^1}=\lim_{n\to+\infty}0=0.$$

再应用Rolle定理于f'，$\exists\,\xi_n^2, n=1,2,\cdots$, s. t.

$$\xi_1^1>\xi_1^2>\xi_2^1>\cdots>\xi_n^1>\xi_n^2>\xi_{n+1}^1>\cdots$$

且$f''(\xi_n^2)=0$. 显然，$\xi_n^2\to 0(n\to+\infty)$，

$$f'''(0)=\lim_{n\to+\infty}\frac{f''(\xi_n^2)-f''(0)}{\xi_n^2}=\lim_{n\to+\infty}\frac{0-0}{\xi_n^2}=\lim_{n\to+\infty}0=0.$$

归纳可得$f^{(k)}(x)$在点ξ_n^k处有$f^{(k)}(\xi_n^k)=0, n=1,2,\cdots$;

$$\xi_1^k>\xi_2^k>\cdots>\xi_n^k>\xi_{n+1}^k>\cdots,$$

$\xi_n^k\to 0(n\to+\infty)$. 于是

$$f^{(k+1)}(0)=\lim_{n\to+\infty}\frac{f^{(k)}(\xi_n^k)-f^{(k)}(0)}{\xi_n^k}=\lim_{n\to+\infty}\frac{0-0}{\xi_n^k}=\lim_{n\to+\infty}0=0.$$

应用Rolle定理于$f^{(k)}$，$\exists\,\xi_n^{k+1}, n=1,2,\cdots$, s. t.

$$\xi_1^k>\xi_1^{k+1}>\xi_2^k>\cdots>\xi_n^k>\xi_n^{k+1}>\xi_{n+1}^k>\cdots$$

且

$$f^{(k+1)}(\xi_n^{k+1})=0,\quad n=1,2,\cdots.$$

于是，对 $n=0,1,2,\cdots$ 恒有 $f^{(n)}(0)=0$. □

注　在668题中，根据 $f^{(k)}(x)$ 的连续性，有

$$f^{(k)}(0)=\lim_{n\to+\infty}f^{(k)}(\xi_n^k)=\lim_{n\to+\infty}0=0.$$

669. 设 $f(x)=\sum_{n=1}^{\infty}\frac{x^n}{n^2}, x\in[0,1]$. 应用逐项求导与 $\sum_{n=1}^{\infty}\frac{1}{n^2}=\frac{\pi^2}{6}$ 证明：$f(x)+f(1-x)+\ln x\cdot\ln(1-x)=\frac{\pi^2}{6},\quad x\in(0,1)$.

证明　显然，$f(x)=\sum_{n=1}^{\infty}\frac{x^n}{n^2}$ 的收敛半径

$$R=\frac{1}{\overline{\lim_{n\to+\infty}}\sqrt[n]{|a_n|}}=\lim_{n\to+\infty}\sqrt[n]{n^2}=\lim_{n\to+\infty}(\sqrt[n]{n})^2=1,$$

当 $x=1$ 时，$f(1)=\sum_{n=1}^{\infty}\frac{1}{n^2}=\frac{\pi^2}{6}$. 幂级数在 $(0,1)$ 内可逐项求导，$f(x)$ 有连续的导函数，因此

$$\begin{aligned}&[f(x)+f(1-x)+\ln x\cdot\ln(1-x)]'\\&=f'(x)-f'(1-x)+\frac{\ln(1-x)}{x}+\frac{\ln x}{x-1}\\&=\sum_{n=1}^{\infty}\frac{x^{n-1}}{n}-\sum_{n=1}^{\infty}\frac{(1-x)^{n-1}}{n}-\sum_{n=1}^{\infty}\frac{x^{n-1}}{n}+\sum_{n=1}^{\infty}\frac{\ln[1+(x-1)]}{x-1}\\&=-\sum_{n=1}^{\infty}\frac{(1-x)^{n-1}}{n}+\sum_{n=1}^{\infty}\frac{(-1)^{n-1}(x-1)^{n-1}}{n}=0,\quad x\in(0,1).\end{aligned}$$

于是

$$f(x)+f(1-x)+\ln x\cdot\ln(1-x)\equiv C(\text{常数}),\quad x\in(0,1).$$

令 $x\to0^+$ 取极限得到

$$C=f(0)+f(1)+\lim_{x\to0^+}\ln x\cdot\ln(1-x)=0+\frac{\pi^2}{6}+0=\frac{\pi^2}{6},$$

其中

$$\begin{aligned}\lim_{x\to0^+}\ln x\cdot\ln(1-x)&=\lim_{x\to0^+}\frac{\ln(1-x)}{\frac{1}{\ln x}}=\lim_{x\to0^+}\frac{\frac{-1}{1-x}}{-\frac{\frac{1}{x}}{(\ln x)^2}}=\lim_{x\to0^+}\frac{1}{1-x}\cdot x(\ln x)^2\\&=1\cdot\lim_{x\to0^+}\frac{\left(\ln\frac{1}{x}\right)^2}{\frac{1}{x}}=\lim_{u\to+\infty}\frac{(\ln u)^2}{u}=\lim_{u\to+\infty}\frac{\frac{1}{u}\cdot2\ln u}{1}=2\lim_{u\to+\infty}\frac{\text{lu}u}{u}\\&=2\lim_{u\to+\infty}\frac{\frac{1}{u}}{1}=0.\end{aligned}$$

□

670. 设 $P_n(x)=1+x+\frac{x^2}{2!}+\cdots+\frac{x^n}{n!}$，$x_m$ 为 $P_{2m+1}(x)=0$ 的实根，证明：$x_m<0$，且 $\lim\limits_{m\to+\infty}x_m=-\infty$.

证明 (1) $\forall m\in\mathbb{N}\cup\{0\}$，当 $x\geqslant 0$ 时，$P_{2m+1}(x)=1+x+\frac{x^2}{2!}+\cdots+\frac{x^{2m+1}}{(2m+1)!}\geqslant 1>0$；当 $x<0$ 时，因为

$$\begin{aligned}\lim_{x\to-\infty}P_{2m+1}(x)&=\lim_{x\to-\infty}\left[1+x+\frac{x^2}{2!}+\cdots+\frac{x^{2m+1}}{(2m+1)!}\right]\\&=\lim_{x\to-\infty}x^{2m+1}\left[\frac{1}{x^{2m+1}}+\frac{1}{x^{2m}}+\frac{1}{2!x^{2m-1}}+\cdots+\frac{1}{(2m)!x}+\frac{1}{(2m+1)!}\right]\\&=-\infty,\end{aligned}$$

所以，$\exists t_m\in(-\infty,0)$，s. t. $P_{2m+1}(t_m)<0$. 又因 $P_{2m+1}(0)=1>0$，根据连续函数的零(根)值定理，$\exists x_m\in(t_m,0)\subset(-\infty,0)$，s. t. $P_{2m+1}(x_m)=0$，即 $P_{2m+1}(x)=0$ 的根 $x_m<0$.

(2) $\forall[a,b](a<b)$，$P_n(x)\rightrightarrows \mathrm{e}^x$，$x\in[a,b]$，$n\to+\infty$.

事实上，由

$$|P_n(x)-\mathrm{e}^x|=\left|\frac{\mathrm{e}^{\xi}}{(n+1)!}x^{n+1}\right|\leqslant\frac{\mathrm{e}^M\cdot M^{n+1}}{(n+1)!}\to 0(n\to+\infty,M=\max\{|a|,|b|\})$$

立知，$P_n(x)\rightrightarrows \mathrm{e}^x$，$x\in[a,b]$，$n\to+\infty$.

下证 $\lim\limits_{m\to+\infty}x_m=-\infty$.（反证）假设 $\lim\limits_{m\to+\infty}x_m\neq-\infty$，则必有 $\{x_m\}$ 的子列 $\{x_{m_k}\}$，使得 $\lim\limits_{k\to+\infty}x_{m_k}=x_*\in(-\infty,0]$. 因此，必有 $[a,b](a<b)$，使得 $\{x_{m_k}\}\subset[a,b]$. 又因 $P_n(x)\rightrightarrows \mathrm{e}^x$，$x\in[a,b]$，$n\to+\infty$，故对 $\varepsilon_0=\mathrm{e}^a>0$，$\exists N\in\mathbb{N}$，当 $n>N$ 时，有

$$|P_n(x)-\mathrm{e}^x|<\varepsilon_0=\mathrm{e}^a,\quad x\in[a,b].$$

于是，当 $m_k>N$ 时，有

$$\mathrm{e}^a\leqslant \mathrm{e}^{x_{m_k}}=|0-\mathrm{e}^{x_{m_k}}|=|P_{2m_k+1}(x_{m_k})-\mathrm{e}^{x_{m_k}}|<\varepsilon_0=\mathrm{e}^a.$$

矛盾. □

671. 设 $\{f_n(x)\}$ 在任何有界区间上一致收敛于 $f(x)$，并且 $f_n(x)$ 在任何有界区间上必 Riemann 可积，又存在函数 $F(x)$，使

$$|f_n(x)|\leqslant F(x),\quad n=1,2,\cdots,$$

且 $\int_{-\infty}^{+\infty}F(x)\mathrm{d}x$ 收敛. 证明：

$$\lim_{n\to+\infty}\int_{-\infty}^{+\infty}f_n(x)\mathrm{d}x=\int_{-\infty}^{+\infty}f(x)\mathrm{d}x=\int_{-\infty}^{+\infty}\lim_{n\to+\infty}f_n(x)\mathrm{d}x.$$

证明 因 $|f_n(x)|\leqslant F(x)$，且 $\{f_n(x)\}$ 在任何有界区间上一致收敛于 $f(x)$，故

$$|f(x)|=|\lim_{n\to+\infty}f_n(x)|=\lim_{n\to+\infty}|f_n(x)|\leqslant F(x).$$

而$\int_{-\infty}^{+\infty}F(x)\mathrm{d}x$收敛，根据Cauchy收敛准则知$\int_{-\infty}^{+\infty}f(x)\mathrm{d}x$也收敛. 于是，可取充分大的$A>0$，使得

$$\left|\int_{-\infty}^{-A}f(x)\mathrm{d}x\right|<\frac{\varepsilon}{5},\quad \left|\int_{A}^{+\infty}f(x)\mathrm{d}x\right|<\frac{\varepsilon}{5},$$

$$\left|\int_{-\infty}^{-A}F(x)\mathrm{d}x\right|<\frac{\varepsilon}{5},\quad \left|\int_{A}^{+\infty}F(x)\mathrm{d}x\right|<\frac{\varepsilon}{5}.$$

于是

$$\left|\int_{-\infty}^{-A}f_n(x)\mathrm{d}x\right|\leqslant\int_{-\infty}^{-A}|f_n(x)|\mathrm{d}x\leqslant\int_{-\infty}^{-A}F(x)\mathrm{d}x<\frac{\varepsilon}{5},$$

$$\left|\int_{A}^{+\infty}f_n(x)\mathrm{d}x\right|\leqslant\int_{A}^{+\infty}|f_n(x)|\mathrm{d}x<\int_{A}^{+\infty}F(x)\mathrm{d}x<\frac{\varepsilon}{5}.$$

又因$\{f_n\}$在$[-A,A]$上一致收敛于f，故

$$\lim_{n\to+\infty}\int_{-A}^{A}f_n(x)\mathrm{d}x=\int_{-A}^{A}f(x)\mathrm{d}x.$$

所以，$\exists\in\mathbb{N}$，当$n>N$时，有

$$\left|\int_{-A}^{A}f_n(x)\mathrm{d}x-\int_{-A}^{A}f(x)\mathrm{d}x\right|<\frac{\varepsilon}{5}.$$

从而

$$\begin{aligned}&\left|\int_{-\infty}^{+\infty}f_n(x)\mathrm{d}x-\int_{-\infty}^{+\infty}f(x)\mathrm{d}x\right|\\ \leqslant&\left|\int_{-\infty}^{-A}f_n(x)\mathrm{d}x\right|+\left|\int_{A}^{+\infty}f_n(x)\mathrm{d}x\right|+\left|\int_{-\infty}^{-A}f(x)\mathrm{d}x\right|+\left|\int_{A}^{+\infty}f(x)\mathrm{d}x\right|\\ &+\left|\int_{-A}^{A}f_n(x)\mathrm{d}x-\int_{-A}^{A}f(x)\mathrm{d}x\right|<\frac{\varepsilon}{5}+\frac{\varepsilon}{5}+\frac{\varepsilon}{5}+\frac{\varepsilon}{5}+\frac{\varepsilon}{5}=\varepsilon,\end{aligned}$$

即

$$\lim_{n\to+\infty}\int_{-\infty}^{+\infty}f_n(x)\mathrm{d}x=\int_{-\infty}^{+\infty}f(x)\mathrm{d}x.$$ □

672. 设$f_n(x)$在$(-\infty,+\infty)$上一致连续，且$\{f_n(x)\}$在$(-\infty,+\infty)$上一致收敛于$f(x)$. 证明：$f(x)$在$(-\infty,+\infty)$上也一致连续.

证明 因为$\{f_n\}$在$(-\infty,+\infty)$上一致收敛于f，故对$\forall\varepsilon>0$，$\exists N(\varepsilon)>0$，当$n>N(\varepsilon)$时，对$\forall x\in(-\infty,+\infty)$，都有

$$|f(x)-f_n(x)|<\frac{\varepsilon}{3}.$$

特别地，有

$$|f(x)-f_{N(\varepsilon)+1}(x)|<\frac{\varepsilon}{3}.$$

因$f_{N(\varepsilon)+1}$在$(-\infty,+\infty)$上一致连续，故对上述的$\varepsilon>0$，$\exists\delta(\varepsilon)>0$，当$|x'-x''|<\delta(\varepsilon)$时

便有

$$|f_{N(\varepsilon)+1}(x')-f_{N(\varepsilon)+1}(x'')|<\frac{\varepsilon}{3}.$$

从而

$$|f(x')-f(x'')|\leqslant|f(x')-f_{N(\varepsilon)+1}(x')|+|f_{N(\varepsilon)+1}(x')-f_{N(\varepsilon)+1}(x'')|$$
$$+|f_{N(\varepsilon)+1}(x'')-f(x'')|<\frac{\varepsilon}{3}+\frac{\varepsilon}{3}+\frac{\varepsilon}{3}=\varepsilon,$$

即 f 在 $(-\infty,+\infty)$ 上一致连续. □

673. 证明：每个幂级数 $\sum_{n=0}^{\infty}a_nx^n$ 必是某个函数 $f(x)$ 的 Taylor 级数，即

$$\sum_{n=0}^{\infty}\frac{f^{(n)}(0)}{n!}x^n=\sum_{n=0}^{\infty}a_nx^n.$$

进而证明：有无穷多个函数，使其 Taylor 级数为任一给定的幂级数.

证明 对 $n=0,1,2,\cdots$，定义函数列 g_n 为

$$g_n(x)=\begin{cases}a_nn!, & |x|\leqslant\dfrac{1}{2|a_n|n!+1},\\ 0, & |x|>\dfrac{2}{2|a_n|n!+1},\end{cases}$$

在其余部分，作光滑连接，使得在每个部分是单调的，并有任意阶有穷导数(参阅[6]第 38 页引理 1).

然后，设 $f_0=g_0$；当 $n\geqslant1$ 时，设

$$f_n(x)=\int_0^x\mathrm{d}x_{n-1}\int_0^{x_{n-1}}\mathrm{d}x_{n-2}\cdots\int_0^{x_2}\mathrm{d}x_1\int_0^{x_1}g_n(x_0)\mathrm{d}x_0.$$

因对每个 $n\geqslant1$，恒有

$$|f_n^{(n-1)}(x)|=\left|\int_0^xg_n(t)\mathrm{d}t\right|\leqslant\left|a_nn!\int_0^{\frac{2}{2|a_n|n!+1}}\mathrm{d}t\right|=\frac{2|a_n|n!}{2|a_n|n!+1}<1.$$

于是，对不等式 $-1<f_n^{(n-1)}(x)<1\,(n=1,2,\cdots)$ 积分 $n-k+1$ 次，就得到

$$-x=-\int_0^x1\mathrm{d}x<f_n^{(n-2)}(x)<\int_0^x1\mathrm{d}x=x,$$

$$-\frac{x^2}{2!}=-\int_0^xx\mathrm{d}x<f_n^{(n-3)}(x)<\int_0^xx\mathrm{d}x=\frac{x^2}{2!},$$

$$\vdots$$

$$-\frac{x^{n-k-2}}{(n-k-2)!}=-\int_0^x\frac{x^{n-k-3}}{(n-k-3)!}\mathrm{d}x<f_n^{(k+1)}(x)<\int_0^x\frac{x^{n-k-3}}{(n-k-3)!}\mathrm{d}x=\frac{x^{n-k-2}}{(n-k-2)!},$$

$$-\frac{x^{n-k-1}}{(n-k-1)!}=-\int_0^x\frac{x^{n-k-2}}{(n-k-2)!}\mathrm{d}x<f_n^{(k)}(x)<\int_0^x\frac{x^{n-k-2}}{(n-k-2)!}\mathrm{d}x=\frac{x^{n-k-1}}{(n-k-1)!},$$

即

$$|f_n^k(x)| \leqslant \frac{|x|^{n-k-1}}{(n-k-1)!}, \quad k=0,1,\cdots,n-1,$$

其中规定 $f_n^{(0)}=f_n$. 由 $\sum_{n=0}^{\infty}\frac{x^n}{n!}$ 在每个有界区间上一致收敛于 e^x 以及 Weierstrass 判别法知，对固定的 $k=0,1,2,\cdots$，级数 $\sum_{n=0}^{\infty}f_n^{(k)}(x)$ 在每个有界区间上也一致收敛.

令

$$f(x)=\sum_{n=0}^{\infty}f_n(x),$$

则可逐项求导得

$$f^{(k)}(x)=\sum_{n=0}^{\infty}f_n^{(k)}(x), \quad k=1,2,\cdots.$$

易见

$$f_n^{(k)}(0)=\begin{cases}\left(\int_0^x \mathrm{d}x_{n-1}\int_0^{x_{n-1}}\mathrm{d}x_{n-2}\cdots\int_0^{x_2}\mathrm{d}x_2\int_0^{x_1}g_n(x_0)\mathrm{d}x_0\right)\Big|_{x=0}=0,\\ a_n n!\Big|_{x=0}=a_n n!, \quad k=n,\\ (a_n n!)^{(k-n)}=0, \quad k=n+1,n+2,\cdots\end{cases}$$
$$=a_n n!\delta_{kn}.$$

其中 $\delta_{kn}=\begin{cases}1, & k=n,\\ 0, & k\neq n,\end{cases}$ 因而

$$f^{(n)}(0)=a_n n!,$$

即 $f(x)$的 Taylor 级数为

$$\sum_{n=0}^{\infty}\frac{f^{(n)}(0)}{n!}x^n=\sum_{n=0}^{\infty}\frac{a_n n!}{n!}x^n=\sum_{n=0}^{\infty}a_n x^n.$$

进而，由例 3.2.7(2)知

$$g(x)=\begin{cases}\mathrm{e}^{-\frac{1}{x}}, & x>0,\\ 0, & x\leqslant 0\end{cases}$$

的 Taylor 级数恒为 0，即

$$g(x)\sim\sum_{n=0}^{\infty}\frac{g^{(n)}(0)}{n!}x^n=\sum_{n=0}^{\infty}\frac{0}{n!}x^n=\sum_{n=0}^{\infty}0\cdot x^n\equiv 0.$$

故对上述函数 f 和任何实数 λ，函数

$$h(x)=f(x)+\lambda g(x)$$

与函数 $f(x)$具有相同的 Taylor 级数. 换言之，存在无穷多个函数，使其 Taylor 级数为任一给定的幂级数. □

674. 设函数 $f(x)=\sum\limits_{n=0}^{\infty}a_n(x-x_0)^n$，且

$$|n!a_n|<M,\quad n=1,2,\cdots,$$

其中 M 为常数. 证明：

(1) $f(x)$在任一点 a 处无穷次可导；

(2) 下面展开式成立：

$$f(x)=\sum_{n=0}^{\infty}\frac{f^{(n)}(a)}{n!}(x-a)^n,\quad |x|<+\infty.$$

证法 1 (1) 由题设$|n!a_n|<M(n=1,2,\cdots)$，故$|a_n|<\dfrac{M}{n!}(n=1,2,\cdots)$.

考虑级数 $\sum\limits_{n=0}^{\infty}|a_n(x-x_0)^n|$，将此与级数$\sum\limits_{n=0}^{\infty}\dfrac{M}{n!}r^n$ 比较. 由于级数 $\sum\limits_{n=0}^{\infty}\dfrac{M}{n!}r^n=Me^r$ 对任何正实数 r 都收敛，且对 $x\in(-\infty,+\infty)$，当 $|x-x_0|<r$ 时，有

$$|a_n(x-x_0)^n|<\frac{Mr^n}{n!},$$

故级数 $\sum\limits_{n=0}^{\infty}a_n(x-x_0)^n$ 在任何有限区间上绝对且一致收敛于$\sum\limits_{n=0}^{\infty}a_n(x-x_0)^n=f(x)$.

既然 $f(x)$是幂级数 $\sum\limits_{n=0}^{\infty}a_n(x-x_0)^n=\sum\limits_{n=0}^{\infty}\dfrac{f^{(n)}(x_0)}{n!}(x-x_0)^n$ 的和，而幂级数在其收敛区间内可逐项求导，且求导后仍为幂级数，故 $f(x)$可导无穷多次. 由于 r 可任取，所以 $f(x)$ 在任一点 a 处无穷次可导.

(2) 应用定理 14.2.3 的证明方法，由于

$$\sum_{n=0}^{\infty}\frac{f^{(n)}(x_0)}{n!}[|x-a|+|a-x_0|]^n$$

绝对收敛，即

$$\begin{aligned}&\sum_{n=0}^{\infty}\left|\frac{f^{(n)}(x_0)}{n!}\right|[|x-a|+|a-x_0|]^n\\=&\sum_{n=0}^{\infty}\left|\frac{f^{(n)}(x_0)}{n!}\right|\sum_{k=0}^{n}C_n^k|x-a|^k|a-x_0|^{n-k}\\=&\sum_{k=0}^{\infty}\left[\sum_{n\geqslant k}\left|\frac{f^{(n)}(x_0)}{n!}\right|C_n^k|a-x_0|^{n-k}\right]|x-a|^k\end{aligned}$$

收敛. 于是，对 $\forall a\in(-\infty,+\infty)$，有

$$\begin{aligned}f(x)&=\sum_{n=0}^{\infty}\frac{f^{(n)}(x_0)}{n!}(x-x_0)^n=\sum_{n=0}^{\infty}\frac{f^{(n)}(x_0)}{n!}[(x-a)+(a-x_0)]^n\\&=\sum_{n=0}^{\infty}\frac{f^{(n)}(x_0)}{n!}\sum_{k=0}^{n}C_n^k(x-a)^k(a-x_0)^{n-k}\end{aligned}$$

$$=\sum_{k=0}^{\infty}\left[\sum_{n\geqslant k}\frac{f^{(n)}(x_0)}{n!}C_n^k(a-x_0)^{n-k}\right](x-a)^k$$

$$=\sum_{k=0}^{\infty}\frac{1}{k!}\left[\sum_{n\geqslant k}\frac{(f^{(k)})^{(n-k)}(x_0)}{(n-k)!}(a-x_0)^{n-k}\right](x-a)^k$$

$$=\sum_{k=0}^{\infty}\frac{f^{(k)}(a)}{k!}(x-a)^k,\quad \forall x\in(-\infty,+\infty).$$

这就证明了 Taylor 展开式

$$f(x)=\sum_{n=0}^{\infty}\frac{f^{(n)}(a)}{n!}(x-a)^n,\quad |x|<+\infty$$

成立.

证法 2　(1) 由于$|n!a_n|<M$,故有

$$|a_n|<\frac{M}{n!},\quad n=1,2,\cdots.$$

设$[-N,N]$是包含 x_0 的任一有限区间,因为

$$|a_n(x-x_0)|<\frac{M}{n!}(2N)^n$$

及级数$\sum\limits_{n=0}^{\infty}\frac{M}{n!}(2N)^n$ 收敛,故由 Weierstrass 判别法知,$\sum\limits_{n=0}^{\infty}a_n(x-x_0)^n$ 在任何有限区间上一致收敛,即其收敛半径 $R=+\infty$. 于是,级数在任一点 $a\in(-\infty,+\infty)$ 可逐项可导无穷多次.

(2) 由(1) 已证级数 $f(x)=\sum\limits_{n=0}^{\infty}a_n(x-x_0)^n$ 在任何点可逐项可导任意多次,故

$$f^{(m)}(x)=\sum_{n=m}^{\infty}n(n-1)\cdots(n-m+1)a_n(x-x_0)^{n-m}$$

$$=\sum_{n=m}^{\infty}\frac{n!}{(n-m)!}a_n(x-x_0)^{n-m},\quad m=1,2,\cdots.$$

今设$|x-a|<T$(T 为任意固定的正数). 于是

$$|x-x_0|\leqslant|x-a|+|a-x_0|<T+|a-x_0|=L,$$

故有

$$|f^{(m)}(x)|\leqslant\sum_{n=m}^{\infty}\frac{n!}{(n-m)!}|a_n|L^{n-m}$$

$$\leqslant\sum_{n=m}^{\infty}\frac{n!}{(n-m)!}\frac{M}{n!}L^{n-m}=M\sum_{k=0}^{\infty}\frac{L^k}{k!}=Me^L<+\infty.$$

考虑余项 $R_n(x)=f(x)-\sum\limits_{k=0}^{n}\frac{f^{(k)}(a)}{k!}(x-a)^k$ 的 Lagrange 形式

$$R_n(x)=\frac{f^{(n+k)}[a+\theta(x-a)]}{(n+1)!}(x-a)^{n+1},\quad 0<\theta<1.$$

于是，当$|x-a|<R$时，有

$$|R_n(x)|\leqslant\frac{Me^L}{(n+1)!}T^{n+1},\quad n=1,2,\cdots.$$

由于级数$\sum\limits_{n=0}^{\infty}\frac{T^{n+1}}{(n+1)!}$收敛，故

$$\lim_{n\to+\infty}\frac{T^{n+1}}{(n+1)!}=0.$$

从而

$$\lim_{n\to+\infty}R_n(x)=0.$$

由此可知，当$|x-a|<T$时，展开式

$$f(x)=\sum_{k=0}^{\infty}\frac{f^{(k)}(a)}{k!}(x-a)^k$$

成立. 再由 T 的任意性即知，此展开式对一切 $x(|x|<+\infty)$皆成立. □

第15章

含参变量积分

Ⅰ. 含参变量的正常积分

定义 15.1.1 设二元函数 $f(x,u)$ 在闭区间 $[a,b]\times[\alpha,\beta]$ 上连续，由含参变量 u 的正常积分所确定的关于 u 的函数

$$\varphi(u)=\int_a^b f(x,u)\mathrm{d}x$$

称为**含参变量 u 的正常积分**.

定理 15.1.1（含参变量正常积分保持连续性） 如果 $f(x,u)$ 在闭区间 $[a,b]\times[\alpha,\beta]$ 上连续，则

$$\varphi(u)=\int_a^b f(x,u)\mathrm{d}x$$

为区间 $[\alpha,\beta]$ 上的连续函数，即 $\forall\, u_0\in[\alpha,\beta]$，有

$$\lim_{u\to u_0}\int_a^b f(x,u)\mathrm{d}x=\lim_{u\to u_0}\varphi(u)=\varphi(u_0)=\int_a^b f(x,u_0)\mathrm{d}x=\int_a^b\lim_{u\to u_0}f(x,u)\mathrm{d}x$$

（极限号与积分号可交换或可积分号下求极限）.

定理 15.1.2（积分号可交换） 如果 $f(x,u)$ 在闭区间 $[a,b]\times[\alpha,\beta]$ 上连续，则

$$\varphi(u)=\int_a^b f(x,u)\mathrm{d}x$$

在 $[\alpha,\beta]$ 上连续（当然 Riemann 可积），且

$$\int_\alpha^\beta\varphi(u)\mathrm{d}u=\int_\alpha^\beta\left[\int_a^b f(x,u)\mathrm{d}x\right]\mathrm{d}u=\int_a^b\left[\int_\alpha^\beta f(x,u)\mathrm{d}u\right]\mathrm{d}x,$$

即积分号可交换.

定理 15.1.3（可在积分号下求导） 如果 $f(x,u)$ 与偏导函数 $\frac{\partial f}{\partial u}(x,u)$ 都在闭区间 $[a,b]\times[\alpha,\beta]$ 上连续，则

$$\varphi(u)=\int_a^b f(x,u)\mathrm{d}x$$

在$[\alpha,\beta]$上可导，且

$$\varphi'(u)=\frac{\mathrm{d}\varphi(u)}{\mathrm{d}u}=\int_a^b\frac{\partial f(x,u)}{\partial u}\mathrm{d}x=\int_a^b f'_u(x,u)\mathrm{d}x$$

(求导与积分号可交换).

定理 15.1.4 如果 $f(x,u)$在闭区间$[a,b]\times[\alpha,\beta]$上连续，$a(u)$，$b(u)$都在闭区间$[\alpha,\beta]$上连续，且 $a\leqslant a(u)$，$b(u)\leqslant b$，$u\in[\alpha,\beta]$，则

$$\psi(u)=\int_{a(u)}^{b(u)}f(x,u)\mathrm{d}x$$

在$[\alpha,\beta]$上连续.

定理 15.1.5(一般的参变量积分的求导公式) 设 $f(x,u)$，$\frac{\partial f}{\partial u}(x,u)$都在闭区间$[a,b]\times[\alpha,\beta]$上连续，$a(u)$，$b(u)$在$[\alpha,\beta]$上可导，且

$$a\leqslant a(u),\quad b(u)\leqslant b,\quad u\in[\alpha,\beta],$$

则 $\psi(u)=\int_{a(u)}^{b(u)}f(x,u)\mathrm{d}x$ 在$[\alpha,\beta]$ 上可导，且

$$\psi'(u)=\int_{a(u)}^{b(u)}f'_u(x,u)\mathrm{d}x+f(b(u),u)b'(u)-f(a(u),u)a'(u).$$

Ⅱ. 含参变量广义积分的一致收敛

定义 15.2.1 如果$\forall\varepsilon>0$，总$\exists A_0=A_0(\varepsilon)$(仅与$\varepsilon$有关，而与$u\in[\alpha,\beta]$无关!)$>0$，当$A>A_0$时，有

$$\left|\int_A^{+\infty}f(x,u)\mathrm{d}x\right|<\varepsilon,\quad\forall u\in[\alpha,\beta],$$

则称参变量无穷积分$\int_a^{+\infty}f(x,u)\mathrm{d}x$ **关于 u 在$[\alpha,\beta]$上一致收敛.**

定义 15.2.2 设 a 为瑕点，$\forall u\in[\alpha,\beta]$，$\int_a^b f(x,u)\mathrm{d}x$ 收敛. 如果 $\forall\varepsilon>0$，$\exists\delta_0=\delta_0(\varepsilon)$(仅与$\varepsilon$有关，而与 $u\in[\alpha,\beta]$ 无关!)>0，当$\delta\in(0,\delta_2)$时，有

$$\left|\int_a^{a+\delta}f(x,u)\mathrm{d}x\right|=\left|\int_a^b f(x,u)\mathrm{d}x-\int_{a+\delta}^b f(x,u)\mathrm{d}x\right|<\varepsilon,\quad\forall u\in[\alpha,\beta],$$

则称瑕积分$\int_a^b f(x,u)\mathrm{d}x$ **关于 $u\in[\alpha,\beta]$ 一致收敛.**

上面$[\alpha,\beta]$可改为开区间或半开(闭)半闭(开)区间.

与广义积分收敛判别法一样，也有一系列与函数项级数类似的一致收敛判别法. 下面只对无穷积分来讨论这些判别法. 而对于瑕积分也有类似的判别法，就不再一一说明了.

定理 15.2.1　设 $\eta(A)=\sup\limits_{u\in[\alpha,\beta]}\left|\int_A^{+\infty}f(x,u)\mathrm{d}x\right|$，则无穷积分 $\int_a^{+\infty}f(x,u)\mathrm{d}x$ 在$[\alpha,\beta]$上一致收敛 $\Leftrightarrow \lim\limits_{A\to+\infty}\eta(A)=0$.

定理 15.2.2（参变量无穷积分的 Cauchy 收敛准则）

无穷积分$\int_a^{+\infty}f(x,u)\mathrm{d}x$在$[\alpha,\beta]$上一致收敛$\Leftrightarrow\forall\varepsilon>0,\exists A_0=A_0(\varepsilon)$（仅与$\varepsilon$有关，而与$u\in[\alpha,\beta]$无关！）$>0$，当$A',A''>A_0$时，有

$$\left|\int_a^{A''}f(x,u)\mathrm{d}x-\int_a^{A'}f(x,u)\mathrm{d}x\right|=\left|\int_{A'}^{A''}f(x,u)\mathrm{d}x\right|<\varepsilon.$$

定理 15.2.3（参变量无穷积分的 Weierstrass 判别法—优函数判别法）　设 $f(x,u)$ 对 x 在$[a,+\infty)$上连续. 如果存在$[a,+\infty)$上的连续函数 F，使得$\int_a^{+\infty}F(x)\mathrm{d}x$ 收敛，而且对一切充分大的 x 及$[\alpha,\beta]$上的一切 u，都有

$$|f(x,u)|\leqslant F(x),$$

则无穷积分$\int_a^{+\infty}f(x,u)\mathrm{d}x$ 在$[\alpha,\beta]$上一致收敛.

定理 15.2.4（参变量无穷积分的 Dirichlet 判别法）　如果函数 $f(x,u),g(x,u)$ 满足：

(1) $g(x,u)$为 x 的单调函数，且当 $x\to+\infty$时，关于 $u\in[\alpha,\beta]$一致趋于 0，即 $\forall\varepsilon>0$，$\exists A_0=A_0(\varepsilon)>a$，当 $x>A_0$ 时，$|g(x,u)|<\varepsilon,\forall u\in[\alpha,\beta]$；

(2) $\forall A\geqslant a$，$\int_a^A f(x,u)\mathrm{d}x$ 对 $u\in[\alpha,\beta]$ 一致有界，即 $\exists M>0$（M 为常数），使得

$$\left|\int_a^A f(x,u)\mathrm{d}x\right|\leqslant M,\quad\forall A\in[a,+\infty),\quad\forall u\in[\alpha,\beta],$$

则 $\int_a^{+\infty}f(x,u)g(x,u)\mathrm{d}x$ 在 $u\in[\alpha,\beta]$ 上一致收敛.

定理 15.2.5（参变量无穷积分的 Abel 判别法）　如果 $f(x,u),g(x,u)$满足：

(1) $g(x,u)$对 x 单调，且关于 $u\in[\alpha,\beta]$一致有界，即$\exists M>0$（常数），使得

$$|g(x,u)|\leqslant M,\quad(x,u)\in[a,+\infty)\times[\alpha,\beta];$$

(2) 无穷积分 $\int_a^{+\infty}f(x,u)\mathrm{d}x$ 关于 $u\in[\alpha,\beta]$ 一致收敛.

则 $\int_a^{+\infty}f(x,u)g(x,u)\mathrm{d}x$ 在 $u\in[\alpha,\beta]$ 上一致收敛.

作为参变量广义积分一致收敛的应用，有下面的定理.

定理 15.2.6（极限号与广义积分可交换的充分条件）　设函数列$\{f_n(x)\}$在$[a,+\infty)$上收敛于 $f(x)$. 如果：

(1) $\forall A>a$，$\{f_n(x)\}$在$[a,A]$上一致收敛于 $f(x)$，即$\forall\varepsilon>0$，$\exists N_0=N_0(\varepsilon)\in\mathbb{N}$，当$n>N_0$ 时，有

$$|f_n(x)-f(x)|<\varepsilon,\quad \forall x\in[a,A];$$

(2) 无穷积分$\int_a^{+\infty} f_n(x)\mathrm{d}x$ 对 $n\in\mathbb{N}$ 一致收敛.

则无穷积分$\int_a^{+\infty} f(x)\mathrm{d}x$ 收敛,且

$$\int_a^{+\infty} f(x)\mathrm{d}x=\int_a^{+\infty}\lim_{n\to+\infty} f_n(x)\mathrm{d}x=\lim_{n\to+\infty}\int_a^{+\infty} f_n(x)\mathrm{d}x.$$

与定理 15.2.6 对偶的函数项级数的无穷积分定理为下面的定理.

定理 15.2.6′(函数项级数的逐项广义积分—求和号与广义积分可交换) 设$\{u_n(x)\}$在$[a,+\infty)$上为连续函数,$\sum_{n=1}^{\infty}u_n(x)$ 在$[a,+\infty)$ 上收敛于函数 $S(x)$. 如果:

(1) $\forall A>a$,函数项级数$\sum_{n=1}^{\infty}u_n(x)$ 在$[a,A]$上一致收敛;

(2) 无穷积分$\int_a^{+\infty}\sum_{k=1}^{n}u_k(x)\mathrm{d}x$ 对 $n\in\mathbb{N}$ 一致收敛.

则无穷积分$\int_a^{+\infty}\sum_{n=1}^{\infty}u_n(x)\mathrm{d}x$ 收敛,且

$$\int_a^{+\infty}\sum_{n=1}^{\infty}u_n(x)\mathrm{d}x=\sum_{n=1}^{\infty}\int_a^{+\infty}u_n(x)\mathrm{d}x.$$

定理 15.2.7 设$\sum_{n=1}^{\infty}u_n(x)$ 在$[a,+\infty)$ 上收敛于 $S(x)$. 如果:

(1) $u_n(x)$在$[a,+\infty)$上非负连续;

(2) $S(x)$在$[a,+\infty)$上连续;

(3) 无穷积分$\int_a^{+\infty}S(x)\mathrm{d}x$ 收敛 .

则

$$\int_a^{+\infty}S(x)\mathrm{d}x=\int_a^{+\infty}\sum_{n=1}^{\infty}u_n(x)\mathrm{d}x=\sum_{n=1}^{\infty}\int_a^{+\infty}u_n(x)\mathrm{d}x$$

(可逐项无穷积分).

对偶地,有下面的结论.

注 15.2.2 设函数列$\{S_n(x)\}$在$[a,+\infty)$上收敛于 $S(x)$. 如果:

(1) $S_n(x)$在$[a,+\infty)$上连续,且 $S_n(x)\geqslant S_{n-1}(x)$(或 $S_n(x)\leqslant S_{n-1}(x)$),$\forall n\in\mathbb{N}$;

(2) $S(x)$在$[a,+\infty)$上连续;

(3) 无穷积分$\int_a^{+\infty}S(x)\mathrm{d}x$ 收敛.

则

$$\int_a^{+\infty} S(x)\mathrm{d}x = \int_a^{+\infty} \lim_{n\to+\infty} S_n(x)\mathrm{d}x = \lim_{n\to+\infty}\int_a^{+\infty} S_n(x)\mathrm{d}x.$$

Ⅲ. 含参变量广义积分的性质

定理 15.3.1(含参变量无穷积分保持连续性) 如果 $f(x,u)$ 在 $[a,+\infty)\times[\alpha,\beta]$ 上连续,且无穷积分 $\int_a^{+\infty} f(x,u)\mathrm{d}x$ 在 $u\in[\alpha,\beta]$ 上一致收敛,则函数

$$\varphi(u) = \int_a^{+\infty} f(x,u)\mathrm{d}x$$

在 $[\alpha,\beta]$ 上连续,即

$$\lim_{u\to u_0}\int_a^{+\infty} f(x,u)\mathrm{d}x = \lim_{u\to u_0}\varphi(u) = \varphi(u_0) = \int_a^{+\infty} f(x,u_0)\mathrm{d}x = \int_a^{+\infty}\left[\lim_{u\to u_0} f(x,u)\right]\mathrm{d}x$$

(即极限号与无穷积分号可交换).

与 Dini 定量 13.2.5′相对偶,有下面的定理.

定理 15.3.2(Dini) 设 $f(x,u)$ 在 $[a,+\infty)\times[\alpha,\beta]$ 上连续、非负.如果

$$\varphi(u) = \int_a^{+\infty} f(x,u)\mathrm{d}x$$

在 $u\in[\alpha,\beta]$ 上连续,则无穷积分 $\int_a^{+\infty} f(x,u)\mathrm{d}x$ 在 $u\in[\alpha,\beta]$ 上一致收敛.

注 15.3.1 Dini 定理 15.3.2 中有界闭区间 $[\alpha,\beta]$ 改为开区间,或半开半闭区间,或无穷区间,结论未必成立.

定理 15.3.3(有穷积分号与无穷积分号可交换) 如果 $f(x,u)$ 在 $[a,+\infty)\times[\alpha,\beta]$ 上连续,$\varphi(u)=\int_a^{+\infty} f(x,u)\mathrm{d}x$ 关于 $u\in[\alpha,\beta]$ 一致收敛,则 $\varphi(u)$ 在 $[\alpha,\beta]$ 上 Riemann 可积,且

$$\int_\alpha^\beta \varphi(u)\mathrm{d}u = \int_\alpha^\beta\left(\int_a^{+\infty} f(x,u)\mathrm{d}x\right)\mathrm{d}u = \int_a^{+\infty}\left(\int_\alpha^\beta f(x,u)\mathrm{d}u\right)\mathrm{d}x$$

(即对 x 与 u 的积分次序可交换).

定理 15.3.4(无穷积分号与无穷积分号可交换) 如果 $f(x,u)$ 满足:

(1) $f(x,u)$ 在 $[a,+\infty)\times[\alpha,+\infty)$ 上连续.

(2) 对任何固定的 $\beta>\alpha$,无穷积分 $\int_a^{+\infty} f(x,u)\mathrm{d}x$ 关于 $u\in[\alpha,\beta]$ 一致收敛;

对任何固定的 $b>a$,无穷积分 $\int_a^{+\infty} f(x,u)\mathrm{d}u$ 关于 $x\in[a,b]$ 一致收敛.

(3) 无穷积分

$$\int_a^{+\infty}\left(\int_a^{+\infty} |f(x,u)|\mathrm{d}u\right)\mathrm{d}x,\quad \int_a^{+\infty}\left(\int_a^{+\infty} |f(x,u)|\mathrm{d}x\right)\mathrm{d}u$$

中至少有一个收敛,则无穷积分

$$\int_a^{+\infty}\left(\int_a^{+\infty}f(x,u)\mathrm{d}x\right)\mathrm{d}u,\quad \int_a^{+\infty}\left(\int_a^{+\infty}f(x,u)\mathrm{d}u\right)\mathrm{d}x$$

均收敛,且

$$\int_a^{+\infty}\left(\int_a^{+\infty}f(x,u)\mathrm{d}x\right)\mathrm{d}u=\int_a^{+\infty}\left(\int_a^{+\infty}f(x,u)\mathrm{d}u\right)\mathrm{d}x.$$

如果 $f(x,u)\geqslant 0$,利用无穷积分的 Dini 定理 15.3.2,从定理 15.3.4 可得到下面的结论.

推论 15.3.1(非负函数的无穷积分与无穷积分可交换) 如果 $f(x,u)$满足:

(1) $f(x,u)$在$[a,+\infty)\times[a,+\infty)$上连续且非负;

(2) 函数 $\int_a^{+\infty}f(x,u)\mathrm{d}x$ 在 $u\in[a,+\infty)$ 上连续,$\int_a^{+\infty}f(x,u)\mathrm{d}u$ 在 $x\in[a,+\infty)$ 上连续.则

$$\int_a^{+\infty}\left(\int_a^{+\infty}f(x,u)\mathrm{d}x\right)\mathrm{d}u=\int_a^{+\infty}\left(\int_a^{+\infty}f(x,u)\mathrm{d}u\right)\mathrm{d}x.$$

此外,如果无穷积分

$$\int_a^{+\infty}\left(\int_a^{+\infty}f(x,u)\mathrm{d}x\right)\mathrm{d}u,\quad \int_a^{+\infty}\left(\int_a^{+\infty}f(x,u)\mathrm{d}u\right)\mathrm{d}x$$

中至少有一个收敛,则上述另一个无穷积分也收敛,且相等.

如果上述无穷积分有一个为$+\infty$,则另一个也为$+\infty$,即

$$\int_a^{+\infty}\left(\int_a^{+\infty}f(x,u)\mathrm{d}x\right)\mathrm{d}u=+\infty=\int_a^{+\infty}\left(\int_a^{+\infty}f(x,u)\mathrm{d}u\right)\mathrm{d}x.$$

定理 15.3.6(无穷积分对参变量求导) 如果 $f(x,u)$满足:

(1) $f(x,u)$与$\dfrac{\partial f(x,u)}{\partial u}$在$[a,+\infty)\times[\alpha,\beta]$上连续;

(2) $\int_0^{+\infty}\dfrac{\partial f(x,u)}{\partial u}\mathrm{d}x$ 在 $u\in[\alpha,\beta]$ 上一致收敛;

(3) $\forall u\in[\alpha,\beta]$,$\int_a^{+\infty}f(x,u)\mathrm{d}x$ 收敛.

则

$$\varphi(u)=\int_a^{+\infty}f(x,u)\mathrm{d}x$$

在 $u\in[\alpha,\beta]$上连续可导,且

$$\varphi'(u)=\frac{\mathrm{d}\varphi(u)}{\mathrm{d}u}=\frac{\mathrm{d}}{\mathrm{d}u}\left(\int_a^{+\infty}f(x,u)\mathrm{d}x\right)=\int_a^{+\infty}\frac{\partial f(x,u)}{\partial u}\mathrm{d}x.$$

注 根据题 683 和题 710 可将定理 15.3.6 中条件(3)减弱为 $\int_a^{+\infty}f(x,u)\mathrm{d}x$ 在一个点 $u_0\in[\alpha,\beta]$ 处收敛.

注 关于参变量的瑕积分相应的定理的叙述和证明,读者可自行完成.

Ⅳ. Γ函数与B函数、余元公式与Stirling公式

定理 15.4.1　Γ函数

$$\Gamma(s)=\int_0^{+\infty}t^{s-1}\mathrm{e}^{-t}\mathrm{d}t$$

在$(0,+\infty)$上连续，且有各阶连续导数.

定理 15.4.2　Γ函数具有下面3条性质：

(1) $\forall s>0,\Gamma(s)>0$，且 $\Gamma(1)=1$；

(2) $\Gamma(s+1)=s\Gamma(s),\forall s>0$；

(3) $\ln\Gamma(s)$为$(0,+\infty)$上的凸函数.

推论 15.4.1　(1) $\Gamma(n+1)=n!,n\in\mathbb{N}$；

(2) 设 $n\in\mathbb{N},n<s\leqslant n+1$，即 $0<s-n\leqslant 1$，则

$$\Gamma(s+1)=s(s-1)\cdots(s-n)\Gamma(s-n),$$

这表明Γ函数的值完全由Γ函数在$(0,1]$中的值确定.

定理 15.4.3(Bohr-Mollerup)　如果$(0,+\infty)$上的函数$f(x)$满足：

(1) $\forall x>0,f(x)>0$ 且 $f(1)=1$；

(2) $f(x+1)=xf(x),\quad\forall x>0$；

(3) $\ln f(x)$为$(0,+\infty)$上的凸函数.

则 $f(x)=\Gamma(x),\forall x\in(0,+\infty)$.

这表明Γ函数完全由上述3条性质所确定.

定理 15.4.4(Γ函数的另一表达式)　$\forall x>0$，有

$$\Gamma(x)=\lim_{n\to+\infty}\frac{n^x n!}{x(x+1)\cdots(x+n)}.$$

定理 15.4.5(Γ函数与B函数的关联公式)　$\forall p>0,q>0$，有

$$\mathrm{B}(p,q)=\int_0^1 t^{p-1}(1-t)^{q-1}\mathrm{d}t=\frac{\Gamma(p)\Gamma(q)}{\Gamma(p+q)}.$$

定理 15.4.6(B函数的性质)

(1) $\mathrm{B}(p,q)$在$(0,+\infty)\times(0,+\infty)$上连续且有各阶连续偏导数；

(2) $\mathrm{B}(p,q)=\mathrm{B}(q,p),p>0,q>0$(对称性)；

(3) $\mathrm{B}(p+1,q)=\dfrac{p}{p+g}\mathrm{B}(p,q)$；

(4) $\mathrm{B}(p+1,q+1)=\dfrac{pq}{(p+q+1)(p+q)}\mathrm{B}(p,q),p>0,q>0$.

定理 15.4.7(加倍公式)　$\forall s>0$ 有

$$\Gamma(2s)=\frac{2^{2s-1}}{\sqrt{\pi}}\Gamma(s)\Gamma\left(s+\frac{1}{2}\right).$$

定理 15.4.8(余元公式)　$\forall p\in(0,1)$,有

$$\Gamma(p)\Gamma(1-p)=\frac{\pi}{\sin p\pi}.$$

特别当 $p=\frac{1}{2}$时,有 $\Gamma\left(\frac{1}{2}\right)=\sqrt{\pi}$.

根据余元公式,从 Γ 函数在$\left(0,\frac{1}{2}\right]$中的值,便能算出 Γ 函数在(0,1)中的值.再从定理15.4.2(1),(2)算出 Γ 函数在$(0,+\infty)$中的值.

定理 15.4.9(Stirling 公式)　$\forall x>0,\exists\theta(x)\in(0,1)$使得

$$\Gamma(x+1)=\sqrt{2\pi x}\left(\frac{x}{\mathrm{e}}\right)^x\mathrm{e}^{\frac{\theta(x)}{12x}}.$$

特别地,当 $n\in\mathbb{N}$ 时,有

$$n!=\sqrt{2\pi n}\left(\frac{n}{\mathrm{e}}\right)^n\mathrm{e}^{\frac{\theta(n)}{12n}}.$$

例 15.4.1(B 函数的其他形式)　设 $p>0,q>0$,则有:

(1) $\mathrm{B}(p,q)=2\int_0^{\frac{\pi}{2}}\sin^{2q-1}\varphi\cos^{2p-1}\varphi\mathrm{d}\varphi$;

(2) $\mathrm{B}(p,q)=\int_0^{+\infty}\frac{y^{p-1}}{(1+y)^{p+q}}\mathrm{d}y$;

(3) $\mathrm{B}(p,q)=\int_0^1\frac{y^{p-1}+y^{q-1}}{(1+y)^{p+q}}\mathrm{d}y$.

例 15.4.3　$\int_0^{\frac{\pi}{2}}\cos^{\alpha}x\sin^{\beta}x\,\mathrm{d}x=\frac{1}{2}\frac{\Gamma\left(\frac{\beta+1}{2}\right)\Gamma\left(\frac{\alpha+1}{2}\right)}{\Gamma\left(\frac{\alpha+\beta}{2}+1\right)},\alpha>-1,\beta>-1.$

675. 证明:n 阶 Bessel 函数

$$\mathrm{J}_n(x)=\frac{1}{\pi}\int_0^{\pi}\cos(n\varphi-x\sin\varphi)\mathrm{d}\varphi$$

满足 Bessel 方程

$$x^2\mathrm{J}''_n(x)+x\mathrm{J}'_n(x)+(x^2-n^2)\mathrm{J}_n(x)=0.$$

证明　用积分号下求导数的法则得

$$\mathrm{J}'_n(x)=\frac{1}{\pi}\int_0^{\pi}\sin\varphi\sin(n\varphi-x\sin\varphi)\mathrm{d}\varphi,$$

$$\mathrm{J}''_n(x)=-\frac{1}{\pi}\int_0^{\pi}\sin^2\varphi\cos(n\varphi-x\sin\varphi)\mathrm{d}\varphi.$$

易见

$$\frac{\mathrm{d}}{\mathrm{d}\varphi}[(n+x\cos\varphi)\sin(n\varphi-x\sin\varphi)]$$
$$=-x\sin\varphi\sin(n\varphi-x\sin\varphi)+(n+x\cos\varphi)(n-x\cos\varphi)\cos(n\varphi-x\sin\varphi)$$

$$=-x\sin\varphi\sin(n\varphi-x\sin\varphi)+(n^2-x^2\cos^2\varphi)\cos(n\varphi-x\sin\varphi).$$

由此立即得到

$$x^2\mathrm{J}''_n(x)+x\mathrm{J}'_n(x)+(x^2-n^2)\mathrm{J}_n(x)$$

$$=-\frac{1}{\pi}\int_0^{\pi}x^2\sin^2\varphi\cos(n\varphi-x\sin\varphi)\mathrm{d}\varphi+\frac{1}{\pi}\int_0^{\pi}x\sin\varphi\sin(n\varphi-x\sin\varphi)\mathrm{d}\varphi$$

$$+\frac{1}{\pi}\int_0^{\pi}(x^2-n^2)\cos(n\varphi-x\sin\varphi)\mathrm{d}\varphi$$

$$=-\frac{1}{\pi}\int_0^{\pi}[-x\sin\varphi\sin(n\varphi-x\sin\varphi)+(n^2-x^2\cos^2\varphi)\cos(n\varphi-x\sin\varphi)]\mathrm{d}\varphi$$

$$=-\frac{1}{\pi}\int_0^{\pi}\frac{\mathrm{d}}{\mathrm{d}\varphi}[(n+x\cos\varphi)\sin(n\varphi-x\sin\varphi)]\mathrm{d}\varphi$$

$$\xlongequal{\text{Newton-Leibniz 公式}}-\frac{1}{\pi}(n+x\cos\varphi)\sin(n\varphi-x\sin\varphi)\Big|_{\varphi=0}^{\varphi=\pi}=0.$$ □

676. 利用对参数的求导法，计算下列积分：

(1) $\int_0^{\frac{\pi}{2}}\ln(a^2\sin^2x+b^2\cos^2x)\mathrm{d}x$；

(2) $\int_0^{\frac{\pi}{2}}\frac{\arctan(a\tan x)}{\tan x}\mathrm{d}x.$

解 (1) 将 a 视作参数，记积分为

$$I(a,b)=\int_0^{\frac{\pi}{2}}\ln(a^2\sin^2x+b^2\cos^2x)\mathrm{d}x.$$

设 $a>0,b>0$. 如果 $b=a$，则易见

$$I(a,a)=\int_0^{\frac{\pi}{2}}\ln a^2\mathrm{d}x=\frac{\pi}{2}\cdot\ln a^2=\pi\ln a.$$

当 $a>0,b>0$ 时，对 a 求导得

$$\frac{\partial}{\partial a}I(a,b)=\int_0^{\frac{\pi}{2}}\frac{2a\sin^2x}{a^2\sin^2x+b^2\cos^2x}\mathrm{d}x=2a\int_0^{\frac{\pi}{2}}\frac{\tan^2x}{a^2\tan^2x+b^2}\mathrm{d}x$$

$$\xlongequal{t=\tan x}2a\int_0^{+\infty}\frac{t^2}{(a^2t^2+b^2)(1+t^2)}\mathrm{d}t=\frac{2a}{a^2-b^2}\int_0^{+\infty}\left(\frac{1}{1+t^2}-\frac{b^2}{a^2t^2+b^2}\right)\mathrm{d}t$$

$$=\frac{2a}{a^2-b^2}\left(\arctan t-\frac{b}{a}\arctan\frac{a}{b}t\right)\Big|_0^{+\infty}=\frac{2a}{a^2-b^2}\frac{\pi}{2}\left(1-\frac{b}{a}\right)=\frac{\pi}{a+b}.$$

于是

$$I(a,b)=\pi\ln(a+b)+C(b).$$

令 $b=a$ 代入上式得到

$$C(a)=I(a,a)-\pi\ln 2a=\pi\ln a-\pi(\ln 2+\ln a)=-\pi\ln 2.$$

因此，$C(b)=-\pi\ln 2$. 由此推得

$$I(a,b)=\pi\ln(a+b)-\pi\ln 2=\pi\ln\frac{a+b}{2}.$$

当 $a>0,b=0$ 时,有

$$I(a,0)=\int_0^{\frac{\pi}{2}}\ln(a^2\sin^2x)\mathrm{d}x=2\int_0^{\frac{\pi}{2}}(\ln a+\ln\sin x)\mathrm{d}x$$

$$=2\left[\frac{\pi}{2}\ln a+\left(-\frac{\pi}{2}\ln 2\right)\right]=\pi\ln\frac{a}{2}.$$

同理,当 $a=0,b>0$ 时,有

$$I(0,b)=\int_0^{\frac{\pi}{2}}\ln(b^2\cos^2x)\mathrm{d}x=2\int_0^{\frac{\pi}{2}}(\ln b+\ln\cos x)\mathrm{d}x$$

$$=2\left[\frac{\pi}{2}\ln b+\left(-\frac{\pi}{2}\ln 2\right)\right]=\pi\ln\frac{b}{2}.$$

综合上述,当 a,b 不全为 0 时,有

$$I(a,b)=\pi\ln\frac{|a|+|b|}{2}.$$

(2) 设

$$J(a)=\int_0^{\frac{\pi}{2}}\frac{\arctan(a\tan x)}{\tan x}\mathrm{d}x,$$

对 a 求导并作变量代换得到

$$J'(a)=\int_0^{\frac{\pi}{2}}\frac{\mathrm{d}x}{1+a^2\tan x}\xlongequal{t=\tan x}\int_0^{+\infty}\frac{\mathrm{d}t}{(1+a^2t^2)(1+t^2)}$$

$$=\frac{1}{1-a^2}\int_0^{+\infty}\left(\frac{1}{1+t^2}-\frac{a^2}{1+a^2t^2}\right)\mathrm{d}t$$

$$=\frac{1}{1-a^2}(\arctan t-a\arctan at)\Big|_0^{+\infty}$$

$$\xlongequal{a>0}\frac{1}{1-a^2}\cdot\frac{\pi}{2}(1-a)=\frac{\pi}{2}\cdot\frac{1}{1+a}.$$

因此

$$J(a)=\int_0^a\frac{\pi}{2}\frac{1}{1+a}\mathrm{d}a+J(0)=\frac{\pi}{2}\ln(1+a)+0=\frac{\pi}{2}\ln(1+a),\quad a>0.$$

由于 $J(-a)=-J(a)$,故有

$$J(a)=\mathrm{sgn}\,a\cdot\frac{\pi}{2}\ln(1+|a|).$$ □

677. 用下面两种方法证明

$$\int_0^{\frac{\pi}{2}}\ln\frac{1+a\cos x}{1-a\cos x}\frac{\mathrm{d}x}{\cos x}=\pi\arcsin a,\quad |a|<1.$$

(1) 对参数 a 求导;

(2) 由 $\dfrac{1}{\cos x}\ln\dfrac{1+a\cos x}{1-a\cos x}=2a\displaystyle\int_0^1\frac{\mathrm{d}y}{1-a^2y^2\cos^2x}$.

证明 (1) 设

$$I(a)=\int_0^{\frac{\pi}{2}}\ln\frac{1+a\cos x}{1-a\cos x}\frac{dx}{\cos x}.$$

对 a 求导得到

$$I'(a)=\int_0^{\frac{\pi}{2}}\left(\frac{\cos x}{1+a\cos x}-\frac{-\cos x}{1-a\cos x}\right)\frac{dx}{\cos x}$$

$$=\int_0^{\frac{\pi}{2}}\frac{2dx}{1-a^2\cos^2 x}=2\int_0^{\frac{\pi}{2}}\frac{\sec^2 x dx}{\sec^2 x-a^2}$$

$$\xlongequal{t=\tan x}2\int_0^{+\infty}\frac{dt}{1-a^2+t^2}=\frac{2}{\sqrt{1-a^2}}\arctan\frac{t}{\sqrt{1-a^2}}\Big|_0^{+\infty}$$

$$=\frac{\pi}{\sqrt{1-a^2}}.$$

因此

$$I(a)=\int_0^a\frac{\pi}{\sqrt{1-u^2}}du+I(0)=\pi\arcsin a+0=\pi\arcsin a,\quad |a|<1.$$

(2) $$\int_0^{\frac{\pi}{2}}\ln\frac{1+a\cos x}{1-a\cos x}\cdot\frac{dx}{\cos x}=\int_0^{\frac{\pi}{2}}\ln\frac{1+ay\cos x}{1-ay\cos x}\cdot\frac{1}{\cos x}\Big|_{y=0}^{y=1}dx$$

$$=\int_0^{\frac{\pi}{2}}dx\int_0^1 a\left[\frac{1}{1-ay\cos x}+\frac{1}{1+ay\cos x}\right]dy$$

$$=2a\int_0^{\frac{\pi}{2}}dx\int_0^1\frac{dy}{1-a^2y^2\cos^2 x}\xlongequal{\text{积分可交换}}2a\int_0^1 dy\int_0^{\frac{\pi}{2}}\frac{dx}{1-a^2y^2\cos^2 x}$$

$$=2a\int_0^1 dy\int_0^{\frac{\pi}{2}}\frac{dx}{\sin^2 x+\cos^2 x-a^2y^2\cos^2 x}=2a\int_0^1 dy\int_0^{\frac{\pi}{2}}\frac{d\tan x}{\tan^2 x+(1-a^2y^2)}$$

$$\xlongequal{u=\tan x}2a\int_0^1 dy\int_0^{+\infty}\frac{du}{u^2+(1-a^2y^2)}=2a\int_0^1\frac{1}{\sqrt{1-a^2y^2}}\arctan\frac{u}{\sqrt{1-a^2y^2}}\Big|_0^{+\infty}dy$$

$$=\pi a\int_0^1\frac{dy}{\sqrt{1-a^2y^2}}=\pi\arcsin ay\Big|_0^1=\pi\arcsin a,\quad |a|<1.$$ □

678. 用下面两种方法证明：

$$\int_0^1\frac{\ln(1+x)}{1+x^2}dx=\frac{\pi}{8}\ln 2.$$

(1) $I(\alpha)=\int_0^1\frac{\ln(1+\alpha x)}{1+x^2}dx$ 关于参数 α 求导；

(2) $\int_0^1\frac{\ln(1+x)}{1+x^2}dx=\int_0^{\frac{\pi}{2}}\ln(1+\tan\theta)d\theta.$

证明 (1) 因为

$$f(x,\alpha)=\frac{\ln(1+\alpha x)}{1+x^2}\quad\text{及}\quad f'_\alpha(x,\alpha)=\frac{x}{(1+x^2)(1+\alpha x)}$$

在 $[0,1]^2$ 上连续，满足积分号下求导的条件，所以对

$$I(\alpha)=\int_0^1 \frac{\ln(1+\alpha x)}{1+x^2}\mathrm{d}x$$

关于参数 $\alpha(-1,+\infty)$ 求导得到

$$\begin{aligned}I'(\alpha)&=\int_0^1 \frac{x}{(1+x^2)(1+\alpha x)}\mathrm{d}x\\&=\frac{1}{1+\alpha^2}\int_0^1\left(\frac{-\alpha}{1+\alpha x}+\frac{x+\alpha}{1+x^2}\right)\mathrm{d}x\\&=\left[-\frac{1}{1+\alpha^2}\ln(1+\alpha x)+\frac{1}{2(1+\alpha^2)}\ln(1+x^2)+\frac{\alpha}{1+\alpha^2}\arctan x\right]\Bigg|_0^1\\&=-\frac{1}{1+\alpha^2}\ln(1+\alpha)+\frac{\ln 2}{2(1+\alpha^2)}+\frac{\alpha}{1+\alpha^2}\,\frac{\pi}{4}.\end{aligned}$$

因此

$$\begin{aligned}\int_0^1 \frac{\ln(1+x)}{1+x^2}\mathrm{d}x&=I(1)=I(1)-I(0)=\int_0^1 I'(\alpha)\mathrm{d}\alpha\\&=-\int_0^1\frac{\ln(1+\alpha)}{1+\alpha^2}\mathrm{d}\alpha+\frac{\ln 2}{2}\int_0^1\frac{\mathrm{d}\alpha}{1+\alpha^2}+\frac{\pi}{4}\int_0^1\frac{\alpha}{1+\alpha^2}\mathrm{d}\alpha\\&=-\int_0^1\frac{\ln(1+x)}{1+x^2}\mathrm{d}x+\frac{\ln 2}{2}\arctan\alpha\Big|_0^1+\frac{\pi}{8}\ln(1+\alpha^2)\Big|_0^1,\end{aligned}$$

移项化简得到

$$\int_0^1\frac{\ln(1+x)}{1+x^2}\mathrm{d}x=\frac{1}{2}\left(\frac{\ln 2}{2}\cdot\frac{\pi}{4}+\frac{\pi}{8}\ln 2\right)=\frac{\pi}{8}\ln 2.$$

(2) $$\begin{aligned}\int_0^1\frac{\ln(1+x)}{1+x^2}\mathrm{d}x&\xlongequal{x=\tan\theta}\int_0^{\frac{\pi}{4}}\frac{\ln(1+\tan\theta)}{1+\tan^2\theta}\sec^2\theta\mathrm{d}\theta\\&=\int_0^{\frac{\pi}{4}}\ln\frac{\sin\theta+\cos\theta}{\cos\theta}\mathrm{d}\theta=\int_0^{\frac{\pi}{4}}\left\{\ln\left[\sqrt{2}\cos\left(\frac{\pi}{4}-\theta\right)\right]-\ln\cos\theta\right\}\mathrm{d}\theta\\&\xlongequal{\varphi=\frac{\pi}{4}-\theta}\int_0^{\frac{\pi}{4}}\ln\sqrt{2}\,\mathrm{d}\theta-\int_{\frac{\pi}{4}}^0\ln\cos\varphi\mathrm{d}\varphi-\int_0^{\frac{\pi}{4}}\ln\cos\theta\mathrm{d}\theta\\&=\frac{\pi}{4}\ln\sqrt{2}+\int_0^{\frac{\pi}{4}}\ln\cos\theta\mathrm{d}\theta-\int_0^{\frac{\pi}{4}}\ln\cos\theta\mathrm{d}\theta=\frac{\pi}{8}\ln 2.\end{aligned}$$ □

679. 证明：参变量广义积分 $\int_0^{+\infty}\frac{x\sin\alpha x}{\alpha(1+x^2)}\mathrm{d}x$ 在 $\alpha\in[\alpha_0,+\infty)$ 上一致收敛；在 $\alpha\in(0,\delta)$ 上不一致收敛，其中 α_0 与 δ 为任意正数.

证明 由于

$$\left|\int_0^A\sin\alpha x\,\mathrm{d}x\right|=\frac{1}{\alpha}\left|\cos\alpha A-1\right|\leqslant\frac{2}{\alpha_0},$$

$$0<\frac{x}{\alpha(1+x^2)}\leqslant\frac{1}{\alpha_0}\,\frac{x}{1+x^2},\quad x\in[0,+\infty),$$

且当 $x\to+\infty$ 时，$\dfrac{x}{\alpha(1+x^2)}$ 单调减一致趋于 0，故根据 Dirichlet 判别法知该积分在 $[\alpha_0,+\infty)$ 上一致收敛.

现证该参变量广义积分在 $\alpha\in(0,\delta)$ 上不一致收敛.（反证）假设它一致收敛，则对 $\varepsilon_0=\dfrac{1}{4}$，$\exists A_0>0$，s. t. 对任意 $A''>A'>A_0$，有

$$\left|\int_{A'}^{A''}\frac{x\sin\alpha x}{\alpha(1+x^2)}\mathrm{d}x\right|<\varepsilon_0,\quad \forall\,\alpha\in(0,\delta).$$

因为 $\lim\limits_{x\to+\infty}\dfrac{x^2}{1+x^2}=1$，故必有 $A>A_0$，s. t. 当 $x>A$ 时，$\dfrac{x^2}{1+x^2}\geqslant\dfrac{1}{2}$. 另一方面，由于 $\lim\limits_{x\to 0}\dfrac{\sin x}{x}=1$，故 $\exists\,x_0$，s. t. 当 $0<x<x_0$ 时，$\dfrac{\sin x}{x}>\dfrac{1}{2}$. 这样，当

$$0<\alpha<\min\left\{\frac{x_0}{A+1},\delta\right\}$$

时，如果 $x\in[A,A+1]$，那么 $0<\alpha x<\alpha(A+1)<x_0$，因而

$$\frac{\sin\alpha x}{\alpha x}>\frac{1}{2}.$$

若取 $A'=A$，$A''=A+1$，则

$$\frac{1}{4}=\varepsilon_0>\left|\int_A^{A+1}\frac{x\sin\alpha x}{\alpha(1+x^2)}\mathrm{d}x\right|=\left|\int_A^{A+1}\frac{x^2}{1+x^2}\cdot\frac{\sin\alpha x}{\alpha x}\mathrm{d}x\right|\geqslant\left|\int_A^{A+1}\frac{1}{2}\times\frac{1}{2}\mathrm{d}x\right|=\frac{1}{4}.$$

矛盾. □

680. 参变量广义积分 $\displaystyle\int_0^{+\infty}\frac{\sin ux}{x}\mathrm{d}x$ 在任何不包含 $u=0$ 的闭区间 $[a,b]$ 上一致收敛；在包含 $u=0$ 的闭区间上非一致收敛.

证法 1　设 $0\notin[a,b]$，不妨设 $0<a<b$，则当 $u\in[a,b]$ 时，有

$$\left|\int_0^A\sin ux\,\mathrm{d}x\right|=\frac{1}{|u|}\,|\cos uA-1|\leqslant\frac{2}{a}.$$

另外，当 $x\to+\infty$ 时，$\dfrac{1}{x}$ 单调减趋于 0，故由 Dirichlet 判别法知 $\displaystyle\int_0^{+\infty}\frac{\sin ux}{x}\mathrm{d}x$ 在 $[a,b]$ 上一致收敛.

现设 $0\in[a,b]$，则有

$$\begin{aligned}\eta(A)&=\sup_{u\in[a,b]}\left|\int_A^{+\infty}\frac{\sin ux}{x}\mathrm{d}x\right|\xlongequal{t=ux}\sup_{u\in[a,b]}\left|\int_{uA}^{+\infty}\frac{\sin t}{t}\mathrm{d}t\right|\\&\geqslant\left|\int_0^{+\infty}\frac{\sin t}{t}\mathrm{d}t\right|\xlongequal{\text{例 15.3.8}}\frac{\pi}{2}.\end{aligned}$$

故 $\lim\limits_{A\to+\infty}\eta(A)\neq 0$，从而 $\displaystyle\int_0^{+\infty}\frac{\sin ux}{x}\mathrm{d}x$ 在 $[a,b]$ 上非一致收敛.

证法 2　令 $\varphi(u)=\displaystyle\int_0^{+\infty}\frac{\sin ux}{x}\mathrm{d}x$. 根据例 15.3.8，有

$$\varphi(u)=\begin{cases}\dfrac{\pi}{2}, & u>0,\\ 0, & u=0,\\ -\dfrac{\pi}{2}, & u<0,\end{cases}$$

故 φ 在 $u=0$ 处不连续.(反证)假设 $\varphi(u)=\int_0^{+\infty}\dfrac{\sin ux}{x}\mathrm{d}x$ 在$[a,b]$上一致收敛,根据定理15.3.1,$\varphi(u)$ 在$[a,b]$上连续,这与上述 $\varphi(u)$ 在 $u=0$ 不连续相矛盾. □

681. 证明:参变量广义积分 $\int_0^{+\infty}\dfrac{\sin 3x}{x+u}\mathrm{e}^{-ux}\mathrm{d}x$ 在 $u\in[0,+\infty)$ 上一致收敛.

证明 因为

$$\left|\int_0^A \sin 3x\mathrm{d}x\right|=\frac{1}{3}(1-\cos 3A)\leqslant\frac{2}{3},$$

关于 $u\in[0,+\infty)$一致有界;又 $0<\dfrac{1}{x+u}\leqslant\dfrac{1}{x}\to 0(x\to+\infty)$,故$\dfrac{1}{x+u}$对 x 单调减且一致趋于0.根据Dirichlet判别法知

$$\int_0^{+\infty}\frac{\sin 3x}{x+u}\mathrm{d}x$$

关于 $u\in[0,+\infty)$一致收敛.

由于当 $u\in[0,+\infty)$时,e^{-ux} 对 x 单调减,且关于 u 一致有界:$0<\mathrm{e}^{-ux}\leqslant 1(0<x<+\infty)$.根据Abel判别法知

$$\int_0^{+\infty}\frac{\sin 3x}{x+u}\mathrm{e}^{-ux}\mathrm{d}x$$

关于 $u\in[0,+\infty)$一致收敛. □

682. 设 $f(x,u)$ 在$[a,+\infty)\times[\alpha,\beta]$上连续.如果对 $\forall u\in[\alpha,\beta)$,参变量广义积分$\int_a^{+\infty}f(x,u)\mathrm{d}x$ 都收敛.但广义积分$\int_a^{+\infty}f(x,\beta)\mathrm{d}x$ 发散.证明:$\int_a^{+\infty}f(x,u)\mathrm{d}x$ 在$[\alpha,\beta)$上非一致收敛.

证明 (反证)假设$\int_a^{+\infty}f(x,u)\mathrm{d}x$ 在$[\alpha,\beta)$上一致收敛,则对 $\forall\varepsilon>0$,$\exists A>a$,当$A''>A'>A$时,有

$$\left|\int_{A'}^{A''}f(x,u)\mathrm{d}x\right|<\frac{\varepsilon}{2},\quad\forall u\in[\alpha,\beta).$$

由于 f 在$[A',A'']\times[\alpha,\beta]$中连续,因而一致连续,故对上述 $\varepsilon>0$,$\exists\delta>0$,当$|u-\beta|<\delta$且$u\in[\alpha,\beta]$时,有

$$|f(x,u)-f(x,\beta)|<\frac{\varepsilon}{2(A''-A')},\quad\forall x\in[A',A''].$$

现取 $u_0\in[\alpha,\beta]$且满足$|u_0-\beta|<\delta$,则由上面不等式得到

$$\left|\int_{A'}^{A''} f(x,\beta)\,\mathrm{d}x\right| \leqslant \left|\int_{A'}^{A''}[f(x,\beta)-f(x,u_0)]\mathrm{d}x\right| + \left|\int_{A'}^{A''} f(x,u_0)\,\mathrm{d}x\right|$$

$$\leqslant \int_{A'}^{A''} |f(x,\beta)-f(x,u_0)|\,\mathrm{d}x + \left|\int_{A'}^{A''} f(x,u_0)\,\mathrm{d}x\right|$$

$$< \frac{\varepsilon}{2(A''-A')}(A''-A') + \frac{\varepsilon}{2} = \varepsilon.$$

由 Cauchy 收敛原理知，$\int_a^{+\infty} f(x,\beta)\mathrm{d}x$ 收敛，这与题设$\int_a^{+\infty} f(x,\beta)\mathrm{d}x$ 发散相矛盾. □

683. 证明：参变量广义积分$\int_a^{+\infty} f(x,u)\mathrm{d}x$ 在 $u\in[\alpha,\beta]$ 上一致收敛 $\Leftrightarrow$ 对任一单调增加趋于 $+\infty$ 的数列$\{A_n\}(A_1=a)$，函数项级数

$$\sum_{n=1}^{\infty}\int_{A_n}^{A_{n+1}} f(x,u)\,\mathrm{d}x$$

在 $u\in[\alpha,\beta]$上一致收敛.

证明 ($\Rightarrow$)设$\int_a^{+\infty} f(x,u)\mathrm{d}x$ 关于 u 在$[\alpha,\beta]$上一致收敛，则由 Cauchy 收敛原理，对 $\forall\varepsilon>0$，$\exists A>a$，当 $A',A''>A$ 时，对 $\forall u\in[\alpha,\beta]$ 都有不等式

$$\left|\int_{A'}^{A''} f(x,u)\,\mathrm{d}x\right| < \varepsilon.$$

由于$\{A_n\}$单调增趋于$+\infty$，必有自然数 N，当 $m>n>N$ 时，$A_{m+1}>A_m>A_n>A$. 因而，对 $\forall u\in[\alpha,\beta]$都有

$$\left|\int_{A_n}^{A_{m+1}} f(x,u)\,\mathrm{d}x\right| < \varepsilon.$$

于是

$$\left|\int_{A_n}^{A_{n+1}} f(x,u)\,\mathrm{d}x + \int_{A_{n+1}}^{A_{n+2}} f(x,u)\,\mathrm{d}x + \cdots + \int_{A_m}^{A_{m+1}} f(x,u)\,\mathrm{d}x\right|$$

$$= \left|\int_{A_n}^{A_{m+1}} f(x,u)\,\mathrm{d}x\right| < \varepsilon, \quad \forall u\in[\alpha,\beta],$$

故级数

$$\sum_{n=1}^{\infty}\int_{A_n}^{A_{n+1}} f(x,u)\,\mathrm{d}x$$

在 $u\in[\alpha,\beta]$上一致收敛.

($\Leftarrow$)(反证)假设对任意递增趋于$+\infty$的数列$\{A_n\}$，级数

$$\sum_{n=1}^{\infty}\int_{A_n}^{A_{n+1}} f(x,u)\,\mathrm{d}x$$

在 $u\in[\alpha,\beta]$ 上一致收敛，而积分$\int_a^{+\infty} f(x,u)\mathrm{d}x$ 却在 $u\in[\alpha,\beta]$ 上不一致收敛，则必存在某个 $\varepsilon_0>0$，使得对任意实数 $G>a$，总存在 $A>G$ 及 $u'\in[\alpha,\beta]$，满足：

$$\left|\int_A^{+\infty} f(x,u')\mathrm{d}x\right| \geqslant \varepsilon_0.$$

今取 $A_1=a$, $G_1=\max\{1,A_1\}$,则必有 $A_2>G_1$ 及 $u_1\in[\alpha,\beta]$使得

$$\left|\int_{A_2}^{+\infty} f(x,u_1)\mathrm{d}x\right| \geqslant \varepsilon_0.$$

再取 $G_2=\max\{2,A_2\}$,则必有 $A_3>G_2$ 及 $u_2\in[\alpha,\beta]$,使得

$$\left|\int_{A_3}^{+\infty} f(x,u_2)\mathrm{d}x\right| \geqslant \varepsilon_0.$$

如此继续下去.一般地,取 $G_n=\max\{n,A_n\}$,则必有 $A_{n+1}>G_n$ 及 $u_n\in[\alpha,\beta]$,使得

$$\left|\int_{A_{n+1}}^{+\infty} f(x,u_n)\mathrm{d}x\right| \geqslant \varepsilon_0.$$

显然,$\{A_n\}$是一个单调增趋于$+\infty$的数列.上面不等式等价于

$$\left|\sum_{k=n+1}^{\infty}\int_{A_k}^{A_{k+1}} f(x,u_n)\mathrm{d}x\right| \geqslant \varepsilon_0.$$

由假定,$\sum\limits_{k=1}^{\infty}\int_{A_k}^{A_{k+1}} f(x,u)\mathrm{d}x$ 在 $u\in[\alpha,\beta]$ 上一致收敛,故根据定理 13.1.2,有

$$\beta_n=\sup_{u\in[\alpha,\beta]}\left|\sum_{k=n+1}^{\infty}\int_{A_k}^{A_{k+1}} f(x,u)\mathrm{d}x\right| \to 0 \quad (n\to+\infty).$$

这显然与上一个不等式相矛盾.因而,$\int_a^{+\infty} f(x,u)\mathrm{d}x$ 在$[\alpha,\beta]$上一致收敛. □

对照定理 15.3.6 与 683 题的证明,有下面的讨论.

683′. 证明:参变量广义积分 $\int_a^{+\infty} f(x,u)\mathrm{d}x$ 在 $u\in[\alpha,\beta]$ 上一致收敛 $\not\Leftarrow\!\!\Rightarrow$ 对某一单调增加趋于 $+\infty$ 的数列$\{A_n\}(A_1=a)$,函数项级数

$$\sum_{n=1}^{\infty}\int_{A_n}^{A_{n+1}} f(x,u)\mathrm{d}x$$

在 $u\in[\alpha,\beta]$上一致收敛.

证明 ($\Rightarrow$)参阅 683 题之必要性.

($\not\Leftarrow$)令 $f(x,u)=\cos x$,取 $A_n=n\pi$,它是一个趋于$+\infty$的单调增的数列,这时级数

$$\sum_{n=0}^{\infty}\int_{A_n}^{A_{n+1}}\cos x\mathrm{d}x=\sum_{n=0}^{\infty}\int_{n\pi}^{(n+1)\pi}\cos x\mathrm{d}x=\sum_{n=0}^{\infty}\sin x\Big|_{n\pi}^{(n+1)\pi}=\sum_{n=0}^{\infty}(0-0)=0$$

关于 $u\in(-\infty,+\infty)$是一致收敛的.但是

$$\int_0^{+\infty}\cos x\mathrm{d}x=\lim_{A\to+\infty}\int_0^{A}\cos x\mathrm{d}x=\lim_{A\to+\infty}\sin A$$

却是发散的,当然在 $u\in(0,+\infty)$上不是一致收敛的. □

考虑广义积分 $\int_a^{+\infty} f(x)\mathrm{d}x$ 这一特殊情形,有下面的两个习题(类似 683 题,683′ 题证明).

683″. 证明：广义积分 $\int_a^{+\infty} f(x)\mathrm{d}x$ 收敛

$\Leftrightarrow$对任一单调增加趋于$+\infty$的数列$\{A_n\}(A_1=a)$，级数

$$\sum_{n=1}^{\infty}\int_{A_n}^{A_{n+1}} f(x)\mathrm{d}x$$

收敛.

683‴. 证明：广义积分$\int_a^{+\infty} f(x)\mathrm{d}x$ 收敛

$\not\Leftarrow$对某一单调增加趋于$+\infty$的数列$\{A_n\}(A_1=a)$，级数

$$\sum_{n=1}^{\infty}\int_{A_n}^{A_{n+1}} f(x)\mathrm{d}x$$

收敛.

684. 证明：参变量 α 的广义积分

$$g(\alpha)=\int_0^{+\infty}\frac{\ln(1+x^3)}{x^\alpha}\mathrm{d}x$$

在 $\alpha\in(1,4)$上收敛，在$(1,4)$的任何内闭区间$[a,b]$上一致收敛，$g(\alpha)$在$(1,4)$上连续.

证明 设

$$g(\alpha)=\int_0^{+\infty}\frac{\ln(1+x^3)}{x^\alpha}\mathrm{d}x=\int_0^1\frac{\ln(1+x^3)}{x^\alpha}\mathrm{d}x+\int_1^{+\infty}\frac{\ln(1+x^3)}{x^\alpha}\mathrm{d}x$$
$$=I_1+I_2,$$

其中 I_1 以 0 为可能瑕点. 由

$$\frac{\ln(1+x^3)}{x^\alpha}\sim\frac{x^3}{x^\alpha}=\frac{1}{x^{\alpha-3}}\quad(x\to 0^+).$$

可见

$$I_1=\int_0^1\frac{\ln(1+x^3)}{x^\alpha}\mathrm{d}x \text{ 收敛 }\Leftrightarrow\alpha-3<1\Leftrightarrow\alpha<4;$$

I_2 以$+\infty$为可能奇点. 当 $\alpha>1$ 时收敛，当 $\alpha\leqslant1$ 时发散. 因此，原积分

$$\int_0^{+\infty}\frac{\ln(1+x^3)}{x^\alpha}\mathrm{d}x \text{ 收敛 }\Leftrightarrow 1<\alpha<4.$$

设$[a,b]\subset(1,4)$为任一内闭区间，对于积分 I_1（此时，$0<x<1$），当 $\alpha\leqslant b$ 时，则

$$\left|\frac{\ln(1+x^3)}{x^\alpha}\right|=\frac{\ln(1+x^3)}{x^\alpha}\leqslant\frac{\ln(1+x^3)}{x^b},$$

且$\int_0^1\frac{\ln(1+x^3)}{x^b}\mathrm{d}x$收敛，根据 Weierstrass 定理，$I_1$ 当 $\alpha\leqslant b$ 时一致收敛；对于积分 I_2（此时，$x\geqslant1$）当 $\alpha\geqslant a$ 时，则

$$\left|\frac{\ln(1+x^3)}{x^\alpha}\right|=\frac{\ln(1+x^3)}{x^\alpha}\leqslant\frac{\ln(1+x^3)}{x^a},$$

且$\int_1^{+\infty}\frac{\ln(1+x^3)}{x^\alpha}dx$收敛，根据 Weierstrass 定理，$I_2$ 在 $\alpha\geqslant a$ 时一致收敛. 总之，我们证明了$\int_0^{+\infty}\frac{\ln(1+x^3)}{x^\alpha}dx$ 在$[a,b]$上一致收敛，即

$$g(\alpha)=\int_0^{+\infty}\frac{\ln(1+x^3)}{x^\alpha}dx$$

在(1,4)上内闭一致收敛. 于是，对$\forall\alpha_0\in(1,4)$，取$[a,b]$，s. t.

$$\alpha_0\in(a,b)\subset[a,b]\subset(1,4).$$

由于$\frac{\ln(1+x^3)}{x^\alpha}$在$(0,+\infty)$上连续，且$\int_0^{+\infty}\frac{\ln(1+x^3)}{x^\alpha}dx$ 在$[a,b]$上一致收敛，根据定理 15. 3. 1(在瑕点 0 处有类似定理)，$g(\alpha)$ 在$[a,b]$上连续，因而 $g(\alpha)$ 在 α_0 处连续. 由于 α_0 任取，故 $g(\alpha)$ 在(1,4) 上连续. □

685. 设$\int_{-\infty}^{+\infty}|f(x)|dx$ 收敛，证明：

$$g(\alpha)=\int_{-\infty}^{+\infty}f(x)\cos\alpha x\,dx$$

在 $\alpha\in(-\infty,+\infty)$上一致收敛，且 $g(\alpha)$在$(-\infty,+\infty)$上为一致连续函数.

证明 因为$\int_{-\infty}^{+\infty}|f(x)|dx$ 收敛和$|f(x)\cos\alpha x|\leqslant|f(x)|$，故

$$g(\alpha)=\int_{-\infty}^{+\infty}f(x)\cos\alpha x\,dx$$

在 $\alpha\in(-\infty,+\infty)$上一致收敛. 此外，对$\forall\varepsilon>0$，$\exists A>0$，s. t.

$$2\int_{-\infty}^{-A}|f(x)|dx+2\int_A^{+\infty}|f(x)|dx<\frac{\varepsilon}{2}.$$

对此 A，当$|x|<A$ 时，有

$$|\cos\alpha_2x-\cos\alpha_1x|=\left|2\sin\frac{\alpha_2+\alpha_1}{2}x\sin\frac{\alpha_2-\alpha_1}{2}x\right|\leqslant2\left|\sin\frac{\alpha_2-\alpha_1}{2}x\right|$$
$$\leqslant2\left|\frac{\alpha_2-\alpha_1}{2}x\right|\leqslant|\alpha_2-\alpha_1|A.$$

于是，将 A 固定，并取$\delta=\frac{\varepsilon}{2A\int_{-\infty}^{+\infty}|f(x)|dx+1}$，则当$|\alpha_2-\alpha_1|<\delta$时，有

$$|g(\alpha_2)-g(\alpha_1)|=\left|\int_{-\infty}^{+\infty}f(x)\cos\alpha_2x\,dx-\int_{-\infty}^{+\infty}f(x)\cos\alpha_1x\,dx\right|$$
$$\leqslant\int_{-\infty}^{+\infty}|f(x)||\cos\alpha_2x-\cos\alpha_1x|dx$$
$$\leqslant2\int_{-\infty}^{-A}|f(x)|dx+2\int_A^{+\infty}|f(x)|dx+A|\alpha_2-\alpha_1|\int_{-A}^{A}|f(x)|dx$$

$$<\frac{\varepsilon}{2}+A\cdot\frac{\varepsilon}{2A\int_{-\infty}^{+\infty}|f(x)|\,\mathrm{d}x+1}\int_{-A}^{A}|f(x)|\,\mathrm{d}x$$

$$\leqslant\frac{\varepsilon}{2}+\frac{\varepsilon}{2}=\varepsilon.$$

这就证明了 $g(\alpha)$ 在 $(-\infty,+\infty)$ 上为一致连续函数. □

686. 利用已知积分计算下列积分：

(1) $\int_0^{+\infty}\frac{\sin^4 x}{x^2}\mathrm{d}x$；

(2) $\int_0^{+\infty}\mathrm{e}^{-\left(x^2+\frac{a^2}{x^2}\right)}\mathrm{d}x, a>0$；

(3) $\int_0^{+\infty}\frac{\mathrm{e}^{-ax^2}-\cos bx}{x^2}\mathrm{d}x, a>0$；

(4) $\int_0^{+\infty}\frac{\sin^4\alpha x-\sin^4\beta x}{x}\mathrm{d}x, \alpha>0,\beta>0.$

解

(1) $$\int_0^{+\infty}\frac{\sin^4 x}{x^2}\mathrm{d}x=\int_0^{+\infty}\sin^4 x\,\mathrm{d}\left(-\frac{1}{x}\right)\xlongequal{\text{分部积分}}-\frac{\sin^4 x}{x}\bigg|_0^{+\infty}+4\int_0^{+\infty}\frac{\sin^3 x\cos x}{x}\mathrm{d}x$$

$$=2\int_0^{+\infty}\frac{\sin^2 x\sin 2x}{x}\mathrm{d}x=\int_0^{+\infty}\frac{(1-\cos 2x)\sin 2x}{x}\mathrm{d}x$$

$$=\int_0^{+\infty}\frac{\sin 2x}{x}\mathrm{d}x-\frac{1}{2}\int_0^{+\infty}\frac{\sin 4x}{x}\mathrm{d}x$$

$$=\int_0^{+\infty}\frac{\sin u}{u}\mathrm{d}u-\frac{1}{2}\int_0^{+\infty}\frac{\sin v}{v}\mathrm{d}v$$

$$=\frac{\pi}{2}-\frac{1}{2}\times\frac{\pi}{2}=\frac{\pi}{4}.$$

或者由

$$\int_0^{+\infty}\frac{1-\cos 2x}{x^2}\mathrm{d}x=\int_0^{+\infty}(1-\cos 2x)\,\mathrm{d}\left(-\frac{1}{x}\right)=-\frac{1-\cos 2x}{x}\bigg|_0^{+\infty}+2\int_0^{+\infty}\frac{\sin 2x}{x}\mathrm{d}x$$

$$=2\int_0^{+\infty}\frac{\sin 2x}{x}\mathrm{d}x=2\int_0^{+\infty}\frac{\sin u}{u}\mathrm{d}u=2\times\frac{\pi}{2}=\pi,$$

$$\int_0^{+\infty}\frac{1-\cos 4x}{x^2}\mathrm{d}x=\int_0^{+\infty}(1-\cos 4x)\,\mathrm{d}\left(-\frac{1}{x}\right)=-\frac{1-\cos 4x}{x}\bigg|_0^{+\infty}+4\int_0^{+\infty}\frac{\sin 4x}{x}\mathrm{d}x$$

$$=4\int_0^{+\infty}\frac{\sin 4x}{x}\mathrm{d}x=4\int_0^{+\infty}\frac{\sin u}{u}\mathrm{d}u=4\times\frac{\pi}{2}=2\pi,$$

以及

$$\sin^4 x=\left(\frac{1-\cos 2x}{2}\right)^2=\frac{1}{4}(1-2\cos 2x+\cos^2 2x)$$

$$=\frac{1}{4}\left(1-2\cos 2x+\frac{1+\cos 4x}{2}\right)=\frac{3}{8}-\frac{1}{2}\cos 2x+\frac{1}{8}\cos 4x$$

$$=\frac{1}{2}(1-\cos 2x)-\frac{1}{8}(1-\cos 4x)$$

得到

$$\int_0^{+\infty}\frac{\sin^4 x}{x^2}\mathrm{d}x=\frac{1}{2}\int_0^{+\infty}\frac{1-\cos 2x}{x^2}\mathrm{d}x-\frac{1}{8}\int_0^{+\infty}\frac{1-\cos 4x}{x^2}\mathrm{d}x$$

$$=\frac{1}{2}\times\pi-\frac{1}{8}\times 2\pi=\frac{\pi}{4}.$$

(2) 记积分值为 I,则

$$I=\int_0^{+\infty}\mathrm{e}^{-\left(x^2+\frac{a^2}{x^2}\right)}\mathrm{d}x=\mathrm{e}^{-2a}\int_0^{+\infty}\mathrm{e}^{-\left(x-\frac{a}{x}\right)^2}\mathrm{d}x.$$

另一方面

$$I\xlongequal{x=\frac{a}{t}}\int_{+\infty}^0\mathrm{e}^{-\left(\frac{a^2}{t^2}+t^2\right)}\left(-\frac{a}{t^2}\mathrm{d}t\right)=\mathrm{e}^{-2a}\int_0^{+\infty}\frac{a}{t^2}\mathrm{e}^{-\left(t-\frac{a}{t}\right)^2}\mathrm{d}t,$$

于是

$$2I=\mathrm{e}^{-2a}\int_0^{+\infty}\left(1+\frac{a}{t^2}\right)\mathrm{e}^{-\left(t-\frac{a}{t}\right)^2}\mathrm{d}t\xlongequal{x=t-\frac{a}{t}}\mathrm{e}^{-2a}\int_{-\infty}^{+\infty}\mathrm{e}^{-x^2}\mathrm{d}x=\mathrm{e}^{-2a}\sqrt{\pi},$$

$$I=\frac{\sqrt{\pi}}{2}\mathrm{e}^{-2a}.$$

另一计算方法参阅例 15.3.7 的证法 1.

(3) $\displaystyle\int_0^{+\infty}\frac{\mathrm{e}^{-ax^2}-\cos bx}{x^2}\mathrm{d}x=-\int_0^{+\infty}(\mathrm{e}^{-ax^2}-\cos bx)\mathrm{d}\left(\frac{1}{x}\right)$

$$\xlongequal{\text{分部积分}}-\frac{\mathrm{e}^{-ax^2}-\cos bx}{x}\Bigg|_0^{+\infty}+\int_0^{+\infty}\frac{-2ax\mathrm{e}^{-ax^2}+b\sin bx}{x}\mathrm{d}x$$

$$=0-2a\int_0^{+\infty}\mathrm{e}^{-ax^2}\mathrm{d}x+b\int_0^{+\infty}\frac{\sin bx}{x}\mathrm{d}x$$

$$=-2\sqrt{a}\int_0^{+\infty}\mathrm{e}^{-u^2}\mathrm{d}u+|b|\int_0^{+\infty}\frac{\sin v}{v}\mathrm{d}v$$

$$=-2\sqrt{a}\frac{\sqrt{\pi}}{2}+|b|\frac{\pi}{2}=\frac{\pi}{2}|b|-\sqrt{\pi a}.$$

(4) 因为

$$\sin^4\alpha x-\sin^4\beta x=(\sin^2\alpha x-\sin^2\beta x)(\sin^2\alpha x+\sin^2\beta x)$$

$$=\left(\frac{1-\cos 2\alpha x}{2}-\frac{1-\cos 2\beta x}{2}\right)\left(\frac{1-\cos 2\alpha x}{2}+\frac{1-\cos 2\beta x}{2}\right)$$

$$=\frac{1}{2}(\cos 2\beta x-\cos 2\alpha x)\left(1-\frac{1}{2}\cos 2\alpha x-\frac{1}{2}\cos 2\beta x\right)$$

$$=\frac{1}{2}(\cos2\beta x-\cos2\alpha x)+\frac{1}{4}(\cos^2 2\alpha x-\cos^2 2\beta x)$$

$$=\frac{1}{2}(\cos2\beta x-\cos2\alpha x)+\frac{1}{4}\left(\frac{1+\cos4\alpha x}{2}-\frac{1+\cos4\beta x}{2}\right)$$

$$=\frac{1}{2}(\cos2\beta x-\cos2\alpha x)+\frac{1}{8}(\cos4\alpha x-\cos4\beta x),$$

所以

$$\int_0^{+\infty}\frac{\sin^4\alpha x-\sin^4\beta x}{x}\mathrm{d}x=\frac{1}{2}\int_0^{+\infty}\frac{\cos2\beta x-\cos2\alpha x}{x}\mathrm{d}x+\frac{1}{8}\int_0^{+\infty}\frac{\cos4\alpha x-\cos4\beta x}{x}\mathrm{d}x$$

$$\xlongequal{\text{例 6.5.19}}\frac{1}{2}\ln\frac{\alpha}{\beta}+\frac{1}{8}\ln\frac{\beta}{\alpha}=\frac{3}{8}\ln\frac{\alpha}{\beta}.$$

□

687. 证明：函数 $f(\alpha)=\int_0^{+\infty}\frac{\mathrm{e}^{-t}}{|\sin t|^{\alpha}}\mathrm{d}t$ 在 $[0,1)$ 中连续.

证明 将积分改写为级数的形式

$$f(\alpha)=\int_0^{+\infty}\frac{\mathrm{e}^{-t}}{|\sin t|^{\alpha}}\mathrm{d}t=\sum_{n=0}^{\infty}\int_{n\pi}^{(n+1)\pi}\frac{\mathrm{e}^{-t}}{|\sin t|^{\alpha}}\mathrm{d}t$$

$$\xlongequal{t=x+n\pi}\sum_{n=0}^{\infty}\mathrm{e}^{-n\pi}\int_0^{\pi}\frac{\mathrm{e}^{-x}}{\sin^{\alpha}x}\mathrm{d}x=\frac{1}{1-\mathrm{e}^{-\pi}}\int_0^{\pi}\frac{\mathrm{e}^{-x}}{\sin^{\alpha}x}\mathrm{d}x.$$

我们证明，对 $\forall\,\delta\in(0,1)$，上面右端的积分在 $\alpha\in[0,\delta]$ 时一致收敛. 事实上，$x=0$ 和 $x=\pi$ 是这个积分的两个瑕点. 在 $x=0$ 的右旁，有

$$0<\frac{\mathrm{e}^{-x}}{\sin^{\alpha}x}\leqslant c\,\frac{\mathrm{e}^{-x}}{x^{\alpha}}\leqslant c\,\frac{\mathrm{e}^{-x}}{x^{\delta}}.$$

在 $x=\pi$ 的左旁，有

$$0<\frac{\mathrm{e}^{-x}}{\sin^{\alpha}x}\leqslant c\,\frac{\mathrm{e}^{-x}}{(\pi-x)^{\delta}}.$$

而积分 $\int_0^{\frac{\pi}{2}}\frac{\mathrm{e}^{-x}}{x^{\delta}}\mathrm{d}x$ 和 $\int_{\frac{\pi}{2}}^{\pi}\frac{\mathrm{e}^{-x}}{(\pi-x)^{\delta}}\mathrm{d}x$ 都收敛，故由 Weierstrass 判别法知

$$\int_0^{\pi}\frac{\mathrm{e}^{-x}}{\sin^{\alpha}x}\mathrm{d}x$$

在 $[0,\delta]$ 中一致收敛，因而 f 为 $[0,\delta]$ 中的连续函数. 由于 $\delta\in(0,1)$ 任取，故 f 在 $[0,1)$ 中连续.

□

688. 通过积分

$$\varphi(u)=\int_0^{+\infty}u\mathrm{e}^{-ux}\mathrm{d}x,\quad 0<u\leqslant 1$$

与

$$\psi(u)=\int_0^{+\infty}u\mathrm{e}^{u(u-x)}\mathrm{d}x,\quad 1\leqslant u<+\infty$$

说明含参变量广义积分的 Dini 定理 15.3.2 对开区间,半开半闭区间和无穷区间未必成立.

证明 (1) 当 $u>0$ 时,有

$$\varphi(u)=\int_0^{+\infty} u\mathrm{e}^{-ux}\,\mathrm{d}x=\mathrm{e}^{-ux}\Big|_0^{+\infty}=1.$$

这是常数为 1 的函数,当然是连续的. 另外,被积函数 $u\mathrm{e}^{-ux}$ 在 $[0,+\infty)\times(0,+\infty)$ 上也是连续且非负的,但根据例 15.2.1(2)(或其方法)知,积分

$$\varphi(u)=\int_0^{+\infty} u\mathrm{e}^{-ux}\,\mathrm{d}x$$

在 $(0,+\infty)$(或 $(0,1)$ 或 $(0,1]$)中不是一致收敛的. 这个例子说明 Dini 定理 15.3.2 对开区间,半开半闭区间,无穷区间上未必成立.

(2) 当 $1\leqslant u<+\infty$ 时,则

$$\psi(u)=\int_0^{+\infty} u\mathrm{e}^{u(u-x)}\,\mathrm{d}x=\mathrm{e}^{u^2}\int_0^{+\infty} u\mathrm{e}^{-ux}\,\mathrm{d}x=\mathrm{e}^{u^2}\times 1=\mathrm{e}^{u^2}$$

为 $[1,+\infty)$ 上的连续函数. 而被积函数 $u\mathrm{e}^{u(u-x)}$ 在 $[0,+\infty)\times[1,+\infty)$ 上是连续且非负的. 但积分 $\psi(u)=\int_0^{+\infty} u\mathrm{e}^{u(u-x)}\,\mathrm{d}x$ 在 $[1,+\infty)$ 中不一致收敛. 这是因为

$$\begin{aligned}\sup_{1\leqslant u<+\infty}\left|\int_A^{+\infty} u\mathrm{e}^{u(u-x)}\,\mathrm{d}x\right| &= \sup_{1\leqslant u<+\infty}\left|\mathrm{e}^{u^2}\int_A^{+\infty} u\mathrm{e}^{-ux}\,\mathrm{d}x\right| \\ &= \sup_{1\leqslant u<+\infty}\left|\mathrm{e}^{u^2}(-\mathrm{e}^{-ux})\Big|_A^{+\infty}\right| = \sup_{1\leqslant u<+\infty}\left|\mathrm{e}^{u^2}\cdot\mathrm{e}^{-uA}\right| \\ &\geqslant \mathrm{e}^{A^2}\cdot\mathrm{e}^{-A\cdot A}=1\nrightarrow 0\quad(A\to+\infty).\end{aligned}$$

这个例子说明 Dini 定理 15.3.2 对闭无穷区间也是不成立的. □

689. 设

$$g(\alpha)=\int_1^{+\infty}\frac{\arctan\alpha x}{x^2\sqrt{x^2-1}}\,\mathrm{d}x.$$

证明:(1) $g'(\alpha)=\dfrac{\pi}{2}\left(1-\dfrac{|\alpha|}{\sqrt{1+\alpha^2}}\right)$;

(2) $g(\alpha)=\dfrac{\pi}{2}(|\alpha|+1-\sqrt{1+\alpha^2})\operatorname{sgn}\alpha\,(-\infty<\alpha<+\infty)$.

证明 (1) 当 $\alpha\neq 0$ 时,奇点为 $x=1$ 与 $x=+\infty$.

① 在 $x=1$ 的右开邻域内,被积函数

$$\frac{\arctan\alpha x}{x^2\sqrt{x^2-1}}$$

与

$$\frac{1}{\sqrt{x^2-1}}=\frac{1}{\sqrt{(x-1)(x+1)}}$$

同阶,因而与 $\dfrac{1}{\sqrt{x-1}}$ 同阶;

② 在 $x=+\infty$ 的开邻域内，则

$$\frac{\arctan\alpha x}{x^2\sqrt{x^2-1}}$$

与 $\frac{1}{x^3}$ 同阶.

或者由

$$\left|\frac{\arctan\alpha x}{x^2\sqrt{x^2-1}}\right|<\frac{\pi}{2}\,\frac{1}{x^2\sqrt{x^2-1}}\leqslant\begin{cases}\dfrac{\pi}{2\sqrt{x-1}}, & 1<x<\sqrt{2},\\ \dfrac{\pi}{2x^2}, & \sqrt{2}\leqslant x<+\infty\end{cases}$$

立知，原积分 $g(\alpha)$ 收敛.

当 $\alpha=0$ 时，$g(0)=0$.

此外，由于

$$0<\left(\frac{\arctan\alpha x}{x^2\sqrt{x^2-1}}\right)'_\alpha=\frac{1}{x\sqrt{x^2-1}(1+\alpha^2x^2)}<\frac{1}{x\sqrt{x^2-1}},\quad \forall\alpha\in(-\infty,+\infty)$$

和 $\int_1^{+\infty}\frac{1}{x\sqrt{x^2-1}}\mathrm{d}x$ 收敛知，积分

$$\int_1^{+\infty}\left(\frac{\arctan\alpha x}{x^2\sqrt{x^2-1}}\right)'_\alpha\mathrm{d}x=\int_1^{+\infty}\frac{\mathrm{d}x}{x\sqrt{x^2-1}(1+\alpha^2x^2)}$$

关于 $\alpha\in(-\infty,+\infty)$ 一致收敛.

明显地，被积函数 $\frac{\arctan\alpha x}{x^2\sqrt{x^2-1}}$ 以及它对参数 α 的导数 $\frac{1}{x\sqrt{x^2-1}(1+\alpha^2x^2)}$ 在 $(1,+\infty)=(1,2]\cup[2,+\infty)$ 上连续. 因此，根据定理 15.3.6(关于参变量瑕积分有相应的定理，并注意到 $\int_1^{+\infty}=\int_1^2+\int_2^{+\infty}$)，有

$$\begin{aligned}g'(\alpha)&=\int_1^{+\infty}\left(\frac{\arctan\alpha x}{x^2\sqrt{x^2-1}}\right)'_\alpha\mathrm{d}x=\int_1^{+\infty}\frac{\mathrm{d}x}{x\sqrt{x^2-1}(1+\alpha^2x^2)}\\&\xlongequal{x=\sec t}\int_0^{\frac{\pi}{2}}\frac{\sec t\cdot\tan t}{\sec t\cdot\tan t\cdot(1+\alpha^2\sec^2 t)}\mathrm{d}t\\&=\int_0^{\frac{\pi}{2}}\frac{\mathrm{d}t}{1+\alpha^2\sec^2 t}\xlongequal{u=\tan t}\int_0^{+\infty}\frac{1}{1+\alpha^2(1+u^2)}\cdot\frac{\mathrm{d}u}{1+u^2}\\&=\int_0^{+\infty}\left(\frac{1}{1+u^2}-\frac{\alpha^2}{1+\alpha^2+\alpha^2u^2}\right)\mathrm{d}u\\&=\left(\arctan u-\frac{\alpha}{\sqrt{1+\alpha^2}}\arctan\frac{\alpha u}{\sqrt{1+\alpha^2}}\right)\Big|_0^{+\infty}\\&=\frac{\pi}{2}\left(1-\frac{|\alpha|}{\sqrt{1+\alpha^2}}\right).\end{aligned}$$

注意,也可直接作变换如下:

$$\int_1^{+\infty}\frac{\mathrm{d}x}{x\sqrt{x^2-1}(1+\alpha^2x^2)}\xlongequal[x^2=1+u^2]{u=\sqrt{x^2-1}}\int_0^{+\infty}\frac{\frac{2u\mathrm{d}u}{2x}}{x\cdot u[1+\alpha^2(1+u^2)]}$$

$$=\int_0^{+\infty}\frac{\mathrm{d}u}{(1+u^2)[1+\alpha^2(1+u^2)]}$$

$$=\int_0^{+\infty}\frac{1}{1+\alpha^2(1+u^2)}\cdot\frac{\mathrm{d}u}{1+u^2}.$$

(2) 当 $\alpha\geqslant0$ 时,由(1)得到

$$g(\alpha)=g(\alpha)-g(0)=\int_0^{\alpha}g'(t)\mathrm{d}t-0$$

$$=\frac{\pi}{2}\int_0^{\alpha}\left(1-\frac{t}{\sqrt{1+t^2}}\right)\mathrm{d}t=\frac{\pi}{2}\alpha-\sqrt{1+t^2}\Big|_0^{\alpha}$$

$$=\frac{\pi}{2}(\alpha+1-\sqrt{1+\alpha^2}).$$

又因$g(\alpha)=-g(-\alpha)$,所以对$\forall\alpha\in(-\infty,+\infty)$,有

$$g(\alpha)=\frac{\pi}{2}(|\alpha|+1-\sqrt{1+\alpha^2})\operatorname{sgn}\alpha,\quad \alpha\in(-\infty,+\infty).$$ □

690. 设

$$g(\alpha,\beta)=\int_0^{+\infty}\frac{\arctan\alpha x\cdot\arctan\beta x}{x^2}\mathrm{d}x,\quad \alpha>0,\quad \beta>0.$$

证明:(1) $g''_{\alpha\beta}(\alpha,\beta)=\dfrac{\pi}{2(\alpha+\beta)},\quad \alpha>0,\quad \beta>0$;

(2) $g'_{\alpha}(\alpha,\beta)=\dfrac{\pi}{2}\ln\dfrac{\alpha+\beta}{\alpha},\quad \alpha>0,\quad \beta>0$;

(3) $g(\alpha,\beta)=\dfrac{\pi}{2}\ln\dfrac{(\alpha+\beta)^{\alpha+\beta}}{\alpha^{\alpha}\beta^{\beta}},\quad \alpha>0,\quad \beta>0$;

(4) $g(\alpha,\beta)=\begin{cases}\dfrac{\pi}{2}\operatorname{sgn}\alpha\cdot\operatorname{sgn}\beta\cdot\ln\dfrac{(|\alpha|+|\beta|)^{|\alpha|+|\beta|}}{|\alpha|^{|\alpha|}|\beta|^{|\beta|}}, & \alpha\beta\neq0,\\ 0, & \alpha\beta=0.\end{cases}$

证明 (1) 因为 $\arctan x\sim x(x\to0)$,所以

$$\lim_{x\to0^+}\frac{\arctan\alpha x\cdot\arctan\beta x}{x^2}=\alpha\beta.$$

故 $x=0$ 不是瑕点. 而在 $x=+\infty$的开邻域内

$$\left|\frac{\arctan\alpha x\cdot\arctan\beta x}{x^2}\right|\leqslant\frac{\pi^2}{4x^2}.$$

由此推得原积分收敛. 因为

$$\left|\frac{\arctan\beta x}{x(1+\alpha^2x^2)}\right|\leqslant\frac{\pi}{2x(1+\alpha_0^2x^2)},\quad \alpha\geqslant\alpha_0>0$$

和 $\int_1^{+\infty}\frac{\pi}{2x(1+\alpha_0^2x^2)}\mathrm{d}x$ 收敛，所以积分

$$\int_0^{+\infty}\left(\frac{\arctan\alpha x\cdot\arctan\beta x}{x^2}\right)'_\alpha\mathrm{d}x=\int_0^{+\infty}\frac{\arctan\beta x}{x(1+\alpha^2x^2)}\mathrm{d}x$$

关于 $\alpha\in(0,+\infty)$ 内闭一致收敛(注意 $x=0$ 不是奇点!).

被积函数

$$\frac{\arctan\alpha x\cdot\arctan\beta x}{x^2}$$

和它对参数 α 的导数在 $x>0,\alpha>0$ 上连续($x=0$ 为可去间断点). 总之符合在积分号下求导的全部条件. 因此

$$g'_\alpha(\alpha,\beta)=\int_0^{+\infty}\frac{\arctan\beta x}{x(1+\alpha^2x^2)}\mathrm{d}x.$$

类似可证上式可在积分号下对 $\beta\in(0,+\infty)$ 求导，所以

$$\begin{aligned}g''_{\alpha\beta}(\alpha,\beta)&=\int_0^{+\infty}\frac{\mathrm{d}x}{(1+\alpha^2x^2)(1+\beta^2x^2)}\\&=\frac{1}{\alpha^2-\beta^2}\int_0^{+\infty}\left(\frac{\alpha^2}{1+\alpha^2x^2}-\frac{\beta^2}{1+\beta^2x^2}\right)\mathrm{d}x\qquad(\text{当 }\alpha\neq\beta)\\&=\frac{1}{\alpha^2-\beta^2}(\alpha\arctan\alpha x-\beta\arctan\beta x)\Big|_0^{+\infty}\\&=\frac{1}{\alpha^2-\beta^2}(\alpha-\beta)\frac{\pi}{2}=\frac{\pi}{2(\alpha+\beta)}.\end{aligned}$$

因为上述积分在 $\alpha,\beta>0$ 上内闭一致收敛，$g''_{\alpha\beta}$ 在 $\alpha,\beta>0$ 上有连续性，从 $\alpha\neq\beta$ 的结果取极限，可知 $\alpha=\beta$ 时亦成立，即 $g''_{\alpha\beta}(\alpha,\alpha)=\frac{\pi}{4\alpha}$. 或者

$$\begin{aligned}g''_{\alpha\beta}(\alpha,\alpha)&=\int_0^{+\infty}\frac{\mathrm{d}x}{(1+\alpha^2x^2)^2}=\int_0^{+\infty}\frac{(1+\alpha^2x^2)-\alpha^2x^2}{(1+\alpha^2x^2)^2}\mathrm{d}x\\&=\int_0^{+\infty}\frac{\mathrm{d}x}{1+\alpha^2x^2}+\frac{1}{2}\int_0^{+\infty}x\mathrm{d}\frac{1}{1+\alpha^2x^2}\\&=\int_0^{+\infty}\frac{\mathrm{d}x}{1+\alpha^2x^2}+\frac{1}{2}\left(\frac{x}{1+\alpha^2x^2}\Big|_0^{+\infty}-\int_0^{+\infty}\frac{\mathrm{d}x}{1+\alpha^2x^2}\right)\\&=\frac{1}{2}\int_0^{+\infty}\frac{\mathrm{d}x}{1+\alpha^2x^2}=\frac{1}{2\alpha}\arctan\alpha x\Big|_0^{+\infty}=\frac{1}{2\alpha}\cdot\frac{\pi}{2}=\frac{\pi}{4\alpha}.\end{aligned}$$

(2) 由(1)对 $\alpha>0,\beta>0$，有

$$g'_\alpha(\alpha,\beta)=\int_0^{+\infty}\frac{\arctan\beta x}{x(1+\alpha^2x^2)}\mathrm{d}x,$$

$$g''_{\alpha\beta}(\alpha,\beta)=\frac{\pi}{2(\alpha+\beta)}.$$

由此对第二式关于 β 积分得

$$g'_\alpha(\alpha,\beta)=\frac{\pi}{2}\ln(\alpha+\beta)+C(\alpha),\ \beta>0.$$

注意到积分 $g'_\alpha(\alpha,\beta)=\int_0^{+\infty}\frac{\arctan\beta x}{x(1+\alpha^2x^2)}\mathrm{d}x$ 对于 $\beta\geqslant 0$ 一致收敛，因此

$$\begin{aligned}0&=\int_0^{+\infty}0\mathrm{d}x=\int_0^{+\infty}\lim_{\beta\to0^+}\frac{\arctan\beta x}{x(1+\alpha^2x^2)}\mathrm{d}x=\lim_{\beta\to0^+}\int_0^{+\infty}\frac{\arctan\beta x}{x(1+\alpha^2x^2)}\mathrm{d}x\\&=\lim_{\beta\to0^+}g'_\alpha(\alpha,\beta)=\lim_{\beta\to0^+}\left[\frac{\pi}{2}\ln(\alpha+\beta)+C(\alpha)\right]=\frac{\pi}{2}\ln\alpha+C(\alpha),\end{aligned}$$

$$C(\alpha)=-\frac{\pi}{2}\ln\alpha,$$

$$g'_\alpha(\alpha,\beta)=\frac{\pi}{2}\ln(\alpha+\beta)-\frac{\pi}{2}\ln\alpha=\frac{\pi}{2}\ln\frac{\alpha+\beta}{\alpha},\quad \alpha>0,\quad \beta>0.$$

(3) 将(2)中最后一式关于 α 积分得

$$\begin{aligned}g(\alpha,\beta)&=\frac{\pi}{2}\int\ln\frac{\alpha+\beta}{\alpha}\mathrm{d}\alpha=\frac{\pi}{2}\left[\alpha\ln\frac{\alpha+\beta}{\alpha}-\int\alpha\left(\frac{1}{\alpha+\beta}-\frac{1}{\alpha}\right)\mathrm{d}\alpha\right]\\&=\frac{\pi}{2}\left(\alpha\ln\frac{\alpha+\beta}{\alpha}+\int\frac{\beta}{\alpha+\beta}\mathrm{d}\alpha\right)=\frac{\pi}{2}\left[\alpha\ln\frac{\alpha+\beta}{\alpha}+\beta\ln(\alpha+\beta)\right]+C_1(\beta).\end{aligned}$$

注意到原积分 $g(\alpha,\beta)$ 关于 $\alpha,\beta\in(-\infty,+\infty)$ 一致收敛，$g(\alpha,\beta)$ 在 $(0,0)$ 处连续，于是

$$\begin{aligned}0&=\lim_{\alpha\to0^+}g(\alpha,\beta)=\lim_{\alpha\to0^+}\left\{\frac{\pi}{2}\left[\alpha\ln\frac{\alpha+\beta}{\alpha}+\beta\ln(\alpha+\beta)\right]+C_1(\beta)\right\}\\&=\frac{\pi}{2}\left[\lim_{\alpha\to0^+}\frac{\ln(\alpha+\beta)-\ln\alpha}{\frac{1}{\alpha}}+\beta\lim_{\alpha\to0^+}\ln(\alpha+\beta)\right]+C_1(\beta)\\&=\frac{\pi}{2}\left(\lim_{\alpha\to0^+}\frac{\frac{1}{\alpha+\beta}-\frac{1}{\alpha}}{\frac{-1}{\alpha^2}}+\beta\ln\beta\right)+C_1(\beta)\\&=\frac{\pi}{2}\left(\lim_{\alpha\to0^+}\frac{\alpha\beta}{\alpha+\beta}+\beta\ln\beta\right)+C_1(\beta)\\&=\frac{\pi}{2}\beta\ln\beta+C_1(\beta),\end{aligned}$$

$$C_1(\beta)=-\frac{\pi}{2}\beta\ln\beta.$$

亦可从 $g(\alpha,\beta)$ 的对称性直接从公式看出

$$C_1(\beta)=-\frac{\pi}{2}\beta\ln\beta+C_2(\beta).$$

于是

$$g(\alpha,\beta)=\frac{\pi}{2}\left[\alpha\ln\frac{\alpha+\beta}{\alpha}+\beta\ln\frac{\alpha+\beta}{\beta}\right]+C_2(\beta).$$

$$0=\lim_{\alpha\to 0}g(\alpha,\beta)=\lim_{\alpha\to 0}\frac{\pi}{2}\left[\alpha\ln\frac{\alpha+\beta}{\alpha}+\beta\ln\frac{\alpha+\beta}{\beta}\right]+C_2(\beta),$$

$$C_2(\beta)=0,$$

$$C_1(\beta)=-\frac{\pi}{2}\beta\ln\beta.$$

从而得

$$\begin{aligned}g(\alpha,\beta)&=\frac{\pi}{2}\alpha\ln\frac{\alpha+\beta}{\alpha}+\frac{\pi}{2}\beta\ln(\alpha+\beta)-\frac{\pi}{2}\beta\ln\beta\\&=\frac{\pi}{2}\ln\frac{(\alpha+\beta)^{\alpha+\beta}}{\alpha^{\alpha}\beta^{\beta}},\quad\alpha>0,\quad\beta>0.\end{aligned}$$

(4) 因为 $g(\alpha,\beta)$ 对 α,β 分别为奇函数，所以根据(3)，有

$$g(\alpha,\beta)=\begin{cases}\dfrac{\pi}{2}\operatorname{sgn}\alpha\cdot\operatorname{sgn}\beta\cdot\ln\dfrac{(|\alpha|+|\beta|)^{|\alpha|+|\beta|}}{|\alpha|^{|\alpha|}\,|\beta|^{|\beta|}}, & \alpha\beta\neq 0,\\ 0, & \alpha\beta=0.\end{cases}$$

□

691. 设 $F(x)=e^{\frac{x^2}{2}}\int_x^{+\infty}e^{-\frac{t^2}{2}}dt$，$x\in[0,+\infty)$. 证明：

(1) $\lim\limits_{x\to+\infty}F(x)=0$；

(2) $F(x)$ 在 $[0,+\infty)$ 内单调减.

证明 (1) 应用 L'Hospital 法则

$$\lim_{x\to+\infty}F(x)=\lim_{x\to+\infty}\frac{\int_x^{+\infty}e^{-\frac{t^2}{2}}dt}{e^{-\frac{x^2}{2}}}=\lim_{x\to+\infty}\frac{-e^{-\frac{x^2}{2}}}{-xe^{-\frac{x^2}{2}}}=\lim_{x\to+\infty}\frac{1}{x}=0.$$

(2) 因为

$$\begin{aligned}F'(x)&=\left(e^{\frac{x^2}{2}}\int_x^{+\infty}e^{-\frac{t^2}{2}}dt\right)'=xe^{\frac{x^2}{2}}\int_x^{+\infty}e^{-\frac{t^2}{2}}dt-e^{\frac{x^2}{2}}e^{-\frac{x^2}{2}}\\&=\int_x^{+\infty}xe^{\frac{x^2-t^2}{2}}dt-1\leqslant\int_x^{+\infty}te^{\frac{x^2-t^2}{2}}dt-1\\&=-e^{\frac{x^2-t^2}{2}}\Bigg|_{t=x}^{t=+\infty}-1=1-1=0,\end{aligned}$$

所以 $F(x)$ 在 $[0,+\infty)$ 内单调减. □

692. 试利用

$$I=\int_0^{+\infty}e^{-x^2}dx\xlongequal{x=\alpha t}\int_0^{+\infty}\alpha e^{-\alpha^2t^2}dt$$

证明：Euler-poisson 概率积分 $\int_0^{+\infty}e^{-x^2}dx=\frac{\sqrt{\pi}}{2}$（对照例 6.5.7，例 6.6.2，693 题，694 题）.

证明 因为

$$
\begin{aligned}
I^2 &= I\cdot\int_0^{+\infty} e^{-\alpha^2}\,d\alpha = \int_0^{+\infty} I e^{-\alpha^2}\,d\alpha \\
&= \int_0^{+\infty}\left(\int_0^{+\infty}\alpha e^{-\alpha^2t^2}\,dt\right)e^{-\alpha^2}\,d\alpha = \int_0^{+\infty}d\alpha\int_0^{+\infty}\alpha e^{-\alpha^2(1+t^2)}\,dt \\
&= \int_0^{+\infty}dt\int_0^{+\infty}\alpha e^{-\alpha^2(1+t^2)}\,d\alpha = \int_0^{+\infty}\frac{-1}{2(1+t^2)}e^{-\alpha^2(1+t^2)}\Bigg|_{\alpha=0}^{\alpha=+\infty}dt \\
&= \frac{1}{2}\int_0^{+\infty}\frac{dx}{1+x^2} = \frac{1}{2}\arctan x\Big|_0^{+\infty} = \frac{\pi}{4},
\end{aligned}
$$

所以

$$
I = \int_0^{+\infty} e^{-x^2}\,dx = \frac{\sqrt{\pi}}{2}. \qquad \square
$$

693. 应用等式 $e^{-x^2} = \lim\limits_{n\to+\infty}\left(1+\dfrac{x^2}{n}\right)^{-n}$ 证明：

$$
\int_0^{+\infty} e^{-x^2}\,dx = \lim_{n\to+\infty}\sqrt{n}\int_0^{\frac{\pi}{2}}\sin^{2n-2}t\,dt = \frac{\sqrt{\pi}}{2}.
$$

证明
$$
\begin{aligned}
\int_0^{+\infty} e^{-x^2}\,dx &= \int_0^{+\infty}\lim_{n\to+\infty}\left(1+\frac{x^2}{n}\right)^{-n}dx \xlongequal{\text{积分与极限交换}} \lim_{n\to+\infty}\int_0^{+\infty}\left(1+\frac{x^2}{n}\right)^{-n}dx \\
&\xlongequal{x=\sqrt{n}\cot t} \lim_{n\to+\infty}\int_{\frac{\pi}{2}}^{0}(1+\cot^2 t)^{-n}(-\sqrt{n}\csc^2 t)\,dt \\
&= \lim_{n\to+\infty}\int_0^{\frac{\pi}{2}}\sqrt{n}\sin^{2n-2}t\,dt = \lim_{n\to+\infty}\sqrt{n}\int_0^{\frac{\pi}{2}}\sin^{2n-2}t\,dt \\
&= \lim_{n\to+\infty}\sqrt{n}\,\frac{(2n-3)!!}{(2n-2)!!}\,\frac{\pi}{2} \\
&= \lim_{n\to+\infty}\frac{\sqrt{n}}{\sqrt{2n-1}}\,\frac{1}{\left\{\dfrac{1}{2n-1}\left[\dfrac{(2n-2)!!}{(2n-3)!!}\right]^2\right\}^{\frac{1}{2}}}\,\frac{\pi}{2} \\
&\xlongequal{\text{例 6.4.5(2)}} \frac{1}{\sqrt{2}}\cdot\frac{1}{\sqrt{\frac{\pi}{2}}}\cdot\frac{\pi}{2} = \frac{\sqrt{\pi}}{2}.
\end{aligned}
$$

第二个等号中积分与极限交换次序是合理的. 事实上，对 $\forall\,\varepsilon>0$，因为

$$
0<\left(1+\frac{x^2}{n}\right)^{-n}\leqslant e^{-x^2},
$$

故 $\exists\,A>0$, s. t.

$$
0<\int_A^{+\infty}\left(1+\frac{x^2}{n}\right)^{-n}dx\leqslant\int_A^{+\infty}e^{-x^2}\,dx<\frac{\varepsilon}{3}.
$$

对固定的 A，由 Dini 定理 13.2.5 连续函数的单调增序列 $\left(1+\dfrac{x^2}{n}\right)^{-n}$ 在 $[0,A]$ 上一致收敛于

e^{-x^2}. 因此,$\exists N\in\mathbb{N}$,当 $n>N$ 时,有

$$\left|\left(1+\frac{x^2}{n}\right)^{-n}-e^{-x^2}\right|<\frac{\varepsilon}{3A},\quad x\in[0,A].$$

于是,当 $n>N$ 时,有

$$\left|\int_0^{+\infty}\left(1+\frac{x^2}{n}\right)^{-n}dx-\int_0^{+\infty}e^{-x^2}dx\right|\leqslant\int_0^A\left|\left(1+\frac{x^2}{n}\right)^{-n}-e^{-x^2}\right|dx+2\int_A^{+\infty}e^{-x^2}dx$$

$$<\frac{\varepsilon}{3A}\cdot A+2\cdot\frac{\varepsilon}{3}=\varepsilon,$$

$$\lim_{n\to+\infty}\int_0^{+\infty}\left(1+\frac{x^2}{n}\right)^{-n}dx=\int_0^{+\infty}e^{-x^2}dx.$$ □

694. 设

$$\varphi(x)=\int_0^1\frac{e^{-x^2(1+u^2)}}{1+u^2}du,\quad f(x)=\left(\int_0^x e^{-t^2}dt\right)^2,\quad I=\int_0^{+\infty}e^{-x^2}dx.$$

证明:(1) $f'(x)=-\varphi'(x)$,$f(x)=\frac{\pi}{4}-\varphi(x)$,$x\geqslant0$;

(2) $I^2=\lim\limits_{x\to+\infty}f(x)=\frac{\pi}{4}-\lim\limits_{x\to+\infty}\varphi(x)=\frac{\pi}{4}$,即 $I=\frac{\sqrt{\pi}}{2}$.

证明 (1) $f'(x)=\left[\left(\int_0^x e^{-t^2}dt\right)^2\right]'=2e^{-x^2}\int_0^x e^{-t^2}dt$

$$\overset{t=xu}{=\!=\!=}2e^{-x^2}\int_0^1 xe^{-x^2u^2}du=\int_0^1 2x(1+u^2)e^{-x^2(1+u^2)}\frac{1}{1+u^2}du$$

$$=-\left(\int_0^1\frac{e^{-x^2(1+u^2)}}{1+u^2}du\right)'=-\varphi'(x),$$

$$[f(x)+\varphi(x)]'=0.$$

从而,有

$$f(x)+\varphi(x)=C,\quad x\geqslant0.$$

取 $x=0$ 知

$$C=f(0)+\varphi(0)=0+\int_0^1\frac{du}{1+u^2}=\arctan u\Big|_0^1=\frac{\pi}{4},$$

故

$$f(x)=\frac{\pi}{4}-\varphi(x),\quad x\geqslant0.$$

(2) 注意到

$$0<\frac{e^{-x^2(1+u^2)}}{1+u^2}\leqslant e^{-x^2}\to0\quad(x\to+\infty),$$

所以

$$\frac{e^{-x^2(1+u^2)}}{1+u^2} \rightrightarrows 0, \quad x\to+\infty, \quad u\in[0,1],$$

$$\lim_{x\to+\infty}\varphi(x)=\lim_{x\to+\infty}\int_0^1 \frac{e^{-x^2(1+u^2)}}{1+u^2}du=\int_0^1\lim_{x\to+\infty}\frac{e^{-x^2(1+u^2)}}{1+u^2}du=\int_0^1 0du=0,$$

于是

$$I^2=\lim_{x\to+\infty}f(x)=\lim_{x\to+\infty}\left(\frac{\pi}{4}-\varphi(x)\right)=\frac{\pi}{4}-\lim_{x\to+\infty}\varphi(x)=\frac{\pi}{4}-0=\frac{\pi}{4},$$

$$I=\frac{\sqrt{\pi}}{2}.$$

□

695. 设

$$g(\alpha)=\int_0^{+\infty}e^{-x^2}\cos 2\alpha x\,dx.$$

证明：(1) $g'(\alpha)=-2\alpha g(\alpha)$,

$$g(\alpha)=\frac{\sqrt{\pi}}{2}e^{-\frac{\alpha^2}{2}}\left(已知\ g(0)=\int_0^{+\infty}e^{-x^2}dx=\frac{\sqrt{\pi}}{2}\right);$$

(2) $g(\alpha)$有任意阶导数，因而 $g(\alpha)$是 C^∞ 函数，且

$$\int_0^{+\infty}x^{2k}e^{-x^2}\cos 2\alpha x\,dx=(-1)^k\frac{\sqrt{\pi}}{2^{2k+1}}\frac{d^{2k}}{d\alpha^{2k}}e^{-\alpha^2}, \quad k=0,1,2,\cdots.$$

证明 (1)

$$g'(\alpha)=\left(\int_0^{+\infty}e^{-x^2}\cos 2\alpha x\,dx\right)'_\alpha \xlongequal{积分号下求导} \int_0^{+\infty}(e^{-x^2}\cos 2\alpha x)'_\alpha dx$$

$$=-\int_0^{+\infty}2xe^{-x^2}\sin 2\alpha x\,dx=\int_0^{+\infty}\sin 2\alpha x\,de^{-x^2}$$

$$=e^{-x^2}\sin 2\alpha x\Big|_0^{+\infty}-2\alpha\int_0^{+\infty}e^{-x^2}\cos 2\alpha x\,dx$$

$$=-2\alpha g(\alpha).$$

解微分方程

$$\begin{cases} g'(\alpha)=-2\alpha g(\alpha), \\ g(0)=\dfrac{\sqrt{\pi}}{2}, \end{cases}$$

得到

$$\frac{g'(\alpha)}{g(\alpha)}=-2\alpha,$$

$$\ln\frac{g(\alpha)}{g(0)}=\ln g(\alpha)-\ln g(0)=\int_0^\alpha\frac{g'(t)}{g(t)}dt=-2\int_0^\alpha t\,dt=-\frac{\alpha^2}{2},$$

$$g(\alpha)=g(0)e^{-\frac{\alpha^2}{2}}=\frac{\sqrt{\pi}}{2}e^{-\frac{\alpha^2}{2}}.$$

(2) 在(1)中,因为

$$|2xe^{-x^2}\sin 2\alpha x| \leqslant 2xe^{-x^2}$$

和$\int_0^{+\infty} 2xe^{-x^2}dx$ 收敛知,$g'(\alpha)=\int_0^{+\infty} -2xe^{-x^2}\sin 2\alpha x\,dx$ 关于$\alpha\in(-\infty,+\infty)$一致收敛,所以(1)中第二个等号中积分号下可求导.同理

$$g''(\alpha)=\int_0^{+\infty} -(2x)^2e^{-x^2}\cos 2\alpha x\,dx.$$

假设

$$g^{(l)}(\alpha)=\begin{cases}\int_0^{+\infty}(-1)^s(2x)^{2s-1}e^{-x^2}\sin 2\alpha x\,dx, & l=2s-1,\\ \int_0^{+\infty}(-1)^s(2x)^{2s}e^{-x^2}\cos 2\alpha x\,dx, & l=2s.\end{cases}$$

由

$$\left.\begin{array}{ll}|(-1)^s(2x)^{2s-1}e^{-x^2}\sin 2\alpha x| \leqslant (2x)^{2s-1}e^{-x^2}, & l=2s-1\\ |(-1)^s(2x)^{2s}e^{-x^2}\cos 2\alpha x| \leqslant (2x)^{2s}e^{-x^2}, & l=2s\end{array}\right\}\leqslant (2x)^le^{-x^2},$$

$$0<(2x)^le^{-x^2}<\frac{1}{x^2},$$

及$\int_1^{+\infty}\frac{dx}{x^2}$ 收敛立知,$g^{(l)}(\alpha)$ 关于$\alpha\in(-\infty,+\infty)$一致收敛,故可积分号下对$\alpha$求导得到

$$g^{(l+1)}(\alpha)=\begin{cases}\int_0^{+\infty}(-1)^s(2x)^{2s}e^{-x^2}\cos 2\alpha x\,dx, & l=2s-1,\\ \int_0^{+\infty}(-1)^{s+1}(2x)^{2s+1}e^{-x^2}\sin 2\alpha x\,dx, & l=2s.\end{cases}$$

总之,应用数学归纳法证明了 $g(\alpha)$有任意阶导数,因而 $g(\alpha)$是 C^∞ 函数.

下面再一次应用数学归纳法来证明(2)中公式.

当 $k=0$ 时,有

$$\text{左边}=\int_0^{+\infty}x^{2\times 0}e^{-x^2}\cos 2\alpha x\,dx \xlongequal{\text{由(1)}} \frac{\sqrt{\pi}}{2}e^{-\alpha^2}=(-1)^0\frac{\sqrt{\pi}}{2^{2\times 0+1}}\frac{d^{2\times 0}}{d\alpha^{2\times 0}}e^{-\alpha^2}=\text{右边}.$$

假设 $k=l$ 时,有

$$\int_0^{+\infty}x^{2l}e^{-x^2}\cos 2\alpha x\,dx=(-1)^l\frac{\sqrt{\pi}}{2^{2l+1}}\frac{d^{2l}}{d\alpha^{2l}}e^{-\alpha^2}.$$

于是,对上式两边关于α求两次导数得到

$$\int_0^{+\infty}-2x^{2l+1}e^{-x^2}\sin 2\alpha x\,dx=(-1)^l\frac{\sqrt{\pi}}{2^{2l+1}}\frac{d^{2l+1}}{d\alpha^{2l+1}}e^{-\alpha^2},$$

$$\int_0^{+\infty}-4x^{2l+2}e^{-x^2}\cos 2\alpha x\,dx=(-1)^l\frac{\sqrt{\pi}}{2^{2l+1}}\frac{d^{2l+2}}{d\alpha^{2l+2}}e^{-\alpha^2},$$

$$\int_0^{+\infty} x^{2(l+1)}\mathrm{e}^{-x^2}\cos 2\alpha x\,\mathrm{d}x = (-1)^{l+1}\frac{\sqrt{\pi}}{2^{2(l+1)+1}}\frac{\mathrm{d}^{2(l+1)}}{\mathrm{d}\alpha^{2(l+1)}}\mathrm{e}^{-\alpha^2}.$$

这就证明了

$$\int_0^{+\infty} x^{2k}\mathrm{e}^{-x^2}\cos 2\alpha x\,\mathrm{d}x = (-1)^k\frac{\sqrt{\pi}}{2^{2k+1}}\frac{\mathrm{d}^{2k}}{\mathrm{d}\alpha^{2k}}\mathrm{e}^{-\alpha^2},\quad k=0,1,2,\cdots. \qquad \square$$

696. 讨论函数

$$f(s,p,q)=\int_0^{+\infty}\frac{x^s}{(a+bx^p)^q}\mathrm{d}x,\quad a>0,\quad b>0,\quad p>0$$

的定义域,并用 Γ 函数表示 $f(s,p,q)$.

证明 应用变量代换得到

$$f(s,p,q)=\int_0^{+\infty}\frac{x^s}{(a+bx^p)^q}\mathrm{d}x \xlongequal[\mathrm{d}x=\frac{1}{p}t^{1/p-1}\mathrm{d}t]{x^p=t,x=t^{1/p}} \frac{1}{p}\int\frac{t^{\frac{s}{p}}}{(a+bt)^q}t^{\frac{1}{p}-1}\mathrm{d}t$$

$$=\frac{1}{p}\int_0^{+\infty}\frac{t^{\frac{s+1}{p}-1}}{(a+bt)^q}\mathrm{d}t \xlongequal{t=\frac{a}{b}u} \frac{1}{p}\int_0^{+\infty}\frac{\left(\frac{a}{b}u\right)^{\frac{s+1}{p}-1}}{\left(a+b\cdot\frac{a}{b}u\right)^q}\cdot\frac{a}{b}\mathrm{d}u$$

$$=\frac{1}{pa^q}\left(\frac{a}{b}\right)^{\frac{s+1}{p}}\int_0^{+\infty}\frac{u^{\frac{s+1}{p}-1}}{(1+u)^q}\mathrm{d}u \xlongequal{\text{例 15.4.1(2)}} \frac{1}{pa^q}\left(\frac{a}{b}\right)^{\frac{s+1}{p}}\mathrm{B}\left(q-\frac{s+1}{p},\frac{s+1}{p}\right)$$

$$=\frac{1}{pa^q}\left(\frac{a}{b}\right)^{\frac{s+1}{p}}\frac{\Gamma\left(q-\frac{s+1}{p}\right)\Gamma\left(\frac{s+1}{p}\right)}{\Gamma(q)}.$$

由此可见,f 的定义域为

$$\left\{(s,p,q)\,\middle|\,0<\frac{s+1}{p}<q\right\}. \qquad \square$$

697. 证明:$\int_0^1\ln\Gamma(x)\mathrm{d}x=\ln\sqrt{2\pi}$.

证明 $I=\int_0^1\ln\Gamma(x)\mathrm{d}x \xlongequal{x=1-t} \int_1^0\ln\Gamma(1-t)(-\mathrm{d}t)=\int_0^1\ln\Gamma(1-t)\mathrm{d}t$,

则

$$2I=\int_0^1\ln\Gamma(x)\mathrm{d}x+\int_0^1\ln\Gamma(1-x)\mathrm{d}x=\int_0^1[\ln\Gamma(x)\Gamma(1-x)]\mathrm{d}x$$

$$\xlongequal{\text{余元公式}}\int_0^1\ln\frac{\pi}{\sin\pi x}\mathrm{d}x=\ln\pi-\int_0^1\ln\sin\pi x\,\mathrm{d}x$$

$$\xlongequal{\theta=\pi x}\ln\pi-\frac{1}{\pi}\int_0^{\pi}\ln\sin\theta\,\mathrm{d}\theta=\ln\pi-\frac{2}{\pi}\int_0^{\frac{\pi}{2}}\ln\sin\theta\,\mathrm{d}\theta$$

$$\xlongequal{\text{例 6.5.18}}\ln\pi-\frac{2}{\pi}\left(-\frac{\pi}{2}\ln 2\right)=\ln(2\pi),$$

$$I=\frac{1}{2}\ln 2\pi=\ln\sqrt{2\pi}.$$ □

698. 证明：$\int_0^1 \sin\pi x\ln\Gamma(x)\mathrm{d}x=\frac{1}{\pi}\left(\ln\frac{\pi}{2}+1\right)$.

证明 显然

$$J=\int_0^1 \sin\pi x\ln\Gamma(x)\mathrm{d}x\xlongequal{x=1-t}\int_1^0 \sin\pi(1-t)\ln\Gamma(1-t)(-\mathrm{d}t)=\int_0^1 \sin\pi t\ln\Gamma(1-t)\mathrm{d}t,$$

故

$$2J=\int_0^1 \sin\pi x[\ln\Gamma(x)+\ln\Gamma(1-x)]\mathrm{d}x=\int_0^1 \sin\pi x\ln[\Gamma(x)\Gamma(1-x)]\mathrm{d}x$$

$$\xlongequal{\text{余元公式}}\int_0^1 \sin\pi x(\ln\pi-\ln\sin\pi x)\mathrm{d}x=\ln\pi\int_0^1 \sin\pi x\mathrm{d}x-\int_0^1 \sin\pi x\ln\sin\pi x\mathrm{d}x$$

$$\xlongequal{t=\pi x}\frac{2}{\pi}\ln\pi-\frac{1}{\pi}\int_0^{\pi} \sin t\ln\sin t\mathrm{d}t=\frac{2}{\pi}\ln\pi-\frac{2}{\pi}\int_0^{\frac{\pi}{2}} \sin t\ln\sin t\mathrm{d}t$$

$$=\frac{2}{\pi}\ln\pi-\frac{4}{\pi}\int_0^{\frac{\pi}{2}} \sin\frac{t}{2}\cos\frac{t}{2}\ln\sin t\mathrm{d}t$$

$$=\frac{2}{\pi}\ln\pi-\frac{4}{\pi}\left(-\frac{1}{2}+\frac{1}{2}\ln 2\right)=\frac{2}{\pi}\ln\pi+\frac{2}{\pi}-\frac{2}{\pi}\ln 2,$$

$$J=\int_0^1 \sin\pi x\ln\Gamma(x)\mathrm{d}x=\frac{1}{\pi}\left(\ln\frac{\pi}{2}+1\right).$$

余下须证的是

$$\int_0^{\frac{\pi}{2}} \sin\frac{t}{2}\cos\frac{t}{2}\ln\sin t\mathrm{d}t=\int_0^{\frac{\pi}{2}} \ln\sin t\mathrm{d}\sin^2\frac{t}{2}$$

$$\xlongequal{\text{分部积分}}\sin^2\frac{t}{2}\ln\sin t\Big|_0^{\frac{\pi}{2}}-\int_0^{\frac{\pi}{2}} \sin^2\frac{t}{2}\frac{\cos t}{\sin t}\mathrm{d}t$$

$$=-\frac{1}{2}\int_0^{\frac{\pi}{2}} \frac{\sin\frac{t}{2}\cos t}{\cos\frac{t}{2}}\mathrm{d}t=-\frac{1}{2}\int_0^{\frac{\pi}{2}} \frac{\sin\frac{t}{2}}{\cos\frac{t}{2}}\left(2\cos^2\frac{t}{2}-1\right)\mathrm{d}t$$

$$\xlongequal{x=\cos\frac{t}{2}}\int_1^{\frac{\sqrt{2}}{2}} \frac{2x^2-1}{x}\mathrm{d}x=(x^2-\ln x)\Big|_1^{\frac{\sqrt{2}}{2}}$$

$$=\left(\frac{1}{2}-\ln\frac{1}{\sqrt{2}}\right)-(1-0)=-\frac{1}{2}+\frac{1}{2}\ln 2.$$ □

699. 证明：

$$\int_0^{+\infty} \mathrm{e}^{-x^4}\mathrm{d}x\int_0^{+\infty} x^2\mathrm{e}^{-x^4}\mathrm{d}x=\frac{\pi}{8\sqrt{2}}.$$

证明 $\int_0^{+\infty} \mathrm{e}^{-x^4}\mathrm{d}x\int_0^{+\infty} x^2\mathrm{e}^{-x^4}\mathrm{d}x\xlongequal[\mathrm{d}t=4x^3\mathrm{d}x]{t=x^4}\int_0^{+\infty} \frac{1}{4}t^{-\frac{3}{4}}\mathrm{e}^{-t}\mathrm{d}t\cdot\int_0^{+\infty} \frac{1}{4}t^{-\frac{1}{4}}\mathrm{e}^{-t}\mathrm{d}t$

$$=\frac{1}{16}\Gamma\left(\frac{1}{4}\right)\Gamma\left(\frac{3}{4}\right)\xlongequal{\text{余元公式}}\frac{1}{16}\cdot\frac{\pi}{\sin\frac{\pi}{4}}=\frac{1}{16}\cdot\frac{\pi}{\frac{\sqrt{2}}{2}}=\frac{\pi}{8\sqrt{2}}.$$ □

700. 证明：$E=\Gamma\left(\frac{1}{n}\right)\Gamma\left(\frac{2}{n}\right)\cdots\Gamma\left(\frac{n-1}{n}\right)=\frac{(2\pi)^{\frac{n-1}{2}}}{\sqrt{n}}$，其中 n 为自然数.

证法 1 在 $z^{n-1}+z^{n-2}+\cdots+z+1=\frac{z^n-1}{z-1}=\prod_{k=1}^{n-1}\left(z-\cos\frac{2k\pi}{n}-\mathrm{i}\sin\frac{2k\pi}{n}\right)$ 中，令 $z\to1$ 得到

$$n=\lim_{z\to1}\frac{z^n-1}{z-1}=\prod_{k=1}^{n-1}\left(1-\cos\frac{2k\pi}{n}-\mathrm{i}\sin\frac{2k\pi}{n}\right),$$

$$n=\prod_{k=1}^{n-1}\left|1-\cos\frac{2k\pi}{n}-\mathrm{i}\sin\frac{2k\pi}{n}\right|=\prod_{k=1}^{n-1}\sqrt{\left(1-\cos\frac{2k\pi}{n}\right)^2+\left(\sin\frac{2k\pi}{n}\right)^2}$$

$$=\prod_{k=1}^{n-1}\sqrt{2\left(1-\cos\frac{2k\pi}{n}\right)}=\prod_{k=1}^{n-1}2\sin\frac{k\pi}{n}=2^{n-1}\prod_{k=1}^{n-1}\sin\frac{k\pi}{n}.$$

于是

$$E^2=\Gamma\left(\frac{1}{n}\right)\Gamma\left(\frac{2}{n}\right)\cdots\Gamma\left(\frac{n-1}{n}\right)\cdot\Gamma\left(\frac{n-1}{n}\right)\Gamma\left(\frac{n-2}{n}\right)\cdots\Gamma(1)$$

$$\xlongequal{\text{余元公式}}\frac{\pi}{\sin\frac{\pi}{n}}\cdot\frac{\pi}{\sin\frac{2\pi}{n}}\cdots\frac{\pi}{\sin\frac{(n-1)\pi}{n}}=\frac{\pi^{n-1}}{\frac{n}{2^{n-1}}}=\frac{(2\pi)^{n-1}}{n},$$

$$E=\frac{(2\pi)^{\frac{n-1}{2}}}{\sqrt{n}}.$$

证法 2 $E=\Gamma\left(\frac{1}{n}\right)\Gamma\left(\frac{2}{n}\right)\cdots\Gamma\left(\frac{n-1}{n}\right)$

$$\xlongequal{\text{余元公式}}\frac{\pi}{\sin\frac{\pi}{n}\Gamma\left(\frac{n-1}{n}\right)}\frac{\pi}{\sin\frac{2\pi}{n}\Gamma\left(\frac{n-2}{n}\right)}\cdots\frac{\pi}{\sin\frac{n-1}{n}\pi\Gamma\left(\frac{1}{n}\right)}$$

$$=\frac{\pi^{n-1}}{\left(\prod_{k=1}^{n-1}\sin\frac{k\pi}{n}\right)E},$$

$$E=\left(\frac{\pi^{n-1}}{\prod_{k=1}^{n-1}\sin\frac{k\pi}{n}}\right)^{\frac{1}{2}}=\left(\frac{\pi^{n-1}}{\frac{n}{2^{n-1}}}\right)^{\frac{1}{2}}=\frac{(2\pi)^{\frac{n-1}{2}}}{\sqrt{n}}.$$ □

701. 设 $p,q,m>0$，证明：

$$\int_0^1 x^{p-1}(1-x^m)^{q-1}\mathrm{d}x=\frac{1}{m}\mathrm{B}\left(\frac{p}{m},q\right)=\frac{1}{m}\frac{\Gamma\left(\frac{p}{m}\right)\Gamma(q)}{\Gamma\left(\frac{p}{m}+q\right)},$$

并由此推得

$$\int_0^1 \frac{dx}{\sqrt{1-x^4}}\int_0^1 \frac{x^2 dx}{\sqrt{1-x^4}} = \frac{\pi}{4}.$$

证明　$\int_0^1 x^{p-1}(1-x^m)^{q-1}dx \xlongequal[du=mx^{m-1}dx]{u=x^m} \int_0^1 u^{\frac{p-1}{m}}(1-u)^{q-1}\frac{1}{mu^{\frac{m-1}{m}}}du$

$$= \frac{1}{m}\int_0^1 u^{\frac{p}{m}-1}(1-u)^{q-1}du = \frac{1}{m}B\left(\frac{p}{m},q\right)$$

$$= \frac{1}{m}\frac{\Gamma\left(\frac{p}{m}\right)\Gamma(q)}{\Gamma\left(\frac{p}{m}+q\right)}.$$

$$\int_0^1 \frac{dx}{\sqrt{1-x^4}}\int_0^1 \frac{x^2 dx}{\sqrt{1-x^4}} \xlongequal{\text{由上式}} \frac{1}{4}\frac{\Gamma\left(\frac{1}{4}\right)\Gamma\left(\frac{1}{2}\right)}{\Gamma\left(\frac{1}{4}+\frac{1}{2}\right)}\cdot\frac{1}{4}\frac{\Gamma\left(\frac{3}{4}\right)\Gamma\left(\frac{1}{2}\right)}{\Gamma\left(\frac{3}{4}+\frac{1}{2}\right)}$$

$$= \frac{1}{4^2}\frac{\Gamma\left(\frac{1}{4}\right)\Gamma\left(\frac{1}{2}\right)\Gamma\left(\frac{3}{4}\right)\Gamma\left(\frac{1}{2}\right)}{\Gamma\left(\frac{3}{4}\right)\cdot\frac{1}{4}\Gamma\left(\frac{1}{4}\right)}$$

$$= \frac{1}{4}\left[\Gamma\left(\frac{1}{2}\right)\right]^2 = \frac{1}{4}(\sqrt{\pi})^2 = \frac{\pi}{4}.$$ □

702. 证明：(1) $\int_0^{+\infty} e^{-x^n}dx = \Gamma\left(\frac{1}{n}+1\right)$；

(2) $\lim\limits_{n\to+\infty}\int_0^{+\infty} e^{-x^n}dx = 1$.

证明　(1) $\int_0^{+\infty} e^{-x^n}dx \xlongequal[dt=nx^{n-1}dx]{t=x^n} \int_0^{+\infty}\frac{1}{nt^{\frac{n-1}{n}}}e^{-t}dt = \frac{1}{n}\int_0^{+\infty} t^{\frac{1}{n}-1}e^{-t}dt$

$$= \frac{1}{n}\Gamma\left(\frac{1}{n}\right) = \Gamma\left(\frac{1}{n}+1\right).$$

(2) $\lim\limits_{n\to+\infty}\int_0^{+\infty} e^{-x^n}dx = \lim\limits_{n\to+\infty}\Gamma\left(\frac{1}{n}+1\right) \xlongequal{\Gamma\text{连续}} \Gamma(1) = 1.$ □

703. 设 $0\leqslant h<1$，正整数 $n\geqslant 3$. 作变量代换 $t=hu$，证明：

$$\int_0^h (1-t^2)^{\frac{n-3}{2}}dt \geqslant h\int_0^1 (1-u^2)^{\frac{n-3}{2}}du = \frac{\sqrt{\pi}}{2}\frac{\Gamma\left(\frac{n-1}{2}\right)}{\Gamma\left(\frac{n}{2}\right)}h.$$

证明　$\int_0^h (1-t^2)^{\frac{n-3}{2}}dt \xlongequal{t=hu} \int_0^1 (1-h^2u^2)^{\frac{n-3}{2}}h\,du$

$$\geqslant h\int_0^1 (1-u^2)^{\frac{n-3}{2}}du \xlongequal{u=\sin\theta} h\int_0^{\frac{\pi}{2}}\cos^{n-3}\theta\cos\theta d\theta$$

$$=h\int_0^{\frac{\pi}{2}}\cos^{n-2}\theta\mathrm{d}\theta\xlongequal{\text{例 15.4.3(1)}}\frac{h}{2}\frac{\Gamma\left(\frac{0+1}{2}\right)\Gamma\left(\frac{n-2+1}{2}\right)}{\Gamma\left(\frac{n-2+0}{2}+1\right)}$$

$$=\frac{h}{2}\frac{\Gamma\left(\frac{1}{2}\right)\Gamma\left(\frac{n-1}{2}\right)}{\Gamma\left(\frac{n}{2}\right)}=\frac{\sqrt{\pi}}{2}\frac{\Gamma\left(\frac{n-1}{2}\right)}{\Gamma\left(\frac{n}{2}\right)}h.$$ □

注 题中

$$\int_0^{\frac{\pi}{2}}\cos^{n-2}\theta\mathrm{d}\theta\xlongequal{\text{例 6.4.5}}\begin{cases}\dfrac{(n-3)!!}{(n-2)!!}\dfrac{\pi}{2}, & n-2(\text{即 } n)\text{ 为偶数},\\ \dfrac{(n-3)!!}{(n-2)!!}, & n-2(\text{即 } n)\text{ 为奇数}.\end{cases}$$

而

$$\frac{\sqrt{\pi}}{2}\frac{\Gamma\left(\frac{n-1}{2}\right)}{\Gamma\left(\frac{n}{2}\right)}=\begin{cases}\dfrac{\sqrt{\pi}}{2}\dfrac{\frac{n-3}{2}\frac{n-5}{2}\cdots\frac{1}{2}\Gamma\left(\frac{1}{2}\right)}{\frac{n-2}{2}\frac{n-4}{2}\cdots\frac{2}{2}}, & n\text{ 为偶数}\\ \dfrac{\sqrt{\pi}}{2}\dfrac{\frac{n-3}{2}\frac{n-5}{2}\cdots\frac{2}{2}}{\frac{n-2}{2}\frac{n-4}{2}\cdots\frac{1}{2}\Gamma\left(\frac{1}{2}\right)}, & n\text{ 为奇数}\end{cases}$$

$$=\begin{cases}\dfrac{\sqrt{\pi}}{2}\dfrac{(n-3)!!\sqrt{\pi}}{(n-2)!!}, & n\text{ 为偶数}\\ \dfrac{\sqrt{\pi}}{2}\dfrac{(n-3)!!}{(n-2)!!\sqrt{\pi}}, & n\text{ 为奇数}\end{cases}$$

$$=\begin{cases}\dfrac{(n-3)!!}{(n-2)!!}\dfrac{\pi}{2}, & n\text{ 为偶数}\\ \dfrac{(n-3)!!}{(n-2)!!}, & n\text{ 为奇数}\end{cases}$$

$$=\int_0^{\frac{\pi}{2}}\cos^{n-2}\theta\mathrm{d}\theta.$$

704. 设 $n>0$，证明：$\int_0^1\frac{\mathrm{d}x}{\sqrt[n]{1-x^n}}=\frac{\pi}{n\sin\frac{\pi}{n}}$.

证明 $$\int_0^1\frac{\mathrm{d}x}{\sqrt[n]{1-x^n}}\xlongequal[\mathrm{d}t=nx^{n-1}\mathrm{d}x]{t=x^n}\frac{1}{n}\int_0^1 t^{\frac{1-n}{n}}(1-t)^{-\frac{1}{n}}\mathrm{d}t=\frac{1}{n}\mathrm{B}\left(\frac{1}{n},1-\frac{1}{n}\right)$$

$$\xlongequal{\text{余元公式}}\frac{\pi}{n\sin\frac{\pi}{n}}.$$ □

705. 设 $n>m>0$，证明：$\int_0^{+\infty}\frac{x^{m-1}}{1+x^n}\mathrm{d}x=\frac{\pi}{n\sin\frac{m\pi}{n}}$.

证明

$$\int_0^{+\infty}\frac{x^{m-1}}{1+x^n}\mathrm{d}x\xlongequal[nx^{n-1}\mathrm{d}x=-\frac{\mathrm{d}t}{t^2}]{t=\frac{1}{1+x^n},x^n=\frac{1-t}{t}}\int_1^0 t\left(\frac{1-t}{t}\right)^{\frac{m-1}{n}}\frac{1}{n}\left(\frac{t}{1-t}\right)^{\frac{n-1}{n}}\frac{-\mathrm{d}t}{t^2}$$

$$=\frac{1}{n}\int_0^1 t^{-\frac{m}{n}}(1-t)^{\frac{m-n}{n}}\mathrm{d}t=\frac{1}{n}\mathrm{B}\left(1-\frac{m}{n},\frac{m}{n}\right)$$

$$=\frac{\Gamma\left(1-\frac{m}{n}\right)\Gamma\left(\frac{m}{n}\right)}{n\Gamma(1)}\xlongequal{\text{余元公式}}\frac{\pi}{n\sin\frac{m\pi}{n}}.$$

□

706. 设 $0<p<1$，应用余元公式证明：

$$\int_0^{+\infty}\frac{x^{p-1}\ln x}{1+x}\mathrm{d}x=\int_0^{+\infty}\frac{\partial}{\partial p}\left(\frac{x^{p-1}}{1+x}\right)\mathrm{d}x=-\frac{\pi^2\cos p\pi}{\sin^2 p\pi}.$$

证明

$$\int_0^{+\infty}\frac{\partial}{\partial p}\left(\frac{x^{p-1}}{1+x}\right)\mathrm{d}x\xlongequal{\text{积分号下求导}}\frac{\partial}{\partial p}\int_0^{+\infty}\frac{x^{p-1}}{1+x}\mathrm{d}x$$

$$=\frac{\partial}{\partial p}\mathrm{B}(p,1-p)=\frac{\partial}{\partial p}\frac{\Gamma(p)\Gamma(1-p)}{\Gamma(p+1-p)}$$

$$=\frac{\partial}{\partial p}\frac{\Gamma(p)\Gamma(1-p)}{\Gamma(1)}\xlongequal{\text{余元公式}}\frac{\partial}{\partial p}\frac{\pi}{\sin p\pi}=-\frac{\pi^2\cos p\pi}{\sin^2 p\pi}.$$

现在来证积分号下求导的合理性. 因为当 $p\in(\alpha,\beta)\subset[\alpha,\beta]\subset(0,1)$ 时

$$\left|\frac{\partial}{\partial p}\frac{x^{p-1}}{1+x}\right|=\left|\frac{x^{p-1}\ln x}{1+x}\right|\leqslant\frac{x^{\alpha-1}\ln x}{1+x}\leqslant\frac{x^{\varepsilon}\ln x}{x^{1-\alpha+\varepsilon}},\quad x\in(0,1],$$

其中 $\varepsilon>0$，$0<1-\alpha+\varepsilon<1$，$\lim\limits_{x\to0^+}x^{\varepsilon}\ln x=0$，且 $\int_0^1\frac{x^{\varepsilon}\ln x}{x^{1-\alpha+\varepsilon}}\mathrm{d}x$ 收敛，故 $\int_0^1\frac{\partial}{\partial p}\frac{x^{p-1}}{1+x}\mathrm{d}x$ 在 $p\in[\alpha,\beta]$ 上一致收敛.

当 $p\in(\alpha,\beta)\subset[\alpha,\beta]\subset(0,1)$ 时，则

$$\left|\frac{\partial}{\partial p}\frac{x^{p-1}}{1+x}\right|=\left|\frac{x^{p-1}\ln x}{1+x}\right|\leqslant\frac{x^{\beta-1}\ln x}{1+x}\leqslant\frac{x^{\beta-1}\ln x}{x}$$

$$=\frac{\ln x}{x^{\varepsilon}}\frac{1}{x^{2-\beta-\varepsilon}},\quad x\in[1,+\infty),$$

其中 $\varepsilon>0$，$1<2-\beta-\varepsilon$，$\lim\limits_{x\to+\infty}\frac{\ln x}{x^{\varepsilon}}=0$，且 $\int_1^{+\infty}\frac{\ln x}{x^{\varepsilon}}\frac{\mathrm{d}x}{x^{2-\beta-\varepsilon}}$ 收敛，故 $\int_1^{+\infty}\frac{\partial}{\partial p}\frac{x^{p-1}}{1+x}\mathrm{d}x$ 在 $p\in[\alpha,\beta]$ 上一致收敛.

此外，由于当 $0<p<1$ 时，有

$$\frac{x^{p-1}}{1+x}\sim x^{p-1}=\frac{1}{x^{1-p}},\quad x\to0^+,$$

$$\frac{x^{p-1}}{1+x}\sim\frac{x^{p-1}}{x}=\frac{1}{x^{2-p}},\quad x\to+\infty,$$

故$\int_0^1 \frac{x^{p-1}}{1+x}\mathrm{d}x$与$\int_1^{+\infty} \frac{x^{p-1}}{1+x}\mathrm{d}x$都收敛. 从而,$\int_0^{+\infty} \frac{x^{p-1}}{1+x}\mathrm{d}x$收敛.

至于函数$\frac{x^{p-1}}{1+x}$与$\frac{\partial}{\partial p}\left(\frac{x^{p-1}}{1+x}\right)=\frac{x^{p-1}\ln x}{1+x}$在$(0,+\infty)\times[\alpha,\beta]$上连续是显然的,因此根据定理 15.3.6(以及瑕积分相应的定理),上面积分号下求导是合理的. □

707. 利用 Stirling 公式

$$n! = \sqrt{2\pi n}n^n \mathrm{e}^{-n+\frac{\theta_n}{12n}}, \quad 0<\theta_n<1.$$

求下列极限:

(1) $\lim\limits_{n\to+\infty}\sqrt[n^2]{n!}$; (2) $\lim\limits_{n\to+\infty}\frac{n}{\sqrt[n]{n!}}$;

(3) $\lim\limits_{n\to+\infty}\frac{n}{\sqrt[n]{(2n-1)!!}}$; (4) $\lim\limits_{n\to+\infty}\frac{\ln n!}{\ln n^n}$.

解 (1) $\lim\limits_{n\to+\infty}\sqrt[n^2]{n!}\xlongequal{\text{Stirling 公式}}\lim\limits_{n\to+\infty}(2\pi n)^{\frac{1}{2n^2}}\cdot n^{\frac{1}{n}}\mathrm{e}^{-\frac{1}{n}+\frac{\theta_n}{12n^3}}$

$=1\times1\cdot\mathrm{e}^0=1$,

其中由于

$$1<(2\pi n)^{\frac{1}{2n^2}}<(2\pi n)^{\frac{1}{n}}=(2\pi)^{\frac{1}{n}}\cdot n^{\frac{1}{n}}\to1\times1=1 \quad (n\to+\infty)$$

和夹逼定理知,$\lim\limits_{n\to+\infty}(2\pi n)^{\frac{1}{2n^2}}=1$.

事实上,本题不必用 Stirling 公式也很容易得出所求极限为 1. 因为

$$1\leqslant n!\leqslant n^n,$$

故

$$1\leqslant\sqrt[n^2]{n!}\leqslant\sqrt[n^2]{n^n}=n^{\frac{1}{n}}\to1 \quad (n\to+\infty).$$

再由夹逼定理知,$\lim\limits_{n\to+\infty}\sqrt[n^2]{n!}=1$.

(2) $\lim\limits_{n\to+\infty}\frac{n}{\sqrt[n]{n!}}=\lim\limits_{n\to+\infty}\frac{n}{(2\pi n)^{\frac{1}{2n}}n\mathrm{e}^{-1+\frac{\theta_n}{12n^2}}}=\lim\limits_{n\to+\infty}\frac{1}{(2\pi n)^{\frac{1}{2n}}\mathrm{e}^{-1+\frac{\theta_n}{12n^2}}}=\frac{1}{1\cdot\mathrm{e}^{-1}}=\mathrm{e}$.

(3) $\lim\limits_{n\to+\infty}\frac{n}{\sqrt[n]{(2n-1)!!}}=\lim\limits_{n\to+\infty}\frac{n}{\sqrt[n]{\frac{(2n)!}{(2n)!!}}}=\lim\limits_{n\to+\infty}\frac{n}{\sqrt[n]{\frac{(2n)!}{2^n\cdot n!}}}=\lim\limits_{n\to+\infty}\frac{2n\cdot\sqrt[n]{n!}}{\sqrt[n]{(2n)!}}$

$$=\frac{1}{2}\lim\limits_{n\to+\infty}\left[\frac{2n}{\sqrt[2n]{(2n)!}}\right]^2\frac{\sqrt[n]{n!}}{n}\xlongequal{\text{由(2)}}\frac{1}{2}\mathrm{e}^2\cdot\frac{1}{\mathrm{e}}=\frac{\mathrm{e}}{2}.$$

(4) 由于

$$\ln n!=\ln\sqrt{2\pi n}n^n\mathrm{e}^{-n+\frac{\theta_n}{12n}}=\frac{1}{2}(\ln2\pi+\ln n)+n\ln n-n+\frac{\theta_n}{12n},$$

故

$$\lim_{n\to+\infty}\frac{\ln n!}{\ln n^n}=\lim_{n\to+\infty}\frac{\frac{1}{2}\ln 2\pi+\frac{1}{2}\ln n+n\ln n-n+\frac{\theta_n}{12n}}{n\ln n}$$

$$=\lim_{n\to+\infty}\left(\frac{\ln 2\pi}{2n\ln n}+\frac{1}{2n}+1-\frac{1}{\ln n}+\frac{\theta_n}{12n^2\ln n}\right)$$

$$=0+0+1-0+0=1.$$

□

708. 证明：对任何实数 u，有

$$\frac{1}{2\pi}\int_0^{2\pi}\mathrm{e}^{u\cos x}\cos(u\sin x)\,\mathrm{d}x=1.$$

证明 记

$$f(u)=\frac{1}{2\pi}\int_0^{2\pi}\mathrm{e}^{u\cos x}\cos(u\sin x)\,\mathrm{d}x.$$

显然，$f(0)=1$. 对参变量 u 求导得

$$f'(u)=\frac{1}{2\pi}\int_0^{2\pi}\mathrm{e}^{u\cos x}[\cos x\cos(u\sin x)-\sin(u\sin x)\sin x]\,\mathrm{d}x$$

$$=\frac{1}{2\pi}\int_0^{2\pi}\mathrm{e}^{u\cos x}\cos(x+u\sin x)\,\mathrm{d}x.$$

假设 $n=k$ 时，有

$$f^{(k)}(u)=\frac{1}{2\pi}\int_0^{2\pi}\mathrm{e}^{u\cos x}\cos(kx+u\sin x)\,\mathrm{d}x.$$

则当 $n=k+1$ 时，有

$$f^{(k+1)}(u)=[f^{(k)}(u)]'\xlongequal{\text{归纳假设}}\left[\frac{1}{2\pi}\int_0^{2\pi}\mathrm{e}^{u\cos x}\cos(kx+u\sin x)\,\mathrm{d}x\right]'$$

$$=\frac{1}{2\pi}\int_0^{2\pi}\mathrm{e}^{u\cos x}[\cos x\cos(kx+u\sin x)-\sin(kx+u\sin x)\sin x]\,\mathrm{d}x$$

$$=\frac{1}{2\pi}\int_0^{2\pi}\mathrm{e}^{u\cos x}\cos[(k+1)x+u\sin x]\,\mathrm{d}x.$$

因此，应用数学归纳法证明了

$$f^{(n)}(u)=\frac{1}{2\pi}\int_0^{2\pi}\mathrm{e}^{u\cos x}\cos(nx+u\sin x)\,\mathrm{d}x.$$

由此即得

$$f^{(n)}(0)=\frac{1}{2\pi}\int_0^{2\pi}\cos nx\,\mathrm{d}x=\frac{1}{2\pi}\left.\frac{\sin nx}{n}\right|_0^{2\pi}=0,\quad n=1,2,\cdots.$$

所以，f 的 Taylor 级数为

$$f(u)\sim 1.$$

如果我们能证明 f 在 $(-\infty,+\infty)$ 中可展开为 Taylor 级数，那么即有

$$\frac{1}{2\pi}\int_0^{2\pi}\mathrm{e}^{u\cos x}\cos(u\sin x)\,\mathrm{d}x=f(u)=1.$$

事实上,对任意正数 R,有

$$\begin{aligned}|f^{(n)}(u)| &= \left|\frac{1}{2\pi}\int_0^{2\pi} e^{u\cos x}\cos(nx+u\sin x)\right|dx \\ &\leqslant \frac{1}{2\pi}\int_0^{2\pi} e^{|u\cos x|}\,|\cos(nx+u\sin x)|\,dx \\ &\leqslant \frac{1}{2\pi}\int_0^{2\pi} e^R dx = e^R,\quad u\in(-R,R).\end{aligned}$$

根据定理 14.2.5,$f(x)$在$(-R,R)$中可 Taylor 展开成幂级数. 由于 R 是任意的,所以$f(x)$能在$(-\infty,+\infty)$中展开为 Taylor 级数. □

709. 设 $D=\{(x,y)\mid 1\leqslant x^2+y^2\leqslant 4\}$,计算积分

$$\frac{1}{2\pi}\int_0^{+\infty}\left[\iint_D \frac{\sin(t\sqrt{x^2+y^2})}{\sqrt{x^2+y^2}}dxdy\right]dt.$$

解 $$\begin{aligned}\frac{1}{2\pi}\int_0^{+\infty}\left[\iint_D \frac{\sin(t\sqrt{x^2+y^2})}{\sqrt{x^2+y^2}}dxdy\right]dt &\xlongequal{\text{极坐标变换}} \frac{1}{2\pi}\int_0^{+\infty}\left[\int_0^{2\pi}d\varphi\int_1^2\frac{\sin tr}{r}\cdot rdr\right]dt \\ &= \frac{1}{2\pi}\int_0^{+\infty}2\pi\left(-\frac{\cos tr}{t}\bigg|_{r=1}^{r=2}\right)dt \\ &= \int_0^{+\infty}\frac{\cos t-\cos 2t}{t}dt \\ &\xlongequal{\text{例 6.5.19(2)}} \cos 0\cdot\ln\frac{2}{1}=\ln 2.\end{aligned}$$ □

710. 设函数 $f(x,u)$ 与 $\frac{\partial f(x,u)}{\partial u}$ 都在$[a,+\infty)\times[\alpha,\beta]$上连续,积分$\int_a^{+\infty}\frac{\partial f(x,u)}{\partial u}dx$ 在$[\alpha,\beta]$上一致收敛,$\int_a^{+\infty}f(x,u)dx$ 在某点 $u_0\in[\alpha,\beta]$ 收敛. 证明:积分$\int_a^{+\infty}f(x,u)dx$ 在$[\alpha,\beta]$上一致收敛于连续可导函数

$$\varphi(u)=\int_a^{+\infty}f(x,u)dx,$$

且

$$\varphi'(u)=\frac{d}{du}\int_a^{+\infty}f(x,u)dx=\int_a^{+\infty}\frac{\partial f(x,u)}{\partial u}dx.$$

证明 已知积分$\int_a^{+\infty}f(x,u_0)dx$ 收敛,故对任何单调增趋于 $+\infty$ 的数列$\{A_n\}$(其中 $A_1=a$),可记

$$\int_a^{+\infty}f(x,u_0)dx=\sum_{n=1}^{\infty}g_n(u_0),$$

其中

$$g_n(u)=\int_{A_n}^{A_{n+1}}f(x,u)dx.$$

由于这是常义积分，所以

$$g'_n(u)=\int_{A_n}^{A_{n+1}}\frac{\partial f}{\partial u}(x,u)\mathrm{d}x.$$

因为$\int_a^{+\infty}\frac{\partial f}{\partial u}(x,u)\mathrm{d}x$在$u\in[\alpha,\beta]$上一致收敛，所以根据683题知，函数项级数

$$\sum_{n=1}^{\infty}g'_n(u)=\sum_{n=1}^{\infty}\int_{A_n}^{A_{n+1}}\frac{\partial f}{\partial u}(x,u)\mathrm{d}x=\int_a^{+\infty}\frac{\partial f}{\partial u}(x,u)\mathrm{d}x$$

在$u\in[\alpha,\beta]$中一致收敛. 又因为$\sum_{n=1}^{\infty}g_n(u)$在$u=u_0$收敛，故由定理13.2.4′，级数$\sum_{n=1}^{\infty}g_n(u)$在$u\in[\alpha,\beta]$上一致收敛. 由于$\{A_n\}(A_1=a)$是任何单调增趋于$+\infty$的数列，故根据683题知，积分$\int_a^{+\infty}f(x,u)\mathrm{d}x$在$[\alpha,\beta]$上一致收敛于连续可导函数

$$\varphi(u)=\int_a^{+\infty}f(x,u)\mathrm{d}x,$$

而且

$$\begin{aligned}\varphi'(u)&=\frac{\mathrm{d}}{\mathrm{d}u}\int_a^{+\infty}f(x,u)\mathrm{d}x=\frac{\mathrm{d}}{\mathrm{d}u}\sum_{n=1}^{\infty}\int_{A_n}^{A_{n+1}}f(x,u)\mathrm{d}x=\sum_{n=1}^{\infty}\frac{\mathrm{d}}{\mathrm{d}u}\int_{A_n}^{A_{n+1}}f(x,u)\mathrm{d}x\\&=\sum_{n=1}^{\infty}\int_{A_n}^{A_{n+1}}\frac{\partial f}{\partial u}(x,u)\mathrm{d}x=\int_a^{+\infty}\frac{\partial f(x,u)}{\partial u}\mathrm{d}x.\end{aligned}$$

□

711. 证明：

$$\sum_{k=0}^{n}\mathrm{C}_n^k\frac{(-1)^k}{m+k+1}=\frac{m!n!}{(m+n+1)!}.$$

证明　利用公式$\frac{1}{m+k+1}=\int_0^1x^{m+k}\mathrm{d}x$，即得

$$\begin{aligned}\sum_{k=0}^{n}\mathrm{C}_n^k\frac{(-1)^k}{m+k+1}&=\sum_{k=0}^{n}\mathrm{C}_n^k(-1)^k\int_0^1x^{m+k}\mathrm{d}x=\int_0^1\sum_{k=0}^{n}\mathrm{C}_n^k(-1)^kx^{m+k}\mathrm{d}x\\&=\int_0^1x^m(1-x)^n\mathrm{d}x=\mathrm{B}(m+1,n+1)=\frac{\Gamma(m+1)\Gamma(n+1)}{\Gamma(m+n+2)}\\&=\frac{m!n!}{(m+n+1)!}.\end{aligned}$$

□

712. 设

$$f(x)=\left(\int_0^x\mathrm{e}^{-t^2}\mathrm{d}t\right)^2,\quad g(x)=\int_0^1\frac{\mathrm{e}^{-x^2(1+t^2)}}{1+t^2}\mathrm{d}t.$$

证明：

$$f(x)+g(x)=\frac{\pi}{4}.$$

并由此推得$\int_0^{+\infty}\mathrm{e}^{-x^2}\mathrm{d}x=\frac{\sqrt{\pi}}{2}$.

证明 容易知道

$$f'(x)=2\int_0^x e^{-t^2}dt\cdot e^{-x^2}=2e^{-x^2}\int_0^x e^{-t^2}dt,$$

$$g'(x)=-\int_0^1 2xe^{-x^2(1+t^2)}dt=-2xe^{-x^2}\int_0^1 e^{-x^2t^2}dt$$

$$\xlongequal{u=xt}-2e^{-x^2}\int_0^x e^{-u^2}du=-2e^{-x^2}\int_0^x e^{-t^2}dt.$$

所以，$f'(x)+g'(x)=0$，从而，$f(x)+g(x)=C$(常数). 因为

$$f(0)=0,\quad g(0)=\int_0^1\frac{dt}{1+t^2}=\arctan t\Big|_0^1=\frac{\pi}{4},$$

故 $$C=f(0)+g(0)=0+\frac{\pi}{4}=\frac{\pi}{4}，于是得\ f(x)+g(x)=\frac{\pi}{4}.$$

由于

$$0\leqslant g(x)=\int_0^1\frac{e^{-x^2(1+t^2)}}{1+t^2}dt=e^{-x^2}\int_0^1\frac{e^{-x^2t^2}}{1+t^2}dt$$

$$\leqslant e^{-x^2}\int_0^1\frac{dt}{1+t^2}=e^{-x^2}\cdot\frac{\pi}{4}\to 0,\quad x\to+\infty,$$

故

$$\frac{\pi}{4}=\lim_{x\to+\infty}[f(x)+g(x)]=\lim_{x\to+\infty}f(x)+\lim_{x\to+\infty}g(x)$$

$$=\left(\int_0^{+\infty}e^{-t^2}dt\right)^2+0=\left(\int_0^{+\infty}e^{-x^2}dx\right)^2,$$

$$\int_0^{+\infty}e^{-x^2}dx=\frac{\sqrt{\pi}}{2}.$$ □

713. 利用公式

$$\Gamma(x)=\lim_{n\to+\infty}\frac{n^x n!}{x(x+1)\cdots(x+n)},\quad x>0$$

证明：对任意实数 x 有

$$\sin x=x\prod_{n=1}^{\infty}\left(1-\frac{x^2}{n^2\pi^2}\right).$$

证明 显然

$$\Gamma(1-x)=\lim_{n\to+\infty}\frac{n^{1-x}n!}{(1-x)(2-x)\cdots(n+1-x)}$$

$$=\lim_{n\to+\infty}\frac{n^{1-x}}{(1-x)\left(1-\frac{x}{2}\right)\cdots\left(1-\frac{x}{n}\right)(n+1-x)},$$

$$\Gamma(x)=\lim_{n\to+\infty}\frac{n^x n!}{x(x+1)\cdots(x+n)}=\lim_{n\to+\infty}\frac{n^x}{x(1+x)\left(1+\frac{x}{2}\right)\cdots\left(1+\frac{x}{n}\right)}.$$

于是,有

$$\frac{\pi}{\sin\pi x}\xlongequal{\text{余元公式}}\Gamma(x)\Gamma(1-x)=\lim_{n\to+\infty}\frac{1}{x(1-x^2)\left(1-\frac{x^2}{2^2}\right)\cdots\left(1-\frac{x^2}{n^2}\right)}\frac{n}{n+1-x}$$

$$=\frac{1}{x\prod_{n=1}^{\infty}\left(1-\frac{x^2}{n^2}\right)}.$$

这就证明了

$$\sin\pi x=\pi x\prod_{n=1}^{\infty}\left(1-\frac{x^2}{n^2}\right),\quad x\in(0,1).$$

如果记

$$\varphi(x)=\pi x\prod_{n=1}^{\infty}\left(1-\frac{x^2}{n^2}\right),$$

由于这个无穷乘积对任意实数 x 都收敛,所以 φ 在整个数轴上有定义.如果我们能证明 φ 满足下面 3 条性质:

(1) $\varphi(0)=\varphi(1)=0$;

(2) $\varphi(-x)=-\varphi(x)$, $-\infty<x<+\infty$;

(3) $\varphi(x+1)=-\varphi(x)$, $-\infty<x<+\infty$.

那么,由已知在(0,1)中,$\varphi(x)=\sin\pi x$,所以在整个数轴上也有 $\varphi(x)=\sin\pi\varphi$,即有

$$\sin\pi x=\pi x\prod_{n=1}^{\infty}\left(1-\frac{x^2}{n^2}\right),\quad -\infty<x<+\infty.$$

事实上,性质(1) 和(2) 都是显然的$\left(\varphi(1)=\pi\prod_{n=1}^{\infty}\left(1-\frac{1^2}{n^2}\right)=\pi\left(1-\frac{1^2}{1^2}\right)\prod_{n=2}^{\infty}\left(1-\frac{1^2}{n^2}\right)=0=\right.$ $\left.\pi\cdot 0\prod_{n=1}^{\infty}\left(1-\frac{0^2}{n^2}\right)=\varphi(0);\ \varphi(-x)=\pi(-x)\prod_{n=1}^{\infty}\left[1-\frac{(-x)^2}{n^2}\right]=-\pi x\prod_{n=1}^{\infty}\left(1-\frac{x^2}{n^2}\right)=-\varphi(x)\right)$.

再证(3).

$$\begin{aligned}\varphi(x+1)&=\lim_{N\to+\infty}\pi(x+1)\prod_{n=1}^{N}\left[1-\frac{(x+1)^2}{n^2}\right]\\&=\lim_{N\to+\infty}\pi(x+1)\frac{1}{(N!)^2}\prod_{n=1}^{N}(n+1+x)(n-1-x)\\&=\pi\lim_{N\to+\infty}\frac{1}{(N!)^2}\left[(x+1)\prod_{n=1}^{N}(n+1+x)\right]\left[\prod_{n=1}^{N}(n-1-x)\right]\\&=\pi\lim_{N\to+\infty}\frac{1}{(N!)^2}\left[\prod_{n=1}^{N+1}(n+x)\right]\left[-x\prod_{n=1}^{N-1}(n-x)\right]\\&=\pi\lim_{N\to+\infty}\frac{1}{(N!)^2}\left[(N+1+x)\prod_{n=1}^{N}(n+x)\right]\left[-\frac{x}{N-x}\prod_{n=1}^{N}(n-x)\right]\end{aligned}$$

$$=-\pi x\lim_{N\to+\infty}\frac{N+1+x}{N-x}\cdot\frac{1}{(N!)^2}\prod_{n=1}^{N}(n^2-x^2)$$

$$=-\pi x\lim_{N\to+\infty}\frac{N+1+x}{N-x}\prod_{n=1}^{N}\left(1-\frac{x^2}{n^2}\right)$$

$$=-\pi x\prod_{n=1}^{\infty}\left(1-\frac{x^2}{n^2}\right)=-\varphi(x).$$

这就证明了

$$\sin\pi x=\pi x\prod_{n=1}^{\infty}\left(1-\frac{x^2}{n^2}\right),\quad -\infty<x<+\infty.$$

在上式中将 πx 换为 x，则有

$$\sin x=x\prod_{n=1}^{\infty}\left(1-\frac{x^2}{n^2\pi^2}\right),\quad -\infty<x<+\infty.$$ □

714. 按照下列步骤，给出公式

$$\mathrm{B}(p,q)=\frac{\Gamma(p)\Gamma(q)}{\Gamma(p+q)}$$

的另一个证明：

(1) $\Gamma(p)=2\int_0^{+\infty}u^{2p-1}\mathrm{e}^{-u^2}\mathrm{d}u$；

(2) $\Gamma(p)\Gamma(q)=\lim\limits_{A\to+\infty}4\iint\limits_{[0,A]^2}u^{2p-1}v^{2q-1}\mathrm{e}^{-(u^2+v^2)}\mathrm{d}u\mathrm{d}v$；

(3) $\lim\limits_{A\to+\infty}\iint\limits_{D(A)}u^{2p-1}v^{2q-1}\mathrm{e}^{-(u^2+v^2)}\mathrm{d}u\mathrm{d}v=\frac{1}{4}\mathrm{B}(p,q)\Gamma(p+q)$，

$\lim\limits_{A\to+\infty}\iint\limits_{D(\sqrt{2}A)}u^{2p-1}v^{2q-1}\mathrm{e}^{-(u^2+v^2)}\mathrm{d}u\mathrm{d}v=\frac{1}{4}\mathrm{B}(p,q)\Gamma(p+q)$，

其中 $D(R)=\left\{(r,\theta)\,\middle|\,0\leqslant r\leqslant R,0\leqslant\theta\leqslant\frac{\pi}{2}\right\}$；

(4) $\mathrm{B}(p,q)=\frac{\Gamma(p)\Gamma(q)}{\Gamma(p+q)}$.

证明 (1) $\Gamma(p)=\int_0^{+\infty}x^{p-1}\mathrm{e}^{-x}\mathrm{d}x\xlongequal{x=u^2}\int_0^{+\infty}u^{2p-2}\mathrm{e}^{-u^2}2u\mathrm{d}u=2\int_0^{+\infty}u^{2p-1}\mathrm{e}^{-u^2}\mathrm{d}u.$

(2) $\Gamma(p)\Gamma(q)\xlongequal{\text{由(1)}}2\int_0^{+\infty}u^{2p-1}\mathrm{e}^{-u^2}\mathrm{d}u\cdot2\int_0^{+\infty}v^{2q-1}\mathrm{e}^{-v^2}\mathrm{d}v$

$$=4\iint\limits_{[0,+\infty)^2}u^{2p-1}v^{2q-1}\mathrm{e}^{-(u^2+v^2)}\mathrm{d}u\mathrm{d}v$$

$$=\lim_{A\to+\infty}4\iint\limits_{[0,A]^2}u^{2p-1}v^{2q-1}\mathrm{e}^{-(u^2+v^2)}\mathrm{d}u\mathrm{d}v.$$

(3) $\lim\limits_{A\to+\infty}4\iint\limits_{D(A)}u^{2p-1}v^{2q-1}\mathrm{e}^{-(u^2+v^2)}\mathrm{d}u\mathrm{d}v\xlongequal{\text{极坐标变换}}\lim\limits_{A\to+\infty}4\int_0^A r^{2(p+q)-1}\mathrm{e}^{-r^2}\mathrm{d}r\int_0^{\frac{\pi}{2}}\cos^{2p-1}\theta\sin^{2q-1}\theta\mathrm{d}\theta$

$$\xlongequal[t=\sin^2 x]{\text{例 15.4.3}} 4\cdot\frac{1}{2}\mathrm{B}\left(\frac{2p-1+1}{2},\frac{2q-1+1}{2}\right)\int_0^{+\infty} r^{2(p+q)-1}\mathrm{e}^{-r^2}\mathrm{d}r$$

$$\xlongequal{\text{由(1)}} \mathrm{B}(p,q)\Gamma(p+q).$$

同理,有

$$\lim_{A\to+\infty} 4\iint\limits_{D(\sqrt{2}A)} u^{2p-1}v^{2q-1}\mathrm{e}^{-(u^2+v^2)}\mathrm{d}u\mathrm{d}v=\mathrm{B}(p,q)\Gamma(p+q).$$

(4) 由于 $D(A)\subset[0,A]^2\subset D(\sqrt{2}A)$,故

$$\iint\limits_{D(A)} u^{2p-1}v^{2q-1}\mathrm{e}^{-(u^2+v^2)}\mathrm{d}u\mathrm{d}v\leqslant\iint\limits_{[0,A]^2} u^{2p-1}v^{2q-1}\mathrm{e}^{-(u^2+v^2)}\mathrm{d}u\mathrm{d}v\leqslant\iint\limits_{D(\sqrt{2}A)} u^{2p-1}v^{2q-1}\mathrm{e}^{-(u^2+v^2)}\mathrm{d}u\mathrm{d}v.$$

令 $A\to+\infty$ 得到(注意:被积函数 $u^{2p-1}v^{2q-1}\mathrm{e}^{-(u^2+v^2)}$ 是非负的)

$$\mathrm{B}(p,q)\Gamma(p+q)\leqslant\Gamma(p)\Gamma(q)\leqslant\mathrm{B}(p,q)\Gamma(p+q),$$

$$\Gamma(p)\Gamma(q)=\mathrm{B}(p,q)\Gamma(p+q),$$

$$\mathrm{B}(p,q)=\frac{\Gamma(p)\Gamma(q)}{\Gamma(p+q)}.$$

或用夹逼定理得到

$$\Gamma(p)\Gamma(q)=\lim_{A\to+\infty}\iint\limits_{[0,A]^2} u^{2p-1}v^{2q-1}\mathrm{e}^{-(u^2+v^2)}\mathrm{d}u\mathrm{d}v=\mathrm{B}(p,q)\Gamma(p+q),$$

$$\mathrm{B}(p,q)=\frac{\Gamma(p)\Gamma(q)}{\Gamma(p+q)}.$$ □

715. (1) 用两种不同方法证明:

$$I(\alpha)=\int_0^{+\infty}\mathrm{e}^{-x^2}\cos 2\alpha x\,\mathrm{d}x=\frac{\sqrt{\pi}}{2}\mathrm{e}^{-\alpha^2};$$

(2) 证明:

$$J(\alpha)=\int_0^{+\infty}\mathrm{e}^{-x^2}\sin 2\alpha x\,\mathrm{d}x=\mathrm{e}^{-\alpha^2}\int_0^{\alpha}\mathrm{e}^{x^2}\mathrm{d}x.$$

证法 1 (1) 因为

$$\left|\int_0^{+\infty}\mathrm{e}^{-x^2}\cos 2\alpha x\,\mathrm{d}x\right|\leqslant\int_0^{+\infty}\mathrm{e}^{-x^2}\mathrm{d}x=\frac{\sqrt{\pi}}{2}$$

及

$$\left|\int_0^{+\infty}\mathrm{e}^{-x^2}2x\sin 2\alpha x\,\mathrm{d}x\right|\leqslant 2\int_0^{+\infty}x\mathrm{e}^{-x^2}\mathrm{d}x=-\mathrm{e}^{-x^2}\Big|_0^{+\infty}=1,$$

所以 $\int_0^{+\infty}\mathrm{e}^{-x^2}\cos 2\alpha x\,\mathrm{d}x$ 和 $\int_0^{+\infty}\mathrm{e}^{-x^2}2x\sin 2\alpha x\,\mathrm{d}x$ 关于 $\alpha\in(-\infty,+\infty)$ 都是一致收敛的. 于是

$$I'(\alpha)=-\int_0^{+\infty}\mathrm{e}^{-x^2}2x\sin 2\alpha x\,\mathrm{d}x=\int_0^{+\infty}\sin 2\alpha x\,\mathrm{d}\mathrm{e}^{-x^2}$$

$$=\mathrm{e}^{-x^2}\sin 2\alpha x\Big|_0^{+\infty}-2\alpha\int_0^{+\infty}\mathrm{e}^{-x^2}\cos 2\alpha x\,\mathrm{d}x$$

$$=-2\alpha\int_0^{+\infty}e^{-x^2}\cos 2\alpha x\,dx=-2\alpha I(\alpha),$$

$$(\ln|I(\alpha)|)'=\frac{I'(\alpha)}{I(\alpha)}=-2\alpha,$$

$$\ln|I(\alpha)|=-\alpha^2+\ln C_1,\quad C_1>0,$$

$$I(\alpha)=Ce^{-\alpha^2},\quad C\text{ 为任意常数}.$$

进而

$$I(\alpha)=I(0)e^{-\alpha^2}=\int_0^{+\infty}e^{-x^2}dx\cdot e^{-\alpha^2}=\frac{\sqrt{\pi}}{2}e^{-\alpha^2}.$$

(2) 类似(1),有

$$J'(\alpha)=\int_0^{+\infty}e^{-x^2}2x\cos 2\alpha x\,dx=-\int_0^{+\infty}\cos 2\alpha x\,de^{-x^2}$$

$$=-e^{-x^2}\cos 2\alpha x\Big|_0^{+\infty}-2\alpha\int_0^{+\infty}e^{-x^2}\sin 2\alpha x\,dx$$

$$=1-2\alpha J(\alpha),$$

$$J'(\alpha)+2\alpha J(\alpha)=1,$$

$$[e^{\alpha^2}J(\alpha)]'=e^{\alpha^2}J'(\alpha)+2\alpha e^{\alpha^2}J(\alpha)=e^{\alpha^2}[J'(\alpha)+2\alpha J(\alpha)]=e^{\alpha^2},$$

$$e^{\alpha^2}J(\alpha)=\int_0^{\alpha}e^{x^2}dx+e^{0^2}J(0)=\int_0^{\alpha}e^{x^2}dx,$$

$$J(\alpha)=e^{-\alpha^2}\int_0^{\alpha}e^{x^2}dx.$$

证法 2 (1) 易见有递推公式

$$I_k=\int_0^{+\infty}e^{-x^2}x^{2k}dx=-\frac{1}{2}\int_0^{+\infty}x^{2k-1}de^{-x^2}$$

$$=-\frac{1}{2}e^{-x^2}x^{2k-1}\Big|_0^{+\infty}+\frac{2k-1}{2}\int_0^{+\infty}e^{-x^2}x^{2k-2}dx=\frac{2k-1}{2}I_{k-1}$$

和

$$I_k=\frac{(2k-1)!!}{2^k}I_0=\frac{(2k-1)!!}{2^k}\int_0^{+\infty}e^{-x^2}dx=\frac{(2k-1)!!}{2^{k+1}}\sqrt{\pi}.$$

因此

$$I(\alpha)=\int_0^{+\infty}e^{-x^2}\cos 2\alpha x\,dx=\int_0^{+\infty}e^{-x^2}\sum_{k=0}^{\infty}\frac{(-1)^k(2\alpha x)^{2k}}{(2k)!}dx$$

$$=\sum_{k=0}^{\infty}\frac{(-1)^k(2\alpha)^{2k}}{(2k)!}\int_0^{+\infty}e^{-x^2}x^{2k}dx$$

$$=\frac{\sqrt{\pi}}{2}+\sum_{k=1}^{\infty}\frac{(-1)^k(2\alpha)^{2k}}{(2k)!}\cdot\frac{(2k-1)!!}{2^k}\cdot\frac{\sqrt{\pi}}{2}$$

$$=\frac{\sqrt{\pi}}{2}\left[1+\sum_{k=1}^{\infty}\frac{(-\alpha^2)}{k!}\right]=\frac{\sqrt{\pi}}{2}e^{-\alpha^2}.$$

其中第三个等式逐项积分的可行性是由于

$$e^{-x^2}\sum_{k=0}^{\infty}\frac{(-1)^k(2\alpha x)^{2k}}{(2k)!}$$

在任何区间$[0,A]$上有优级数

$$e^{-x^2}\sum_{k=0}^{\infty}\frac{(2\alpha x)^{2k}}{(2k)!}=e^{-x^2}\operatorname{ch}2\alpha x.$$

证法 3 (1) 由证法 1(1)知

$$\begin{cases}I'(\alpha)+2\alpha I(\alpha)=0,\\ I(0)=\frac{\sqrt{\pi}}{2}.\end{cases}$$

另一方面,如果令 $\varphi(\alpha)=\frac{\sqrt{\pi}}{2}e^{-\alpha^2}$,则

$$\varphi'(\alpha)=\frac{\sqrt{\pi}}{2}(-2\alpha e^{-\alpha^2}),$$

$$\begin{cases}\varphi'(\alpha)+2\alpha\varphi(\alpha)=0,\\ \varphi(0)=\frac{\sqrt{\pi}}{2}.\end{cases}$$

根据常微分方程的唯一性定理知

$$I(\alpha)=\varphi(\alpha)=\frac{\sqrt{\pi}}{2}e^{-\alpha^2}.$$

(2) 由证法 1(2)知

$$\begin{cases}J'(\alpha)+2\alpha J(\alpha)=1,\\ J(0)=0.\end{cases}$$

另一方面,如果令 $\psi(\alpha)=e^{-\alpha^2}\int_0^{\alpha}e^{x^2}dx$,则

$$\psi'(\alpha)=e^{-\alpha^2}\cdot e^{\alpha^2}-2\alpha e^{-\alpha^2}\int_0^{\alpha}e^{x^2}dx=1-2\alpha\psi(\alpha),$$

$$\begin{cases}\psi'(\alpha)+2\alpha\psi(\alpha)=1,\\ \psi(0)=0.\end{cases}$$

根据常微分方程的唯一性定理知

$$J(\alpha)=\psi(\alpha)=e^{-\alpha^2}\int_0^{\alpha}e^{x^2}dx.$$ □

716. (1) 证明：

$$I(\alpha)=\int_0^1(1-x^\alpha)^{-\frac{1}{\alpha}}\mathrm{d}x$$

当 $\alpha>1$ 时收敛；当 $\alpha\leqslant 1$ 时发散.

(2) 证明：$I(\alpha)=\dfrac{\pi}{\alpha\sin\dfrac{\pi}{\alpha}},\alpha>1.$

证法 1 (1) 显然，当 $\alpha\leqslant 0$ 时 $(1-x^\alpha)^{-\frac{1}{\alpha}}$ 无意义或发散.

当 $\alpha>0$ 时，有

$$\lim_{x\to1^-}\frac{(1-x^\alpha)^{-\frac{1}{\alpha}}}{(1-x)^{-\frac{1}{\alpha}}}=\lim_{x\to1^-}\left(\frac{1-x^\alpha}{1-x}\right)^{-\frac{1}{\alpha}}=\left(\lim_{x\to1^-}\frac{1-x^\alpha}{1-x}\right)^{-\frac{1}{\alpha}}$$

$$\xlongequal{\text{L'Hospital 法则}}\lim_{x\to1^-}\left(\frac{-\alpha x^{\alpha-1}}{-1}\right)^{-\frac{1}{\alpha}}=\alpha^{-\frac{1}{\alpha}}.$$

所以，由

$$\int_0^1(1-x)^{-\frac{1}{\alpha}}\mathrm{d}x\begin{cases}\text{收敛}, & 0<\dfrac{1}{\alpha}<1,\\ \text{发散}, & \dfrac{1}{\alpha}\geqslant 1\end{cases}$$

立知

$$I(\alpha)=\int_0^1(1-x^\alpha)^{-\frac{1}{\alpha}}\mathrm{d}x\begin{cases}\text{收敛}, & 0<\dfrac{1}{\alpha}<1,\\ \text{发散}, & \dfrac{1}{\alpha}\geqslant 1.\end{cases}$$

于是

$$I(\alpha)=\int_0^1(1-x^\alpha)^{-\frac{1}{\alpha}}\mathrm{d}x\begin{cases}\text{收敛}, & \alpha>1,\\ \text{发散}, & \alpha\leqslant 1.\end{cases}$$

即 $I(\alpha)$ 收敛的取值范围为 $(1,+\infty)$.

(2) $$I(\alpha)=\int_0^1(1-x^\alpha)^{-\frac{1}{\alpha}}\mathrm{d}x\xlongequal[\mathrm{d}t=\alpha x^{\alpha-1}\mathrm{d}x]{t=x^\alpha}\int_0^1(1-t)^{-\frac{1}{\alpha}}\frac{1}{\alpha}\frac{1}{t^{\frac{\alpha-1}{\alpha}}}\mathrm{d}t$$

$$=\frac{1}{\alpha}\int_0^1 t^{\frac{1}{\alpha}-1}(1-t)^{\left(1-\frac{1}{\alpha}\right)-1}\mathrm{d}t=\frac{1}{\alpha}\mathrm{B}\left(\frac{1}{\alpha},1-\frac{1}{\alpha}\right)$$

$$=\frac{1}{\alpha}\frac{\Gamma\left(\frac{1}{\alpha}\right)\Gamma\left(1-\frac{1}{\alpha}\right)}{\Gamma\left(\frac{1}{\alpha}+1-\frac{1}{\alpha}\right)}=\frac{1}{\alpha}\Gamma\left(\frac{1}{\alpha}\right)\Gamma\left(1-\frac{1}{\alpha}\right)\xlongequal{\text{余元公式}}\frac{\pi}{\alpha\sin\frac{\pi}{\alpha}},\quad\alpha>1.$$

证法 2 由证法 1(2) 中

$$I(\alpha)=\frac{1}{\alpha}\mathrm{B}\left(\frac{1}{\alpha},1-\frac{1}{\alpha}\right)$$

得到 $I(\alpha)$收敛$\Leftrightarrow\begin{cases}\dfrac{1}{\alpha}>0,\\ 1-\dfrac{1}{\alpha}>0\end{cases}\Leftrightarrow 0<\dfrac{1}{\alpha}<1\Leftrightarrow\alpha>1.$ □

717. 设 $f(x)=\int_0^{\frac{\pi}{2}}\ln(1-x^2\cos^2\theta)\mathrm{d}\theta,\ |x|<1.$

(1) 用积分号下对 x 求导,然后积分得

$$f(x)=\pi\ln\frac{\sqrt{1-x^2}+1}{2},\quad |x|<1;$$

(2) 对 $\ln(1-x^2\cos^2\theta)=\sum\limits_{n=1}^{\infty}\dfrac{x^{2n}}{n}\cos^{2n}\theta$ 应用逐项积分证明:

$$f(x)=-\frac{\pi}{2}\sum_{n=1}^{\infty}\frac{(2n-1)!!}{(2n)!!n}x^{2n},\quad |x|<1.$$

(3) 根据(1)与(2)给出 $g(x)=\ln(\sqrt{1-x^2}+1)$的 Maclaurin 展开式,以及 $f^{(k)}(0)$, $g^{(k)}(0)$, $k=0,1,2,\cdots$.

证明 (1) 因为 $f(x)=\int_0^{\frac{\pi}{2}}\ln(1-x^2\cos^2\theta)\mathrm{d}\theta$ 及$\int_0^{\frac{\pi}{2}}\dfrac{\partial}{\partial x}\ln(1-x^2\cos^2\theta)\mathrm{d}\theta$关于参数 $x\in[\alpha,\beta]\subset(-1,1)$ 一致收敛,因此可积分号下对 x 求导得到

$$\begin{aligned}f'(x)&=\int_0^{\frac{\pi}{2}}\frac{-2x\cos^2\theta}{1-x^2\cos^2\theta}\mathrm{d}\theta=\frac{2}{x}\int_0^{\frac{\pi}{2}}\frac{(1-x^2\cos^2\theta)-1}{1-x^2\cos^2\theta}\mathrm{d}\theta\\&=\frac{2}{x}\left(\frac{\pi}{2}-\int_0^{\frac{\pi}{2}}\frac{\mathrm{d}\theta}{1-x^2\cos^2\theta}\right)=\frac{2}{x}\left[\frac{\pi}{2}-\int_0^{\frac{\pi}{2}}\frac{\mathrm{d}\theta}{\sin^2\theta+(1-x^2)\cos^2\theta}\right]\\&=\frac{2}{x}\left[\frac{\pi}{2}-\int_0^{\frac{\pi}{2}}\frac{\mathrm{d}\tan\theta}{\tan^2\theta+(1-x^2)}\right]\xlongequal{u=\tan\theta}\frac{2}{x}\left[\frac{\pi}{2}-\int_0^{+\infty}\frac{\mathrm{d}u}{u^2+(1-x^2)}\right]\\&=\frac{2}{x}\left(\frac{\pi}{2}-\frac{1}{\sqrt{1-x^2}}\arctan\frac{u}{\sqrt{1-x^2}}\Big|_0^{+\infty}\right)\\&=\frac{\pi}{x}\left(1-\frac{1}{\sqrt{1-x^2}}\right),\\f(0)&=0.\end{aligned}$$

然后对 $f'(x)$积分,有

$$\begin{aligned}f(x)&=\int_0^x f'(t)\mathrm{d}t+f(0)=\int_0^x\frac{\pi}{t}\left(1-\frac{1}{\sqrt{1-t^2}}\right)\mathrm{d}t=\int_0^x\frac{\pi}{t}\frac{\sqrt{1-t^2}-1}{\sqrt{1-t^2}}\mathrm{d}t\\&=\int_0^x\frac{\pi}{t}\frac{-t^2}{\sqrt{1-t^2}(\sqrt{1-t^2}+1)}\mathrm{d}t=\pi\int_0^x\frac{-t\mathrm{d}t}{\sqrt{1-t^2}(\sqrt{1-t^2}+1)}\\&=\pi\int_0^x\frac{\mathrm{d}\sqrt{1-t^2}}{\sqrt{1-t^2}+1}\xlongequal{u=\sqrt{1-t^2}}\pi\int_1^{\sqrt{1-x^2}}\frac{\mathrm{d}u}{u+1}\end{aligned}$$

$$= \pi\ln(u+1)\Big|_1^{\sqrt{1-x^2}} = \pi\ln\frac{\sqrt{1-x^2}+1}{2},\quad |x|<1.$$

(2) 对 $\forall\ |x|<1$,因为

$$\left|\frac{x^{2n}}{n}\cos^{2n}\theta\right| \leqslant \frac{|x|^{2n}}{n},$$

而 $\sum\limits_{n=1}^{\infty}\frac{|x|^{2n}}{n}$ 收敛,根据 Weierstrass 判别法知

$$\ln(1-x^2\cos^2\theta) = \sum_{n=1}^{\infty}\frac{x^{2n}}{n}\cos^{2n}\theta$$

关于 $\forall\ \theta\in(-\infty,+\infty)$ 一致收敛.因此

$$f(x) = \int_0^{\frac{\pi}{2}}\ln(1-x^2\cos^2\theta)\mathrm{d}\theta = \int_0^{\frac{\pi}{2}} -\left(\sum_{n=1}^{\infty}\frac{x^{2n}}{n}\cos^{2n}\theta\right)\mathrm{d}\theta$$

$$\xlongequal{\text{逐项积分}} -\sum_{n=1}^{\infty}\frac{x^{2n}}{n}\int_0^{\frac{\pi}{2}}\cos^{2n}\theta\mathrm{d}\theta = -\sum_{n=1}^{\infty}\frac{x^{2n}}{n}\frac{(2n-1)!!}{(2n)!!}\frac{\pi}{2}$$

$$= -\frac{\pi}{2}\sum_{n=1}^{\infty}\frac{(2n-1)!!}{(2n)!!n}x^{2n},\quad |x|<1.$$

(3) 根据(1),(2)得到 $g(x)=\ln(\sqrt{1-x^2}+1)$ 的 Maclaurin 展开式为

$$\sum_{k=0}^{\infty}\frac{g^{(k)}(0)}{k!}x^k = g(x) = \ln(\sqrt{1-x^2}+1) = \ln 2 + \frac{1}{\pi}f(x)$$

$$= \ln 2 - \frac{1}{2}\sum_{n=1}^{\infty}\frac{(2n-1)!!}{(2n)!!n}x^{2n},\quad |x|<1.$$

比较两边 x 同幂次的系数得到

$$g(0) = g^{(0)}(0) = \ln 2,$$

$$g^{(k)}(0) = \begin{cases} 0, & k = 2n+1,\quad n = 0,1,\cdots, \\ -\dfrac{1}{2}\dfrac{(2n-1)!!}{(2n)!!n}(2n)! = -\dfrac{1}{2}[(2n-1)!!]^2, & k = 2n,\quad n = 1,2,\cdots. \end{cases}$$

而比较

$$\sum_{k=0}^{\infty}\frac{f^{(k)}(0)}{k!}x^k = f(x) = -\frac{\pi}{2}\sum_{n=1}^{\infty}\frac{(2n-1)!!}{(2n)!!n}x^{2n}$$

两边 x 同幂次的系数得到

$$f^{(k)}(0) = \begin{cases} 0, & k = 0 \text{ 或 } 2n+1,\quad n = 0,1,2,\cdots, \\ -\dfrac{\pi}{2}[(2n-1)!!]^2, & k = 2n,\quad n = 1,2,\cdots. \end{cases}$$

□

718. 用下列各方法证明:

$$\int_0^{+\infty}\frac{\mathrm{e}^{-ax^2}-\mathrm{e}^{-bx^2}}{x^2}\mathrm{d}x = \sqrt{\pi}(\sqrt{b}-\sqrt{a}),\quad a>0,\quad b>0.$$

(1) 应用积分号下求导；

(2) 应用积分号下积分；

(3) 应用分部积分$\int_0^{+\infty}(\mathrm{e}^{-ax^2}-\mathrm{e}^{-bx^2})\mathrm{d}\left(-\frac{1}{x}\right)$；

(4) 化为二重积分：

$$\int_0^{+\infty}\frac{\mathrm{e}^{-ax^2}-\mathrm{e}^{-bx^2}}{x^2}\mathrm{d}x=\int_0^{+\infty}\frac{\mathrm{d}x}{x^2}\int_{ax^2}^{bx^2}\mathrm{e}^{-y}\mathrm{d}y=\iint_D\frac{\mathrm{e}^{-y}}{x^2}\mathrm{d}x\mathrm{d}y,$$

其中$D=\{(x,y)\mid 0\leqslant x<+\infty,ax^2\leqslant y\leqslant bx^2\}=\left\{(x,y)\mid 0\leqslant y<+\infty,\sqrt{\frac{y}{b}}\leqslant x\leqslant\sqrt{\frac{y}{a}}\right\}$.

(5) 将

$$\frac{\mathrm{e}^{-ax^2}-\mathrm{e}^{-bx^2}}{x^2}=\sum_{k=0}^{\infty}\frac{1}{(k+1)!}\mathrm{e}^{-bx^2}(b-a)^{k+1}x^{2k}$$

两边积分，并由

$$\int_0^{+\infty}\mathrm{e}^{-bx^2}\mathrm{d}x=\frac{1}{\sqrt{b}}\frac{\sqrt{\pi}}{2},$$

$$\int_0^{+\infty}\mathrm{e}^{-bx^2}x^{2k}\mathrm{d}x=\frac{\sqrt{\pi}}{2}\,\frac{1}{2}\,\frac{3}{2}\cdots\frac{2k-1}{2}\,\frac{1}{b^{\frac{2k+1}{2}}}$$

代入推得结论.

证明 (1) 视a为参数，令

$$I(a)=\int_0^{+\infty}\frac{\mathrm{e}^{-ax^2}-\mathrm{e}^{-bx^2}}{x^2}\mathrm{d}x,$$

则

$$\begin{aligned}I'(a)&=\frac{\mathrm{d}}{\mathrm{d}a}\int_0^{+\infty}\frac{\mathrm{e}^{-ax^2}-\mathrm{e}^{-bx^2}}{x^2}\mathrm{d}x\xlongequal[\text{无穷积分号下求导}]{\text{定理 15.3.6}}\int_0^{+\infty}\frac{\partial}{\partial a}\left(\frac{\mathrm{e}^{-ax^2}-\mathrm{e}^{-bx^2}}{x^2}\right)\mathrm{d}x\\&=-\int_0^{+\infty}\mathrm{e}^{-ax^2}\mathrm{d}x\xlongequal{t=\sqrt{a}x}-\int_0^{+\infty}\mathrm{e}^{-t^2}\frac{\mathrm{d}t}{\sqrt{a}}=-\frac{\sqrt{\pi}}{2\sqrt{a}},\end{aligned}$$

$$\begin{aligned}I(a)&=\int_b^a I'(t)\mathrm{d}t+I(b)=-\int_b^a\frac{\sqrt{\pi}}{2\sqrt{t}}\mathrm{d}t+I(b)\\&=-\sqrt{\pi t}\,\Big|_b^a+0=\sqrt{\pi}(\sqrt{b}-\sqrt{a}),\quad a>0,\quad b>0.\end{aligned}$$

现在来验证无穷积分号下求导的合理性.事实上，由于

$$f(x,a)=\begin{cases}\dfrac{\mathrm{e}^{-ax^2}-\mathrm{e}^{-bx^2}}{x^2}, & x\neq 0,\\ b-a, & x=0\end{cases}$$

与

$$\frac{\partial f(x,a)}{\partial a}=\begin{cases}-\mathrm{e}^{-ax^2}, & x\neq 0,\\ -1, & x=0\end{cases}=-\mathrm{e}^{-ax^2}$$

在$[0,+\infty)\times[0,+\infty)$上都连续. 另一方面,任取$\delta>0$,有

$$\left|\frac{\partial f(x,a)}{\partial a}\right|=|-\mathrm{e}^{-ax^2}|\leqslant \mathrm{e}^{-\delta x^2},\quad \forall x\in[0,+\infty),\quad \forall a\in[\delta,+\infty).$$

由于$\int_0^{+\infty}\mathrm{e}^{-\delta x^2}\mathrm{d}x$收敛,故根据 Weierstrass 判别法知,无穷积分$\int_0^{+\infty}\frac{\partial f(x,a)}{\partial a}\mathrm{d}x=\int_0^{+\infty}(-\mathrm{e}^{-ax^2})\mathrm{d}x$在$a\in[\delta,+\infty)$上一致收敛. 此外,显然$f(x,a)$连续,且由

$$\lim_{x\to+\infty}\frac{f(x,a)}{\frac{1}{x^2}}=\lim_{x\to+\infty}(\mathrm{e}^{-ax^2}-\mathrm{e}^{-bx^2})=0$$

以及$\int_1^{+\infty}\frac{\mathrm{d}x}{x^2}$收敛立知,$\int_0^{+\infty}f(x,a)\mathrm{d}x=\int_0^{+\infty}\frac{\mathrm{e}^{-ax^2}-\mathrm{e}^{-bx^2}}{x^2}\mathrm{d}x$收敛. 综上及应用定理 15.3.6 得到

$$\frac{\mathrm{d}}{\mathrm{d}a}\int_0^{+\infty}\frac{\mathrm{e}^{-ax^2}-\mathrm{e}^{-bx^2}}{x^2}\mathrm{d}x=\int_0^{+\infty}\frac{\partial}{\partial a}\left(\frac{\mathrm{e}^{-ax^2}-\mathrm{e}^{-bx^2}}{x^2}\right)\mathrm{d}x,\quad \forall a\in[\delta,+\infty).$$

由于$\delta>0$任取,故上式在任意$a\in(0,+\infty)$均成立.

(2) $$\int_0^{+\infty}\frac{\mathrm{e}^{-ax^2}-\mathrm{e}^{-bx^2}}{x^2}\mathrm{d}x=\int_0^{+\infty}\left(\int_a^b\mathrm{e}^{-ux^2}\mathrm{d}u\right)\mathrm{d}x\xlongequal[\text{积分可交换}]{\text{推论 15.3.1 定理 15.3.3}}\int_a^b\left(\int_0^{+\infty}\mathrm{e}^{-ux^2}\mathrm{d}x\right)\mathrm{d}u$$

$$\xlongequal{t=\sqrt{u}x}\int_a^b\left(\int_0^{+\infty}\mathrm{e}^{-t^2}\frac{\mathrm{d}t}{\sqrt{u}}\right)\mathrm{d}u=\int_a^b\frac{\sqrt{\pi}}{2\sqrt{u}}\mathrm{d}u$$

$$=\sqrt{\pi}\sqrt{u}\Big|_a^b=\sqrt{\pi}(\sqrt{b}-\sqrt{a}).$$

因为$f(x,u)=\mathrm{e}^{-ux^2}$在$[0,+\infty)\times[a,b]$上连续,又因为

$$|\mathrm{e}^{-ux^2}|\leqslant \mathrm{e}^{-ax^2},\quad \forall(x,u)\in[0,+\infty)\times[a,b],$$

且$\int_0^{+\infty}\mathrm{e}^{-ax^2}\mathrm{d}x$收敛,根据 Weierstrass 判别法知,$\int_0^{+\infty}\mathrm{e}^{-ux^2}\mathrm{d}x$在$u\in[a,b]$中一致收敛(不失一般性,令$a<b$). 从而有

$$\int_0^{+\infty}\left(\int_a^b\mathrm{e}^{-ux^2}\mathrm{d}u\right)\mathrm{d}x\xlongequal{\text{定理 15.3.3}}\int_a^b\left(\int_0^{+\infty}\mathrm{e}^{-ux^2}\mathrm{d}x\right)\mathrm{d}u.$$

(3) $$\int_0^{+\infty}\frac{\mathrm{e}^{-ax^2}-\mathrm{e}^{-bx^2}}{x^2}\mathrm{d}x=\int_0^{+\infty}(\mathrm{e}^{-ax^2}-\mathrm{e}^{-bx^2})\mathrm{d}\left(-\frac{1}{x}\right)$$

$$\xlongequal{\text{分部积分}}-\frac{\mathrm{e}^{-ax^2}-\mathrm{e}^{-bx^2}}{x}\Big|_{0^+}^{+\infty}+\int_0^{+\infty}\frac{-2(ax\mathrm{e}^{-ax^2}-bx\mathrm{e}^{-bx^2})}{x}\mathrm{d}x$$

$$= 2\sqrt{b}\int_0^{+\infty} e^{-(\sqrt{b}x)^2} d(\sqrt{b}x) - 2\sqrt{a}\int_0^{+\infty} e^{-(\sqrt{a}x)^2} d(\sqrt{a}x)$$

$$= 2\sqrt{b}\,\frac{\sqrt{\pi}}{2} - 2\sqrt{a}\,\frac{\sqrt{\pi}}{2} = \sqrt{\pi}(\sqrt{b}-\sqrt{a}).$$

(4) 设 $b>a>0$,则(见718题图)

$$\int_0^{+\infty} \frac{e^{-ax^2}-e^{-bx^2}}{x^2}dx = \int_0^{+\infty} \frac{dx}{x^2}\int_{ax^2}^{bx^2} e^{-y}dy$$

$$\xlongequal{\text{化为二重积分}} \iint_D \frac{e^{-y}}{x^2}dxdy$$

$$= \int_0^{+\infty} dy\int_{\sqrt{\frac{y}{b}}}^{\sqrt{\frac{y}{a}}} \frac{e^{-y}}{x^2}dx$$

$$= \int_0^{+\infty} e^{-y}\left(-\frac{1}{x}\right)\Bigg|_{\sqrt{\frac{y}{b}}}^{\sqrt{\frac{y}{a}}} dy$$

$$= \int_0^{+\infty} e^{-y}\frac{\sqrt{b}-\sqrt{a}}{\sqrt{y}}dy \xlongequal[y=x^2]{x=\sqrt{y}} \int_0^{+\infty} e^{-x^2}\frac{\sqrt{b}-\sqrt{a}}{x}2xdx$$

$$= 2(\sqrt{b}-\sqrt{a})\int_0^{+\infty} e^{-x^2}dx = \sqrt{\pi}(\sqrt{b}-\sqrt{a}).$$

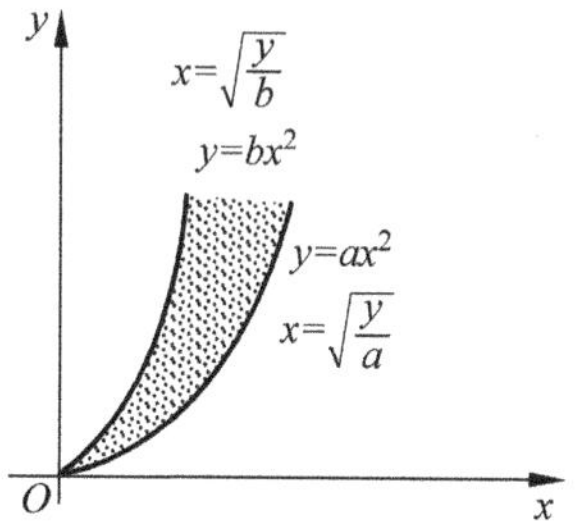

718 题图

该结果虽然是在 $b>a>0$ 的条件下求出的,但若 $a=b$ 显然结果仍成立.至于 $a>b>0$ 的情况,只要从积分号下提取因子(-1)可知,上述结果仍成立.

(5) 不妨设 $b>a>0$.

$$\frac{e^{-ax^2}-e^{-bx^2}}{x^2} = e^{-bx^2}\,\frac{e^{(b-a)x^2}-1}{x^2} = \sum_{n=1}^{\infty}\frac{1}{n!}e^{-bx^2}(b-a)^n x^{2n-2}$$

$$\xlongequal{k=n-1} \sum_{k=0}^{\infty}\frac{1}{(k+1)!}e^{-bx^2}(b-a)^{k+1}x^{2k}.$$

注意到

$$\int_0^{+\infty} e^{-bx^2}dx \xlongequal{t=\sqrt{b}x} \int_0^{+\infty} e^{-t^2}\frac{dt}{\sqrt{b}} = \frac{\sqrt{\pi}}{2\sqrt{b}},$$

并两端对 b 求导得

$$\int_0^{+\infty} e^{-bx^2}x^2dx = \frac{\sqrt{\pi}}{2}\,\frac{1}{2}\,\frac{1}{b^{\frac{3}{2}}}.$$

继续对 b 求导,并应用数学归纳法可得

$$\int_0^{+\infty} e^{-bx^2}x^{2k}dx = \frac{\sqrt{\pi}}{2}\,\frac{1}{2}\,\frac{3}{2}\cdots\frac{2k-1}{2}\,\frac{1}{b^{\frac{2k+1}{2}}}.$$

于是

$$\begin{aligned}
\int_0^{+\infty}\frac{e^{-ax^2}-e^{-bx^2}}{x^2}dx &= \int_0^{+\infty}\sum_{k=0}^{\infty}\frac{(b-a)^{k+1}}{(k+1)!}e^{-bx^2}x^{2k}dx \\
&= \lim_{A\to+\infty}\int_0^A\sum_{k=0}^{\infty}\frac{(b-a)^{k+1}}{(k+1)!}e^{-bx^2}x^{2k}dx \\
&\xlongequal{\text{逐项积分}} \lim_{A\to+\infty}\sum_{k=0}^{\infty}\frac{(b-a)^{k+1}}{(k+1)!}\int_0^A e^{-bx^2}x^{2k}dx \\
&\xlongequal{\text{逐项取极限}} \sum_{k=0}^{\infty}\frac{(b-a)^{k+1}}{(k+1)!}\lim_{A\to+\infty}\int_0^A e^{-bx^2}x^{2k}dx \\
&= \sum_{k=0}^{\infty}\frac{(b-a)^{k+1}}{(k+1)!}\int_0^{+\infty}e^{-bx^2}x^{2k}dx \\
&= \sum_{k=0}^{\infty}\frac{(b-a)^{k+1}}{(k+1)!}\frac{\sqrt{\pi}}{2}\frac{1}{2}\frac{3}{2}\cdots\frac{2k-1}{2}\frac{1}{b^{\frac{2k+1}{2}}} \\
&= -b^{\frac{1}{2}}\sqrt{\pi}\sum_{k=0}^{\infty}\frac{\frac{1}{2}\left(\frac{1}{2}-1\right)\left(\frac{1}{2}-2\right)\cdots\left(\frac{1}{2}-k\right)}{(k+1)!}\left(\frac{a-b}{b}\right)^{k+1} \\
&= -b^{\frac{1}{2}}\sqrt{\pi}\left[\left(1+\frac{a-b}{b}\right)^{\frac{1}{2}}-1\right]=\sqrt{\pi}(\sqrt{b}-\sqrt{a}).
\end{aligned}$$

上述第三个等式中逐项积分是合理的.这是因为 $\forall A>0$,$[0,A]$上的级数关于 $x\in[0,A]$ 一致收敛,故可逐项积分,即

$$\int_0^A\sum_{k=0}^{\infty}\frac{(b-a)^{k+1}}{(k+1)!}e^{-bx^2}x^{2k}dx=\sum_{k=0}^{\infty}\frac{(b-a)^{k+1}}{(k+1)!}\int_0^A e^{-bx^2}x^{2k}dx.$$

而右边关于 A 的级数以收敛级数

$$\begin{aligned}
&-b^{\frac{1}{2}}\sqrt{\pi}\sum_{k=0}^{\infty}\frac{\frac{1}{2}\left(\frac{1}{2}-1\right)\left(\frac{1}{2}-2\right)\cdots\left(\frac{1}{2}-k\right)}{(k+1)!}\left(\frac{a-b}{b}\right)^{k+1} \\
&= -b^{\frac{1}{2}}\sqrt{\pi}\left[\left(1+\frac{a-b}{b}\right)^{\frac{1}{2}}-1\right]<+\infty
\end{aligned}$$

为优级数,根据 Weierstrass 判别法知,上述级数关于 $A\in(0,+\infty)$ 一致收敛,故可令 $A\to+\infty$ 逐项取极限. □

719. 作变量代换 $t=\tan\frac{\varphi}{2}$ 与 $\sqrt{\frac{1-k}{1+k}}t=\tan\frac{\theta}{2}$,证明:

$$\begin{aligned}
\int_0^{\pi}\left(\frac{\sin\varphi}{1+\cos\varphi}\right)^{\alpha-1}\frac{d\varphi}{1+k\cos\varphi} &= \frac{1}{1+k}\left(\sqrt{\frac{1+k}{1-k}}\right)^{\alpha}\int_0^{\pi}\tan^{\alpha-1}\frac{\theta}{2}d\theta \\
&= \frac{1}{1+k}\left(\sqrt{\frac{1+k}{1-k}}\right)^{\alpha}\frac{\pi}{\sin\frac{\alpha}{2}\pi},\quad 0<k<1.
\end{aligned}$$

证明 由半角公式,有

$$t=\tan\frac{\varphi}{2}=\frac{\sin\frac{\varphi}{2}}{\cos\frac{\varphi}{2}}=\frac{2\sin\frac{\varphi}{2}\cos\frac{\varphi}{2}}{2\cos^2\frac{\varphi}{2}}=\frac{\sin\varphi}{1+\cos\varphi},$$

$$\cos\varphi=\frac{\cos\frac{\varphi}{2}-\sin\frac{\varphi}{2}}{\cos^2\frac{\varphi}{2}+\sin^2\frac{\varphi}{2}}=\frac{1-\tan^2\frac{\varphi}{2}}{1+\tan^2\frac{\varphi}{2}}=\frac{1-t^2}{1+t^2},$$

$$d\varphi=d(2\arctan t)=\frac{2dt}{1+t^2}.$$

故

$$\begin{aligned}
\int_0^{\pi}\left(\frac{\sin\varphi}{1+\cos\varphi}\right)^{\alpha-1}\frac{d\varphi}{1+k\cos\varphi}&\xlongequal{t=\tan\frac{\varphi}{2}}\int_0^{+\infty}t^{\alpha-1}\frac{1}{1+k\frac{1-t^2}{1+t^2}}\frac{2}{1+t^2}dt\\
&=2\int_0^{+\infty}\frac{t^{\alpha-1}}{(1+k)+(1-k)t^2}dt\\
&=\frac{2}{1+k}\left(\sqrt{\frac{1+k}{1-k}}\right)^{\alpha}\int_0^{+\infty}\frac{\left(\sqrt{\frac{1-k}{1+k}}t\right)^{\alpha-1}}{1+\left(\sqrt{\frac{1-k}{1+k}}t\right)^2}d\left(\sqrt{\frac{1-k}{1+k}}t\right)\\
&\xlongequal{\sqrt{\frac{1-k}{1+k}}t=\tan\frac{\theta}{2}}\frac{2}{1+k}\left(\sqrt{\frac{1+k}{1-k}}\right)^{\alpha}\int_0^{\pi}\frac{\tan^{\alpha-1}\frac{\theta}{2}}{1+\tan^2\frac{\theta}{2}}d\tan\frac{\theta}{2}\\
&=\frac{1}{1+k}\left(\sqrt{\frac{1+k}{1-k}}\right)^{\alpha}\int_0^{\pi}\tan^{\alpha-1}\frac{\theta}{2}d\theta\\
&\xlongequal{u=\frac{\theta}{2}}\frac{2}{1+k}\left(\sqrt{\frac{1+k}{1-k}}\right)^{\alpha}\int_0^{\frac{\pi}{2}}\tan^{\alpha-1}u\,du\\
&=\frac{2}{1+k}\left(\sqrt{\frac{1+k}{1-k}}\right)^{\alpha}\int_0^{\frac{\pi}{2}}\sin^{\alpha-1}u\cos^{1-\alpha}u\,du\\
&\xlongequal{\text{例 15.4.3(1)}}\frac{1}{1+k}\left(\sqrt{\frac{1+k}{1-k}}\right)^{\alpha}B\left(\frac{\alpha-1+1}{2},\frac{1-\alpha+1}{2}\right)\\
&=\frac{1}{1+k}\left(\sqrt{\frac{1+k}{1-k}}\right)^{\alpha}B\left(\frac{\alpha}{2},1-\frac{\alpha}{2}\right)\\
&=\frac{1}{1+k}\left(\sqrt{\frac{1+k}{1-k}}\right)^{\alpha}\frac{\Gamma\left(\frac{\alpha}{2}\right)\Gamma\left(1-\frac{\alpha}{2}\right)}{\Gamma(1)}
\end{aligned}$$

$$\xlongequal{\text{余元公式}} \frac{1}{1+k}\left(\sqrt{\frac{1+k}{1-k}}\right)^{\alpha} \frac{\pi}{\sin\frac{\alpha}{2}\pi}.$$ □

720. 设 $0<p,q<1$. 用下面两种方法证明:

$$I(p,q)=\int_0^{+\infty}\frac{x^{p-1}-x^{q-1}}{(1+x)\ln x}\mathrm{d}x=\ln\left|\frac{\tan\frac{p\pi}{2}}{\tan\frac{q\pi}{2}}\right|.$$

(1) 利用 $\frac{\partial I}{\partial p}=\frac{\pi}{\sin p\pi}$ 及积分号下求导;

(2) 由 $\left.\frac{x^{u-1}}{\ln x}\right|_{u=q}^{u=p}=\int_q^p x^{u-1}\mathrm{d}u$ 及积分号下求积分.

证明 (1) $\frac{\partial I}{\partial p}=\frac{\partial}{\partial p}\int_0^{+\infty}\frac{x^{p-1}-x^{q-1}}{(1+x)\ln x}\mathrm{d}x\xlongequal{\text{积分号下求导}}\int_0^{+\infty}\frac{\partial}{\partial p}\frac{x^{p-1}-x^{q-1}}{(1+x)\ln x}\mathrm{d}x$

$$=\int_0^{+\infty}\frac{x^{p-1}}{1+x}\mathrm{d}x\xlongequal{\text{例 15.4.1(2)}}\mathrm{B}(p,1-p)=\frac{\pi}{\sin p\pi},$$

$$I(p,q)=\ln\left|\tan\frac{p\pi}{2}\right|+C(q).$$

因 $p=q$ 时, $I(p,q)=0$, 所以 $C(q)=I(q,q)-\ln\left|\tan\frac{q\pi}{2}\right|=0-\ln\left|\tan\frac{q\pi}{2}\right|$,

$$I(p,q)=\ln\left|\tan\frac{p\pi}{2}\right|-\ln\left|\tan\frac{q\pi}{2}\right|=\ln\left|\frac{\tan\frac{p\pi}{2}}{\tan\frac{q\pi}{2}}\right|.$$

现在再来验证积分号下求导的合理性. 考虑 $p\in(\alpha,\beta)\subset[\alpha,\beta]\subset(0,1)$. 因为

$$\left|\frac{x^{p-1}}{1+x}\right|\leqslant\frac{x^{\alpha-1}}{1+x}\sim x^{\alpha-1}=\frac{1}{x^{1-\alpha}}(x\to 0^+),$$

$$\left|\frac{x^{p-1}}{1+x}\right|\leqslant\frac{x^{\beta-1}}{1+x}\sim\frac{x^{\beta-1}}{x}=\frac{1}{x^{2-\beta}}(x\to+\infty),$$

以及 $\int_0^1\frac{\mathrm{d}x}{x^{1-\alpha}}$, $\int_1^{+\infty}\frac{\mathrm{d}x}{x^{2-\beta}}$ 都收敛, 故 $\int_0^{+\infty}\frac{\partial}{\partial p}\frac{x^{p-1}-x^{q-1}}{(1+x)\ln x}\mathrm{d}x=\int_0^{+\infty}\frac{x^{p-1}}{1+x}\mathrm{d}x=\int_0^1\frac{x^{p-1}}{1+x}\mathrm{d}x+\int_1^{+\infty}\frac{x^{p-1}}{1+x}\mathrm{d}x$ 关于 $p\in[\alpha,\beta]$ 一致收敛. 另一方面, 由于

$$\left|\frac{x^{p-1}-x^{q-1}}{(1+x)\ln x}\right|\leqslant\frac{x^{p-1}+x^{q-1}}{-\ln x}\leqslant\frac{M_1}{x^{1-p}}+\frac{M_1}{x^{1-q}}\left(\text{因}\lim_{x\to 0^+}\frac{1}{-\ln x}=0\right),\quad x\in\left(0,\frac{1}{2}\right]$$

和

$$\left|\frac{x^{p-1}-x^{q-1}}{(1+x)\ln x}\right|\leqslant\frac{x^{p-1}+x^{q-1}}{x\ln x}\leqslant\frac{M_2}{x^{2-p}}+\frac{M_2}{x^{2-q}}\left(\text{因}\lim_{x\to+\infty}\frac{1}{\ln x}=0\right),\quad x\in[2,+\infty);$$

以及

$$\lim_{x\to1}\frac{x^{p-1}-x^{q-1}}{(1+x)\ln x}=\lim_{x\to1}\frac{1}{1+x}\lim_{x\to1}\frac{x^{p-1}-x^{q-1}}{\ln x}$$

$$=\frac{1}{2}\lim_{x\to1}\frac{(p-1)x^{p-2}-(q-1)x^{q-2}}{\frac{1}{x}}=\frac{p-q}{2},$$

$x=1$ 不为瑕点. 故

$$\int_0^{+\infty}\frac{x^{p-1}-x^{q-1}}{(1+x)\ln x}\mathrm{d}x=\left(\int_0^{\frac{1}{2}}+\int_{\frac{1}{2}}^{2}+\int_2^{+\infty}\right)\frac{x^{p-1}-x^{q-1}}{(1+x)\ln x}\mathrm{d}x$$

关于 $p,q\in(0,1)$ 是收敛的. 综合上述,积分号下求导是合理的.

(2) $$I(p,q)=\int_0^{+\infty}\frac{x^{p-1}-x^{q-1}}{(1+x)\ln x}\mathrm{d}x=\int_0^{+\infty}\mathrm{d}x\int_q^p\frac{x^{u-1}}{1+x}\mathrm{d}u$$

$$\xlongequal{\text{交换积分号}}\int_q^p\mathrm{d}u\int_0^{+\infty}\frac{x^{u-1}}{1+x}\mathrm{d}x\xlongequal{\text{例 15.4.1(2)}}\int_q^p\mathrm{B}(u,1-u)\mathrm{d}u$$

$$=\int_q^p\frac{\Gamma(u)\Gamma(1-u)}{\Gamma(1)}\mathrm{d}u\xlongequal{\text{余元公式}}\int_q^p\frac{\pi}{\sin u\pi}\mathrm{d}u$$

$$=\ln\left|\tan\frac{u\pi}{2}\right|\Bigg|_q^p=\ln\left|\frac{\tan\frac{p\pi}{2}}{\tan\frac{q\pi}{2}}\right|.$$

现在还需说明交换积分号的理由,这是因为(1)中已证 $\int_0^{+\infty}\frac{x^{u-1}}{1+x}\mathrm{d}x$ 关于 $u\in[p,q]$(不失一般性,$0<p<q<1$)是一致收敛的. □

第16章 Fourier分析

Ⅰ. 周期函数的 Fourier 级数及收敛定理

定理 16.1.1 设以 2π 为周期的周期函数 $f(x)$ 可表示为

$$f(x)=\frac{a_0}{2}+\sum_{n=1}^{\infty}(a_n\cos nx+b_n\sin nx).$$

如果上述级数在 $[-\pi,\pi]$ 上一致收敛于 $f(x)$，则

$$\begin{cases}a_n=\dfrac{1}{\pi}\displaystyle\int_{-\pi}^{\pi}f(x)\cos nx\,\mathrm{d}x, & n=0,1,2,\cdots,\\ b_n=\dfrac{1}{\pi}\displaystyle\int_{-\pi}^{\pi}f(x)\sin nx\,\mathrm{d}x, & n=1,2,\cdots.\end{cases}$$

定义 16.1.1 设 $f(x)$ 是周期为 2π 的函数，它在 $[-\pi,\pi]$ 上可积或绝以可积(如果 $f(x)$ 是有界函数，就假定它是 Riemann 可积的，简称可积；如果 $f(x)$ 是无界函数，就假定它是广义绝对可积的，简称绝对可积). 由公式

$$\begin{cases}a_n=\dfrac{1}{\pi}\displaystyle\int_{-\pi}^{\pi}f(x)\cos nx\,\mathrm{d}x, & n=0,1,2,\cdots,\\ b_n=\dfrac{1}{\pi}\displaystyle\int_{-\pi}^{\pi}f(x)\sin nx\,\mathrm{d}x, & n=1,2,\cdots\end{cases}$$

确定的 a_n，b_n 称为 $f(x)$ 的 **Fourier 系数**，由 a_n，b_n 确定的级数

$$\frac{a_0}{2}+\sum_{n=0}^{\infty}(a_n\cos nx+b_n\sin nx)$$

称为 $f(x)$ 的 **Fourier 级数**，记为

$$f(x)\sim\frac{a_0}{2}+\sum_{n=0}^{\infty}(a_n\cos nx+b_n\sin nx).$$

定理 16.1.2(Riemann-Lebesgue 引理) 设 $f(x)$ 在 $[a,b]$ 上可积或绝对可积，则

$$\lim_{\lambda\to+\infty}\int_a^b f(x)\cos\lambda x\,\mathrm{d}x=0,$$

$$\lim_{\lambda\to+\infty}\int_a^b f(x)\sin\lambda x\,\mathrm{d}x=0.$$

定理 16.1.3　设$\{a_n\}$，$\{b_n\}$为可积或绝对可积函数的 Fourier 系数序列，则

$$\lim_{n\to+\infty}a_n=\lim_{n\to+\infty}b_n=0.$$

注 16.1.1　如果$\lim\limits_{n\to+\infty}a_n\neq 0$或$\lim\limits_{n\to+\infty}b_n\neq 0$，则三角级数

$$\frac{a_0}{2}+\sum_{n=1}^{\infty}(a_n\cos nx+b_n\sin nx)$$

就不是某个可积或绝对可积函数的 Fourier 级数.

定理 16.1.4　设$f(x)$在$[-\pi,\pi]$上连续，$f(-\pi)=f(\pi)$，且有可积或绝对可积的导函数$f'(x)$，则

$$a_n=o\left(\frac{1}{n}\right),\quad b_n=o\left(\frac{1}{n}\right),\quad n\to+\infty.$$

更一般地，有下面的定理.

定理 16.1.5　设$f(x)$在$[-\pi,\pi]$上有直到$k+1$阶导数，$f^{(k+1)}(x)$可积或绝对可积，且

$$f(-\pi)=f(\pi),\quad f'(-\pi)=f'(\pi),\quad \cdots,\quad f^{(k)}(-\pi)=f^{(k)}(\pi),$$

则

$$a_n=o\left(\frac{1}{n^{k+1}}\right),\quad b_n=o\left(\frac{1}{n^{k+1}}\right),\quad n\to+\infty.$$

定理 16.1.6(Fourier 级数的局部化定理)　设$f(x)$是周期为2π的函数，它在$[-\pi,\pi]$上可积或绝对可积，则$f(x)$的 Fourier 级数在点x_0是否收敛，以及收敛到什么数值，仅与$f(x)$在点x_0的充分小邻域中的值有关，而与这邻域外的值无关(完全取决于积分

$$\frac{1}{\pi}\int_0^{\delta}[f(x_0+t)+f(x_0-t)]\frac{\sin\left(n+\frac{1}{2}\right)t}{2\sin\frac{t}{2}}\mathrm{d}t,$$

而这个积分的值仅与f在$(x_0-\delta,x_0+\delta)$中的值有关).

定理 16.1.7(Fourier 级数收敛的充分条件，Dini 判别法)　设$f(x)$是周期为2π且在$[-\pi,\pi]$上可积或绝对可积的函数，对某个实数s，令

$$\varphi(t)=f(x_0+t)+f(x_0-t)-2s,$$

如果$\exists\,\delta>0$，使得函数$\frac{\varphi(t)}{t}$在$[0,\delta]$上可积或绝对可积，则$f(x)$的 Fourier 级数在x_0处收敛于s.

从 Dini 判别法得到一些便于使用的判别法.

推论 16.1.1　设$f(x)$是周期为2π且在$[-\pi,\pi]$上可积或绝对可积的函数. 如果$f(x)$在x_0附近(即x_0的某邻域内)满足$\alpha(\alpha\in(0,1])$阶 **Lipschitz 条件**，即$\exists\,\delta>0,L>0$，s. t.

$$|f(x_0+t)-f(x_0+0)|\leqslant Lt^{\alpha},\quad |f(x_0-t)-f(x_0-0)|\leqslant Lt^{\alpha},\quad \forall\,t\in(0,\delta),$$

则：

(1) 当 $f(x)$ 在 x_0 处为第一类间断点时，$f(x)$ 的 Fourier 级数收敛于

$$\frac{1}{2}[f(x_0+0)+f(x_0-0)];$$

(2) 特别地，当 $f(x)$ 在 x_0 处连续时，$f(x)$ 的 Fourier 级数收敛于 $f(x_0)$.

定义 16.1.2 设 $f(x)$ 为定义在 $[a,b]$ 上的函数，如果存在 $[a,b]$ 的一个分割：$a=t_0<t_1<\cdots<t_n=b$，使得按以下方式定义在每个子区间 $[t_{i-1},t_i]$ 上的函数

$$g_i(x)=\begin{cases} f(t_{i-1}+0), & x=t_{i-1}, \\ f(x), x\in(t_{i-1},t_i), & i=1,2,\cdots,n, \\ f(t_{i-1}-0), & x=t_i, \end{cases}$$

都是可导的(在两个端点处单侧可导)，则称 $f(x)$ 在 $[a,b]$ 上是**分段可导**的.

推论 16.1.2 设 $f(x)$ 是周期为 2π 且在 $[-\pi,\pi]$ 上可积或绝对可积的函数. 如果 $f(x)$ 在 x_0 处有两个有限的广义单侧导数：

$$\lim_{t\to 0^+}\frac{f(x_0+t)-f(x_0+0)}{t},\quad \lim_{t\to 0^+}\frac{f(x_0-t)-f(x_0-0)}{-t},$$

则 $f(x)$ 的 Fourier 级数在 x_0 处收敛于 $\frac{1}{2}[f(x_0+0)+f(x_0-0)]$.

特别地，如果 $f(x)$ 在 x_0 处存在导数 $f'(x_0)$，或有两个有限的单侧导数(比有限广义单侧导数的条件强)：

$$f'_+(x_0)=\lim_{t\to 0^+}\frac{f(x_0+t)-f(x_0)}{t},\quad f'_-(x_0)=\lim_{t\to 0^+}\frac{f(x_0-t)-f(x_0)}{-t},$$

则 $f(x)$ 的 Fourier 级数在 x_0 处收敛于 $f(x_0)$.

推论 16.1.3 如果周期为 2π 的函数 $f(x)$ 在 $[-\pi,\pi]$ 上是分段可导的，则 $f(x)$ 的 Fourier 级数在每点 x_0 处收敛于 $\frac{1}{2}[f(x_0+0)+f(x_0-0)]$. 特别地，在 $f(x)$ 的连续点处，它收敛于 $f(x_0)$.

定义 16.1.3 设 $f(x)$ 是定义在 $(0,\pi)$ 上的函数，令

$$f(x)=f(-x),\quad x\in(-\pi,0)$$

来补充 $f(x)$ 在 $(-\pi,0)$ 上的定义，使 $f(x)$ 在 $(-\pi,\pi)$ 上成为偶函数(延拓后的函数 $\tilde{f}(x)$ 仍记为 $f(x)$)，这种延拓方法称为**偶(性)延拓**. 此时，有

$$a_n=\frac{1}{\pi}\int_{-\pi}^{\pi}f(x)\cos nx\,\mathrm{d}x=\frac{2}{\pi}\int_0^{\pi}f(x)\cos nx\,\mathrm{d}x,\quad n=0,1,2,\cdots,$$

$$b_n=\frac{1}{\pi}\int_{-\pi}^{\pi}f(x)\sin nx\,\mathrm{d}x=0,\qquad n=1,2,\cdots.$$

因此，$f(x)$ 的 Fourier 级数中只含余弦项，即

$$f(x) \sim \frac{a_0}{2} + \sum_{n=1}^{\infty} a_n \cos nx,$$

称它为 $f(x), x \in (0,\pi)$ 的**余弦级数**.

如果令

$$f(x) = -f(-x), \quad x \in (-\pi, 0)$$

来补充定义 $f(x)$ 在 $(-\pi,0)$ 上的值，使 $f(x)$ 在 $(-\pi,\pi)$ 上成为奇函数（延拓后的函数 $\tilde{f}(x)$ 仍记为 $f(x)$），这种延拓方法称为**奇（性）延拓**（注意：由 $f(0)=f(-0)=-f(0)$ 知 $f(0)=0$）. 这样便有

$$a_n = \frac{1}{\pi}\int_{-\pi}^{\pi} f(x)\cos nx\,dx = 0, \qquad n = 0,1,2,\cdots,$$

$$b_n = \frac{1}{\pi}\int_{-\pi}^{\pi} f(x)\sin nx\,dx = \frac{2}{\pi}\int_0^{\pi} f(x)\sin nx\,dx, \quad n = 1,2,\cdots.$$

因此，$f(x)$ 的 Fourier 级数中只含正弦项，即

$$f(x) \sim \sum_{n=1}^{\infty} b_n \sin nx,$$

称它为 $f(x), x \in (0,\pi)$ 的**正弦级数**.

由此可见，对于只定义在 $(0,\pi)$ 上的函数，只要满足 Dini 定理的条件，就可考虑它的正弦级数，也可考虑它的余弦级数.

注 16.1.2 从例 16.1.1～例 16.1.4，例 16.1.6 以及例 16.2.2 可看出，经某个函数的 Fourier 级数的计算，并取特殊点求得一些难以用其他方法得到的数项级数之和，如：

$$1 - \frac{1}{3} + \frac{1}{5} - \frac{1}{7} + \cdots = \frac{\pi}{4},$$

$$\sum_{n=1}^{\infty} \frac{1}{n^2} = \frac{\pi^2}{6}, \quad \sum_{n=1}^{\infty} \frac{(-1)^{n-1}}{n^2} = \frac{\pi^2}{12}, \quad \sum_{k=1}^{\infty} \frac{1}{(2k-1)^2} = \frac{\pi^2}{8},$$

$$\sum_{n=1}^{\infty} \frac{1}{n^4} = \frac{\pi^4}{90}, \quad \sum_{n=1}^{\infty} \frac{(-1)^{n-1}}{n^4} = \frac{7\pi^4}{720}, \quad \sum_{n=1}^{\infty} \frac{1}{1+n^2} = \frac{\pi}{2}\,\frac{e^{2\pi+1}}{e^{2\pi-1}} - \frac{1}{2}.$$

定义 16.1.4 设 $f(x)$ 是以 $2l$ 为周期的函数，作变换 $x = \frac{l}{\pi}t$，并记

$$f(x) = f\left(\frac{l}{\pi}t\right) = g(t),$$

则 $g(t)$ 是周期为 2π 的函数. 如果 $g(t)$ 满足 Dini 定理推论的条件，便有

$$g(t) = \frac{a_0}{2} + \sum_{n=1}^{\infty}(a_n \cos nt + b_n \sin nt), \quad t \in (-\infty, +\infty),$$

$$a_n = \frac{1}{\pi}\int_{-\pi}^{\pi} g(t)\cos nt\,dt, \quad n = 0,1,2,\cdots,$$

$$b_n = \frac{1}{\pi}\int_{-\pi}^{\pi} g(t)\sin nt\,dt, \quad n = 1,2,\cdots.$$

回到原来的变量 x 就有

$$f(x)=\frac{a_0}{2}+\sum_{n=1}^{\infty}\left(a_n\cos\frac{n\pi}{l}x+b_n\sin\frac{n\pi}{l}x\right),\quad x\in(-\infty,+\infty),$$

而

$$a_n=\frac{1}{l}\int_{-l}^{l}f(x)\cos\frac{n\pi}{l}x\,\mathrm{d}x,\quad n=0,1,2,\cdots,$$

$$b_n=\frac{1}{l}\int_{-l}^{l}f(x)\sin\frac{n\pi}{l}x\,\mathrm{d}x,\quad n=1,2,\cdots.$$

如果 $f(x)$只定义在$(0,l)$上,是它既可展开为余弦级数

$$f(x)=\frac{a_0}{2}+\sum_{n=1}^{\infty}a_n\cos\frac{n\pi}{l}x,$$

其中

$$a_n=\frac{2}{l}\int_{0}^{l}f(x)\cos\frac{n\pi}{l}x\,\mathrm{d}x,\quad n=0,1,2,\cdots;$$

也可展开为正弦级数

$$f(x)=\sum_{n=1}^{\infty}b_n\sin\frac{n\pi}{l}x,$$

其中

$$b_n=\frac{2}{l}\int_{0}^{l}f(x)\sin\frac{n\pi}{l}x\,\mathrm{d}x,\quad n=1,2,\cdots.$$

Ⅱ. 平方平均收敛

定义 16.2.1 设 $f(x)$是$[-\pi,\pi]$上的可积函数,如果存在三角多项式序列$\{T_n(x)\}$,使得

$$\lim_{n\to+\infty}\int_{-\pi}^{\pi}[f(x)-T_n(x)]^2\mathrm{d}x=0,$$

则称$\{T_n(x)\}$**平方平均收敛于 $f(x)$**,或称 $f(x)$可用三角多项式**平方平均逼近**.

定理 16.2.1 如果$[-\pi,\pi]$上的三角多项式序列$\{T_n(x)\}$能一致逼近 $f(x)$,则$\{T_n(x)\}$必平方平均收敛于 $f(x)$. 但反之不真.

反例:

$$f(x)=\begin{cases}0, & x\neq-\pi,\pi,\\ 1, & x=-\pi,\pi\end{cases},\quad T_n(x)=0,\quad n=1,2,\cdots.$$

注 16.2.1 设 $R[a,b]$为既可积(若 f 有界,则 Riemann 可积;若 f 无界,要求在不含瑕点的内闭区间上 Riemann 可积)又平方可积的函数的全体$\left(\text{此时,由于}|f(x)|\leqslant\frac{1+f^2(x)}{2}\text{,故}|f(x)|\text{广义可积,从而}f(x)\text{也广义可积}\right)$.

定理 16.2.2　对 $\forall f,g\in R[a,b]$令

$$\langle f,g\rangle=\int_a^b f(x)g(x)\mathrm{d}x,$$

则$\langle,\rangle$有以下简单性质：

(1) $\langle f,f\rangle\geqslant 0$, $\forall f\in R[a,b]$, $\langle f,f\rangle=0\Leftrightarrow f\overset{\text{a. e.}}{=\!=}0$, $x\in[a,b]$；

(2) $\langle f,g\rangle=\langle g,f\rangle$, $\forall f,g\in R[a,b]$(对称性)；

(3) $\langle\alpha_1 f_1+\alpha_2 f_2,g\rangle=\alpha_1\langle f_1,g\rangle+\alpha_2\langle f_2,g\rangle$,

$\langle f,\alpha_1 g_1+\alpha_2 g_2\rangle=\alpha_1\langle f,g_1\rangle+\alpha_2\langle f,g_2\rangle$,

$\forall f_1,f_2,g_1,g_2\in R[a,b]$, $\forall\alpha_1,\alpha_2\in\mathbb{R}$(线性性).

引理 16.2.1　对 $f\in R[a,b]$,若令 $\|f\|=\langle f,f\rangle^{\frac{1}{2}}=\left[\int_a^b f^2(x)\mathrm{d}x\right]^{\frac{1}{2}}$,则 $\forall f,g\in R[a,b]$ 有 Cauchy-Schwarz 不等式

$$|\langle f,g\rangle|\leqslant\|f\|\ \|g\|.$$

且等号当且仅当 $x\in[a,b]$, $f(x)\overset{\text{a. e.}}{=\!=}\lambda g(x)$或 $g(x)\overset{\text{a. e.}}{=\!=}\lambda f(x)$时成立,其中 $\lambda\in\mathbb{R}$.

定理 16.2.4　设

$$\begin{aligned}d(f,g)&=\|f-g\|=\sqrt{\langle f-g,f-g\rangle}\\&=\sqrt{\int_a^b[f(x)-g(x)]^2\mathrm{d}x},\quad\forall f,\quad g\in R[a,b],\end{aligned}$$

则：

(1) $d(f,g)\geqslant 0$, $\forall f,g\in R[a,b]$. $d(f,g)=0\Leftrightarrow f\overset{\text{a. e.}}{=\!=}g$, $x\in[a,b]$(正定性)；

(2) $d(f,g)=d(g,f)$, $\forall f,g\in R[a,b]$(对称性)；

(3) $d(f,g)\leqslant d(f,h)+d(h,g)$, $\forall f,g,h\in R[a,b]$(三角不等式或三点不等式).

定义 16.2.2　设 $f,g\in R[a,b]$满足

$$\langle f,g\rangle=\int_a^b f(x)g(x)\mathrm{d}x=0,$$

则称 f 与 g 是**正交**的.

设$\{\varphi_0,\varphi_1,\cdots,\varphi_n,\cdots\}\subset R[a,b]$为一个函数系,如果

$$\langle\varphi_k,\varphi_l\rangle=\int_a^b\varphi_k(x)\varphi_l(x)\mathrm{d}x=\begin{cases}0, & k\neq l,\\ \lambda_k>0, & k=l,\end{cases}$$

则称$\{\varphi_k\mid k=0,1,2,\cdots\}$为 $R[a,b]$中的一个**正交系**. 若还有

$$\lambda_k=1,\quad k=0,1,2,\cdots,$$

则称此函数系是**规范正交系**.

定义 16.2.3　设$\{\varphi_k\}=\{\varphi_k\mid k=0,1,2,\cdots\}$为 $R[a,b]$中的一个给定的规范正交系. $\forall f\in R[a,b]$,称

$$c_k=\langle f,\varphi_k\rangle=\int_a^b f(x)\varphi_k(x)\mathrm{d}x$$

为 f 关于规范正交系$\{\varphi_k\}$的 **Fourier 系数**. 由此产生的级数

$$\sum_{k=0}^{\infty}c_k\varphi_k(x)$$

称为 f 关于规范正交系$\{\varphi_k\}$的 **Fourier 级数**,记为

$$f(x)\sim\sum_{k=0}^{\infty}c_k\varphi_k(x).$$

定理 16.2.5 设 $f\in R[a,b]$,$\{\varphi_k\}$为$[a,b]$的一个规范正交系,$\{c_k\}$为 f 关于$\{\varphi_k\}$的 Fourier 系数,则:

(1) (f 的部分和 $S_n(x)=\sum_{k=0}^{n}c_k\varphi_k(x)$ 的极值性质) $\forall\alpha_0,\alpha_1,\cdots,\alpha_n\in\mathbb{R}$,

$$\|f-T_n\|=\left\|f-\sum_{k=0}^{n}\alpha_k\varphi_k\right\|\geqslant\left\|f-\sum_{k=0}^{n}c_k\varphi_k\right\|,$$

即当 $\alpha_k=c_k(k=0,1,\cdots,n)$时

$$\|f-T_n\|=\left[\int_a^b(f(x)-T_n(x))^2\mathrm{d}x\right]^{\frac{1}{2}}$$

达到最小值,即平方平均误差最小.

(2) $\left\|f-\sum_{k=0}^{n}c_k\varphi_k\right\|=\|f\|^2-\sum_{k=0}^{n}c_k^2$;

(3) (Bessel 不等式) $\sum_{k=0}^{n}c_k^2\leqslant\|f\|^2$, $\sum_{k=0}^{\infty}c_k^2\leqslant\|f\|^2$.

推论 16.2.1 在定理 16.2.5 中,有

$$\lim_{k\to+\infty}c_k=\int_a^b f(x)\varphi_k(x)\mathrm{d}x=0.$$

定义 16.2.4 设$\{\varphi_k\}$为 $R[a,b]$中的规范正交系,如果

$$\sum_{k=0}^{\infty}c_k^2=\|f\|^2,$$

则称之为 **Parseval 等式或封闭公式**.

如果 $\forall f(x)\in R[a,b]$,均有 Parseval 等式(或封闭公式)成立,则称$\{\varphi_k\}$是**封闭**的.

定理 16.2.6 $\{\varphi_k\}$是封闭的$\Leftrightarrow\forall f\in R[a,b]$ 有

$$\lim_{n\to+\infty}\left\|f-\sum_{k=0}^{n}c_k\varphi_k\right\|^2=0,$$

即 f 可用它的 Fourier 级数的部分和平方平均逼近.

例 16.2.1 $\left\{\frac{1}{\sqrt{2\pi}},\frac{\cos x}{\sqrt{\pi}},\frac{\sin x}{\sqrt{\pi}},\cdots,\frac{\cos nx}{\sqrt{\pi}},\frac{\sin nx}{\sqrt{\pi}},\cdots\right\}$为$[-\pi,\pi]$上的规范正交系,则

$$c_0=\sqrt{\frac{\pi}{2}}a_0,$$

$$c_{2k-1}=\sqrt{\pi}a_k,\quad c_{2k}=\sqrt{\pi}b_k,\quad k=1,2,\cdots$$

$$\sum_{k=0}^{2n}c_k\varphi_k(x)=\frac{a_0}{2}+\sum_{k=1}^{n}(a_k\cos kx+b_k\sin kx),$$

$$\sum_{k=0}^{\infty}c_k\varphi_k(x)=\frac{a_0}{2}+\sum_{k=1}^{\infty}(a_k\cos kx+b_k\sin kx).$$

此时,Bessel 不等式为

$$\frac{a_0^2}{2}+\sum_{k=1}^{\infty}(a_k^2+b_k^2)\leqslant\frac{1}{\pi}\int_{-\pi}^{\pi}f^2(x)\mathrm{d}x.$$

而 Parseval 等式为

$$\frac{a_0^2}{2}+\sum_{k=1}^{\infty}(a_k^2+b_k^2)=\frac{1}{\pi}\int_{-\pi}^{\pi}f^2(x)\mathrm{d}x.$$

定理 16.2.7 $[-\pi,\pi]$上的三角函数系

$$\left\{\frac{1}{\sqrt{2\pi}},\frac{\cos x}{\sqrt{\pi}},\frac{\sin x}{\sqrt{\pi}},\cdots,\frac{\cos nx}{\sqrt{\pi}},\frac{\sin nx}{\sqrt{\pi}},\cdots\right\}$$

是封闭的,即总成立 Parseval 等式

$$\frac{a_0^2}{2}+\sum_{k=1}^{\infty}(a_k^2+b_k^2)=\frac{1}{\pi}\int_{-\pi}^{\pi}f^2(x)\mathrm{d}x.$$

推论 16.2.2 设 $f(x)\in R[a,b]$与规范正交系

$$\left\{\frac{1}{\sqrt{2\pi}},\frac{\cos x}{\sqrt{\pi}},\frac{\sin x}{\sqrt{\pi}},\cdots,\frac{\cos nx}{\sqrt{\pi}},\frac{\sin nx}{\sqrt{\pi}},\cdots\right\}$$

或三角正交函数系$\{1,\cos x,\sin x,\cdots,\cos nx,\sin nx,\cdots\}$都正交,则必有

$$f(x)\overset{\text{a.e.}}{=\!=}0,\quad x\in[-\pi,\pi].$$

推论 16.2.3(唯一性定理) 设 $f,g\in R[-\pi,\pi]$,且它们有相同的 Fourier 级数,则 $f\overset{\text{a.e.}}{=\!=}g,x\in[-\pi,\pi]$,特别地,若 f,g 连续,有 $f=g$.

定理 16.2.8(推广的 Parseval 等式) 设 $f(x),g(x)\in R[-\pi,\pi]$,a_n,b_n 与 α_n,β_n 分别为 $f(x)$与 $g(x)$的 Fourier 系数,则

$$\frac{1}{\pi}\int_{-\pi}^{\pi}f(x)g(x)\mathrm{d}x=\frac{a_0\alpha_0}{2}+\sum_{n=1}^{\infty}(a_n\alpha_n+b_n\beta_n).$$

定理 16.2.9(Fourier 级数的逐项积分定理) 设 $f(x)\in R[-\pi,\pi]$,其 Fourier 级数为

$$f(x)\sim\frac{a_0}{2}+\sum_{n=1}^{\infty}(a_n\cos nx+b_n\sin nx),$$

则对任何闭区间$[a,b]\subset[-\pi,\pi]$有

$$\int_b^a f(x)\mathrm{d}x=\int_a^b\frac{a_0}{2}\mathrm{d}x+\sum_{n=1}^{\infty}\int_a^b(a_n\cos nx+b_n\sin nx)\mathrm{d}x.$$

例 16.2.3 级数 $\sum_{n=2}^{\infty}\frac{\sin nx}{\ln n}$ 收敛,但不存在$[-\pi,\pi]$上的可积与平方可积的函数 $f(x)$ 使得 $\sum_{n=2}^{\infty}\frac{\sin nx}{\ln n}$ 为其 Fourier 级数.

Ⅲ. Fourier 积分与 Fourier 变换

参阅参考文献[1]第三册 286～298 页.

Ⅳ. Fourier 级数的 Cesàro 求和

定义 16.4.1 设 $\sum_{n=1}^{\infty}a_n$ 为一个无穷级数,$\{S_n\}$ 为它的部分和数列.如果$\{S_n\}$ 的算术平均值数列

$$\sigma_n=\frac{S_1+S_2+\cdots+S_n}{n},\quad n=1,2,\cdots$$

是一个收敛数列,即 $\lim_{n\to+\infty}\sigma_n=\sigma$,则称级数 $\sum_{n=1}^{\infty}a_n$ 在 **Cesàro 意义下收敛**或**均值意义下收敛**,σ 就称为级数 $\sum_{n=1}^{\infty}a_n$ 的 **Cesàro 和**,记为 $\sum_{n=1}^{\infty}a_n=\sigma(C)$.

设由无穷级数 $\sum_{n=0}^{\infty}a_n$ 产生的幂级数 $\sum_{n=0}^{\infty}a_nx^n$ 的收敛半径为 1.如果

$$\lim_{x\to 1^-}\sum_{n=0}^{\infty}a_nx^n=s,$$

则称级数 $\sum_{n=0}^{\infty}a_n$ 在 **Abel 意义下收敛于** s,s 称为级数 $\sum_{n=0}^{\infty}a_n$ 的 Abel 和,记为

$$\sum_{n=0}^{\infty}a_n=s(A).$$

定理 16.4.1 如果级数 $\sum_{n=1}^{\infty}a_n$ 在通常意义下收敛于 S,即 $\lim_{n\to+\infty}S_n=S$,则$\{S_n\}$ 的算术平均值数列

$$\sigma_n=\frac{S_1+S_2+\cdots+S_n}{n}$$

也收敛于 S,即 $\sum_{n=1}^{\infty}a_n=S(C)$.但反之不成立$\left(\text{如:}\sum_{n=1}^{\infty}(-1)^{n-1}=\frac{1}{2}(C)\right.$,但通常意义下是发散的$\left.\right)$.

注

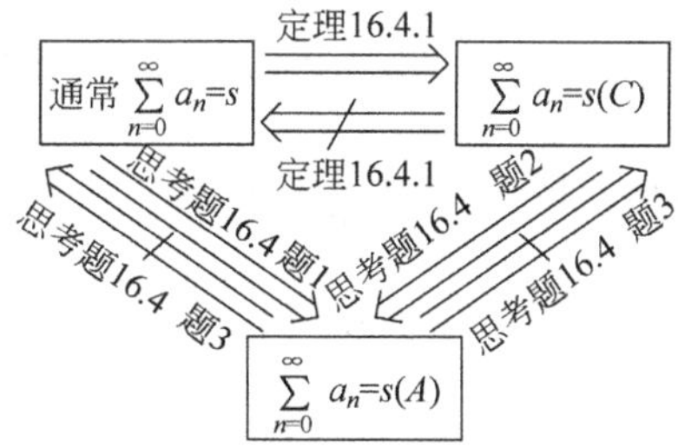

定理 16.4.2(Fejér) 设 $f(x)$ 是周期 2π 且在 $[-\pi,\pi]$ 上可积或绝对可积的函数. 如果 $f(x)$ 在 x_0 处有左、右极限 $f(x_0-0)$ 与 $f(x_0+0)$, 则它的 Fourier 级数在 x_0 处的 Cesàro 和为

$$\frac{1}{2}[f(x_0+0)+f(x_0-0)].$$

特别地, 当 $f(x)$ 在 x_0 处连续时, 它的 Fourier 级数的 Cesàro 和为 $f(x_0)$.

推论 16.4.1 设 $f(x)$ 是周期为 2π 且在 $[-\pi,\pi]$ 上可积或绝对可积的函数. 如果 $f(x)$ 在 x_0 处有左、右极限, 且其 Fourier 级数在 x_0 处收敛, 则必收敛于 $\frac{1}{2}[f(x_0+0)+f(x_0-0)]$.

更进一步, 有下面的定理.

定理 16.4.3(Fejér) 设 $f(x)$ 是周期为 2π 的连续函数, 则它的 Fourier 级数在 Ccsàro 意义下一致收敛于 $f(x)$.

作为 Fejér 定理 16.4.3 和 Cesàro 意义下求和的应用, 有下面的 Weierstrass 定理.

定理 16.4.4(Weierstrass) 设 $f(x)$ 在 $[-\pi,\pi]$ 上连续, 且 $f(-\pi)=f(\pi)$, 则 $f(x)$ 必能用三角多项式一致逼近.

721. 设 $f(x)$ 是周期为 2π 的可积或绝对可积函数, $b_n(n=1,2,\cdots)$ 是其 Fourier 系数. 证明:

(1) 如果 $f(x)$ 在 $(0,2\pi)$ 中单调减少, 则 $b_n\geqslant 0$;

(2) 如果 $f(x)$ 在 $(0,2\pi)$ 中单调增加, 则 $b_n\leqslant 0$.

证法 1 显然

$$b_n=\frac{1}{\pi}\int_0^{2\pi} f(x)\sin nx\,\mathrm{d}x \xlongequal{x=\frac{t}{n}} \frac{1}{n\pi}\int_0^{2n\pi} f\left(\frac{t}{n}\right)\sin t\,\mathrm{d}t$$

$$=\frac{1}{n\pi}\sum_{k=1}^{n}\left(\int_{2(k-1)\pi}^{(2k-1)\pi} f\left(\frac{t}{n}\right)\sin t\,\mathrm{d}t+\int_{(2k-1)\pi}^{2k\pi} f\left(\frac{t}{n}\right)\sin t\,\mathrm{d}t\right)$$

$$\xlongequal{t=u+\pi} \frac{1}{n\pi}\sum_{k=1}^{n}\left(\int_{2(k-1)\pi}^{(2k-1)\pi} f\left(\frac{t}{n}\right)\sin t\,\mathrm{d}t+\int_{2(k-1)\pi}^{(2k-1)\pi} f\left(\frac{u+\pi}{n}\right)\sin(u+\pi)\,\mathrm{d}(u+\pi)\right)$$

$$=\frac{1}{n\pi}\sum_{k=1}^{n}\left(\int_{2(k-1)\pi}^{(2k-1)\pi} f\left(\frac{t}{n}\right)\sin t\,\mathrm{d}t-\int_{2(k-1)\pi}^{(2k-1)\pi} f\left(\frac{u+\pi}{n}\right)\sin u\,\mathrm{d}u\right)$$

$$=\frac{1}{n\pi}\sum_{k=1}^{n}\left(\int_{2(k-1)\pi}^{(2k-1)\pi}\left[f\left(\frac{t}{n}\right)-f\left(\frac{t+\pi}{n}\right)\right]\sin t\,\mathrm{d}t\right).$$

当 $t\in(2(k-1)\pi,(2k-1)\pi)$ 时，$\sin t\geqslant 0$. $\frac{t}{n}\in\left((k-1)\frac{2\pi}{n},\left(k-\frac{1}{2}\right)\frac{2\pi}{n}\right)\subset(0,2\pi)$.

(1) 由 $f(x)$ 在 $(0,2\pi)$ 单调减少知 $f\left(\frac{t}{n}\right)-f\left(\frac{t}{n}+\frac{\pi}{n}\right)\geqslant 0$，故 $b_n\geqslant 0$.

(2) 由 $f(x)$ 在 $(0,2\pi)$ 单调增加知 $f\left(\frac{t}{n}\right)-f\left(\frac{t}{n}+\frac{\pi}{n}\right)\leqslant 0$，故 $b_n\leqslant 0$.

证法 2 将 $[0,2\pi]$ n 等分，则

$$b_n=\frac{1}{\pi}\int_0^{2\pi}f(x)\sin nx\,\mathrm{d}x=\frac{1}{\pi}\sum_{k=1}^{n}\int_{(k-1)\frac{2\pi}{n}}^{k\frac{2\pi}{n}}f(x)\sin nx\,\mathrm{d}x$$

$$=\frac{1}{\pi}\sum_{k=1}^{n}\left\{\int_{(k-1)\frac{2\pi}{n}}^{\left(k-\frac{1}{2}\right)\frac{2\pi}{n}}+\int_{\left(k-\frac{1}{2}\right)\frac{2\pi}{n}}^{k\frac{2\pi}{n}}\right\}f(x)\sin nx\,\mathrm{d}x$$

$$\xlongequal{x=t+\frac{\pi}{n}}\frac{1}{\pi}\sum_{k=1}^{n}\int_{(k-1)\frac{2\pi}{n}}^{\left(k-\frac{1}{2}\right)\frac{2\pi}{n}}f(x)\sin nx\,\mathrm{d}x+\frac{1}{\pi}\sum_{k=1}^{n}\int_{(k-1)\frac{2\pi}{n}}^{\left(k-\frac{1}{2}\right)\frac{2\pi}{n}}f\left(t+\frac{\pi}{n}\right)\sin(nt+\pi)\,\mathrm{d}t$$

$$=\frac{1}{\pi}\sum_{k=1}^{n}\int_{(k-1)\frac{2\pi}{n}}^{\left(k-\frac{1}{2}\right)\frac{2\pi}{n}}\left[f(x)-f\left(x+\frac{\pi}{n}\right)\right]\sin nx\,\mathrm{d}x.$$

由于当 $x\in\left[(k-1)\frac{2\pi}{n},\left(k-\frac{1}{2}\right)\frac{2\pi}{n}\right]$ 时，$nx\in[(k-1)2\pi,(2k-1)\pi]$，所以 $\sin nx\geqslant 0$. 于是，当 f 在 $(0,2\pi)$ 中单调减时，$f(x)-f\left(x+\frac{\pi}{n}\right)\geqslant 0$，故 $b_n\geqslant 0$；当 f 在 $(0,2\pi)$ 中单调增时，$f(x)-f\left(x+\frac{\pi}{n}\right)\leqslant 0$，故 $b_n\leqslant 0$. □

注 721 题中，证法 1 先作变换可以避免分段，书写简单得多.

722. 设 $f(x)$ 是周期为 2π 的 Riemann 可积函数. 如果它在 $(-\pi,\pi)$ 中单调，证明：

$$a_n=O\left(\frac{1}{n}\right),\quad b_n=O\left(\frac{1}{n}\right),\quad n\to+\infty.$$

证明 因 f 在 $[-\pi,\pi]$ 上 Riemann 可积，故有界. 记 $|f(x)|\leqslant M$，$\forall x\in[-\pi,\pi]$. 又因 f 在 $(-\pi,\pi)$ 中单调，所以视 f 在 $-\pi,\pi$ 处的值分别为 $f(-\pi+0)$，$f(\pi-0)$. 用一般的积分第二中值定理，$\exists\,\xi\in[-\pi,\pi]$，s. t.

$$a_n=\frac{1}{\pi}\int_{-\pi}^{\pi}f(x)\cos nx\,\mathrm{d}x$$

$$=\frac{1}{\pi}\left[f(-\pi+0)\int_{-\pi}^{\xi}\cos nx\,\mathrm{d}x+f(\pi-0)\int_{\xi}^{\pi}\cos nx\,\mathrm{d}x\right]$$

$$=\frac{1}{\pi}\left[\frac{\sin n\xi}{n}f(-\pi+0)-\frac{\sin n\xi}{n}f(\pi-0)\right]$$

$$=\frac{\sin n\xi}{n\pi}[f(-\pi+0)-f(\pi-0)].$$

因此

$$|a_n|\leqslant\left|\frac{\sin n\xi}{n\pi}\right|[|f(-\pi+0)|+|f(\pi-0)|]\leqslant\frac{2M}{n\pi},$$

$$a_n=O\left(\frac{1}{n}\right),\quad n\to+\infty.$$

同理可得

$$b_n=O\left(\frac{1}{n}\right),\quad n\to+\infty.$$ □

注 注意，722 题中不能假定 f 在$[-\pi,\pi]$中单调. 因为如果 f 是周期 2π 的单调增函数，且 $f(-\pi)=f(\pi)$，则 f 必为常值函数.

723. 设 $f(x)$在$[a,b]$上 Riemann 可积. 证明：

$$\lim_{n\to+\infty}\int_a^b f(x)|\sin nx|\,\mathrm{d}x=\frac{2}{\pi}\int_a^b f(x)\,\mathrm{d}x;$$

$$\lim_{n\to+\infty}\int_a^b f(x)|\cos nx|\,\mathrm{d}x=\frac{2}{\pi}\int_a^b f(x)\,\mathrm{d}x.$$

证明 取自然数 p, s. t. $-2p\pi<a$, $2p\pi>b$，即$[a,b]\subset[-2p\pi,2p\pi]$. 定义

$$F(x)=\begin{cases}f(x), & x\in[a,b],\\ 0, & x\in[-2p\pi,2p\pi]\setminus[a,b],\end{cases}$$

则 $F(x)$在$[-2p\pi,2p\pi]$上 Riemann 可积，且

$$\int_{-2p\pi}^{2p\pi}F(x)\,\mathrm{d}x=\int_a^b f(x)\,\mathrm{d}x,$$

$$\int_{-2p\pi}^{2p\pi}F(x)|\sin nx|\,\mathrm{d}x=\int_a^b f(x)|\sin nx|\,\mathrm{d}x.$$

将$[-2p\pi,2p\pi]$等分成 $2pn$ 个小区间，区间端点用

$$x_i=-2p\pi+\frac{2\pi}{n}i,\quad i=0,1,2,\cdots,2pn$$

来表示.

$$\Delta x_i=x_i-x_{i-1}=\frac{2\pi}{n},\quad i=1,2,\cdots,2pn.$$

因为$|\sin nx|\geqslant0$ 不变号，应用推广的积分第一中值定理，$\exists\,\mu_i\in[m_i,M_i]$（这里 $m_i=\inf\{F(x)\,|\,x_{i-1}\leqslant x\leqslant x_i\}$，$M_i=\sup\{F(x)\,|\,x_{i-1}\leqslant x\leqslant x_i\}$），s. t.

$$\int_{x_{i-1}}^{x_i}F(x)|\sin nx|\,\mathrm{d}x=\mu_i\int_{x_{i-1}}^{x_i}|\sin nx|\,\mathrm{d}x\xlongequal{t=nx+2pn\pi-2\pi(i-1)}\mu_i\int_0^{2\pi}\frac{1}{n}|\sin t|\,\mathrm{d}t$$

$$=\mu_i\frac{4}{n}\int_0^{\frac{\pi}{2}}\sin t\,\mathrm{d}t=\frac{4}{n}\mu_i.$$

而

$$\int_{-2p\pi}^{2p\pi}F(x)|\sin nx|\,\mathrm{d}x=\sum_{i=1}^{2pn}\int_{x_{i-1}}^{x_i}F(x)|\sin nx|\,\mathrm{d}x=\sum_{i=1}^{2pn}\frac{4}{n}\mu_i=\frac{2}{\pi}\sum_{i=1}^{2pn}\mu_i\frac{2\pi}{n},$$

$$\frac{2}{\pi}\sum_{i=1}^{2pn}m_i\frac{2\pi}{n}\leqslant\frac{2}{\pi}\sum_{i=1}^{2pn}\mu_i\frac{2\pi}{n}=\int_{-2p\pi}^{2p\pi}F(x)\mid\sin nx\mid\mathrm{d}x\leqslant\frac{2}{\pi}\sum_{i=1}^{2pn}M_i\frac{2\pi}{n}.$$

由 $F(x)$ 及 $F(x)|\sin nx|$ 的可积性,有

$$\begin{aligned}\lim_{n\to+\infty}\int_a^b f(x)\mid\sin nx\mid\mathrm{d}x&=\lim_{n\to+\infty}\int_{-2p\pi}^{2p\pi}F(x)\mid\sin nx\mid\mathrm{d}x\\&=\lim_{n\to+\infty}\frac{2}{\pi}\sum_{i=1}^{2pn}m_i\frac{2\pi}{n}=\lim_{n\to+\infty}\frac{2}{\pi}\sum_{i=1}^{2pn}M_i\frac{2\pi}{n}\\&=\frac{2}{\pi}\int_{-2p\pi}^{2p\pi}F(x)\mathrm{d}x\\&=\frac{2}{\pi}\int_a^b f(x)\mathrm{d}x.\end{aligned}$$

同法可证

$$\lim_{n\to+\infty}\int_a^b f(x)\mid\cos nx\mid\mathrm{d}x=\frac{2}{\pi}\int_a^b f(x)\mathrm{d}x.$$ □

注 在上述证明中,只用了 $\sin x,\cos x$ 的周期性.并不涉及它们的其他性质.所以可以对该题作一般性的推广.

设 $f(x)$ 在 $[a,b]$ 上 Riemann 可积,$\varphi(x)$ 是以 T 为周期的非负 Riemann 可积函数,则

$$\lim_{n\to+\infty}\int_a^b f(x)\varphi(nx)\mathrm{d}x=\frac{1}{T}\int_0^T\varphi(x)\mathrm{d}x\int_a^b f(x)\mathrm{d}x.$$

证明 方法同前一题.

取 $p\in\mathbb{N}$, s. t. $-pT\leqslant a, pT\geqslant b$,即 $[a,b]\subset[-pT,pT]$.令

$$F(x)=\begin{cases}f(x), & x\in[a,b],\\ 0, & x\in[-pT,pT]\setminus[a,b].\end{cases}$$

则 $F(x)$ 在 $[-pT,pT]$ 中 Riemann 可积,且

$$\int_{-pT}^{pT}F(x)\mathrm{d}x=\int_a^b f(x)\mathrm{d}x,$$

$$\int_{-pT}^{pT}F(x)\varphi(nx)\mathrm{d}x=\int_a^b f(x)\varphi(nx)\mathrm{d}x.$$

将 $[-pT,pT]$ 分为 $2pn$ 个小区间,区间的端点

$$x_i=-pT+\frac{Ti}{n},\quad i=0,1,2,\cdots,2pn,$$

$$x_0=-pT, x_{2pn}=pT,\Delta x_i=x_i-x_{i-1}=\frac{T}{n},\quad i=1,2,\cdots,2pn.$$

由于 $\varphi(x)\geqslant0$ 不变号.应用推广的积分第一中值定理,$\exists\mu_i\in[m_i,M_i]$(这里 $m_i=\inf\{F(x)\mid x_{i-1}\leqslant x\leqslant x_i\}$,$M_i=\sup\{F(x)\mid x_{i-1}\leqslant x\leqslant x_i\}$), s. t.

$$\int_{x_{i-1}}^{x_i}F(x)\varphi(nx)\mathrm{d}x=\mu_i\int_{x_{i-1}}^{x_i}\varphi(nx)\mathrm{d}x$$

$$\xlongequal{t=nx+pnT-T(i-1)} \mu_i\int_0^T \frac{1}{n}\varphi(t-pnT+(i-1)T)\mathrm{d}t$$

$$=\mu_i\int_0^T \frac{1}{n}\varphi(t)\mathrm{d}t=\frac{1}{T}\int_0^T\varphi(x)\mathrm{d}x\cdot\mu_i\frac{T}{n}.$$

从而

$$\int_{-pT}^{pT}F(x)\varphi(nx)\mathrm{d}x=\sum_{i=1}^{2pn}\int_{x_{i-1}}^{x_i}F(x)\varphi(nx)\mathrm{d}x=\frac{1}{T}\int_0^T\varphi(x)\mathrm{d}x\sum_{i=1}^{2pn}\mu_i\frac{T}{n},$$

$$\frac{1}{T}\int_0^T\varphi(x)\mathrm{d}x\sum_{i=1}^{2pn}m_i\frac{T}{n}\leqslant\frac{1}{T}\int_0^T\varphi(x)\mathrm{d}x\sum_{i=1}^{2pn}\mu_i\frac{T}{n}$$

$$=\int_{-pT}^{pT}F(x)\varphi(nx)\mathrm{d}x\leqslant\frac{1}{T}\int_0^T\varphi(x)\mathrm{d}x\sum_{i=1}^{2pn}M_i\frac{T}{n}.$$

由 $F(x)$及 $F(x)\varphi(x)$的可积性，有

$$\lim_{n\to+\infty}\int_a^b f(x)\varphi(nx)\mathrm{d}x=\lim_{n\to+\infty}\int_{-pT}^{pT}F(x)\varphi(nx)\mathrm{d}x=\lim_{n\to+\infty}\frac{1}{T}\int_0^T\varphi(x)\mathrm{d}x\sum_{i=1}^{2pn}m_i\frac{T}{n}$$

$$=\lim_{n\to+\infty}\frac{1}{T}\int_0^T\varphi(x)\mathrm{d}x\sum_{i=1}^{2pn}M_i\frac{T}{n}=\frac{1}{T}\int_0^T\varphi(x)\mathrm{d}x\int_{-pT}^{pT}F(x)\mathrm{d}x$$

$$=\frac{1}{T}\int_0^T\varphi(x)\mathrm{d}x\int_a^b f(x)\mathrm{d}x.$$

□

724. 设 $f(x)$在$(-\infty,+\infty)$上绝对可积(而在任何有限区间上，$f(x)$Riemann 可积)，证明：

$$\lim_{n\to+\infty}\int_{-\infty}^{+\infty}f(x)\,|\sin nx|\,\mathrm{d}x=\frac{2}{\pi}\int_{-\infty}^{+\infty}f(x)\mathrm{d}x;$$

$$\lim_{n\to+\infty}\int_{-\infty}^{+\infty}f(x)\,|\cos nx|\,\mathrm{d}x=\frac{2}{\pi}\int_{-\infty}^{+\infty}f(x)\mathrm{d}x.$$

证明 因为 $f(x)$在$(-\infty,+\infty)$上绝对可积，所以对 $\forall\varepsilon>0$，$\exists A>0$，s. t.

$$\int_{-\infty}^{-A}|f(x)|\mathrm{d}x<\frac{\varepsilon}{6},\quad\int_A^{+\infty}|f(x)|\mathrm{d}x<\frac{\varepsilon}{6}.$$

进一步有

$$\int_{-\infty}^{-A}|f(x)\sin nx|\mathrm{d}x\leqslant\int_{-\infty}^{-A}|f(x)|\mathrm{d}x<\frac{\varepsilon}{6},$$

$$\int_A^{+\infty}|f(x)\sin nx|\mathrm{d}x\leqslant\int_A^{+\infty}|f(x)|\mathrm{d}x<\frac{\varepsilon}{6}.$$

由 723 题有

$$\lim_{n\to+\infty}\int_{-A}^{A}f(x)\,|\sin nx|\,\mathrm{d}x=\frac{2}{\pi}\int_{-A}^{A}f(x)\mathrm{d}x.$$

所以 $\exists N\in\mathbb{N}$，$n>N$ 时

$$\left|\int_{-A}^{A}f(x)\,|\sin nx|\,\mathrm{d}x-\frac{2}{\pi}\int_{-A}^{A}f(x)\mathrm{d}x\right|<\varepsilon$$

于是

$$\begin{aligned}
&\left|\int_{-\infty}^{+\infty} f(x)\,|\sin nx|\,\mathrm{d}x-\frac{2}{\pi}\int_{-\infty}^{+\infty} f(x)\mathrm{d}x\right| \\
=&\left|\int_{-\infty}^{-A} f(x)\,|\sin nx|\,\mathrm{d}x+\int_{-A}^{A} f(x)\,|\sin nx|\,\mathrm{d}x+\int_{A}^{+\infty} f(x)\,|\sin nx|\,\mathrm{d}x\right. \\
&\left.-\frac{2}{\pi}\int_{-\infty}^{-A} f(x)\mathrm{d}x-\frac{2}{\pi}\int_{-A}^{A} f(x)\mathrm{d}x-\frac{2}{\pi}\int_{A}^{+\infty} f(x)\mathrm{d}x\right| \\
\leqslant&\left|\int_{-A}^{A} f(x)\,|\sin x|\,\mathrm{d}x-\frac{2}{\pi}\int_{-A}^{A} f(x)\mathrm{d}x\right|+\int_{-\infty}^{-A}|f(x)\sin nx|\,\mathrm{d}x+\int_{A}^{+\infty}|f(x)\sin nx|\,\mathrm{d}x \\
&+\frac{2}{\pi}\left(\int_{-\infty}^{-A}|f(x)|\,\mathrm{d}x+\int_{A}^{+\infty}|f(x)|\,\mathrm{d}x\right)<\frac{\varepsilon}{3}+\frac{\varepsilon}{6}+\frac{\varepsilon}{6}+\frac{\varepsilon}{6}+\frac{\varepsilon}{6}=\varepsilon.
\end{aligned}$$

所以，$\lim\limits_{n\to+\infty}\int_{-\infty}^{+\infty} f(x)\,|\sin nx|\,\mathrm{d}x=\frac{2}{\pi}\int_{-\infty}^{+\infty} f(x)\mathrm{d}x$. 同理可证 $\lim\limits_{n\to+\infty}\int_{-\infty}^{+\infty} f(x)\,|\cos nx|\,\mathrm{d}x=\frac{2}{\pi}\int_{-\infty}^{+\infty} f(x)\mathrm{d}x$. □

725. 证明：对 $\forall x\in(-\infty,+\infty)$ 有

$$|\cos x|=\frac{2}{\pi}+\frac{4}{\pi}\sum_{n=1}^{\infty}\frac{(-1)^{n+1}}{4n^2-1}\cos 2nx.$$

由此结果证明：如果 $f(x)$ 在 $[a,b]$ 中 Riemann 可积，则

$$\lim_{\lambda\to\infty}\int_a^b f(x)\,|\cos\lambda x|\,\mathrm{d}x=\frac{2}{\pi}\int_a^b f(x)\mathrm{d}x.$$

证明 (1) 在 $[-\pi,\pi]$ 上将 $|\cos x|$ 展开为 Fourier 级数. 由于 $|\cos x|$ 为偶函数，所以 $b_n=0, n=1,2,\cdots$.

$$a_0=\frac{1}{\pi}\int_{-\pi}^{\pi}|\cos x|\,\mathrm{d}x=\frac{4}{\pi}\int_0^{\frac{\pi}{2}}\cos x\mathrm{d}x=\frac{4}{\pi},$$

$$\begin{aligned}
a_1&=\frac{1}{\pi}\int_{-\pi}^{\pi}|\cos x|\cos x\mathrm{d}x=\frac{2}{\pi}\int_0^{\pi}|\cos x|\cos x\mathrm{d}x \\
&=\frac{2}{\pi}\left[\int_0^{\frac{\pi}{2}}\cos^2 x\mathrm{d}x-\int_{\frac{\pi}{2}}^{\pi}\cos^2 x\mathrm{d}x\right]=0,
\end{aligned}$$

$\vdots$

$$\begin{aligned}
a_n&=\frac{1}{\pi}\int_{-\pi}^{\pi}|\cos x|\cos nx\mathrm{d}x=\frac{2}{\pi}\int_0^{\pi}|\cos x|\cos nx\mathrm{d}x \\
&=\frac{2}{\pi}\left[\int_0^{\frac{\pi}{2}}\cos x\cos nx\mathrm{d}x-\int_{\frac{\pi}{2}}^{\pi}\cos x\cos nx\mathrm{d}x\right] \\
&=\frac{1}{\pi}\left[\int_0^{\frac{\pi}{2}}(\cos(n+1)x+\cos(n-1)x)\mathrm{d}x-\int_{\frac{\pi}{2}}^{\pi}(\cos(n+1)x+\cos(n-1)x)\mathrm{d}x\right] \\
&=\frac{2}{\pi}\left[\frac{\sin(n+1)\frac{\pi}{2}}{n+1}+\frac{\sin(n-1)\frac{\pi}{2}}{n-1}\right]
\end{aligned}$$

$$=\begin{cases}\dfrac{4}{\pi}\dfrac{(-1)^{k+1}}{4k^2-1}, & n=2k\text{ 为偶数},\\ 0, & n=2k+1\text{ 为奇数},\end{cases}\quad k=1,2,\cdots.$$

又 $|\cos x|$ 为 $(-\infty,+\infty)$ 中的连续的周期 2π 的函数. 所以有

$$|\cos x|=\frac{a_0}{2}+\sum_{n=1}^{\infty}a_n\cos nx=\frac{2}{\pi}+\sum_{n=1}^{\infty}\frac{(-1)^{n+1}}{4n^2-1}\cos 2nx.$$

(2) 由(1)得

$$|\cos\lambda x|=\frac{2}{\pi}+\sum_{n=1}^{\infty}\frac{(-1)^{n+1}}{4n^2-1}\cos 2n\lambda x,\quad x\in(-\infty,+\infty).$$

由于 $\left|\dfrac{(-1)^{n+1}}{4n^2-1}\cos 2n\lambda x\right|\leqslant\dfrac{1}{4n^2-1}$，根据 Weierstrass 判别法知级数 $\dfrac{2}{\pi}+\displaystyle\sum_{n=1}^{\infty}\frac{(-1)^{n+1}}{4n^2-1}\cos 2n\lambda x$ 在 $x\in(-\infty,+\infty)$ 一致收敛. 因为 $f(x)$ 在 $[a,b]$ 上 Riemann 可积，必有界. 而一个一致收敛的级数乘上一个有界函数仍一致收敛，从而可以逐项积分. 于是

$$\int_a^b f(x)|\cos\lambda x|\,dx=\frac{2}{\pi}\int_a^b f(x)\,dx+\frac{4}{\pi}\sum_{n=1}^{\infty}\frac{(-1)^{n+1}}{4n^2-1}\int_a^b f(x)\cos 2n\lambda x\,dx.$$

设 $|f(x)|\leqslant M$, $\forall x\in[a,b]$，则

$$\left|\int_a^b f(x)\cos 2n\lambda x\,dx\right|\leqslant M(b-a),$$

$$\left|\frac{(-1)^{n+1}}{4n^2-1}\int_a^b f(x)\cos 2n\lambda x\,dx\right|\leqslant\frac{M(b-a)}{4n^2-1}.$$

再由 Weierstrass 定理得级数

$$\sum_{n=1}^{\infty}\frac{(-1)^{n+1}}{4n^2-1}\int_a^b f(x)\cos 2n\lambda x\,dx$$

在 $\lambda\in(-\infty,+\infty)$ 中一致收敛，因此可逐项求极限. 又根据定理 16.1.2(Riemann-Lebesgue 引理)有

$$\lim_{\lambda\to\infty}\int_a^b f(x)\cos 2n\lambda x\,dx=0.$$

于是

$$\begin{aligned}\lim_{\lambda\to\infty}\int_a^b f(x)|\cos\lambda x|\,dx&=\lim_{\lambda\to\infty}\left\{\frac{2}{\pi}\int_a^b f(x)\,dx+\frac{4}{\pi}\sum_{n=1}^{\infty}\frac{(-1)^{n+1}}{4n^2-1}\int_a^b f(x)\cos 2n\lambda x\,dx\right\}\\&=\frac{2}{\pi}\int_a^b f(x)\,dx+\frac{4}{\pi}\sum_{n=1}^{\infty}\frac{(-1)^{n+1}}{4n^2-1}\lim_{\lambda\to\infty}\int_a^b f(x)\cos 2n\lambda x\,dx\\&=\frac{2}{\pi}\int_a^b f(x)\,dx.\end{aligned}$$

□

725′. 设 $f(x)$ 在 $[a,b]$ 上 Riemann 可积，试用 $|\sin x|$ 的 Fourier 展开式

$$|\sin x|=\frac{2}{\pi}-\frac{4}{\pi}\sum_{n=1}^{\infty}\frac{\cos 2nx}{(2n)^2-1},\quad x\in(-\infty,+\infty)$$

证明：

$$\lim_{\lambda\to\infty}\int_a^b f(x)\,|\sin\lambda x|\,\mathrm{d}x=\frac{2}{\pi}\int_a^b f(x)\mathrm{d}x.$$

证明 因为

$$\left|\frac{\cos 2nx}{(2n)^2-1}\right|\leqslant\frac{1}{(2n)^2-1},\quad x\in(-\infty,+\infty),$$

所以$|\sin x|$有一致收敛的 Fourier 展开式

$$|\sin x|=\frac{2}{\pi}-\frac{4}{\pi}\sum_{n=1}^{\infty}\frac{\cos 2nx}{(2n)^2-1},\quad x\in(-\infty,+\infty).$$

因此

$$|\sin\lambda x|=\frac{2}{\pi}-\frac{4}{\pi}\sum_{n=1}^{\infty}\frac{\cos 2n\lambda x}{(2n)^2-1},\quad x\in(-\infty,+\infty).$$

由于

$$\left|\frac{\cos 2n\lambda x}{4n^2-1}\right|\leqslant\frac{1}{4n^2-1},\quad x\in(-\infty,+\infty),$$

根据 Weierstrass 判别法知，级数

$$\frac{2}{\pi}-\frac{4}{\pi}\sum_{n=1}^{\infty}\frac{\cos 2n\lambda x}{4n^2-1}$$

在 $x\in(-\infty,+\infty)$上一致收敛. 用有界函数遍乘一致收敛级数的各项，所得级数仍一致收敛. 而$[a,b]$上 Riemann 可积函数 $f(x)$必有界，故

$$f(x)\,|\sin\lambda x|=\frac{2}{\pi}f(x)-\frac{4}{\pi}\sum_{n=1}^{\infty}f(x)\,\frac{\cos 2n\lambda x}{4n^2-1},\quad x\in[a,b]$$

一致收敛，可逐项积分

$$\int_a^b f(x)\,|\sin\lambda x|\,\mathrm{d}x=\frac{2}{\pi}\int_a^b f(x)\mathrm{d}x-\frac{4}{\pi}\sum_{n=1}^{\infty}\int_a^b\frac{f(x)\cos 2n\lambda x}{4n^2-1}\mathrm{d}x.$$

设$|f(x)|\leqslant M(\forall x\in[a,b])$，上述级数的通项

$$\left|\int_a^b\frac{f(x)\cos 2n\lambda x}{4n^2-1}\mathrm{d}x\right|\leqslant\frac{M(b-a)}{4n^2-1},$$

且$\sum\limits_{n=1}^{\infty}\dfrac{M(b-a)}{4n^2-1}$收敛，因而该级数关于$\lambda\in(-\infty,+\infty)$一致收敛. 在此级数中令$\lambda\to\infty$逐项取极限，并利用 Riemann-Lebesgue 引理，则得

$$\begin{aligned}\lim_{\lambda\to\infty}\int_a^b f(x)\,|\sin\lambda x|\,\mathrm{d}x&=\lim_{\lambda\to\infty}\left[\frac{2}{\pi}\int_a^b f(x)\mathrm{d}x-\frac{4}{\pi}\sum_{n=1}^{\infty}\int_a^b\frac{f(x)\cos 2n\lambda x}{4n^2-1}\mathrm{d}x\right]\\&=\frac{2}{\pi}\int_a^b f(x)\mathrm{d}x-\frac{4}{\pi}\sum_{n=1}^{\infty}\lim_{\lambda\to\infty}\int_a^b\frac{f(x)\cos 2n\lambda x}{4n^2-1}\mathrm{d}x\end{aligned}$$

$$=\frac{2}{\pi}\int_a^b f(x)\mathrm{d}x-\frac{4}{\pi}\sum_{n=1}^{\infty}0=\frac{2}{\pi}\int_a^b f(x)\mathrm{d}x.$$ □

726. 将函数 $f(x)=\ln\left(2\cos\frac{x}{2}\right)$在$(-\pi,\pi)$上展开为 Fourier 级数，由此证明：

$$\sum_{n=1}^{\infty}\frac{\cos nx}{n}=-\ln\left(2\sin\frac{x}{2}\right),\quad 0<x<2\pi.$$

证明 应用例 6.5.18 的结论，有

$$\int_0^{\frac{\pi}{2}}\ln\sin x\mathrm{d}x=\int_0^{\frac{\pi}{2}}\ln\cos x\mathrm{d}x=-\frac{\pi}{2}\ln 2.$$

求 $\ln\left(2\cos\frac{x}{2}\right)$的 Fourier 展开式. 由于 $\ln\left(2\cos\frac{x}{2}\right)$的偶函数，故

$$\begin{aligned}
a_0&=\frac{2}{\pi}\int_0^{\pi}\ln\left(2\cos\frac{x}{2}\right)\mathrm{d}x\\
&=\frac{2}{\pi}\left[\ln 2\cdot\pi+\int_0^{\pi}\ln\cos\frac{x}{2}\mathrm{d}x\right]\\
&=2\ln 2+\frac{2}{\pi}\int_0^{\frac{\pi}{2}}\ln\cos t\cdot 2\mathrm{d}t=2\ln 2+\frac{4}{\pi}\left(-\frac{\pi}{2}\ln 2\right)=0.
\end{aligned}$$

$$\begin{aligned}
a_n&=\frac{2}{\pi}\int_0^{\pi}\ln\left(2\cos\frac{x}{2}\right)\cos nx\,\mathrm{d}x\\
&=\frac{2}{\pi}\ln\left(2\cos\frac{x}{2}\right)\frac{\sin nx}{n}\Bigg|_0^{\pi}-\frac{2}{n\pi}\int_0^{\pi}\frac{-2\sin\frac{x}{2}\cdot\frac{1}{2}}{2\cos\frac{x}{2}}\sin nx\,\mathrm{d}x\\
&=\frac{1}{n\pi}\int_0^{\pi}\frac{\sin nx\sin\frac{x}{2}}{\cos\frac{x}{2}}\mathrm{d}x\\
&\xlongequal{x=\pi-t}\frac{1}{n\pi}\int_0^{\pi}\frac{\sin(n\pi-nt)\sin\left(\frac{\pi}{2}-\frac{t}{2}\right)}{\cos\left(\frac{\pi}{2}-\frac{t}{2}\right)}\mathrm{d}t\\
&=\frac{(-1)^{n-1}}{n\pi}\int_0^{\pi}\frac{\sin nt\cos\frac{t}{2}}{\sin\frac{t}{2}}\mathrm{d}t\\
&=\frac{(-1)^{n-1}}{n\pi}\left[\int_0^{\pi}\frac{\sin\left(n+\frac{1}{2}\right)t+\sin\left(n-\frac{1}{2}\right)t}{2\sin\frac{t}{2}}\mathrm{d}t\right]\\
&=\frac{(-1)^{n-1}}{n\pi}\int_0^{\pi}\left(\frac{1}{2}+\sum_{k=1}^{n}\cos kt+\frac{1}{2}+\sum_{k=1}^{n-1}\cos kt\right)\mathrm{d}t
\end{aligned}$$

$$= \frac{(-1)^{n-1}}{n\pi}(\pi + 0 + 0) = \frac{(-1)^{n-1}}{n}, \quad n = 1,2,\cdots.$$

于是有

$$\ln\left(2\cos\frac{x}{2}\right) = \sum_{n=1}^{\infty}\frac{(-1)^{n-1}}{n}\cos nx, \quad x \in (-\pi,\pi).$$

由此，当 $x\in(0,2\pi)$ 时，$\pi - x\in(-\pi,\pi)$，所以

$$\ln\left(2\sin\frac{x}{2}\right) = \ln\left(2\cos\frac{\pi - x}{2}\right) = \sum_{n=1}^{\infty}\frac{(-1)^{n-1}}{n}\cos n(\pi - x)$$

$$= \sum_{n=1}^{\infty}\frac{(-1)^{n-1}}{n}(-1)^n\cos nx = -\sum_{n=1}^{\infty}\frac{\cos nx}{n},$$

即 $\sum\limits_{n=1}^{\infty}\frac{\cos nx}{n} = -\ln\left(2\sin\frac{x}{2}\right), x\in(0,2\pi)$. □

727. 设函数

$$\varphi(-x) = \psi(x).$$

问：$\varphi(x)$ 与 $\psi(x)$ 的 Fourier 系数 a_n, b_n 与 α_n, β_n 之间有何关系？

解

$$a_n = \frac{1}{\pi}\int_{-\pi}^{\pi}\varphi(x)\cos nx\,dx \xlongequal{x=-t} \frac{1}{\pi}\int_{\pi}^{-\pi}\varphi(-t)\cos(-nt)(-dt)$$

$$= \frac{1}{\pi}\int_{-\pi}^{\pi}\varphi(-t)\cos nt\,dt = \frac{1}{\pi}\int_{-\pi}^{\pi}\psi(t)\cos nt\,dt$$

$$= \alpha_n, \quad n = 0,1,2,\cdots;$$

$$b_n = \frac{1}{\pi}\int_{-\pi}^{\pi}\varphi(x)\sin nx\,dx \xlongequal{x=-t} \frac{1}{\pi}\int_{\pi}^{-\pi}\varphi(-t)\sin(-nt)(-dt)$$

$$= -\frac{1}{\pi}\int_{-\pi}^{\pi}\psi(t)\sin nt\,dt = -\beta_n, \quad n = 1,2,\cdots.$$

□

728. 设函数 $\varphi(-x) = -\psi(x)$，问 $\varphi(x)$ 与 $\psi(x)$ 的 Fourier 系数 a_n, b_n 与 α_n, β_n 之间有何关系？

解

$$a_n = \frac{1}{\pi}\int_{-\pi}^{\pi}\varphi(x)\cos nx\,dx \xlongequal{x=-t} \frac{1}{\pi}\int_{\pi}^{-\pi}\varphi(-t)\cos(-nt)(-dt)$$

$$= \frac{1}{\pi}\int_{-\pi}^{\pi} -\psi(t)\cos nt\,dt = -\alpha_n, \quad n = 0,1,2,\cdots,$$

$$b_n = \frac{1}{\pi}\int_{-\pi}^{\pi}\varphi(x)\sin nx\,dx \xlongequal{x=-t} \frac{1}{\pi}\int_{\pi}^{-\pi}\varphi(-t)(-\sin nt)(-dt)$$

$$= \frac{1}{\pi}\int_{-\pi}^{\pi}\psi(t)\sin nt\,dt = \beta_n, \quad n = 1,2,\cdots.$$

□

729. 已知周期为 2π 的可积函数 $f(x)$ 的 Fourier 系数为 a_n, b_n. 试计算函数

$$f_h(x)=\frac{1}{2h}\int_{x-h}^{x+h}f(\xi)\mathrm{d}\xi$$

的 Fourier 系数 A_n,B_n.

解法 1 作变换 $\xi=x+t$,得

$$f_h(x)=\frac{1}{2h}\int_{-h}^{h}f(x+t)\mathrm{d}t.$$

$$A_0=\frac{1}{\pi}\int_{-\pi}^{\pi}f_h(x)\mathrm{d}x=\frac{1}{2h\pi}\int_{-\pi}^{\pi}\mathrm{d}x\int_{-h}^{h}f(x+t)\mathrm{d}t$$

$$=\frac{1}{2h\pi}\int_{-h}^{h}\mathrm{d}t\int_{-\pi}^{\pi}f(x+t)\mathrm{d}x\xlongequal{x+t=u}\frac{1}{2h\pi}\int_{-h}^{h}\mathrm{d}t\int_{-\pi+t}^{\pi+t}f(u)\mathrm{d}u.$$

因为 f 为周期 2π 的函数,根据例 6.4.9(3)知

$$\int_0^{2\pi}f(x)\mathrm{d}x=\int_{-\pi}^{\pi}f(x)\mathrm{d}x=\int_{-\pi+a}^{\pi+a}f(x)\mathrm{d}x\quad(a\in\mathbb{R}).$$

所以

$$A_0=\frac{1}{2h\pi}\int_{-h}^{h}\mathrm{d}t\int_{-\pi}^{\pi}f(u)\mathrm{d}u=\frac{2h}{2h\pi}\int_{-\pi}^{\pi}f(u)\mathrm{d}u=a_0,$$

$$A_n=\frac{1}{\pi}\int_{-\pi}^{\pi}f_h(x)\cos nx\,\mathrm{d}x$$

$$=\frac{1}{2h\pi}\int_{-\pi}^{\pi}\left(\int_{-h}^{h}f(x+t)\mathrm{d}t\right)\cos nx\,\mathrm{d}x$$

$$=\frac{1}{2h\pi}\int_{-\pi}^{\pi}\cos nx\,\mathrm{d}x\int_{-h}^{h}f(x+t)\mathrm{d}t$$

$$=\frac{1}{2h\pi}\int_{-h}^{h}\mathrm{d}t\int_{-\pi}^{\pi}f(x+t)\cos nx\,\mathrm{d}x$$

$$\xlongequal{x+t=u}\frac{1}{2h\pi}\int_{-h}^{h}\mathrm{d}t\int_{-\pi+t}^{\pi+t}f(u)\cos n(u-t)\mathrm{d}u$$

$$=\frac{1}{2h\pi}\int_{-h}^{h}\mathrm{d}t\int_{-\pi}^{\pi}f(u)(\cos nu\cos nt+\sin nu\sin nt)\mathrm{d}u$$

$$=\frac{1}{2h\pi}\left[\int_{-h}^{h}\cos nt\,\mathrm{d}t\int_{-\pi}^{\pi}f(u)\cos nu\,\mathrm{d}u+\int_{-h}^{h}\sin nt\,\mathrm{d}t\int_{-\pi}^{\pi}f(u)\sin nu\,\mathrm{d}u\right]$$

$$=\frac{1}{2h}\left[\frac{2\sin nh}{n}\cdot\frac{1}{\pi}\int_{-\pi}^{\pi}f(u)\cos nu\,\mathrm{d}u+0\cdot\frac{1}{\pi}\int_{-\pi}^{\pi}f(u)\sin nu\,\mathrm{d}u\right]$$

$$=\frac{\sin nh}{nh}a_n,\quad n=1,2,\cdots,$$

$$B_n=\frac{1}{\pi}\int_{-\pi}^{\pi}f_h(x)\sin nx\,\mathrm{d}x=\frac{1}{2h\pi}\int_{-\pi}^{\pi}\left(\int_{-h}^{h}f(x+t)\mathrm{d}t\right)\sin nx\,\mathrm{d}x$$

$$=\frac{1}{2h\pi}\int_{-h}^{h}\mathrm{d}t\int_{-\pi}^{\pi}f(x+t)\sin nx\,\mathrm{d}x$$

$$\xlongequal{u=x+t}\frac{1}{2h\pi}\int_{-h}^{h}\mathrm{d}t\int_{-\pi}^{\pi}f(u)\sin n(u-t)\mathrm{d}u$$

$$=\frac{1}{2h\pi}\int_{-h}^{h}\mathrm{d}t\int_{-\pi}^{\pi}f(u)(\sin nu\cos nt-\cos nu\sin nt)\mathrm{d}u$$

$$=\frac{1}{2h}\int_{-h}^{h}\cos nt\,\mathrm{d}t\,\frac{1}{\pi}\int_{-\pi}^{\pi}f(u)\sin nu\,\mathrm{d}u-\frac{1}{2h}\int_{-h}^{h}\sin nt\,\mathrm{d}t\,\frac{1}{\pi}\int_{-\pi}^{\pi}f(u)\cos nu\,\mathrm{d}u$$

$$=\frac{2\sin nh}{2hn}b_n-0=\frac{\sin nh}{nh}b_n,\quad n=1,2,\cdots.$$

解法 2 设 $f(x)$的 Fourier 级数为

$$f(x)=\frac{a_0}{2}+\sum_{n=1}^{\infty}(a_n\cos nx+b_n\sin nx),$$

则根据定理 16.2.9,它在$[x-h,x+h]$上可逐项积分,于是

$$f_h(x)=\frac{1}{2h}\int_{x-h}^{x+h}f(\xi)\mathrm{d}\xi=\frac{1}{2h}\int_{x-h}^{x+h}\left(\frac{a_0}{2}+\sum_{n=1}^{\infty}(a_n\cos n\xi+b_n\sin n\xi)\right)\mathrm{d}\xi$$

$$=\frac{a_0}{2}+\frac{1}{2h}\sum_{n=1}^{\infty}\int_{x-h}^{x+h}(a_n\cos n\xi+b_n\sin n\xi)\mathrm{d}\xi$$

$$=\frac{a_0}{2}+\frac{1}{2h}\sum_{n=1}^{\infty}\left(\frac{a_n}{n}[\sin n(x+h)-\sin n(x-h)]+\frac{b_n}{n}[\cos n(x-h)-\cos n(x+h)]\right)$$

$$=\frac{a_0}{2}+\frac{1}{2nh}\sum_{n=1}^{\infty}(2a_n\sin nh\cos nx+2b_n\sin nh\sin nx)$$

$$=\frac{a_0}{2}+\sum_{n=1}^{\infty}\left(\frac{\sin nh}{nh}a_n\cos nx+\frac{\sin nh}{nh}b_n\sin nx\right).$$

故此得 $A_0=a_0,A_n=\dfrac{\sin nh}{nh}a_n,B_n=\dfrac{\sin nh}{nh}b_n,n=1,2,\cdots.$ □

730. 设 $f(x)$是以 2π 为周期的连续函数,并且以 a_n,b_n 为其 Fourier 系数.求卷积函数

$$F(x)=\frac{1}{\pi}\int_{-\pi}^{\pi}f(t)f(x+t)\mathrm{d}t$$

的 Fourier 系数 A_n,B_n.

解法 1 应用例 6.4.9(3),对以 2π 为周期的函数 $f(x)$有

$$\int_0^{2\pi}f(x)\mathrm{d}x=\int_{-\pi}^{\pi}f(x)\mathrm{d}x=\int_{-\pi+a}^{\pi+a}f(x)\mathrm{d}x.$$

于是

$$A_0=\frac{1}{\pi}\int_{-\pi}^{\pi}F(x)\mathrm{d}x=\frac{1}{\pi^2}\int_{-\pi}^{\pi}\mathrm{d}x\int_{-\pi}^{\pi}f(t)f(x+t)\mathrm{d}t$$

$$=\frac{1}{\pi^2}\int_{-\pi}^{\pi}f(t)\mathrm{d}t\int_{-\pi}^{\pi}f(x+t)\mathrm{d}x\xlongequal{x+t=u}\frac{1}{\pi^2}\int_{-\pi}^{\pi}f(t)\mathrm{d}t\int_{-\pi+t}^{\pi+t}f(u)\mathrm{d}u$$

$$=\frac{1}{\pi^2}\int_{-\pi}^{\pi}f(t)\mathrm{d}t\int_{-\pi}^{\pi}f(u)\mathrm{d}u=a_0^2,$$

$$
\begin{aligned}
A_n &= \frac{1}{\pi}\int_{-\pi}^{\pi} F(x)\cos nx\,\mathrm{d}x = \frac{1}{\pi^2}\int_{-\pi}^{\pi} f(t)\,\mathrm{d}t\int_{-\pi}^{\pi} f(x+t)\cos nx\,\mathrm{d}x \\
&\xlongequal{x+t=u} \frac{1}{\pi^2}\int_{-\pi}^{\pi} f(t)\,\mathrm{d}t\int_{-\pi}^{\pi} f(u)\cos n(u-t)\,\mathrm{d}u \\
&= \frac{1}{\pi^2}\int_{-\pi}^{\pi} f(t)\,\mathrm{d}t\int_{-\pi}^{\pi} f(u)(\cos nu\cos nt + \sin nu\sin nt)\,\mathrm{d}u \\
&= \frac{1}{\pi^2}\int_{-\pi}^{\pi} f(t)\cos nt\,\mathrm{d}t\int_{-\pi}^{\pi} f(u)\cos nu\,\mathrm{d}u + \int_{-\pi}^{\pi} f(t)\sin nt\,\mathrm{d}t\int_{-\pi}^{\pi} f(u)\sin nu\,\mathrm{d}u\Big] \\
&= a_n^2 + b_n^2, \quad n = 1,2,\cdots.
\end{aligned}
$$

同理,作变换 $x+t=u$,有

$$
\begin{aligned}
B_n &= \frac{1}{\pi}\int_{-\pi}^{\pi} F(x)\sin nx\,\mathrm{d}x = \frac{1}{\pi^2}\int_{-\pi}^{\pi} f(t)\,\mathrm{d}t\int_{-\pi}^{\pi} f(x+t)\sin nx\,\mathrm{d}x \\
&= \frac{1}{\pi^2}\left[\int_{-\pi}^{\pi} f(t)\cos nt\,\mathrm{d}t\int_{-\pi}^{\pi} f(u)\sin nu\,\mathrm{d}u - \int_{-\pi}^{\pi} f(t)\sin nt\,\mathrm{d}t\int_{-\pi}^{\pi} f(u)\cos nt\,\mathrm{d}u\right] \\
&= a_n b_n - b_n a_n = 0, \quad n = 1,2,\cdots.
\end{aligned}
$$

解法 2 设 $f(x)$的 Fourier 级数为

$$
f(x) = \frac{a_0}{2} + \sum_{n=1}^{\infty} a_n\cos nx + b_n\sin nx.
$$

根据定理 16.2.9 的证明,它乘以 $f(x+t)$后仍可逐项积分,于是

$$
\begin{aligned}
F(x) &= \frac{1}{\pi}\int_{-\pi}^{\pi} f(t)f(x+t)\,\mathrm{d}t \\
&= \frac{1}{\pi}\int_{-\pi}^{\pi}\left[\frac{a_0}{2} + \sum_{n=1}^{\infty}(a_n\cos nt + b_n\sin nt)\right]f(x+t)\,\mathrm{d}t \\
&= \frac{1}{\pi}\left[\int_{-\pi}^{\pi}\frac{a_0}{2}f(x+t)\,\mathrm{d}t + \sum_{n=1}^{\infty}\left(a_n\int_{\pi} f(x+t)\cos nt + \mathrm{d}t + b_n\int_{-\pi}^{\pi} f(x+t)\sin nt\,\mathrm{d}t\right)\right] \\
&\xlongequal{x+t=u} \frac{1}{\pi}\int_{x-\pi}^{x+\pi}\frac{a_0}{2}f(u)\,\mathrm{d}u \\
&\quad + \frac{1}{\pi}\sum_{n=1}^{\infty}\left(a_n\int_{x-\pi}^{x+\pi} f(u)\cos n(u-x)\,\mathrm{d}u + b_n\int_{x-\pi}^{x+\pi} f(u)\sin n(u-x)\,\mathrm{d}u\right) \\
&= \frac{a_0}{2}\frac{1}{\pi}\int_{-\pi}^{\pi} f(u)\,\mathrm{d}u + \sum_{n=1}^{\infty}\left[a_n\frac{1}{\pi}\int_{-\pi}^{\pi} f(u)(\cos nx\cos nu + \sin nx\sin nu)\,\mathrm{d}u\right. \\
&\quad \left. + \frac{b_n}{\pi}\int_{-\pi}^{\pi} f(u)(\sin nu\cos nx - \cos nu\sin nx)\,\mathrm{d}u\right] \\
&= \frac{a_0^2}{2} + \sum_{n=1}^{\infty}[a_n^2\cos nx + a_n b_n\sin nx + b_n^2\cos nx - a_n b_n\sin nx] \\
&= \frac{a_0^2}{2} + \sum_{n=1}^{\infty}(a_n^2 + b_n^2)\cos nx.
\end{aligned}
$$

所以

$$A_0=a_0^2,\quad A_n=a_n^2+b_n^2,\quad B_n=0,\quad n=1,2,\cdots.$$ □

注 730 题中解法 1 的优点在于只用到 Riemann 积分的性质和 Fourier 级数的定义. 其缺点是不知 $F(x)$ 的 Fourier 展开式

$$F(x)=\frac{1}{\pi}\int_{-\pi}^{\pi}f(t)f(x+t)\mathrm{d}t=\frac{a_0^2}{2}+\sum_{n=1}^{\infty}(a_n^2+b_n^2)\cos nx$$

是否成立?

730 题中解法 2 的优点在于上述 Fourier 展开式成立. 特别地,令 $x=0$ 代入上式得到 $f(x)$ 的 Parseval 等式

$$F(0)=\frac{1}{\pi}\int_{-\pi}^{\pi}f^2(t)\mathrm{d}t=\frac{a_0^2}{2}+\sum_{n=1}^{\infty}(a_n^2+b_n^2).$$

其缺点是需应用逐项积分的定理.

731. 设 a_n,b_n 为 $f(x)\in R[-\pi,\pi]$ 的 Fourier 系数,证明: $\sum\limits_{n=1}^{\infty}\frac{a_n}{n}$, $\sum\limits_{n=1}^{\infty}\frac{b_n}{n}$ 均收敛.

证明 因为

$$\left|\frac{a_n}{n}\right|=|a_n|\frac{1}{n}\leqslant\frac{a_n^2+\frac{1}{n^2}}{2},$$

所以

$$\sum_{n=1}^{\infty}\left|\frac{a_n}{n}\right|\leqslant\sum_{n=1}^{\infty}\frac{a_n^2+\frac{1}{n^2}}{2}=\frac{1}{2}\left[\frac{a_0^2}{2}+\sum_{n=1}^{\infty}(a_n^2+b_n^2)+\sum_{n=1}^{\infty}\frac{1}{n^2}\right]$$

$$\leqslant\frac{1}{2}\left[\frac{1}{\pi}\int_{-\pi}^{\pi}f^2(x)\mathrm{d}x+\sum_{n=1}^{\infty}\frac{1}{n^2}\right]<+\infty.$$

由此推得 $\sum\limits_{n=1}^{\infty}\frac{a_n}{n}$ 是绝对收敛的,当然是收敛的. 同理, $\sum\limits_{n=1}^{\infty}\frac{b_n}{n}$ 也是绝对收敛和收敛的. □

732. 证明:三角级数 $\sum\limits_{n=2}^{\infty}\frac{\sin nx}{\ln n}$ 在不包含 2π 整倍数的闭区间中一致收敛. 但它决不是 $R[-\pi,\pi]$ 中任意一个函数的 Fourier 级数.

证法 1 设 $[a,b]$ 为不包含 2π 整倍数的任一闭区间,则

$$\left|\sum_{n=2}^{N}\sin nx\right|=\left|\frac{\sum\limits_{n=2}^{N}2\sin\frac{x}{2}\sin nx}{2\sin\frac{x}{2}}\right|=\left|\frac{\sum\limits_{n=2}^{N}\left[\cos\left(nx-\frac{x}{2}\right)-\cos\left(nx+\frac{x}{2}\right)\right]}{2\sin\frac{x}{2}}\right|$$

$$=\left|\frac{\cos\frac{3}{2}x-\cos\left(N+\frac{1}{2}\right)x}{2\sin\frac{x}{2}}\right|\leqslant\frac{1}{\left|\sin\frac{x}{2}\right|}\leqslant\frac{1}{\min\limits_{a\leqslant x\leqslant b}\left|\sin\frac{x}{2}\right|}<+\infty,$$

又$\frac{1}{\ln x}$单调减一致趋于0，根据Dirichlet判别法知，$\sum_{n=2}^{\infty}\frac{\sin nx}{\ln n}$在$[a,b]$上一致收敛.

因为当$x=0$时，$\sum_{n=2}^{\infty}\frac{\sin n\cdot 0}{\ln n}=\sum_{n=2}^{\infty}0$收敛，故再由上述知$\sum_{n=2}^{\infty}\frac{\sin nx}{\ln n}$在$\forall x\in(-\infty,+\infty)$都收敛.但是它不是$R[-\pi,\pi]$中任意一个函数的Fourier级数.(反证)假设$f(x)\in R[-\pi,\pi]$以$\sum_{n=2}^{\infty}\frac{\sin nx}{\ln n}$为其Fourier级数，则由Fourier级数的逐项积分定理16.2.9有

$$\begin{aligned}\int_0^{\pi}f(x)\,\mathrm{d}x&=\int_0^{\pi}\sum_{n=2}^{\infty}\frac{\sin nx}{\ln n}\mathrm{d}x=\sum_{n=2}^{\infty}\int_0^{\pi}\frac{\sin nx}{\ln n}\mathrm{d}x=\sum_{n=2}^{\infty}\frac{-\cos nx}{n\ln n}\bigg|_0^{\pi}\\&=\sum_{n=2}^{\infty}\frac{1+(-1)^{n+1}}{n\ln n}=\sum_{k=1}^{\infty}\frac{2}{(2k+1)\ln(2k+1)}\geqslant\int_3^{+\infty}\frac{\mathrm{d}x}{x\ln x}\\&=\ln\ln x\,\Big|_3^{+\infty}=+\infty,\end{aligned}$$

这与$f(x)$可积相矛盾.

证法2　(反证)假设$f(x)\in R[-\pi,\pi]$以$\sum_{n=2}^{\infty}\frac{\sin nx}{\ln n}$为其Fourier级数，根据Parseval等式

$$\frac{1}{\pi}\int_{-\pi}^{\pi}f^2(x)\,\mathrm{d}x=\sum_{n=2}^{\infty}\frac{1}{(\ln n)^2}.$$

由于$f(x)$平方可积，上式左边为一个有限数，而右边由

$$\lim_{n\to+\infty}\frac{\frac{1}{n}}{\frac{1}{(\ln n)^2}}=\lim_{n\to+\infty}\frac{(\ln n)^2}{n}=0$$

知，$\sum_{n=2}^{\infty}\frac{1}{(\ln n)^2}=+\infty$，矛盾. □

733. 设$f(x)\in R[0,l]$，$a_n=\frac{2}{l}\int_0^l f(x)\cos\frac{n\pi}{l}x\,\mathrm{d}x$，$n=0,1,2,\cdots$.证明：

$$\frac{a_0^2}{2}+\sum_{n=1}^{\infty}a_n^2=\frac{2}{l}\int_0^l f^2(x)\,\mathrm{d}x.$$

证明　对f作偶延拓，使f成为周期$2l$的偶函数.令

$$g(t)=f(x)=f\left(\frac{l}{\pi}t\right),\quad 其中\ x=\frac{l}{\pi}t,$$

则g是周期为2π的偶函数.关于g有Parseval等式

$$\frac{2}{\pi}\int_0^{\pi}g(t)\,\mathrm{d}t=\frac{1}{\pi}\int_{-\pi}^{\pi}g(t)\,\mathrm{d}t=\frac{a_0^2}{2}+\sum_{n=1}^{\infty}a_n^2,$$

其中

$$a_n=\frac{2}{\pi}\int_0^{\pi}g(t)\cos nt\,\mathrm{d}t.$$

作变换 $t=\frac{\pi}{l}x$，即得

$$\frac{2}{\pi}\int_0^l f(x)\mathrm{d}x=\frac{2}{\pi}\int_0^\pi g(t)\mathrm{d}t=\frac{a_0^2}{2}+\sum_{n=1}^\infty a_n^2,$$

其中

$$a_n=\frac{2}{\pi}\int_0^\pi g(t)\cos nt\,\mathrm{d}t\xlongequal{t=\frac{\pi}{l}x}\frac{2}{\pi}\int_0^l f(x)\cos\frac{n\pi}{l}x\,\mathrm{d}x,\quad n=0,1,2,\cdots. \qquad \square$$

734. (1) 如果

$$\frac{a_0}{2}+\sum_{n=1}^\infty(a_n\cos nx+b_n\sin nx)$$

在$[-\pi,\pi]$上一致收敛于 $f(x)$，则

$$a_n=\frac{1}{\pi}\int_{-\pi}^\pi f(x)\cos nx\,\mathrm{d}x,\quad n=0,1,2,\cdots$$

$$b_n=\frac{1}{\pi}\int_{-\pi}^\pi f(x)\sin nx\,\mathrm{d}x,\quad n=0,1,2,\cdots;$$

(2) 如果 $f(x)$在$[-\pi,\pi]$上二阶可导，且 $f''(x)$可积或绝对可积及 $f(\pi)=f(-\pi)$，$f'(\pi)=f'(-\pi)$，则 $f(x)$的 Fourier 级数一致收敛于 $f(x)$.

证明 (1) 因为$\frac{a_0}{2}+\sum\limits_{n=1}^\infty(a_n\cos nx+b_n\sin nx)$在$[-\pi,\pi]$上一致收敛于 $f(x)$，根据函数项级数一致收敛的 Cauchy 准则知

$$\frac{a_0}{2}\cos nx+\sum_{k=1}^\infty(a_k\cos kx\cos nx+b_k\sin kx\cos nx)$$

在$[-\pi,\pi]$上一致收敛于 $f(x)\cos nx$. 应用逐项积分的定理 13.2.3′得到

$$\begin{aligned}\int_{-\pi}^\pi f(x)\cos nx\,\mathrm{d}x&=\frac{a_0}{2}\int_{-\pi}^\pi\cos nx\,\mathrm{d}x+\sum_{k=1}^\infty\left(a_k\int_{-\pi}^\pi\cos kx\cos nx\,\mathrm{d}x+b_k\int_{-\pi}^\pi\sin kx\cos nx\,\mathrm{d}x\right)\\&\xlongequal{\text{例 6.3.3}}\frac{a_0}{2}\cdot 2\pi\delta_{0n}+\sum_{n=1}^\infty(a_k\cdot\pi\delta_{kn}+b_k\cdot 0)=\pi a_n,\quad n=0,1,2,\cdots,\end{aligned}$$

其中

$$\delta_{kn}=\begin{cases}1, & k=n,\\ 0, & k\neq n.\end{cases}$$

同理，有

$$\begin{aligned}\int_{-\pi}^\pi f(x)\sin nx\,\mathrm{d}x&=\frac{a_0}{2}\int_{-\pi}^\pi\sin nx\,\mathrm{d}x+\sum_{k=1}^\infty\left(a_k\int_{-\pi}^\pi\cos kx\sin nx\,\mathrm{d}x+b_k\int_{-\pi}^\pi\sin kx\sin nx\,\mathrm{d}x\right)\\&\xlongequal{\text{例 6.3.3}}\frac{a_0}{2}\cdot 0+\sum_{k=1}^\infty(a_k\cdot 0+b_k\cdot\pi\delta_{kn})=\pi b_n,\quad n=1,2,\cdots.\end{aligned}$$

于是得到

$$\begin{cases} a_n = \dfrac{1}{\pi}\displaystyle\int_{-\pi}^{\pi} f(x)\cos nx\,\mathrm{d}x, & n = 0,1,2,\cdots, \\ b_n = \dfrac{1}{\pi}\displaystyle\int_{-\pi}^{\pi} f(x)\sin nx\,\mathrm{d}x, & n = 1,2,\cdots. \end{cases}$$

(2) 由题设条件和推论 16.1.3,有

$$f(x) = \frac{a_0}{2} + \sum_{n=1}^{\infty}(a_n\cos nx + b_n\sin nx), \quad x \in [-\pi,\pi].$$

进而,应用分部积分公式得到

$$\begin{aligned} a_n &= \frac{1}{\pi}\int_{-\pi}^{\pi} f(x)\cos nx\,\mathrm{d}x = \frac{1}{\pi}\int_{-\pi}^{\pi} f(x)\,\mathrm{d}\,\frac{\sin nx}{n} \\ &= \frac{1}{\pi}\left[f(x)\frac{\sin nx}{n}\bigg|_{-\pi}^{\pi} - \int_{-\pi}^{\pi}\frac{f'(x)\sin nx}{n}\mathrm{d}x\right] \\ &= \frac{1}{\pi}\int_{-\pi}^{\pi} f'(x)\,\mathrm{d}\,\frac{\cos nx}{n^2} = \frac{1}{\pi}\left[f'(x)\frac{\cos nx}{n^2}\bigg|_{-\pi}^{\pi} - \int_{-\pi}^{\pi} f''(x)\,\frac{\cos nx}{n^2}\mathrm{d}x\right] \\ &= -\frac{1}{\pi n^2}\int_{-\pi}^{\pi} f''(x)\cos nx\,\mathrm{d}x, \end{aligned}$$

$$|a_n| \leqslant \frac{\dfrac{1}{\pi}\displaystyle\int_{-\pi}^{\pi}|f''(x)|\,\mathrm{d}x}{n^2}.$$

同理

$$|b_n| \leqslant \frac{\dfrac{1}{\pi}\displaystyle\int_{-\pi}^{\pi}|f''(x)|\,\mathrm{d}x}{n^2}.$$

于是,由

$$|a_n\cos nx + b_n\sin nx| \leqslant |a_n| + |b_n| \leqslant \frac{\dfrac{2}{\pi}\displaystyle\int_{-\pi}^{\pi}|f''(x)|\,\mathrm{d}x}{n^2}$$

和 $\displaystyle\sum_{n=1}^{\infty}\frac{\dfrac{2}{\pi}\displaystyle\int_{-\pi}^{\pi}|f''(x)|\,\mathrm{d}x}{n^2}$ 收敛以及 Weierstrass 判别法立知

$$\frac{a_0}{2} + \sum_{n=1}^{\infty}(a_n\cos nx + b_n\sin nx)$$

在$[-\pi,\pi]$上一致收敛于 $f(x)$. □

注 734 题(2)中应用分部积分的合理性:设 f', g' 在$[a,b]$上可积或绝对可积,则

$$\begin{aligned} fg\,\Big|_a^b &\xlongequal[\text{例 6.1.9}]{\text{定理 6.3.4}} \int_a^b (fg)'\,\mathrm{d}x = \int_a^b (f'g + fg')\,\mathrm{d}x \\ &\xlongequal{\text{定理 6.2.1}} \int_a^b f'g\,\mathrm{d}x + \int_a^b fg'\,\mathrm{d}x, \end{aligned}$$

并且凡遇瑕点就取极限.

735. 设由无穷级数 $\sum_{n=0}^{\infty} a_n$ 产生的幂级数 $\sum_{n=0}^{\infty} a_n x^n$ 的收敛半径为 1. 如果

$$\lim_{x\to 1^-}\sum_{n=0}^{\infty} a_n x^n = s,$$

则称级数 $\sum_{n=0}^{\infty} a_n$ 在 Abel 意义下收敛于 s，s 称为级数 $\sum_{n=0}^{\infty} a_n$ 的 Abel 和，记为 $\sum_{n=0}^{\infty} a_n = s(A)$. 此时，称 $\sum_{n=0}^{\infty} a_n$ 可以 Abel 求和.

证明 (1) 如果级数 $\sum_{n=0}^{\infty} a_n$ 在通常意义下收敛于 s，则必有

$$\sum_{n=0}^{\infty} a_n = s(A).$$

(2) $\sum_{n=0}^{\infty}(-1)^n = \frac{1}{2}(A)$. 注意：$\sum_{n=0}^{\infty}(-1)^n = \frac{1}{2}(C)$，但通常意义下它不收敛.

证明 (1) 这是 Abel 第二定理的直接推论.

(2) 显然，由 $\sum_{n=0}^{\infty}(-1)^n$ 产生的幂级数 $\sum_{n=0}^{\infty}(-1)^n x^n$ 的收敛半径为 1，收敛点集为 $(-1,1)$. 由于

$$\sum_{n=0}^{\infty}(-1)^n x^n = \sum_{n=0}^{\infty}(-x)^n = \frac{1}{1-(-x)} = \frac{1}{1+x}, \quad |x|<1.$$

所以

$$\lim_{x\to 1^-}\sum_{n=0}^{\infty}(-1)^n x^n = \lim_{x\to 1^-}\frac{1}{1+x} = \frac{1}{2},$$

即

$$\sum_{n=0}^{\infty}(-1)^n = \frac{1}{2}(A).$$

由定理 16.4.1 知

$$\sum_{n=0}^{\infty}(-1)^n = \frac{1}{2}(C),$$

但通常意义下它不收敛. □

736. 证明：级数 $\sum_{n=0}^{\infty} a_n$ 可以 Cesàro 求和的必要条件是 $a_n = o(n)$，$n\to+\infty$.

证明 实际上此题就是 518 题(3).

因为级数 $\sum_{n=0}^{\infty} a_n$ 可以 Cesàro 求和，即 $\lim_{n\to+\infty}\sigma_n = s$，所以

$$\frac{S_n}{n} = \frac{n\sigma_n-(n-1)\sigma_{n-1}}{n} = \sigma_n - \frac{n-1}{n}\sigma_{n-1} \to s-1\cdot s = 0 \quad (n\to+\infty),$$

$$\lim_{n\to+\infty}\frac{a_n}{n}=\lim_{n\to+\infty}\frac{S_n-S_{n-1}}{n}=\lim_{n\to+\infty}\left(\frac{S_n}{n}-\frac{n-1}{n}\frac{S_{n-1}}{n-1}\right)=0-1\cdot 0=0,$$

即 $a_n=o(n), n\to+\infty$. □

737. 如果 $\sum\limits_{n=0}^{\infty}a_n=s(C)$，则必有 $\sum\limits_{n=0}^{\infty}a_n=s(A)$.

证明 因为 $\sum\limits_{n=0}^{\infty}a_n$ 可以在 Cesàro 意义下求和，故由 518 题(3)或 736 题知，可 Cesàro 求和的必要条件是 $a_n=o(n)(n\to+\infty)$，即 $\lim\limits_{n\to+\infty}\frac{a_n}{n}=0$. 故 $\exists N\in\mathbb{N}$，当 $n>N$ 时，有

$$\left|\frac{a_n}{n}\right|\leqslant 1,\quad 即\quad |a_n|\leqslant n,\quad \forall n>N.$$

于是

$$|a_nx^n|\leqslant n|x|^n,\quad n>N.$$

由于 $\sum\limits_{n=0}^{\infty}n|x|^n$ 在$(-1,1)$中收敛，所以 $\sum\limits_{n=0}^{\infty}a_nx^n$ 在$(-1,1)$中绝对收敛. 记 $S_n=\sum\limits_{k=0}^{n}a_n$，

$$f(x)=\sum_{n=0}^{\infty}a_nx^n.$$

从级数的乘法知道

$$\frac{f(x)}{1-x}=\left(\sum_{n=0}^{\infty}x^n\right)\cdot\sum_{n=0}^{\infty}a_nx^n=\sum_{n=0}^{\infty}(a_0+a_1+\cdots+a_n)x^n=\sum_{n=0}^{\infty}S_nx^n,$$

$$\frac{f(x)}{(1-x)^2}=\frac{\sum\limits_{n=0}^{\infty}S_nx^n}{1-x}=\sum_{n=0}^{\infty}(S_0+S_1+\cdots+S_n)x^n=\sum_{n=0}^{\infty}(n+1)\sigma_{n+1}x^n.$$

因此

$$f(x)=(1-x)^2\sum_{n=0}^{\infty}(n+1)\sigma_{n+1}x^n,\quad |x|<1.$$

另一方面，上述当 $f(x)\equiv 1$ 时，$\sigma_{n+1}=1$，故

$$\frac{1}{(1-x)^2}=\sum_{n=0}^{\infty}(n+1)x^n,\quad |x|<1.$$

$$s=(1-x)^2\sum_{n=0}^{\infty}(n+1)sx^n,\quad |x|<1.$$

于是

$$f(x)-s=(1-x)^2\sum_{n=0}^{\infty}(n+1)(\sigma_{n+1}-s)x^n,\quad |x|<1.$$

因为 $\sum\limits_{n=0}^{\infty}a_n=s(C)$，即 $\lim\limits_{n\to+\infty}\sigma_n=s$，故对 $\forall\varepsilon>0$，$\exists N\in\mathbb{N}$，当 $n\geqslant N$ 时，有

$$|\sigma_n-s|<\frac{\varepsilon}{2}.$$

对固定的 N,取 $\delta=\min\left\{\frac{1}{2},\frac{\varepsilon}{(2M+1)^{\frac{1}{2}}}\right\}$,其中 $M=\sum_{n=0}^{N-1}(n+1)|\sigma_{n+1}-s|$,当 $1-\delta<x<1$ 时,有

$$\left|(1-x)^2\sum_{n=0}^{N-1}(n+1)(\sigma_{n+1}-s)x^n\right|\leqslant(1-x)^2\sum_{n=0}^{N-1}(n+1)\ |\sigma_{n+1}-s|\,|x|^n$$

$$\leqslant\delta^2\sum_{n=0}^{N-1}(n+1)\ |\sigma_{n+1}-s|\,|x|^n\leqslant M\delta^2$$

$$\leqslant M\frac{\varepsilon}{2M+1}<\frac{\varepsilon}{2}.$$

另一方面,当 $x\in(0,1)$时,有

$$\left|(1-x)^2\ \frac{\varepsilon}{2}\sum_{n=N}^{\infty}(n+1)(\sigma_{n+1}-s)x^n\right|$$

$$\leqslant(1-x)^2\ \frac{\varepsilon}{2}\sum_{n=n_0}^{\infty}(n+1)x^n\leqslant(1-x)^2\ \frac{\varepsilon}{2}\sum_{n=0}^{\infty}(n+1)x^n$$

$$=\frac{\varepsilon}{2}(1-x)^2\sum_{n=0}^{\infty}(n+1)x^n=\frac{\varepsilon}{2}\cdot1=\frac{\varepsilon}{2}.$$

于是,当 $1-\delta<x<1$ 时,有

$$|f(x)-s|=\left|(1-x)^2\sum_{n=0}^{\infty}(n+1)(\sigma_{n+1}-s)x^n\right|$$

$$\leqslant\left|(1-x)^2\sum_{n=0}^{N-1}(n+1)(\sigma_{n+1}-s)x^n\right|+\left|(1-x)^2\sum_{n=N}^{\infty}(n+1)(\sigma_{n+1}-s)x^n\right|$$

$$<\frac{\varepsilon}{2}+\frac{\varepsilon}{2}=\varepsilon,$$

这就证明了

$$\lim_{x\to1^-}\sum_{n=0}^{\infty}a_nx^n=\lim_{x\to1^-}f(x)=s,$$

即

$$\sum_{n=0}^{\infty}a_n=s(A).$$ □

738. 证明:级数 $\sum_{n=0}^{\infty}(-1)^n(n+1)=\frac{1}{4}(A)$,但它不能用 Cesàro 求和.

证明 由于

$$\sum_{n=0}^{\infty}(-1)^n(n+1)x^n=\left(\sum_{n=0}^{\infty}(-1)^nx^{n+1}\right)'=\left[x\sum_{n=0}^{\infty}(-x)^n\right]'$$

$$=\left(\frac{x}{1+x}\right)'=\left(1-\frac{1}{1+x}\right)'=\frac{1}{(1+x)^2},\quad |x|<1,$$

所以

$$\lim_{x\to1^-}\sum_{n=0}^{\infty}(-1)^n(n+1)x^n=\lim_{x\to1^-}\frac{1}{(1+x)^2}=\frac{1}{4},$$

即

$$\sum_{n=0}^{\infty}(-1)^n(n+1)=\frac{1}{4}(A).$$

但是,因为

$$\frac{a_n}{n}=(-1)^n\frac{n+1}{1}\nrightarrow 0\quad(n\to+\infty),$$

即 $a_n\neq o(n)(n\to+\infty)$,根据736题知,$\sum\limits_{n=0}^{\infty}(-1)^n(n+1)$不满足Cesàro求和的必要条件,故该级数不能Cesàro求和. □

注 由定理16.4.1,735题,737题,738题知,通常求和最强,Cesàro求和次强,Abel求和最弱.它们之间的关系可用下图表示:

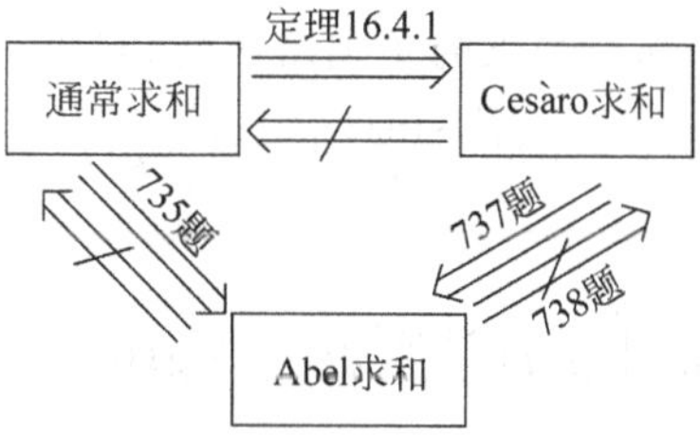

大家知道,求和法越弱,能适应它的级数越多,因此,Abel求和法比Cesàro求和法更优越,而Cesàro求和法又比通常求和法优越.

739. 证明:$\sum\limits_{n=1}^{\infty}(-1)^n\ln n=\frac{1}{2}\ln\frac{\pi}{2}(C)$.

证明 记 $S_n=\sum\limits_{k=1}^{n}(-1)^k\ln k$,则

$$S_{2n}=\ln2-\ln3+\ln4-\ln5+\cdots+\ln2n=\ln\frac{2\times4\cdots(2n)}{3\times5\cdots(2n-1)}=\ln\frac{(2n)!!}{(2n-1)!!},$$

$$S_{2n+1}=\ln2-\ln3+\cdots+\ln2n-\ln(2n+1)=\ln\frac{2\times4\cdots(2n)}{3\times5\cdots(2n+1)}=\ln\frac{(2n)!!}{(2n+1)!!}.$$

所以,根据例6.4.5(2)证明中的

$$\left[\frac{(2n)!!}{(2n-1)!!}\right]^2\frac{1}{2n+1}<\frac{\pi}{2}<\left[\frac{(2n)!!}{(2n-1)!!}\right]^2\frac{1}{2n}$$

立知,

$$\begin{aligned}S_{2n}+S_{2n+1}&=\ln\frac{(2n)!!}{(2n-1)!!}+\ln\frac{(2n)!!}{(2n+1)!!}\\&=\ln\left[\frac{(2n)!!}{(2n-1)!!}\right]^2\frac{1}{2n+1}\xlongequal[\text{Wallis 公式}]{\text{例 6.4.5(2)}}\ln\frac{\pi}{2}+O\left(\frac{1}{n}\right).\end{aligned}$$

于是

$$\sum_{n=1}^{N} S_n = \frac{N}{2}\ln\frac{\pi}{2} + O\left(1+\frac{1}{2}+\cdots+\frac{1}{N}\right) = \frac{N}{2}\ln\frac{\pi}{2} + O(\ln N);$$

$$\lim_{N\to+\infty}\frac{1}{N}\sum_{n=1}^{N} S_n = \lim_{N\to+\infty}\left[\frac{1}{2}\ln\frac{\pi}{2} + \frac{O(\ln N)}{N}\right] = \frac{1}{2}\ln\frac{\pi}{2},$$

即

$$\sum_{n=1}^{\infty}(-1)^n\ln n = \frac{1}{2}\ln\frac{\pi}{2}(C).$$

□

注 737 题表明：一个级数 $\sum_{n=0}^{\infty} a_n$ 可 Cesàro 求和，理论上它必可 Abel 求和，且两种和的值是相等的. 而 739 题不难求出 $\sum_{n=0}^{\infty}(-1)^n\ln n$ 的 Cesàro 和为$\frac{1}{2}\ln\frac{\pi}{2}$. 根据 737 题，它的 Abel 和也应为$\frac{1}{2}\ln\frac{\pi}{2}$. 但是，直接用定义要求出该级数的 Abel 和是极其困难的，甚至无法求出.

740. 设 $g(t)$ 为区间$[0,h](h>0)$上的单调增函数，利用

$$\int_0^h g(t)\frac{\sin\lambda t}{t}\mathrm{d}t = g(0+0)\int_0^h \frac{\sin\lambda t}{t}\mathrm{d}t + \int_0^h [g(t)-g(0+0)]\frac{\sin\lambda t}{t}\mathrm{d}t$$

证明：

$$\lim_{\lambda\to+\infty}\int_0^h g(t)\frac{\sin\lambda t}{t}\mathrm{d}t = \frac{\pi}{2}g(0+0).$$

证明 易见

$$\lim_{\lambda\to+\infty} g(0+0)\int_0^h \frac{\sin\lambda t}{t}\mathrm{d}t \xlongequal{x=\lambda t} \lim_{\lambda\to+\infty} g(0+0)\int_0^{\lambda h}\frac{\sin x}{\frac{x}{\lambda}}\frac{\mathrm{d}x}{\lambda}$$

$$= \lim_{\lambda\to+\infty} g(0+0)\int_0^{\lambda h}\frac{\sin x}{x}\mathrm{d}x$$

$$= g(0+0)\int_0^{+\infty}\frac{\sin x}{x}\mathrm{d}x = \frac{\pi}{2}g(0+0).$$

另一方面，由于 $g(0+0)$为 g 在 $t=0$ 点处的右极限，故对 $\varepsilon>0$，$\exists\,\delta\in(0,h)$，s. t. 当 $0<t\leqslant\delta$ 时，有

$$0\leqslant g(t)-g(0+0)<\frac{\varepsilon}{4M}.$$

由于 $g(t)-g(0+0)$在$[0,\delta]$中是非负单调增的，故由积分等二中值定理 6. 2. 7(2)，$\exists\,\eta\in[0,\delta]$，s. t.

$$\left|\int_0^{\delta}[g(t)-g(0+0)]\frac{\sin\lambda t}{t}\mathrm{d}t\right| \xlongequal{\text{积分第二中值定理}} \left|[g(\delta)-g(0+0)]\int_{\eta}^{\delta}\frac{\sin\lambda t}{t}\mathrm{d}t\right|$$

$$\xlongequal{x=\lambda t}\left|[g(\delta)-g(0+0)]\int_{\lambda\eta}^{\lambda\delta}\frac{\sin x}{\frac{x}{\lambda}}\frac{\mathrm{d}x}{\lambda}\right|$$

$$= \left| [g(\delta)-g(0+0)]\int_{\lambda\eta}^{\lambda\delta}\frac{\sin x}{x}\mathrm{d}x \right|$$
$$= \left| [g(\delta)-g(0+0)]\left[\int_0^{\lambda\delta}\frac{\sin x}{x}\mathrm{d}x-\int_0^{\lambda\eta}\frac{\sin x}{x}\mathrm{d}x\right] \right|$$
$$\leqslant |g(\delta)-g(0+0)|\left[\left|\int_0^{\lambda\delta}\frac{\sin x}{x}\mathrm{d}x\right|+\left|\int_0^{\lambda\eta}\frac{\sin x}{x}\mathrm{d}x\right|\right]$$
$$< 2M\cdot\frac{\varepsilon}{4M}=\frac{\varepsilon}{2}.$$

其中因为 $\int_0^{+\infty}\frac{\sin x}{x}\mathrm{d}x$ 收敛，故 $\int_0^{A}\frac{\sin x}{x}\mathrm{d}x$ 为 A 的有界连续函数，设 $\left|\int_0^{A}\frac{\sin x}{x}\mathrm{d}x\right|<M$，$\forall A\in[0,+\infty)$.

对于上述固定的 δ，由于 $\frac{g(t)-g(0+0)}{t}$ 在 $[\delta,h]$ 在 Riemann 可积，根据定理 16.1.2 (Riemann-Lebesgue 引理)即知

$$\lim_{\lambda\to+\infty}\int_\delta^h\frac{g(t)-g(0+0)}{t}\sin\lambda t\,\mathrm{d}t=0.$$

因此，$\exists\Delta>0$，当 $\lambda>\Delta$ 时，有

$$\left|\int_\delta^h\frac{g(t)-g(0+0)}{t}\sin\lambda t\,\mathrm{d}t\right|<\frac{\varepsilon}{2};$$

$$\left|\int_0^h\frac{g(t)-g(0+0)}{t}\sin\lambda t\,\mathrm{d}t\right| = \left|\left(\int_0^\delta+\int_\delta^h\right)\frac{g(t)-g(0+0)}{t}\sin\lambda t\,\mathrm{d}t\right|$$
$$\leqslant\left|\int_0^\delta\frac{g(t)-g(0+0)}{t}\sin\lambda t\,\mathrm{d}t\right|+\left|\int_\delta^h\frac{g(t)-g(0+0)}{t}\sin\lambda t\,\mathrm{d}t\right|$$
$$<\frac{\varepsilon}{2}+\frac{\varepsilon}{2}=\varepsilon,$$

即

$$\lim_{\lambda\to+\infty}\int_0^h\frac{g(t)-g(0+0)}{t}\sin\lambda t\,\mathrm{d}t=0.$$

综合上述得到

$$\lim_{\lambda\to+\infty}\int_0^h g(t)\frac{\sin\lambda t}{t}\mathrm{d}t=\lim_{\lambda\to+\infty}\left\{\int_0^h[g(t)-g(0+0)]\frac{\sin\lambda t}{t}\mathrm{d}t+g(0+0)\int_0^h\frac{\sin\lambda t}{t}\mathrm{d}t\right\}$$
$$=\lim_{\lambda\to+\infty}\int_0^h[g(t)-g(0+0)]\frac{\sin\lambda t}{t}\mathrm{d}t+\lim_{\lambda\to+\infty}g(0+0)\int_0^h\frac{\sin\lambda t}{t}\mathrm{d}t$$
$$=0+\frac{\pi}{2}g(0+0)=\frac{\pi}{2}g(0+0).$$

□

741. 设 $0<x<2\pi$，证明：

(1) $\sum\limits_{k=1}^{n}\frac{\sin kx}{k}=-\frac{x}{2}+\int_0^x\frac{\sin\left(n+\frac{1}{2}\right)t}{2\sin\frac{t}{2}}\mathrm{d}t$;

(2) $\sum\limits_{k=1}^{\infty}\dfrac{\sin kx}{k}=\dfrac{\pi-x}{2}$.

证明 (1) 对等式

$$\sum_{k=1}^{n}\cos kt=-\frac{1}{2}+\frac{\sin\left(n+\frac{1}{2}\right)t}{2\sin\frac{t}{2}},\quad 0<t<2\pi$$

两边从 0 到 x 积分即得

$$\sum_{k=1}^{n}\frac{\sin kx}{k}=\int_0^x\sum_{k=1}^{n}\cos kt\,\mathrm{d}t=\int_0^x\left[-\frac{1}{2}+\frac{\sin\left(n+\frac{1}{2}\right)t}{2\sin\frac{t}{2}}\right]\mathrm{d}t$$

$$=-\frac{x}{2}+\int_0^x\frac{\sin\left(n+\frac{1}{2}\right)t}{2\sin\frac{t}{2}}\mathrm{d}t.$$

(2) 由(1)得到

$$\sum_{k=1}^{\infty}\frac{\sin kx}{k}=\lim_{n\to+\infty}\sum_{k=1}^{n}\frac{\sin kx}{k}=\lim_{n\to+\infty}\left[-\frac{x}{2}+\int_0^x\frac{\sin\left(n+\frac{1}{2}\right)t}{2\sin\frac{t}{2}}\mathrm{d}t\right]$$

$$=-\frac{x}{2}+\lim_{n\to+\infty}\int_0^x\left(\frac{1}{2\sin\frac{t}{2}}-\frac{1}{t}\right)\sin\left(n+\frac{1}{2}\right)t\,\mathrm{d}t+\lim_{n\to+\infty}\int_0^x\frac{\sin\left(n+\frac{1}{2}\right)t}{t}\mathrm{d}t$$

$$=-\frac{x}{2}+0+\frac{\pi}{2}=\frac{\pi-x}{2},\quad x\in(0,2\pi).$$

现在来补证第 4 个等号成立的理由. 因为

$$\lim_{t\to0}\left(\frac{1}{2\sin\frac{t}{2}}-\frac{1}{t}\right)=\lim_{t\to0}\frac{t-2\sin\frac{t}{2}}{2t\sin\frac{t}{2}}=\lim_{t\to0}\frac{t-2\left[\frac{t}{2}-\frac{1}{3!}\left(\frac{t}{2}\right)^3+o(t^3)\right]}{2t\cdot\frac{t}{2}}$$

$$=\lim_{t\to0}\frac{\frac{1}{24}t^3+o(t^3)}{t^2}=\lim_{t\to0}\left[\frac{1}{24}t+o(t)\right]=0,$$

所以 $\dfrac{1}{2\sin\frac{t}{2}}-\dfrac{1}{t}$ 为$[0,x]$中的 Riemann 可积函数,故由 Riemann-Lebesgue 引理得

$$\lim_{n\to+\infty}\int_0^x\left(\frac{1}{2\sin\frac{t}{2}}-\frac{1}{t}\right)\sin\left(n+\frac{1}{2}\right)t\,\mathrm{d}t=0.$$

此外

$$\lim_{n\to+\infty}\int_0^x \frac{\sin\left(n+\frac{1}{2}\right)t}{t}\mathrm{d}t \xlongequal{u=\left(n+\frac{1}{2}\right)t} \lim_{n\to+\infty}\int_0^{\left(n+\frac{1}{2}\right)x} \frac{\sin u}{\frac{u}{n+\frac{1}{2}}}\frac{\mathrm{d}u}{n+\frac{1}{2}}$$

$$=\lim_{n\to+\infty}\int_0^{\left(n+\frac{1}{2}\right)x}\frac{\sin u}{u}\mathrm{d}u=\int_0^{+\infty}\frac{\sin u}{u}\mathrm{d}u=\frac{\pi}{2}.$$ □

742. 利用 $\cos ax$ 在$[-\pi,\pi]$上的 Fourier 展开式证明：

(1) $\cot x=\frac{1}{x}+\sum_{n=1}^{\infty}\frac{2x}{x^2-n^2\pi^2}, x\neq k\pi, k=0,\pm1,\pm2,\cdots$;

(2) $\frac{1}{\sin x}=\frac{1}{x}+\sum_{n=1}^{\infty}(-1)^n\frac{2x}{x^2-n^2\pi^2}, x\neq k\pi, k=0,\pm1,\pm2,\cdots$.

证明 由例 16.1.4 知道

$$\cos ax=\frac{\sin a\pi}{\pi}\left[\frac{1}{a}+\sum_{n=1}^{\infty}(-1)^n\frac{2a}{a^2-n^2}\cos nx\right],\quad x\in[-\pi,\pi].$$

(1) 令 $x=\pi$ 得

$$\cos a\pi=\frac{\sin a\pi}{\pi}\left[\frac{1}{a}+\sum_{n=1}^{\infty}(-1)^n\frac{2a}{a^2-n^2}\cos n\pi\right]$$

再令 $a\pi=t$，即得

$$\cot t=\frac{1}{t}+\frac{1}{\pi}\sum_{n=1}^{\infty}\frac{2\frac{t}{\pi}}{\left(\frac{t}{\pi}\right)^2-n^2}=\frac{1}{t}+\sum_{n=1}^{\infty}\frac{2t}{t^2-n^2\pi^2},\quad t\neq0,\pm\pi,\pm2\pi,\cdots.$$

这就是

$$\cot x=\frac{1}{x}+\sum_{n=1}^{\infty}\frac{2x}{x^2-n^2\pi^2},\quad x\neq0,\pm\pi,\pm2\pi,\cdots.$$

(2) 令 $x=0$ 得

$$1=\frac{\sin a\pi}{\pi}\left[\frac{1}{a}+\sum_{n=1}^{\infty}(-1)^n\frac{2a}{a^2-n^2}\right],$$

$$\frac{1}{\sin a\pi}=\frac{1}{a\pi}+\frac{1}{\pi}\sum_{n=1}^{\infty}(-1)^n\frac{2a}{a^2-n^2},$$

再令 $a\pi=t$，即得

$$\frac{1}{\sin t}=\frac{1}{t}+\frac{1}{\pi}\sum_{n=1}^{\infty}(-1)^n\frac{2\frac{t}{\pi}}{\left(\frac{t}{\pi}\right)^2-n^2}$$

$$=\frac{1}{t}+\sum_{n=1}^{\infty}(-1)^n\frac{2t}{t^2-n^2\pi^2},\quad t\neq0,\pm\pi,\pm2\pi,\cdots.$$

这就是

$$\frac{1}{\sin x}=\frac{1}{x}+\sum_{n=1}^{\infty}(-1)^n\frac{2x}{x^2-n^2\pi^2},\quad x\neq 0,\pm\pi,\pm 2\pi,\cdots.$$ □

743. 试用 Fejèr 定理 16.4.3 证明：如果周期为 2π 的连续函数 f 与三角函数系

$$\{1,\cos x,\sin x,\cdots,\cos nx,\sin nx,\cdots\}$$

中每个函数都正交，则必有 $f=0$.

证明 因为 f 为周期 2π 的连续函数，故必有界，设 $|f(x)|\leqslant M$. 由 Fejèr 定理 16.4.3，对 $\forall\varepsilon>0,\exists N\in\mathbb{N}$，s.t.

$$|f(x)-\sigma_N(x)|<\frac{\varepsilon}{2M\pi},\quad\forall x\in(-\infty,+\infty).$$

由于 $\sigma_N(x)$ 为一个三角多项式，于是由题设得到

$$\begin{aligned}\int_{-\pi}^{\pi}f(x)\sigma_N(x)\mathrm{d}x&=\int_{-\pi}^{\pi}f(x)\sum_{k=0}^{n}(\alpha_k\cos kx+\beta_k\sin kx)\mathrm{d}x\\&=\sum_{k=0}^{n}\left[\alpha_k\int_{-\pi}^{\pi}f(x)\cos kx\,\mathrm{d}x+\beta_k\int_{-\pi}^{\pi}f(x)\sin kx\,\mathrm{d}x\right]\\&=\sum_{k=0}^{n}(\alpha_k\cdot 0+\beta_k\cdot 0)=0.\end{aligned}$$

因而

$$\begin{aligned}0\leqslant\int_{-\pi}^{\pi}f^2(x)\mathrm{d}x&=\int_{-\pi}^{\pi}f(x)[f(x)-\sigma_N(x)]\mathrm{d}x\\&\leqslant\int_{-\pi}^{\pi}|f(x)||f(x)-\sigma_N(x)|\,\mathrm{d}x<M\cdot\frac{\varepsilon}{2M\pi}\cdot 2\pi=\varepsilon.\end{aligned}$$

令 $\varepsilon\to 0^+$ 得到

$$0\leqslant\int_{-\pi}^{\pi}f^2(x)\mathrm{d}x\leqslant 0,$$

$$\int_{-\pi}^{\pi}f^2(x)\mathrm{d}x=0.$$

由 f 的连续性即知 $f=0$. □

744. 定义在区间$[0,1]$上的函数系

$$\varphi_n(t)=\operatorname{sgn}(\sin 2^n\pi t),\quad n=1,2,\cdots$$

称为 Rademacher **函数系**. 证明：Rademacher 函数系是$[0,1]$上的规范正交系.

证明 显然

$$\sin(2^n\pi t)\begin{cases}>0, & \dfrac{2k}{2^n}<t<\dfrac{2k+1}{2^n}, & k=0,1,\cdots,2^{n-1}-1,\\[2ex]<0, & \dfrac{2k-1}{2^n}<t<\dfrac{2k}{2^n}, & k=0,1,\cdots,2^{n-1}.\end{cases}$$

因而

$$\varphi_n(t)=\operatorname{sgn}\{\sin(2^n\pi t)\}=\begin{cases}1, & \dfrac{2k}{2^n}<t<\dfrac{2k+1}{2^n}, \quad k=0,1,\cdots,2^{n-1}-1,\\ -1, & \dfrac{2k-1}{2^n}<t<\dfrac{2k}{2^n}, \quad k=1,2,\cdots,2^{n-1},\\ 0, & t=\dfrac{k}{2^n}, \quad k=0,1,\cdots,2^n.\end{cases}$$

由此可见,除有限个点外,$\varphi_n^2(t)=1$ 在$[0,1]$上成立,所以

$$\int_0^1\varphi_n^2(t)\,\mathrm{d}t=1,\quad n=1,2,\cdots.$$

现设 $m<n,k=0,1,\cdots,2^{n-m}-1$,则当$\dfrac{j}{2^m}+\dfrac{k}{2^n}<t<\dfrac{j}{2^m}+\dfrac{k+1}{2^n}$时,$2^{n-m}\mathrm{j}\pi+k\pi<2^n\pi t<2^{n-m}\mathrm{j}\pi+(k+1)\pi$,所以

$$\varphi_n(t)=\operatorname{sgn}\{\sin(2^n\pi t)\}=\begin{cases}1, & k\text{ 为偶数},\\ -1, & k\text{ 为奇数}.\end{cases}$$

即 $\varphi_n(t)$在两个相邻区间$\left(\dfrac{j}{2^m}+\dfrac{k-1}{2^n},\dfrac{j}{2^m}+\dfrac{k}{2^n}\right)$,$\left(\dfrac{j}{2^m}+\dfrac{k}{2^n},\dfrac{j}{2^m}+\dfrac{k+1}{2^n}\right)$必取$\pm1$ 或∓1,故

$$\int_{\frac{j}{2^m}}^{\frac{j+1}{2^m}}\varphi_n(t)\varphi_m(t)\,\mathrm{d}t=\pm\int_{\frac{j}{2^m}}^{\frac{j+1}{2^m}}\varphi_n(t)\,\mathrm{d}t=\pm\sum_{k=0}^{2^{n-2}-1}\int_{\frac{j}{2^m}+\frac{k}{2^n}}^{\frac{j}{2^m}+\frac{k+1}{2^n}}\varphi_n(t)\,\mathrm{d}t\xlongequal{\text{正负相消}}0,$$

其中第 1 个等号后的$\pm$号是因为当$\dfrac{j}{2^m}<t<\dfrac{j+1}{2^m}$时,$\mathrm{j}\pi<2^m\pi t<(j+1)\pi$,所以

$$\varphi_m(t)=\operatorname{sgn}\{\sin(2^m\pi t)\}=\begin{cases}1, & j\text{ 为偶数},\\ -1, & j\text{ 为奇数}.\end{cases}$$

于是

$$\int_0^1\varphi_n(t)\varphi_m(t)\,\mathrm{d}t=\sum_{j=0}^{2^m-1}\int_{\frac{j}{2^m}}^{\frac{j+1}{2^m}}\varphi_n(t)\varphi_m(t)\,\mathrm{d}t=\sum_{j=0}^{2^m-1}0=0.$$

这就证明了$\{\varphi_n\}$为$[0,1]$上的规范正交系. □

745. 设 $\sum\limits_{n=0}^{\infty}a_n$,$\sum\limits_{n=0}^{\infty}b_n$ 是两个收敛级数,其和分别为 A 和 B. 证明:它们的 Cauchy 乘积 $\sum\limits_{n=0}^{\infty}c_n$ 必能 Abel 求和,而且

$$\sum_{n=0}^{\infty}c_n=AB(A).$$

证明 显然,幂级数 $\sum\limits_{n=0}^{\infty}a_nx^n$ 和 $\sum\limits_{n=0}^{\infty}b_nx^n$ 的收敛半径都不小于1.由于

$$\left(\sum_{n=0}^{\infty}a_nx^n\right)\left(\sum_{n=0}^{\infty}b_nx^n\right)=\sum_{n=0}^{\infty}c_nx^n,\quad |x|<1,$$

所以 $\sum_{n=0}^{\infty} c_n x^n$ 的收敛半径也不小于 1. 在上面等式两边令 $x\to 1^-$，即得

$$\begin{aligned}\lim_{x\to 1^-}\sum_{n=0}^{\infty} c_n x^n &= \lim_{x\to 1^-}\left(\sum_{n=0}^{\infty} a_n x^n\right)\left(\sum_{n=0}^{\infty} b_n x^n\right)\\ &= \left(\lim_{x\to 1^-}\sum_{n=0}^{\infty} a_n x^n\right)\left(\lim_{x\to 1^-}\sum_{n=0}^{\infty} b_n x^n\right)\\ &= AB,\end{aligned}$$

根据 Abel 求和的定义，它就是

$$\sum_{n=0}^{\infty} c_n = AB(A). \qquad \square$$

746. 试由 Weierstrass 的三角多项式逼近定理导出代数多项式逼近定理.

证明 设 $f(x)$ 为闭区间 $[a,b]$ 上的连续函数，令 $x=a+\frac{t}{\pi}(b-a)$，并记

$$f(x) = f\left(a+\frac{t}{\pi}(b-a)\right) = g(t).$$

那么，$g(t)$ 为 $[0,\pi]$ 上的连续函数. 再令

$$g(-t) = g(t),\quad 0\leqslant t\leqslant \pi.$$

这样，它就延拓成 $[-\pi,\pi]$ 上的连续偶函数，且 $g(-\pi)=g(\pi)$. 根据 Weierstrass 的三角多项式逼近定理(见定理 16.4.4)，存在 $[-\pi,\pi]$ 上的三角多项式 $T(t)$，使得

$$|g(t)-T(t)| < \frac{\varepsilon}{2},\quad \forall t\in[-\pi,\pi].$$

由于 g 为偶函数，它的 Fourier 级数的部分和全是余弦多项式，因此它的算术平均 $T(t)$ 也是余弦多项式. 将这个余弦多项式在 $t=0$ 处展开成幂级数，这个幂级数当然一致收敛于 $T(t)$，因而存在多项式 $P(t)$，使得

$$|T(t)-P(t)| < \frac{\varepsilon}{2},\quad \forall t\in[-\pi,\pi].$$

于是

$$|g(t)-P(t)| \leqslant |g(t)-T(t)| + |T(t)-P(t)| < \frac{\varepsilon}{2}+\frac{\varepsilon}{2} = \varepsilon,\quad \forall t\in[0,\pi].$$

将 $t=\frac{x-a}{b-a}\pi$ 代回去得

$$\left|f(x)-P\left(\frac{x-a}{b-a}\pi\right)\right| < \varepsilon,\quad \forall x\in[a,b].$$

这里，$P\left(\frac{x-a}{b-a}\pi\right)$ 就是要找的 $f(x)$ 在 $[a,b]$ 上的逼近多项式. $\square$

注 (Weierstrass)代数多项式逼近定理⇔三角多项式逼近定理.

证明 (⇒)参阅引理 14.3.3、引理 14.3.4 和定理 14.3.8.

(⇐)设 $f(x)$ 为闭区间 $[a,b]$ 上的连续函数,令 $x=a+\frac{t}{\pi}(b-a)$,并记

$$f(x)=f\left(a+\frac{t}{\pi}(b-a)\right)=g(t).$$

那么,$g(t)$ 为 $[0,\pi]$ 上的连续函数.再令

$$g(-t)=g(t),\quad 0\leqslant t<\pi.$$

这样,它就延拓为 $[-\pi,\pi]$ 上的连续函数,且 $g(-\pi)=g(\pi)$.根据三角多项式逼近定理(右边题设),存在 $[-\pi,\pi]$ 上的三角多项式 $T(t)$,使得

$$|g(t)-T(t)|<\frac{\varepsilon}{2},\quad \forall t\in[-\pi,\pi].$$

这个三角多项式 $T(t)$ 在 $t=0$ 处展开成幂级数,这个幂级数当然一致收敛于 $T(t)$,因而存在多项式 $P(t)$,使得

$$|T(t)-P(t)|<\frac{\varepsilon}{2},\quad \forall t\in[-\pi,\pi].$$

于是

$$|g(t)-P(t)|\leqslant|g(t)-T(t)|+|T(t)-P(t)|<\frac{\varepsilon}{2}+\frac{\varepsilon}{2}=\varepsilon,\quad \forall t\in[0,\pi].$$

将 $t=\frac{x-a}{b-a}\pi$ 代回去得

$$\left|f(x)-P\left(\frac{x-a}{b-a}\pi\right)\right|<\varepsilon,\quad \forall x\in[a,b].$$

这里 $P\left(\frac{x-a}{b-a}\pi\right)$ 就是要找的 $f(x)$ 在 $[a,b]$ 上的逼近多项式. □

上面结果表明:代数多项式逼近定理和三角多项式逼近定理是彼此等价的,只要其中一个成立,则另一个也必成立.

定理 14.3.5 中的证法 1 和证法 2 都证明了代数多项式的逼近定理.因而,根据上面的等价性定理立即推出三角多项式的逼近定理.

定理 16.4.3(Fejér 定理)和定理 16.4.4 证明了三角多项式的逼近定理.因而,根据上面的等价性定理立即推出代数多项式的逼近定理.

747. 设 $f(x)$ 为 $[0,\pi]$ 上的二阶连续可导函数,且 $f(0)=f(\pi)=0$,令 $f(x)$ 的 Fourier 展开式为

$$f(x)=\sum_{k=1}^{\infty}a_k\sin kx,$$

其部分和为 $S_n(x)=\sum\limits_{k=1}^{n}a_k\sin kx,n=1,2,\cdots$.证明:

(1) $a_k=-\frac{2}{\pi k^2}\int_0^{\pi}f''(x)\sin kx\,\mathrm{d}x,k=1,2,\cdots$;

(2) $\int_0^{\pi}[f(x)-S_n(x)]^2\mathrm{d}x\leqslant\frac{1}{3n^3}\int_0^{\pi}[f''(x)]^2\mathrm{d}x, n=1,2,\cdots.$

证明 (1) a_k 为 $f(x)$的 Fourier 系数，由 $f(0)=f(\pi)=0$ 得到

$$\begin{aligned}a_k&=\frac{2}{\pi}\int_0^{\pi}f(x)\sin kx\,\mathrm{d}x\\&\xlongequal{\text{分部积分}}\frac{2}{\pi}\left[-f(x)\frac{\cos kx}{k}\Big|_0^{\pi}+\frac{1}{k}\int_0^{\pi}f'(x)\cos kx\,\mathrm{d}x\right]\\&=\frac{2}{\pi k}\int_0^{\pi}f'(x)\cos kx\,\mathrm{d}x\\&\xlongequal{\text{分部积分}}\frac{2}{\pi k}\left[f'(x)\frac{\sin kx}{k}\Big|_0^{\pi}-\int_0^{\pi}f''(x)\frac{\sin kx}{k}\mathrm{d}x\right]\\&=-\frac{2}{\pi k^2}\int_0^{\pi}f''(x)\sin kx\,\mathrm{d}x,\quad k=1,2,\cdots.\end{aligned}$$

(2) 显然

$$\sum_{k=n+1}^{\infty}\frac{1}{k^4}=\sum_{k=n+1}^{\infty}\int_{k-1}^{k}\frac{1}{k^4}\mathrm{d}x\leqslant\sum_{k=n+1}^{\infty}\int_{k-1}^{k}\frac{1}{x^4}\mathrm{d}x=\int_n^{+\infty}\frac{\mathrm{d}x}{x^4}=-\frac{1}{3x^3}\Big|_n^{+\infty}=\frac{1}{3n^3},$$

$$\int_n^{\pi}\sin mx\sin lx\,\mathrm{d}x=0,\quad m\neq l.$$

于是

$$\begin{aligned}\int_n^{\pi}[f(x)-S_n(x)]^2\mathrm{d}x&=\int_0^{\pi}\left[\sum_{k=n+1}^{\infty}a_k\sin kx\right]^2\mathrm{d}x\\&\xlongequal{\text{由(1)}}\int_0^{\pi}\left[\sum_{k=n+1}^{\infty}a_k^2\sin^2kx+\sum_{m\neq l}a_ma_l\sin mx\sin lx\right]\mathrm{d}x\\&\xlongequal[\text{由(1)}]{\text{逐项积分}}\sum_{k=n+1}^{\infty}a_k^2\int_0^{\pi}\sin^2kx\,\mathrm{d}x=\frac{\pi}{2}\sum_{k=n+1}^{\infty}a_k^2\\&=\frac{\pi}{2}\sum_{k=n+1}^{\infty}\left(\frac{2}{\pi k^2}\right)^2\left[\int_0^{\pi}f''(x)\sin kx\,\mathrm{d}x\right]^2\\&\overset{\text{Cauchy-Schwarz}}{\leqslant}\frac{2}{\pi}\sum_{k=n+1}^{\infty}\frac{1}{k^4}\int_0^{\pi}\sin^2kx\,\mathrm{d}x\cdot\int_0^{\pi}[f''(x)]^2\mathrm{d}x\\&=\frac{2}{\pi}\sum_{k=n+1}^{\infty}\frac{1}{k^4}\cdot\frac{\pi}{2}\int_0^{\pi}[f''(x)]^2\mathrm{d}x\\&=\sum_{k=n+1}^{\infty}\frac{1}{k^4}\int_0^{\pi}[f''(x)]^2\mathrm{d}x\leqslant\frac{1}{3n^3}\int_0^{\pi}[f''(x)]^2\mathrm{d}x.\end{aligned}$$

或者

$$\int_0^{\pi}\left[\sum_{k=n+1}^{\infty}a_k\sin kx\right]^2\mathrm{d}x=\int_0^{\pi}\left[\sum_{k=n+1}^{\infty}a_k\sqrt{\pi}\frac{\sin kx}{\sqrt{\pi}}\right]^2\mathrm{d}x$$

$$\xlongequal{\text{定理 16.2.8}} \frac{1}{2}\sum_{k=n+1}^{\infty}(a_k\sqrt{\pi})^2 = \frac{\pi}{2}\sum_{k=n+1}^{\infty}a_k^2.$$ □

748. 设 $f(\theta)$为$\mathbb{R}$上的周期为 2π 的连续函数,且

$$f(\theta) \sim \frac{a_0}{2} + \sum_{n=1}^{\infty}(a_n\cos n\theta + b_n\sin n\theta).$$

证明:(1) $u_n=\frac{a_0}{2}+\sum_{k=1}^{n}r^k(a_k\cos k\theta+b_k\sin k\theta)$在单位圆盘$D=\{z\in\mathbb{C}\mid |z|<1\}$内的紧子集上一致收敛于一个调和函数 $u(x,y)$ $\left(\text{即 } \Delta u=\frac{\partial^2 u}{\partial x^2}+\frac{\partial^2 u}{\partial y^2}=0\right)$,其中 $z=re^{i\theta}=x+iy$, $i=\sqrt{-1}$;

(2) $\iint\limits_D\left[\left(\frac{\partial u}{\partial x}\right)^2+\left(\frac{\partial u}{\partial y}\right)^2\right]dxdy = \pi\sum_{n=1}^{\infty}n(a_n^2+b_n^2)$.

证明 (1) 由 Fourier 级数的定义可知

$$a_k = \frac{1}{\pi}\int_{-\pi}^{\pi}f(\theta)\cos k\theta d\theta, \quad k=0,1,2,\cdots,$$

$$b_k = \frac{1}{\pi}\int_{-\pi}^{\pi}f(\theta)\sin k\theta d\theta, \quad k=1,2,\cdots.$$

所以

$$c_k = a_k - ib_k = \frac{1}{\pi}\int_{-\pi}^{\pi}f(\theta)(\cos k\theta - i\sin k\theta)d\theta = \frac{1}{\pi}\int_{-\pi}^{\pi}f(\theta)e^{-ik\theta}d\theta,$$

$$|c_k| \leqslant \frac{1}{\pi}\int_{-\pi}^{\pi}|f(\theta)|d\theta < M,$$

其中 $M>0$ 为常数.

另一方面,令 $z=x+iy=re^{i\theta}$,

$$g(z) = \frac{a_0}{2} + \sum_{k=1}^{\infty}c_kz^k = u+iv,$$

则

$$|g(z)| \leqslant \frac{|a_0|}{2} + \sum_{k=1}^{\infty}|c_k||z|^k \leqslant \frac{|a_0|}{2} + M\sum_{k=1}^{\infty}|z|^k$$

$$\leqslant \frac{|a_0|}{2} + M\sum_{k=1}^{\infty}r_0^k, \quad |z|\leqslant r_0<1.$$

于是,$g(z)$为$|z|<r_0<1$ 中的解析函数. 由于 r_0 任取,故 $g(z)$为$|z|<1$ 中的解析函数. 而

$$u=\mathrm{Re}g(z) = \mathrm{Re}\left(\frac{a_0}{2}+\sum_{k=1}^{\infty}c_kz^k\right) = \frac{a_0}{2}+\sum_{k=1}^{\infty}\mathrm{Re}(c_kr^ke^{ik\theta})$$

$$= \frac{a_0}{2}+\sum_{k=1}^{\infty}r^k(a_k\cos k\theta+b_k\sin k\theta)$$

为调和函数. 由此,u_n 在 D 的紧子集上一致收敛于调和函数 $\operatorname{Re}g(z)=u(x,y)$.

(2) 显然

$$\iint_D |z^j|^2 \mathrm{d}x\mathrm{d}y=\int_0^1 r^{2j+1}\mathrm{d}r\int_0^{2\pi}\mathrm{d}\theta=\frac{2\pi}{2j+2}=\frac{\pi}{j+1}.$$

又当 $j\neq k$ 时,有

$$\iint_D z^j\,\bar{z}^k \mathrm{d}x\mathrm{d}y=\int_0^1 r^{j+k+1}\mathrm{d}r\int_0^{2\pi}\mathrm{e}^{\mathrm{i}(j-k)\theta}\mathrm{d}\theta=\left(\frac{1}{j+k+2}r^{j+k+2}\Big|_0^1\right)\frac{1}{j-k}\mathrm{e}^{\mathrm{i}(j-k)\theta}\Big|_0^{2\pi}=0.$$

此外,根据 Cauchy-Riemann 方程可得

$$|g'(z)|=\left|\frac{\partial u}{\partial x}+\mathrm{i}\frac{\partial v}{\partial x}\right|^2=\left(\frac{\partial u}{\partial x}\right)^2+\left(\frac{\partial v}{\partial x}\right)^2=\left(\frac{\partial u}{\partial x}\right)^2+\left(-\frac{\partial u}{\partial y}\right)^2=\left(\frac{\partial u}{\partial x}\right)^2+\left(\frac{\partial u}{\partial y}\right)^2.$$

因此

$$\begin{aligned}\iint_D\left[\left(\frac{\partial u}{\partial x}\right)^2+\left(\frac{\partial u}{\partial y}\right)^2\right]\mathrm{d}x\mathrm{d}y&=\iint_D |g'(z)|^2\mathrm{d}x\mathrm{d}y\\&=\iint_D\left|\sum_{k=1}^{\infty}kc_kz^{k-1}\right|^2\mathrm{d}x\mathrm{d}y=\iint_D\left(\sum_{k,j=1}^{\infty}kjc_k\bar{c}_jz^{k-1}\,\bar{z}^{j-1}\right)\mathrm{d}x\mathrm{d}y\\&\overset{*}{=}\sum_{k,j=1}^{\infty}kjc_k\bar{c}_j\iint_D z^{k-1}\,\bar{z}^{j-1}\mathrm{d}x\mathrm{d}y=\sum_{k=1}^{\infty}k^2\,|c_k|^2\cdot\frac{\pi}{k}\\&=\pi\sum_{k=1}^{\infty}k(a_k^2+b_k^2)=\pi\sum_{n=1}^{\infty}n(a_n^2+b_n^2).\end{aligned}$$

* 其中第三个符号中求和号与积分号交换是先用 $D_r=\{z\in\mathbb{C}\mid |z|<r<1\}$ 代替 D,当积分号交换后,再令 $r\to1^-$. □

749. 证明:Legendre 多项式

$$\mathrm{P}_n(x)=\frac{1}{2^nn!}\frac{\mathrm{d}^n(x^2-1)^n}{\mathrm{d}x^n}=\frac{1}{(2n)!!}\frac{\mathrm{d}^n(x^2-1)^n}{\mathrm{d}x^n}$$

在$[-1,1]$上为正交系,并且 $\int_{-1}^1\mathrm{P}_n^2(x)\mathrm{d}x=\frac{2}{2n+1}$.

证明 记

$$u=u(x)=(x^2-1)^n=(x-1)^n(x+1)^n,$$

则 $u,u',u'',\cdots,u^{(n-1)}$ 当 $x=\pm1$ 时为 0,且

$$\mathrm{P}_n(x)-\frac{1}{(2n)!!}u^{(n)}$$

为 x 的 n 次多项式.

设 $m<n$,则 P_m 为 m 次多项式. 反复应用分部积分 n 次,有

$$\begin{aligned}(2n)!!\int_{-1}^1\mathrm{P}_n(x)\mathrm{P}_m(x)\mathrm{d}x&=\int_{-1}^1u^{(n)}(x)\mathrm{P}_m(x)\mathrm{d}x=\int_{-1}^1\mathrm{P}_m(x)\mathrm{d}u^{(n-1)}(x)\\&=\mathrm{P}_m(x)u^{(n-1)}(x)\Big|_{-1}^1-\int_{-1}^1u^{(n-1)}(x)\mathrm{P}_m'(x)\mathrm{d}x\end{aligned}$$

$$=-\int_{-1}^{1}u^{(n-1)}(x)\mathrm{P}'_m(x)\mathrm{d}x=\cdots=(-1)^n\int_{-1}^{1}u(x)\mathrm{P}_m^{(n)}(x)\mathrm{d}x$$
$$=(-1)^n\int_{-1}^{1}u(x)\cdot 0\mathrm{d}x=0$$

(因为 $\mathrm{P}_m(x)$ 为 m 次多项式，当 $n>m$ 时，$\mathrm{P}_m^{(n)}(x)\equiv 0$). 这就证明了 $\{\mathrm{P}_n(x)\}$ 在 $[-1,1]$ 具有正交性.

类似地，有

$$\begin{aligned}(2n)!!\int_{-1}^{1}\mathrm{P}_n^2(x)\mathrm{d}x&=(-1)^n\int_{-1}^{1}u(x)\mathrm{P}_n^{(n)}(x)\mathrm{d}x\\&=(-1)^n\int_{-1}^{1}u(x)\cdot\frac{1}{(2n)!!}u^{(2n)}(x)\mathrm{d}x\\&=(-1)^n\cdot\frac{1}{(2n)!!}\int_{-1}^{1}(x^2-1)^n\cdot(2n)!\mathrm{d}x\\&=\frac{(2n)!}{(2n)!!}2\int_0^1(1-x^2)^n\mathrm{d}x\xlongequal{x=\sin\theta}\frac{(2n)!}{(2n)!!}2\int_0^{\frac{\pi}{2}}\cos^{2n+1}\mathrm{d}\theta\\&=2\frac{(2n)!}{(2n)!!}\frac{(2n)!!}{(2n+1)!!}=2\cdot\frac{(2n)!}{(2n+1)!!},\end{aligned}$$

$$\int_{-1}^{1}\mathrm{P}_n^2(x)\mathrm{d}x=2\frac{(2n-1)!!}{(2n+1)!!}=\frac{2}{2n+1}.$$ □

750. 设函数列 $\{y_n(x)\}$ 满足方程

$$\frac{\mathrm{d}}{\mathrm{d}x}\left[p(x)\frac{\mathrm{d}y_n}{\mathrm{d}x}\right]+\lambda_n y_n=0,\quad\forall x\in[a,b],n=1,2,\cdots.$$

其中 $n\neq m$ 时，$\lambda_n\neq\lambda_m$，且有边界条件 $y_n(a)=y_n(b)=0,n=1,2,\cdots$. 证明：$\{y_n(x)\}$ 为 $[a,b]$ 上的正交系.

证明 由题设

$$\frac{\mathrm{d}}{\mathrm{d}x}\left[p(x)\frac{\mathrm{d}y_n}{\mathrm{d}x}\right]+\lambda_n y_n=0$$

得到

$$\lambda_n y_n=-\frac{\mathrm{d}}{\mathrm{d}x}\left[p(x)\frac{\mathrm{d}y_n}{\mathrm{d}x}\right],$$

$$\begin{aligned}\lambda_n\int_a^b y_n y_m\mathrm{d}x&=\int_a^b\lambda_n y_n y_m\mathrm{d}x=-\int_a^b\left\{\frac{\mathrm{d}}{\mathrm{d}x}\left[p(x)\frac{\mathrm{d}y_n}{\mathrm{d}x}\right]\right\}\cdot y_m\mathrm{d}x\\&\xlongequal{\text{分部积分}}-p(x)\frac{\mathrm{d}y_n}{\mathrm{d}x}\cdot y_m\Big|_a^b+\int_a^b p(x)\frac{\mathrm{d}y_n}{\mathrm{d}x}\frac{\mathrm{d}y_m}{\mathrm{d}x}\mathrm{d}x\\&=\int_a^b p(x)\frac{\mathrm{d}y_n}{\mathrm{d}x}\frac{\mathrm{d}y_m}{\mathrm{d}x}\mathrm{d}x.\end{aligned}$$

注意，此式右边积分号下的 y_n,y_m 地位是平等的，将 m,n 互换得

$$\lambda_m\int_a^b y_m y_n\mathrm{d}x=\int_a^b p(x)\frac{\mathrm{d}y_m}{\mathrm{d}x}\frac{\mathrm{d}y_n}{\mathrm{d}x}\mathrm{d}x.$$

两式相减得到

$$(\lambda_n-\lambda_m)\int_a^b y_n y_m \mathrm{d}x=0.$$

因当 $n\neq m$ 时，$\lambda_n-\lambda_m\neq 0$，故

$$\int_a^b y_n y_m \mathrm{d}x=0.$$

这就证明了$\{y_n(x)\}$为$[a,b]$上的正交系. □

751. 设 $0<\lambda_1<\lambda_2<\cdots<\lambda_n<\cdots$满足

$$\sigma\sin\sqrt{\lambda_n}l+\sqrt{\lambda_n}\cos\sqrt{\lambda_n}l=0,\quad \sigma>0.$$

证明：$\{y_n(x)\}=\{\sin\sqrt{\lambda_n}x\}$在$[0,l]$上为正交系，并求$\int_0^l y_n^2\mathrm{d}x$(用 σ,λ_n,l 表示).

证明 设 $m\neq n$，则

$$\begin{aligned}
&\int_0^l y_m(x)y_n(x)\mathrm{d}x\\
=&\int_0^l \sin\sqrt{\lambda_m}x\cdot\sin\sqrt{\lambda_n}x\mathrm{d}x\\
=&\frac{1}{2}\int_0^l\left[\cos(\sqrt{\lambda_m}-\sqrt{\lambda_n})x-\cos(\sqrt{\lambda_m}+\sqrt{\lambda_n})x\right]\mathrm{d}x\\
=&\frac{1}{2}\left[\frac{\sin(\sqrt{\lambda_m}-\sqrt{\lambda_n})x}{\sqrt{\lambda_m}-\sqrt{\lambda_n}}-\frac{\sin(\sqrt{\lambda_m}+\sqrt{\lambda_n})x}{\sqrt{\lambda_m}+\sqrt{\lambda_n}}\right]\Bigg|_0^l\\
=&\frac{1}{2}\left[\frac{\sin(\sqrt{\lambda_m}-\sqrt{\lambda_n})l}{\sqrt{\lambda_m}-\sqrt{\lambda_n}}-\frac{\sin(\sqrt{\lambda_m}+\sqrt{\lambda_n})l}{\sqrt{\lambda_m}+\sqrt{\lambda_n}}\right]\\
=&\frac{1}{2}\frac{(\sin\sqrt{\lambda_m}l\cos\sqrt{\lambda_n}l-\cos\sqrt{\lambda_m}l\sin\sqrt{\lambda_n}l)(\sqrt{\lambda_m}+\sqrt{\lambda_n})-(\sin\sqrt{\lambda_m}l\cos\sqrt{\lambda_n}l+\cos\sqrt{\lambda_m}l\sin\sqrt{\lambda_n}l)(\sqrt{\lambda_m}-\sqrt{\lambda_n})}{\lambda_m-\lambda_n}\\
=&\frac{\sqrt{\lambda_n}\sin\sqrt{\lambda_m}l\cos\sqrt{\lambda_n}l-\sqrt{\lambda_m}\cos\sqrt{\lambda_m}l\sin\sqrt{\lambda_n}l}{\lambda_m-\lambda_n}\\
\xlongequal{\text{题设}}&\frac{-\sigma\sin\sqrt{\lambda_n}l\sin\sqrt{\lambda_m}l-\sigma\sin\sqrt{\lambda_m}l\sin\sqrt{\lambda_n}l}{\lambda_m-\lambda_n}\\
=&0.
\end{aligned}$$

这就证明了$\{y_n(x)\}=\{\sin\sqrt{\lambda_n}x\}$的正交性.

此外

$$\begin{aligned}
\int_0^l y_n^2(x)\mathrm{d}x&=\int_0^l\sin^2\sqrt{\lambda_n}x\mathrm{d}x=\int_0^l\frac{1-\cos 2\sqrt{\lambda_n}x}{2}\mathrm{d}x\\
&=\frac{1}{2}\left(l-\int_0^l\cos 2\sqrt{\lambda_n}x\mathrm{d}x\right)=\frac{1}{2}\left(l-\frac{\sin 2\sqrt{\lambda_n}x}{2\sqrt{\lambda_n}}\Bigg|_0^l\right)\\
&=\frac{l}{2}-\frac{\sin 2\sqrt{\lambda_n}l}{4\sqrt{\lambda_n}}.
\end{aligned}$$

□

752. 设 $f(x)$是以 2π 为周期的函数，满足 α 阶 Hölder 条件(也称 α 阶 Lipschitz 条件)：

$$|f(x)-f(y)|\leqslant L|x-y|^{\alpha},\quad 0<\alpha\leqslant 1.$$

证明：$a_n=O\left(\frac{1}{n^{\alpha}}\right),b_n=O\left(\frac{1}{n^{\alpha}}\right),n\to+\infty.$

证明 因 $a_n=\frac{1}{\pi}\int_{-\pi}^{\pi}f(x)\cos nx\,\mathrm{d}x\xlongequal{x=t+\frac{\pi}{n}}\frac{1}{\pi}\int_{-\pi}^{\pi}f\left(t+\frac{\pi}{n}\right)\cos(nt+\pi)\,\mathrm{d}t$

$$=-\frac{1}{\pi}\int_{-\pi}^{\pi}f\left(t+\frac{\pi}{n}\right)\cos nt\,\mathrm{d}t=-\frac{1}{\pi}\int_{-\pi}^{\pi}f\left(x+\frac{\pi}{n}\right)\cos nx\,\mathrm{d}x,$$

故

$$\begin{aligned}a_n&=\frac{1}{2}\left[\frac{1}{\pi}\int_{-\pi}^{\pi}f(x)\cos nx\,\mathrm{d}x-\frac{1}{\pi}\int_{-\pi}^{\pi}f\left(x+\frac{\pi}{n}\right)\cos nx\,\mathrm{d}x\right]\\&=\frac{1}{2\pi}\int_{-\pi}^{\pi}\left[f(x)-f\left(x+\frac{\pi}{n}\right)\right]\cos nx\,\mathrm{d}x,\\|a_n|&\leqslant\frac{1}{2\pi}\int_{-\pi}^{\pi}\left|\left[f(x)-f\left(x+\frac{\pi}{n}\right)\right]\right||\cos nx|\,\mathrm{d}x\\&\overset{\text{Hölder条件}}{\leqslant}\frac{1}{2\pi}L\left(\frac{\pi}{n}\right)^{\alpha}\int_{-\pi}^{\pi}|\cos nx|\,\mathrm{d}x\leqslant\frac{1}{2\pi}L\left(\frac{\pi}{n}\right)^{\alpha}\int_{-\pi}^{\pi}1\mathrm{d}x\\&=L\left(\frac{\pi}{n}\right)^{\alpha}.\end{aligned}$$

或者

$$\begin{aligned}|a_n|&\leqslant\frac{1}{2\pi}L\left(\frac{\pi}{n}\right)^{\alpha}\int_{-\pi}^{\pi}|\cos nx|\,\mathrm{d}x\\&\xlongequal{t=nx}\frac{1}{2\pi}L\left(\frac{\pi}{n}\right)^{\alpha}\int_{-n\pi}^{n\pi}|\cos t|\frac{\mathrm{d}t}{n}=\frac{1}{2\pi}L\left(\frac{\pi}{n}\right)^{\alpha}\frac{4}{n}\int_{0}^{\frac{\pi}{2}}\cos t\,\mathrm{d}t\\&=\frac{2}{\pi}L\left(\frac{\pi}{n}\right)^{\alpha}\cdot 1=\frac{2}{\pi}L\left(\frac{\pi}{n}\right)^{\alpha}.\end{aligned}$$

由此推得 $a_n=O\left(\frac{1}{n^{\alpha}}\right),n\to+\infty$. 类似可证 $b_n=O\left(\frac{1}{n^{\alpha}}\right),n\to+\infty$. □

753. 设 $f(x)$有界，周期为 2π，并在$(-\pi,\pi)$上逐段单调. 证明：

$$a_n=O\left(\frac{1}{n}\right),\quad b_n=O\left(\frac{1}{n}\right),\quad n\to+\infty.$$

证法 1 因为 $f(x)$在$[-\pi,\pi]$中有界，在$(-\pi,\pi)$中逐段单调，故它在$[-\pi,\pi]$中 Riemann 可积.(类似 722 题证明)设 $|f(x)|\leqslant M,\forall x\in[-\pi,\pi]$. 设 $-\pi\leqslant x_0<x_1<\cdots<x_l=\pi$，且 $f(x)$在(x_{i-1},x_i)中单调，则

$$\begin{aligned}a_n&=\frac{1}{\pi}\int_{-\pi}^{\pi}f(x)\cos nx\,\mathrm{d}x=\frac{1}{\pi}\sum_{i=1}^{l}\int_{x_{i-1}}^{x_i}f(x)\cos nx\,\mathrm{d}x\\&\xlongequal[\xi_i\in[x_{i-1},x_i]]{\text{第二中值定理}}\frac{1}{\pi}\sum_{i=1}^{l}\left[f(x_{i-1}+0)\int_{x_{i-1}}^{\xi_i}\cos nx\,\mathrm{d}x+f(x_i-0)\int_{\xi_i}^{x_i}\cos nx\,\mathrm{d}x\right]\end{aligned}$$

$$= \frac{1}{\pi}\sum_{i=1}^{l}\left[\frac{\sin n\xi_i}{n}f(x_{i-1}+0)-\frac{\sin n\xi_i}{n}f(x_i-0)\right]$$

$$+\frac{1}{\pi}\sum_{i=1}^{l}\left[\frac{\sin nx_i}{n}f(x_i-0)-\frac{\sin nx_{i-1}}{n}f(x_{i-1}+0)\right],$$

$$|a_n| \leqslant \sum_{i=1}^{l}\left|\frac{\sin n\xi_i}{n\pi}\right|[|f(x_{i-1}+0)|+|f(x_i-0)|]+\sum_{i=1}^{l}\left|\frac{\sin nx_i}{n\pi}\right||f(x_{i-1}-0)|$$

$$+\sum_{i=1}^{l}\left|\frac{\sin nx_{i-1}}{n\pi}\right||f(x_{i-1}+0)| \leqslant \frac{2Ml}{n\pi},$$

$$a_n = O\left(\frac{1}{n}\right),\quad n\to+\infty.$$

同理

$$b_n = O\left(\frac{1}{n}\right),\quad n\to+\infty.$$

证法 2 $a_n = \frac{1}{\pi}\int_{-\pi}^{\pi}f(x)\cos nx\,\mathrm{d}x \xlongequal{x=t+\frac{k}{n}\pi} \frac{1}{\pi}\int_{-\pi}^{\pi}f\left(t+\frac{k\pi}{n}\right)\cos n\left(t+\frac{k\pi}{n}\right)\mathrm{d}t$

$$= \frac{1}{\pi}\int_{-\pi}^{\pi}f\left(x+\frac{k\pi}{n}\right)\cos(nx+k\pi)\,\mathrm{d}x = \frac{(-1)^k}{\pi}\int_{-\pi}^{\pi}f\left(x+\frac{k\pi}{n}\right)\cos nx\,\mathrm{d}x,$$

$k=-n+1,\cdots,0,1,\cdots,n.$

同理

$$a_n = \frac{(-1)^{k-1}}{\pi}\int_{-\pi}^{\pi}f\left(x+\frac{k-1}{n}\pi\right)\cos nx\,\mathrm{d}x,\quad k=-n+1,\cdots,0,1,\cdots,n.$$

两式平均得

$$a_n = \frac{(-1)^k}{2\pi}\int_{-\pi}^{\pi}\left[f\left(x+\frac{k\pi}{n}\pi\right)-f\left(x+\frac{k-1}{n}\pi\right)\right]\cos nx\,\mathrm{d}x,\quad k=-n+1,\cdots,0,1,\cdots,n.$$

将上面 $2n$ 个式子相加再求平均得

$$|a_n| = \left|\frac{1}{2\pi}\cdot\frac{1}{2n}\int_{-\pi}^{\pi}\sum_{k=-n+1}^{n}(-1)^k\left[f\left(x+\frac{k\pi}{n}\right)-f\left(x+\frac{k-1}{n}\pi\right)\right]\cos nx\,\mathrm{d}x\right|$$

$$\leqslant \frac{1}{4n\pi}\int_{-\pi}^{\pi}\sum_{k=-n+1}^{n}\left|f\left(x+\frac{k\pi}{n}\right)-f\left(x+\frac{k-1}{n}\pi\right)\right||\cos nx|\,\mathrm{d}x$$

$$\leqslant \frac{1}{4n\pi}\left(\bigvee_{-\pi}^{\pi}f\right)\int_{-\pi}^{\pi}|\cos nx|\,\mathrm{d}x \leqslant \frac{1}{2n}\bigvee_{-\pi}^{\pi}f,$$

其中 $\bigvee_{-\pi}^{\pi}f = \sup\left\{\sum_{i=1}^{m}|f(x_i)-f(x_{i-1})|\,\middle|\,-\pi=x_0<x_1<\cdots<x_m=\pi\right\}$ 表示 f 在 $[-\pi,\pi]$上的全变差. 因 $f(x)$有界,且分段单调,故 $0\leqslant\bigvee_{-\pi}^{\pi}f<+\infty$. 因此

$$|a_n| \leqslant \frac{1}{2n}\bigvee_{-\pi}^{\pi}f = \left(\frac{1}{2}\bigvee_{-\pi}^{\pi}f\right)\frac{1}{n},$$

$$a_n = O\left(\frac{1}{n}\right) \quad (n \to +\infty).$$

同理可证 $b_n = O\left(\frac{1}{n}\right)(n \to +\infty)$.

证法 3(借助于 Stieltjes 积分)

$$\begin{aligned} a_n &= \frac{1}{\pi}\int_{-\pi}^{\pi} f(x)\cos nx\,\mathrm{d}x = \frac{1}{n\pi}\int_{-\pi}^{\pi} f(x)\,\mathrm{d}\sin nx \\ &\xlongequal{\text{分部积分}} \frac{1}{n\pi} f(x)\sin nx\Big|_{-\pi}^{\pi} - \frac{1}{n\pi}\int_{-\pi}^{\pi}\sin nx\,\mathrm{d}f(x) \\ &= -\frac{1}{n\pi}\int_{-\pi}^{\pi}\sin n\pi\,\mathrm{d}f(x). \end{aligned}$$

因此

$$\begin{aligned} |a_n| &\leqslant \frac{1}{n\pi}\left|\int_{-\pi}^{\pi}\sin nx\,\mathrm{d}f(x)\right| \\ &\leqslant \frac{1}{n\pi}\max_{-\pi\leqslant x\leqslant\pi}|\sin nx|\bigvee_{-\pi}^{\pi} f \leqslant \frac{1}{n\pi}\bigvee_{-\pi}^{\pi} f = \left(\frac{1}{\pi}\bigvee_{-\pi}^{\pi} f\right)\frac{1}{n}, \\ a_n &= O\left(\frac{1}{n}\right) \quad (n \to +\infty). \end{aligned}$$

同理可得 $b_n = O\left(\frac{1}{n}\right)(n \to +\infty)$.

其中当 $-\pi = x_0 < x_1 < \cdots < x_m = \pi$ 为 $[-\pi,\pi]$ 的任一分割时

$$\begin{aligned} \left|\sum_{i=1}^{m}\sin n\xi_i\Delta f(x_i)\right| &\leqslant \max_{-\pi\leqslant x\leqslant\pi}|\sin nx|\sum_{i=1}^{m}|f(x_i)-f(x_{i-1})| \\ &\leqslant \max_{-\pi\leqslant x\leqslant\pi}|\sin nx|\bigvee_{-\pi}^{\pi} f, \quad \xi_i \in [x_{i-1},x_i]. \end{aligned}$$

令 $\max\limits_{1\leqslant i\leqslant m}\{x_i - x_{i-1}\} \to 0$,即得

$$\left|\int_{-\pi}^{\pi}\sin nx\,\mathrm{d}f(x)\right| \leqslant \max_{-\pi\leqslant x\leqslant\pi}|\sin nx|\bigvee_{-\pi}^{\pi} f.$$

最后,对于 Stieltes 积分,我们来证明分部积分公式亦成立. 事实上,设 $-\pi = x_0 < x_1 < \cdots < x_m = \pi$ 为 $[a,b]$ 的任一分割,则

$$\begin{aligned} \sum_{i=1}^{m} f(\xi_i)\Delta\sin nx_i &= \sum_{i=1}^{m} f(\xi_i)[\sin nx_i - \sin nx_{i-1}] = \sum_{i=1}^{m} f(\xi_i)\sin nx_i - \sum_{i=1}^{m} f(\xi_i)\sin nx_{i-1} \\ &= f(\xi_m)\sin n\pi + \sum_{i=1}^{m-1}[f(\xi_i) - f(\xi_{i+1})]\sin nx_i - f(\xi_1)\sin n(-\pi), \end{aligned}$$

其中 $x_{i-1} \leqslant \xi_i \leqslant x_i$. 令 $\max\limits_{1\leqslant i\leqslant m}(x_i - x_{i-1}) \to 0$,取极限即得

$$\int_{-\pi}^{\pi} f(x)\,\mathrm{d}\sin nx = f(\pi)\sin n\pi - \int_{-\pi}^{\pi}\sin nx\,\mathrm{d}f(x) - f(-\pi)\sin(-\pi)$$

$$= f(x)\sin nx\Big|_{-\pi}^{\pi} - \int_{-\pi}^{\pi}\sin nx\,\mathrm{d}f(x).$$ □

754. (1) 证明：周期为 2π 的函数

$$f(x)=\frac{1}{4}x(2\pi-x),\quad x\in[0,2\pi]$$

的 Fourier 级数为

$$\frac{1}{4}x(2\pi-x)=\frac{\pi^2}{6}-\sum_{n=1}^{\infty}\frac{1}{n^2}\cos nx,\quad x\in[0,2\pi].$$

并由此证得 $\sum\limits_{n=1}^{\infty}\frac{1}{n^2}=\frac{\pi^2}{6}$.

(2) 应用(1)中公式及逐项积分证明：

$$\frac{1}{6}\pi^2x-\frac{1}{4}\pi x^2+\frac{x^3}{12}=\sum_{n=1}^{\infty}\frac{1}{n^3}\sin nx,$$

$$-\frac{1}{36}\pi^2x^3+\frac{1}{48}\pi x^4-\frac{x^5}{240}=\sum_{n=1}^{\infty}\frac{1}{n^4}\left(\frac{\sin nx}{n}-x\right),\quad x\in[0,2\pi].$$

由此得到 $\sum\limits_{n=1}^{\infty}\frac{1}{n^4}=\frac{1}{90}\pi^4$.

证明 (1) $a_0=\frac{1}{\pi}\int_0^{2\pi}\frac{1}{4}x(2\pi-x)\mathrm{d}x=\frac{1}{4\pi}\left(\pi x^2-\frac{x^3}{3}\right)\Big|_0^{2\pi}$

$$=\frac{1}{4\pi}\left(\pi\cdot 4\pi^2-\frac{8\pi^3}{3}\right)=\frac{1}{3}\pi^2,$$

$$a_n=\frac{1}{\pi}\int_0^{2\pi}\frac{1}{4}x(2\pi-x)\cos nx\,\mathrm{d}x=\frac{1}{4\pi}\int_0^{2\pi}(2\pi x-x^2)\,\mathrm{d}\frac{\sin nx}{n}$$

$$=\frac{1}{4\pi}\left[(2\pi x-x^2)\frac{\sin nx}{n}\Big|_0^{2\pi}-\int_0^{2\pi}(2\pi-2x)\frac{\sin nx}{n}\mathrm{d}x\right]$$

$$=\frac{1}{4\pi}\int_0^{2\pi}(2\pi-2x)\,\mathrm{d}\frac{\cos nx}{n^2}$$

$$=\frac{1}{4\pi}\left[(2\pi-2x)\frac{\cos nx}{n^2}\Big|_0^{2\pi}-\int_0^{2\pi}(-2)\frac{\cos nx}{n^2}\mathrm{d}x\right]$$

$$=\frac{1}{4\pi}\left(-4\pi\frac{1}{n^2}+2\frac{\sin nx}{n^3}\Big|_0^{2\pi}\right)=-\frac{1}{n^2},$$

$$b_n=\frac{1}{\pi}\int_0^{2\pi}\frac{1}{4}x(2\pi-x)\sin nx\,\mathrm{d}x=-\frac{1}{4\pi}\int_0^{2\pi}(2\pi x-x^2)\,\mathrm{d}\frac{\cos nx}{n}$$

$$=-\frac{1}{4\pi}\left[(2\pi x-x^2)\frac{\cos nx}{n}\Big|_0^{2\pi}-\int_0^{2\pi}(2\pi-2x)\frac{\cos nx}{n}\mathrm{d}x\right]$$

$$=\frac{1}{4\pi}\int_0^{2\pi}(2\pi-2x)\,\mathrm{d}\frac{\sin nx}{n^2}$$

$$=\frac{1}{4\pi}\left[(2\pi-2x)\frac{\sin nx}{n^2}\Big|_0^{2\pi}-\int_0^{2\pi}(-2)\frac{\sin nx}{n^2}\mathrm{d}x\right]=0,\quad n=1,2,\cdots.$$

且 $f(x)=\dfrac{1}{4}x(2\pi-x)$ 在 $[0,2\pi]$ 上处处可导，$f(0^+)=f(2\pi^-)$. 根据 Fourier 级数收敛定理(推论 16.1.3)有

$$\frac{1}{4}x(2\pi-x)=\frac{\pi^2}{6}-\sum_{n=1}^{\infty}\frac{1}{n^2}\cos nx,\quad x\in[0,2\pi].$$

令 $x=0$ 代入上式得到

$$0=\frac{\pi^2}{6}-\sum_{n=1}^{\infty}\frac{1}{n^2},\quad 即\quad \sum_{n=1}^{\infty}\frac{1}{n^2}=\frac{\pi^2}{6}.$$

(2) 根据 Fourier 级数逐项积分定理，对

$$\frac{1}{4}t(2\pi-t)-\frac{\pi^2}{6}=-\sum_{n=1}^{\infty}\frac{1}{n^2}\cos nt$$

逐项积分得到

$$\int_0^x\left[\frac{1}{4}t(2\pi-t)-\frac{\pi^2}{6}\right]\mathrm{d}t=-\sum_{n=1}^{\infty}\frac{1}{n^2}\int_0^x\cos nt\,\mathrm{d}t,$$

即

$$\frac{1}{6}\pi^2x-\frac{1}{4}\pi x^2+\frac{x^3}{12}=\sum_{n=1}^{\infty}\frac{1}{n^3}\sin nx.$$

此为左端函数的 Fourier 展开式. 同理继续逐项积分两次，得

$$\frac{1}{12}\pi^2x^2-\frac{1}{12}\pi x^3+\frac{x^4}{48}=\sum_{n=1}^{\infty}\left(-\frac{1}{n^4}\cos nx+\frac{1}{n^4}\right),$$

$$\frac{1}{36}\pi^2x^3-\frac{1}{48}\pi x^4+\frac{x^5}{240}=\sum_{n=1}^{\infty}\frac{1}{n^4}\left(\frac{-\sin nx}{n}+x\right),$$

即

$$-\frac{1}{36}\pi^2x^3+\frac{1}{48}\pi x^4-\frac{x^5}{240}=\sum_{n=1}^{\infty}\frac{1}{n^4}\left(\frac{\sin nx}{n}-x\right),\quad x\in[0,2\pi]$$

令 $x=2\pi$ 代入可得

$$-\frac{2}{9}\pi^5+\frac{1}{3}\pi^5-\frac{2}{15}\pi^5=-2\pi\sum_{n=1}^{\infty}\frac{1}{n^4},\quad 即\quad \sum_{n=1}^{\infty}\frac{1}{n^4}=\frac{1}{90}\pi^4.$$

□

755. 设 $f(x)$ 是以 2π 为周期的连续偶函数，它的 Fourier 级数为

$$f(x)\sim\frac{a_0}{2}+\sum_{n=1}^{\infty}a_n\cos nx.$$

证明：(1) 函数

$$F(x)=\frac{1}{\pi}\int_{-\pi}^{\pi}f(x+t)f(t)\mathrm{d}t$$

是以 2π 为周期的连续偶函数，它的 Fourier 级数为

$$F(x)\sim\frac{a_0^2}{2}+\sum_{n=1}^{\infty}a_n^2\cos nx;$$

(2) $\dfrac{a_0^2}{2}+\sum\limits_{n=1}^{\infty}a_n^2\cos nx$ 一致收敛于 $F(x)$.

证明 (1) $\forall x_0\in(-\infty,+\infty)$，因 $f(x+t)f(t)$ 作为二元函数在 $x_0-1\leqslant x\leqslant x_0+1$，$-\pi\leqslant t\leqslant\pi$ 上连续，所以

$$F(x)=\frac{1}{\pi}\int_{-\pi}^{\pi}f(x+t)f(t)\,\mathrm{d}t$$

在 x_0 点处连续，由 x_0 任取知 $F(x)$ 在 $(-\infty,\infty)$ 内处处连续.

又因

$$\begin{aligned}F(-x)&=\frac{1}{\pi}\int_{-\pi}^{\pi}f(-x+t)f(t)\,\mathrm{d}t\\&\xlongequal{u=-x+t}\frac{1}{\pi}\int_{-x-\pi}^{-x+\pi}f(u)f(x+u)\,\mathrm{d}u\\&=\frac{1}{\pi}\int_{-\pi}^{\pi}f(x+u)f(u)\,\mathrm{d}u=F(x),\quad\forall x\in(-\infty,+\infty),\end{aligned}$$

所以 $F(x)$ 为偶函数. 用 A_n,B_n 表示 $F(x)$ 的 Fourier 系数(参阅 730 题)，则由 $F(x)$ 为偶函数得到

$$B_n=0,\quad n=1,2,\cdots.$$

而

$$\begin{aligned}A_0&=\frac{1}{\pi}\int_{-\pi}^{\pi}F(x)\,\mathrm{d}x=\frac{1}{\pi}\int_{-\pi}^{\pi}F(x)\,\mathrm{d}x=\frac{1}{\pi}\int_{-\pi}^{\pi}\left[\frac{1}{\pi}\int_{-\pi}^{\pi}f(x+t)f(t)\,\mathrm{d}t\right]\mathrm{d}x\\&\xlongequal[\text{积分号交换}]{f(x+t)f(t)\text{ 连续}}\frac{1}{\pi}\int_{-\pi}^{\pi}f(t)\,\mathrm{d}t\cdot\frac{1}{\pi}\int_{-\pi}^{\pi}f(x+t)\,\mathrm{d}x\xlongequal{u=x+t}\frac{1}{\pi}\int_{-\pi}^{\pi}f(t)\,\mathrm{d}t\cdot\frac{1}{\pi}\int_{-\pi+t}^{\pi+t}f(u)\,\mathrm{d}u\\&=\frac{1}{\pi}\int_{-\pi}^{\pi}f(t)\,\mathrm{d}t\cdot\frac{1}{\pi}\int_{-\pi}^{\pi}f(u)\,\mathrm{d}u=a_0^2,\end{aligned}$$

$$\begin{aligned}A_n&=\frac{1}{\pi}\int_{-\pi}^{\pi}F(x)\cos nx\,\mathrm{d}x=\frac{1}{\pi}\int_{-\pi}^{\pi}\left[\frac{1}{\pi}\int_{-\pi}^{\pi}f(x+t)f(t)\,\mathrm{d}t\right]\cos nx\,\mathrm{d}x\\&\xlongequal[\text{积分号交换}]{\text{被积函数连续}}\frac{1}{\pi}\int_{-\pi}^{\pi}f(t)\left[\frac{1}{\pi}\int_{-\pi}^{\pi}f(x+t)\cos nx\,\mathrm{d}x\right]\mathrm{d}t\\&\xlongequal{u=x+t}\frac{1}{\pi}\int_{-\pi}^{\pi}f(t)\left[\frac{1}{\pi}\int_{-\pi+t}^{\pi+t}f(u)\cos n(u-t)\,\mathrm{d}u\right]\mathrm{d}t\\&=\frac{1}{\pi}\int_{-\pi}^{\pi}f(t)\left[\frac{1}{\pi}\int_{-\pi}^{\pi}f(u)(\cos nu\cos nt+\sin nu\sin nt)\,\mathrm{d}u\right]\mathrm{d}t\\&=\frac{1}{\pi}\int_{-\pi}^{\pi}f(t)(a_n\cos nt+b_n\sin nt)\,\mathrm{d}t\xlongequal{b_n=0}a_n\frac{1}{\pi}\int_{-\pi}^{\pi}f(t)\cos nt\,\mathrm{d}t\\&=a_n^2,\quad n=1,2,\cdots.\end{aligned}$$

于是

$$F(x)\sim\frac{a_0^2}{2}+\sum_{n=1}^{\infty}a_n^2\cos nx.$$

（2）因

$$f(x) \sim \frac{a_0}{2} + \sum_{n=1}^{\infty} a_n \cos nx,$$

故由 Bessel 不等式知，$\frac{a_0^2}{2} + \sum_{n=1}^{\infty} a_n^2 \leqslant \frac{1}{\pi}\int_{-\pi}^{\pi} f^2(x)\mathrm{d}x < +\infty$，即左边级数收敛. 再由

$$|a_n^2 \cos nx| \leqslant a_n^2, \quad \forall x \in (-\infty, +\infty)$$

知级数

$$\frac{a_0^2}{2} + \sum_{n=1}^{\infty} a_n^2 \cos nx$$

在$(-\infty,+\infty)$上一致收敛. 记和函数为 $S(x)$. 如此，$S(x)$连续，且

$$S(x) = \frac{a_0^2}{2} + \sum_{n=1}^{\infty} a_n^2 \cos nx,$$

根据定理 16.1.1，它是 $S(x)$的 Fourier 级数. 于是，$F(x)$与 $S(x)$两连续函数有相同的 Fourier 级数，再根据推论 16.2.3，$F(x)=S(x)$. 因此

$$\frac{a_0^2}{2} + \sum_{n=1}^{\infty} a_n^2 \cos nx \rightrightarrows S(x) = F(x), \quad x \in (-\infty, +\infty).$$ □

756. 设 $f(x)=x$ 在$(-\pi,\pi)$上的 Fourier 级数为

$$x = \sum_{n=1}^{\infty} \frac{2(-1)^{n-1}}{n} \sin nx, \quad x \in (-\pi, \pi)$$

试求函数 $\varphi(x)=x\sin x$ 在$[-\pi,\pi]$上的 Fourier 级数.

解 由

$$x = \sum_{n=1}^{\infty} \frac{2(-1)^{n-1}}{n} \sin nx, \quad x \in (-\pi, \pi)$$

得

$$\begin{aligned}
x\sin x &= \sum_{n=1}^{\infty} \frac{(-1)^{n-1}}{n} 2\sin nx \sin x \\
&= \sum_{n=1}^{\infty} \frac{(-1)^{n-1}}{n} [\cos(n-1)x - \cos(n+1)x] \\
&= 1 - \frac{\cos x}{2} + 2\sum_{n=2}^{\infty} \frac{(-1)^{n-1}}{n^2-1} \cos nx, \quad x \in (-\pi, \pi).
\end{aligned}$$

由 $\sum_{n=2}^{\infty} \frac{1}{n^2-1}$ 收敛，根据 Weierstrass 判断法知，上述级数当$|x|<\pi$ 时一致收敛，故它为 Fourier 展开式. 又因 $x\sin x$ 在 $x=\pm\pi$ 处都为 0，所以展开式在 $x=\pm\pi$ 时亦成立. □

757. 设 $f(x)$的 Fourier 级数为

$$f(x) \sim \frac{a_0}{2} + \sum_{n=1}^{\infty} (a_n \cos nx + b_n \sin nx).$$

证明：$f(x)\sin x$ 的 Fourier 级数为

$$f(x)\sin x \sim \frac{b_1}{2}+\sum_{n=1}^{\infty}\left(\frac{b_{n+1}-b_{n-1}}{2}\cos nx+\frac{a_{n-1}-a_{n+1}}{2}\sin nx\right),$$

其中 $b_0=0$.

证明 将 $\frac{a_0}{2}+\sum\limits_{n=1}^{\infty}(a_n\cos nx+b_n\sin nx)$ 逐项乘 $\sin x$ 后，利用三角公式可得

$$\begin{aligned}
&\frac{a_0}{2}\sin x+\sum_{n=1}^{\infty}(a_n\cos nx\sin x+b_n\sin nx\sin x)\\
=&\frac{a_0}{2}\sin x+\sum_{n=1}^{\infty}a_n\cdot\frac{1}{2}[\sin(n+1)x-\sin(n-1)x]\\
&+\sum_{n=1}^{\infty}b_n\cdot\frac{1}{2}[\cos(n-1)x-\cos(n+1)x]\\
=&\frac{a_0}{2}\sin x+\frac{1}{2}\sum_{n=2}^{\infty}a_{n-1}\sin nx-\frac{1}{2}\sum_{n=1}^{\infty}a_{n+1}\sin nx\\
&-\frac{1}{2}\sum_{n=2}^{\infty}b_{n-1}\cos nx+\frac{1}{2}\sum_{n=1}^{\infty}b_{n+1}\cos nx+\frac{b_1}{2}\\
\xlongequal{\text{记 } b_0=0}&\frac{b_1}{2}+\sum_{n=1}^{\infty}\left(\frac{b_{n+1}-b_{n-1}}{2}\cos nx+\frac{a_{n-1}-a_{n+1}}{2}\sin nx\right).
\end{aligned}$$

此级数实为 $f(x)\sin x$ 在 $[-\pi,\pi]$ 上的 Fourier 级数. 因为若用 α_n,β_n，表示 $f(x)\sin x$ 的 Fourier 系数，则

$$\alpha_0=\frac{1}{\pi}\int_{-\pi}^{\pi}f(x)\sin x\mathrm{d}x=b_1,$$

$$\begin{aligned}
\alpha_n&=\frac{1}{\pi}\int_{-\pi}^{\pi}f(x)\sin x\cos nx\,\mathrm{d}x=\frac{1}{2\pi}\int_{-\pi}^{\pi}f(x)[\sin(n+1)x-\sin(n-1)x]\mathrm{d}x\\
&=\frac{1}{2}(b_{n+1}-b_{n-1}),\quad n=1,2,\cdots.
\end{aligned}$$

$$\begin{aligned}
\beta_n&=\frac{1}{\pi}\int_{-\pi}^{\pi}f(x)\sin x\sin nx\,\mathrm{d}x=\frac{1}{2\pi}\int_{-\pi}^{\pi}f(x)[\cos(n-1)x-\cos(n+1)x]\mathrm{d}x\\
&=\frac{1}{2}(a_{n-1}-a_{n+1}),\quad n=1,2,\cdots.
\end{aligned}$$

□

参 考 文 献

1 徐森林，薛春华，金亚东．数学分析(共三册)．北京：清华大学出版社，2005．

2 菲赫金戈尔兹 Γ M．微积分学教程(共3卷8分册)．北京：高等教育出版社，1957．

3 徐森林．实变函数论．合肥：中国科学技术大学出版社，2002．

4 裴礼文．数学分析中的典型问题与方法．北京：高等教育出版社，1993．

5 徐利治，冯克勤，方兆本，徐森林．大学数学解题法诠释．合肥：安徽教育出版社，1999．

6 徐森林，薛春华．流形．北京：高等教育出版社，1991．

7 何琛，史济怀，徐森林．数学分析．北京：高等教育出版社，1985．

8 邹应．数学分析．北京：高等教育出版社，1995．

9 汪林．数学分析中的问题和反例．昆明：云南科技出版社，1990．

10 孙本旺，汪浩．数学分析中的典型例题和解题方法．长沙：湖南科学技术出版社，1985．

11 许以超．代数学引论．上海：上海科学技术出版社，1966．